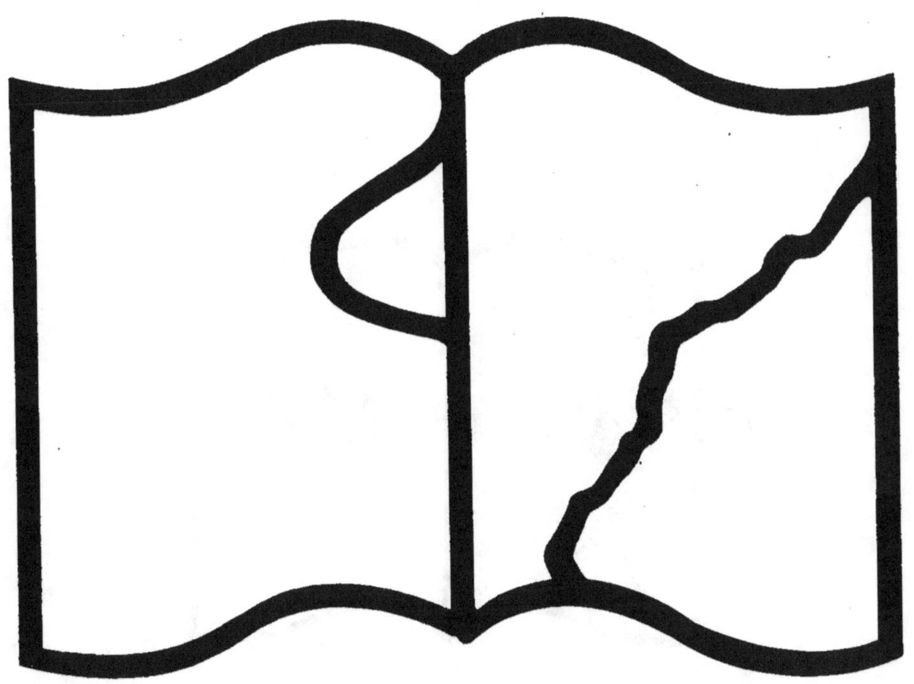

Texte détérioré — reliure défectueuse

NF Z 43-120-11

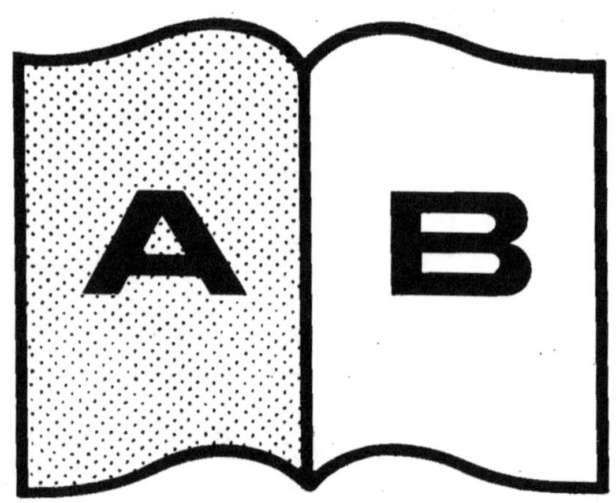

Contraste insuffisant

NF Z 43-120-14

EXPLOITATION

DES

PORTS MARITIMES

BIBLIOTHÈQUE

DU

CONDUCTEUR DE TRAVAUX PUBLICS

—

VOLUMES PARUS

EXPLOITATION

DES

PORTS MARITIMES

PAR

DE CORDEMOY

INGÉNIEUR DES ARTS ET MANUFACTURES

PARIS

H. DUNOD ET E. PINAT, ÉDITEURS

49, Quai des Grands-Augustins, 49

1909

BIBLIOTHÈQUE DU CONDUCTEUR DE TRAVAUX PUBLICS

PUBLIÉE SOUS LES AUSPICES

DE MM. LES MINISTRES DES TRAVAUX PUBLICS
DES POSTES ET TÉLÉGRAPHES
DE L'AGRICULTURE, DU COMMERCE ET DE L'INDUSTRIE
DE L'INSTRUCTION PUBLIQUE, DE LA JUSTICE
DE L'INTÉRIEUR, DE LA GUERRE, DES COLONIES

Comité de patronage

BARTHOU	Ministre des Travaux publics, des Postes et Télégraphes et ancien Ministre de l'Intérieur.
BECHMANN	Directeur de la Société du Chemin de fer souterrain N. S.
BERTEAUX	Ancien Ministre de la Guerre, Membre de la Chambre des députés.
BOREUX	Directeur de la voie publique et de l'éclairage de la ville de Paris.
BOSRAMIER	Ingénieur aux. des Ponts et Chaussées en retraite.
BOURRAT	Membre de la Chambre des députés.
BOUVARD	Directeur administratif des services d'architecture, des promenades et plantations de la ville de Paris.
CLAVEILLE	Directeur du Personnel et de la Comptabilité au Ministère des Travaux publics.
COLMET-DAAGE	Ingénieur en chef des eaux, assainissement et dérivations de Paris.
COLSON	Conseiller d'Etat, Professeur à l'Ecole des Ponts et Chaussées.
COMTE (J.)	Ancien directeur des Bâtiments civils et des Palais nationaux.
DELECROIX	Docteur en droit, Directeur de la *Revue de la Législation des Mines*.
Le **Directeur** de l'Ecole nationale des Ponts et Chaussées.	
Le **Directeur** de l'Ecole nationale supérieure des Mines.	
Le **Directeur** du Conservatoire national des Arts et Métiers.	
Le **Directeur** du personnel et de l'enseignement technique au Ministère du Commerce et de l'Industrie.	
DONIOL	Inspecteur général des Ponts et Chaussées en retraite.
BOUSQUET (du)	Ingénieur en chef du matériel et de la traction à la Cⁱᵉ des Chemins de fer du Nord.

EYROLLES — Directeur de l'Ecole spéciale de Travaux publics.

FLAMANT — Inspecteur général des Ponts et Chaussées.

Dr GAUTHIER (de l'Aude) — Ancien Ministre des Travaux publics.

GERVAIS — Membre de la Chambre des députés.

GRILLOT — Président honoraire de l'Association des personnels de travaux publics.

GUILLAIN — Ancien Ministre des Colonies, Membre de la Chambre des députés.

HATON DE LA GOUPILLIÈRE — Membre de l'Institut, Inspecteur général des Mines en retraite.

HENRY (E.) — Inspecteur général des Ponts et Chaussées, Vice-Président du Conseil de la vicinalité au Ministère de l'Intérieur.

M^e LE BERQUIER — Avocat à la Cour d'Appel de Paris.

LOUIS MARTIN — Avocat, Professeur libre de droit, Membre de la Chambre des députés.

MAGNIN — Ancien Ministre de l'Agriculture, du Commerce et des Finances, Sénateur inamovible.

MARTINIE — Contrôleur général de l'Administration de l'Armée.

PHILIPPE — Directeur honoraire de l'Hydraulique agricole au Ministère de l'Agriculture.

PILLET — Professeur au Conservatoire des Arts et Métiers.

PIOT — Sénateur, ancien Entrepreneur de Travaux publics.

PONTICH (de) — Directeur des Travaux de Paris.

Le **Président** de l'Association philotechnique.

Le **Président** de l'Association polytechnique.

Le **Président** de la Société des Anciens Elèves des Ecoles d'Arts et Métiers.

Le **Président** de l'Association des personnels de travaux publics.

Le **Président** de la Société des Ingénieurs civils de France.

Le **Président** de la Société des Ingénieurs coloniaux.

Le **Président** de la Société de Topographie de France.

Le **Président** de la Société de Topographie parcellaire de France.

QUENNEC — Directeur de l'Octroi de Paris.

RÉSAL — Professeur à l'Ecole des Ponts et Chaussées.

ROUCHÉ — Professeur au Conservatoire des Arts et Métiers.

TISSERAND — Conseiller-maître à la Cour des Comptes.

EXPLOITATION DES PORTS

CHAPITRE I

GÉNÉRALITÉS

Commerce international. — Si, de tout temps, le commerce international a occupé une grande place dans la vie des nations, cette place aujourd'hui est devenue prépondérante.

La science, appliquée à l'industrie, a révolutionné radicalement les conditions économiques. Les nations se sont rapprochées par le télégraphe, les chemins de fer, les lignes de navigation ; le capital est venu jeter son incomparable puissance sur les transactions, qui en ont été bouleversées.

Les peuples ne luttent plus que pour la conquête des marchés du globe, même lorsque ces luttes revêtent le caractère militaire.

Comme la guerre, l'industrie et le commerce ont dû transformer leurs moyens d'action, et le succès a recompensé les peuples qui ont su adopter, le plus tôt, les nouveaux procédés.

Ainsi s'expliquent les progrès des Américains du Nord, des Allemands, chez lesquels l'industrie est de récente création. Ils n'ont pas eu à jeter à regret à la ferraille des machines encore capables de rendre des services. Ils ont pu s'outiller à neuf, adopter des engins plus rapides, plus économiques que les appareils archaïques encore accumulés dans les usines de France et d'Angleterre.

En même temps, l'industriel de tradition, d'héritage, leur faisant défaut, ils l'ont remplacé par l'ingénieur. Après une courte période de tâtonnement, celui-ci s'est mis au courant et a substitué la science à la routine, encore trop maîtresse du terrain chez leurs rivaux.

Les conséquences n'ont pas tardé à se faire sentir...

On a bien compris, en France, la nécessité de donner aux futurs industriels, aux commerçants de l'avenir, une instruction technique plus solide et plus étendue; de toutes parts ont surgi des écoles, trop souvent, par malheur, utiles seulement d'intention, parfois nuisibles.

Mais aux initiatives plus hardies qui naîtront de l'enseignement nouveau, il faudra des moyens d'action appropriés, et le plus important de tous, dans la lutte commerciale universelle, est le *port maritime*.

Rôle des ports. — Le port, en effet, n'est pas un simple lieu d'atterrissage, un accident local. C'est « la porte de la mer », le marché où les nations se donnent rendez-vous pour l'échange mutuel de leurs richesses.

Un port ne saurait être isolé, à moins de circonstances spéciales, comme les « charbonniers » d'Angleterre. Il doit pouvoir rayonner, sur tout le pays limitrophe, par des voies de communication nombreuses et diverses; canaux, chemins de fer, routes, etc. ; il emprunte encore, pour déverser ses marchandises sur les côtes voisines, le cabotage.

La prospérité du port dépend beaucoup de la richesse de la contrée voisine en produits d'échange. La réciproque est vraie. Plus le port est fréquenté, plus la région est capable d'exporter, avec profit, des produits qui, partout ailleurs, n'auraient aucune valeur.

Un exemple typique se rencontre à Rotterdam, qui envoie en Angleterre du macadam provenant d'Allemagne.

Les deux entités, port et pays, sont donc fonction l'une de l'autre. Le second doit toujours avoir présent à l'esprit l'utilité, l'indispensabilité de l'autre.

Les dépenses d'amélioration des ports ont une profonde répercussion sur la nation, et elles sont promptement récupérées, même par le Trésor.

« La saine raison, dit le Ministre des Finances et des Travaux Publics de Belgique, M. de Smet de Naeyer, à propos de nouveaux travaux projetés à Anvers, la saine raison nous indique que l'extension et le perfectionnement, rationnellement conçus, de l'outillage économique d'un pays, en contribuant au développement de la richesse publique alimentée par le commerce et l'industrie, sont cause certaine — qu'elle agisse directement ou indirectement — d'accroissement des ressources du Trésor. Cette vérité est attestée avec éclat par la progression constante de nos voies et moyens de communication ; mise en regard des grands travaux d'ordre économique exécutés dans notre pays au cours du dernier quart de siècle. »

Or, tandis que les autres pays développent, de pair avec leur esprit d'entreprise, la facilité d'accès et l'outillage de ces portes de la mer, en France il ne semble pas que la masse ait compris que là était le gage de la prospérité de la nation.

Pendant que le mot célèbre : « Notre avenir est sur la mer » galvanisait un pays étranger, qu'elle y enfantait cette « Ligue maritime » qui comptera tout à l'heure un million d'adhérents, en France on n'a presque rien fait, ou du moins de louables tentatives n'ont guère été récompensées par le succès.

Ce n'est pas qu'on n'ait dépensé des sommes considérables pour l'amélioration des ports ; mais on a agi sans la compréhension des besoins modernes.

Ports modernes. — Au fond, il faut se faire du port moderne une conception tout à fait opposée à celle de l'ancien. Le fâcheux de Molière qui voulait

En fameux ports de mer mettre toutes les côtes

nous rendrait aujourd'hui un fort mauvais service.

Autrefois, le navire était presque le seul moyen d'approvisionnement des côtes. Une nuée de petits bâtiments allait chercher, sur les rivages voisins, les marchandises manquantes et les répartissait dans toutes les criques, dans toutes les rivières où ils pouvaient pénétrer.

C'était l'époque où, à chaque coin de rue, s'ouvrait la petite mercerie dans laquelle s'approvisionnaient les ménagères.

La petite mercerie a vécu. Même les habitants de la banlieue trouvent avantage à venir effectuer leurs acquisitions dans les immenses magasins du centre, dont les énormes achats aux fabriques comportent des rabais considérables, de plus, la multiplicité des transactions a diminué les frais généraux; ce qui permet la vente à bas prix.

Il ne servirait à rien de déplorer ce déplacement des affaires. Il est inéluctable et ne saurait même être arrêté par des dispositions législatives.

Le même phénomène se passe dans les ports, avec des proportions encore plus grandes.

Les petits ports ne peuvent plus lutter. Seuls les grands, puissamment outillés, sont appelés à une vie intensive, et les raisons en sont multiples.

Concentration des opérations. — Un capitaine a chargé, par exemple, au Brésil, du café pour le compte d'un armateur qui n'a pas encore trouvé preneur. Le bâtiment se dirige vers un des points de l'Europe faciles à atteindre, Cadix, Plymouth, etc., et y attend des ordres transmis par le télégraphe.

Si, à son arrivée la cargaison n'est pas encore vendue, où sera envoyé le navire? Évidemment dans un grand port, où il y a beaucoup plus de chances de rencontrer un acquéreur.

On voit que par le jeu même des transactions, les opérations d'un grand port suivent nécessairement une marche ascendante tandis que le trafic des petites places décroit fatalement.

Fret de retour. — Une question également capitale est celle du fret double (aller *et* retour) ou du fret simple (aller *ou* retour).

La question du fret double, dans la navigation maritime, arrive même à compenser les différences de prix résultant des distances plus éloignées et des risques de mer, parce que les frets sont moindres pour un port où l'on peut trouver des chargements de sortie.

En France, le fret de sortie est peu abondant en général. Notre exportation se compose principalement d'articles de luxe, souvent en quantité insuffisante pour assurer une cargaison. C'est le cas surtout pour le Havre.

Marseille n'est guère relié au reste du monde que par le chemin de fer de Paris-Lyon-Méditerranée et ne reçoit que peu de marchandises de la France. Ce sont là des conditions très fâcheuses.

La convergence de toutes nos voies ferrées vers Paris est très préjudiciable à nos ports. C'est le contraire qui a lieu en Allemagne, où Hambourg est l'objectif direct d'un grand nombre de réseaux de chemins de fer et de voies navigables.

A défaut de fret de sortie national, certains ports ont su attirer des marchandises de l'étranger qu'ils exportent ensuite : c'est le cas de Hambourg, de Rotterdam, d'Anvers. Trois cents millions de francs sont même ainsi enlevés chaque année à nos marins pour aller grossir le trafic de l'étranger.

Des marchés. — Certains ports constituent encore des *marchés*, où se rend nécessairement telle classe de marchandises, si elle veut trouver acquéreur. La création d'un marché dépend, certes, de la situation du port, mais enfin et beaucoup de l'esprit d'entreprise des habitants du port, ainsi qu'il est arrivé pour le caoutchouc à Bordeaux.

Nécessairement, les marchés ne peuvent exister que dans les grands centres.

Comparaison entre les moyens de transports maritimes et terrestres. — Les moyens de transport modernes, terrestres ou maritimes, emploient pour les marchandises à peu près les mêmes organes. Ils se composent d'une partie servant à relier les deux points entre lesquels s'effectue le mouvement et d'une autre, qui reçoit les objets et les distribue.

Sur terre, c'est, d'une part, la voie avec son matériel roulant, d'autre part, la gare. Sur mer, ce sont le navire et le port.

Ces deux parties ont besoin d'améliorations parallèles, mais elles présentent de grandes différences.

A terre, la voie ferrée est immuable. La largeur de la voie, $1^m,445$, adoptée à l'origine, ne peut plus être modifiée, car le changement exigerait la réfection totale et immédiate de toutes les lignes de chemins de fer, hypothèse inadmissible. Seul, un nouveau mode de transport pourra, dans les âges futurs, remédier à l'insuffisance des voies actuelles.

On a même dû refaire des chemins de plus grand rendement, grâce à leur large voie, comme le *Great Western* d'Angleterre, parce que les wagons des autres lignes ne pouvaient s'en servir. Les pays qui possèdent la voie large (Russie, Espagne), éprouvent de ce chef des dommages considérables.

La gare est toujours facile à agrandir, moyennant des dépenses, fortes sans doute, mais enfin admissibles. Celles de Paris, de Londres ont été augmentées.

Pour la mer, c'est le contraire. Le navire prend chaque jour des dimensions croissantes ; c'est la gare de mer, c'est-à-dire le port, qu'il est malaisé de tenir à hauteur de la situation. Du moins son amélioration exige-t-elle des sommes considérables.

Dimensions des navires de l'avenir. — Un port ne peut donc maintenir sa prospérité qu'à la condition de pouvoir recevoir les grands navires modernes et d'en opérer la manutention. Les raisons qui poussent continuellement à l'accroissement des dimensions des navires sont de plusieurs sortes :

Il y a d'abord la raison d'économie.

Un navire capable de porter le double de marchandises ne coûte pas le double, il n'exige pas un personnel deux fois plus considérable ; ses dépenses d'entretien ne sont également pas majorées dans la même proportion. Ses machines sont d'un rendement meilleur.

Ainsi, d'après M. Ruthwen, ingénieur naval anglais, pour obtenir la vitesse de 11 nœuds, un navire de 4.000 tonneaux brûle 81 kilogrammes de charbon par 1.000 tonnes transportées ; un de 9.000 tonneaux n'en brûle que 36 kilogrammes.

Calculs de M. Corthell. — On a donné ailleurs[1] les calculs de M. Corthell sur les dimensions probables des navires dans l'avenir.

En 1905, à Milan, M. Corthell a reconnu que ses prévisions

1. *Ports maritimes*, tome I (Bibliothèque du Conducteur de Travaux publics).

loin d'être exagérées, avaient été dépassées en pratique. C'est ainsi que la longueur moyenne des 20 plus grands navires qu'il avait prévue de 179 mètres en 1903, atteignait en réalité 195 mètres, de même le tirant d'eau était passé à 9m,80 au lieu de 9 mètres.

M. Corthell avait estimé les longueurs des 20 plus grands navires à 203 mètres en 1923 et à 305 mètres en 1945. Cette dernière longueur sera certainement atteinte avant cette époque.

Mais cette progression continuera-t-elle ainsi?

Traversée de l'Atlantique. — Pour s'en rendre compte, examinons la ligne qui est et sera sans doute, longtemps encore, la plus importante du monde, celle d'Europe à New-York, celle où justement ces grands navires actuels sont en ligne.

Le tableau suivant indique les progrès réalisés depuis l'époque où les vapeurs ont commencé ce service avec une vitesse moyenne de 10 nœuds. Les indications sont complétées en admettant des vitesses de 50 nœuds.

VITESSES EN NOEUDS	NOMBRE D'HEURES de la traversée		ÉCONOMIE D'HEURES réalisée sur la traversée		DIFFÉ-RENCES EN HEURES	CUBES DES VITESSES	DURÉE de la TRAVERSÉE		
	h.	m.	h.	m.			j.	h.	m.
10	307	»				1 000	12	19	»
11	279	05	27	55		1 331	11	15	5
12	255	50	23	15	4,40	1 728	10	15	50
13	236	09	19	51	3,24	2 197	9	20	9
14	219	17	16	52	2,59	2 744	9	3	17
15	204	40	14	37	2,15	3 375	8	12	40
16	191	52	12	48	1,49	4 096	7	23	52
17	180	35	11	17	1,31	4 913	7	12	35
18	170	33	10	02	1,15	5 832	7	2	33
19	161	34	8	59	1,03	6 859	6	17	34
20	153	30	8	04	0,55	8 000	6	9	30
25	122	40	30	50	»	15 625	5	2	40
30	102	20	20	20	»	27 000	4	6	20
35	87	40	14	40	»	42 875	3	15	40
40	75	45	11	55	»	64 000	3	4	45
50	61	24	14	21	»	125 000	2	13	24

La traversée est comptée de 3.170 milles du Havre à New-York. Le mille vaut 1.852 mètres et le nœud qui est la cent-vingtième partie du mille, 15 mètres environ (14^m,618 en pratique) le nœud étant la distance parcourue en 30 secondes, il en résulte que la vitesse en nœuds correspond au nombre de milles à l'heure, une vitesse de 10 nœuds est donc équivalente à dix milles à l'heure, soit 18^{km},520.

A 20 nœuds en moyenne, la traversée dure 6 jours 9 heures 30 minutes; à 25 nœuds, 5 jours 2 heures 40 minutes, soit une différence de 30 heures 50 minutes. On gagnera encore 20 heures, 20 minutes en atteignant 30 nœuds et 14 heures, 40 minutes à 35 nœuds.

Seulement, pour arriver à ces vitesses, la puissance nécessaire s'augmente dans une proportion beaucoup plus considérable que leur cube et, pour passer de 25 à 35 nœuds, il faudrait compter sur 200.000 chevaux-vapeur au minimum.

Déjà les grands navires des Compagnies transatlantiques rivales ne sont guère pour le moment que des réclames très coûteuses; chacune des sociétés en a un ou deux, dont les *records* servent à battre surtout la grosse caisse. Les autres bâtiments, les seuls qui fassent de l'argent, conservent prudemment des dimensions beaucoup plus raisonnables. En hiver, les géants ne naviguent pas, faute d'un nombre suffisant de passagers.

Des considérations politiques influent également sur les dimensions des bâtiments. Les deux nations européennes qui se disputent l'empire des mers songent à transformer un jour leurs grands paquebots en croiseurs à vitesse irrésistible... Ces choses n'ont qu'un temps.

Comme renseignement, la traversée la plus courte effectuée de New-York au Havre par un paquebot français l'a été en 1906 par *la Provence*, en 6 jours 1 heure 30 minutes, après avoir effectué un parcours de 3.200 milles, ce qui donne une vitesse moyenne de 22 nœuds.

Probabilités. — Néanmoins, dans un avenir prochain, on devra absolument compter sur des navires de 300 mètres de longueur calant 12 mètres. Il faut donc que les grands ports puissent répondre à ces besoins nouveaux.

Liverpool avait, il y a quelques années, considérablement amélioré sa situation par le dragage de la barre qui ferme l'entrée de la Mersey; où il n'y avait que 3 mètres d'eau à basse mer, on en avait obtenu 8. Mais les nouveaux navires de la Compagnie Cunard, le *Lusitania* et le *Mauritania*, calent près de $11^m,50$ et doivent attendre avant d'entrer, qu'il y ait sur la barre assez d'eau pour ne pas talonner en passant, c'est-à-dire plus de 12 mètres.

L'amplitude de la marée à Liverpool varie de 3 à 9 mètres. Aux marées de morte eau, il n'y a donc que 11 mètres sur la barre, et c'est à peine si, au moment de la haute mer, ces grands navires peuvent la franchir.

Il y a une contradiction flagrante entre cette perte de temps et les dépenses énormes que la construction navale exige pour faire gagner à un bâtiment quelques heures sur la traversée de l'Atlantique.

Il faudra donc nécessairement obtenir sur la barre de Liverpool une profondeur de 10 mètres environ, qui exigera des dragages très coûteux.

En attendant, plusieurs compagnies de navigation ont transféré leur siège de Liverpool à Southampton où l'*Express dock*, bassin de marée, offre des profondeurs suffisantes à toutes les phases de la marée. Le jour n'est d'ailleurs pas loin où Southampton lui-même n'aura plus assez de profondeur et nécessitera d'importants dragages.

Les ports construits en eau profonde seront dans l'avenir les plus favorisés.

Manutention et réparation des navires. — Les grands navires représentent des millions et comportent un personnel nombreux. L'intérêt de l'argent, l'amortissement et les salaires de l'équipage forment une somme quotidienne de plusieurs milliers de francs. Toute journée perdue est donc pour l'armement une dépense considérable sans compensation.

Afin d'activer la manutention des bâtiments, il faut un outillage judicieux et puissant.

Le port n'est plus considéré aujourd'hui comme un refuge c'est une véritable gare de marchandises où les trains de mer, représentés par les vaisseaux, et ceux de terre qui leur servent de prolongement procèdent à un échange continuel et rapide de leurs chargements.

Tout doit concourir à cette rapidité de manœuvre.

Les navires accostent le plus près possible le long de quais ou d'appontements. Des grues mobiles viennent aussitôt se disposer vis-à-vis des écoutilles et enlèvent de la cale les colis qui sont emportés par des wagons, ou déposés dans des hangars où la douane et les intéressés procèdent à leur reconnaissance.

La disposition des voies ferrées est de la plus haute importance. Celle des hangars, des magasins, ne l'est pas moins.

Quant à l'outillage proprement dit, gros treuils, cabestans jiggers, etc., il a une influence capitale sur la rapidité de la manutention.

Un grand port doit posséder encore des moyens de réparation, de sauvetage des navires, etc. Les bassins de radoub, les formes flottantes sont devenues indispensables dans les ports de quelqu'importance.

Organisation générale. — L'administration des ports, les droits qu'on y recouvre, les agissements des douanes ont également une grande part dans le succès de l'établissement maritime. Les lois qui régissent la marine marchande ont surtout de l'importance au point de vue du fret national.

On doit donc étudier tous ces détails, et, dès maintenant, il faut reconnaître que c'est à l'étranger qu'il faudra chercher les enseignements les plus profitables.

CHAPITRE II

RÉGIME DES PORTS EN FRANCE

ORGANISATION ADMINISTRATIVE

Exploitation par l'Etat. — En France, tous les ports et établissements maritimes sont construits et exploités par l'État. Il n'existe que quelques cas très rares où une dérogation partielle a été apportée à cette règle générale. On en citera deux :

Le premier concerne la concession des bassins du Lazaret et d'Arenc, de Marseille, à la Compagnie des docks et entrepôts (14 octobre-5 novembre 1856).

L'autre est relatif à la concession, par la loi du 25 juillet 1894, à une Société particulière, de l'établissement d'un appontement à Pauillac. Il est destiné aux opérations des grands vapeurs que leur tirant d'eau, trop considérable, empêche de remonter à Bordeaux.

Les bassins de Marseille avaient été construits par l'État, tandis que la Société de Pauillac a dû elle-même établir l'appontement.

Dans les colonies françaises, on trouve de nombreux exemples de concessions d'établissements maritimes à des particuliers ou à des villes.

Autorités administratives. — *Construction et entretien.* — Le Service des Ponts et Chaussées est exclusivement chargé de la construction et de l'entretien des ouvrages maritimes.

Police et direction des mouvements. — Elles relèvent de Officiers et Maîtres de port, dont le personnel a été organisé et est régi par les décrets des 15 juillet 1854, 21 janvier 1876 et 11 mars 1901.

Règlement de police. — La circulaire ministérielle du 28 janvier 1867 a établi un règlement de police type, auquel les préfets ajoutent les dispositions spéciales nécessaires aux établissements maritimes de leur département.

Règlement sur les voies ferrées. — Il a été également l'objet d'un type, édicté par la circulaire ministérielle du 23 août 1888, pour les voies établies sur les quais des ports.

Règlement sur les matières dangereuses. — Le décret du 12 août 1874 concerne le transport des matières dangereuses; celui du 25 novembre 1895, la manutention du pétrole et autres matières inflammables.

MODE D'EXÉCUTION DU TRAVAIL

Programme de 1878. — Autrefois, l'État intervenait seul dans les dépenses nécessaires à la construction et à l'entretien des ports. Mais d'importantes modifications ont été introduites depuis l'exécution du programme Freycinet (1878).

Le grand projet était destiné à reconstituer l'outillage national au lendemain de nos désastres. La grande faute de ce programme consiste dans une conception sans vue d'ensemble qui a, par suite, éparpillé les allocations budgétaires.

Quatre-vingts ports environ ont été construits ou améliorés; plus de cent millions ont été dépensés presque en pure perte. Calais, La Pallice, etc., ont reçu des dotations qui ont servi à créer des bassins presque inutilisés.

Ce qu'il aurait fallu, c'eût été de concentrer les efforts en quelques points, judicieusement choisis, qu'on aurait armés puissamment pour la lutte contre les rivaux. Nulle part, on n'a pu faire le nécessaire, et il en est encore de même aujourd'hui.

Voies et moyens. — Cependant l'exécution de ces grands travaux a nécessité, vu les difficultés budgétaires, l'application d'un système financier, déjà essayé auparavant, mais qui est devenu presque la règle. Il consiste à exiger le concours des corps directement intéressés aux travaux entrepris, c'est-à-dire les Chambres de commerce, les villes et les départements.

Ces corps constitués jouaient un rôle intermédiaire. Ils contractaient un emprunt dans les conditions déterminées par la loi spéciale qui les y autorisait. Les sommes ainsi réalisées étaient mises à la disposition de l'État, sous forme d'avances.

L'emprunt était amorti à l'aide de fonds versés en un certain nombre d'annuités par l'État, qui acquittait ainsi lui-même la dette.

Régime financier actuel. — Depuis une dizaine d'années, ce système est abandonné. Les intéressés apportent bien encore à l'État leur concours, même dans une plus forte proportion, car elle s'élève au moins à la moitié de la dépense projetée ; mais ce concours est effectué sous forme de subsides non remboursables.

De plus, au cas où le coût réel dépasse les chiffres prévus dans l'acte déclaratif d'utilité publique, le complément est entièrement à la charge des Chambres de commerce, villes ou départements.

But du régime actuel. — On a beaucoup critiqué l'entrée en scène de l'intermédiaire représenté par la Chambre de commerce ou autre, et dont l'intervention ne laisse pas d'être coûteuse. Mais il faut bien remarquer que la somme mise à la charge de la Chambre de commerce est remboursée par un droit de péage quelconque, c'est-à-dire en définitive par les usagers du port seul et non par les contribuables de toute la République.

D'autre part, et surtout, ce qu'on a voulu et obtenu, c'est que les intéressés, ayant à payer directement leur forte part des taxes libératrices du travail, ne l'entreprennent pas à la légère.

« Les concours de cette nature (*Exposé des motifs du programme Baudin*) se justifient d'autant mieux que les ouvrages de pur intérêt général étant à peu près tous achevés, ceux qui restent à construire doivent être regardés comme étant d'une utilité presque égale pour l'intérêt local. »

Il y a d'ailleurs de fortes réserves à faire sur ces considérations. Rien n'est achevé, il s'en faut de beaucoup. C'est la loi du 22 décembre 1903 qui a fixé à 50 0/0 le minimum de la contribution à demander aux intéressés. Ce minimum a souvent été dépassé (78 0/0 à Dieppe) sans compter l'appoint fourni par les départements.

Outillage. — Quant à l'outillage, son établissement et son exploitation font le plus souvent l'objet de concessions à des départements, à des villes, à des particuliers ou encore mieux aux Chambres de commerce.

Rôle des Chambres de commerce. — Les départements et les villes font porter sur leurs budgets les dépenses correspondantes, les Chambres de commerce sont autorisées à lever des taxes spéciales, strictement limitées au remboursement des emprunts qu'elles ont dû contracter pour l'exécution des travaux, *sans pouvoir faire aucun bénéfice.*

Les Chambres de commerce établissent et exploitent ainsi les appareils de manutention, hangars, instruments de radoub, services de halage, lestage, remorquage, parfois des voies ferrées, comme à Nantes, où l'usage en est gratuit, et même l'éclairage, comme à Bordeaux.

Cette faculté leur est concédée par la loi du 9 avril 1898, dont l'article 15 est ainsi conçu :

« Les Chambres de commerce peuvent, dans les formes prescrites par la loi du 27 juillet 1870, être déclarées concessionnaires des travaux publics ou chargées des services publics, notamment de ceux qui intéressent les ports maritimes ou les voies navigables de leur circonscription.

Participation des Compagnies de chemins de fer. — En général, ce sont les Compagnies de chemins de fer qui établissent les voies ferrées des ports situés dans leur réseau.

A la Pallice aboutit le réseau d'État; c'est le Gouvernement qui, par suite, a installé les voies ferrées des quais. A Marseille, cette tâche a incombé à la Chambre de commerce.

Influence de l'organisation administrative. — On pense bien que l'organisation administrative doit avoir une grande influence sur la prospérité des ports. Le régime de la marine marchande est étroitement lié à cette prospérité, bien qu'il existe, hors de France, nombre de ports qui ne sont visités que par des navires étrangers.

En Allemagne, comme on le verra, une énergique concentration a amené l'impulsion vigoureuse donnée aux choses maritimes. En France, une demi-douzaine de ministères ont à s'occuper des ports et de la marine marchande. Pour la moindre décision, il faut des mois, des années..., sans compter les jalousies et les conflits d'attributions.

Au Ministère des Travaux publics, il y a un bureau des ports maritimes. Au Ministère du Commerce, un autre a dans ses attributions la préparation des lois et décrets sur la marine marchande. Au Ministère des Finances, un bureau traite, entre mille choses, de la navigation, du courtage, des primes. Un autre bureau du même Ministère est chargé des statistiques de la Marine marchande. Un troisième, toujours aux Finances, s'appelle bureau des ports et côtes. Du Ministère de l'Intérieur relève le Service sanitaire maritime. Enfin, il paraît qu'il reste après cela de quoi occuper, au Ministère de la Marine, un gros service qu'on ose appeler la Direction de la Marine marchande.

En réalité, personne n'a la charge de cette marine marchande, mais il y a cinq ministres qui pèsent sur elle... Rue Royale, les marins de l'État méprisent ouvertement ceux du commerce. Aux Travaux publics règne ce qu'on pourrait appeler « l'esprit des chemins de fer ». Le souci des ports, celui des canaux surtout, sont, dans un tel milieu, de ceux qu'on est naturellement porté à sacrifier.

« Aux Finances, les services maritimes sont perdus, ce Ministère à tout faire étant un gouffre. Au Commerce enfin, on est bien forcé de se désintéresser de la Marine marchande, puisqu'on est sans action sur ces services éparpillés. »

Formalités administratives. — Un ouvrage récent[1] résume ainsi les formalités nécessaires à l'adjudication d'un travail neuf ou simplement de grosse réparation ; elles sont indiquées dans le tableau suivant :

L'ingénieur ordinaire dresse un avant-projet, le soumet à l'ingénieur en chef qui l'envoie au Ministre avec un rapport exposant les différentes solutions pour la construction du nouvel ouvrage.

Cet avant-projet est soumis au Conseil général des Ponts et Chaussées : rapport, examen, discussion, procès-verbaux, avis.

Intervention de l'Administration centrale : examen, rapport, décision du Ministre, choisissant l'une des solutions et invitant les ingénieurs à soumettre l'avant-projet choisi à une enquête d'utilité publique.

Renvoi de l'affaire dans le département, transmission au préfet. Examen dans les bureaux de la préfecture. Arrêté préfectoral ordonnant l'ouverture d'une enquête de vingt jours.

Affichage et publication dans toutes les communes intéressées.

Ouverture de registres d'enquête.

Réunion de la commission d'enquête quelques jours après la fermeture de l'enquête. Comparution des ingénieurs. Rapport, discussion, avis, procès-verbaux.

Consultation de la Chambre de commerce. Rapport, discussion, etc.

Si l'ouvrage à construire est dans la zone frontière, instruction mixte avec le Service de la Guerre, nouveaux rapports, nouvelles conférences, etc.

Etablissement du projet définitif avec devis et plans à l'appui. Nouveau rapport de l'ingénieur ordinaire pour raconter par le menu tout ce qui s'est passé jusque-là.

---

1. *Les Travaux publics*, par M. H. Chardon, maître des requêtes au Conseil d'Etat

Rapport complémentaire de l'ingénieur en chef.

Transmission aux bureaux de la préfecture (dont l'incompétence est notoire en cette matière). Avis du préfet, transmission au Ministre des Travaux publics.

Renvoi au Conseil général des Ponts et Chaussées. Rapport nouveau. Résumé de l'affaire. Discussion, avis, procès-verbal.

Examen dans le bureau de l'Administration centrale, préparation de la lettre d'envoi au Conseil d'Etat, lettre qui est un nouveau rapport sur l'affaire.

Examen de la Section des Travaux publics au Conseil d'Etat. Rapport. Discussion.

Examen en assemblée générale du Conseil d'Etat. Rapport. Discussion.

Retour au Ministère des Travaux publics.

Signature du décret par le Ministre, par le Président de la République.

Insertion au *Journal officiel*.

Retransmission au préfet et aux ingénieurs.

Et alors seulement on peut marcher, au bout de quinze ou dix-huit mois, en supposant qu'il n'y ait pas l'ombre d'une difficulté et que tous les avis soient unanimes.

« Remarquons bien, ajoute à propos M. Taconet[1], qu'il ne s'agit ici que d'ouvrages pouvant être autorisés par simple décret; que sera-ce pour les travaux neufs dans nos ports? Ceux-ci, sous le régime actuel, nécessitent le concours de l'Etat; c'est, en vertu de la loi du 27 juillet 1871, une loi qui est nécessaire. En conséquence, dépôt d'un projet de loi, renvoi à la Commission compétente, rapport, discussion publique et ensuite formalités identiques au Sénat. »

Au lieu de dix-huit mois, ce seront des années.

En voici quelques exemples typiques:

Les travaux qui s'exécutent en ce moment au Havre pour un nouvel avant-port, une écluse, etc., ont été proposés en 1882. La loi qui les autorise est du 19 mars 1895; et ils sont loin d'être terminés, s'exécutant « avec une lenteur désespérante ». Il a donc fallu treize ans pour obtenir la loi et un délai de vingt-cinq ans court depuis les propositions.

---

1. *Exploitation et administration des ports maritimes.*

Les travaux beaucoup moins importants du bassin de la Pinède, à Marseille, ont été l'objet d'un projet en 1889. Ils ne sont pas terminés après dix-sept ans.

Au budget de 1903 figuraient encore des crédits affectés à des travaux dont la déclaration remonte à 1879 (Dunkerque) et même à 1875 (Calais).

La durée moyenne des travaux d'importance ordinaire est de quinze ans.

Il est inutile de faire remarquer que, dans ces conditions, des changements continuels doivent être apportés, durant l'exécution, aux conceptions primitives et que même le plus souvent, à l'achèvement, les ouvrages exécutés sont déjà démodés.

CHAPITRE III

PORTS FRANÇAIS ET ÉTRANGERS

DU COMMERCE

Quelques définitions succinctes sont nécessaires au début de cette étude.

Commerce général. — Le commerce général comprend :

A *l'importation* : la totalité des marchandises étrangères arrivées de l'étranger, des colonies et de la grande pêche, par terre ou par mer, et déclarées tant pour la consommation que pour le transit, l'entrepôt, le transbordement, la réexportation ou l'admission temporaire ;

A *l'exportation* : la totalité des marchandises qui sortent effectivement de France, sans distinction de leur origine nationale ou étrangère, c'est-à-dire les marchandises reprises au commerce spécial, plus les marchandises qui ne font que transiter sur le territoire français ou qui sont transbordées dans nos ports à destination de l'étranger, celles qui ont été extraites des entrepôts pour la réexportation et celles qui, après avoir été admises temporairement en franchise, sont remportées après main-d'œuvre.

En 1903, le commerce général de la France atteignait 9 053 millions dont 4 801 millions d'importations et 4 252 millions d'exportations. Pour l'Angleterre, ce chiffre s'élevait à plus de 22 milliards soit 13 565 d'importations et 9 009 d'exportations.

Commerce spécial. — Le commerce spécial comprend :

A l'*importation* :

1° Toutes les marchandises mises en consommation, c'est-à-dire la totalité des marchandises importées en exemption définitive de droit, et, s'il s'agit de marchandises taxées, les quantités qui ont été soumises à l'acquittement de droits soit à l'arrivée, soit après avoir été déclarées pour le transit, l'entrepôt ou l'admission temporaire;

2° Les sucres importés des colonies ou de l'étranger et déclarés sous le régime de l'admission temporaire;

A l'*exportation* :

1° La totalité des marchandises nationales exportées et les marchandises d'origine étrangère qui, ayant été admises en franchise ou nationalisées par le paiement des droits et se trouvant, par suite, sur le marché libre de l'intérieur, sont renvoyées à l'étranger ;

2° Les sucres exportés après raffinage à la décharge des comptes d'admission temporaire.

C'est ainsi que le commerce spécial en France a atteint pour 1904 :

	Importations (en millions)	Exportations (en millions)
Objets d'alimentation........	817	693
Matières nécessaires à l'industrie.	2853	1221
Objets fabriqués................	832	2537
TOTAL..........	4502	4451

La moyenne quinquennale a été de 1890 à 1904 :

	Importations (en millions)	Exportations (en millions)
1890-1894...................	4219	3420
1895-1899..................	4093	4507
1900-1904..................	4552	4215

La part revenant aux pays étrangers pour chacune de ces trois périodes a été de 90 0/0 en moyenne, soit pour nos colonies et pays de protectorat une marge de 10 0/0 environ.

Classification de la navigation. — Loi sur la marine marchande du 30 janvier 1893. — Sont réputés voyages au long cours ceux qui se font au delà des limites ci-après déterminées :

Au Sud, le 30e degré de latitude Nord ; au Nord, le 72e degré de latitude Nord ; à l'Ouest, le 15e degré de longitude du méridien de Paris ; à l'Est, le 44e degré de longitude du même méridien.

Sont réputés voyages au cabotage international ceux qui se font en deçà des limites assignées aux voyages au long cours, s'ils ont lieu entre les ports français, y compris ceux de l'Algérie, et les ports étrangers, ainsi qu'entre les ports étrangers.

Sont réputés voyages au cabotage français ceux qui se font de ports français à ports français, y compris ceux de l'Algérie.

L'Administration des Douanes distingue, au point de vue des provenances et des destinations des marchandises transportées par mer, le cabotage et le commerce extérieur. Le cabotage comprend les échanges par mer entre les ports français de l'Océan, de la Méditerranée et de la Corse. Le commerce extérieur s'entend des échanges entre les ports de la France et de la Corse et les ports étrangers, ceux de l'Algérie et des colonies.

Le cabotage est divisé lui-même en petit et grand cabotage ; le petit comprend les opérations d'échange entre les ports français situés sur la Méditerranée ou sur l'Océan ; le grand les échanges entre les ports de la Méditerranée et ceux de l'Océan.

Le cabotage en matière de navigation diffère donc de celui en matière d'échanges de marchandises.

PORTS FRANÇAIS

Situation actuelle des ports français. — A l'heure actuelle, notre marine commerciale n'occupe plus que le cinquième rang. « Nous payons aux étrangers, *au départ de nos ports,* 300 millions de francs pour le transport de 12 millions de

tonnes exportées. Il faut y ajouter *tout notre trafic détourné
par Anvers, Rotterdam et même Hambourg*, qui doit représenter au moins 2 millions de tonnes, soit au total une dîme
de 350 ou peut-être 400 millions, payée par nous aux marines étrangères. »

« Si l'on veut calculer autrement, notre pavillon couvre à
peine un quart de nos marchandises à l'entrée et à la sortie,
tandis que le pavillon allemand couvre près des deux tiers
des siennes et le pavillon anglais près des trois quarts. »

Dans le transport par mer des importations françaises,
pour 1904 on a les proportions suivantes :

```
Par navires français........................   24,63 0/0
    —        étrangers : des pays de provenance..  40,10
    —           —         des pays tiers...........  35,27
```

et pour les exportations :

```
Par navires français........................   53,27 0/0
    —        étrangers : des pays de provenance..  35,28
    —           —         des pays tiers...........  11,45
```

Sur les 24 529 439 tonnes transportées en 1904, par la voie
maritime (importations et exportations réunies) les navires
français figurent pour 8 022 081 tonnes ou 32,70 0/0, les navires étrangers des pays de provenance ou de destination
pour 9 502 866 tonnes ou 38,74 0/0 et les pavillons tiers pour
7 004 555 tonnes ou 28,56 0/0.

Non seulement la perte est énorme pour nos ports, mais
encore c'est durant leur passage dans les villes étrangères
que nos marchandises sont examinées et copiées, copiées si
maladroitement que leur bon renom même se perd.

Décadence des ports français. — Le tableau suivant indique les modifications survenues depuis 1870 dans le rang
successivement occupé par les principaux ports européens :

	1870	1880	1890	1900	1905
1	Londres.	Londres.	Londres.	Londres.	Londres.
2	Liverpool.	Liverpool.	Liverpool.	Hambourg.	Liverpool.
3	Marseille.	Anvers.	Hambourg.	Anvers.	Hambourg.
4	Gênes.	Marseille.	Anvers.	Rotterdam.	Anvers.
5	Hambourg.	Hambourg.	Marseille.	Liverpool.	Rotterdam.
6	Anvers.	Le Havre.	Rotterdam.	Marseille.	Marseille.
7	Le Havre.	Rotterdam.	Gênes.	Gênes.	Gênes.
8	Rotterdam.	Gênes.	Le Havre.	Brême.	Le Havre.
9	Trieste.	Brême.	Brême.	Trieste.	Brême.
10	Brême.	Trieste.	Amsterdam.	Le Havre.	Trieste.
11	Bordeaux.	Amsterdam.	Trieste.	Amsterdam.	Amsterdam.
12	Dunkerque.	Bordeaux.	Dunkerque.	Dunkerque.	Dunkerque.
13	Amsterdam.	Dunkerque.	Bordeaux.	Bordeaux.	Bordeaux.

Tableau qui est représenté par le graphique ci-dessous :

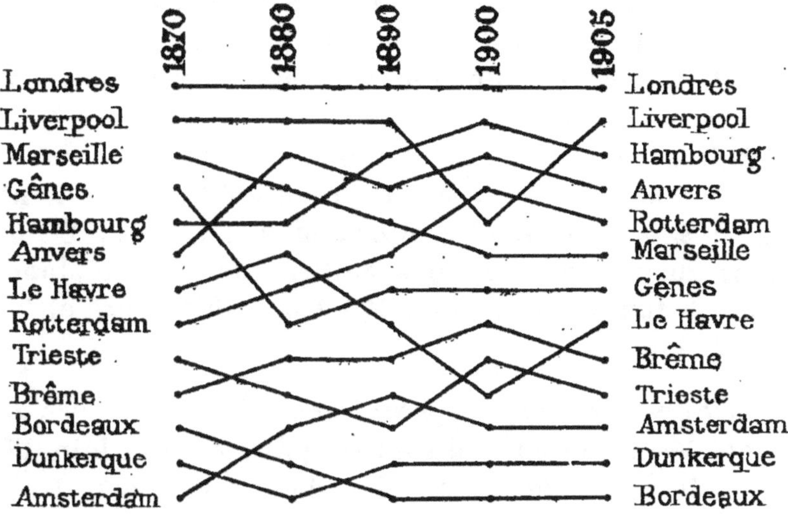

En ne comptant que le tonnage d'entrée, ces ports se classent dans l'ordre suivant pour les progrès réalisés durant cette période :

		1870	1905	AUGMENTATION	POURCENTAGE DE L'AUGMEN-TATION
1	Rotterdam ..	1 026 348	8 673 179	7 646 831	741
2	Hambourg ..	1 389 789	10 400 000	9 010 211	648
3	Anvers	1 362 606	9 816 516	8 453 710	621
4	Amsterdam .	405 109	2 066 000	1 660 891	415
5	Brême.......	660 089	3 350 198	2 690 109	407
6	Dunkerque..	411 721	2 063 033	1 651 312	400
7	Gênes	1 392 301	6 445 132	5 052 831	360
8	Londres	4 089 366	17 188 000	13 098 634	325
9	Marseille....	1 800 000	7 441 088	5 641 088	313
10	Bordeaux ...	514 437	1 999 003	1 484 566	288
11	Liverpool ...	3 416 933	7 806 000	4 390 000	228
12	Le Havre....	1 206 292	3 866 357	2 660 065	222
13	Trieste	»	»	»	».

Il importe d'ailleurs de remarquer que les statistiques ne concordent pas exactement, la mesure du tonnage n'étant pas toujours identique dans les divers pays. Ainsi, le tonnage d'Anvers devrait être diminué de 18 0/0 environ, ce qui réduirait le nombre donné au second tableau à 8.049.544 tonnes.

Il faut encore noter que le cabotage ne figure que dans les ports anglais.

Enfin, en 1906, le tonnage d'Anvers est devenu 10.865.000 tonneaux, soit en réalité 8.910.000. Hambourg a passé à 9.780.000, et Rotterdam à 8.346.000. L'augmentation, après réduction des chiffres de 1905, a donc été de 860.000 tonnes à Anvers, 770.000 à Hambourg et 700.000 à Rotterdam.

Critique des nombres précédents. — Ces nombres ainsi présentés — comme ils le sont toujours — sont loin d'indiquer la réalité des choses. La décadence des ports français est certaine, mais il y a lieu d'établir des points importants qu'éclairera une courte discussion.

Compte par tonnage d'entrée ou de sortie. — D'abord, il est d'usage de compter ensemble les tonnages d'entrée et de sortie. Or, il est évident que les deux, en résumé, sont identiques. Certes, tous les navires entrés dans une année ne ressortiront pas durant la même année ; quelques-uns, par exemple, entrés en décembre, ne partent qu'en janvier ; mais l'année bénéficie aussi des retardataires de l'an précédent, moins nombreux, il est vrai, si le port est en progrès.

Ce sont là des différences sans importance.

On compte donc, en définitive, comme si l'on multipliait les arrivages par 2 ; cette opération ne change pas les proportions entre les tonnages des ports, mais elle modifie les différences, en les faisant paraître beaucoup plus considérables.

Valeur de ce mode d'estimation. — En second lieu, ce mode d'estimation peut avoir sa raison d'être pour deux ports dont le genre de trafic est le même. Autrement, il peut conduire à des résultats absolument erronés.

Ainsi, tel port ne sert guère qu'à des escales. De grands navires y entrent pour y prendre un très petit lot de marchandises en cueillette ; la statistique fera figurer les milliers de tonneaux de jaugeage.

A ce compte, Cherbourg où touchent les grands paquebots allemands, sans presque rien manutentionner, figure comme un grand port.

Le rapport entre le tonnage des navires et le poids des marchandises manutentionnées est très variable et il est en moyenne :

Pour Calais....................	de 0,30
— Anvers....................	0,49
— Gênes....................	0,51
— Le Hâvre	0,54
— Marseille....................	0,56
— Barcelone	0,60
— Londres....................	0,65
— Liverpool....................	0,80
— Hambourg....................	0,81
— Dunkerque	0,86
— Rouen	0,95
— Newcastle....................	1,10
— Nantes	1,15

Ces chiffres demandent quelques explications.

Le rapport, très faible pour Calais, s'explique par les voyages répétés dans ce port des vapeurs faisant le service de l'Angleterre et qui ne prennent que les bagages des passagers.

Gênes est un port de transit, recevant beaucoup de charbon et n'expédiant pas grand'chose. C'est le tonnage de sortie qui diminue beaucoup le rapport ; Marseille ne fait guère de transit, mais expédie peu également.

Les coefficients de Newcastle et Nantes s'expliquent par la différence entre la jauge nette, qui est un nombre réduit, et la jauge réelle des bâtiments.

Valeur des marchandises. — Mais, le poids même des marchandises manutentionnées n'indique pas non plus l'importance réelle d'un port. La valeur des marchandises qui y ont été manutentionnées est également un facteur d'une haute importance.

En voici un exemple :

Le mouvement maritime de Marseille a été :

En 1903..............	14 465 584 tonnes
En 1904..............	12 659 871 —
TOTAL........	27 125 455 tonnes
Moyenne.............	13 562 727 —

Celui du Havre a été :

En 1903..............	6 305 849 tonnes
En 1904..............	6 607 689 —
TOTAL........	12 913 538 tonnes
Moyenne.............	6 456 769 —

La proportion est de 0,48 pour le Havre comparé à Marseille prise pour unité.

La valeur des marchandises manutentionnées, en 1903, atteignait :

Pour Marseille	2 235 000 000 francs
— le Havre.......	1 885 000 000 —

La proportion est alors de 0,84.

De pareils calculs de comparaison avec les ports étrangers offriraient des rapprochements intéressants. Mais il y a d'ailleurs d'autres considérations fort importantes à faire entrer en ligne de compte. La question du transit en est une, ni Marseille ni le Havre ne sont des ports de transit.

Il est des ports, comme Bilbao, Cardiff, etc., où les navires entrent presque vides et sortent pleins ; c'est le contraire à Gênes dont le trafic principal consiste dans la réception du charbon anglais, et qui exporte très peu.

Influence du transit. — Certains ports, comme Hambourg, Rotterdam, Anvers, Copenhague sont surtout des ports de transit. Ils reçoivent des marchandises destinées à être immédiatement exportées. Certainement, les opérations pratiquées dans le port y laissent toujours un bénéfice, jamais à dédaigner; mais le pays est loin d'y gagner dans la proportion que semblerait indiquer la vitalité du port.

A Gênes, le charbon anglais reçu reste en Italie où il donne la vie à l'industrie nationale; mais il n'est pas étonnant que, la quantité de combustible introduite étant de 2 millions et demi de tonnes par an, le trafic de Gênes semble concurrencer celui de Marseille, où la houille ne forme qu'une très minime partie des arrivages.

C'est que les mines du Midi de la France suffisent à l'industrie méridionale, et c'est là un grand avantage pour la France. Si demain ces mines s'épuisaient, Marseille recevrait aussi sans doute des millions de tonnes de charbons; la question ainsi posée change de face.

Situation de Rotterdam. — L'exemple de Rotterdam donne encore un autre aspect de la situation :

IMPORTATION A ROTTERDAM EN 1905

Minerais	4 697 308 tonnes
Céréales	3 702 446 —
Houille	1 336 885 —
Métaux bruts	464 516 —
— travaillés	166 768 —
Café	71 616 —
Margarine	51 254 —
Huiles végétales	194 501 —
Pétrole	380 108 —
Lard	42 070 —
Riz	95 922 —
Sucre brut	65 832 —
Tabac	34 050 —
Graines	203 409 —
Divers	2 805 186 —
TOTAL	14 311 871 tonnes

Sans tenir compte de la rubrique « divers », on voit que les minerais forment 33 0/0; et les minerais, céréales et houille ensemble, 68 0/0 des importations.

Les autres marchandises forment donc 32 0/0, soit environ 4.500.000 kilogrammes.

Or, les minerais et céréales (plus de 50 0/0 du total) sont presque entièrement destinés à l'Allemagne, où vont encore d'autres articles. Débarqués à Rotterdam, ils sont transbordés dans des bateaux qui remontent le Rhin.

Rotterdam est donc, en réalité, un port de transit et en partie un complément des ports allemands.

Ce rôle procure à la ville le bénéfice de la manutention et appelle en Hollande les mariniers du Rhin ; de sorte que si le développement du port de Rotterdam n'est pas une preuve de la vitalité de la Hollande, il n'en est pas moins une source relative de richesse pour le pays.

Matières alimentaires. — Enfin, il y a une catégorie de marchandises qui manquent presque entièrement à l'importation dans nos ports, ce sont les substances alimentaires.

La France, en 1900, importait pour 165 millions de ces substances ; l'Angleterre 5394 millions et l'Allemagne 2043 millions.

En 1886, ces trois quantités étaient respectivement 712 millions, 3507 et 577 millions.

On voit que l'Angleterre tire toute son alimentation de l'étranger. Un blocus d'un mois la réduirait à la famine absolue. L'Allemagne, de 577 millions de francs, a passé à 2.043, n'ayant de ressources que pour huit mois. La France se suffit à elle-même.

Les chiffres mentionnés pour 1900 n'ont fait, depuis lors, que s'accroître dans le même sens.

C'est le résultat du régime protectionniste. Tandis que l'agriculture disparaissait en Angleterre, qu'elle perdait un tiers de son importance en Allemagne, elle est arrivée à son apogée en France.

Cette constatation peut faire envisager, sans trop de pessimisme, la situation de nos ports.

Il ne faut pas oublier encore le tribut considérable en numéraire que les voyageurs apportent annuellement à la France et que ne constatent pas les douanes. Ni l'Angleterre, ni l'Allemagne n'ont cette source de revenus.

Causes de notre infériorité. — 1° Causes indirectes. — *Dépopulation.* — La question de la dépopulation vient fatalement se mêler à toutes les autres. L'Angleterre et l'Allemagne, par suite de l'augmentation de leur population, voient également augmenter leurs besoins et par conséquent leur commerce.

D'autre part, l'émigration est à peine sensible en France, tandis qu'elle est considérable en Allemagne, par exemple, et les émigrés installés à l'étranger conservent, par leurs habitudes, des relations commerciales avec leur pays d'origine.

Usages commerciaux. — Les industriels français vendent presque toujours livrable dans leur usine. Les acheteurs étrangers ont le choix du port d'embarquement et la propagande des lignes allemandes ou hollandaises impose Anvers, Rotterdam ou Hambourg.

Régime douanier trop rigoureusement protecteur. — Tout tarif protecteur restreint les importations, élève le prix des matières premières et de la main-d'œuvre à l'intérieur et, par suite, tend à diminuer les exportations. Pour remédier à ces conséquences désastreuses, surtout pour les ports, les négociants ont été autorisés à déposer en franchise dans des entrepôts réels toutes espèces de marchandises, mais ils ne peuvent leur faire subir des manipulations que sous le contrôle de l'administration des douanes. Celle-ci accorde bien le bénéfice de l'admission temporaire, mais après de lentes formalités et pour un nombre restreint de spécialités ; c'est-à-dire que les avantages sont largement compensés par les inconvénients d'une surveillance et d'une réglementation rigoureuses.

Pour favoriser le trafic maritime, les marchandises extra-européennes, importées en France après avoir touché un port européen, sont frappées d'une surtaxe, mais cette protection accordée aux ports français renchérit les matières premières et gêne par suite nos industriels.

Ce qui revient à dire que notre régime douanier est tout à fait défectueux et qu'il importerait de le modifier promptement.

Rôle des banques. — Les capitaux français ne s'utilisent guère dans les entreprises industrielles françaises. Quant à nos banques, elles s'occupent principalement des émissions, des opérations de bourse, du lancement des valeurs étrangères.

En Allemagne, il s'est établi entre la Banque, l'industrie et le commerce, une intimité, une étroitesse de relations qu'on ne retrouve nulle part et qui a été pour ce pays une cause de puissance remarquable (M. Schwob).

« Les banques allemandes ouvrent de très notables crédits, soit contre des garanties personnelles ou réelles, soit, et très souvent, à découvert. Les plus grandes maisons s'intéressent au haut négoce et à la haute industrie ; les maisons moins importantes au moyen commerce et aux petites fabriques ; les maisons de troisième et de quatrième ordre aux petits patrons. L'homme intelligent et pratique trouve en Allemagne, plus facilement que partout en Europe, le plus puissant secours sous cette forme. » (A. Sayons.)

Partout, à l'étranger, les banques allemandes ont fondé des succursales, toujours prêtes à venir en aide à leurs nationaux.

Organisation diplomatique et consulaire. — Ce chapitre ne pourrait être que trop long et on le résumera en un mot. Seul, le Français n'est pas efficacement protégé à l'étranger par la représentation de son pays. On a pu voir parfois nos compatriotes préférer aller demander l'aide d'agents allemands, heureux de se prêter à ce rôle. Le moindre agent consulaire se croit « de la carrière » et entend rester étranger aux affaires de ses nationaux. Aussi l'industrie allemande, anglaise, américaine, belge est-elle infiniment plus prospère que la nôtre dans les autres pays.

Voies de communication. — Enfin, l'absence de canaux dans certaines parties de la France, le percement des tunnels du Gothard, du Simplon et autres ont détourné de la France un courant considérable de transit. Nos grandes artères fluviales sont rares et le plus souvent d'une utilité difficile, parce que leur débit est trop irrégulier, leur pente trop rapide et leur cours trop capricieux ; tout au plus peut-on songer à les améliorer.

2° CAUSES DIRECTES. — *Amélioration des ports étrangers.* — Les gouvernements ont, de leur côté, compris partout à l'étranger la nécessité de donner aux ports, appelés à la concurrence universelle, les moyens de lutter contre leurs concurrents et les indications suivantes montrent la part énorme affectée à certains ports.

Dépenses effectuées dans les principaux ports étrangers. — *Hambourg* : de 1880 à 1900 : 300 millions et les nouveaux bassins 54 millions.

Liverpool : de 1891 à 1904 : 150 millions; le programme complet en cours d'exécution coûtera 212 millions.

Rotterdam : 150 millions depuis la création de la nouvelle entrée de Hoek von Holland.

Londres : le programme projeté coûtera 175 millions.

New-York : le nouveau chenal d'accès coûtera 120 millions.

SOMMES DÉPENSÉES POUR LES PORTS BELGES

DE 1830 A 1905 INCLUSIVEMENT

PORTS	DÉPENSES		SOMMES PRÉVUES au budget actuel de l'État	TOTAUX
	PAR L'ÉTAT	PAR LA VILLE		
	francs	francs	francs	francs
Anvers........	127 513 500	95 000 000	39 000 000	261 513 500
Gand.........	50 337 600	16 638 500	10 527 800	77 503 900
Ostende	37 171 400	9 467 500	5 500 000	52 138 900
Blankenberghe	2 544 900	»	1 930 400	4 475 300
Zeebrugge	37 181 000	»	9 785 400	46 966 400
Nieuport......	3 485 600	»	500 000	8 985 600
TOTAUX....	258 234 000	121 106 000	67 243 600	446 583 600

Les nouveaux travaux prévus pour Anvers coûteront plus de 250 millions.

Aussi, les résultats obtenus répondent-ils à ces dépenses :

TABLEAU DES NAVIRES
ENTRÉS DANS LES TROIS GRANDS PORTS DU NORD

ANNÉES	HAMBOURG		ANVERS		ROTTERDAM	
	NOMBRE de navires	TONNAGE en milliers de tonneaux	NOMBRE de navires	TONNAGE en milliers de tonneaux	NOMBRE de navires	TONNAGE en milliers de tonneaux
1896 ..	10 477	6 445	4 951	5 820	5 904	4 951
1897 ..	11 173	6 708	5 106	6 215	6 212	5 409
1898 ..	12 523	7 355	5 198	6 415	6 373	5 715
1899 ..	13 312	7 768	5 420	6 842	6 890	6 326
1900 ..	13 103	8 041	5 244	6 691	7 268	6 586
1901 ..	12 847	8 383	5 225	7 488	6 881	6 382
1902 ..	13 297	8 727	5 590	8 401	6 755	6 546
1903 ..	14 028	9 156	5 775	9 115	7 499	7 626
1904 ..	14 861	9 613	5 852	9 400	7 692	7 657
1905 ..	15 118	10 832	6 034	9 846	8 138	8 339

TONNAGE MOYEN DES NAVIRES

ANNÉES	HAMBOURG	ANVERS	ROTTERDAM
1896	615	1 182	838
1897	600	1 217	870
1898	587	1 234	902
1899	583	1 262	917
1900	613	1 276	906
1901	652	1 433	927
1902	654	1 503	967
1903	653	1 578	1 016
1904	646	1 602	995
1905	686	1 631	1 024

Dépenses pour les ports français. — Les dépenses antérieures à 1876 s'élevaient à 522.000.000 de francs. Elles ont été, de 1876 à 1899 de 641.000.000, soit en tout 1.163.000.000 de francs.

A côté des chiffres énormes donnés ci-dessus, il est bon de mettre ceux relatifs à nos deux principaux ports.

De 1825 à 1898, le port de Marseille a coûté 126 millions. La somme dépensée de 1872 à 1903 n'est que de 78 millions. dont 12 millions d'entretien.

Le port du Havre, de 1872 à 1904, a coûté 147 millions dont 25 millions environ d'entretien.

Et ces sommes ont été dépensées « par petits paquets », n'arrivant jamais à satisfaire aux besoins urgents.

Le tableau de la page 35 sera consulté avec fruit pour se rendre compte de l'importance des ports dans le commerce de la France.

Causes du développement d'un port. — *Considérations générales*. — Les grands ports étrangers, Hambourg, Gênes surtout, se sont donc développés d'une façon extraordinaire, pendant que le mouvement des nôtres ne s'accroissait qu'avec une grande lenteur. Nombre de conditions concourent au succès d'un port; on va les passer en revue[1].

Il faut considérer d'abord la zone d'attraction, composée de la région pour laquelle il est plus avantageux d'expédier ses marchandises vers ce port que vers tout autre, et la zone d'expansion, pour laquelle il est plus avantageux de recevoir ses marchandises de ce port que de tout autre.

Il s'agit donc de l'expédition et du drainage de toutes les marchandises par tous les modes de transport existants, voie ferrée, navigation intérieure, navigation maritime (cabotage et long cours, voile et vapeur) qui viennent se nouer et, suivant le cas, s'aider ou se contrarier en un même point.

Dans les transports par chemins de fer, entrent en ligne de compte la puissance de trafic des lignes, c'est-à-dire les rampes, la qualité et le nombre des voies, l'homogénéité du réseau, les passages de ce réseau sur les voisins, les possibilités de trains directs et de tarifs communs.

Pour la batellerie, les éléments importants sont le courant du fleuve, le tirant d'eau, les périodes où le matériel travaille à pleine charge ou à demi-charge et pour les canaux, le

1. Plusieurs considérations exposées ici sont empruntées au très remarquable ouvrage de M. Maurice Schwob, *Avant la bataille*.

OPÉRATIONS DES CINQ PRINCIPAUX PORTS FRANÇAIS EN 1904

	TONNEAUX de JAUGE NETTE	TONNES de MARCHANDISES	COEFFICIENT D'UTILISATION	VALEUR TOTALE des marchandises	VALEUR MOYENNE par tonne	POURCENTAGE dans les IMPORTATIONS TOTALES en France
				millions	francs	
COMMERCE EXTÉRIEUR — ENTRÉES						
Marseille............	5 467 081	3 055 813	0,56	1 153,6	377	0,20
Le Havre............	2 776 878	1 817 146	0,65	1 033,2	568	0,18
Dunkerque..........	1 508 658	1 692 303	1,12	598,2	359	0,10
Bordeaux...........	1 210 709	1 464 989	1,21	278,4	190	0,05
Rouen..............	997 222	1 917 079	1,92	178,7	93	0,03
Autres ports........	10 484 027	7 670 399	0,73	2 479,4 [1]	»	»
TOTAL par les ports...........	22 444 575	17 617 729	0,79	»	»	»
TOTAL par les frontières de terre..	»	11 969 619	»	»	»	»
TOTAL en France..............	22 444 575	29 587 348	»	5 721,5	193	»
COMMERCE EXTÉRIEUR — SORTIES						
Marseille............	5 646 010	2 039 811	0,36	907,5	445	0,16
Le Havre............	2 869 937	726 299	0,25	835,3	1 150	0,145
Dunkerque..........	1 549 189	557 943	0,36	156,6	279	0,027
Bordeaux...........	1 349 845	688 718	0,51	316,7	459	0,054
Rouen..............	910 150	294 425	0,32	85,1	289	0,014
Autres ports........	10 314 819	2 605 619	0,25	3 445,9 [1]	»	»
TOTAL par les ports...........	22 639 950	6 912 815	0,30	»	»	»
TOTAL par les frontières de terre..	»	6 310 864	»	»	»	»
TOTAL en France..............	22 639 950	13 223 679	»	5 747,1	435	»

1. Cette somme comprend non seulement la valeur des marchandises par les ports non dénommés, mais encore celles importées ou exportées par les frontières de terre.

nombre et la dimension des écluses, le mode de halage, l'encombrement, la fréquence et la durée des chômages.

Influence des lignes régulières. — La concentration de la fabrication dans de grandes usines a rendu nécessaire la sécurité de l'arrivée des matières premières. Un petit industriel peut trouver à s'approvisionner un peu au hasard ; les maisons importantes doivent être sûres de recevoir à des dates déterminées leurs provisions.

D'autre part, les grandes industries, en se faisant concurrence, ont abaissé notablement les prix de vente. Le bénéfice n'est donc possible que par la diminution des prix de revient.

Aussi le régime nouveau a-t-il eu pour conséquence la suppression graduelle du commerce d'entrepôt. Les relations directes, sans intermédiaires, s'y sont substituées.

Cependant, les maisons capables d'affréter pour elles seules les grands navires sont rares. Et ceux-ci sont les seuls économiques. Elles doivent s'adresser à des bâtiments faisant le commerce général, et l'on conçoit alors l'intérêt des lignes régulières, dont les navires partent et arrivent à jour fixe, ou à peu près du moins pour les arrivées, et touchent à des escales régulières.

Le port tête de lignes régulières verra donc, par ce fait même, son trafic s'augmenter. Le fret peut bien être un peu plus élevé sur ces lignes, mais la ponctualité et la sécurité des approvisionnements font passer sur cet inconvénient.

Il n'y a, pour se rendre compte de l'importance des lignes régulières, qu'à voir ce qui se passe à Anvers, où font escale la plupart des lignes allemandes et anglaises. Le commerce et l'industrie français adressent, par wagon complet, à leur correspondant d'Anvers, des marchandises diverses et souvent destinées à des ports différents. Là bas, le correspondant dirige les colis sur les navires qui les emportent.

Si les commerçants voulaient se servir des lignes françaises, ils devraient envoyer leurs colis en plusieurs ports. C'est ainsi que l'Orient est desservi par Marseille, l'Amérique du Nord par le Havre, l'Amérique centrale par Saint-Nazaire, l'Amérique du Sud par la Pallice et Bordeaux. Mais alors, ils n'auraient pas toujours, pour chacun de ces points, le chargement d'un wagon complet et le transport serait beaucoup plus onéreux.

Pour les mêmes motifs, Hambourg reçoit beaucoup de marchandises qui, naturellement, devraient aller à Brême ou à Rotterdam ; ce dernier port n'a pas de lignes régulières pour le Canada, l'Australie, l'Argentine, l'Afrique méridionale, le Pacifique.

Influence des tarifs de chemin de fer. — Ce qui manque principalement en France, c'est le fret de sortie ; sur les 25 millions de tonnes représentant le mouvement des marchandises dans nos ports, il n'y en a que 6 ou 7 qui sortent, soit environ le quart, et c'est le fret lourd qui manque le plus.

Une cargaison, pour être fructueuse, doit comprendre des marchandises lourdes et d'autres légères, presque en parties égales. Un navire jaugeant 6 000 tonneaux ne porte guère que 6 000 tonnes en léger. Il peut presque en porter 4 000 tonnes lourd et 4 000 en léger : les frais du voyage se répartissent sur 8 000 tonnes au lieu de 6 000.

Beaucoup de nos produits lourds, fers et ciments, ne peuvent être exportés, parce que leur transport au port est trop coûteux.

Ainsi, pour porter des métaux à Dunkerque, le prix de la tonne kilométrique revient :

De Commercy.................... à 0 fr. 028
Du Creusot......................   0 fr. 034
De Saint-Chamond.............   0 fr. 032

Aux États-Unis, pour les gros tonnages et les longues distances, le tarif est de 0 fr. 01, soit le tiers du précédent.

La concurrence des chemins de fer s'exerce encore d'une autre façon : les barèmes arrivent à détourner les produits des ports : ainsi, de Valenciennes à Périgueux (721 kilomètres), une tonne de fer paye 32 fr. 85, et de Valenciennes à Bordeaux (826 kilomètres, 16 fr. 85). La différence tient à ce qu'on veut enlever le transport aux caboteurs.

La Compagnie de l'Est, pour conserver plus longtemps les marchandises sur son réseau, au lieu de les repasser à celui du Nord, préfère les envoyer à Anvers qu'à Dunkerque.

Influence de l'organisation administrative. — La prospérité des ports dépend en grande partie de celle de la marine marchande, bien qu'il en existe beaucoup hors de France, qui ne soient visités que par des bâtiments étrangers.

En Allemagne, l'impulsion énergique donnée à la marine marchande provient de l'État et est due à l'organisation spéciale du service qui la dirige. C'est le *Reichsamt des Innern*, analogue à notre Ministère de l'Intérieur ; il se trouve dans les attributions du Chancelier de l'Empire, qui en est lui-même le directeur omnipotent.

C'est là que sont concentrés tous les bureaux qui ont à s'occuper du navire de commerce : service des primes, courtages, statistiques, jaugeages, subventions postales, personnel; c'est le *Reichsamt* qui a dans ses attributions les canaux, les fleuves et rivières, etc.

Tentatives de réforme du régime français. — La constatation de l'infériorité de nos ports vis-à-vis des ports étrangers a nécessairement donné lieu à de nombreux projets de réformes, tant au point de vue financier qu'à celui du régime administratif.

Les Finances. — Les modifications proposées dans le régime financier consistent dans l'extension des péages locaux et la spécialisation des recettes.

Péages locaux. — La première partie a été réalisée dans une certaine mesure on l'a vu, par la concession aux villes et surtout aux Chambres de commerce, que l'on citera uniquement, en échange d'une participation aux dépenses, laquelle est au minimum actuellement de 50 0/0 et est montée jusqu'à près de 80 0/0.

Mais ces taxes locales ne sont pas destinées à donner le principal des fonds nécessaires, et l'on a proposé d'imiter l'exemple de l'Angleterre, où elles forment, sauf quelques exceptions, la garantie de la totalité des dépenses d'établissement et d'entretien. On verra que, dans les autres pays, d'ailleurs, l'État intervient toujours pour une portion des dépenses ; aussi les droits de port y sont-ils moindres qu'en Angleterre, où ils sont très élevés.

En France, un système de taxes équivalentes à celles qui existent en Angleterre, et sur le produit desquelles on prélèverait le montant des charges annuelles, laisserait disponibles 24 ou 25 millions pour le service des intérêts des dépenses faites dans les ports maritimes. Or, il ne faut pas oublier que, depuis seulement la loi du 17 mai 1837 sur les travaux extraordinaires, la somme dépensée pour les ports n'est pas loin d'atteindre un milliard.

Le système anglais appliqué en France n'aurait donc pas permis de gager les emprunts nécessaires à l'exécution des travaux accomplis durant cette période.

C'est que beaucoup de nos ports se trouvent, au point de vue des dépenses de construction et pour deux raisons principales, nécessairement inférieurs à ceux d'outre Manche.

D'abord, le commerce général est bien moins actif; d'autre part, les ports anglais sont généralement situés dans des localités très protégées, où les travaux extérieurs de défense sont très réduits, de sorte que les dépenses exécutées concernent surtout les appropriations intérieures, quais, bassins à flot, etc., productives de revenus.

Il en est généralement autrement en France..

La concurrence des ports continentaux fait à notre pays une nécessité d'abaisser autant que possible les taxes à acquitter par les navires; il y a donc de ce côté encore un obstacle à l'adoption du régime anglais.

Spécialisation des recettes. — Elle consisterait à affecter directement à l'entretien et à l'amélioration du port les recettes qui y sont recouvrées. Le système serait sans doute avantageux aux grands ports. Quant aux petits, ils seraient absolument sacrifiés, si l'Etat ne leur venait en aide, comme il le fait en Angleterre pour les ports de pêche.

DU RÉGIME DES PORTS A L'ÉTRANGER

Angleterre. — *Exploitation libre.* — Tandis que la propriété des ports français est complètement entre les mains de l'État, en Angleterre, la décentralisation est absolue et les détails d'exploitation sont très variables.

En général, les ports appartiennent à des administrations locales, à des corporations. Ce sont ou des municipalités (Bristol) ou des sociétés particulières. Jusqu'en 1887, le port de Cardiff appartenait en propre au marquis de Bute, qui l'a cédé à une société anonyme dont il possède d'ailleurs toutes les actions.

Enfin, l'État possède une douzaine de ports secondaires, ressortissant au Board of Trade (Bureau du Commerce), à l'Amirauté ou à la Commission des Travaux publics d'Irlande.

Les ports les mieux administrés sont en général ceux qui appartiennent aux Compagnies de chemins de fer, très intéressées à augmenter le trafic de leurs points terminus.

La création, l'agrandissement d'un port exige une loi. L' « act », ainsi obtenu, autorise l'exécution des travaux, règle la concession du domaine public et l'autorisation d'exproprier. Il détermine également le mode d'administration, les conditions des emprunts à effectuer, les taxes à percevoir et interdit les inégalités de traitement envers le public.

Deux actes de 1847 : « Commissioners, clauses, act » et « Harbours, Dock and Piers act », contiennent les conditions générales qui sont applicables à tous les cas particuliers.

L'État n'intervient pas dans les dépenses. Toute allocation serait regardée comme « dangereuse pour le développement des travaux d'intérêt public, constituant une faveur arbitraire, troublant les conditions actuelles de la concurrence et incitant les localités intéressées à rechercher les éléments de prospérité plutôt dans la faveur du pouvoir que dans les énergies et leurs ressources propres.

L'État ne prend part, par des subsides ou d'une façon complète, qu'aux travaux des ports de refuge, de ceux affectés à la pêche ou aux services postaux.

Les administrations des ports se remboursent au moyen de taxes très différentes. Ces taxes officielles sont encore rendues plus complexes par des remises, des arrangements particuliers, qu'on désigne sous le nom de *conférences* ou *ristournes* et qui ont pour but de protéger le commerce national.

Sauf quelques ports, dont le plus important est Greenock, à l'embouchure de la Clyde, les dépenses des ports sont couvertes par les recettes. S'il y a excédent, le corps concessionnaire peut même constituer une caisse de réserve. Dans aucun cas, en France, la chose n'est permise.

ADMINISTRATIONS. — Les administrations des ports anglais sont très diverses, suivant les propriétaires. Souvent elles se composent de membres élus par les négociants et les armateurs de la ville.

Des membres de droit, représentant certaines autorités parfois même des particuliers, puissants propriétaires fonciers, comme à Swansea, en font partie.

Lorsque le port est possédé par des municipalités ou des Compagnies, ce sont les conseils municipaux ou les conseils des Compagnies qui ont la haute main ; dans tous les cas, la direction en est confiée à un « manager général ».

Liverpool et Birkenhead. — Pour donner des exemples, on rappellera que les ports de Liverpool et Birkenhead sont régis par le *Mersey docks and harbours Board.* Ce Conseil d'administration se compose de 28 membres, dont 24 élus par les négociants de Liverpool ayant au moins 250 francs de droits au Conseil du port et 4 désignés par la Commission des conservateurs de la rivière, Commission spéciale chargée de la protection de la navigation de la Mersey et dont le rôle est d'ailleurs peu actif.

Belfast. — En Irlande, le port de Belfast est administré par une Commission composée du maire de la ville et de 21 membres élus, renouvelables par tiers chaque année.

Glasgow. — Le port de Glasgow est placé sous l'autorité d'une corporation présidée par le maire de la ville et composée de délégués du Conseil municipal et de membres élus par les négociants. Celui de Greenock, créé pour faire concurrence à Glasgow, se trouve en état d'insolvabilité ; il est administré par un Conseil de 25 membres, dont 16 sont élus par le Conseil municipal, 9 par les armateurs et négociants payant des droits de ports.

Administration du port de Londres. — Londres, qui est le plus grand port du monde, est également le plus mal administré, la routine et les abus des siècles s'étant accumulés et transmis, de façon à empêcher tout progrès.

L'autorité se divise en cinq corps constitués, qui sont :

Thames Conservancy ;

Corporation of Trinity House ;

Hall of Watermen ;

Le Service de la Santé ;

Metropolitan Police.

Il faut y joindre encore :

Les Compagnies de Docks ;

Les Douanes ;

Les Compagnies de chemins de fer ;

Les propriétaires et usagers des quais ;

Les Trade Unions.

A. La « Thames Conservancy » (Conservation de la Tamise) a les pouvoirs et obligations suivants :

1° Haute police sur tous les navires à l'intérieur du port ;

2° Organisation de la navigation du fleuve ;

3° Nomination des capitaines du port, qui sont chargés du trafic du fleuve, des mouvements et des manutentions des navires ;

4° Enlèvement des épaves et obstacles ;

5° Dragages et amélioration de la Tamise ;

6° Installation des quais, des appontements, des réservoirs et magasins pour explosifs et pétroles. Signaux de navigation.

Les recettes de la « Thames Conservancy » proviennent surtout de taxes prélevées sur les navires fréquentant le port.

B. La corporation de Trinity House a dans ses attributions le pilotage, l'éclairage, le balisage du fleuve. Elle touche des taxes spéciales, sur tout bâtiment entrant dans un port anglais ou en sortant.

C. Le « Hall of Watermen » a le monopole de la navigation sur les allèges et des manutentions des marchandises transportées par petites embarcations.

D. Le service de la santé est à la charge du Conseil municipal.

E. La police de Londres est chargée de la surveillance de la Tamise; mais les docks, propriété privée, ont une police spéciale.

F. Tous les docks de Londres appartiennent à des Compagnies particulières, qui sont :

a) London and Judia Docks Company, qui possède West, East, et South-West India Docks; London et Saint-Katherine docks; Victoria et Albert Docks; Tilbury Docks.

b) Surrey Commercial Docks;

c) Millwall Docks;

Certaines Compagnies de canaux ou de chemins de fer possèdent, en outre, quelques petits bassins : Rentfort dock, Chelsea dock, etc.

Les revenus des Compagnies consistent en taxes sur les bateaux entrant, — sur les marchandises chargées ou déchargées à quai, — sur la location des magasins.

Malheureusement un privilège accordé aux *lighters*, et sur lequel on ne peut insister ici, fait perdre une grande partie des taxes possibles, et, en somme, la situation des Compagnies n'est rien moins que brillante.

D'ailleurs, l'accès de la Tamise est difficile pour les grands navires actuels, et il y aurait lieu de procéder à des rectifications et à des dragages importants. Seul, Tilbury Dock peut recevoir ces bâtiments, mais il est éloigné de 40 kilomètres du centre des affaires.

Aussi Londres est-il menacé d'un prochain déclin, et une Commission nommée par le Gouvernement a-t-elle demandé la formation d'une Administration unique, qui rachèterait tous les bassins avec leurs magasins et aurait à dépenser environ 200 millions, tant pour améliorer la condition du fleuve que celle des bassins.

La question paraît sur le point d'être résolue, et il y a urgence.

Port de Greenock. — MM. Colson et Roume ont donné les renseignements suivants sur le port de Greenock.

Ce port offre l'exemple d'un cas très remarquable de l'insolvabilité d'un établissement public.

Il est administré par un conseil de 25 membres, 16 élus par le Conseil municipal, 9 par les armateurs et négociants payant des droits de port.

On a construit en 1886 un bassin à flot, avec forme de radoub, pour 21 millions et demi, moyennant des emprunts, et le budget du port s'est trouvé en déficit dès les commencements de l'exploitation.

Personne n'a eu l'idée de demander un secours à l'État. Cependant, même au moment où ont été obtenus les « acts » autorisant les emprunts, on ne pouvait raisonnablement compter sur un trafic permettant de suffire aux charges dès l'ouverture du nouveau dock.

En eût-il été de même si le pouvoir central avait eu des droits plus étendus vis-à-vis des autorités locales? Si, au lieu d'une demande faite par les intéressés, il y avait eu un projet de loi présenté par le Gouvernement, avec exposé des motifs, si les projets avaient été approuvés, les estimations contrôlées par des agents de l'État, il eût peut-être été difficile pour le Gouvernement de décliner toute responsabilité vis-à-vis des prêteurs, même en admettant le principe que chaque port est un établissement spécial vivant de sa vie propre.

Sans doute une surveillance effective exercée par l'État rendrait plus difficiles de tels faits. Dans la discussion des « acts » d'un port, le Board of Trade ne présente d'observations que sur les dispositions qui lui paraissent de nature à porter préjudice au commerce et à l'intérêt public; les particuliers ne sont admis à combattre le bill que s'ils ont à redouter un tort direct; la simple menace d'une concurrence ne suffit pas pour leur donner qualité.

Une entreprise aventurée peut être autorisée par le Parlement, sans que l'attention ait été attirée sur ses dangers.

Pays-Bas. — *Exploitation par les villes maritimes.* — L'État n'intervient que pour donner une sanction législative aux mesures d'ordre général. La caractéristique du système est que les ports sont la propriété des villes, qui se remboursent de leurs dépenses non seulement par des taxes spéciales sur le port lui-même, mais également par les ressources ordinaires de la municipalité, ressources qui peuvent être augmentées par des impôts frappant toute la communauté.

C'est ainsi, par exemple, que le seul impôt sur le revenu existant en Hollande, est une contribution de 3 0/0 qui frappe les habitants d'Amsterdam pour payer les dépenses du port.

Grâce à ces ressources puisées, en dehors des droits de port Rotterdam a pu considérablement abaisser ceux-ci et devenir ainsi le centre commercial le moins coûteux des contrées du Nord.

Il convient de noter que les canaux maritimes de Rotterdam et d'Amsterdam à la mer ont été effectués par l'État.

Administration du port de Rotterdam. — Tous les travaux du port de Rotterdam, y compris les quais sur la Meuse, sont entièrement à la charge de la ville. Le port est administré par la municipalité. L'État et la province n'interviennent pas ; seuls la régularisation du fleuve et son entretien sont à la charge de l'État.

Les ouvrages des bassins sont à la charge de la Commission des travaux communaux, collège nommé par le Conseil municipal et composé de six de ses membres. Le président est l'un des échevins.

Cette Commission a sous ses ordres le directeur des travaux municipaux, chef de toute l'administration technique, composée d'ingénieurs, de conducteurs, etc., de 1500 ouvriers, car tous les travaux s'exécutent en régie.

Une autre Commission est chargée de la partie commerciale du port.

Espagne. — Le régime y est à peu près le nôtre, mais, depuis 1870, le port de Barcelone est dirigé par une *Junta*, qui a obtenu un grand succès et a été imitée dans d'autres ports, tels que Bilbao, etc.

Elle comprend des délégués de la Députation provinciale un Conseil général, de l'Ayemtamiento ou Conseil municipal, de la Chambre d'Agriculture, Industrie et Commerce, des représentants de la Marine, des ingénieurs et directeurs de Travaux publics, des délégués des négociants et des marins élus, au nombre de quatre et deux suppléants.

Le Gouvernement accorde d'ailleurs aux ports, d'après la loi du 7 mai 1880, des subventions en cas de nécessité.

Belgique. — En Belgique, le régime est beaucoup moins tranché.

L'État prend à sa charge les voies navigables et, par conséquent, l'entretien des passes de l'Escaut dont il possède également les quais établis à Anvers ; mais les bassins ont été construits par la ville et sont exploités par elle.

C'est l'État qui a construit la majeure partie du port d'Ostende, et la Compagnie des installations maritimes de Bruges n'a participé que pour 7 millions environ dans l'établissement des ports de Zeebrugge et de Bruges.

Administration du port d'Anvers. — La direction et la gestion du port sont confiées au conseil communal d'Anvers, présidé par le bourgmestre nommé par le roi, et composé de 39 membres élus.

Le collège du bourgmestre et des cinq échevins, nommés par le conseil communal, constitue une Commission administrative et exécutive qui examine et prépare toutes les affaires. Celles-ci, votées par le conseil, sont soumises, suivant leur importance, à la sanction de la Députation permanente de la province ou à celle du roi.

L'échevin du commerce est chargé de la gestion de tous les établissements maritimes et de la police du port ; c'est de lui que relève le capitaine commandant du port et son personnel.

L'échevin des travaux publics a dans ses attributions le service technique dirigé par l'ingénieur en chef de la ville, les bassins et leurs dépendances, l'outillage du port, ainsi que le personnel et le matériel de l'exploitation.

La police de la rade, les phares et balises, le pilotage, l'exploitation des voies ferrées, des quais, le service de la douane sont du ressort de l'État.

Une Commission consultative, comprenant 5 fonctionnaires de l'État et 2 de l'Administration communale, assure la bonne entente des divers services. Les 7 membres sont : le directeur de l'exploitation des chemins de fer d'Anvers, le chef de service des gares commerciales, l'ingénieur en chef du service local du chemin de fer, le directeur du pilotage, l'inspecteur des douanes, l'ingénieur en chef de la ville, le capitaine de port.

Allemagne. — Chacun des États qui constituent l'Empire allemand a la propriété et la charge des ports établis sur son territoire. L'Empire est intervenu par des subventions accordées à Hambourg, Brême.

Le budget de ces deux ports figure sur celui de l'État lui-même. Les droits de quai et les péages spéciaux aux bassins sont loin de compenser les dépenses ; comme en Hollande, celles-ci sont supportées par l'ensemble de la population, et Brême a également établi un impôt de 3 0/0 sur le revenu. Là aussi, on a voulu développer le trafic et par suite la prospérité générale en abaissant les taxes du port.

Italie. — En Italie, les ports sont classés en deux catégories :

A la première appartiennent les ports et atterrages qui intéressent la sécurité de la navigation générale et servent uniquement ou principalement de refuge ou à la défense militaire et à la sécurité de l'État.

De la seconde font partie les ports et approches qui servent principalement au commerce.

Ceux-ci se divisent en quatre classes :

I. Les ports têtes de grandes lignes de communication ; ceux dont le mouvement commercial, profitant à une partie étendue du royaume et au trafic international terrestre, en fait des ports d'intérêt général pour l'État ; ceux où le mouvement général des marchandises dépasse 250.000 tonnes pendant chacune des trois dernières années ;

II. Ceux dont le commerce n'intéresse qu'une ou plusieurs provinces et dont le mouvement annuel dépasse 25.000 tonnes;

III. Ceux dont le mouvement s'étend seulement à une

partie notable d'une province, et d'un mouvement supérieur à 10.000 tonnes ;

IV. Ceux qui n'entrent pas dans les trois classes précédentes.

Les dépenses des ports de la première catégorie sont à la charge de l'État, excepté si elles ont un but commercial.

Pour les autres, la part de l'État est la suivante :

Première classe : 80 0/0 ; le reste est à la charge des provinces et communes ;

Deuxième classe : 70 0/0 si le mouvement commercial dépasse 100.000 tonnes et 60 0/0 dans le cas contraire ;

Troisième classe : 40 0/0 ;

Quatrième classe : Toute la dépense est à la charge dès communes intéressées, sauf pour les travaux neufs ou d'amélioration. L'État intervient alors pour 30 0/0 et la province intéressée pour 10 0/0.

Pour les trois premières classes, les dépenses sont réparties de la façon suivante :

50 0/0 à la charge de la province où est situé le port, avec le concours des autres provinces intéressées, disposition réglée par décret royal ;

50 0/0 à la charge de la commune où le port est situé, avec concours des autres communes intéressées, disposition réglée de la même façon.

La répartition entre communes intéressées s'effectue au moyen de la formule :

$$q = \frac{(R + P)\,[3l - (D + 2d)]}{\Sigma\,(R + P)\,[3l - (D + 2d)]}.$$

où les lettres représentent :

R, le montant des contributions directes annuelles payées par la Commune ;

P, le chiffre de la population ;

D, la distance entre le port et la commune par voie ferrée ;

d, cette distance par voie ordinaire ;

l, le maximum de la valeur de D $+ d$.

La même formule s'applique pour la répartition entre les provinces.

Les travaux d'amélioration et d'entretien des ports des trois premières classes sont exécutés par l'État.

Il n'y a aucune disposition spéciale à signaler dans les taxes perçues par les ports.

Consortium de Gênes. — Il est constitué par l'Etat, les provinces de Gênes, Turin, Milan, Alexandrie, Gênes avec son faubourg Sampierdarena, les Chambres de commerce de Gênes, Turin, Milan, l'Administration du réseau des chemins de fer du port, les ouvriers du port.

Les représentants de ces divers corps sont au nombre de 24, dont 10 nommés par l'État et 2 par les ouvriers ; ils ont deux assemblées par an. Dans l'intervalle, la gestion est confiée à un Comité de 11 membres, dont 6 nommés par l'État, parmi lesquels le président.

C'est le Consortium qui fait exécuter les travaux et dirige le port. Il dispose des revenus du port et d'une allocation d'un million fournie par l'État.

Il a toute la gestion financière, impose et recouvre les taxes, a la faculté d'emprunt, etc. L'État lui sert, comme il vient d'être dit, une contribution d'un million de francs, qui est augmentée de 10.000 francs par chaque fraction de 50.000 tonnes, quand le mouvement commercial dépasse 5.000.000 tonnes (il a été de 5.652.158 en 1903).

L'intervention de l'État dans les affaires du « Consorzio autonomo » est d'ailleurs jugée trop grande en Italie ; on lui reproche également d'être trop partial en faveur des ouvriers.

DE L'AUTONOMIE DES PORTS

Ingérence de l'Etat. — On le voit, aucun des grands ports actuels n'est sous la dépendance de l'Etat. Londres, Liverpool, les ports anglais sont absolument indépendants. Hambourg, Rotterdam, Anvers, Brême, sont administrés par la ville elle-même (ville qui est parfois un État comme Hambourg et Brême). Gênes a son consortium ; Barcelone, Bilbao, leurs Juntas.

L'État, en effet, est mauvais juge en la matière.

« Il est très délicat, écrit **M. Paul Leroy-Beaulieu**, d'apprécier l'utilité exacte des travaux publics. Les particuliers, les Compagnies non garanties ou non subventionnées se tiennent en garde contre tous les calculs de complaisance, contre toutes les argumentations sophistiques.

« L'État, au contraire, qui a toujours le goût de faire « grand », et qui est assiégé par des solliciteurs de toute sorte, cède avec empressement à toutes les raisons captieuses qu'on lui donne pour excuser des œuvres dépourvues de toute utilité actuelle ou prochaine.

« Il est utile qu'un grand pays possède sur chaque mer un ou deux ports de premier rang parfaitement outillés; la multiplicité des ports est pour la nation un gaspillage à la fois de capitaux et de forces humaines.

« Mais la difficulté pour l'Etat d'apprécier exactement l'utilité des travaux publics fait qu'il a une tendance à se décider par des considérations politiques et électorales. Quand les travaux publics sont alimentés avec l'impôt ou avec l'emprunt public, qu'entraîne naturellement l'impôt à sa suite, il s'établit dans la nation et chez les représentants mêmes de l'État le préjugé que toutes les parties du territoire, quelles que soient leur population, leur industrie, la richesse ou la misère de leur sol, ont un droit égal à l'exécution de ces travaux.

« Bien plus, il arrive même bientôt que l'on regarde comme un devoir de l'État de compenser les inégalités naturelles du relief et de la fertilité du sol en dotant, avec plus de largesse, certaines catégories de travaux dans les régions pauvres que dans les régions riches.

« Ces remarques ont une inégale importance pratique, suivant qu'il s'agit d'États organisés d'une façon stable, avec une forte administration, tout à fait indépendante des vicissitudes électorales, ou bien au contraire d'États vacillants, flottants, dépendants, assujettis dans tout leur personnel à tous les caprices des électeurs, comme les États reposant sur une base purement élective. »

L'autonomie des ports semble donc le remède à la centralisation à outrance, si nuisible dans le cas examiné; mais, on l'a déjà dit, les recettes des ports, en bloc, ne sauraient suffire à payer leurs dépenses de construction, d'entretien, etc. L'intervention des subventions de l'État est donc indispensable ; autrement, il faudrait grever les marchandises et les navires de taxes qui les obligeraient à émigrer

Seulement, ce qui est vrai pour l'ensemble des ports ne l'est pas pour quelques-uns d'entre eux, et ce sont justement ceux-ci qu'il serait urgent de mettre à même de développer leur prospérité qui rejaillirait ensuite, sur la France entière. Le Havre et Marseille en sont des exemples.

Marseille. — D'après M. Maurice Taconnet, rapporteur de la question de l'Autonomie des ports devant la Chambre de Commerce du Havre, de 1872 à 1903,

Les recettes encaissées par l'État se sont élevées à... 120 872 927 fr.

Les dépenses de tout genre à................. 78 260 318

      Excédent au profit de l'État..... 42 612 609 fr.

Le Havre. — De 1872 à 1908,

Les recettes de l'État s'élèvent à............. 137 907 608 fr.

Les dépenses de tout genre à.................. 147 739 322

L'État a donc fourni, en 37 ans, la somme de. 9 831 714 fr.

soit en moyenne 265 722 francs par an.

De 1891 à 1908, les dépenses ont atteint..... 87 147 366 fr.

    —   les recettes................. 87 054 147

      Excédent de dépenses en 19 ans.... 93 219 fr.

soit 4 906 francs par an.

Et, certes, on doit admettre que l'économie de cette somme eût pu être faite si l'on n'avait eu à payer à l'État les intérêts de certaines avances, si les travaux avaient été faits plus vite, si la ville avait profité du développement de prospérité qui en serait résulté.

Les deux ports de Marseille et du Havre peuvent donc se suffire.

Or, même des adversaires de l'autonomie écrivent : « Il y a un intérêt national de premier ordre à fournir à certains grands ports les moyens de soutenir la concurrence étrangère ».

Le rapporteur du budget du Commerce pour 1897 à la Chambre des députés, M. Charles Roux, formulait ainsi son opinion :

« Quand nous avons eu à reconstituer notre système de défense, nous ne nous sommes pas amusés à doter d'un fort ou d'une citadelle toutes les villes de France, nous avons choisi des points stratégiques, ceux par lesquels l'ennemi pouvait envahir notre territoire. Nous aurions dû agir de même, et c'est malheureusement ce que nous n'avons pas fait, lorsque nous avons entrepris de mettre notre outillage national à la hauteur du progrès et des exigences du commerce moderne. »

La lutte commerciale, en effet, s'effectue dans les mêmes conditions que la lutte militaire.

L'Italie, on l'a vu, n'a pas hésité à accorder à Gênes une autonomie complète, indépendamment des autres ports de la Péninsule, et — détail à noter — l'Etat lui fournit une subvention.

Avenir possible. — Voici comment M. Taconnet établit le régime de l'Autonomie au Havre, en se basant sur les taxes et les dépenses actuelles :

Les ressources à la disposition du Consortium seraient :

Droits de quai	1 500 000 fr.
— de péage	1 000 000
— de statistique	800 000
— sanitaires	300 175
Revenus du domaine maritime	175 000
Subvention de l'État	mémoire
— du département	—
— de la ville	300 000
	4 075 175 fr.

Les dépenses seraient :

Entretien et exploitation........................   650 000 fr.
Grosses réparations 125 000
Frais sanitaires.............................   35 000
Part des frais de statistiques................   80 000
Personnel : ingénieurs, conducteurs, officiers
    du port.................................   400 000
Annuités des emprunts actuels ou pour travaux
    adoptés.................................   1 100 000
—————————
2 390 000

Il resterait disponible une somme de 1.685.175 francs qui, au taux de 3 fr. 75, permettrait de gager un emprunt de 36.000.000 de francs, remboursable en quarante-cinq ans.

Ces 36.000.000 judicieusement employés laisseraient envisager, à une échéance de dix ou de quinze ans, le doublement des recettes.

En effet, en quinze ans, le trafic de Rotterdam a augmenté de 168 0/0; d'Anvers, 107 0/0; Gênes, 78 0/0. Au Havre, bien qu'aucune amélioration n'ait été apportée depuis 1887, le mouvement total de 1886 à 1904, a passé de 4.734.693 francs à 6.607.869, soit une augmentation de 1.873.530 francs ou 40 0/0. Et cependant depuis longtemps on refuse des places à quai à de nombreuses lignes régulières; faute de place, le Havre ne peut suffire au commerce, et lorsque son accès et ses bassins seront à la hauteur, il deviendra un grand port d'escale.

De plus quelques annuités disparaîtront par extinction.

Si, alors, l'augmentation des recettes est de 3 500 000 francs celles des dépenses d'entretien et d'exploitation de 500 000, on aurait encore une nouvelle disponibilité de 3 millions permettant un nouvel emprunt dépassant 60 millions.

Vœu de la Chambre de commerce. — La Chambre de commerce du Havre a accepté les termes du rapporteur de sa Commission spéciale, M. Taconnet, et qui se résument ainsi :

L'administration du port autonome doit être créée de toutes pièces et se composer :

1° De représentants de la Chambre de commerce, en majorité ;

2° De représentants de la municipalité et de l'arrondissement ;

3° De représentants du département.

Mieux à même, les uns et les autres, d'apprécier les intérêts spéciaux dont ils ont le soin.

4° D'agents du Gouvernement, c'est-à-dire d'ingénieurs, d'officiers de l'armée de terre et de mer et de représentants des divers départements ministériels intéressés.

Ces agents devraient être attachés sinon à vie, du moins pour longtemps à l'administration du port... Ainsi s'obtiendrait la garantie qu'ils connaîtraient à fond les besoins du port et s'attacheraient à y faire une œuvre efficace et durable.

Pour les travaux projetés, l'État devrait toujours avoir la garantie des enquêtes nautiques, mais la composition des commissions serait réglée d'avance, de façon que l'administration du port eût le droit de les convoquer d'urgence et de lui soumettre les projets.

Des délais très courts seraient imposés (comme à Gênes) pour le dépôt des rapports, y compris celui du Conseil général des Ponts et Chaussées.

La décision du Ministre pourrait ainsi être rapidement prise.

L'administration du port jouirait de la plus grande indépendance et aurait liberté d'action dans les limites de ses ressources.

CHAPITRE IV

LES PORTS FRANCS

Besoins commerciaux. — Les marchandises débarquées dans les ports sont placées sous les hangars, où la douane vient les reconnaître.

Mais il y a des articles qui ne sont pas destinés à la consommation immédiate. Les réceptionnaires ont donc intérêt à ne pas en prendre livraison afin de n'avoir pas à payer sur l'heure les droits de douane.

Ces marchandises sont conservées dans les magasins du port. On peut les en retirer par petites quantités, sur lesquelles seulement on acquitte les droits, au fur et à mesure des besoins.

C'est là la conception simpliste du rôle complet du port, mais elle n'est pas suffisante pour le commerce. La marchandise conservée dans les magasins représente une valeur considérable que le négociant a payée au producteur ; il est peu de maisons de commerce pouvant ainsi immobiliser une forte somme. Presque toujours, elles empruntent sur la cargaison déposée et pour laquelle ont été délivrés des bons de dépôt, warrants, etc.

On ne saurait entrer ici dans le détail de ces opérations de commerce ; il suffit de donner quelques indications sur les magasins destinés à faciliter ainsi les opérations.

Entrepôts. — Les *entrepôts* où sont déposées les marchandises sont les uns *réels*, les autres *fictifs* :

L'*entrepôt réel* est un bâtiment d'un seul corps isolé de toute autre construction, soumis à la surveillance permanente de la douane, qui en a seule les doubles clefs. On y loge toutes les marchandises prohibées, qui doivent nécessairement être réexportées et les marchandises tarifées à droits élevés.

Les *entrepôts fictifs* sont constitués par des magasins particuliers, sur lesquels la douane n'exerce de surveillance que pour les recensements conservatoires.

Dans le cas où l'entrepôt réel d'une ville ne suffit pas à recevoir les marchandises qui devraient y être logées, on autorise l'ouverture d'entrepôts « spéciaux », lesquels deviennent des entrepôts réels moyennant caution.

Dans tous ces magasins, les marchandises ne doivent recevoir aucune transformation, sauf pour quelques denrées.

Admission particulière temporaire. — Enfin certaines matières premières sont introduites en France pour y être travaillées et exportées ensuite. C'est le cas, par exemple, de fers reçus d'un pays étranger, en vue d'une commande de machines ou de ponts pour un pays également étranger.

Dans ce cas, les droits perçus à l'entrée sont restitués à la sortie.

C'est là du moins le principe. Dans la pratique, les matières premières introduites bénéficient de l'*admission temporaire*, qui n'est d'ailleurs accordée que sous la garantie d'une soumission cautionnée. L'importateur, sous cette caution, contracte une double obligation : 1° celle de transformer la matière introduite, en lui appliquant une main-d'œuvre française ; 2° de la réexporter dans un délai déterminé.

L'acte qui constate le bénéfice de l'admission temporaire s'appelle un *acquit-à-caution*.

Ce régime est très favorable à l'industrie française, bien qu'il donne parfois lieu à des fraudes ; mais il entraîne avec lui des formalités longues et coûteuses ; il comporte le paiement des droits même sur les pièces perdues ou manquées, sur les déchets de fabrication, etc.

Zones franches. — La création de *ports francs*, ou plus exactement de *zones franches*, a eu pour objet de remédier à ces inconvénients.

On peut définir la zone franche une certaine étendue de terre sur laquelle la marchandise peut être débarquée, transformée industriellement et réembarquée sans intervention de la douane.

Cette zone est complètement isolée par une grille, un mur ou un canal. Si toutes les marchandises qui y débarquent étaient exportées après transformation, il n'y aurait qu'à exercer la surveillance pour empêcher toute tentative d'introduction dans le pays. Mais, en pratique, une partie des articles élaborés dans la zone franche est destinée à la consommation intérieure, et ceux-là paient les droits de douane au moment où ils franchissent la grille, le canal, etc.

Aux portes, il y a des postes de douane, dont les agents exercent d'ailleurs une incessante surveillance sur le chemin de ronde qui entoure la grille.

Le port franc remplit donc le même but que l'admission temporaire, mais sans aucune des formalités qu'entraîne celle-ci.

Il est évident que la zone franche reçoit toutes les usines, les dépôts, etc., où doivent s'exécuter les opérations de transformation ; mais les ouvriers, les employés qui y sont occupés ne logent pas dans la zone ; ils n'y consomment rien. La nuit, il n'y reste que des veilleurs.

Comme exemple de port franc, il convient de citer tout d'abord celui de Copenhague.

Copenhague. — Le port franc comprend 62 hectares, dont 36 de terrains, 3.820 mètres de quais ou chaussées, et 26 hectares d'eau. La zone franche est entourée d'une grille douanière composée de deux grilles parallèles en fer, entre lesquelles se trouve un chemin de ronde. Les grilles, hautes de $2^m,80$ et $2^m,60$ s'étendent sur une longueur de 2.320 mètres. A chaque porte se trouve un poste de douane.

Le port franc est administré par la « Société anonyme du port franc de Copenhague », dont la concession a une durée de quatre-vingts ans. Elle est contrôlée par le Ministre de l'Intérieur, qui approuve les taxes, détermine le budget et surveille les établissements industriels établis dans la zone franche.

Les navires calant 9 mètres peuvent entrer dans les darses de l'Est et de l'Ouest, et Copenhague est le seul port de la Baltique pouvant ainsi recevoir les plus grands bâtiments.

Le seul droit que les navires aient à y payer est de 65 centimes environ par tonne du tonnage net, ce qui fait 655 francs pour un navire de 1.000 tonneaux, tandis qu'on paie :

A Hambourg	1 092 fr.
Pétersbourg	1 247
Brême	1 442
Stettin	1 556
Gothenbourg	1 569
Stockholm	1 569

Le déchargement des navires, s'il est exécuté par la Société, coûte de 0 fr. 65 à 1 franc la tonne.

L'outillage du port franc est absolument complet.

L'ouverture a eu lieu en novembre 1894.

Il est assez difficile d'indiquer les opérations accomplies dans le port franc. Ce ne sont pas les statistiques qui manquent; on les trouve partout et surtout dans les publications de la Compagnie, mais elles ne répondent guère aux besoins d'une information documentée. Quoi qu'il en soit, on peut choisir parmi elles les chiffres qui donnent l'idée la plus approchée du mouvement du port.

ANNÉES	JAUGEAGE DES NAVIRES entrés au port franc	POIDS DES MARCHANDISES pesées dans le port franc	QUANTITÉ EXPÉDIÉE DU PORT FRANC par chemin de fer
	tonnes		tonnes
1895	260 000	187 000	52 000
1896	323 000	299 000	110 000
1897	503 000	464 000	164 000
1898	787 000	607 000	218 000
1899	809 000	621 000	226 000
1900	791 000	577 000	212 000
1901	928 000	727 000	230 000
1902	1 047 000	794 000	264 000
1903	1 184 000	746 000	238 000
1904	1 354 000	757 000	254 000
1905	1 330 000	807 000	293 000

La comparaison des chiffres des deux dernières colonnes fait penser que le tonnage des marchandises arrivées au port franc et réexportées est d'environ 500.000 tonnes.

Il existe actuellement environ 75 établissements industriels et commerciaux installés dans le port franc. Le terrain, dans les magasins de la Société du port franc, leur est concédé à raison de 3 fr. 50 à 7 francs le mètre carré, s'il est nu, et destiné à être construit de 9 à 15 fr. 50.

Ces établissements industriels sont prospères. Parmi eux, il y en a un qui constitue un cas spécial, c'est celui d'une fabrique de marbre, dont la place ne paraît pas être dans la zone franche, l'entrée du marbre étant libre en Danemark.

C'est que l'usine est organisée de façon que les bateaux y accostent directement. Les engins de levage, qui constituent un outillage très perfectionné, facilitent beaucoup les opérations d'embarquement et de débarquement; à côté de ces avantages, l'absence des formalités de la douane, tout en étant une entrave de moins, n'a réellement pas grande valeur.

Mais il est évident que les premiers occupants se sont emparés des situations les meilleures et si de nouveaux industriels venaient s'établir, ils ne pourraient pas être aussi favorisés. L'utilité de la zone franche est donc limitée et, de fait, depuis plusieurs années l'importance de celle-ci n'a plus guère progressé.

Hambourg. — Avant 1888, la ville entière de Hambourg était affranchie de tout droit de douane; mais elle était environnée de postes douaniers allemands, qui ne laissaient les marchandises pénétrer en Allemagne qu'après l'acquittement des taxes.

Depuis cette époque, la ville libre de Hambourg forme une république indépendante faisant partie de l'Empire allemand. Elle est administrée par un Sénat de 18 membres et une Assemblée municipale de 160 membres. Les deux assemblées exercent en commun la puissance législative; mais le Sénat seul a le pouvoir exécutif.

L'Empire considérait d'un mauvais œil ce port si admirablement placé, où la mer ne gèle jamais, d'où l'on peut entretenir des relations constantes et rapides avec le reste de l'Europe, et qui restait isolée du Zollverein allemand.

Pour déterminer le Sénat de Hambourg à entrer dans la Confédération douanière, on lui offrit la réserve d'une zone franche, une somme de 50 millions destinée à l'agrandissement du port, et on lui fit entrevoir la destinée qui ferait de Hambourg presque le seul port allemand, celui qui concentrerait tout l'énorme commerce de l'Empire et même de l'Europe centrale.

C'est en 1888 que la grande ville hanséatique entra dans le Zollverein allemand ; jusque là les marchandises étrangères y étaient admises sans payer de droits et livrées en franchise à la consommation locale.

Aux termes du traité passé avec l'empire allemand furent conservés comme zone franche le port et ses dépendances, qui comprend la partie de l'Elbe traversant la ville et les immenses bassins de la rive gauche : soit une superficie totale de 1 027 hectares, dont 240 d'eau répartis en 17 bassins. Des grilles de 3 mètres de hauteur limitent la zone affranchie du côté de la terre, elle est fermée sur l'Elbe par des barrages flottants.

Les choses se passent dans le port franc de Hambourg à peu près comme dans celui de Copenhague : la circulation des navires, les opérations du commerce de gros et la grande industrie sont exempts du contrôle des douaniers.

Le commerce de détail y est interdit. Ne peuvent habiter dans la zone franche que les surveillants, lesquels n'ont le droit d'y consommer que des marchandises apportées de la zone soumise à la douane et ayant en conséquence acquitté les droits.

Des industriels y sont également installés, surtout des distilleries, coupage de vins et alcools, qui ont fait de Hambourg un grand centre d'imitations frauduleuses, triage de cafés, confections, confiseries, fabriques de margarine, de liqueurs, d'allumettes, etc.

Mais ce sont surtout les chantiers de constructions navales, docks et fabriques de machines, qui tiennent la place prépondérante. En 1901, 13 de ces établissements occupaient

7840 ouvriers sur les 10 000 qui travaillent dans le port franc. Ils reçoivent leur fers en franchise ainsi que le charbon, facteur moins important d'ailleurs à Hambourg qu'à Copenhague, qui tire tous ses combustibles de l'étranger, tandis que l'Elbe les transporte des houillères allemandes elles-mêmes à Hambourg.

Régime du port. — L'Allemagne applique deux tarifs : le tarif général et un tarif conventionnel, résultant de traités avec divers pays.

Les marchandises qui, dans le port franc, ne subissent que des manipulations commerciales (triage, mélange, coupage), conservent le bénéfice de leur origine.

Mais celles qui ont été traitées industriellement doivent acquitter les droits applicables à leur catégorie, droits qui sont en général plus élevés que sur les matières premières composant le produit industriel. Aussi, les usines situées dans le port franc sont-elles en état d'infériorité, sauf quelques exceptions, pour lutter sur le marché national contre les fabriques établies en territoire douanier et qui ont acquitté le droit sur les matières premières. La réexportation est presque obligatoire pour ces usines.

Il faut ajouter que quelques industries établies dans l'enceinte du port franc ont obtenu des facilités; ce sont celles qui travaillent des produits allemands primés à l'exportation. La douane contrôle les matières premières entrées pour ces usines et leur exportation, afin d'établir la prime.

L'influence du port franc sur le commerce est incontestable. Les réceptionnaires de marchandises peuvent les y laisser séjourner autant de temps qu'ils le veulent et ne les vendre qu'au moment opportun. On a bien le même avantage dans les entrepôts, mais avec plus de formalités et avec restriction des manipulations permises.

Le passage des marchandises du port franc dans le territoire douanier est facilité par le petit nombre de tarifs applicables. La fraude est d'ailleurs sévèrement punie et elle entraîne même l'exclusion du coupable du port franc, par ses confrères.

La navigation non surveillée permet aux navires le travail

de nuit et épargne beaucoup de temps, d'où avantage considérable pour les navires.

Quant à l'industrie, l'influence du port franc n'est pas aussi marquée dans le sens favorable. On a vu que l'industriel établi dans la zone franche était le plus souvent désavantagé par le débouché national, sauf dans les cas où le droit sur la matière ouvrée est égal ou de peu supérieur à celui sur la matière brute.

En revanche, au point de vue de l'exportation, il est beaucoup favorisé, ses produits n'ayant acquitté aucune taxe. Mais la clientèle exotique est moins fidèle que celle du pays ; il y a donc beaucoup d'aléa dans la situation de l'industriel établi en zone franche.

Aussi, à Hambourg, cette catégorie d'industriels a-t-elle eu peu de part dans le développement industriel de la ville. Il n'y a guère que les chantiers de constructions navales qui y occupent un nombre important d'ouvriers avec leurs annexes, usines et fonderies; mais ils ne doivent rien à la franchise du port, les matériaux étrangers servant à la construction et à la réparation des navires entrant librement en Allemagne.

Ce qui les a décidés, c'est la commodité du voisinage des bassins et du fleuve. Quant aux autres industriels, ils étaient déjà à la même place avant la création du port franc et ont préféré rester que de déloger.

L'avantage très relatif pour eux réside dans la possibilité d'employer des matériaux étrangers, auxquels l'admission temporaire peut être refusée par la douane aux usines établies en territoire douanier.

L'immense développement du port de Hambourg est dû à l'essor industriel de l'Allemagne, à sa position géographique, au réseau de voies intérieures qui desservent son *Hinterland*, enfin aux tarifs très avantageux que les chemins de fer accordent aux marchandises destinées à l'exportation par Hambourg.

L'empire lors de l'adhésion à la confédération douanière avait déjà fourni 50 millions en vue de l'agrandissement du port. Depuis cette époque jusqu'en 1902 la ville a encore dépensé 250 millions dans le même but.

Dépôt franc de Gênes. — La loi du 6 août 1876 autorise le Gouvernement italien à concéder l'établissement de dépôts francs dans les principaux ports du royaume. Ces dépôts sont considérés comme hors de la frontière douanière et les Chambres de commerce concourent avec des délégués du Gouvernement à la surveillance de ces dépôts.

Cette loi n'a été appliquée jusqu'ici qu'au port de Gênes (décret ministériel du 22 janvier 1877), où la Chambre de commerce est concessionnaire du Deposito franco, d'ailleurs situé près de la Douane ; celui-ci s'est ouvert le 1er février 1877.

Il ne passe guère dans les locaux de ce dépôt franc que 5 0/0 des marchandises débarquées dans le port.

L'entrée des marchandises venant de l'intérieur se fait librement sur simple constatation. Il n'y est établi aucune usine, mais — et ceci est un grand avantage qu'il serait facile de donner au commerce en France — on peut y pratiquer la manipulation des substances entreposées, les trier, les classer (cafés, etc.) de façon à établir des types uniformes, réclamés par le commerce.

On peut y changer les emballages, ce qui a souvent une importance commerciale sérieuse.

La douane ne pénètre pas dans les dépôts et ne perçoit les droits que sur les marchandises introduites dans le territoire du royaume.

Les silos de Gênes, pour l'emmagasinage des grains sont également des dépôts francs.

Ceux-ci diffèrent donc des zones franches de Copenhague et Hambourg puisqu'ils ne renferment pas d'usines, mais le régime est très supérieur au système d'entrepôts français où ne peuvent se faire les manipulations permises à Gênes ; ils rendent au commerce d'importants services, sans froisser aucun intérêt.

Autres ports francs. — Il suffit de mentionner les zones franches de Brême, de Trieste, de Fiume, de Punta-Arenas (Chili), de Hong-Kong et Singapore. Ces deux derniers ports ne sont que des points de transit ; on ne peut tirer aucune déduction du commerce des autres. Punta-Arenas est un village chilien du détroit de Magellan, où il n'existe pas de douaniers, parce qu'ils coûteraient plus que la faible recette possible, Punta-Arenas est d'ailleurs trop loin des centres habités, pour que la fraude puisse s'exercer par ses rivages.

Trieste. — Le régime est à peu près celui de Gênes ; en outre, quelques usines fabriquent dans la zone franche une cire provenant de la distillation du pétrole, la cérésine, exportée à Java ; d'autres raffinent le pétrole.

Le régime de Fiume est à peu près celui de Trieste.

Du régime douanier. — Une considération très importante est celle du régime douanier. En France, la question est complexe, les droits étant très nombreux : tarif général ou maximum, tarif minimum pour les pays à traités de commerce, tarif pour la Suisse, tarif pour les Colonies françaises, tarif pour la Corse, l'Algérie ou la Tunisie, surtaxe d'origine applicable aux produits soumis au régime du transport direct; surtaxe d'entrepôt ou taxe additionnelle frappant toute marchandise atteignant la France d'un pays qui n'est pas celui d'origine — ainsi du bois, du fer valant 60 à 80 francs les 1 000 kilogrammes doivent en dehors des droits ordinaires acquitter une surtaxe de 30 francs — et enfin les prohibitions.

Comment reconnaître ces diverses marchandises dans une machine, par exemple, où il entrera des fers, des aciers, divers métaux, du cuir, etc., etc. ? Comment éviter la surtaxe d'entrepôt puisque des centaines de ports étrangers ne voient jamais nos couleurs... ?

En Angleterre, à l'exception de 8 ou 10 articles, tout entre en franchise encore ces 8 ou 10 produits : café, cacao, thé, sucre, etc., sont-ils sujets à des droits fiscaux, non à des droits protecteurs. Le reste : vins, spiritueux, n'acquittent que des droits similaires à ceux dont sont frappés leurs équivalents indigènes : bières, wiskis.

En Allemagne, le régime douanier est simple ; la surtaxe d'entrepôt n'existe pas et, par suite, la question de la provenance de la marchandise n'a pas d'importance, sauf pour les pays ayant passé des traités de commerce.

Les marchandises passant du port franc de Hambourg dans l'Empire sont donc soumises au tarif général, sauf dans le cas où elles prouvent leur provenance des pays à traités.

On a proposé d'appliquer, aux produits passant des ports francs dans la consommation nationale, le tarif maximum augmenté de la surtaxe d'entrepôt, ce qui résoudrait évidemment la question. Mais il y a peu d'articles qui résisteraient à cette aggravation de charges, et le port franc ne travaillerait guère que pour l'extérieur.

Cette conclusion se heurte pourtant encore à ce fait que lorsqu'un négociant reçoit une cargaison, il ne sait pas toujours s'il la vendra en France ou à l'étranger, et il l'entrepose.

Quant à construire dans le port franc des navires, il est difficile d'imaginer que la simple exonération de droits de douanes — exonération qu'on a d'ailleurs par l'admission temporaire — rendrait possible la concurrence contre nos voisins, quand le système de primes actuel y est impuissant.

La Société anonyme du Port franc de Copenhague elle-même ne semble pas attribuer à la franchise les avantages obtenus par le port. « Son accès facile, dit-elle, la profondeur de ses bassins, ses excellents magasins et bons appareils de chargement, enfin et surtout la modicité de ses prix ont déjà procuré, à Copenhague, beaucoup d'opérations commerciales qui, sans ce port, eussent été perdues pour notre ville. Toutes ces dispositions ont occasionné une baisse des frêts qui a mis nos commerçants à même de faire des affaires qui sans cela ne leur eussent point été possibles. »

Elle fait valoir le bon marché des opérations dans le port, ses lignes régulières, etc., mais ne parle guère de la franchise elle-même.

Il semble donc que ce qu'il faudrait surtout, c'est, pour certaines marchandises, des entrepôts où les marchandises pourraient être triées, réemballées, etc., sans qu'on ait à payer, comme aujourd'hui, les droits, même sur les pierres qui tombent des sacs de café, par exemple. En un mot, ce serait le système de Gênes.

D'ailleurs, les Chambres de commerce, consultées, tout en demandant la création de zones franches, ont été en général peu enthousiastes. Cependant, il n'est pas contestable que cette institution donnerait, dans quelques cas particuliers, des résultats appréciables. On pourrait en faire l'expérience en petit sur l'*un* de nos ports, à Marseille, par exemple. Si elle était favorable, on l'étendrait à un second, au Havre ou Bordeaux.

Mais il faudra toujours borner ces installations à un très petit nombre de ports, non seulement à cause de la dépense considérable, mais afin qu'ils ne se fassent pas concurrence entre eux.

Résumé. — L'exemple de Hambourg, de Copenhague et de Gênes a provoqué en France un mouvement assez vif en faveur de la création de ports francs ; on a attribué à l'existence de ceux-ci la prospérité de ces villes. Qu'elle y ait contribué pour une part, on n'en saurait douter ; mais cette part est beaucoup moins importante qu'on ne se l'imagine.

Il convient d'étudier d'abord le cas de Copenhague.

On y a créé un port franc, c'est vrai ; mais ce qu'on y a créé surtout, c'est un port très différent de celui qui y existait et qui offre aux navires : entrée et accostage faciles, grande profondeur, étendue considérable de quais, moyens très perfectionnés au point de vue manutention.

Dès lors les plus grands vapeurs ont pu y entrer et il en est résulté un avantage sérieux.

Si, jusque-là, dix petits ports de la Baltique recevaient, par exemple, chacun un navire de 1.000 tonnes venant de l'Inde, il est plus avantageux de faire venir cette cargaison en un seul navire de 10.000 tonnes jusqu'à Copenhague et de la répartir dans les dix petits vapeurs, qui n'ont plus qu'un faible trajet à accomplir. La dépense provenant de la rupture de charge est loin de correspondre à l'économie obtenue.

Puis, il était souvent difficile pour le petit navire de trouver un fret complet à destination d'un seul port secondaire. Maintenant, les places de commerce de la Baltique s'approvisionnent toutes à Copenhague, devenu entrepôt commercial et centre de répartition.

Si le grand navire pouvait, dans un port quelconque, débarquer ses marchandises directement dans les petits bateaux à destination des pays voisins, elles n'auraient aucun droit à payer. Seulement cette distribution directe est difficile, surtout pour les cargaisons variées ; d'autre part, les moyens de manutention des ports sont plus perfectionnés que ceux de navires ; il faut que les marchandises touchent la terre pour être réembarquées.

En grande partie donc, le rôle du port franc est réduit à celui du dépôt franc de Gênes.

Une autre partie des marchandises reçoit dans les usines de Copenhague un supplément de main-d'œuvre. Les objets ainsi fabriqués sont les uns exportés, les autres livrés à la consommation du Danemark lui-même, et ils paient des droits aux portes de la grille d'enceinte.

Il faut étudier chacune de ces opérations séparément.

Les objets exportés peuvent être des articles dont la fabrication est interdite dans le pays. Ce cas ne se présente d'ailleurs pas à Copenhague, mais en France il pourrait comprendre le tabac, les allumettes, la poudre, etc. Il n'y a aucune espèce d'objection à faire contre cette fabrication. Le tout est de savoir si nos ateliers pourraient rivaliser, pour le prix de revient, avec ceux de l'étranger, qui détient déjà le commerce de ces produits ; le fait est peu probable.

Quant aux objets qui, sortant du port franc après avoir été travaillés, entrent dans la consommation du pays ou sont exportés, il est impossible de nier qu'il y a là une concurrence faite à l'industrie nationale, dans des conditions inégales. Les marchandises ainsi fabriquées ne paieraient que des droits nets, sans avoir à supporter ceux afférents au coulage, aux déchets, etc.

On se demande si les autres industriels, établis dans l'intérieur, supporteraient aisément cette concurrence.

A Hambourg, la construction navale et ses annexes emploie les 4/5 des bras du port franc. Cette spécialité ne soulève aucune objection et est, au contraire, l'objet tout spécial d'encouragements administratifs, et même du public, industriel ou autre, qui tient avant tout à avoir une puissante marine.

Une autre grosse fabrication confinée dans le port franc, est celle des alcools. On sait qu'il sort plus de vin de Bordeaux qu'il n'en est entré, ce qui indique assez le genre d'industrie qui s'y pratique. En France, la nécessité de conserver la réputation de nos vignobles jetterait une grande suspicion sur de tels procédés.

M. Pélissot fait suivre des réflexions suivantes une étude sur le port franc :

« Un entrepôt répondrait en principe aux mêmes besoins, mais en fait il oppose bien des entraves : formalité, encombrement, cherté, restriction des manipulations permises. Comme dans un entrepôt ordinaire, le commerçant peut, en déposant ses marchandises dans les magasins de la Freihafen Lagorhans Gesellschaft, se faire consentir des avances et obtenir un warrant négociable. Une marchandise déposée dans le port franc pourra donc être l'objet de différentes ventes en Allemagne et être vendue finalement à l'étranger, sans que des droits de douane aient été acquittés. »

La simplicité des tarifs allemands empêche toute fraude ; d'ailleurs toute tentative de ce genre entraînerait l'exclusion immédiate du port libre.

Quant à la navigation, le port franc présente pour elle d'incontestables avantages :

« Pas de rapports désagréables, pas de discussions avec la douane, pas de pertes de temps résultant de la rédaction des pièces, du compte et de la vérification des marchandises. Aucune surveillance fiscale n'étant exercée, il n'y a pas lieu d'interdire le travail de nuit sur les quais ; si, à la tombée du jour, votre navire est près d'avoir reçu sa cargaison complète, on achève le chargement en quelques heures, on lève l'ancre à minuit, et on gagne ainsi une demi-journée ou une journée ; bref, on n'est jamais retardé par la douane, et c'est une énorme économie de temps. »

Mais, au point de vue industriel, le régime n'a qu'un succès douteux.

D'abord, les droits sur les produits ouvrés étant plus élevés que ceux sur les matières premières, l'industriel établi dans le port franc s'interdit souvent le débouché national. Il travaille donc presque exclusivement pour l'exportation ;

mais les demandes de l'étranger sont loin d'être aussi régulières que celles du pays,

Si l'industrie hambourgeoise a pris depuis 1888 un grand essor, la statistique prouve que les fabriques installées en port franc n'ont guère participé à ce progrès. Et ces fabriques disparaissent même peu à peu.

« Le Gouvernement impérial d'ailleurs ne peut voir et ne voit que d'un très mauvais œil le port franc « à industriels ». Les industriels du port franc ont la possibilité de n'utiliser que des produits de provenance étrangère, à l'exclusion des produits allemands.

« Or, le régime du port franc est celui de l'admission temporaire, développé et généralisé. La douane allemande qui a le droit de rejeter à son gré les demandes en admission temporaire des marchandises qu'on lui soumet, refuse son autorisation pour celles que l'industriel pourrait aussi bien se procurer en Allemagne. »

Il n'en est pas ainsi dans le port franc.

« Si l'opinion ne s'en émeut pas, c'est que, vu le peu de développement de l'industrie sur le territoire franc de Hambourg, la question n'a pas d'importance pratique, jusqu'à nouvel ordre. »

CHAPITRE V

INSTALLATIONS GÉNÉRALES. — HANGARS

Généralités. — Jadis, un port n'était guère qu'un lieu de refuge, où les navires se trouvaient à l'abri des tempêtes. Les opérations de manutention des marchandises s'effectuaient lentement, à la main, le navire retirant les colis de la cale au moyen de poulies fixées à des mâts de charge.

Puis, la vapeur a fait une timide apparition sur les quais, qui eux-mêmes ont été construits en prévision des opérations commerciales. Les wagons sont venus porter ou chercher les produits ; des grues servaient à leur chargement ou déchargement.

L'introduction des appareils mus par l'eau sous pression a inauguré l'ère des grands progrès. Avec ces rapides moyens d'opération, il a fallu combiner tous les autres organes, de façon à obtenir un ensemble aussi parfait que possible.

On a tout discuté, tout étudié ; quais, voies ferrées, appareils de levage, hangars, magasins, tout a dû être transformé. Les recherches des ingénieurs tendent à fixer les moindres détails de construction, de façon à obtenir l'économie qu'exige impérieusement la concurrence des nations entre elles.

Dans les deux volumes consacrés à la construction des ports, on a exposé les principaux systèmes d'établissement des bassins à flot ou des darses ouvertes, des murs de quai, etc. Il faut maintenant fixer leur rôle dans l'exploitation commerciale.

Aujourd'hui le port commercial est considéré comme un appareil, au même titre qu'une voie ferrée, dont les différents organes sont réglés ainsi que dans une station, et les lignes de rails y sont très répandues.

Organisation du travail. — Elle varie suivant la nature du port.

Marseille, par exemple, reçoit surtout des marchandises destinées à la consommation locale. C'est à peine si un cinquième est transbordé directement des navires dans les wagons du chemin de fer. Aussi a-t-on jugé inutile de transformer le réseau des voies ferrées, qui a l'inconvénient d'employer des plaques tournantes.

Dans un pareil port, les portefaix sont nombreux. L'action de la douane s'exerce sur un grand nombre de colis, et il existe un corps spécial de peseurs-jurés.

Gênes, au contraire, ne doit guère sa prospérité qu'au transit des marchandises, surtout du charbon, destinées à l'intérieur du pays. Le transbordement s'effectue — ou devrait s'effectuer du bateau au wagon, sans grande intervention de main-d'œuvre. Les ouvriers sont groupés en associations dites « caravanes ».

En Angleterre, le travail est exécuté en général directement par les Compagnies propriétaires du bassin. C'est le cas de Londres, de Liverpool dans les docks entrepôts. **Dans** les autres bassins de ce dernier port, les navires déchargent et chargent par leurs propres moyens, ce qui est aisé, les magasins étant placés presque au bord de l'eau.

A Anvers, tout le travail est effectué par des sociétés ouvrières, dites *Nations*, administrées par des statuts très rigoureux et qui rendent leur concours indispensable.

Au Havre, au bassin-dock, c'est la Compagnie des Docks qui effectue les opérations. Les navires peuvent cependant opérer par leurs propres moyens, en payant une indemnité à la Compagnie.

L'aménagement des ports doit être en harmonie avec leurs conditions particulières.

MODES DE MANUTENTION

Exploitation libre ou par concession. — L'exploitation des bassins des ports peut être libre, c'est-à-dire que le public y opère par les moyens qu'il juge convenables, ou bien elle est concédée à un particulier ou à une Compagnie, qui opère elle-même toutes les manutentions à un prix fixé.

Monopole. — A Marseille, les bassins d'Arenc et du Lazaret sont concédés à la Compagnie des Docks; dès le début, elle les fit outiller très complètement par Armstrong. Aussi, bien que les autres bassins fussent librement accessibles au public, celui-ci préféra s'adresser à la Compagnie, le travail mécanique étant beaucoup moins coûteux que celui exécuté à la main.

Mais le monopole exercé par la Compagnie lui permit de tenir ses prix très élevés, et le commerce en souffrait.

Cet état de choses a cessé depuis que les autres bassins ont été pourvus d'un outillage suffisant et que le public, pouvant se servir des machines moyennant une redevance modérée, a fait directement concurrence à la Compagnie. et l'a forcée à diminuer ses prix.

Avantages de la centralisation. — Il faut donc, dans un port, garder toujours une partie au moins des quais libres, pour empêcher la constitution d'un monopole.

Mais le régime de la concession a également des avantages. Le concessionnaire cherche à tirer le meilleur parti en rassemblant tout ce qui lui est nécessaire et éviter toute perte de place. Ainsi, les Compagnies de Navigation sont obligées de conserver toujours à leurs navires les mêmes places le long des quais, afin de centraliser leurs opérations et de les avoir tous sous la main, près de leurs bureaux.

Marchés. — Il y a plus : les divers bassins des ports arrivent naturellement à se spécialiser.

Par exemple, si un négociant d'Algérie envoie à Marseille du blé par un bâtiment de la Compagnie transatlantique; il exigera que ses grains soient débarqués à côté de marchandises semblables, avec lesquelles ils pourront être comparés et à l'endroit où les acheteurs ont l'habitude de se rendre.

Cet endroit, c'est le bassin de la Joliette. Les navires d'Algérie portant encore d'autres marchandises, vins, fruits, etc.; celles-ci y sont également débarquées, et c'est ainsi que la Joliette est devenue le marché de l'Algérie.

Elle l'est également de la Corse, de l'Espagne, du Levant. Aussi la Compagnie des Messageries maritimes, qui dessert ces contrées, a-t-elle dû également adopter pour ses bâtiments le bassin de la Joliette.

Anomalies forcées. — Le mode rationnel, pour opérer les manutentions d'un navire, est de le faire accoster longitudinalement contre le quai et de débarquer ou embarquer à la fois par toutes les écoutilles.

Cependant, les vapeurs des Messageries maritimes, à la Joliette, sont rangés perpendiculairement aux murs et sont obligés d'effectuer leurs opérations au moyen de chalands qui les accostent.

C'est que tous ces navires doivent opérer sur le quai du Sud, long de 255 mètres. Or, il y en a quelquefois dix en même temps dans le bassin, et leur accostage longitudinal exigerait une longueur de quais de 1.800 mètres.

La location du terre-plein du quai étant fixée à 18 francs par mètre linéaire et par an, loyer très cher, la Compagnie devrait donc payer $\frac{1\,800}{255}$, soit environ sept fois plus, ce qui représenterait une somme considérable et très supérieure aux frais supplémentaires qu'entraîne le service des allèges.

Il est vrai que la Compagnie, n'ayant pas toujours dix navires dans le bassin, pourrait économiser une partie de cette somme en louant, non à l'année, mais selon le temps d'occupation.

Seulement, ses vapeurs n'auraient pas toujours la même place, et d'autres bâtiments viendraient s'intercaler entre eux. C'est là une solution inadmissible.

La Compagnie transatlantique opère également comme celle des Messageries maritimes.

Il faut noter que les paquebots ne transportent que des marchandises assez coûteuses pour pouvoir supporter des frais supplémentaires.

Avantages de la rapidité. — Dans les bassins où ils peuvent accoster longitudinalement comme à celui de l'Eure, au

Havre, les paquebots cherchent toujours à opérer rapidement au prix de dépenses même plus fortes.

Ainsi, à Marseille, le prix du débarquement, du séjour sous les hangars et de la livraison est de 2 fr. 70 à la Joliette, tandis qu'il n'est que de 2 francs dans le bassin National et dans celui de la Gare.

Néanmoins le travail y est tellement intensif que le rendement du mètre de quai est de 1.000 tonnes et atteint même plus de 1.600 tonnes sur le quai de rive.

Dispositions générales. — Les quais, les traverses des bassins auraient tout avantage à être conçus selon le genre de marchandises qui doivent y être manutentionnées. On y a donc égard, quand on est certain que cette spécialisation sera constante, comme dans les ports à charbon.

Mais, dans les autres, il faut songer que certaines marchandises peuvent émigrer d'un port. Ainsi, jusqu'en 1874, Marseille recevait annuellement 455.000 tonnes de minerais. Il n'en reçoit plus aujourd'hui que la dixième partie.

Certaines portions de port changent naturellement de destination. Par exemple, dans les ports ordinaires, on relègue toujours le service des charbons à l'extrémité des bassins, à cause de la poussière qui en résulte.

A Marseille, de 1866 à 1890, ce service se faisait sur le quai Sud de la traverse de l'Abattoir et le quai de rive adjoint. Il a été ensuite relégué sur le quai de rive entre le môle D et la traverse de la Pinède dans le bassin National et certes il n'est pas au bout de ses pérégrinations.

Transformation des anciens bassins. — Les dimensions des navires actuels rendent tout à fait archaïques les anciens bassins. Il faudra souvent, pour arriver à une exploitation fructueuse d'un port, modifier ses anciens bassins, dans le cas où il serait impossible d'en construire de nouveaux.

A Liverpool, on a résolu en général la question en réunissant ensemble plusieurs bassins contigus ; il faut alors élargir l'entrée, abaisser le seuil des écluses qui demandent également à être allongées et reprendre en sous-œuvre les murs de quais, fondés pour la plupart à une cote trop élevée pour permettre le creusement à leur pied.

L'augmentation de la profondeur des bassins se fait soit en fouillant le fond, ce qui exige, comme on vient de le dire, la reprise en sous-œuvre des murs, soit en relevant la surface d'eau au moyen de pompes. Ce procédé est mis en usage dans divers bassins, mais il est en général plus coûteux.

On peut également, si le bassin présente une largeur suffisante, ne le creuser qu'à une certaine distance des murs de quai, racheter la différence de profondeur par un talus incliné et établir un embarcadère en charpente prolongeant le terre-plein au-dessus de ce talus. Les navires accostent le long de ce débarcadère.

Exposé général. — Voici d'après M. Vétillart quelques considérations sur le mode d'exploitation actuel des ports :

TERRE-PLEINS ET OUTILLAGES. — L'étendue des terre-pleins et le développement de l'outillage sont deux questions connexes, dont la solution dépend essentiellement, dans chaque port ,de la nature et de l'intensité du trafic.

Lorsqu'il s'agit de quais réservés aux lignes régulières de grande vitesse, dont les navires affectés au service des voyageurs ne transportent qu'un faible tonnage de marchandises, la largeur des terre-pleins peut être très réduite ; mais il n'en est pas de même des quais attribués aux grands cargo-boats réguliers ou irréguliers, qui doivent charger ou décharger dans un temps très court d'énormes cargaisons.

On n'entend pas parler ici des aménagements spéciaux appropriés dans certains ports à tel ou tel trafic particulier, comme celui des bois, des grains et graines, des minerais : l'étude de ces aménagements spéciaux serait trop compliquée, alors que les observations à formuler s'appliquent surtout aux besoins des marchandises variées, qui constituent aujourd'hui en majorité la cargaison des navires de fort tonnage.

L'économie des transports et l'activité de la concurrence exigeant une utilisation intense du matériel naval, il faut réduire au minimum la durée de séjour dans les ports, et cette réduction de séjour a d'autant plus de prix que le navire représente une plus grande valeur et que la vitesse a permis d'abréger davantage le temps des traversées.

Aussi les cargo-boats sont-ils généralement pourvus de moyens puissants pour activer toutes les manutentions qui se font à bord, l'arrimage et le désarrimage des marchandises et leur sortie du fond des cales; et ils s'attendent à trouver sur les quais des engins perfectionnés pour prendre la marchandise sur le pont du navire, la transborder sur le terre-plein, ou pour effectuer l'opération inverse.

Certains navires ont jusqu'à huit ou neuf écoutilles où l'on peut travailler à la fois; à chacune correspondent un ou deux treuils à vapeur et plusieurs mâts de charge, sans compter les palans mobiles, pour lesquels des chemins de roulement sont disposés suivant l'axe des navires. Ces appareils permettent de prendre rapidement la marchandise à fond de cale pour l'élever au niveau du pont, mais leur portée n'est généralement pas suffisante pour en effectuer le dépôt sur le quai.

Elle est reprise à bras et déchargée par-dessus bord au moyen de passerelles et de plans inclinés; lorsqu'il s'agit de lourds colis, elle est saisie par les grues hydrauliques ou électriques du port qui la portent sur le terre-plein où elle est camionnée.

Indépendamment de l'outillage propre du bord, une dizaine de grues peuvent être employées à la fois sur un même navire, et le transbordement journalier peut atteindre 3.000 tonnes et plus, surtout si l'on peut effectuer simultanément une partie du déchargement du navire sur des allèges ou bateaux fluviaux disposés bord à bord, du côté opposé au quai.

Dans ces conditions, la rapidité des déchargements n'est limitée matériellement que par l'étendue des terre-pleins de dépôt et par les facilités plus ou moins grandes que l'on trouve à évacuer la marchandise au fur et à mesure de la mise à terre.

A ce sujet, on cite l'exemple du *Milwankee* déchargeant dans un dock de Londres, en soixante-six heures de travail effectif, 11 000 tonnes des marchandises les plus variées : bestiaux, bois, grains, graines et colis de toute nature ; du *Monarch*, arrivé à Liverpool le 1er octobre et repartant le 9 du même mois, après avoir débarqué 18.500 tonneaux (en volume) et embarqué 1.700 tonnes de charbon.

Toutes ces marchandises, appartenant à un grand nombre de destinataires différents, doivent, au fur et à mesure du déchargement, être prises sous la flèche de la grue, réparties sur le terre-plein, groupées, reconnues, vérifiées et classées avant toute réexpédition. Pour que ces opérations puissent se faire assez vite, sans encombrement ni erreur, il faut disposer de grandes surfaces ; pour qu'elles soient rapides et économiques, il faut qu'elles n'exigent pas de camionnage à longue distance ; pour qu'elles puissent se faire par tous les temps et sans danger d'avaries pour les marchandises, il faut qu'elles s'effectuent sur des terre-pleins couverts.

On se contentait encore, il y a peu d'années, de terre-pleins de dépôt d'une cinquantaine de mètres de largeur ; les besoins du commerce réclament aujourd'hui, dans la plupart des cas de la navigation au long cours, des surfaces beaucoup plus grandes, 100 à 150 mètres de largeur, sont parfois reconnus nécessaires, et il devient difficile d'obtenir un développement de surface suffisant par l'extension de terre-pleins de quais proprement dits, soit parce que le prix des terrains est trop élevé, soit parce que les distances horizontales à parcourir sont trop grandes et entraînent trop de dépenses et trop de lenteur.

A Liverpool, on a adopté depuis longtemps déjà des hangars à un étage construits bord à quai, avec grues établies sur le toit, disposition qui facilite beaucoup le classement des marchandises et notamment la séparation entre les marchandises d'importation déchargées sur le plancher du premier étage et les marchandises d'exportation amenées et déposées au rez-de-chaussée. Le défaut de place a conduit ensuite à doubler le nombre des étages.

A Manchester, on a dû aller beaucoup plus loin et construire des hangars[1] à quatre étages (non compris le rez-de-chaussée) de 30 mètres et plus de largeur. Ces hangars sont tantôt placés bord à quai, avec grues roulant au niveau du plancher du quatrième étage, tantôt à 10 ou 12 mètres du bord du quai, lorsqu'on a voulu interposer entre le hangar et

---

1. Il s'agit ici de hangars pour le débarquement et la reconnaisance immédiate de la marchandise et nullement de magasins affectés à un séjour prolongé.

le navire une ou deux voies ferrées de transbordement direct.

Dans ce cas, les grues circulent sur le quai, et la flèche en est assez haute pour porter la charge à l'étage le plus élevé du hangar. On a obtenu ainsi, à proximité du navire, sur une largeur de 30 à 40 mètres seulement, une superficie totale de terre-pleins de 150 mètres carrés par mètre courant de quai, dans des conditions coûteuses sans doute de premier établissement, mais exceptionnellement favorables pour le déchargement, le chargement et la réexpédition rapides de la marchandise. Les constructions de ce genre doivent être considérées comme inséparables du quai dont elles font partie intégrante.

Dans la plupart des cas, les voies ferrées établies bord à quai pour le transbordement direct sont plus gênantes qu'utiles, les marchandises provenant du long cours exigeant presque toujours une reconnaissance préalable. Il est alors préférable de dégager les abords du quai de toute circulation de wagons et de reporter les voies ferrées et charretières au delà du terre-plein de dépôt.

L'enlèvement rapide des marchandises, pour dégager la place aussitôt après le départ du navire, exige des voies assez nombreuses pour le chargement, le garage des wagons vides, la composition des trains et la circulation générale. Voies ferrées et voies charretières occupent ainsi une largeur de 20 à 30 mètres au delà du terre-plein, portant à près de 200 mètres la largeur totale des surfaces qu'il peut être utile de réserver parallèlement au quai dans le cas d'un trafic particulièrement intense.

Pour le trafic des bois, marchandises de peu de valeur, qui comportent toujours un séjour prolongé, des lieux de dépôt très étendus doivent être, autant que possible, ménagés loin des quais à grande profondeur, le long des canaux aux voies fluviales qui communiquent avec le port. Les pièces de bois mises à l'eau ou chargées sur chalands y sont transportées sans qu'il soit besoin d'en encombrer les terre-pleins des bassins proprement dits.

DISPOSITIONS GÉNÉRALES. — A peine amarrés à un quai, les navires procèdent au déchargement des marchandises de leur cargaison. Cette opération s'effectue par les moyens les plus rapides, et les bâtiments ne restent à quai que le temps strictement nécessaire.

Les marchandises sont parfois directement enlevées par des voies ferrées ou des camions dans les petits ports dont il ne sera pas question ici. D'autres fois, il y a lieu de reconnaître les colis, de les distribuer à chaque réceptionnaire, de les faire visiter par la douane et de consolider les emballages.

Ces diverses opérations ont lieu à l'abri des intempéries, sous des hangars.

Ensuite, les colis peuvent être enlevés directement par chemin de fer ou être déposés dans des magasins.

A titre d'indication, voici les délais répartis pour le déchargement ou le chargement au Havre.

Délais accordés au Havre pour le chargement et le déchargement des navires. — Dans aucun cas, ce temps ne peut excéder les délais fixés par le tableau ci-après.

INDICATION DES NAVIRES D'APRÈS LA JAUGE FRANÇAISE	JOURS OUVRABLES ACCORDÉS	
	pour le CHARGEMENT	pour le DÉCHARGEMENT
NAVIRES A VAPEUR		
Jusqu'à 300 tonneaux	3	3
De 301 à 500 tonneaux	5	5
501 à 750 —	6	7
751 à 1 000 —	7	9
1 001 à 1 250 —	8	10
1 251 à 1 500 —	9	11
1 501 à 1 750 —	11	12
1 751 à 2 000 —	12	13
NAVIRES A VOILES		
Jusqu'à 300 tonneaux	6	10
De 301 à 500 tonneaux	8	15
501 à 750 —	10	17
751 à 1 000 —	12	20
1 001 à 1 250 —	14	20
1 251 à 1 500 —	15	20
1 501 à 1 750 —	17	25
1 751 à 2 000 —	19	25

Au delà de 2.000 tonneaux, le maximum sera augmenté d'un jour par 250 tonneaux de jauge pour les steamers et par 150 tonneaux pour les voiliers.

HANGARS

Les marchandises débarquées des navires sont rarement d'une seule nature. Lorsque ce cas se présente, les moyens de manutention sont spéciaux ; mais, dans les conditions ordinaires, les grues enlèvent des colis de toutes sortes, dont la plupart ne peuvent rester exposés aux intempéries.

Elles les déposent, sous des hangars. C'est là que les consignataires viennent les reconnaître ; c'est là que la douane effectue ses opérations, c'est là enfin que les emballages sont consolidés en cas de besoin.

Disposition. — Les hangars sont continus ou discontinus. Le quai du nouveau bassin à flot de Calais est bordé d'un seul hangar, de 525 mètres de longueur sur 53 mètres de largeur.

Cette disposition continue a l'avantage que les employés et travailleurs n'ont pas à passer d'un hangar dans un autre sous la pluie et que les navires se placent sans hésitation en face du hangar ; mais, en général, on préfère réduire la longueur des hangars et en construire plusieurs, séparés par une certaine distance. Cette fragmentation a l'avantage de circonscrire plus facilement les incendies, de rendre plus difficiles les confusions de marchandises de divers navires.

Dans le cas du hangar continu, le navire doit payer tout l'espace couvert devant lequel il se trouve ; or, ses parties extrêmes ne contiennent pas de marchandises et pourraient se trouver en face d'un terre-plein découvert, où il leur serait loisible également de déposer les marchandises qui ne craignent pas les intempéries.

Au fond, si la chose était pratique, chaque navire devrait avoir un hangar spécial.

A défaut de cette localisation à outrance, les Compagnies de navigation ont du moins des hangars qui leur sont propres, avec la longueur nécessaire pour que tous les panneaux d'un bâtiment puissent y décharger.

Cette longueur ne doit pas être trop réduite.

Largeur. — En effet la réduction aurait pour résultat l'augmentation de la largeur, inconvénient très sensible.

On compte que 4000 mètres cubes de marchandises sont logés par 100 mètres de longueur d'un navire ordinaire. L'expérience a démontré que l'empilement sous les hangars ne doit pas dépasser $1^m,50$ de hauteur, pour la facilité de la manutention.

D'autre part, l'espace perdu pour les passages, les visites des caisses, etc., est à peu près du tiers de la superficie du hangar. Celui-ci devra donc avoir environ 3 500 mètres carrés pour 100 mètres de longueur, ou 35 mètres de largeur.

C'est la dimension la plus usitée. Au delà, la manutention pour porter la marchandise jusqu'à l'autre bout du hangar devient coûteuse.

Cependant, à Anvers, où, contrairement à la disposition ordinaire, les hangars sont normaux aux quais de l'Escaut au lieu de leur être parallèles, la dimension perpendiculaire, au fleuve, qui est dans ce cas la longueur, atteint jusqu'à 50 mètres.

Diverses raisons, réduction du nombre des appuis dans le sens du mouvement, esthétique, etc., ont été données de cette disposition ; mais en fait, elle n'est pas commode.

M. Brysson-Cunningham, ingénieur du port de Liverpool, donne le tableau suivant des opérations effectuées sur divers quais de ce port pendant une année.

QUAIS	LONGUEUR	SURFACE DES HANGARS	NAVIRES OPÉRANT		JOURS DE TRAVAIL		PROPORTION DU TONNAGE	
			NOMBRE	TONNAGE	DÉCHARGEMENT	CHARGEMENT	PAR MÈTRE LINÉAIRE de quai	PAR MÈTRE CARRÉ de hangar
	mètres	mètres carrés						
A	600	14050	114	428729	309 1/2	247	703	21 »
B	425	10580	102	310818	315	229	722	20,73
C	275	6695	58	180548	132	153	656	19,02
D	244	6760	63	141236	188	171	578	14,85
E	275	7650	57	179402	144	158 1/2	655	16,54
F	134	2912	41	68264	19	178	541	16,50
G	172	5576	37	89995	147 1/2	88 1/2	524	11,38
H	426	11077	91	278639	267 1/2	189	654	17,75
I	336	8473	80	210886	152 1/2	239	627	17,52
J	215	5980	26	54157	58 1/2	38	238	6,03
K	217	6090	43	129279	166	153	545	13,82
L	214	8095	63	159097	152 1/2	78 1/2	741	13,90
M	60	609	70	19384	59 1/2	2	318	22,90
MOYENNE......................							577	16,30

Ces exemples, établis sur une année et des cargaisons diverses donnent donc une moyenne de ce qui est obtenu à Liverpool, 577 tonnes par mètre courant de quai et 16^t,30 par mètre carré de hangar.

Ces chiffres diffèrent beaucoup selon les marchandises, l'outillage, les habitudes. On manipule plus de 2.000 tonnes par mètre de quai en certains points d'Anvers, et plus de 16.000 sur le quai de rive de la Joliette à Marseille.

Pour les hangars, on pourrait donc admettre, pour le calcul d'une installation, 20 tonnes par mètre et par an, dans les conditions ordinaires.

Séparation. — Les hangars séparés laissent entre eux des espaces variables, servant en général à l'établissement de lignes ferrées de raccordement entre les voies qui bordent les hangars de chaque côté.

A Anvers, ces espaces mesurent de 12 à 24 mètres. Ils ont 40 mètres au bassin Bellot où ils servent de dépôts découverts pour certaines marchandises encombrantes ne craignant pas l'humidité. A Marseille, la nécessité de ces espaces découverts n'existe pas.

Au bassin Bellot, les longueurs adoptées pour les hangars ont été de 77^m,50, 93 mètres, 139^m,50 au Nord, 80 et 160 mètres au Sud, et 80 mètres sur le quai Ouest. Cette échelle de longueur permet de desservir aussi bien que possible les différents navires.

Les hangars pour les bateaux effectuant des opérations complètes ont besoin de plus de largeur, surtout s'ils apportent des grains, qui exigent une grande surface.

Au contraire, les hangars pour navires faisant escale sont moins larges. Un grand steamer de 100 mètres faisant escale au Havre prend rarement plus de 800 à 1 000 tonneaux de marchandises, pouvant être arrimées sur une surface de 1 500 mètres carrés, soit, avec les espaces perdus, de 2 000 à 2 500 mètres carrés. Aussi a-t-on donné au hangar du quai Ouest du bassin Bellot spécialement destiné à ce service, 80 mètres de longueur et 27^m,50 de largeur.

Hauteur du parquet. — Quand les camions pénètrent dans les hangars, l'aire du hangar est au niveau du sol. C'est la disposition générale en France et sur la plupart des hangars d'Anvers.

Quand tout le transport s'effectue par wagons, il vaut mieux mettre cette aire au niveau de la plateforme du wagon, c'est-à-dire à 1^m,20 environ de hauteur au-dessus du sol. C'est ainsi que les hangars sont disposés à Gand, à Hambourg, à Rosario, etc.

A Anvers, à Hambourg, un groupe de hangars présente les deux dispositions ; sur une des façades, l'aire est au niveau du sol, sur la façade opposée à 1^m,20 de hauteur, d'un côté, les camions peuvent entrer, de l'autre le service se fait par wagons.

Couverture. — On emploie à cet usage l'ardoise, le zinc, le fer galvanisé, le carton bitumé.

Celui-ci a donné de très bons résultats à Rotterdam. Posé il y a plus de trente ans, il est encore intact, l'entretien n'ayant consisté qu'en un goudronnage annuel. Il est peu coûteux et préserve bien de la chaleur. Partout ailleurs il n'est usité que pour des constructions provisoires.

L'ardoise est lourde, mais très durable et constitue la meilleure des couvertures, si l'on a soin de bien l'assujettir dans les localités exposées aux grands vents.

Le zinc, léger et économique, a l'inconvénient de s'user rapidement et d'être très inflammable aux hautes températures. En contact avec le fer ou le cuivre, il donne un élément voltaïque qui active la corrosion. La chaux, le bois de chêne le détériorent rapidement. Il s'altère vite au bord de la mer.

Le fer galvanisé dure également peu et demande à être goudronné.

Éclairage. — L'éclairage de jour est assuré par des carreaux placés dans la couverture.

A Anvers sur toute la longueur du versant Nord, près du factage, le vitrage de 2^m,10 de largeur est posé sur des fers à châssis espacés de 70 centimètres. Au bassin Bellot, les vitrages ont 15 mètres sur 3 ; sur le versant Nord, les pignons sont également vitrés en partie.

L'emploi de lanterneaux vitrés est très répandu (*fig.* 1), pour la nuit, l'éclairage se fait au gaz et mieux à la lumière électrique. A Anvers, chaque travée (50 sur 12 mètres) est munie de deux becs de gaz. Les hangars de Tilbury sont éclairés par 1 360 lampes à incandescence, tandis que les

Fig. 1. — Éclairage d'un hangar.

cours ont 80 lampes à arc. L'emploi de ces dernières tend à se généraliser même à l'intérieur.

Pavage. — Le pavage peut être effectué en pierres, carreaux, asphalte, briques, béton ou bois ; mais il faut éviter les matériaux capables de produire de la poussière, très nuisible aux céréales, par exemple ; quant au bois, il est exclu des hangars où entrent les véhicules et est toujours à craindre au point de vue des incendies.

L'asphalte doit être proscrit des pays chauds et en général des hangars où pénètre le soleil ; il a l'avantage de donner peu de poussière, de même que le pavage « granolithique », composé de parties égales de macadam, de granit et de ciment de Portland ; celui-ci se prête d'ailleurs mal à une circulation intense des camions.

Le meilleur pavage est encore celui en granit ou trapp, posé au ciment de Portland.

Portes. — Elles se font en bois ou en métal et sont glissantes ou à enroulement.

Les premières glissent au moyen de galets sur des rails placés au niveau du sol, ou au contraire disposés à la partie supérieure (*fig.* 11). Ce dernier système est préférable, car les rails inférieurs sont souvent enterrés dans la poussière ou dans la glace pendant l'hiver.

Les portes à enroulement sont composées de lamelles de bois ou de métal, s'enroulant sur un tambour supérieur. Elles sont manœuvrées au moyen d'une chaîne passant sur des poulies et pourvue de contrepoids.

Les dernières sont plus légères, prennent peu de place, mais sont moins solides et ne s'opposent guère à la propagation du feu. Elles ne sont pas usitées en France.

Hauteur. — Pour permettre l'accès des wagons, la hauteur sous entrait est au minimum de 5^m,50. L'aérage et l'éclairage sont mieux assurés avec des hauteurs supérieures, et l'on adopte aujourd'hui volontiers 7 mètres.

Dans le Nord, elles sont au contraire moindres : 3^m,50, à Amsterdam ; 6 mètres, à Gand. Au bassin Bellot, la hauteur des marquises au-dessus du sol n'est que de 5 mètres.

Modes de construction. — Les hangars sont en charpente dans les pays où le bois est à bon marché ; il en existe même encore d'anciens dans les ports bien outillés, comme à Anvers, sur le quai Godefroid (*fig.* 2). Il est inutile d'insister sur les inconvénients de ce mode de construction, bien qu'on l'ait préféré à Hambourg pour les nouveaux bassins de Kuhwärder.

D'ordinaire, la charpente supérieure, métallique, est supportée par des colonnes. Il importe, en effet, de réduire au minimum le nombre des supports, afin de faciliter les opérations. Cette réduction ne doit pourtant pas arriver à faire augmenter les dimensions des fers dans une mesure telle que l'exécution soit coûteuse.

Les hangars ont souvent leurs côtés complètement ouverts ;
mais aujourd'hui on préfère les fermer sur les trois faces,
qui ne bordent pas l'eau ; les murs de fermeture permettent

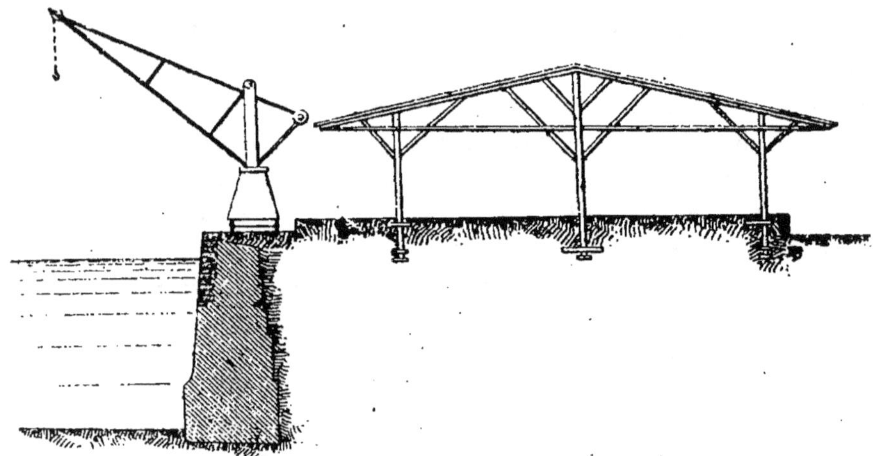

Fig. 2. — Hangar d'Anvers.

d'y appuyer les marchandises, moyen de gagner de la place.
L'abri contre le soleil est aussi plus complet.

Dispositions à Marseille. — Les dispositions suivantes sont

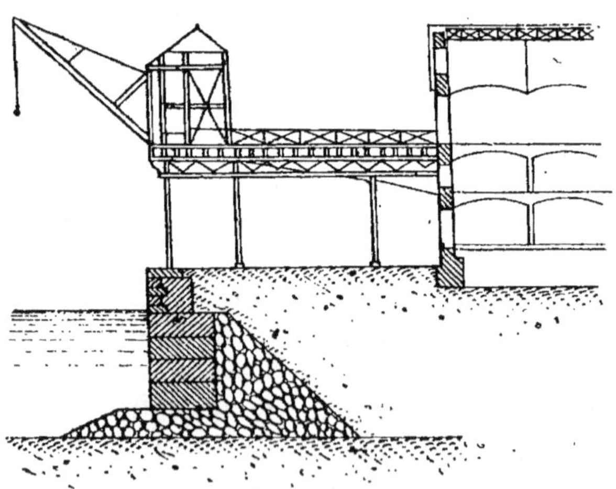

Fig. 3. — Quai de la Joliette.

regardées comme les plus convenables à Marseille (*fig.* 3 et 4).

Hangars fermés sur trois côtés par des murs assez solides
pour résister à la poussée des marchandises en vrac ;

Couverture en tuiles sur fermes en fer, ou pannes en bois ;
en cas d'incendie, les pannes peuvent brûler, la toiture
s'écroule sans que pour cela les fermes tendent à se déverser ;

Fermes espacées de 5 mètres ;

Lanterneau double, à cheval sur le faîtage, avec 3^m,50 environ de largeur sur chaque versant ;

Hauteur de 7 mètres sous entrait ; fermes d'une seule portée jusqu'à 30 mètres de largeur ; au delà, deux travées avec

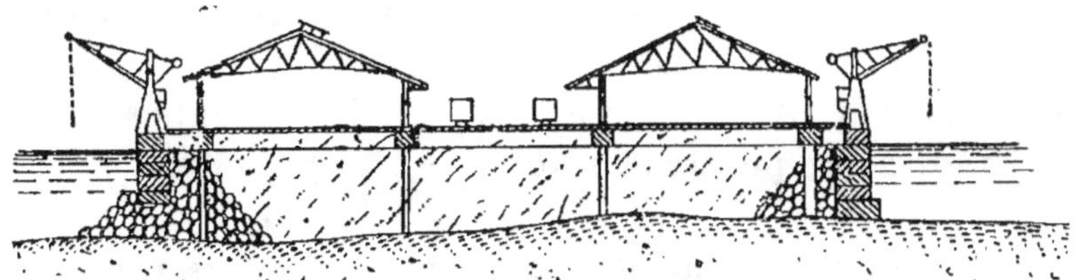

Fig. 4. — Profil transversal d'un môle.

colonnes intermédiaires en fonte, espacées de 10 mètres et
servant de tuyaux de descente des eaux.

Du côté de la terre, larges et nombreuses ouvertures, fermées au moyen de portes extérieures suspendues, avec rainures d'arrêt ;

Façade du quai en panneaux de 10 mètres, fermés de deux
en deux par des murs ; ouvertures à grandes portes roulantes, à vantaux de 5 mètres de largeur, extérieurs ;

Cadre des portes en fers plats et cornières, avec goussets
en tôle, portant extérieurement un bordé en bois ;

Fermetures mobiles très robustes, à cause des chocs.

Les hangars discontinus ne présentent là-bas que des inconvénients. Les espaces réservés aux marchandises qui ne
craignent pas les intempéries sont peu utilisés.

Hangars situés à 7 mètres de l'arête du quai, avec une seule
voie sur cet espace.

Hangars du quai Sud de la traverse de la Joliette, à Marseille
(*fig. 3*). — Ces hangars sont loués à la Compagnie des Messageries maritimes, qui fait toutes ses opérations au moyen

d'allèges, ses navires se plaçant perpendiculairement au quai.

Les hangars comprennent un rez-de-chaussée et un étage. Au bord de l'eau, le rez-de-chaussée déborde l'étage de 4 mètres; à la hauteur du plancher de celui-ci règne, sur toute la longueur du hangar, une galerie par où passent les marchandises destinées à l'étage et qu'élèvent des grues hydrauliques établies au bord de la galerie.

Les trois faces autres que celle sur le quai sont en briques, celle-ci est fermée à l'étage par des cloisons en briques, présentant de nombreuses baies avec portes en bois. Au rez-de-chaussée, elle est close sur la moitié de la hauteur par des barrières roulantes à claire-voie en bois; au-dessus par un vitrage.

Des colonnes en fonte supportent le plancher, composé de voûtes en briques sur poutres en tôle.

Nouveaux hangars de la Chambre de commerce de Marseille. — Ces hangars ont également leurs façades en maçonnerie, sauf celle sur le quai ; les murs sont percés de nombreuses ouvertures pour le passage des voitures, des wagons et des marchandises ; elles sont fermées par des portes roulantes.

La toiture est prolongée du côté de la voie centrale avec une saillie de 3^m,50, pour abriter les wagons en charge. Comme les marchandises sont parfois empilées sur 4^m,50 de hauteur, on a donné aux hangars 7 mètres sous entrait. Le sol est au niveau du terrain voisin.

Dans les hangars de 37 mètres de largeur, les fermes sont soutenues par une file de supports intermédiaires placés au milieu. Dans ceux de 25 mètres les fermes sont d'une seule portée.

La couverture est en tuiles plates, vissées. Un lanterneau vitré règne sur toute la longueur.

Hangars du Havre. — Le tableau suivant donne des renseignements sur les 26 hangars établis aux quais du Havre.

BASSIN	QUAI	DÉSIGNATION	LONGUEUR	LARGEUR	SURFACE	LOCATAIRES
			m.	m.	m²	
Citadelle.	Hambourg	A	160	20	3200	Cie des paquebots à vapeur du Finistère et Cie des bateaux à vapeur du Nord, Worms et Cie.
—	—	B	160	20	3200	Worms et Cie, Cie Havraise Péninsulaire.
—	Cadix	E	170	15	2500	Bauzin, Soc. navale de l'Ouest.
—	Lisbonne	F	110	15	1650	Société navale de l'Ouest.
—	Londres	Q	60	16,7	1002	Worms et Cie.
La Barre	Lamandé	N° 1	40,3	19,5	786	Union des Chargeurs coloniaux.
Eure	Transatlant.	C	160	20	3200	Cie générale transatlantique.
—	—	D	100	20	20	— —
—	Marseille	Z	55	14	770	Hangar libre.
—	—	H	145,6	25	3640	Cie générale transatlantique.
—	Renaud	G	90	25	2250	Forges et chantiers de la Méditerranée.
—	—	R	90	25	2250	Booth Line.
—	—	S	90	25	2250	Cie générale transatlantique.
—	Nouméa	P	115	25	2875	Hamburg Amérika Linie. Cie Cunard.
Bellot (I).	Brésil	I	93	45	4185	Chargeurs Réunis.
—	—	J	139.5	45	6277	—
—	—	K	77,5	45	3487	—
—	Chili	L	80	27,5	2200	Cie Havraise Péninsulaire.
—	Plata	M	80	55	4400	Lignes Lamport et Holh et Pacific Steam Navigation Company.
—	—	N	160	55	8800	Messageries maritimes.
—	—	O	80	55	4400	Hamburg Amerika Linie.
—	—	T	105	75	1837	Parc à bestiaux.
Bellot (II)	Saïgon	U	120	58	6960	Hangars libres destinés à la réception des cotons, graines et autres marchandises diverses.
—	—	V	120	58	6960	
—	—	X	120	58	6960	
—	—	Y	120	58	6960	
TOTAL			2840		93019	

Ainsi, des 26 hangars, un sert aux bestiaux et 5 autres seulement sont libres. Les 20 hangars attribués à des lignes régulières mesurent 74 402 mètres carrés, soit 78 0/0 de la surface totale.

Hangars du bassin Bellot. — Les hangars de 45 mètres de largeur du quai Nord ont deux travées de 22^m,50 de portée, avec poteaux de support espacés de 17^m,50 dans le sens longitudinal. Le grand hangar de 139^m,50, qui couvre 6 277 mètres carrés, n'a que 8 piliers.

La charpente en fer a ses fermes principales espacées de 15^m,50 d'axe en axe, reliées par des poutres longitudinales à treillis, parallèles au quai et supportant deux fermes intermédiaires.

La hauteur totale sous les fermes est de 11^m,845.

Les pannes, de 0^m,16 de hauteur, sont espacées de 1^m,60. La couverture est en zinc numéro 13. Le voligeage est en bois de 0^m,024 d'épaisseur.

Une marquise de 3^m,60 de saillie, placée à l'arrière des hangars, abrite les voies ferrées.

La clôture est totale sur toutes les faces, afin de mettre les marchandises à l'abri, et d'en faciliter le gardiennage.

La façade arrière et les pignons sont fermés par des murs de briques de 11 centimètres d'épaisseur. Les portes, de 7^m,80 de largeur, sont au nombre de cinq pour le grand hangar, de trois et quatre pour les autres. Il n'y en a qu'une aux pignons.

Dès vitrages assurent l'éclairage intérieur. Leur surface est de 533 mètres carrés pour le grand hangar, de 333 pour les petits.

La façade avant est close par des portes de 5 mètres de longueur, qui se déplacent sur un chemin de roulement fixé aux sablières. On peut ainsi ouvrir vis-à-vis des panneaux des navires, tout en limitant l'ouverture au strict nécessaire pour assurer le service.

Les autres hangars ont des dispositions analogues : Ceux du Sud ont 80 et 160 mètres de longueur pour 55 mètres de large, le hangar Ouest réservé aux navires à escales n'a que 27,50 mètres sur 80 mètres de long. Un hangar aux cotons récemment installé a 60 mètres de largeur.

Les colonnes ne sont pas en fonte, ce métal est trop cassant; elles sont en fers profilés, avec cornières.

On a généralement abandonné en France les fermetures enroulables en tôle d'acier ondulé, dont l'usage est réputé peu pratique et qui se conservent mal. Les portes glissantes se font en tôle, de fer ou d'acier, striée ou ondulée.

Hangars de Calais. — Sur les quais du bassin Carnot, à Calais, la Chambre de commerce a établi des hangars (hangar Fournier) dont la longueur totale de 560 mètres est divisée en huit travées de 70 mètres.

La charpente est entièrement métallique, sauf les pannes et les chevrons. Les colonnes sont constituées par des poutres à caisson en tôle, dont l'âme est en treillis sur une partie de la hauteur (*fig.* 5); les tuyaux de descente des

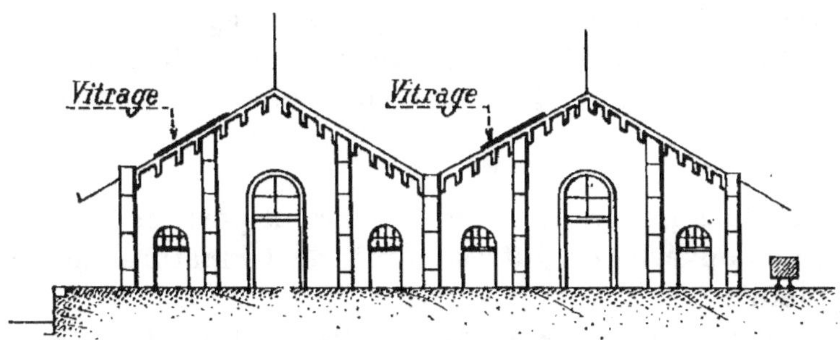

FIG. 5. — Hangars de Calais.

eaux sont logés dans l'intérieur. Les fermes sont en treillis à mailles triangulaires.

La couverture est formée de tuiles métalliques à emboîtement, posées sur liteaux et attachées au moyen d'une double ligature en fil de laiton.

Sur les 2/5 de la longueur des versants Est, s'étend un vitrage continu donnant l'éclairage.

Le sol des hangars est au niveau des terre-pleins.

Les pignons sont en maçonnerie avec contreforts extérieurs. La première travée adjacente, percée de deux baies est en maçonnerie ordinaire de manière à faire équilibre à la dilatation des parties métalliques.

Les parois latérales sont formées de rideaux de tôle galvanisée, mobiles à l'arrière du hangar, tandis que les travées de front (côté de l'eau) ont deux panneaux fixes de 2 mètres contre les colonnes et un rideau mobile central de 4 mètres.

Les calculs de stabilité ont admis l'action du vent dans un plan perpendiculaire à la longueur du hangar, sous un angle de 10° avec l'horizon et exerçant un effort de 150 kilogrammes par mètre carré.

Hangars de Liverpool. — Ils sont continus, leur longueur étant celle des quais où ils sont établis. Ils sont divisés en compartiments dont la longueur moyenne est de 90 mètres. La portée des toits varie de 9 à 30 mètres.

Les murs sont en briques, les portes ont 6 mètres de large sur 4^m,85 ou 5^m,25 de hauteur. Les fermes sont composites, les pièces étant en bois ou en fer, suivant qu'elles travaillent à la compression ou à la traction.

Hangars de Glasgow. — Les hangars sont également continus ; le plus long a 506 mètres sur 21^m,33 de largeur ; ils sont placés de 4^m,50 à 6 mètres de distance de l'arête du quai.

Hangars de Hambourg. — Dans ce grand port, les hangars sont les uns ouverts, les autres munis de fermetures métalliques mobiles.

Ils reçoivent la lumière de larges vitraux et possèdent tous les appareils de levage, etc.

Quelques-uns sont spécialement destinés au dépôt des fruits, importés en hiver du Midi et surtout de l'Italie. Afin de préserver ces fruits de la gelée, les hangars sont chauffés à la vapeur et ont les parois et la couverture doubles ; entre les deux parois s'interpose de la tourbe, substance peu conductrice de la chaleur.

Hangars des bassins de Kuhwärder. — Les parois sont construites en bois et briques jusqu'à 6 mètres de hauteur ; au-dessus règne un vitrage de 2 mètres. La partie centrale est encore éclairée par un lanterneau qui règne sur toute la longueur.

On a délibérément employé le bois ignifugé pour les fermes également ; l'expérience a prouvé que le bois ainsi préparé résiste mieux au feu que le fer qui se tord et fait écrouler l'édifice.

Des cloisons en briques divisent les hangars en compartiments correspondant à la capacité d'un grand paquebot, en tenant compte de la nécessité du classement des marchandises pour leur répartition.

Hangars de Dundee. — Pour le commerce du jute, Dundee a édifié des hangars sur une superficie de 38 000 mètres carrés. La figure 6 donne une coupe transversale de l'un de ces abris. Il a 90 mètres de longueur sur 36 mètres de largeur ; le toit se compose de deux travées. Sous entrait, la hauteur est de 4^m,20.

Les murs sont en briques avec encoignures en pierres. Une rangée de colonnes centrales supporte le toit. Une rangée pareille est établie le long de la façade antérieure fermée par des portes de bois glissantes.

La couverture est en ardoise, la charpente en acier. L'aire est en béton spécial : sur 10 centimètres de pierres cassées recouvertes d'une épaisseur égale de béton au ciment de Portland, on étale une couche de 5 centimètres d'un béton en fragments bien lavés de granit, composé de deux parties de pierres contre une de ciment de Portland. Ce pavage est très résistant.

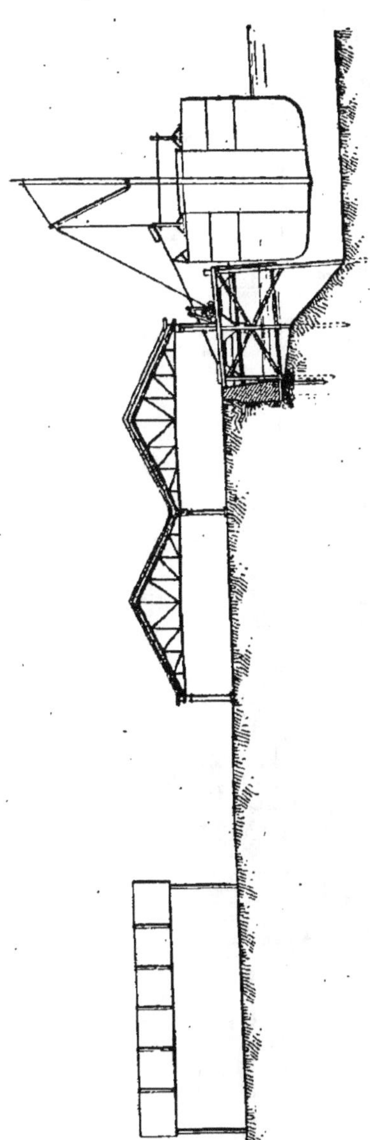

Fig. 6. — Hangars de Dundee.

Hangars de Rotterdam. — Les anciens hangars de Rotterdam étaient en bois ; mais ils ont été incendiés à plusieurs reprises.

Les derniers construits sur le côté Sud-Ouest du Rijnhaven, sont en fer avec toiture en tôle ondulée (*fig.* 7). Leur longueur est de 109 mètres, la largeur atteint 40 mètres,

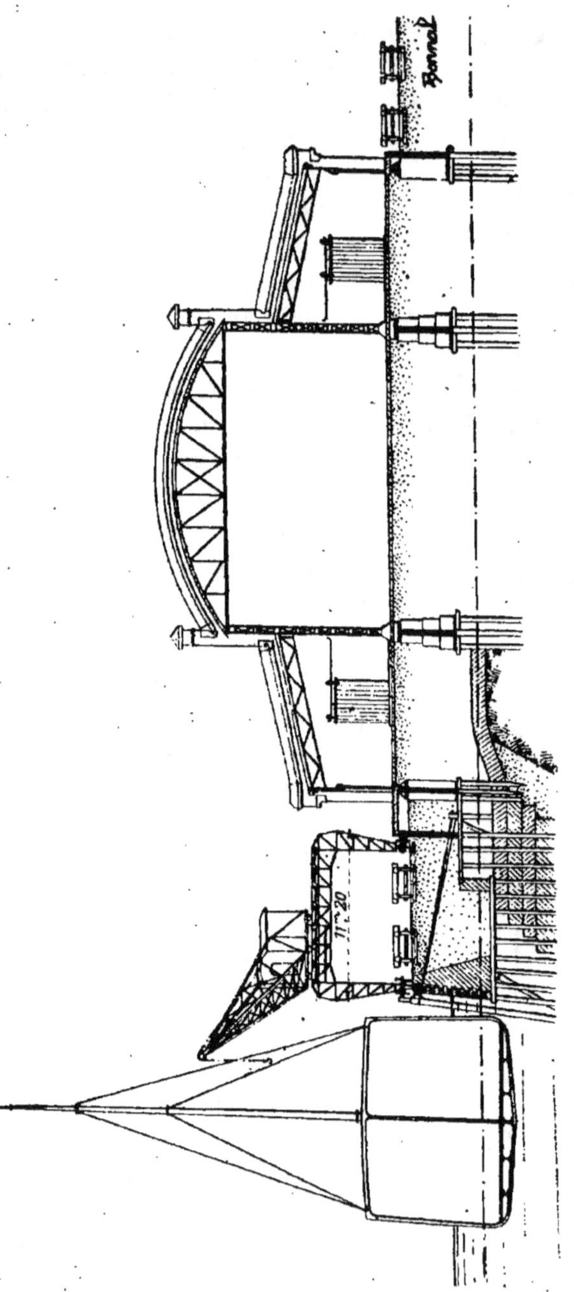

Fig. 7. — Hangars de Rotterdam.

dimension qu'on a trouvée plus avantageuse pour les grands vapeurs.

Les extrémités des hangars sont en pierres, et même l'un des hangars est séparé en deux par un mur en maçonnerie.

Afin d'obtenir beaucoup de lumière, on a partagé la largeur en trois parties, dont la médiane est plus élevée.

Le plancher en bois est situé à 1ᵐ,10 au-dessus de la rue. Le perron de devant a 3 mètres de largeur, celui de derrière 1 mètre.

La ligne Hollando-Américaine a fait construire son hangar en béton armé.

Neufahrwasser. — A Neufahrwasser, on n'a donné aux hangars qu'une seule inclinaison afin de permettre l'entrée de la volée de la grue du quai (*fig.* 8).

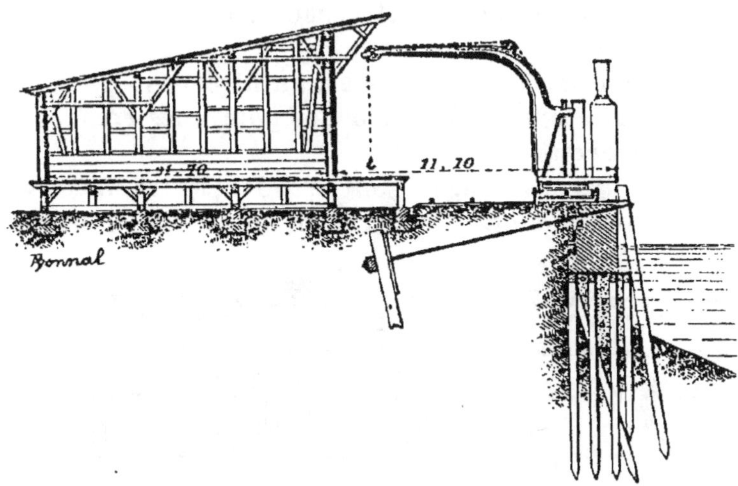

Fig. 8. — Hangar de Neufahrwasser.

Hangars de Brême (*fig.* 9, 10, 11, 12, 26). — Leur longueur varie entre 138 et 265 mètres; leur largeur de 35 à 40 mètres. Ils sont espacés de 28 mètres pour l'accès des voitures.

Les toitures reposent sur des colonnes creuses, en fer forgé, de 5ᵐ,30 de hauteur.

La façade du côté du bassin a sa partie supérieure en tôle ondulée (*fig.* 9), munie de larges fenêtres. La partie inférieure est également en tôle ondulée et se compose de parois pleines, larges de 4ᵐ,50, séparées par des portes de même largeur, formées de deux vantaux glissant à coulisse sur des roulettes supérieures *(fig. 11)*. Le glissement se fait dans deux plans différents

Les hangars sont entourés d'un perron, large de 2^m,30 du côté de l'eau et de 2^m,15 du côté de la terre. Le premier est

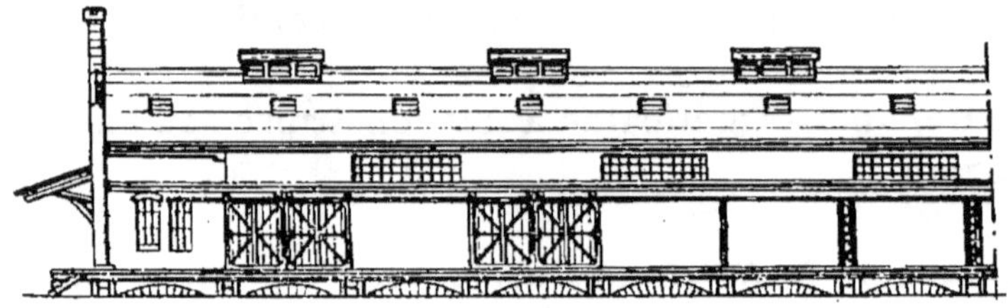

Fig. 9. — Hangars de Brême (côté des quais).

à 8^m,85 du mur de quai, et cet espace reçoit deux voies ferrées et une grue à demi-portique.

Le plancher en bois des hangars est au niveau du perron, qui est en madriers supportés par des poutrelles en fer et des piliers en maçonnerie.

Les grands côtés des hangars sont abordés par les wagons; les petits par les camions. Ceux-ci pénètrent aussi sous les

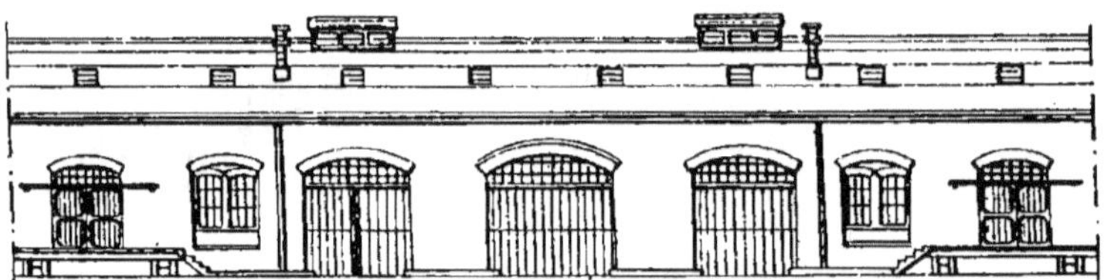

Fig. 10. — Hangars de Brême (passage à niveau).

hangars par un passage situé au niveau du sol sur la façade, *(fig. 10)*, ayant 29^m,80 sur 17^m,60 et peuvent enlever les marchandises locales. Ces derniers camions arrivent par la chaussée du bord du quai et passent sur les rails, qui sont protégés à cet effet.

Les hangars sont à double toit et éclairés par des vitraux le jour, par des lampes à incandescence la nuit.

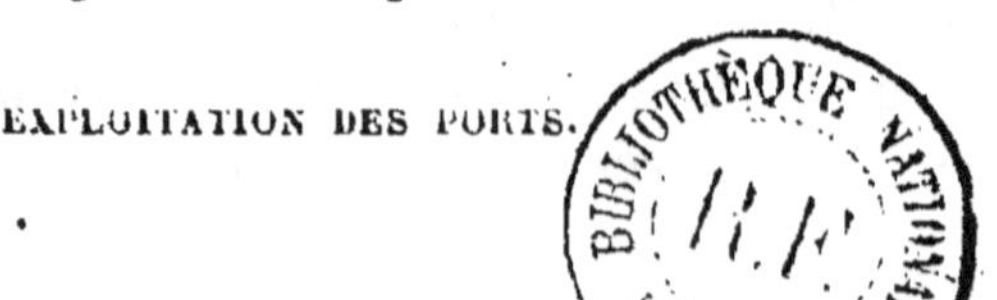

Hangar au bois. — Le commerce des bois précieux, surtout du cèdre et de l'acajou, est très important à Brême. Les bois

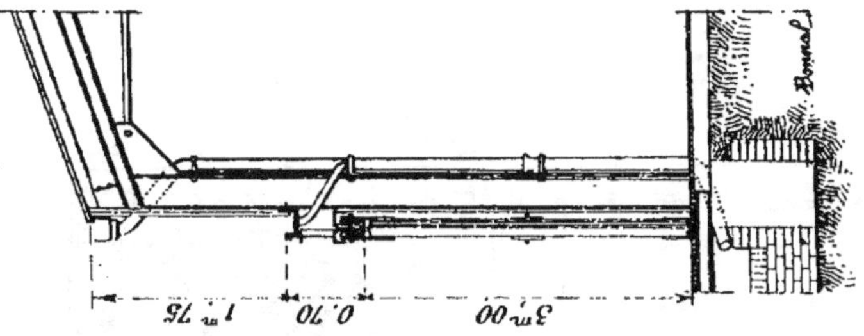

Fig. 11. — Porte roulante.

sont débarqués par trois grues, dont deux de 1 500 kilogrammes, et la troisième de 4 tonnes.

Ils sont ensuite déposés sous quatre hangars juxtaposés,

desservis par des chemins de fer à voie étroite sur lesquels se trouvent des bascules pour déterminer le poids des chargements. Le réseau à voie étroite est établi de manière que le transport n'ait lieu que dans un seul sens; c'est un mou-

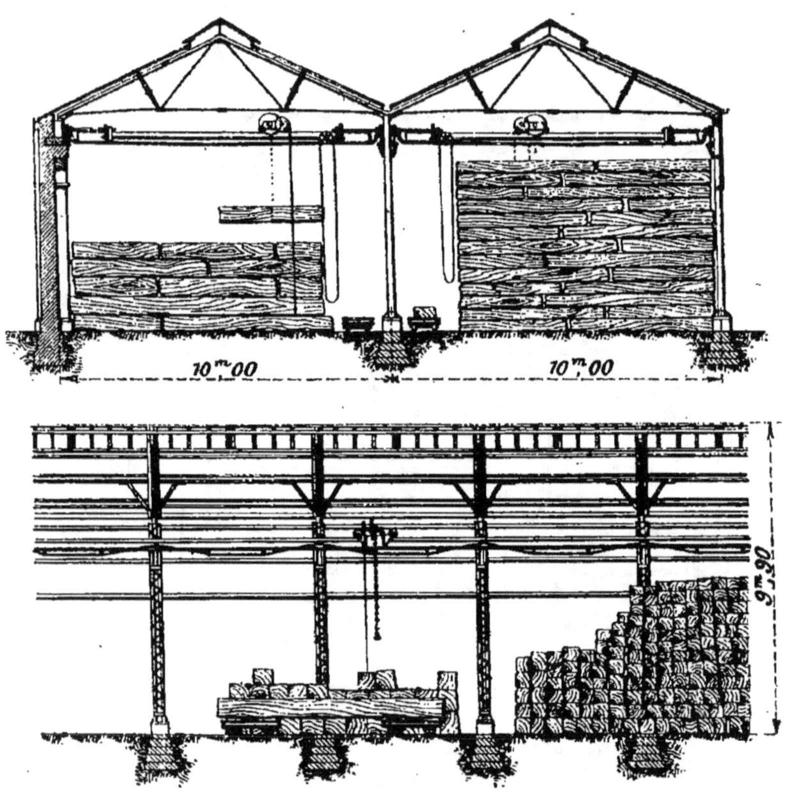

Fig. 12. — Hangar au bois.

vement circulaire. Les wagons chargés passent d'une voie à l'autre par aiguille, les wagons vides peuvent utiliser des plaques tournantes. Des treuils aériens permettent le levage des billes et leur arrimage dans les magasins. En outre, on a des chantiers à bois en plein air sur 8 mètres de largeur de part et d'autre de la voie étroite (*fig*. 12).

CHAPITRE VI

MAGASINS ET QUAIS

CONSTRUCTION DES MAGASINS

Nécessité des magasins. — Le séjour des marchandises sous les hangars est très court. Toutes celles qui doivent être livrées à la consommation immédiate sont enlevées.

Mais il en est qui ne doivent être consommées que peu à peu.

Si les négociants les faisaient sortir du port, ils auraient à payer immédiatement les droits de douane sur la totalité ; et les intérêts des sommes ainsi déboursées influeraient sur les prix de revient.

On ne les retire donc du port qu'au fur et à mesure des besoins. Elles restent dans des *entrepôts*, situés en principe dans la périphérie du port lui-même.

Les entrepôts sont de deux classes, comme on l'a vu :

1º *Entrepôts réels*, dont l'Administration des douanes conserve les clefs ;

2º *Entrepôts fictifs*, où les marchandises sont confiées aux particuliers eux-mêmes, sous la condition de ne les enlever qu'après acquittement des droits.

Les objets frappés de taxes élevées ne peuvent être entreposés que dans les premiers.

Les ports anciens, créés avant que ces diverses dispositions légales n'eussent été prises, ne peuvent pas toujours avoir ces entrepôts à proximité. Les entrepôts fictifs du Havre sont situés dans la ville, excepté pour le bassin-dock.

Étages. — Les terrains qui avoisinent les bassins ont généralement une grande valeur ; aussi les magasins construits en pierres ou briques ont-ils plusieurs étages.

Au Havre, on en a limité le nombre à quatre, parce que, malgré l'emploi des monte-charges, grues, etc., l'élévation des marchandises aux étages ne constitue pas moins un notable inconvénient ; mais, en Angleterre, les magasins comptent parfois six étages.

Ces bâtiments sont le plus souvent élevés sur caves de 3 mètres de hauteur. Le rez-de-chaussée a une hauteur de $3^m,50$ à 5 mètres ; au-dessus les étages s'abaissent en général de 25 centimètres de l'un à l'autre.

Longueur et largeur. — Pour la largeur, la condition principale qui la limite est l'éclairage et, à ce point de vue, 25 mètres semblent constituer une bonne moyenne.

Au Havre, au bassin-dock, les magasins n'ont que 23 mètres ; mais, à Marseille, ils mesurent 39 mètres et à Saint-Katherine (Londres) 40 et même 45 mètres aux West India Docks.

Quant à la longueur, on est porté à la limiter à 50 mètres, avec espacement de 20 mètres entre deux édifices contigus. Ces précautions sont prises par rapport au feu.

Les Compagnies d'assurances ne sont pas d'accord sur la nécessité du morcellement de la surface intérieure. Ainsi, au Havre, les édifices étaient primitivement complètement séparés par des murs de refend écartés de 12 à 20 mètres. Mais on a constaté que ceux-ci ne constituaient pas une sauvegarde contre la propagation des incendies. Comme par ailleurs ils étaient une entrave au service, on les a supprimés.

A Hambourg, au contraire, les magasins, longs de $51^m,50$ et larges de 27 mètres, ne comportaient d'abord aucune séparation. Les Compagnies d'assurances ont exigé la réduction des salles à 400 et même à 270 mètres carrés, par des murs de refend espacés de 15 à 10 mètres.

A Brême, le dernier magasin construit, long de 170 mètres et large de 29, est subdivisé par des murs de refend écartés de 14 mètres environ.

Escaliers. — Entre deux compartiments voisins, tant à Brême qu'à Hambourg, il fallait, pour répondre aux exigences des Compagnies, laisser un couloir de 3 mètres de largeur occupant toute la largeur du bâtiment. C'est dans ce couloir que se placent d'un côté un monte-charges, de l'autre un escalier. Ils communiquent avec les salles par des ouvertures closes de portes métalliques.

On a, depuis, renoncé, aux couloirs, qui faisaient perdre beaucoup de place, mais les escaliers sont toujours soigneusement isolés, soit par des murs intérieurs, soit en les plaçant dans des tours extérieures et disposant des balcons pour la communication avec les salles.

L'entrée se fait par des fenêtres ayant 3 mètres de hauteur et 2^m,50 de largeur et qui sont aussi munies de poulies commandées par des treuils ou des jiggers.

Dans les magasins non morcelés, l'escalier se place à un angle et le monte-charges à l'extrémité de la diagonale.

Construction. — Les murs, on l'a dit, se font en maçonnerie ou en briques. Le plafond de la cave est formé de

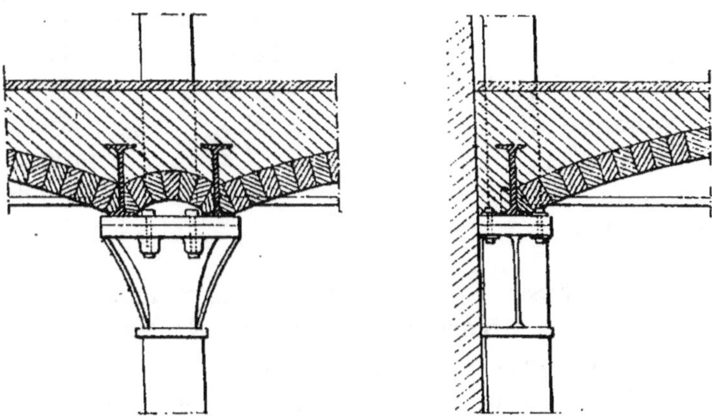

Fig. 13. — Supports des planchers.

voûtes en briques posées de champ et supportées par des pilastres en pierres.

La charge sur les planchers des trois premiers étages reste inférieure à 2.000 kilogrammes par mètre carré et est encore diminuée de 300 kilogrammes pour les étages supérieurs. Les planchers sont établis en béton, ou mieux en voûtes de briques creuses recouvertes de béton.

Les poutres de fer à **T** supportant les voûtes ne s'engagent pas dans les murs, qui ne doivent rien porter (*fig.* 13); contre ceux-ci on place des colonnes, sur lesquelles reposent les solives.

Ces colonnes sont creuses, communiquent entre elles (*fig.* 14) et, en cas d'incendie, reçoivent à l'intérieur un courant d'eau sous pression.

Le sol du rez-de-chaussée est pavé ou bitumé. Les planchers des étages sont en madriers.

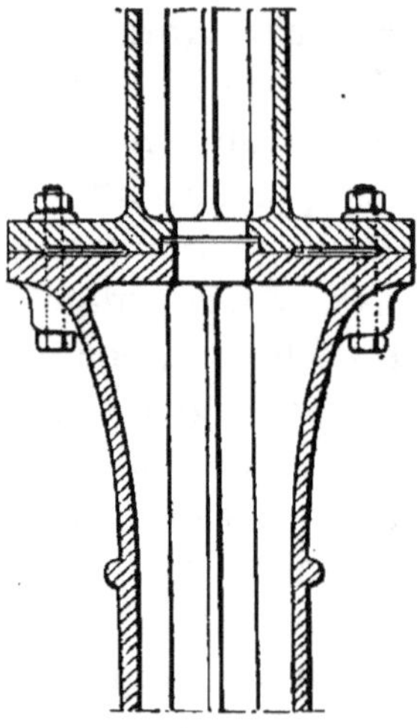

Fig. 14. — Colonnes.

Les couvertures sont surtout en tuiles ou ardoises.

SUPERFICIE DES MAGASINS DE DIVERS PORTS

	Superficie des édifices en mètres carrés.	Superficie combinée des étages en mètres carrés.
Brême	18 600	94 000
Trieste	46 000	147 000
Copenhague	2 350	15 000
Le Havre	—	350 000
Hambourg	—	200 000
Buenos-Ayres	—	170 000

Magasins spéciaux. — En dehors des magasins affectés aux marchandises diverses, il en existe où ne sont entreposés que des objets de même nature.

Ainsi à Liverpool, au bassin Stanley, il y a pour le tabac un magasin de 220 mètres de longueur sur 50 mètres de largeur et 40 mètres de hauteur. En outre, du rez-de-chaussée, ce magasin comporte douze étages; la contenance est de 55.000 boucauts de tabac.

La division en compartiments y est complète; ils sont desservis par des escaliers et des monte-charges isolés. Les colonnes de fonte sont protégées par des tuyaux de grès ; les planchers sont en béton armé.

A l'Import Dock de l'East and West India dock Company de Londres, on reçoit annuellement plus de 20.000 barils et plus de 70.000 sacs de café. Tous les produits de la même marque et de la même qualité, provenant parfois de plus de cinquante colis, doivent être mélangés sur le parquet du magasin, afin d'en contrôler le poids net, pour les droits à payer, ou les besoins du commerce, et d'assurer le type moyen. C'est une opération très longue et qui entraîne de grandes sujétions. Elle s'exécute au moyen de machines qui économisent une main-d'œuvre considérable, vident les barils et jettent le café dans les trémies d'où il se rend dans les mêmes récipients descendus à l'étage inférieur. Ces récipients sont battus afin de déterminer le tassement du grain qu'il serait difficile autrement de faire tenir dans le même nombre de barils.

Le thé est à peu près traité de la même manière.

Dans les magasins à bois de Brême, sans étages, des chemins de fer aériens servent au transport des pièces.

A Dunkerque, il existe un magasin pour les sucres disposé suivant les exigences actuelles.

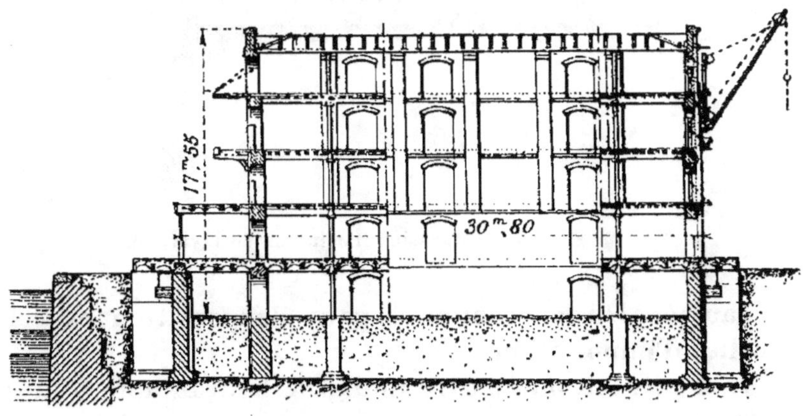

Fig. 15. — Magasins de Buenos-Ayres.

Magasins de Buenos-Ayres. — Pour faciliter l'emmagasinage, les magasins (*fig.* 15) sont pourvus de terrasses et balcons extérieurs, sur lesquels les marchandises sont déposées par les grues ; elles sont ensuite rentrées à la brouette.

Ces magasins possèdent également des grues et des monte-charges; ceux-ci sont munis d'un appareil de sûreté spécial.

Magasin du dock Harrington. — Au dock Harrington (*fig.* 16), de Liverpool, le magasin, long de 410 mètres, large de 29 mètres, est divisé par des murs de briques en cinq compartiments, le sol est en partie pavé de granit, en partie asphalté sur macadam. Le parquet de l'étage est porté par des fers à **T** supportant des plaques à nervures recouvertes de carreaux cimentés de 30 millimètres d'épaisseur; la toiture en ardoises est supportée par des fermes en cornières à joints rivés reposant du côté du bassin sur des colonnes. Des vitrages sont disposés le long de chaque pan. Le rez-de-chaussée est éclairé par des fenêtres et des vitres au-dessus des portes. Les façades sont fermées par des séries de portes roulantes larges de 8 mètres. Le magasin reçoit, au rez-de-

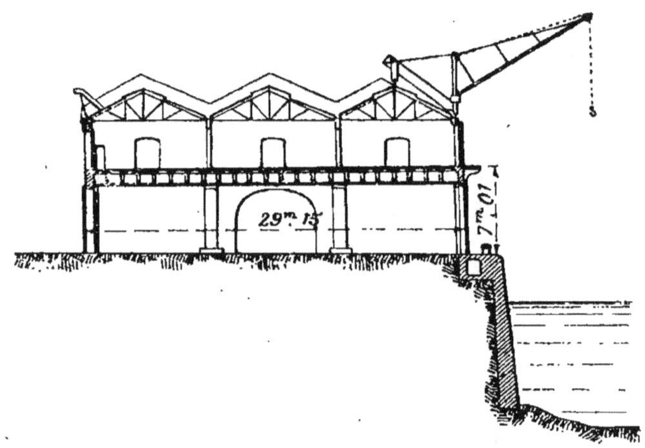

Fig. 16. — Magasins Harrington de Liverpool.

chaussée, les marchandises pour l'exportation et à l'étage celles d'importation.

Sur son toit manœuvre une grue hydraulique, qui charge l'étage.

Le déchargement de cet étage s'effectue en faisant glisser les marchandises, par un plan incliné, dans les wagons d'une voie située contre le bâtiment. A peine le navire déchargé, il peut commencer à être chargé de nouveau.

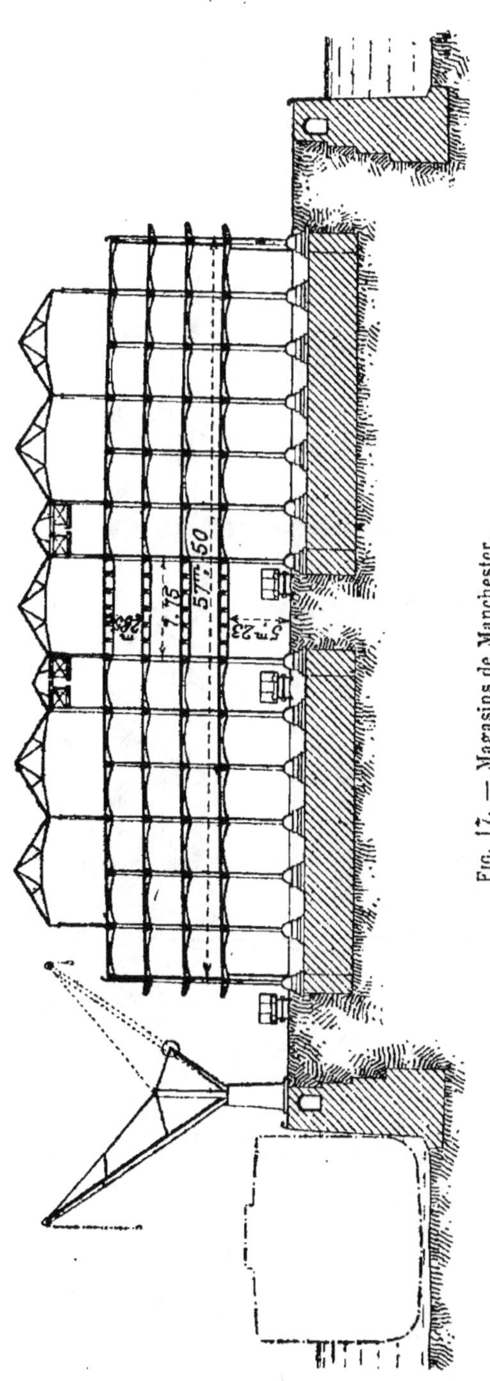

Fig. 17. — Magasins de Manchester.

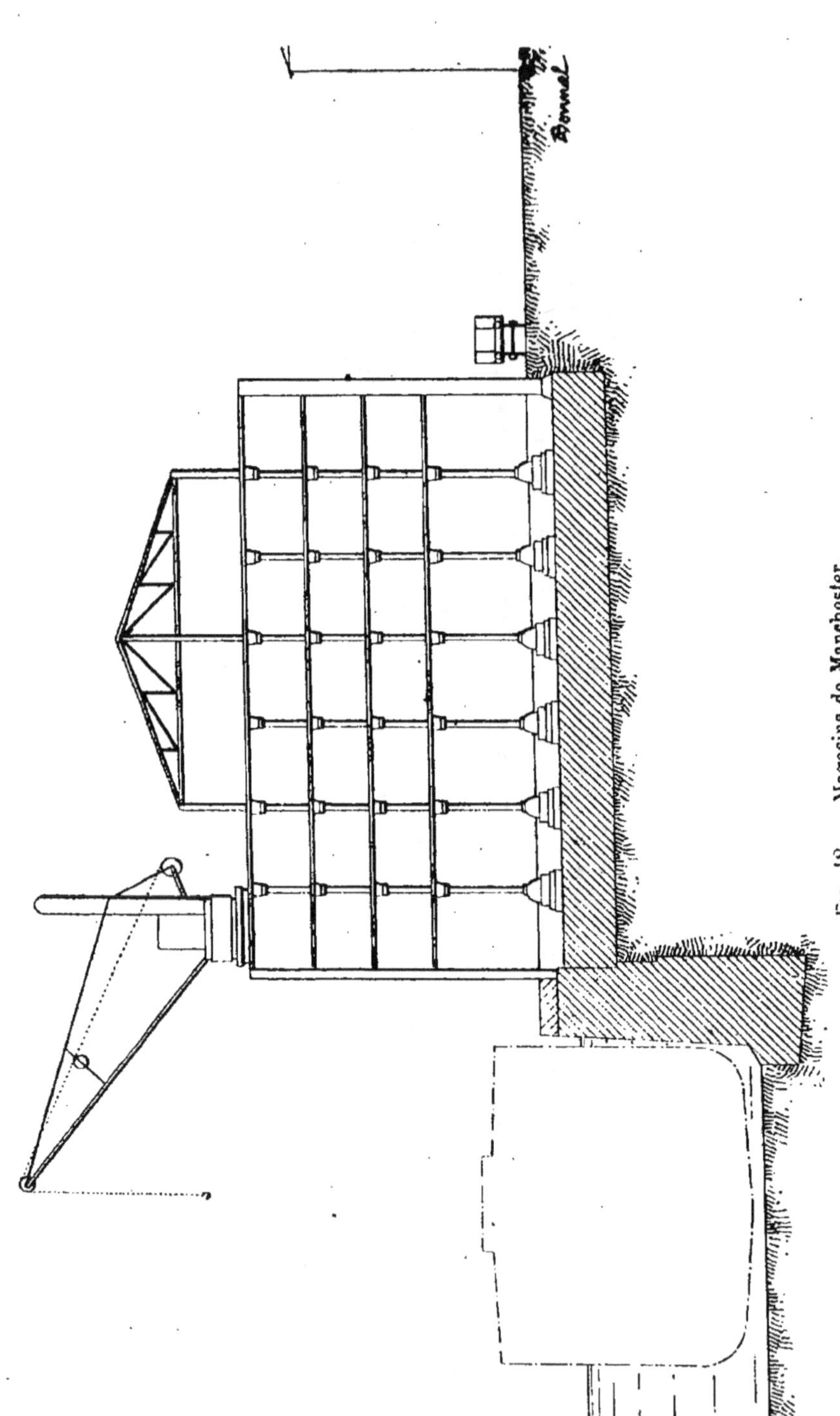

Fig. 18. — Magasins de Manchester.

Magasins de Manchester (*fig*. 17, 18, 19 et 20). — L'un de
ces magasins (*fig*. 17) est placé à 11 mètres de l'arête du quai.

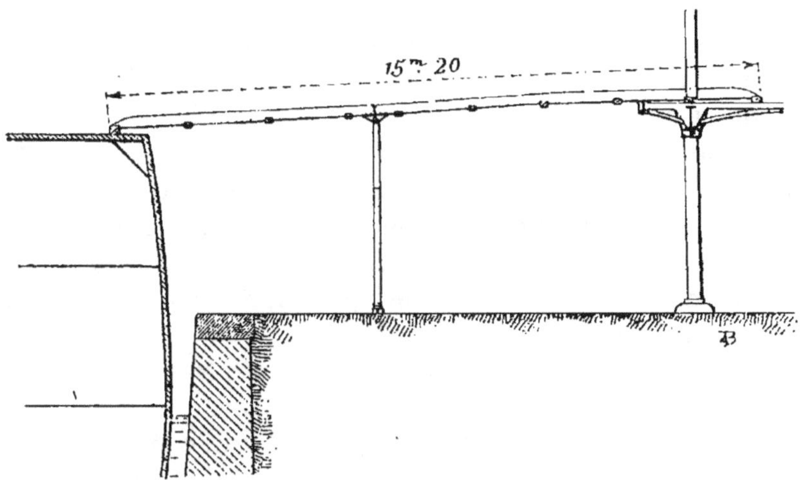

FIG. 19. — Magasins de Manchester (plateforme mobile).

Une voie ferrée passe devant et une grue à bras très long
permet le déchargement des navires dans les quatre étages.

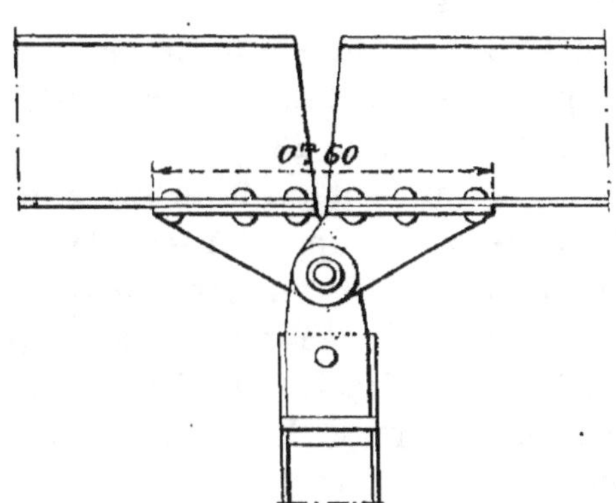

FIG. 20. — Support télescopique.

Un autre magasin à
quatre étages (*fig*. 18) également n'est placé qu'à
2^m,70 de l'eau, et les grues
roulent sur le toit. Ce bâtiment reçoit les marchandises devant séjourner
dans les entrepôts ; le
premier, au contraire, reçoit les colis de passage.

Le déchargement dans
les magasins situés à
11 mètres de l'eau s'effectue par une plateforme mobile (*fig*. 19) disposée sur des supports télescopiques (*fig*. 20). Pour les bois on les décharge sur
des pontons accostés contre le bord du navire opposé au quai.

Magasins de Handelskade (Amsterdam). — Au delà d'une
voie ferrée pour les wagons et d'une autre voie pour les

grues hydrauliques à cheval sur la première, à 7ᵐ,70 de l'arête du quai, se trouvent, sur près de 500 mètres, des magasins de 22ᵐ,70 ou des hangars de 12 mètres de largeur. En arrière sont établies successivement une voie ferrée, la chaussée pavée et quatre autres voies ferrées, dont la dernière, toute proche du Binnenhaven, est destinée à permettre la circulation des grues mobiles hydrauliques.

Les magasins contiennent des caves, un rez-de-chaussée et trois étages, que les grues peuvent desservir ; à l'intérieur on trouve des jiggers pour le déplacement des marchandises.

Le squelette du bâtiment est en fer noyé dans une couche de ciment de 25 millimètres d'épaisseur. L'intérieur est divisé par des murs complètement pleins, de façon à réduire le danger d'incendie.

Les monte-charges et les escaliers sont placés en dehors du bâtiment et relient entre eux les balcons.

La charge, aux différents étages, peut être de 2 tonnes par mètre carré.

Magasins de Brême. — Les magasins, longs de 150 mètres, ont une cave de 3ᵐ,25, un rez-de-chaussée de 4ᵐ,50, deux étages de 3ᵐ,50 et un grenier de 1ᵐ,20 (*fig.* 21).

La charge admise est de 1800 kilogrammes pour le rez-de-chaussée, 1500 kilogrammes pour les étages, et 1000 kilogrammes pour le grenier. La largeur est de 23ᵐ,50.

La longueur est partagée par 4 murs de refend en cinq salles de 30 mètres, complètement indépendantes. Deux murs, parallèles aux premiers, partagent encore chacune des salles en deux autres, de 11ᵐ,60 de largeur, séparées par un couloir de 3 mètres, allant d'une façade à l'autre du magasin et y aboutissant par des portes. L'accès, en cas d'incendie, est ainsi très facile.

Les piliers en briques des caves supportent des voûtes en béton sur fers à **T** ; la charpente des étages est en bois ; du papier d'amiante sépare les deux rangées de planches qui forment le plancher.

Un perron règne le long de la façade postérieure.

Sur la façade antérieure, des ascenseurs hydrauliques, placés à l'extrémité des corridors, desservent tous les étages.

A l'autre extrémité, le corridor contient un treuil hydraulique.
C'est là également que se trouvent les escaliers en pierre.

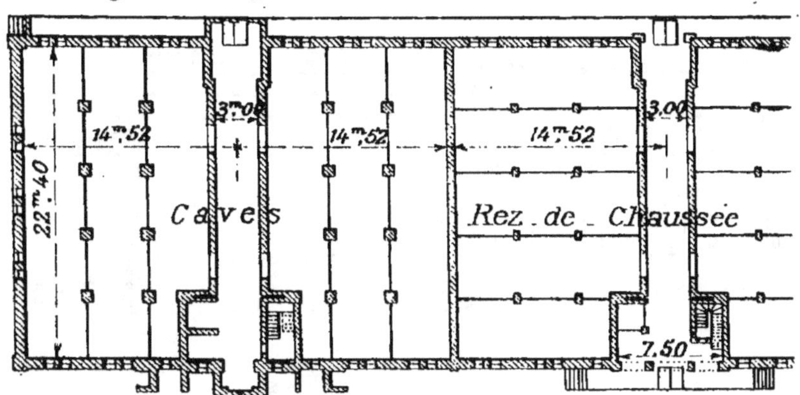

Fig. 21. — Magasins de Brême.

La grue située entre les hangars et les magasins atteint
tous les étages de ceux-ci (*fig.* 26).

Magasins de Rosario. — Les magasins à Rosario sont destinés, les uns à l'importation, les autres à l'exportation.

Le type de ces magasins est le suivant :

La longueur, parallèle au quai, est de 80 mètres ; elle est
partagée en six portions, de 13^m,30 chacune, couvertes par
des charpentes métalliques transversales. Tout d'ailleurs est
en métal (*fig.* 22).

Ils ont ou non des caves ; leurs murs sont établis en
briques, avec un perron de chaque côté.

La fermeture de ces édifices, qui n'ont pas d'étage, s'effectue par des portes roulantes métalliques, munies de verrous intérieurs.

La largeur des magasins est de 25 mètres; la couverture est en tôle ondulée ou en tuiles.

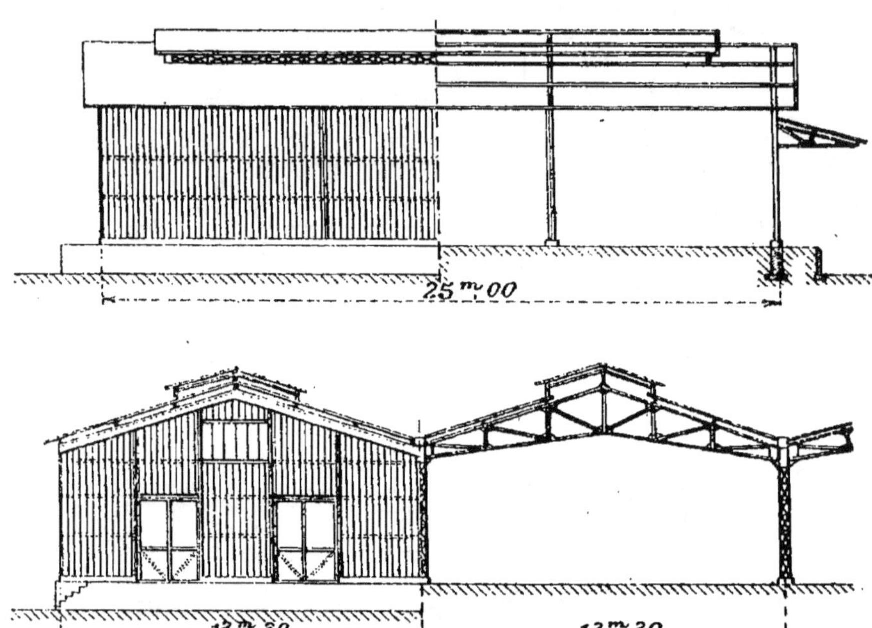

Fig. 22. — Magasins de Rosario.

Un magasin pour matières inflammables, de 60 × 25 mètres, a son aire au niveau du sol.

Grand entrepôt de la Compagnie des Docks, à Marseille. — C'est un des mieux construits et des mieux aménagés qui existent. Il occupe une superficie de 14 830 mètres carrés, dont 1 165 pour les quais de transbordement, 1 505 pour les cours charretières, 10 220 pour les magasins et 1 940 pour les bureaux et salles d'échantillons.

Il mesure 365 × 37 mètres et comporte quatre cours intérieures, des caves, un rez-de-chaussée et six étages. Le prix, avec l'outillage, s'est élevé à 10 533 000 francs.

Les planchers, capables de supporter 2 000 kilogrammes par mètre carré, reposent sur deux rangées de colonnes, à courant d'air intérieur, formant trois travées.

Les voûtes des planchers s'appuient sur des poutres en fer laminé, de 0ᵐ,50 de hauteur, reposant sur les colonnes et, dans les travées extérieures du côté des murs, sur des retombées en fonte posées sur des encorbellements en pierre.

Les voûtes sont construites en arc de cercle de 0ᵐ,68 de flèche avec des briques creuses de 0ᵐ,15 de hauteur, maçonnées au mortier de ciment. Les reins sont garnis en béton maigre, d'une épaisseur de 0ᵐ,055 à la clef, recouvert par une couche de mortier de 0ᵐ,015. La poussée des voûtes est équilibrée par des tirants en fer de 0ᵐ,045 placés de mètre en mètre et boulonnés sur la semelle inférieure des poutres.

Les combles se composent d'une charpente en fer sur laquelle reposent deux couvertures superposées; l'une, voûtée en briques creuses de 0ᵐ,07, l'autre en tuiles plates. Il n'entre pas de bois dans la construction.

Docks-Entrepôts du Havre. — Le monopole de l'Entrepôt réel appartient à la ville qui a concédé ses droits à la Société des Docks-Entrepôts du Havre.

Cette Société a des magasins établis sur toute la longueur des quais du bassin Dock [1], longs de 520 mètres.

Au Nord, les hangars et magasins sont situés entre le bassin Dock et celui de Vauban. Les hangars, continus à un et trois étages, laissent entre eux et l'arête du quai, d'un côté 8 mètres, de l'autre 5ᵐ,50; ils ont de 18 à 21 mètres de largeur et de 5ᵐ,10 à 5ᵐ,50 de hauteur.

La longueur totale des hangars est de 1110 mètres le long du bassin Dock et de 616 mètres dans la partie Sud du bassin Vauban.

Les magasins du Nord s'étendent sur quatre rangées, séparées par trois cours couvertes, larges de 18 mètres. Les magasins du quai Sud à quatre étages ont 32 mètres de largeur sur 45 mètres de longueur. Il en existe aussi, sans étages, ils sont affectés aux huiles, alcools, etc.

Les bâtiments du quai Sud n'ont qu'une salle, non subdivisée, mesurant de 1400 à 1500 mètres carrés; les murs

1. Pour les différents bassins du port du Havre, voir le tome II, Ports Maritimes, B. C. T. P.

sont en briques, les planchers en bois, les couvertures en tuiles, ardoises ou zinc. Les cours sont parcourues par une voie ferrée et toutes les voies se réunissent au moyen de plaques tournantes et de traversées perpendiculaires.

Les magasins occupent une surface totale de 295 000 mètres carrés, dont 170 000 couverts; ils peuvent contenir 270 000 tonnes de marchandises.

Ces docks possèdent un outillage perfectionné :

10 treuils hydrauliques de 400 à 900 kilogrammes ;

4 grues hydrauliques, de 600 kilogrammes ;

7 treuils électriques de 500 kilogrammes;

4 cabestans électriques de 800 kilogrammes;

2 grues roulantes à main de 1 000 kilogrammes.

L'entrée du bassin Dock est, d'ailleurs, insuffisante. Les navires de grandes dimensions ne peuvent y opérer et se rendent dans d'autres bassins, qu'ils encombrent.

Magasins généraux du Havre. — Les magasins de la Compagnie havraise des Magasins publics et des Magasins généraux, ont une superficie de 150 000 mètres carrés; ils comprennent 12 cours couvertes, mesurant ensemble 6 650 mètres carrés et 218 magasins contenant 100 000 tonnes de marchandises.

Les magasins de la Société anonyme des Docks du Pont-Rouge ont une superficie de 93 500 mètres carrés ; les 74 magasins peuvent contenir 92 000 tonnes de marchandises, dont 15 000 tonnes de bois.

Les bâtiments de la Compagnie des Entrepôts et Magasins de Paris ont 13 260 mètres carrés et contiennent 31 000 tonnes de marchandises.

Les magasins du Canal de Tancarville mesurent 35 000 mètres carrés et contiennent 40 000 tonnes de marchandises.

Tous ces magasins, reliés aux lignes de la Compagnie de l'Ouest peuvent donc contenir 263 000 tonnes de marchandises.

AMÉNAGEMENT DES QUAIS

Dispositions générales. — L'aménagement des quais dépend entièrement de la destination et du genre de marchandises manutentionnées dans le port.

Si elles doivent, au débarquement, être immédiatement enlevées par chemin de fer ou camions, ou si, à l'embarquement, elles passent directement du véhicule dans les navires, il est nécessaire de laisser, au bord de l'eau, un espace de quai suffisant pour placer deux ou trois voies ferrées, sans compter celle des grues.

Si, au contraire, les marchandises doivent passer sous un hangar, pour être reconnues, visitées par la douane, etc., le hangar doit être placé près de l'eau, en ne laissant que l'espace nécessaire au passage et à la manœuvre des grues, qui transportent les colis du bateau au hangar.

Quand l'espace manque comme à Liverpool, au canal de Manchester, les hangars sont placés à $2^m,50$ ou $2^m,70$ du bord de l'eau, espace insuffisant pour le passage des grues qu'on place alors sur les toits.

Mais, en général la destination des marchandises est diverse : une partie doit être enlevée immédiatement sur wagons, l'autre passe sous hangar. Dans ce cas, il faut adopter une disposition mixte, c'est-à-dire disposer les hangars assez loin de l'arrête du quai pour pouvoir intercaler les voies ferrées nécessaires à la circulation des wagons et des engins de levage.

Voies de quai. — Dans le cas le plus général, entre l'arête du quai et le hangar on ménage deux voies pour le transit en plus de la voie des grues. Afin d'économiser le terrain, l'une des voies ou même les deux peuvent passer sous le bâti des grues construit en portique ou s'appuyant sur le mur de façade des hangars.

De l'autre côté des abris ou hangars, il est nécessaire de placer d'autres voies, mais l'installation diffère selon la nature des opérations : si les marchandises sont déchargées pour être reconnues et être embarquées immédiatement, de nouvelles voies et une cour charretière sont nécessaires. Si au contraire elles doivent être entreposées, les voies ferrées et la cour charretière sont placées à l'arrière des magasins par rapport aux bassins.

Quel que soit le nombre des voies, il est nécessaire de les réunir entre elles par des traversées perpendiculaires avec plaques tournantes ou mieux par des jonctions. Le procédé par plaques est lent et coûteux, on lui préfère les transbordeurs mécaniques. Pour permettre aux trains d'être conduits directement par locomotives on n'a pas hésité à donner aux quais des directions obliques : l'installation des bassins Freycinet à Dunkerque est un modèle du genre, les courbes ne descendent pas au-dessous d'un rayon acceptable pour la circulation des machines de manœuvre.

Le tableau suivant indique la disposition des quais dans divers ports.

PORTS	LARGEURS EN MÈTRES				TOTAL
	BANDE le long du quai	HANGARS	ZONE des voies ferrées	VOIE charretière	
Bassin Bellot { quai Nord .	10	45	15	9	79
Bassin Bellot { quai Sud..	10	55	15	9	89
Dunkerque, môle 1	10	30	15	15	70
Anvers..................	6,40	50	25	20	101,40
Gand	11,36	42,50	21,14	15	90
Marseille, B. Pinède......	7	31	14	16	68
Hambourg, B. Grasbrook .	8	24	18	18	68
Mannheim	12	22	22	9	65
Rosario.................	10	25	15	»	50
Brême (quai Hafen Becken)	11,50	24,70	21,30	10	67,50
MOYENNE.......	9,62	35,00	18,00	12	75,0

NOTA. — *a*) Au bassin Bellot, il y a au delà de la voie charretière une deuxième zone de voies ferrées, large de 10 mètres au quai Nord et de 27 mètres au quai Sud.

b) La deuxième zone de voies ferrées dessert les magasins qui la longent.

c) A Rosario, la voie charretière est derrière les magasins.

Aménagement des terre-pleins de Calais. — Sur le quai Ouest du bassin à flot Carnot, les hangars sont situés à la distance de 15ᵐ,50 du bord du quai, à la limite de portée des grues hydrauliques employées à la manutention des navires.

Dans cet espace sont établies trois voies ferrées ; celle voisine de l'eau passe sous le portique des grues ; la plus éloignée sous une marquise, de 4 mètres de largeur, latérale aux hangars (*fig.* 23).

Ceux-ci ont 40 mètres de largeur, plus deux marquises de 4 mètres, une dont on vient de parler et la seconde placée de l'autre côté des hangars.

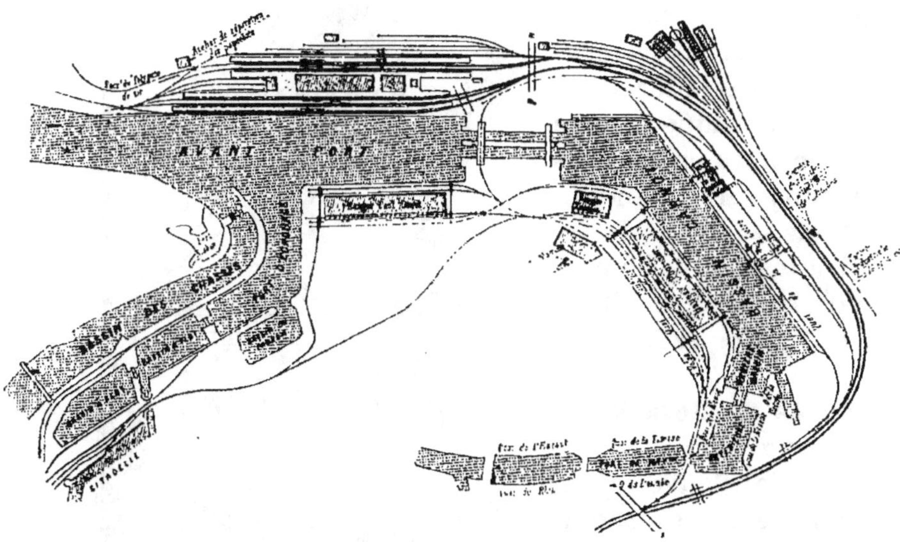

Fig. 23. — Port de Calais.

Après les hangars vient un groupe de cinq voies ferrées reliées entre elles par des plaques tournantes et des traversées-jonctions. Des plaques tournantes et des aiguilles les relient également aux trois voies du bord de l'eau.

L'une des cinq voies passe également sous la marquise d'arrière et sert à la manutention. Les autres sont destinées au remisage et au classement des wagons. Enfin, toutes ces voies sont en relation à chaque extrémité avec la gare de Calais par des voies passant sur des ponts tournants.

L'entre-voie dans le faisceau est porté à 3 mètres, afin de faciliter la pose des colonnes de réverbères et la circulation à pied.

Extérieurement à ce groupe existe une route charretière.

La largeur totale du terre-plein est de 100 mètres.

Bassin Bellot. — Toutes les manœuvres se font par aiguilles (*fig.* 24). Sur la bande pavée de 10 mètres de largeur qui longe le bassin, sont placées deux voies, dont l'une est comprise entre celle des grues, la voie près de l'eau est destinée au transbordement direct, l'autre sert à la circulation et au garage des wagons.

Il existe de même deux voies derrière les hangars, et deux autres après la voie charretière. Les voies de chaque groupe sont reliées entre elles par plusieurs communications.

Toutes les voies partent de la gare maritime décrite page 121.

Quais de Rosario. — Le long du quai qui longe le fleuve a été aménagé un espace de 10 mètres de largeur, sur lequel sont établies trois voies ferrées : l'une, large, pour les grues à portique ; la seconde, près de l'arête du mur, pour le chargement et le déchargement des wagons ; la troisième pour le dégagement des véhicules. Les deux voies normales sont reliées par un transbordeur de wagons.

Une première rangée de magasins vient en-

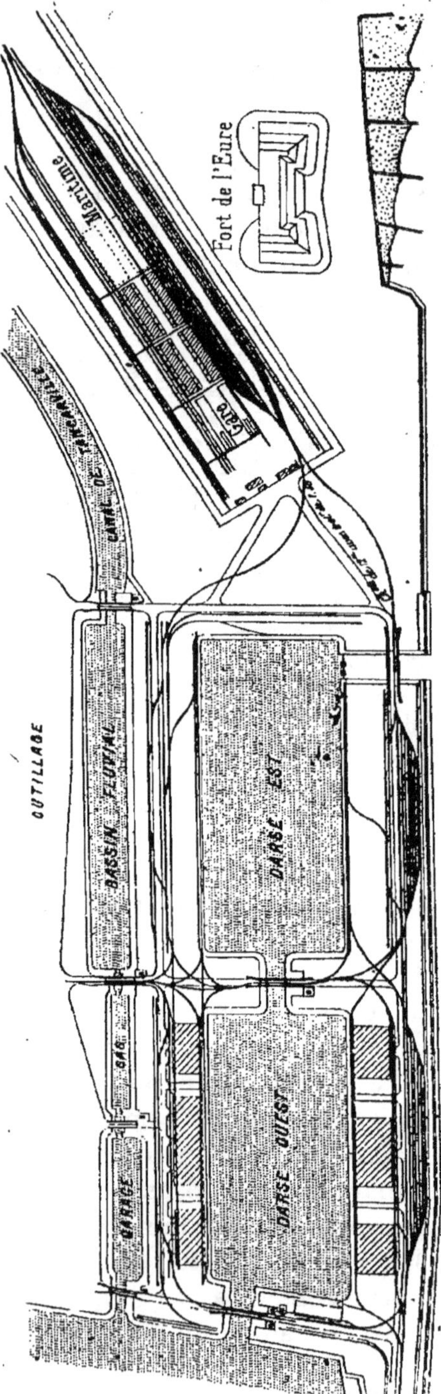

Fig. 24. — Bassin Bellot et gare maritime.

suite. Ces hangars ont 80 mètres de longueur sur 25 mètres de largeur; ils sont au nombre de huit, espacés de 20 mètres.

Une deuxième rangée de magasins, semblables et parallèles aux premiers, auxquels ils font face, est établie à 15 mètres de distance de la première. L'espace entre elles est occupé par deux voies ferrées, une contre chaque rangée.

Au delà de la deuxième rangée de magasins, une route comporte encore deux voies de chemin de fer.

Les voies ferrées du quai et des magasins sont dégagées au moyen de voies transversales et d'aiguilles. Entre les groupes de magasins, les surfaces libres sont destinées au dépôt à ciel ouvert de charbon, bois, etc.

Des routes d'accès normales au quai sont ménagées tous les cent mètres.

Un réseau spécial et une gare de triage desservent l'élévateur à grains et les silos. Ce réseau alimente l'élévateur, sur sa façade arrière, à raison de 500 tonnes-heure et permet l'expédition de 80 tonnes-heure de céréales ensachées.

Disposition des quais de Mannheim (*fig.* 25). — Bien que Mannheim ne soit pas un port maritime, les dispositions du

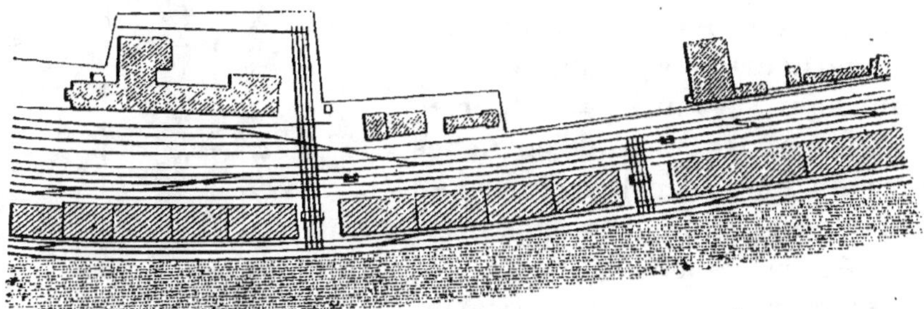

Fig. 25. — Quai de Mannheim.

port fluvial y sont si bien entendues qu'on les fait figurer ici.

Le long du quai, sur une longueur de 1 500 mètres et à 12 mètres de l'arête, sont alignés des magasins, larges de 22 mètres et longs de 160 à 170 mètres. Ils sont séparés par des intervalles de 40 mètres.

Sur le quai de 12 mètres sont établies deux voies ferrées, reliées entre elles par des aiguilles tous les 200 mètres. Un rail, qui court très près de l'arête du quai, reçoit les roues d'une « chèvre boiteuse ».

Au delà des magasins sont installées quatre autres voies ferrées, reliées entre elles de distance en distance. Les deux premières servent au chargement et au déchargement, les deux autres aux manœuvres.

Puis vient une route charretière de 9 mètres de largeur, séparée du faisceau des voies par une grille. La zone consacrée au service du quai a ainsi 65 mètres de largeur.

Dans les intervalles qui séparent les magasins, c'est-à-dire environ tous les 200 mètres, courent des transbordeurs à commande électrique, qui servent à transporter rapidement les wagons entre les voies du quai et celles situées au delà des magasins; les wagons sont chargés ou déchargés sur ces transbordeurs au moyen de cabestans électriques.

Les deux voies les plus éloignées du quai sont reliées à la gare de triage. Les wagons chargés sur le quai sont portés par les transbordeurs sur les voies au delà des magasins et envoyés ensuite à la gare de triage, d'où ils partent en trains.

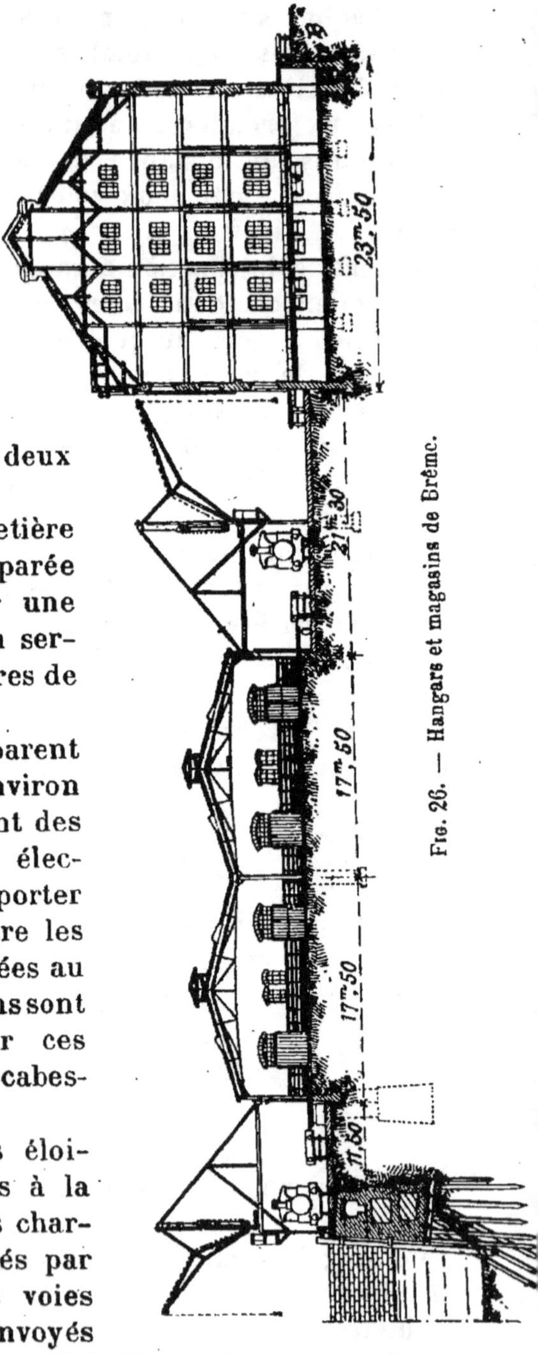

FIG. 26. — Hangars et magasins de Brême.

Voies ferrées de Brême (*fig.* 26). — Il existe deux voies ferrées entre l'arête du quai et les hangars, sur un espace de 8^m,85, quatre entre ceux-ci et les magasins et encore deux derrière ces dernières. Deux par deux, l'une des voies sert à la manutention, l'autre à la circulation générale. La chaussée entre les perrons des hangars et les magasins a 17 mètres, elle sert à la circulation des camions; des grues permettent le transbordement des marchandises des hangars aux magasins et inversement.

En dehors des magasins, d'autres lignes donnent accès au magasin aux vins, à la grue aux charbons, etc. Toutes ces lignes viennent du chemin de fer du Weser.

Voies ferrées de Marseille. — Il n'y a guère, à Marseille, que 20 0/0 des marchandises embarquées ou débarquées qui passent par le chemin de fer. C'est ce qui fait que l'inconvénient des plaques tournantes s'y fait peu sentir.

On a même dressé un projet pour les remplacer par un système d'aiguillages, mais il a été jugé inutile de l'exécuter.

Sur les 20 0/0 de marchandises échangées par voie ferrée, la majeure partie, à l'importation, consiste en minerais, et à l'exportation en charbons. Ces matières s'échangent directement entre le navire et le wagon sans séjourner sur les quais.

GARES DE TRIAGE

A proximité des quais des ports doivent se trouver des voies de triage, sur lesquelles les wagons chargés vont former les trains de départ et où se rendent les trains arrivant, en attendant le moment où les wagons triés seront envoyés aux quais d'embarquement.

Les gares de triage ont des dimensions proportionnées au mouvement du port. Celle de Mannheim peut contenir 8000 wagons.

Sur les 18 kilomètres de quais utilisables de ce port fluvial sont installés 100 kilomètres de voies ferrées, qui reçoivent par an environ 660 000 wagons, soit 2200 par jour.

Gares d'Anvers. — Elles sont au nombre de deux : la gare du Sud et celle des Bassins et Entrepôts, desservant ensemble 71 kilomètres de voies installées sur les 17 kilomètres de quais.

La station Sud a une superficie de 25 hectares. Six voies reçoivent les trains à l'arrivée; ceux-ci se décomposent sur 24 autres voies. Enfin, 54 voies à gravité servent à la formation des trains partants, au moyen des wagons qui arrivent pêle-mêle du port. En tout, la station comprend 85 kilomètres de voies.

Celle des Bassins et Entrepôts occupe 55 hectares et dispose de 170 kilomètres de voies.

Le port d'Anvers jouit de cet avantage que les tonnages d'arrivée et de départ se balancent. Le mouvement total des gares en 1900 a été de 1 440 000 wagons, soit 4 800 par jour de travail.

On agrandit considérablement, en ce moment, la station Sud pour répondre au mouvement des nouveaux quais de l'Escaut.

Gare de Gênes. — Elle a dû être installée, faute de place, à 50 kilomètres du port, à San Bovo près de Novi. Le mouvement quotidien pourrait y être de 4 000 wagons. En 1900, il a été de 620 000 wagons, soit 2 100 par jour, mouvement égal à celui de Mannheim, malgré l'infériorité des dispositions; l'utilisation des voies est plus intense qu'à Anvers.

A Gênes, l'exportation n'est guère que le cinquième de l'importation; la plupart des wagons y arrivent donc vides.

Gare du bassin Bellot au Havre (*fig.* 24). — Elle occupe un rectangle de 970 $\times$ 180 mètres. De part et d'autre d'une cour centrale se trouve une série de trois quais de chargement, dont un découvert et deux couverts; chacun d'eux a 90 mètres de longueur et 18 mètres de largeur.

De la cour centrale se détachent deux cours longitudinales destinées aux opérations à quai et au débord.

Dans la première cour, côté nord, se trouvent deux faisceaux : un extérieur à deux voies de débord ; un autre à trois voies est placé le long des quais de chargement et en bordure de ces quais. Dans la deuxième cour, sont deux groupes de voies contenant ensemble douze lignes, servant les unes au chargement, les autres au remisage et au triage des wagons.

Les neuf premières voies, en partant du nord, situées de part et d'autre des cours et des quais, sont reliées entre elles par des traversées perpendiculaires avec plaques tournantes. Deux voies de manœuvre sont placées de chaque côté de la voie de raccordement avec la grande gare de triage de Graville située à quelques kilomètres en avant du Havre et les faisceaux du triage sont raccordés avec les différentes voies du bassin Bellot.

En résumé, outre les voies desservant les quais, les hangars ou les magasins, il est nécessaire d'avoir à proximité du port une gare servant au remisage et au triage des wagons pour la formation et le garage des trains.

CHAPITRE VII

MANUTENTION DANS LES PORTS

Manutention d'un navire. — Les grands cargo-boats actuels portent dans leurs flancs des marchandises très variées et qui demandent un déchargement et un emmagasinage différents.

Ainsi à Manchester, les bâtiments arrivent avec des troupeaux d'animaux, pour lesquels il a fallu bâtir des étables, avec des zones d'isolement, des abattoirs, d'où la viande, congelée, est envoyée aux centres de consommation.

Le reste de la cargaison est débarqué par les grues et mis sous les hangars.

Le bois, cependant, ne peut être ainsi emmagasiné, car il encombrerait les quais. Tandis qu'un des côtés du navire est affecté au déchargement par les grues du port, sur l'autre bord, on débarque les pièces, par les moyens du navire, dans des chalands de 45 mètres de longueur, sur 12 mètres de largeur, qui peuvent en recevoir 800 tonnes.

Ce sont ces chalands qui vont se décharger sur un autre point, où des espaces spéciaux ont été réservés au bois.

Puis vient le débarquement des grains, par des petits élévateurs mobiles, également dans des allèges qui se rendent devant les magasins.

C'est de cette façon qu'on peut décharger rapidement les grands navires, dont les frais journaliers s'élèvent à 2 500 francs.

APPAREILS TRANSPORTEURS

Les appareils employés au transport continu des marchandises se divisent en deux groupes, selon que le transport doit être plus ou moins vertical ou horizontal. Dans le premier cas, on se sert des *élévateurs*, dans le second des *convoyers* ou *transporteurs*.

Une revue des deux systèmes sera exposée ici en s'aidant d'une étude de M. Zessimer.

Élévateurs. — L'élévateur est une noria, composée d'une chaîne sans fin, portant des godets et roulant sur deux tourteaux, placés l'un au bas, l'autre au sommet de la course.

Les élévateurs pour grains sont enfermés dans un long tuyau de bois ou métallique ; la bande qui porte les godets est, selon les cas, en cuir ou en coton, en chanvre ou en caoutchouc doublé. Ceux pour minerais, charbon, ciment et autres matériaux lourds sont formés de véritables chaînes métalliques.

Les premiers sont généralement verticaux, les autres inclinés suivant l'angle exigé par les circonstances.

Les élévateurs pour substances légères marchent à une vitesse supérieure à celle des élévateurs pour matières lourdes, le charbon, surtout, demande à être projeté avec soin pour ne pas se briser et dégrader les trémies de réception.

La vitesse des élévateurs verticaux pour grains est de 75 à 100 mètres par minute ; ceux inclinés de 15 à 50 mètres seulement. Aussi donne-t-on à ceux-ci des godets de plus grande capacité. La contenance d'un godet est de 11 litres environ, les dimensions sont $50 \times 15 \times 15$ centimètres, la première étant la longueur parallèle au ruban.

Les élévateurs inclinés ont l'avantage appréciable, dans le cas de matières lourdes, de faire reposer une partie du poids sur les supports et non sur les chaînes elles-mêmes. L'inclinaison la plus avantageuse est celle de 45 à 60° sur l'horizontale.

Le diamètre de la poulie supérieure des élévateurs verticaux doit être tel que, par la vitesse, les matières soient
projetées à 30 centimètres environ du bord du godet, lorsque
celui-ci commence à se vider au sommet de l'appareil; la

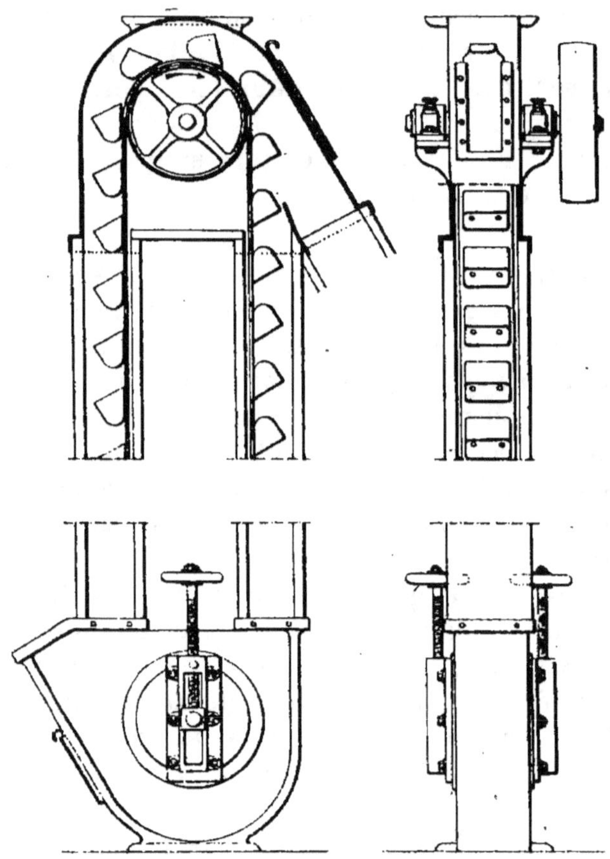

Fig. 27. — Élévateur à grains (courroie).

vitesse est donc fonction du poids spécifique des matières.

La force centrifuge, qui produit la projection, varie en
raison directe du diamètre de la poulie et du carré de la
vitesse.

La figure 27 est celle d'un élévateur à grains. M. Zessimer
donne pour cet appareil des renseignements résumés dans
le tableau suivant :

DIAMÈTRE DE LA POULIE	LARGEUR DE LA POULIE	LARGEUR DES GODETS	NOMBRE DE TOURS par minute	RENDEMENT PAR HEURE
millimètres	millimètres	millimètres		tonnes
450	270	230	60 à 65	15
520	320	270	55 à 60	30
600	370	320	50 à 55	45
680	420	370	45 à 50	60
760	470	420	40 à 45	75
830	510	470	35 à 40	90
900	570	510	30 à 35	105
1 000	630	570	25 à 30	120

La vitesse pour les autres matières est variable suivant leur friabilité. Pour la houille, elle est de 30 à 40 mètres par minute, pour le coke de 15 à 25 mètres, pour les minerais de 35 à 50 mètres.

Les figures 28 et 29 représentent l'une, l'extrémité supérieure d'un transporteur à grains, l'autre, la base d'un élévateur pour minerais.

La puissance nécessaire est d'ailleurs à peu près le double de celle qu'indique la théorie, c'est-à-dire que le rendement de ces appareils ne dépasse pas 50 0/0.

Convoyers. — Le plus ancien est la vis d'Archimède, encore communément employée dans les moulins et sur laquelle on n'insistera pas.

Pour transporter 50 tonnes-

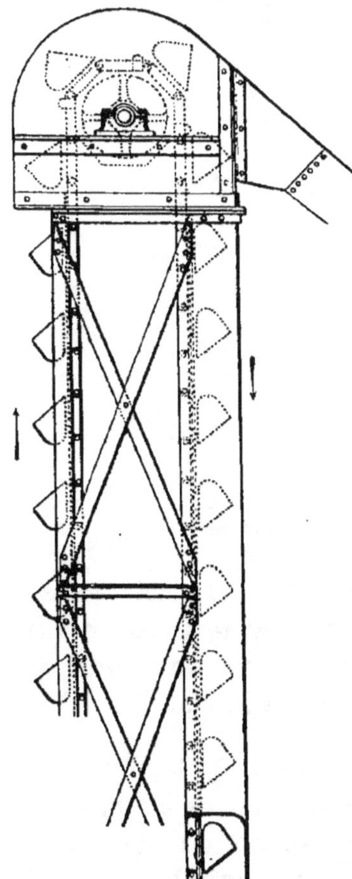

Fig. 28. — Élévateur à grains (chaîne).

heure de grains à la distance de 30 mètres, il faut une vis de 500 millimètres, effectuant 60 tours par minute et exigeant 19 chevaux de force. Les matières lourdes demandent une puissance un peu plus considérable.

La vis d'Archimède est un instrument peu coûteux.

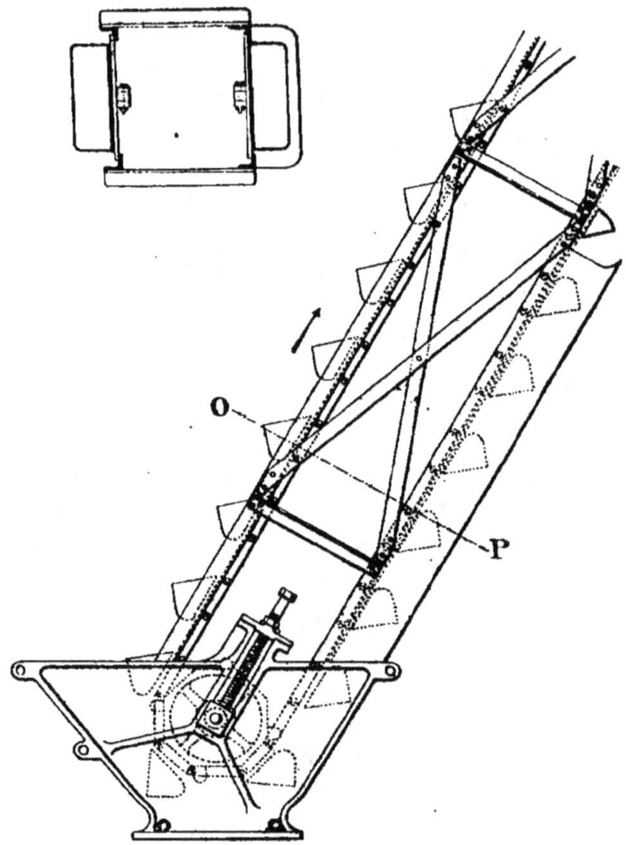

Fig. 29. — Transporteur incliné pour minerai.

Un autre appareil consiste dans des plaques attachées à une chaîne sans fin horizontale et poussant la matière dans un canal dont elles épousent la forme. Il ne demande que les deux tiers de la puissance nécessaire à la vis.

Transporteurs à bande. — C'est le procédé le plus usité et le seul employé pour les distances supérieures à 50 mètres. Une bande de toile, de fil de fer tressé, ou de caoutchouc doublé roule horizontalement sur deux poulies terminales et est supportée, dans l'intervalle, par des rouleaux. Souvent, on ajoute à l'ensemble un dispositif qui en assure la tension constante.

Les premières bandes étaient disposées sur les rouleaux de façon à présenter leur partie supérieure concave, afin de retenir le grain. Mais, récemment, on a reconnu que le grain ne tombait pas, même d'une bande plane, si on l'y faisait arriver à la vitesse de la bande elle-même.

On préfère, tout en laissant la bande plate sur toute sa course, la rendre légèrement concave au point d'alimentation. Cette forme est obtenue au moyen de deux rouleaux courbés en conséquence.

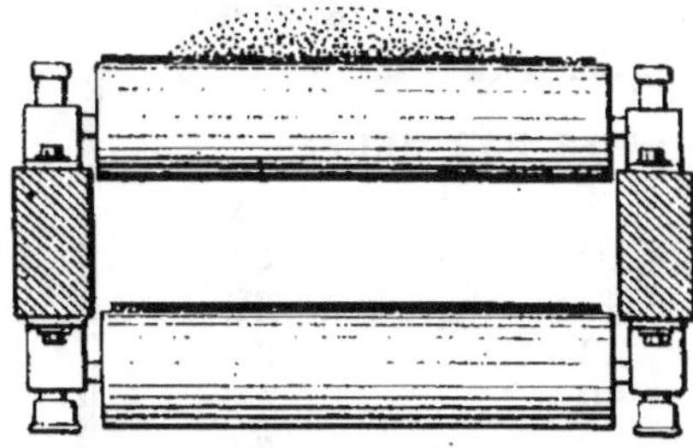

Fig. 30. — Rouleaux de support.

Les rouleaux de support ont 10 à 15 centimètres de diamètre ; ils sont en bois ou mieux en tubes d'acier avec axes dont les portées tournent dans des coussinets (*fig.* 30).

Les rouleaux sont espacés de 2 mètres dans la partie supérieure de la bande, réellement transporteuse, et de 4 mètres dans le brin de retour. On donne aux poulies terminales un assez grand diamètre ; elles peuvent être écartées au moyen de vis, pour assurer la tension.

Ce procédé ne s'applique que pour les courtes distances et serait illusoire pour les grandes. On emploie alors un

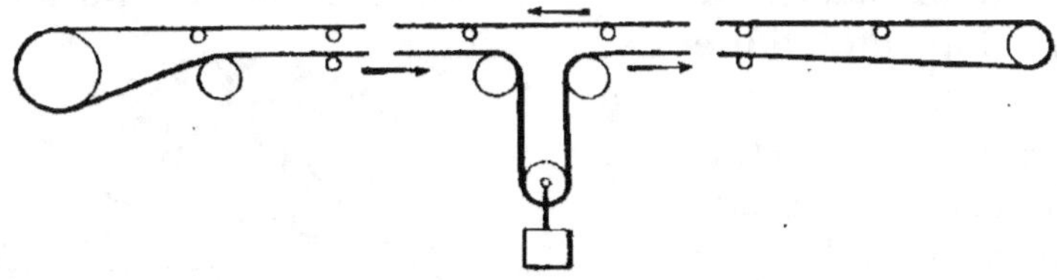

Fig. 31. — Contrepoids tendeur.

contrepoids qui peut être disposé comme le montre la figure 31.

La vitesse des bandes transporteuses de grain varie de 135 à 180 mètres par minute ; la plus faible vitesse s'applique aux grains comme l'avoine à balles, qui pourraient être projetés par le courant d'air produit à la vitesse de 150 mètres.

Le blé et l'orge supportent 150 à 165 mètres; le maïs, les pois et les semences plus lourdes, 180 mètres.

Le débit des bandes est résumé dans le tableau suivant :

VITESSE ET DÉBIT DES BANDES

| LARGEUR | VITESSE PAR MINUTE | | |
DE LA BANDE	135 mètres	150 mètres	180 mètres
millimètres	DÉBIT EN TONNES PAR HEURE		
200	6	7	8
250	9	10	12
300	18	20	22
350	26	30	34
400	36	40	44
450	45	50	55
500	60	65	70
550	70	80	90
600	90	100	110

Ce procédé est celui qui exige le moins de puissance. Une bande de 450 millimètres à 150 mètres par minute peut débiter 50 tonnes à l'heure, et pour une distance de 30 mètres, elle exige 4 chevaux et demi.

Bandes pour charbon. — Les bandes pour matières lourdes, charbon, minerais, sont du même genre, mais plus résistantes, surtout en leur milieu; elles ont leur face portante en caoutchouc solide.

Ces bandes sont toujours concaves, ce qu'on obtient au moyen de trois rouleaux (*fig.* 32).

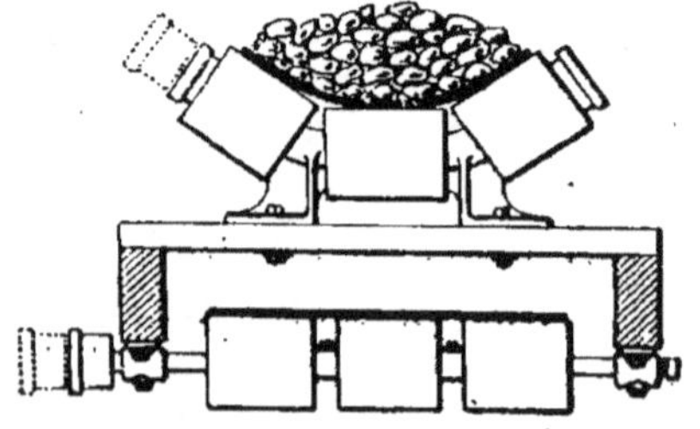

Fig. 32. — Transporteur de charbon.

Les bandes peuvent être employées même pour une inclinaison allant jusqu'à un angle de 26° avec l'horizontale.

Pour le charbon, on peut compter sur les chiffres contenus dans le tableau suivant :

La vitesse, pour les matières en gros morceaux, est de 45 à 60 mètres par minute ; elle augmente en raison inverse de la grosseur et peut atteindre 180 mètres.

LARGEUR de la bande	VITESSE par minute	RENDEMENT PAR HEURE		DIMENSION DU CHARBON EN CENTIMÈTRES CUBES		FORCE pour une bande de 30 m. de longueur
millim.	mètres	tonnes				ch.-vap.
300		10 à 35	de	32 jusqu'à la pouss^{re}		3,2
450	de 45	50 à 175		65 à 12		4,8
600		125 à 475		100 à 16		6 »
750	à 180	250 à 900		115 à 32		7,6
900		350 à 1500		145 à 32		9,2

Le principal avantage des bandes transporteuses est d'exiger peu de force. Elles n'avarient pas les matières, leur usure est faible ; elles travaillent sans bruit.

Leurs désavantages sont : 1° la nécessité de dispositifs spéciaux si l'on veut décharger ailleurs qu'à l'extrémité de la bande ; 2° la difficulté du graissage de tant de rouleaux.

Augets mobiles. — Une variante de ce système consiste dans l'emploi de petites auges rivées aux chaînons d'une chaîne sans fin, comme des godets ouverts au sommet et qui transportent les matières.

A. — MANUTENTION DES GRAINS

Dans les ports expéditeurs ou réceptionnaires de grandes quantités de grains, deux systèmes de manutention sont en présence.

Magasins ordinaires. — Dans l'un, le magasin à grains est un édifice semblable à ceux employés pour les autres marchandises. Il a jusqu'à sept étages, et l'on réduit autant que possible le nombre des murs de refend, afin de laisser la plus grande surface possible au grain.

La hauteur d'emmagasinage sur les planchers est de 1^m,50 ; aussi la hauteur des étages est-elle réduite.

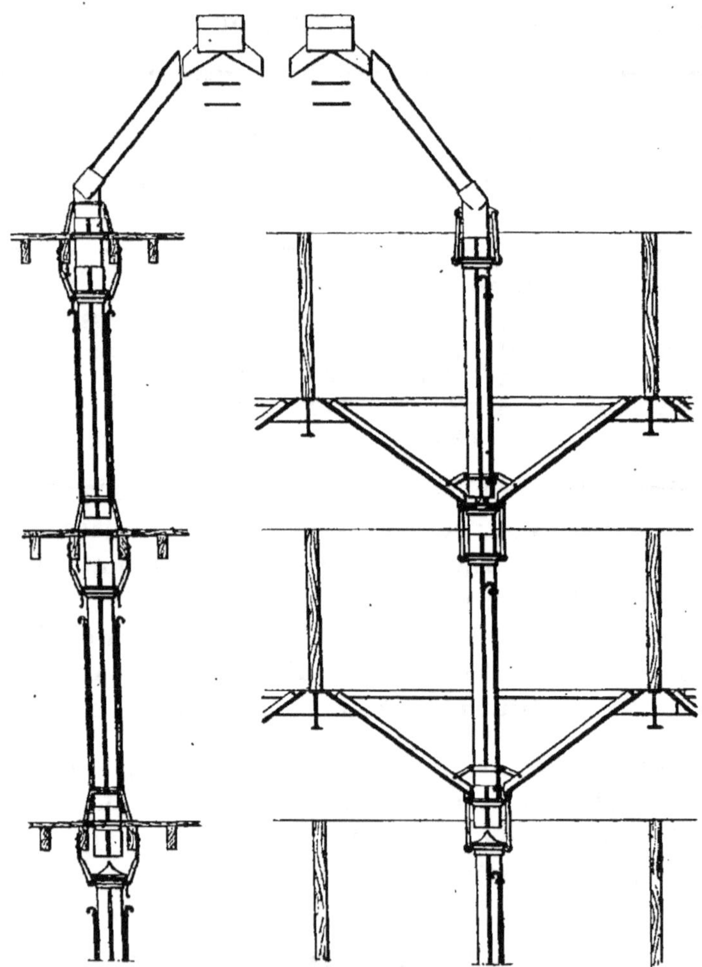

Fig. 33. — Tuyaux de descente de grains.

Son défaut est que le grain est exposé à s'altérer. Pour enlever son humidité et empêcher les ravages des insectes, le blé doit être fréquemment remué et, dans ce genre de magasin, l'opération ne peut être effectuée qu'à la pelle et à la main ce qui le rend coûteux.

Cependant, à Southampton, il y a au moins une installation mécanique pour rafraîchir les céréales échauffées. Une courroie transporteuse, du type décrit plus loin, les déplace tout le long du rez-de-chaussée; puis un élévateur les porte à l'étage supérieur, où elles sont encore promenées sur une courroie et enfin redescendues aux étages inférieurs.

On remue parfois le grain en le faisant passer d'un étage à un autre inférieur : à cet effet, on emploie la disposition de tuyaux indiquée par la figure 33.

En haut, on voit l'ouverture de projection du grain amené par des transporteurs, cette ouverture est fermée par un manchon qui glisse sur le tuyau. Aux deux étages inférieurs un second manchon, situé au-dessous du plafond, est abaissé, le grain continue dans le tuyau mais, à l'étage du bas, le manchon est enlevé et le grain tombant sur un cône aplati, se répand sur le plancher inférieur.

Un certain nombre de tuyaux ainsi disposés suffisent à charger celui-ci.

Le cône d'épendage est enlevé quand on veut laisser le passage libre dans le tuyau du bas. Les tuyaux sont maintenus par des tringles articulés à des supports fixés aux planchers.

La capacité totale des magasins à blé de Southampton est de 85 000 mètres cubes environ.

Silos. — Le système le plus perfectionné est celui des silos. Ce sont des magasins divisés en compartiments étroits et très élevés, par des cloisons verticales. Ces compartiments, juxtaposés, sont entièrement remplis (*fig.* 48). Le grain peut être vidé facilement par la partie inférieure, repris par un élévateur et remonté dans un autre compartiment.

Cet incessant mouvement sèche les céréales et empêche le développement des insectes.

En Amérique, le grain monté à la partie supérieure par l'élévateur est le plus souvent distribué dans les compartiments voisins au moyen d'un couloir en bois incliné, mobile, que l'on déplace de l'un à l'autre (*spout*).

Élévateur. — L'élévateur jette le grain dans une trémie au-dessous de laquelle est une balance, capable de peser de 2 à 3 tonnes à la fois ; ensuite les couloirs font leur office.

Pour livrer le grain, on le fait écouler par la base du silo, on le renvoie à la balance, puis de nouveau à un silo spécial qui le verse enfin au bateau ou au wagon. La pesée, ainsi qu'on le voit, a lieu à l'entrée et à la sortie.

Les figures 49 et 50 représentent la façon dont le grain est apporté au magasin par wagons. Ceux-ci le versent dans un puits, d'où l'élévateur le porte au grenier supérieur.

Les coupes (*fig.* 49 et 50) indiquent la disposition intérieure et le mode de construction des silos en béton.

Dimensions des compartiments. — C'est la section hexagonale qui est la plus employée pour les compartiments ou silos. La largeur y est de 5 mètres environ ; il y a intérêt à l'augmenter, au point de vue de la dépense d'établissement ; mais, outre que cette augmentation diminue la résistance des parois, il n'est pas pratique d'avoir des compartiments de trop grande capacité.

En effet, les grains, même d'une espèce déterminée, n'ont pas tous la même valeur, et le commerce les classe sous un certain nombre de numéros. Lorsque l'envoi d'un propriétaire ne suffit pas à remplir un compartiment, on peut bien le mélanger avec ceux d'autres propriétaires, de valeur identique ; mais il est certains numéros qui, même dans ces conditions, n'arriveraient pas à occuper toute la capacité d'un compartiment, si celui-ci était trop grand.

Cette observation, bien entendu, ne s'applique pas aux pays de grande production, où les silos risquent toujours, au contraire, d'être insuffisants.

Mode de construction. — Les compartiments peuvent être construits avec des montants en bois, réunis par des assemblages sur lesquels s'appuie un revêtement en planches rainées. En Amérique, on emploie souvent des madriers horizontaux de 50×150 millimètres cloués jointifs. Les compartiments dont les dimensions dépassent 4×5 mètres sont contreventés par des tiges d'acier de 20 millimètres de diamètre, espacées de $1^m,50$.

On augmentait autrefois le diamètre de ces tiges jusqu'à la base; mais, dans les compartiments dont la hauteur excède deux fois au moins la largeur, la pression latérale devient constante à partir d'une certaine profondeur, car elle n'est déterminée que par le prisme de poussée au-dessus du talus naturel. Cette profondeur est en général de 4 à 5 mètres; il n'y a donc pas à augmenter le diamètre des tiges au-dessous. D'ailleurs, le poids du chargement tend plus à courber les fortes tiges que les faibles.

Le bois a l'inconvénient d'être combustible aussi lui préfère-t-on la brique qui a beaucoup des avantages du bois, sauf l'hygroscopicité, mais elle exige des cloisons plus épaisses; une plus grande place est en conséquence perdue.

Le grenier d'Alexandra docks à Liverpool est en briques. De 73×53 mètres, il contient 250 silos hexagonaux en briques de $3^m,66$ de diamètre sur $24^m,50$ de hauteur. La capacité totale est de 400,000 hectolitres. L'épaisseur des murs est de 35 centimètres jusqu'à 8 mètres de hauteur et de 23 centimètres au-dessus.

Le fer a été également très employé sous forme de tôle ou d'anneaux superposés, mais il a l'inconvénient de s'échauffer aisément et de rouiller le blé. On peut citer comme installation importante, celle de la Great Northern C^y à Buffalo qui a établi dans cette ville un magasin à silos de 120×36 mètres tout en briques et tôle d'acier.

Mais la construction par excellence est celle en béton armé, c'est du reste le béton armé qui a été adopté pour les derniers magasins construits (Rosario).

Fermeture. — Le fond des compartiments est un tronc de

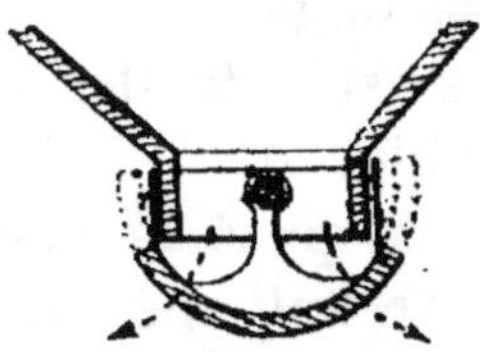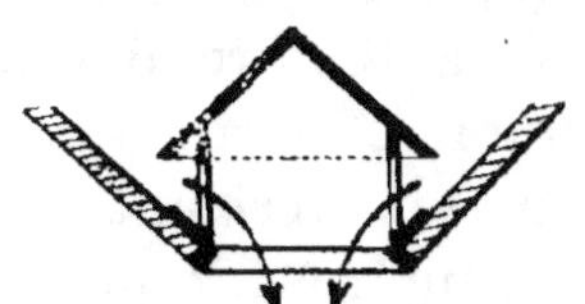

Fig. 34 et 35. — Fermeture d'un silo.

pyramide renversé, dont la base inférieure, de petite dimension, constitue l'orifice de sortie. La fermeture est effectuée par une calotte, pouvant tourner autour d'un axe passant par son centre (*fig*. 34). Cette calotte est facile à déplacer latéralement, comme l'indiquent les traits ponctués.

La pression est néanmoins assez forte sur cette calotte. Il est bon de surmonter l'orifice d'une pyramide dont la base ne touche pas les bords du compartiment. Le poids est presque entièrement supporté par cette pyramide et les grains qui passent comme l'indiquent les flèches (*fig*. 35) ne pressent pas beaucoup sur la fermeture.

Fondations. — Les fondations des silos doivent être très solides, car ils supportent un poids considérable.

EXEMPLES DE SILOS. — Le magasin à silos le plus important est celui d'Armour, à Chicago, qui peut contenir plus de 125 000 mètres cubes de grains. Le bâtiment principal mesure 85×72 mètres. La hauteur des silos est de 22 mètres, et celle de la coupole centrale d'environ 40 mètres. Cette construction a été élevée en 32 jours de travail ininterrompu.

La manutention est de 1 0/0 de la capacité, par heure, soit 1.250 mètres cubes. Il y a 28 élévateurs et la force nécessaire est de 1200 chevaux.

La maison Armour possède sept magasins pouvant recevoir 4 500 000 mètres cubes.

Manipulations. — Les manipulations que le grain éprouve dans les magasins sont :

    a) Élévation verticale et transport horizontal ;

    b) Pesage, nettoyage, mélange et ensachage.

Le principe des premières opérations est le traitement des grains comme s'ils constituaient un fluide.

Le grain, en arrivant au magasin, est pesé et classé en plusieurs numéros ; le porteur d'un warrant spécifiant une certaine quantité d'un numéro déterminé, a le droit de se faire délivrer cette quantité.

L'élévateur est une noria, dont la chaîne se compose de maillons ou d'une bande de cuir ou de caoutchouc, portant des godets. La chaîne passe sur des tourteaux supérieur et inférieur.

Les vitesses les plus convenables dépendent du diamètre des poulies. Elles sont :

		mètres par minute
Pour des poulies de 600 millim. de diamètre ...		60 à 75
— 900 — — ...		90 à 105
— 1 200 — — ...		120 à 135
— 1 500 — — ...		150 à 165
— 1 800 — — ...		180 à 200

Les godets sont en tôle d'acier ou de fer.

Le tube dans lequel se meut la noria est en bois ou en fer, mais les parties supérieure et inférieure sont toujours en fer. Le mouvement est donné à la poulie supérieure, dont le diamètre est plus grand que celle de la base. C'est ce diamètre qui figure dans le tableau précédent.

Pour des élévateurs puissants, la chaîne à maillons est la seule employée.

Courroies transporteuses. — On les établit horizontales ou sous un angle de 20° avec l'horizon. Une courroie de 750 millimètres de largeur transporte plus de 350 mètres cubes de grains par heure, et exige un cheval de puissance par 30 mètres de longueur.

Lorsque le grain doit être conduit dans deux directions opposées, on peut se servir également de la bande inférieure de la courroie.

Le point important est de pouvoir délivrer le grain au point voulu, ce qu'on obtient au moyen d'un racloir disposé en

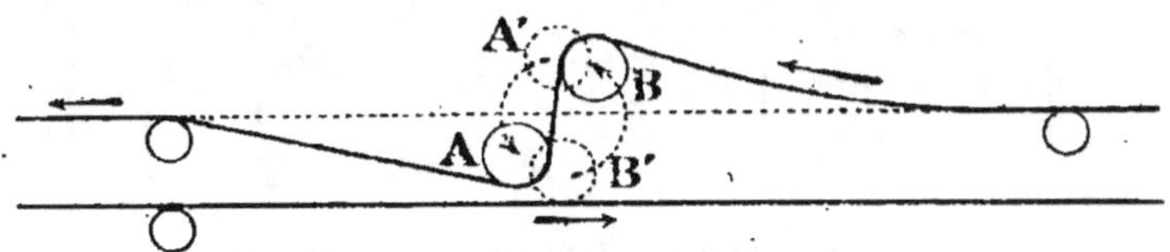

Fig. 36. — Courroie transporteuse.

travers sur la courroie ou par le dispositif indiqué par la figure 36.

Il se compose d'un chariot formé de deux flasques portées

par des roues qui se meuvent sur des rails de fer disposés latéralement à la courroie.

Deux rouleaux tournent autour de tourillons, dont les coussinets sont placés dans les flasques et qu'un mécanisme permet de déplacer.

Dans la marche normale, les deux rouleaux sont placés verticalement au-dessus l'un de l'autre en A′ et B′ (lignes ponctuées), et la courroie passe horizontalement entre eux sans les toucher (ligne ponctuée).

Lorsqu'on veut délivrer le grain en un point, on y transporte le chariot qu'on y fixe, et l'on fait tourner les rouleaux, de façon que A′ aille en A et B′ en B. La bande transporteuse prend la direction indiquée par la ligne pleine.

Le grain arrivant en B est projeté en avant dans une trémie qui fait partie du chariot, et passe de là dans des couloirs inclinés.

Pour les courtes distances, la vis sans fin est préférable à la courroie ; elle demande moins de force ; pour verser à un point quelconque, on n'a qu'à ouvrir un tiroir disposé sur la face inférieure de l'auge.

La hauteur du grain dans chaque compartiment est marquée par un indicateur. Celui de Thompson consiste en une boîte dont l'une des faces latérales est un diaphragme. Si celui-ci est pressé pas le grain, il comprime un bouton fermant un circuit électrique agissant sur une sonnerie. On peut en disposer à diverses hauteurs.

Nettoyage. — On emploie les tarrares, trieurs, etc. On fait

Fig. 37 et 38. — Collecteurs de poussière.

aussi passer le grain sous des électros ; ils enlèvent les particules de fer qui peuvent être tombées dans la masse.

La poussière qui s'élève de la masse des grains, pendant la manutention, est une cause d'incendie possible ; aussi doit-on l'enlever aussitôt qu'on le peut. On opère au moyen d'un fort courant d'air. Jadis on se contentait de l'aspirer par une cheminée ; maintenant la poussière est recueillie et brûlée.

Un ventilateur envoie l'air souillé dans une chambre fermée, où des chicanes arrêtent les grains de poussière (*fig.* 37). Au moyen de la disposition indiquée par la figure 38, on peut classer la poussière par grosseurs ; l'air sort pur par la partie supérieure. Les positions des orifices sont calculées suivant la vitesse nécessaire pour entraîner les particules de diverses densités.

On emploie encore le collecteur cyclone (*fig.* 39). C'est une enveloppe métallique, où l'air, arrivant dans la partie cylindrique supérieure, prend un mouvement de tourbillon qui force la poussière à sortir par l'orifice inférieur.

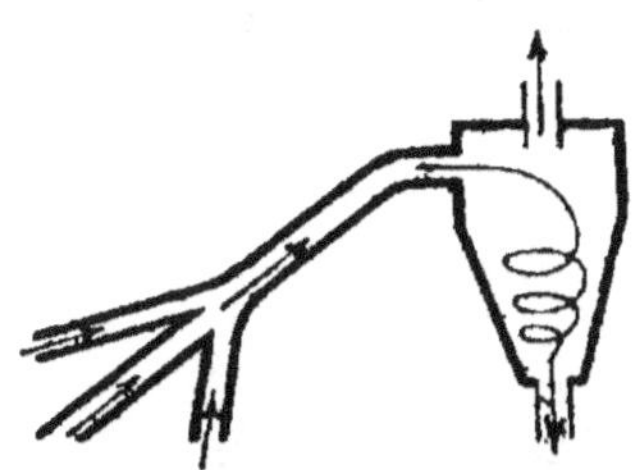

Fig. 39. — Collecteur cyclone.

Elle est recueillie et brûlée.

Les surfaces de ces appareils doivent être polies.

PRÉCAUTIONS. — Toutes les ouvertures doivent être garnies de toile métallique, afin d'arrêter les étincelles.

On place partout des bouches d'incendie et les élévateurs sont installés dans des puits isolés. L'éclairage électrique est aujourd'hui de rigueur.

ÉLÉVATEURS DÉCHARGEURS

Déchargement. — Les céréales arrivent aux magasins ou silos par wagons ou par allèges, suivant qu'elles ont emprunté la voie de terre ou de mer. On a presque partout renoncé au transport par sac, onéreux et lent qui ne pourrait satisfaire aux besoins actuels ; le véhicule est rempli en vrac et la manutention des grains s'opère comme celle d'un liquide.

Le wagon est vidé dans une trémie à bords inclinés à 35° ménagée à la base des murs des magasins et qui aboutit à un puits de 2 à 3 mètres de profondeur. La vidange se fait au moyen d'une large écope ramenée mécaniquement vers la porte par une chaîne ; deux hommes avec cet appareil peuvent débarrasser, en vingt minutes, un wagon de 20 mètres cubes. Le grain est ensuite retiré du puits par une noria et porté au sommet de l'édifice.

Si au contraire le blé est apporté par bateau il peut être déchargé de plusieurs façons :

Par grues ;

Par élévateurs ;

Par le vide.

Déchargement par grues. — On emploie beaucoup en Angleterre la grue munie d'une drague à mâchoires pleines du système Priestmann. Au Waterloo Dock de Liverpool, les grues, au nombre de cinq, sont fixées au sommet du magasin, disposition qui exige la manœuvre d'une grande longueur de chaîne ; aussi le rendement par heure et par unité n'est-il que de 50 tonnes.

Aux Surrey Docks de Londres, les grues ne sont autres que les appareils mobiles ordinaires auxquels on adapte la drague à mâchoires ; le grain dragué est déposé dans une caisse portée par un chariot qui va le décharger au-dessus d'une trémie pratiquée dans le mur du magasin. Le rendement horaire atteint 160 mètres cubes, quand il s'agit du déchargement d'allèges, où le remplissage des dragues est aisé. Les grues étant mobiles, tous les panneaux peuvent être servis à la fois.

Déchargement par élévateurs fixes ou mobiles. — On se sert pour élever le grain, d'une noria fixe composée d'une courroie sans fin armée de godets, du type qu'on a vu précédemment. L'ensemble est enfermé dans une enveloppe rigide.

Quand les allèges peuvent venir au pied même du magasin, l'élévateur précédent est rendu mobile à cause des changements de niveau tant de l'eau que du grain lui-même.

La figure 40 représente un des modes d'installation. C'est celui de Duisburg, sur le Rhin.

Le mécanisme comprend deux parties distinctes :

1° Le système qui soutient l'enveloppe rigide, en tôle, de l'élévateur et qui permet de le relever ou de l'abaisser dans la cale d'un navire ;

2° Celui qui sert à la manutention du grain.

A. 1° L'élévateur est suspendu à l'extrémité de deux bras parallèles *e*, articulés d'une part avec l'élévateur et de l'autre sur une construction quelconque, à terre, qui est ici une cahute.

Un palan a une poulie de renvoi sur l'élévateur, et son câble aboutit à un treuil

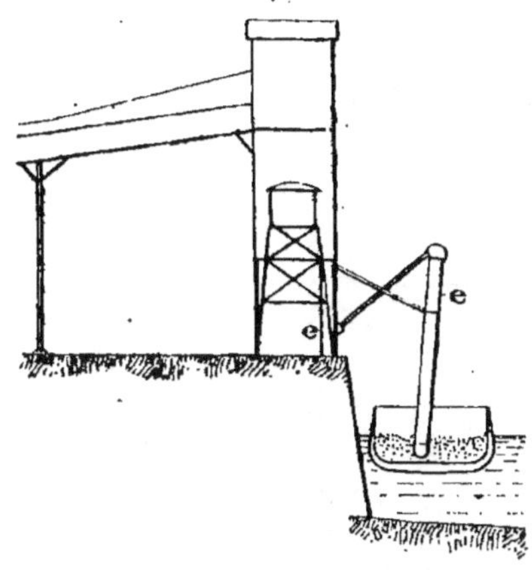

Fig. 40. — Élévateur mobile.

placé à terre (dans la cahute). C'est ce palan qui relève ou abaisse à volonté l'élévateur, en le faisant tourner à l'extrémité des bras de fixation ;

B. 2° L'élévateur porte un arbre recevant son mouvement par une chaîne tendue sur deux poulies, calées l'une sur l'arbre de l'élévateur, l'autre sur un arbre parallèle, établi dans la cahute et actionné par un moyen quelconque. La chaîne passe le long des bras parallèles de l'élévateur.

La poulie, fixée sur l'arbre de l'élévateur, fait, par une chaîne, tourner une poulie, montée sur l'arbre supérieur de la noria. Celle-ci est donc entraînée.

Au sommet, les godets déchargent le grain dans une trémie communiquant avec un tuyau toujours incliné vers le bas, le grain est ainsi conduit à la base de l'installation. Ce tuyau est télescopique, de sorte qu'il se prête à toutes les positions de l'élévateur.

Le grain, arrivé au bas de ce tuyau, peut être repris par un nouvel élévateur et remonté dans le grenier. Ici (*fig. 41*) il est conduit par une courroie transporteuse installée dans la cahute et qui le porte au magasin, où des élévateurs et des courroies transporteuses le répartissent dans les silos.

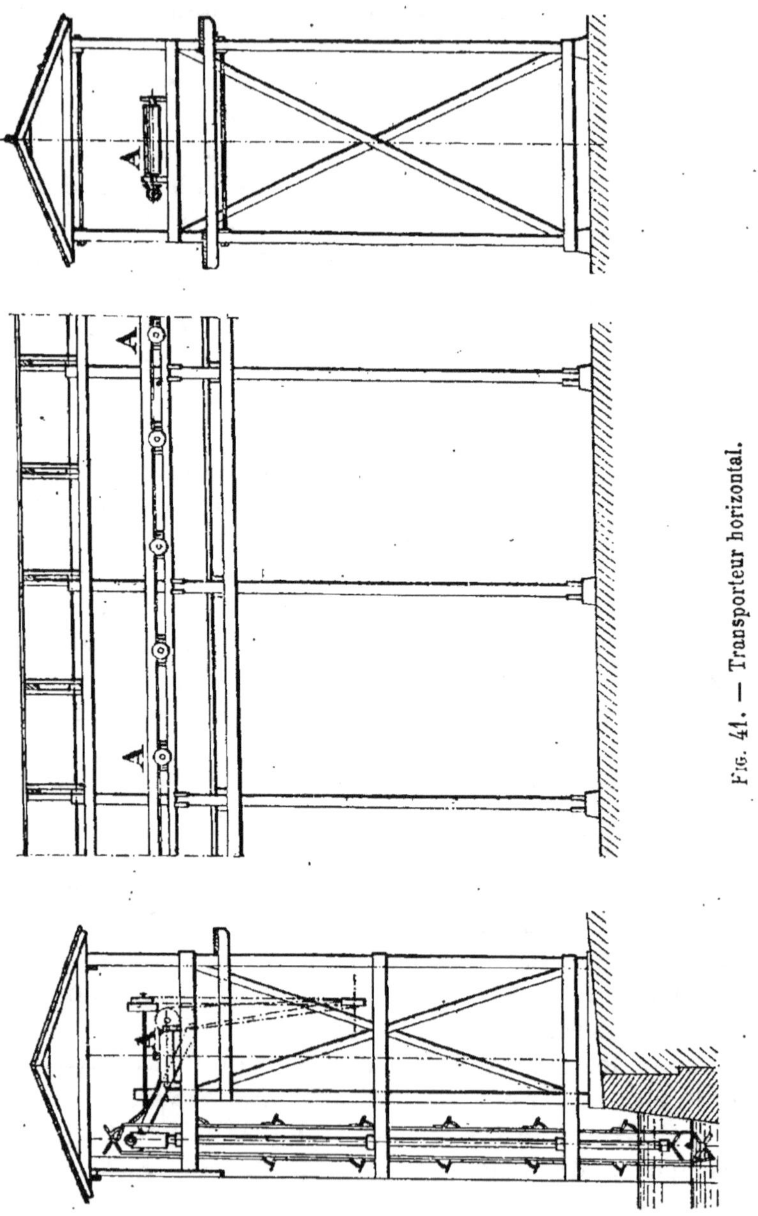

Fig. 41. — Transporteur horizontal.

Le plus souvent, d'ailleurs, les bras et le palan sont raccordés au magasin lui-même, placé plus près de l'eau.

Les bras portent une passerelle permettant de se rendre à l'élévateur pour la visite et le graissage. La jambe extérieure de l'élévateur est encore munie d'une échelle, allant jusqu'au sommet.

Très souvent, il y a deux norias qui sont articulées autour d'un balancier portant à l'autre extrémité un contrepoids d'équilibre, ce qui permet de supprimer le palan de manœuvre, et l'élévateur devenu double est rendu ainsi très mobile.

Déchargement par le vide. — *Installation de Millwall-Docks, Londres.* — Ces bassins, qui recoivent une énorme quantité de grains des États-Unis, déchargent les navires au moyen du vide, système qui a été trouvé supérieur à l'emploi de l'air sous pression.

L'écoulement des grains dans les tuyaux doit être régulier, et à cet effet la quantité d'air qui entre est soigneusement réglée, au moyen de l'appareil de la figure 42. Le tuyau flexible, qui conduit les grains du navire à la chambre du vide, se termine par une crépine entourée par un manchon d'aspiration régulateur, dont le diamètre est tel que la surface annulaire autour du tuyau soit égale à celle de ce tuyau.

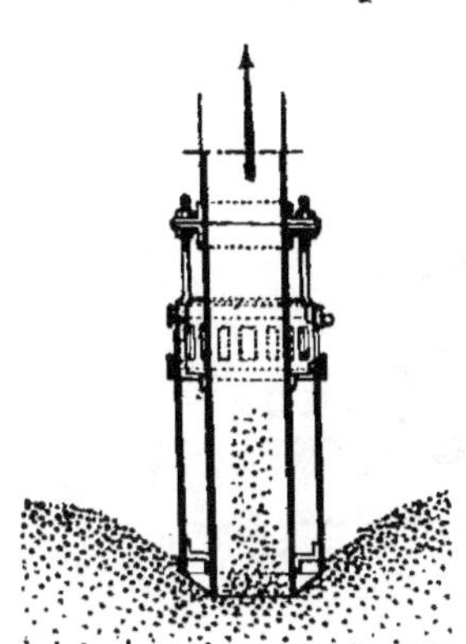

Fig. 42. — Manchon de réglage.

Des tiges filetées règlent la position du manchon suivant les diverses sortes de grains, le degré du vide, etc.

Il s'est présenté dans l'application de ce système une singulière difficulté. L'air aspiré entraînait avec lui une partie des poussières contenues dans le grain, dont le poids était par suite diminué, de sorte que la quantité extraite ne correspondait pas à celle embarquée.

On dut parer à cet inconvénient et empêcher l'échappement des poussières, jusqu'au jour où il fut reconnu que, malgré la perte de poids, il y avait bénéfice à offrir au marché des grains plus propres.

Le grain est donc entraîné dans le réservoir où l'on déter-

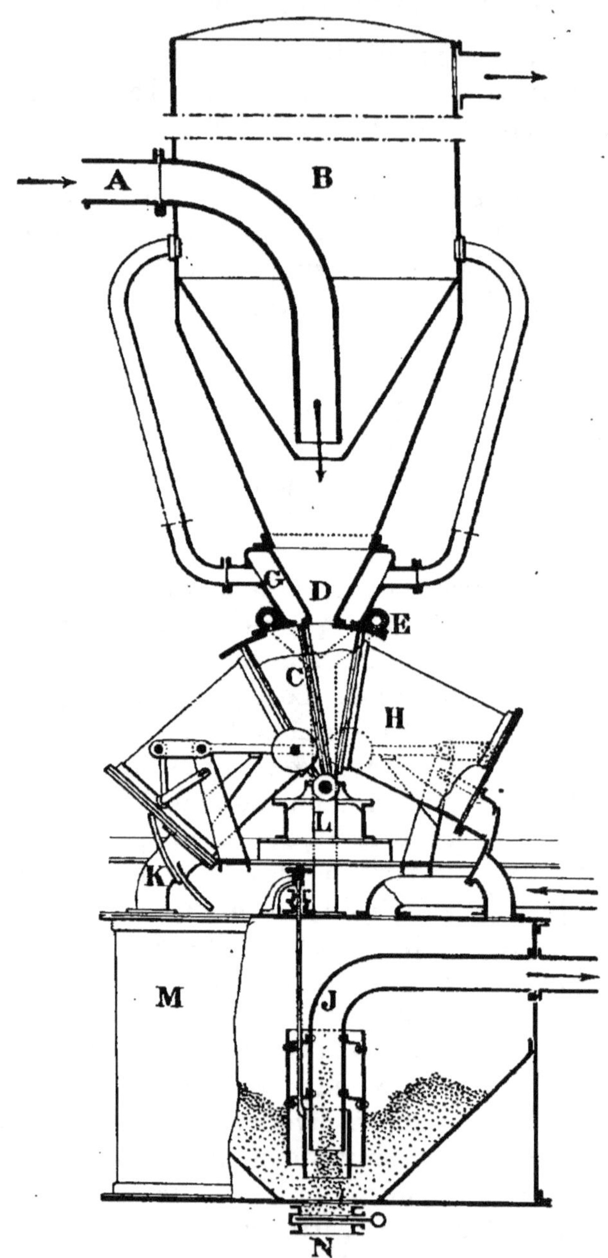

Fig. 43. — Distributeur automatique.

mine l'abaissement de la pression atmosphérique (*fig*. 43).
Cet appareil comporte le tuyau A, venant de la cale du

navire, qui aboutit au réservoir étanche B. Le vide se fait par les tuyaux G. L'air de la cale, arrivant par le tuyau A pour remplacer celui du réservoir, amène avec lui le grain, qui tombe dans le fond de la trémie D.

Il faut le faire écouler, sans détruire le vide partiel déterminé dans le réservoir. A cet effet, sous la trémie, se trouve une caisse divisée en deux compartiments H, séparés par la cloison C.

La caisse tourne à frottement doux au moyen d'une surface en segment de sphère, polie, dans une concavité semblable pratiquée à la base du réservoir. L'oscillation s'opère autour du tourillon L.

Dans la position figurée, l'orifice D du réservoir verse le grain dans le compartiment H de droite.

Les compartiments peuvent se vider par les orifices K. Un dispositif très simple fait que l'orifice de droite est fermé lorsque ce compartiment est au remplissage, tandis que celui de gauche est ouvert et se vide.

K étant fermé, le compartiment correspondant se remplit, et lorsque le poids qui y est contenu est suffisant, il bascule et met celui de gauche en remplissage. A ce moment, K de gauche se ferme, K de droite au contraire s'ouvre, et son réservoir se vide.

Puis ce sera au tour du second récipient à basculer, et ainsi de suite.

On voit qu'en aucun cas l'air de l'extérieur ne peut pénétrer dans le réservoir.

Dans nombre de cas, l'installation est ainsi complète. D'autres fois, on envoie le grain, par l'air sous pression, dans les greniers.

Le grain tombé, par les orifices K dans un réservoir M, où entre de l'air sous pression, amené par un tuyau supérieur, en sort par le tube J entraîné par le courant.

On peut aussi le retirer par la soupape N.

Les orifices G, E, servent à équilibrer les pressions entre B et H avant le remplissage, et entre M et H avant la vidange.

Dans le cas où le grain, sortant de la caisse oscillatoire, peut arriver à destination par la gravité, l'appareil est très simplifié (*fig.* 44). Les portes A et A' sont des clapets munis de plaques de caoutchouc, et c'est le jeu même de la différence de pression entre l'air extérieur et le vide relatif interne, qui les fait ouvrir et fermer après chaque mouvement oscillatoire produit par la vidange et le remplissage alternatif des récipients.

Un vide de 25 centimètres de mercure est nécessaire pour le fonctionnement de cet appareil. Le grain voyage dans le tuyau d'aspiration, à la vitesse de 9 à 15 mètres par seconde. Un tuyau de 150 millimètres de diamètre peut débiter de 30 à 40 tonnes par heure, et l'on dispose généralement deux de ces tubes par distributeur.

La puissance est estimée à 3 chevaux par tonne-heure. Cet appareil est le plus employé pour de grandes cargaisons à manier rapidement.

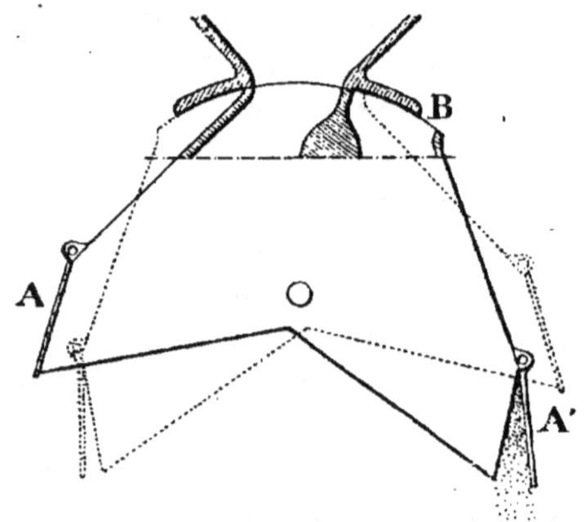

Fig. 44. — Distributeur simplifié.

Il est indispensable que la quantité de grain entraînée soit constante ; d'autre part, chaque espèce de céréales, suivant sa grosseur, exige une quantité d'air déterminée pour son entraînement. Mais on a vu comment, au moyen d'un manchon, on réglait l'admission de l'air.

Cet appareil est très commode. Il prend peu de place et peut non seulement être employé à terre mais encore sur des chalands, comme on le verra un peu plus loin.

DÉCHARGEURS FLOTTANTS

Ils sont destinés à la manutention des navires éloignés des quais pour une raison quelconque, soit qu'il s'agisse de décharger un navire dont la partie longeant le quai est déjà utilisée au déchargement, soit qu'il faille transborder les grains du navire dans des allèges ou inversément.

Élévateur Poulsom (*fig.* 45). — Il se compose d'un échafaudage tubulaire, appuyé sur le panneau du navire. Il s'en

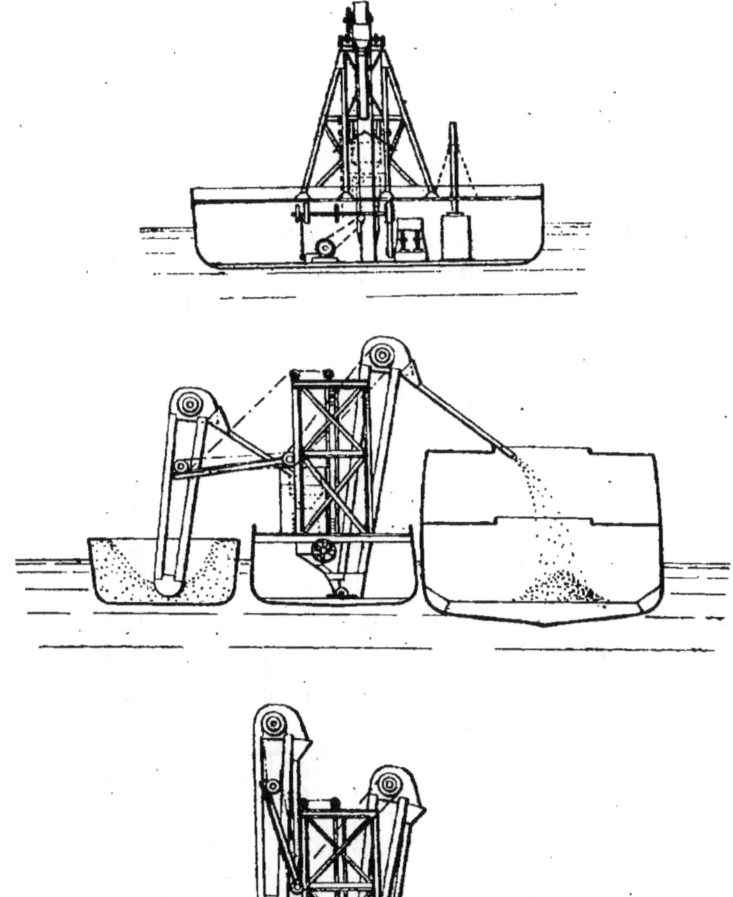

Fɪɢ. 45. — Élévateur Poulsom.

détache deux tubes ou béquilles de moindre diamètre s'écartant à la base. Une chaîne double à godets part du sommet, descend le long de l'axe du tube supérieur, et par un renvoi est dirigée vers chacune des béquilles, qui agissent comme élévateurs. La chaîne à godets remonte le long des parois externes de la béquille et du tube supérieur.

Le blé puisé dans la cale est déversé au sommet sur une bande transporteuse ou dans une trémie qui l'envoie dans le chaland lui-même, d'où il est repris par un nouvel élévateur qui le conduit dans un autre navire par exemple.

La double béquille permet aux chaînes à godets de puiser également de chaque côté de la cale ; le navire reste ainsi équilibré.

Les béquilles s'allongent télescopiquement. Des poulies de renvoi permettent à la chaîne à godets de s'allonger également.

L'élévateur est porté par un chaland au navire à décharger qui le met en place sur le panneau à desservir au moyen d'un mât de charge. La manœuvre est simple, toutes les pièces étant équilibrées par des contrepoids. Le mouvement est donné par l'électricité ou par une machine à vapeur légère.

Le rendement est en moyenne de 60 tonnes-heure.

Ce système mécanique a reçu de nombreuses modifications

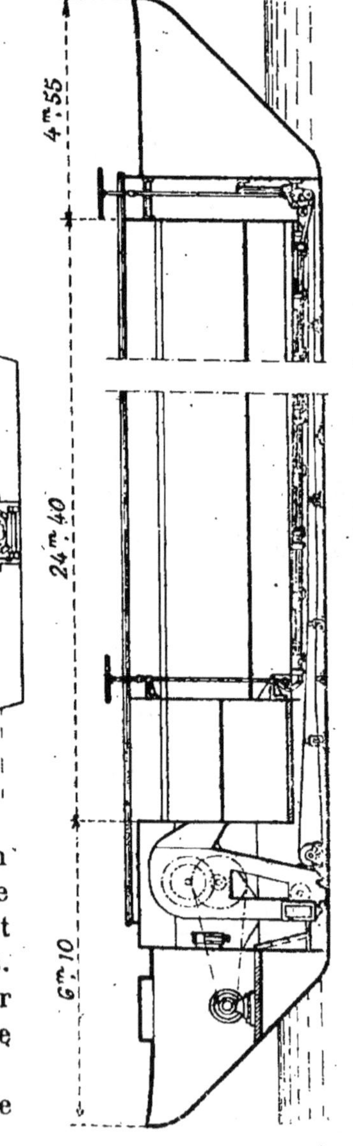

Fig. 46. — Transporteur déchargeur de grains.

qu'il n'y a pas lieu d'examiner attendu qu'on donne la préférence aux appareils par le vide.

Élévateur Duckham. — Aux Millwall-Docks, un chaland porte six des appareils à vide déjà décrits. Ces appareils peuvent servir aussi bien au chargement qu'au déchargement. Le chaland mesure 50 mètres de longueur, sur 5^m,50 de large. Le vide est produit par une machine à vapeur compound ayant des cylindres de 315 et 815 millimètres de diamètre sur 1^m,22 de course. Les pompes ont 1^m,10 de diamètre, le déchargement atteint 90 tonnes à l'heure.

Au Royal Albert-Dock, un autre chaland analogue donne 80 tonnes par heure.

On cherche par tous les moyens mécaniques à simplifier les manipulations.

La figure 46 représente un bateau (*Phillip lighte*) disposé pour le transport et le déchargement des grains. Entre les carlingues (pièces disposées sur les varangues) court une courroie transporteuse de 700 millimètres de largeur, qui va se décharger dans un petit élévateur placé à l'arrière du chaland; le grain est de là jeté dans un déchargeur.

Le fond de celui-ci est incliné en trémie, pour que le grain tombe facilement sur la courroie.

La force nécessaire est de 6 chevaux et demi, produits par des électromoteurs.

Le débit est de 120 tonnes à l'heure; le chaland porte lui-même 200 tonnes. Il y a vingt-six de ces bateaux qui transportent les céréales de Tilbury aux élévateurs de Londres.

Arrimeur de grains. — On emploie un dispositif pour pousser facilement le grain de la cale vers les jambes de l'élévateur. Le moteur est mû électriquement.

Comparaison entre l'élévateur à godets et le système pneumatique. — L'élévateur à godets a l'inconvénient de ne pouvoir prendre le grain que sur un espace très limité. S'agit-il de puiser dans une cale, il faut pousser les céréales vers la base de la noria.

Le système pneumatique demande plus de force et, par

suite, une plus grande consommation de combustible ;
mais la stabilité des tubes
pneumatiques permet de les
appliquer dans un rayon
beaucoup plus étendu, ce qui
réduit la manutention. L'aspiration s'effectue même pour
les directions les plus compliquées. Les tubes ne sont
guère exposés aux intempéries, et le travail peut s'effectuer d'une façon continu.

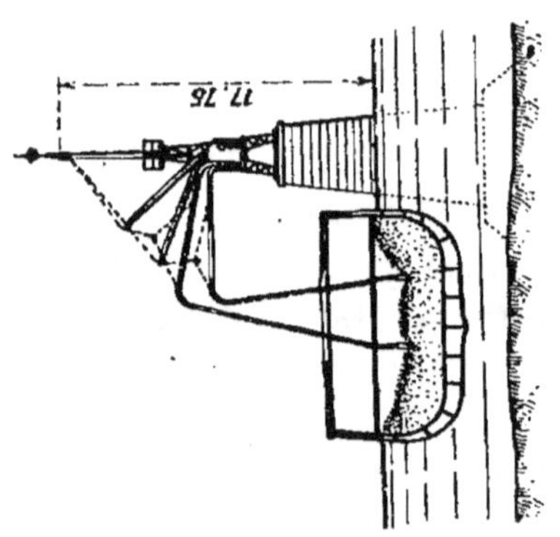

APPLICATIONS

Silos de Gênes. — L'établissement comprend : Un
pont métallique de 100 mètres
de longueur s'avançant dans
la mer, porté par six piles, sur
chacune desquelles est fixé un
élévateur pneumatique Duckham (*fig.* 47), destiné à aspirer le grain des cales et à l'envoyer dans le magasin.

Celui-ci (*fig.* 48), long de
143 mètres et large de 32, est construit en béton armé. Il

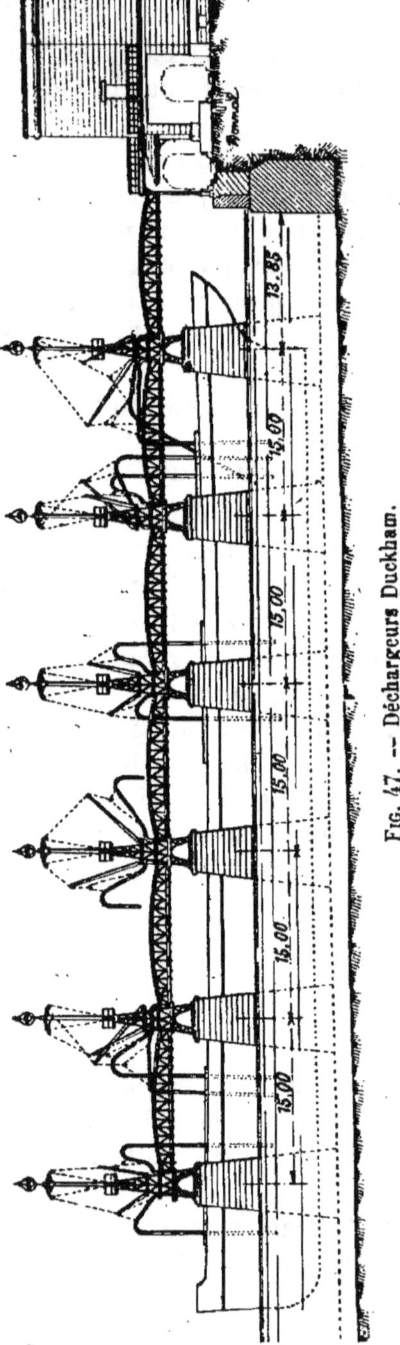

Fig. 47. — Déchargeurs Duckham.

comprend 218 silos, dont la section est de 3×4 mètres; 204 d'entre eux ont $19^m,60$ de hauteur et reçoivent 130 tonnes de grains chacun; les autres n'ont que 13 mètres de hauteur et contiennent 80 tonnes.

Ces derniers ont leur trémie inférieure à 4 mètres audessus du sol et sont réservés aux grains en simple transit.

Les parois des silos ont une épaisseur décroissante de $0^m,20$ à $0^m,12$; celle des trémies est de $0^m,25$.

Le bâtiment central contient tous les organes mécaniques :

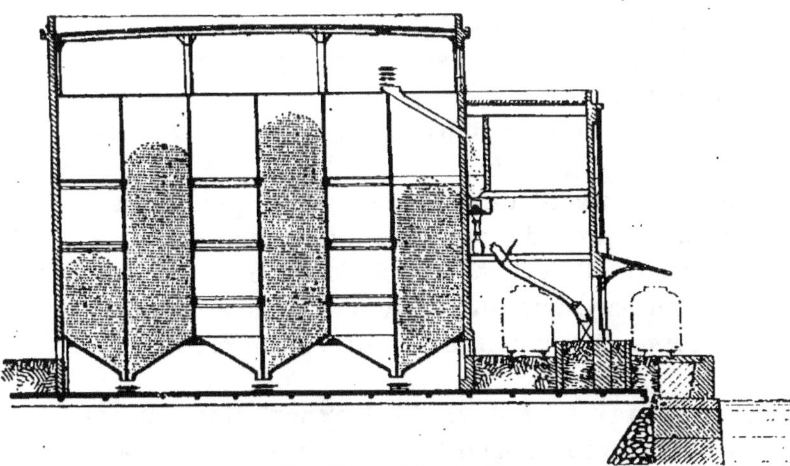

Fig. 48. — Silos de Gênes.

pompes, générateurs électriques au rez-de-chaussée ; appareils élévatoires, ceux pour le nettoyage, le pesage et la dessiccation sont installés aux étages supérieurs.

Deux lignes de chemin de fer longent le bâtiment sur le quai.

La machinerie d'aspiration du grain se compose de cinq pompes à cylindres verticaux, actionnées chacune par une machine à vapeur; quatre de celles-ci sont de 170 chevaux et la cinquième de 205 chevaux.

La machinerie pour la production de l'énergie électrique destinée à la force motrice et à l'éclairage, consiste en trois alternateurs à induit fixe. Deux travaillent sous 225 volts, 321 ampères et sont actionnés par des machines à vapeur de 170 à 250 chevaux; l'autre (225 volts et 102 ampères) est mené par une machine de 70 chevaux.

Deux excitatrices, sous 130 volts, servent encore, avec le

secours d'une batterie d'accumulateurs, à l'éclairage, qui comprend 8 lampes à arc et 400 à incandescence.

L'élévation, le transport et la distribution des grains disposent de 34 moteurs électriques, dont la force varie de 1,5 à 15 chevaux.

Le grain, extrait par aspiration de la cale des navires, va, par des tuyaux disposés sur le pont, dans des récipients placés dans le bâtiment central. Il tombe ensuite dans un souterrain, à la base des élévateurs qui le transportent au sommet de la tour centrale.

Là, il est pesé, puis conduit dans un appareil distributeur, d'où, par des courroies transporteuses, il va aux silos ou aux salles d'ensachage.

Les courroies transporteuses marchent à raison de $2^m,18$ par seconde.

D'autres courroies courent dans le souterrain, pour transporter le grain à la base d'élévateurs qui le remontent à l'appareil distributeur, d'où il se rend à l'ensachage.

La puissance d'embarquement est de 300 tonnes-heure.

L'installation sera encore augmentée prochainement.

Manutention des grains à Rosario. — L'exportation des céréales à Rosario est très importante. On a prévu, d'une part, 20.000 mètres carrés de magasins pour contenir les grains en sacs, et, en outre, de vastes silos, dont la capacité est de 30.000 mètres cubes.

Les opérations prévues sont :

1° Réception par voies ferrées de 500 tonnes à l'heure, avec pesage et mise en silos ;

2° Réception par voie fluviale de 50 tonnes à l'heure, dans les mêmes conditions ;

3° Expédition, par bateau, de 1.000 mètres cubes par heure, soit 700 à 800 tonnes. Un quart de cette quantité est ensachée avant l'embarquement ;

4° Ensachage et expédition, par voie ferrée, de 100 mètres cubes par heure ;

5° Transvasement d'un silo dans un autre pour l'aérage ;

6° Nettoyage et dépoussiérage de 200 à 250 tonnes par heure ;

7° Séchage de 80 à 100 tonnes par heure.

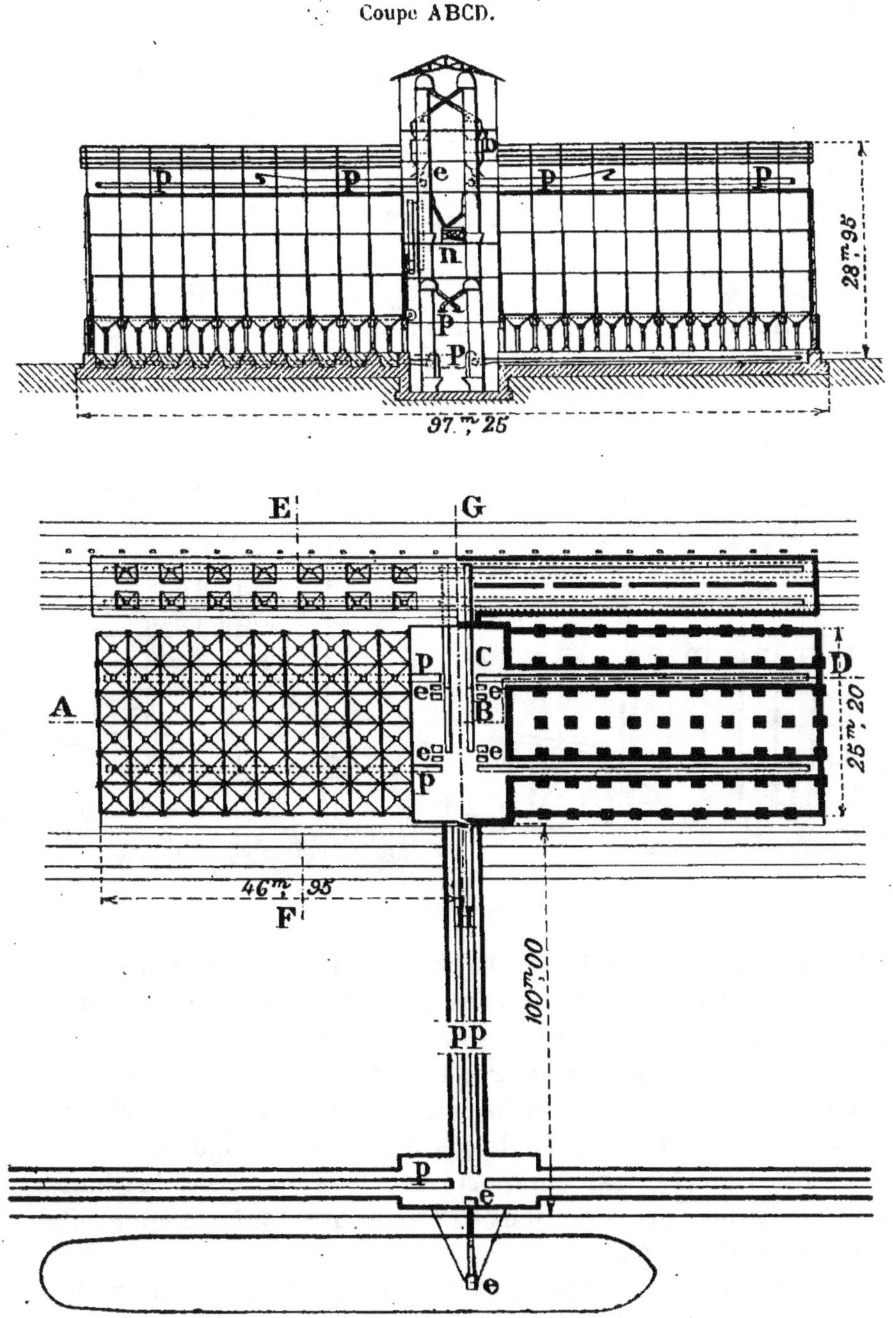

Coupe ABCD.

FIG. 49. — Magasins de Rosario (Plan et coupe longitudinale).

Bâtiment. — Le bâtiment principal est placé à 100 mètres du quai auquel il est relié par une passerelle transversale *pp* aboutissant à un bâtiment annexe, placé au centre d'une seconde passerelle d'embarquement *ep*, de 250 mètres de longueur, établie en bordure du quai (*fig.* 49 et 50).

Le bâtiment comprend trois parties : les ailes contenant les silos, le pavillon central renfermant les machines de toutes sortes. Il a comme dimensions :

Longueur .... 92 mètres
Largeur .... 23 —
Hauteur des ailes .... 30 —
Hauteur du pavillon central........ 40 —

Coupe EF.

Coupe GH.

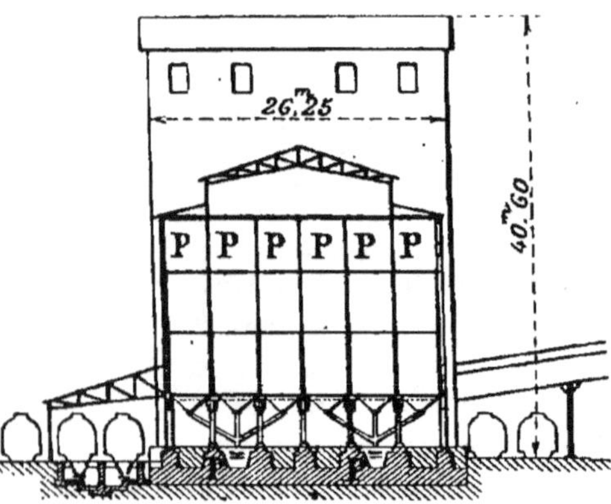

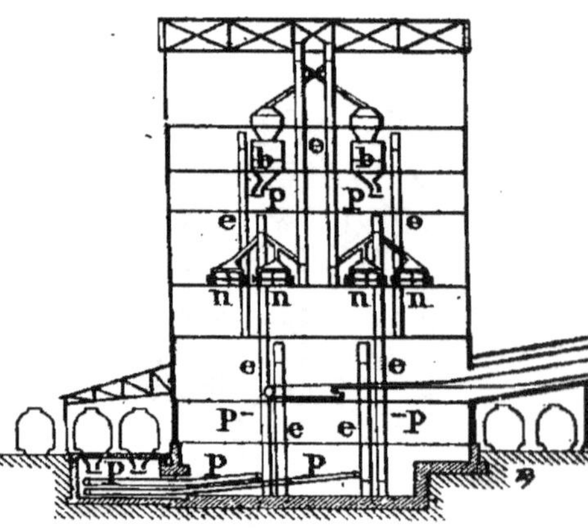

Fig. 50. — Magasins de Rosario.

Les silos ont en section $3^m,86 \times 3^m,86$ et en hauteur $16^m,50$, soit un volume de 250 mètres cubes, et de 30.000 mètres cubes pour les deux groupes de 60 silos chacun.

Afin de faciliter la vidange, le fond des silos est situé à 5 mètres au-dessus de l'aire inférieure du bâtiment, surélevée elle-même à la hauteur de la plateforme des wagons.

Le pavillon central comporte sept étages, dont les hauteurs inégales correspondent à l'encombrement des appareils qui y sont disposés.

Les fondations du bâtiment sont constituées par un radier général en béton, de $1^m,20$ d'épaisseur, répartissant sur le sol la pression des charges, sans dépasser $2^{kg},5$ par centimètre carré.

Les silos reposent sur ce radier par de fortes colonnes métalliques et des murs en maçonnerie, reliés au sommet par un poutrage de gros fers profilés.

Les parois des silos sont établies en béton armé ; leur partie inférieure forme trémie métallique.

La charpente supérieure est en fer ; la couverture et une partie des parois latérales sont en tôle ondulée galvanisée.

A l'arrière du bâtiment (côté opposé au quai), sur toute la longueur de la façade, sont creusés dans le sol deux tunnels de 3 mètres de largeur sur 2 mètres de hauteur. Dans chacune de ces galeries court une bande porteuse.

Au-dessus de ces bandes aboutissent des trémies, dont l'ouverture supérieure est placée entre les rails d'une voie ferrée (deux voies en tout). C'est dans ces trémies que les wagons versent, au moyen de couloirs mobiles, les grains qu'ils apportent en vrac.

Les voies sont recouvertes d'une charpente légère, en fers et tôles ondulés, qui permet le travail en temps de pluie.

Les bandes porteuses dirigent le grain vers le centre de la façade du pavillon central et le déversent sur une bande transversale, aboutissant à l'intérieur du pavillon sous les élévateurs à norias e. Cette installation existe en double, pour parer aux accidents.

Les élévateurs p, p montent les grains à l'étage supérieur, où ils sont pesés, puis dirigés vers les silos au moyen d'autres bandes porteuses p, p.

Le pesage est effectué par quatre balances automatiques b, dans lesquelles des réservoirs envoient un courant continu de grains.

La passerelle métallique qui fait communiquer l'élévateur avec le quai a 100 mètres de longueur et aboutit à la partie supérieure du bâtiment annexe du quai. Elle a 4 mètres de largeur sur 2 mètres de hauteur et reçoit deux bandes porteuses p, p. Elle est maintenue sur des palées en fer, espacées de 16 mètres.

Embarquement. — Pour l'embarquement, on vide les silos

par la vanne placée à leur partie inférieure; le grain tombe
sur des bandes porteuses disposées au-dessous; on utilise
quatre bandes, deux dans chaque aile, chacune desservant
30 silos et pouvant porter 200 tonnes à l'heure.

Le grain va vers quatre élévateurs, qui le jettent sur les deux
bandes porteuses de la passerelle de communication et qui
transportent chacune
400 tonnes à l'heure
sur le brin supérieur
(le brin inférieur
peut servir à la ré-
ception des grains
débarqués).

La passerelle monte
en rampe vers le quai.
Les céréales arrivant
à de nouvelles balan-
ces automatiques b,
sont pesées et vidées
dans le navire (*fig.* 51).

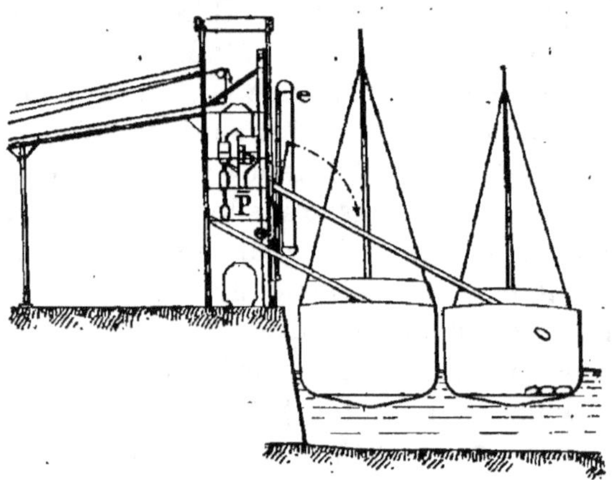

Fig. 51. — Manutention sur le fleuve.

On peut aussi, au moyen de bandes porteuses parallèles
au fleuve, les envoyer sur des bateaux mouillés en amont ou
en aval. Ces dernières bandes ont 128 mètres de longueur.

Ensachement. — Le bâtiment annexe est pourvu également
d'ensacheurs opérant à raison de 200 tonnes à l'heure. L'ensachement peut aussi se faire à la sortie des silos.

Réception par le fleuve. — Les grains sont extraits des
allèges (*fig.* 51) par une chaîne à godets dont l'armature est
suspendue à un balancier *ee*, pivotant sur un axe installé
contre le bâtiment du quai. Cet appareil est muni d'un
tuyau télescopique qui suit automatiquement ses déplacements et permet de conduire les céréales au pied d'un élévateur fixe de même puissance p.

Les grains sont alors remontés au sommet du bâtiment
annexe et chargés sur le brin inférieur des bandes porteuses,
qui le conduisent aux silos.

On peut aussi les embarquer directement dans un autre
navire.

Transvasement. — L'aérage des grains par changement de silo, le mélange de plusieurs qualités, la réunion de grains répartis dans plusieurs silos s'effectuent par leur passage sur les bandes porteuses inférieures et dans les élévateurs de remaniement, d'où ils sont répartis dans les silos par des bandes supérieures.

Nettoyage et dépoussiérage. — Un premier nettoyage grossier s'opère à la réception des grains à l'aide de claies ou grillages à larges mailles placés sur les trémies de réception.

Un deuxième s'effectue à l'aide de ventilateurs *n* qui aspirent à la tête des élévateurs les poussières mises en suspension par la manipulation des céréales.

Enfin, l'opération complète s'effectue dans quatre appareils spéciaux, donnant de 200 à 250 tonnes par heure.

Ces appareils sont placés dans un étage spécial du pavillon central, juste au-dessous du plancher inférieur des silos. Le grain vient ou des balances supérieures, ou des silos, ou du quai. Les poussières sont recueillies et mises en sacs.

Séchage. — Les grains sont amenés dans de grandes colonnes verticales où ils traversent une couche d'air chaud dont la température est réglée de manière à ne pas leur faire perdre leurs propriétés germinatives ; ils sont ensuite soumis à un courant d'air froid. La vitesse de passage est accélérée ou ralentie suivant le degré d'humidité des grains.

La chaleur nécessaire provient d'une chaufferie spéciale installée en dehors du bâtiment principal.

Système Bédarrides. — Dans ce procédé, le vide est déterminé au moyen d'un jet de vapeur, fourni par la chaudière d'un navire spécial portant toute la machinerie.

Un éjecteur appelle l'air de la caisse, où se précipite le grain ; quand cette caisse est pleine, on le vide après arrêt de a vapeur, et l'on recommence.

L'appareil donne environ 30 tonnes à l'heure.

B. — Embarquement du charbon

On ne s'occupe ici que de l'embarquement du charbon dans les ports desservant des houillères, et où des installations spéciales peuvent diminuer beaucoup le prix de la manutention.

Staiths. — On appelle ainsi, dans le Nord de l'Angleterre, des appontements où le charbon s'embarque au moyen de couloirs ou spouts.

Ces installations ne peuvent être employées que si le port réunit deux conditions : 1° la voie d'accès du chemin de fer qui apporte le charbon doit être à un niveau suffisant pour que l'appontement lui faisant suite et les couloirs en descendant se trouvent au-dessus du pont du bâtiment; 2° l'espace dont on dispose ne doit pas être borné.

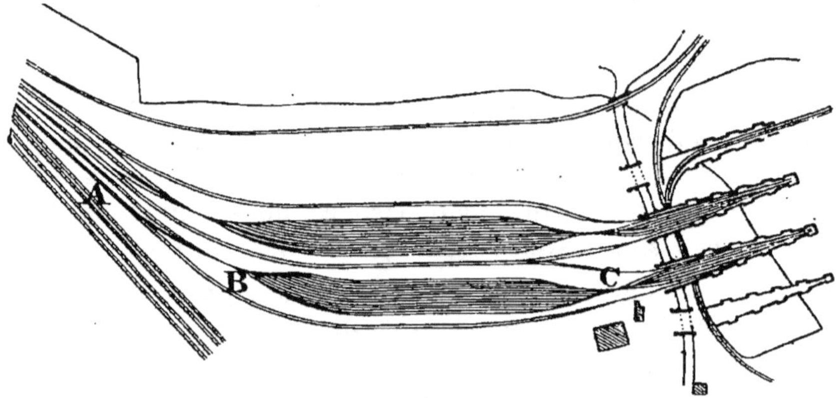

FIG. 52. — South Shields. (Plan général.)

Staith de South-Shields (fig. 52 à 55). — De la mine les wagons pleins arrivent par les voies latérales A, et vont attendre sur celles B, qui, nombreuses, occupent l'espace du milieu. On les pèse sur une balance placée en tête, puis ils sont dirigés sur l'appontement C, par deux groupes de trois voies *a*, *b*, *c*, disposées à des hauteurs différentes (Voir la coupe de l'appontement).

Ces voies ont une des pentes indiquées par les dessins ; les wagons y descendent par la gravité et, rencontrant deux butoirs, passent sur les deux voies latérales *l*, situées plus bas et dont la pente, de 1 0/0, est en sens inverse.

Les wagons retournent alors en arrière et on les arrête, deux par deux, au-dessus de l'ouverture ou trémie des spouts où ils se déchargent. Dès qu'on les lâche, ils reournent d'eux-mêmes sur les voies médianes, à l'extrémité desquelles ils sont repris par les locomotives.

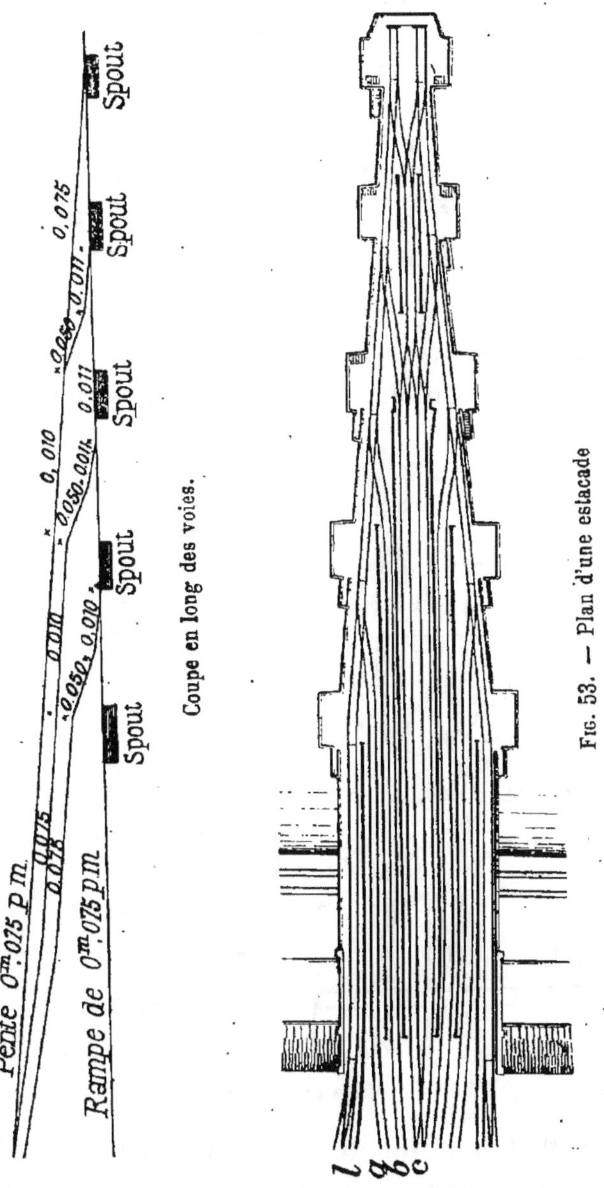

Fig. 53. — Plan d'une estacade

La figure 55 montre la disposition générale.

Chaque trémie T, (il y en a dix) peut alimenter quatre couloirs C, C′, C″, C‴ ; ceux-ci sont munis, à leur extrémité supérieure, de vannes, qui, dans le dessin, sont figurées fermant les couloirs C, C', C''', tandis que dans le troisième C'' elle

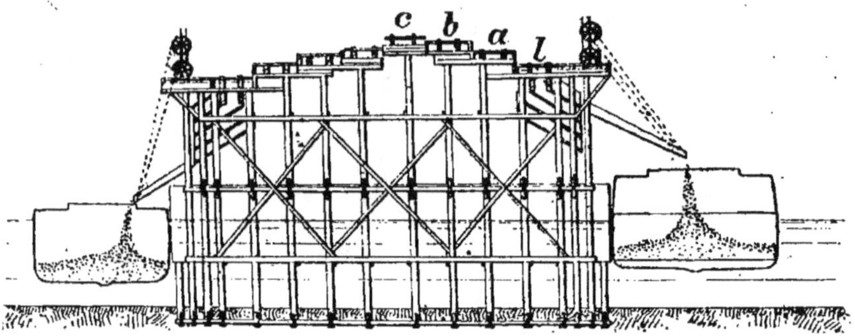

Fig. 54. — Coupe d'un appontement.

est ouverte. Il est facile de voir que, lorsque l'une de ces vannes ouvre l'un des couloirs, tous les autres sont fermés.

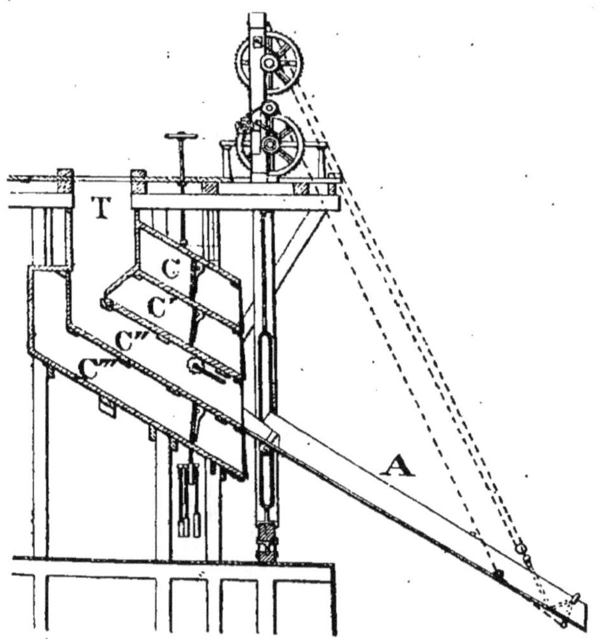

Fig. 55. — Trémie de chargement.

Un couloir d'allonge mobile A, mû par le mécanisme figuré sur l'appontement, peut se mettre en prolongement de chacun des couloirs, et on l'établit suivant la hauteur du navire à charger, sauf à l'abaisser à mesure que le bâtiment s'enfonce en se remplissant.

L'inclinaison du couloir mobile est de 30° à 40° ; elle est parfois double, 50° (avec l'horizontale) au sommet et 35° seulement à la partie inférieure, où la vitesse du combustible est ralentie, et par suite la casse des fragments de charbon moins considérable.

Staith de Whitehill-Point. — Cette station est établie en plein fleuve, sur la Tyne également ; elle a été prévue pour les plus grands vapeurs.

Chaque embarcadère est muni de trois glissières de chargements, de façon à pouvoir charger simultanément trois panneaux d'un navire. Le chargement atteint de 800 à 1 000 tonnes par heure.

Les glissières (*spouts*) sont espacées de 14 mètres d'axe en axe, et elles peuvent tourner sur un cercle de 9 mètres de rayon, afin de s'accommoder aux divers panneaux.

Le niveau du rail, aux spouts, est de 11 mètres au-dessus des plus hautes eaux et de 15 mètres au-dessus des hautes eaux ordinaires.

Les wagons, à décharge inférieure, portent 4 tonnes ; la locomotive les arrête à 500 mètres de distance, et de là ils sont mus par la gravité.

Embarquement mécanique. — Il n'est aucun système qui puisse rivaliser, pour la rapidité, avec le précédent ; mais il est assez rarement applicable, et il faut presque toujours recourir à des moyens mécaniques.

Le plus souvent les trains venant de la mine arrivent au port à un niveau très bas ; cependant, quelquefois ce niveau, tout en étant insuffisant pour l'établissement d'un staith, est assez important. Suivant l'un ou l'autre cas, on emploie les appareils pour *niveau bas* ou pour *niveau élevé*.

Ils diffèrent en ce que, dans les seconds, le wagon n'a qu'à être vidé dans un couloir mobile, tandis que, dans les autres, il doit être d'abord soulevé à une certaine hauteur, avant d'être basculé. Ceux-là portent le nom de *Balance Tip*, ceux-ci de *Hydraulic Tip*.

Il faut ajouter, d'ailleurs, que les trains arrivant de la mine doivent se garer sur des voies en assez grand nombre, comme il a été dit ci-dessus, puisque les wagons sont pesés et amenés un à un à l'appareil.

Appareils de Barry-Dock. — Les appareils de chargement

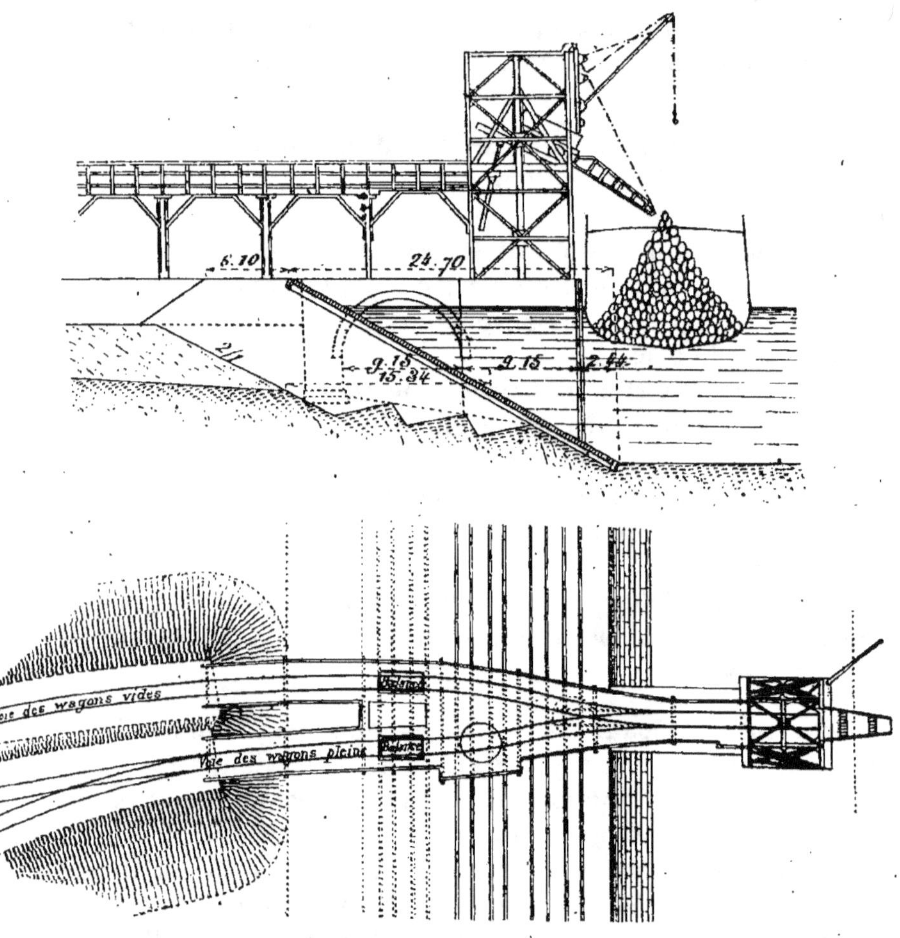

FIG. 56. — Appareil mobile de Barry-Dock.

employés aux bassins de Barry paraissent être ceux qui donnent les meilleurs résultats.

1° NIVEAU ÉLEVÉ. — *Appareil mobile (fig. 56).* — Des trains de 50 à 70 wagons chargés chacun de 10 tonnes, sont envoyés des mines sur des voies en pente, d'où, un à un, les wagons, après avoir été pesés sont tirés sur le *Coal Tip*, par deux cabestans hydrauliques. Celui-ci présente une table basculante à charnières, soulevée par l'intermédiaire de presses hydrauliques portées par le *Tip* lui-même et capables de soulever 19 tonnes. Le wagon mis en place, est vidé par le côté, dans une cheminée télescopique, qui a pour but de diriger le charbon au point convenable, et de l'empêcher de se briser en tombant. Cette cheminée s'allonge à volonté pour atteindre le fond de la cale, son tablier est muni de deux cribles.

Ceux-ci peuvent être ouverts ou fermés, de façon à obtenir du charbon criblé une ou deux fois, ou non criblé du tout.

Le couloir est fermé à sa base par une porte que manœuvre une grue, au moyen de chaînes. Quand une benne, si on fait le chargement par benne, ou le bateau est en place pour être rempli, on fait descendre au fond du couloir un crible et la porte du wagon étant ouverte, le charbon menu tombe dans la benne ou le bateau à travers le crible. On enlève alors le crible et le gros charbon tombe à son tour.

Le pont de l'élévateur est tournant et peut prendre diverses positions. De cette façon, il peut être dirigé sur un panneau quelconque du navire. Le tip suit ses diverses positions, en roulant sur des rails placés le long du quai ; le déplacement peut atteindre 15 mètres de chaque côté de la position moyenne, soit 30 mètres en tout. Les rails sont télescopiques, de façon à se prêter à ces variations. Toute cette manœuvre se fait par des appareils hydrauliques.

Les wagons vides retournent par une ligne spéciale.

Pendant que l'un des panneaux est ainsi rempli, un autre reçoit le charbon par un appareil fixe tout à fait analogue au précédent, sauf la charpente.

2° NIVEAU BAS. — La table basculante de l'appareil mobile, dans ce cas, a une hauteur d'élévation de 9 mètres et est soulevée par quatre cylindres disposés dans l'échafaudage lui-même. La section de deux de ces cylindres est calculée pour équilibrer le poids mort ; les deux autres seulement lèvent le poids du charbon.

Le basculement est produit par une chaîne qu'actionne un

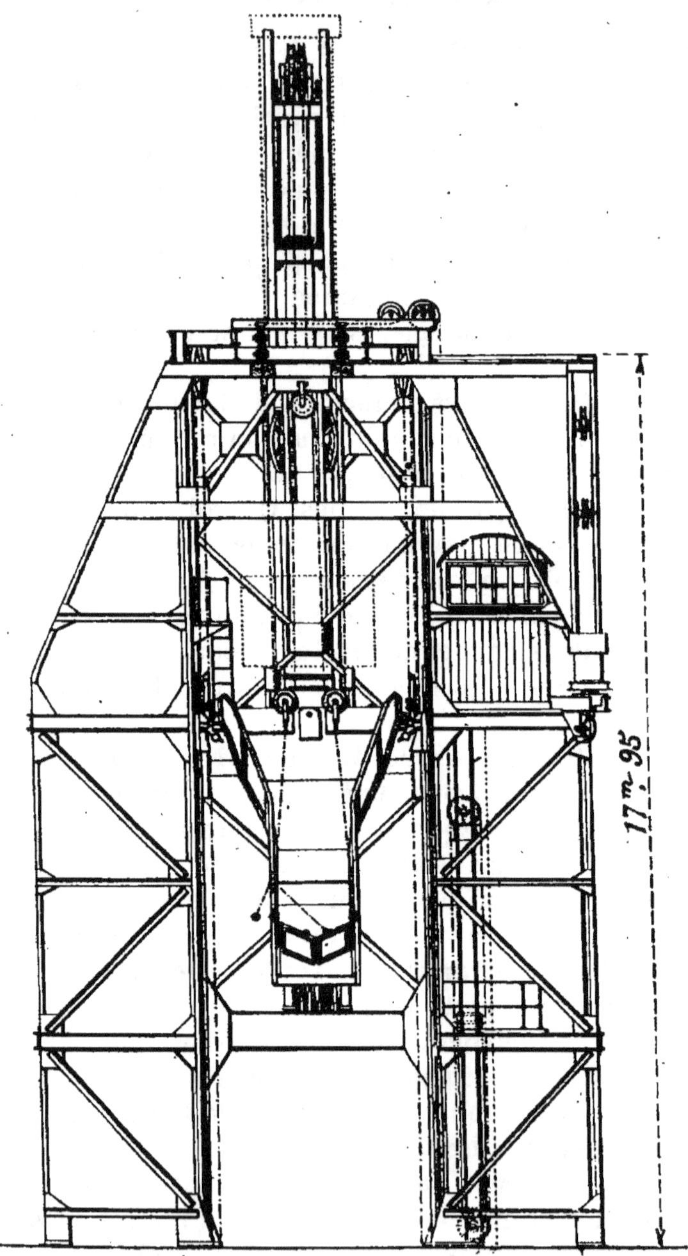

Fig. 57. — Élévateur à niveau bas. Vue de face.

cylindre horizontal, placé au sommet de l'échafaudage ;
la chaîne passe sur des poulies fixées l'une au piston,

l'autre à l'arrière du cylindre et s'enroule sur un tambour.

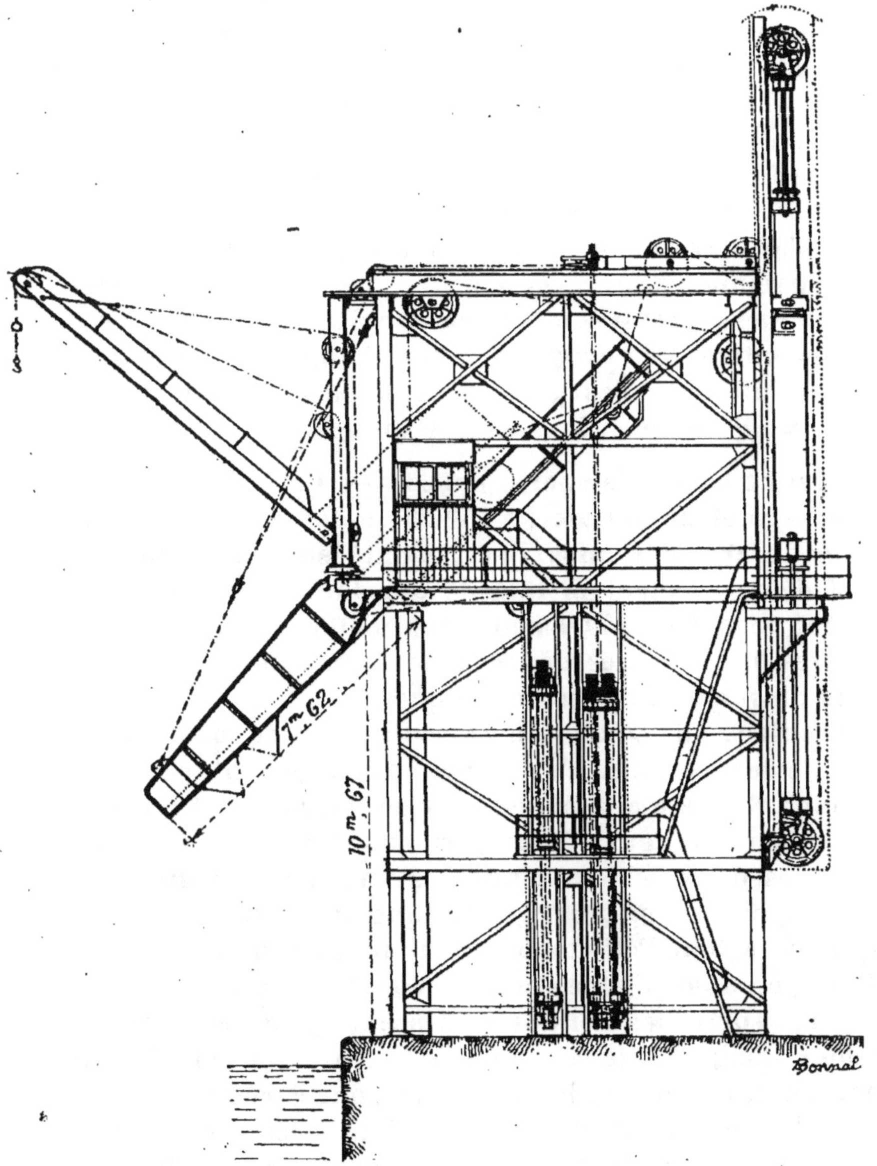

FIG. 57. — Élévateur à niveau bas. Vue latérale.

Le couloir est également mû par deux cylindres situés sur l'échafaudage.

Les figures 57 indiquent le dispositif d'un appareil du

même genre muni d'un couloir avec porte de déchargement et grue latérale pour le manœuvre des bennes s'il y a lieu.

Appareils de Cardif. — **Grues.** — On a une voie surélevée qui amène les wagons sur le balance tip ne servant qu'à la descente des wagons pleins. Ceux-ci, arrivés à la hauteur voulue, on arrête le mouvement de descente des chaînes de la partie arrière de la plateforme portant le wagon, celles d'avant continuent jusqu'à l'inclinaison demandée ; le charbon tombe alors par un couloir dans la cale du navire.

Concurremment avec cet appareil, on utilise des grues hydrauliques pouvant soulever et basculer un wagon chargé dont le contenu est envoyé dans une cheminée télescopique à clapet inférieur. Les grues sont employées également à à Glasgow (20 tonnes), à Brême (30 tonnes).

Hydraulic tip de Newport (*fig.* 58). — Cet élévateur basculeur permet de soulever, à 15^m,20 au-dessus du rail, des wagons de 20 à 30 tonnes. Il est monté sur huit galets de 12^m,30 d'empattement, mobiles le long d'une voie de 8^m,53 de largeur ; tous les mouvements sont obtenus au moyen de cylindres hydrauliques de 7^m,50 de course de piston et de palans renversés à câbles métalliques.

Un couloir, sur lequel se déverse le wagon et qui est dirigé vers une des écoutilles d'un navire en chargement, peut s'accrocher à l'arrière à la plate-forme de l'élévateur et à l'avant être suspendu à deux câbles permettant de l'incliner à volonté. Ces deux câbles viennent s'enrouler sur un treuil actionné par le moteur hydraulique, qui sert également à imprimer à tout l'élévateur son mouvement de translation.

Enfin, on a deux grues-potences de 3 et 5 tonnes servant à la manœuvre des bennes de descente pour les charbons friables. Chaque grue est commandée par deux cylindres hydrauliques, un pour la levée, l'autre pour l'orientation.

Cet élévateur de 30 tonnes se distingue des appareils du même genre par l'addition d'un chariot transporteur qui amène les wagons pleins devant la plateforme mobile et emmène les wagons vides. Le passage d'un wagon du chariot sur la plateforme ou inversement est fait automatiquement par des cylindres hydrauliques sur la commande de l'unique

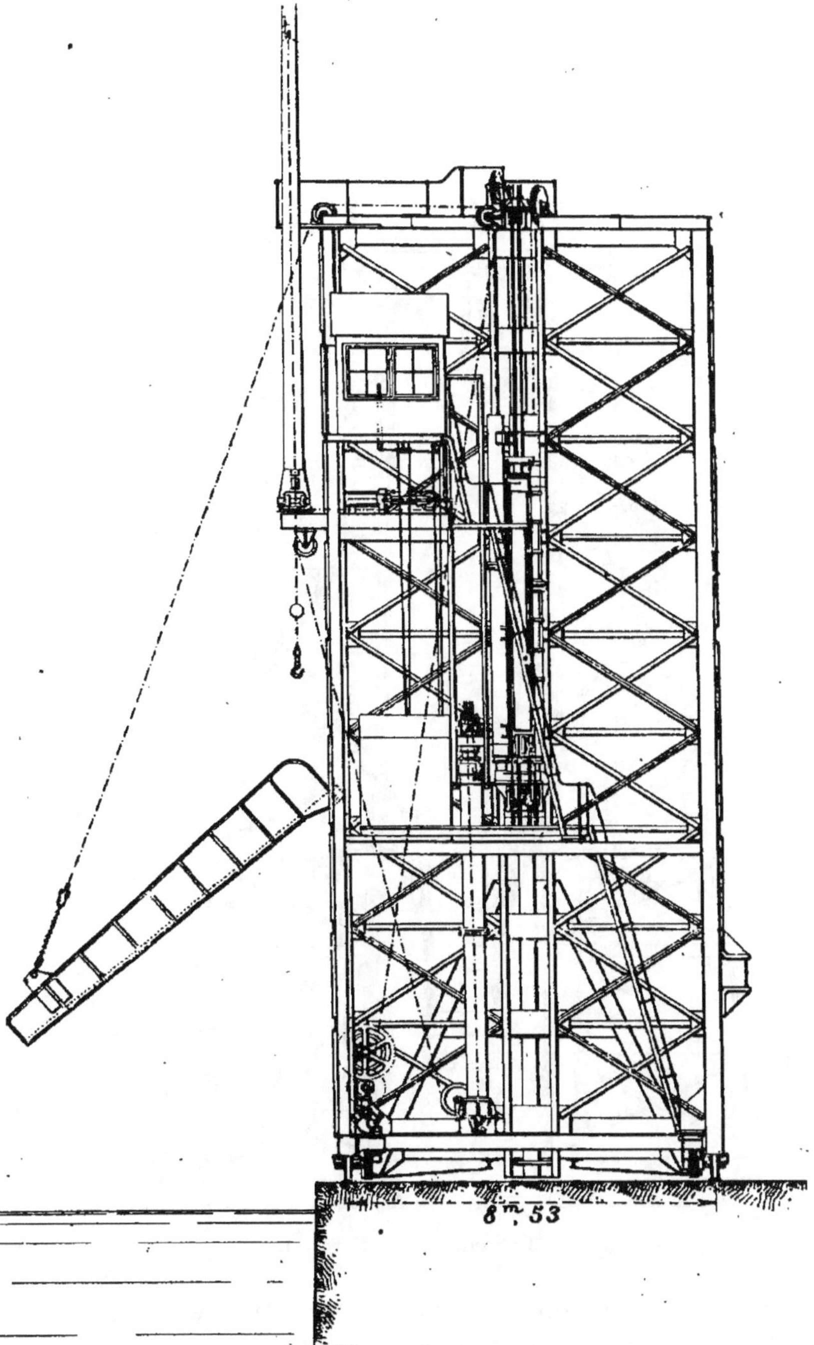

Fig. 58. — Hydraulic tip de Newport.

mécanicien dans la cabine de l'élévateur dont le travail sim-

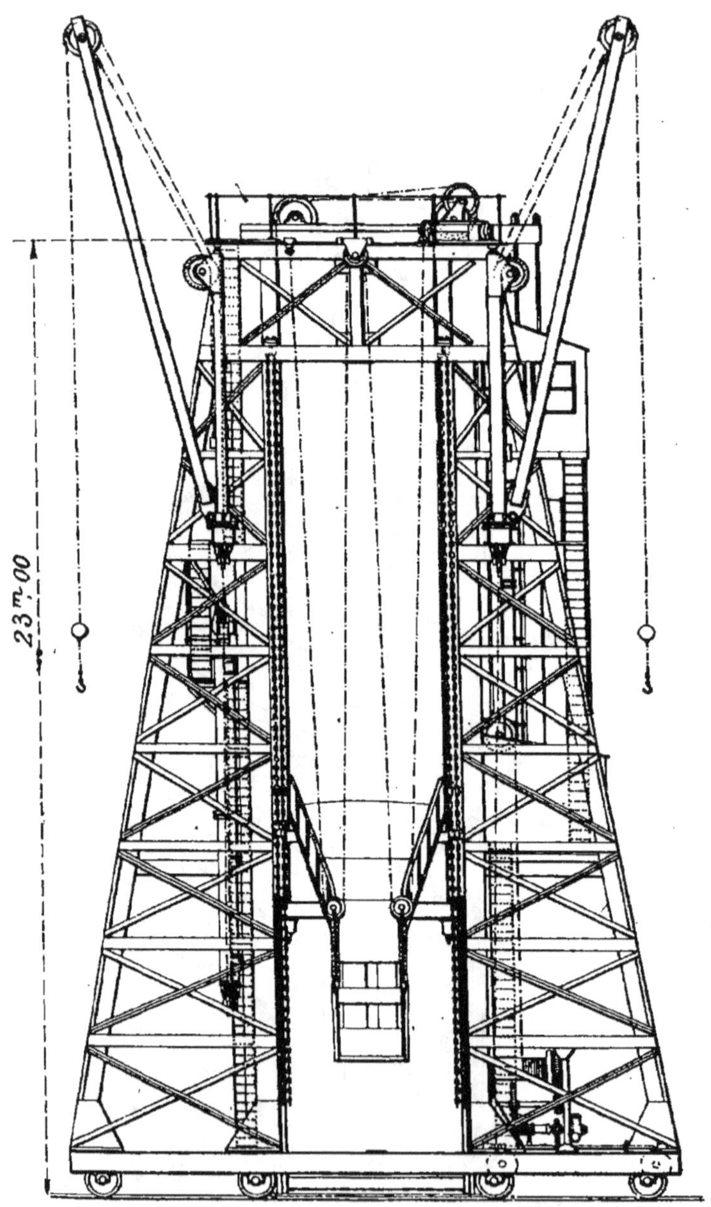

FIG. 58. — Hydraulic tip de Newport.

plifié consiste simplement à la mise en route des appareils,
leur arrêt se produisant automatiquement.

Chargement du combustible à Penhart dock (*fig*. 59). — Cette installation importante comporte vingt et un élévateurs

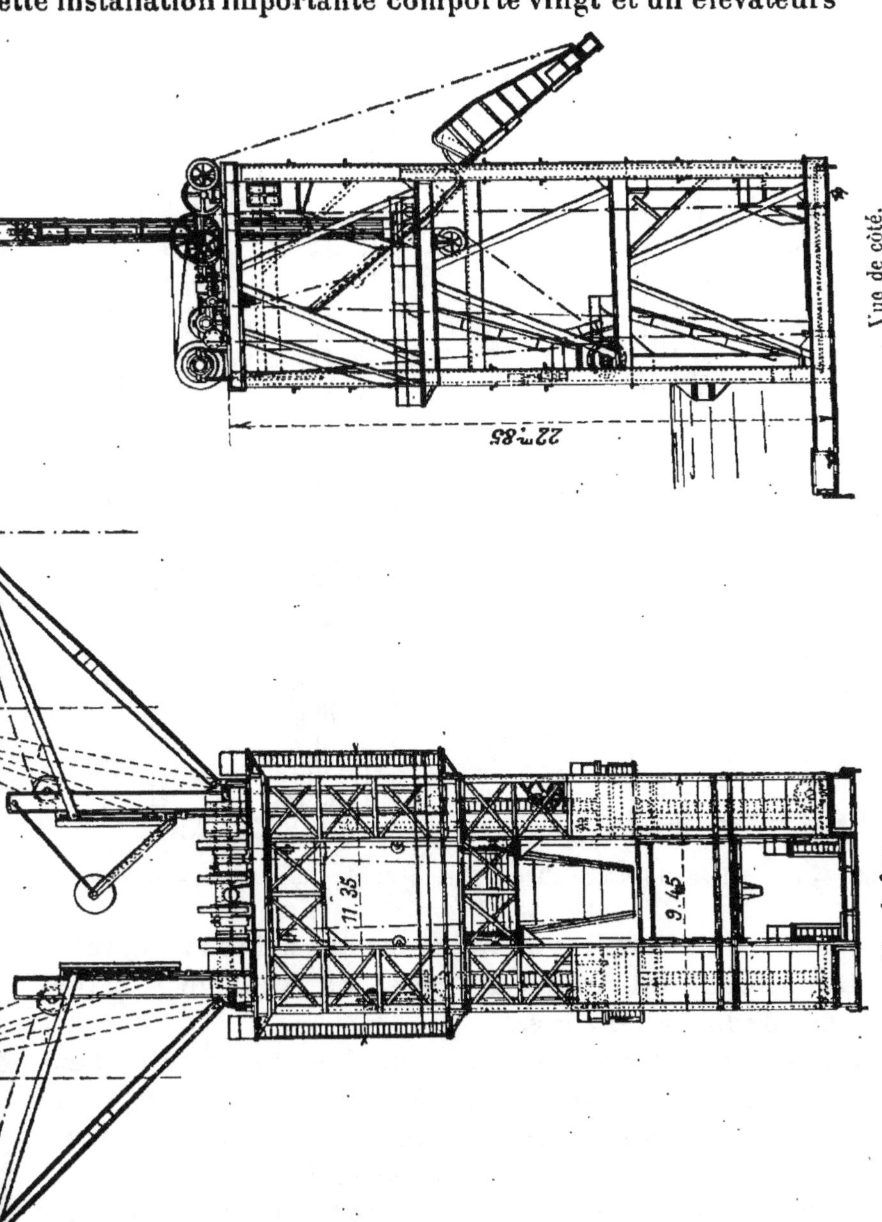

Fig. 59. — Chargement du combustible à Penhart-Dock.

basculeurs, qui diffèrent un peu les uns des autres, mais dont le principe reste le même.

Les premiers installés ont été placés à l'extrémité d'une estacade, d'où les wagons peuvent être renversés d'une hauteur variant de 1 mètre à 6ᵐ,50 au-dessus du quai, soit 10 mètres au-dessus du niveau de l'eau quand la hauteur d'eau dans le bassin atteint 11 mètres.

Le poids des wagons pleins et de la plate-forme est contre-balancé par des poids suspendus à l'extrémité de câbles

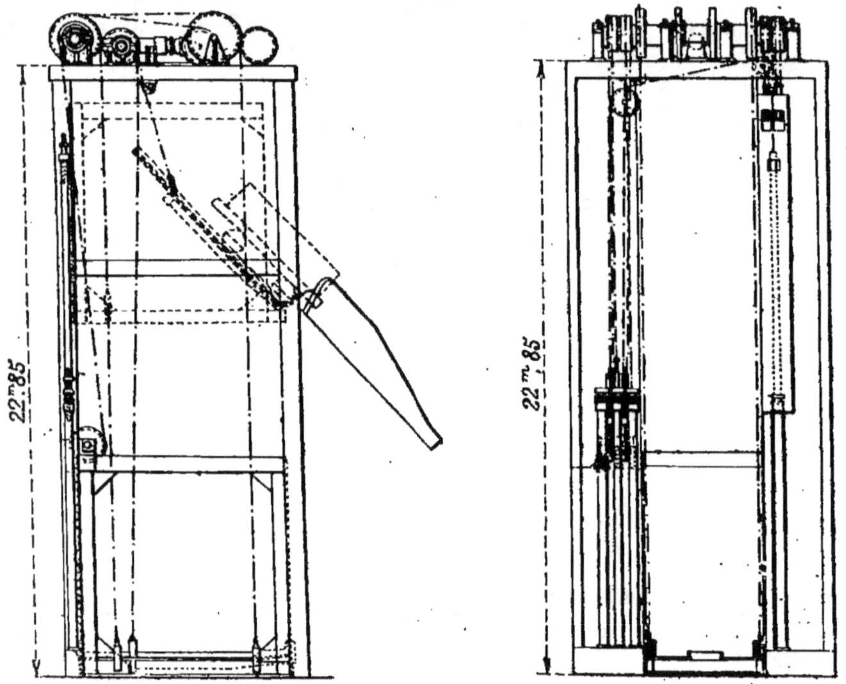

Fig. 59. — Chargement du combustible à Penhart-Dock. Vue des transmissions.

s'enroulant sur des poulies montées sur des arbres transver-saux. Ces arbres sont munis de roues de freinage à main actionnées de la plate-forme.

Celle-ci est soulevée au moyen de chaînes sur le côté. Les cylindres hydrauliques sont disposés sur les côtés. On a un cylindre spécial pour la manœuvre du couloir. On peut décharger soixante wagons de 20 tonnes à l'heure.

Dans les trois élévateurs installés en 1893 par Armstrong, la hauteur de déchargement varie de 1 mètre à 13 mètres. On a deux cylindres hydrauliques de puissance différente qu'on fait fonctionner ensemble ou séparément, suivant l'importance des wagons à soulever. Un troisième cylindre sert à leur basculement. Comme dans les élévateurs ci-dessus, on a une machinerie spéciale pour la manœuvre du couloir qui suit la plateforme dans ses déplacements. Enfin une grue de 2 tonnes est fixée sur l'élévateur. Armstrong en a installé quatre autres pouvant élever des wagons de 25 tonnes à une hauteur de 16 mètres au-dessus du quai. Ils sont à quatre cylindres hydrauliques pour la montée, un pour le renversement; on a en outre une grue de 8 tonnes et une de 4 tonnes. Pour la descente des wagons, il n'y a qu'à ouvrir les valves d'échappement d'eau, des freins permettent de régler la vitesse.

Tannet-Walker a monté quatre élévateurs dont deux fixes et deux mobiles. Les fixes comportent quatre colonnes (*fig.* 59) qui s'appuient sur deux bases scellées dans les murs du quai. Les câbles s'enroulent sur des poulies montées sur un arbre en acier coulé placé à la partie supérieure. Un contrepoids de 37 tonnes est employé à équilibrer le poids de la plateforme et des cylindres de marche. On a trois cylindres de montée avec les valves nécessaires pour la descente et un cylindre de renversement : les trois cylindres sont employés pour des wagons de 25 tonnes et deux seulement pour les wagons de 20 tonnes. Au sommet du tip, il y a deux grues de 8 et 4 tonnes, en outre une machine spéciale sur la plateforme supérieure sert à la manœuvre de la porte de fermeture de la trémie de chargement. Les wagons sont amenés à l'élévateur par une estacade; ils peuvent être élevés à une hauteur de 18 mètres au-dessus de l'eau; la vitesse d'ascension est de 1 mètre à la seconde.

Quant aux deux tips mobiles, ils sont portés sur huit roues et peuvent se déplacer sur une longueur de 70 mètres le long du quai. Six cylindres de 5 mètres de course servent à cette manœuvre, qui se fait au moyen de chaînes.

Débarquement du charbon à Mannheim. — Le charbon de Westphalie arrive à Mannheim par chalands et y est débarqué pour être chargé en wagons.

Sur le quai est installé à une hauteur de 6 mètres, sur poteaux, un plancher en bois composé de deux parties en T. Les ailes du T sont parallèles au quai, l'autre partie lui est normale et commence à l'aplomb de l'arête ; elle va jusqu'au dépôt du combustible.

Des voies Decauville sont disposées sur chacune des branches et ont, à leur croisement, des plaques tournantes.

Le charbon est jeté par une grue dans une trémie, d'où il s'écoule dans les wagonnets qui sont conduits au dépôt et versés. La casse n'est guère à craindre, ces charbons, en général de petit volume, sont souvent destinés à la fabrication de briquettes.

Du dépôt, le combustible est repris au panier et chargé dans les wagons.

Débarquement et emmagasinage à Altona. — On a appliqué au charbon à Altona, le système des silos. Ceux-ci sont au nombre de 15, dont 9 ont 8×8 mètres, et six 8×6 mètres de section, avec une hauteur commune de 15 mètres. Le magasin peut contenir 12 000 tonnes.

Le charbon amené des chalands, par un élévateur à noria, est porté à l'édifice par des bandes porteuses et est extrait des silos par la trémie inférieure.

Ce charbon est d'ailleurs en poudre et sert à des usages spéciaux. Il est exposé dans les silos à l'inflammation spontanée. C'est donc un système à ne pas imiter.

Hydraulic tip de Bo'ness. — Ici, la plateforme est soulevée par six câbles, qui passent sur des poulies et sont actionnés par deux presses hydrauliques, une située de chaque côté. La plate-forme porte elle-même le cylindre destiné à la bascule de la table sur laquelle repose le wagon. La complication est donc plus grande que dans le système de Barry Dock et les câbles sont sujets à l'usure.

Comparaison. — Si le système des staiths est plus rapide et plus économique, celui des appareils mécaniques a l'avantage de ne pas encombrer les quais, qui restent disponibles pour le trafic général. Les grues usitées à Glasgow offrent encore l'avantage de servir également pour les autres marchandises ; mais elles ne conviennent pas aux installations tout à fait spéciales, pour le charbon notamment.

Appareils Hunt. — A Savone, à Copenhague, les charbon
sont débarqués au moyen des appareils Hunt.

L'appareil Hunt se compose d'un échafaudage métallique

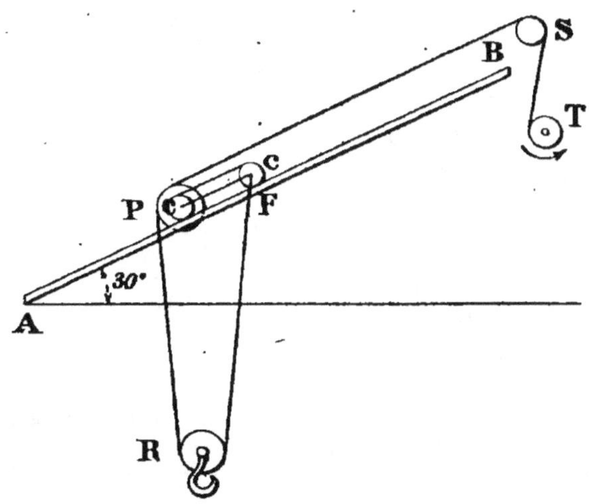

Fig. 60. — Appareil Hunt.

projetant vers lé bassin jusqu'au panneau du navire un bras
incliné.

Le schéma (*fig*. 60) montre le dispositif.

Le chariot *cc* roule sur le bras incliné AB.

En F, sur le chariot, est fixé un câble qui supporte la
poulie libre R, dont le crochet est destiné à lever la benne
pleine de charbon.

Le câble passe ensuite sur la poulie P, attachée au chariot,
puis sur la poulie S fixée au sommet de l'échafaudage et
s'enroule enfin sur le treuil T.

Pour enlever la benne, on fait tourner le treuil dans le
sens indiqué par la flèche. Grâce à une disposition indiquée
ci-après, le chariot resté immobile d'abord et la poulie R est
levée seule, jusqu'à ce qu'arrivée près du chariot elle heurte
un arrêt dont celui-ci est muni. A ce moment, c'est le chariot
qui s'avance vers l'extrémité supérieure du bras incliné. Là,
le mouvement du treuil s'arrête automatiquement et la
benne se décharge d'elle-même dans une trémie située au
sommet de l'échafaudage.

Pour obtenir la fixité du chariot dans la première phase,
le bras AB doit être incliné à 30° sur l'horizon.

En effet (*fig. 61*), soit Q la force appliquée sur la poulie R et qui comprend les poids réunis de la benne pleine, du crochet et de la poulie, en négligeant le frottement, le câble n'exerce que l'effort $\frac{Q}{2}$.

La force Q peut être supposée appliquée au milieu du chariot et être décomposée en deux composantes Q_1 et Q_2.

La condition nécessaire pour que le chariot reste fixe tandis que le câble soulève la benne, c'est que la résultante des forces en action sur le chariot soit perpendiculaire au plan incliné. Comme $Q_1 = Q \sin \alpha$, il faut donc que :

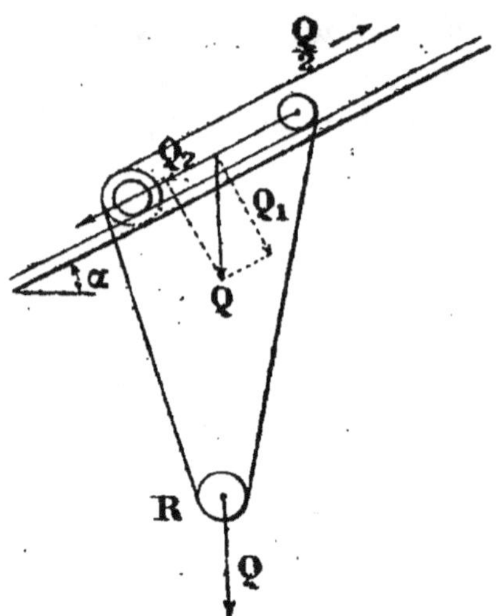

Fig. 61. — Bras rectiligne.

$$Q \sin \alpha = \frac{Q}{2},$$

ou

$$\sin \alpha = \frac{1}{2} \qquad \text{et} \qquad \alpha = 30°.$$

Quelquefois, et c'est le cas indiqué par la figure 62, le bras incliné sur lequel court le chariot n'est pas rectiligne, mais en arc de parabole. Alors les organes moteurs sont disposés comme l'indique le schéma.

Le câble, dont une des extrémités porte la benne Q, s'enroule sur la poulie P, et aboutit

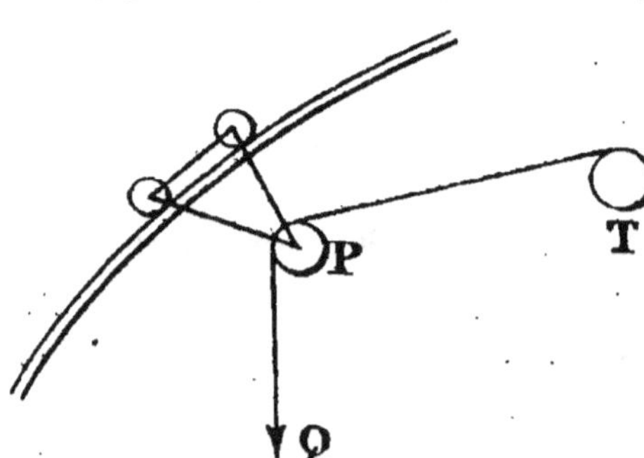

Fig. 62. — Bras parabolique.

au treuil T, placé au foyer de la parabole.

Par une propriété connue de cette courbe, la résultante

des efforts exercés sur le chariot est toujours normale à la trajectoire.

Cette seconde disposition, un peu plus coûteuse, rend le fonctionnement plus simple.

La descente du chariot, dans les deux cas, a lieu par suite de son poids, quand on lâche le treuil. Elle est modérée par un frein agissant sur le tambour du treuil.

Le déchargement automatique s'obtient de la façon suivante : la benne a une forme spéciale qui lui permet de tourner autour d'un axe horizontal porté par une bride qui l'attache au crochet du câble.

La benne est maintenue dans sa position normale par un levier à deux branches inégales, articulé sur la bride juste au-dessous du point de suspension. L'extrémité inférieure du levier appuie contre le bord de la benne et la soutient.

Au point où la benne doit se vider, la petite branche du levier heurte un taquet et déclenche la benne, dont le centre de gravité est situé latéralement ; elle se renverse.

La benne vide ayant son centre de gravité du côté opposé à celui où se trouvait celui de la benne pleine, se redresse naturellement.

Le remplissage des bennes se fait à la main ; il y en a deux en chargement, tandis que la troisième est au levage.

Le trémie qui reçoit le charbon l'envoie directement à des wagons placés sous l'échafaudage ou dans les wagonnets d'une voie aérienne qui va jeter le combustible en tas.

Le rendement est de 60 tonnes à l'heure.

Elévateur Brown. — Il est employé à Gênes. Un pont roulant portant sur trois appuis et se déplaçant parallèlement à l'arête du quai, se prolonge en porte-à-faux jusqu'au-dessus des panneaux des navires.

Un chariot mobile roule sur le pont et porte deux poulies. Un câble métallique, fixé à l'une des extrémités du pont, passe sur ces deux poulies, supportant dans l'intervalle la poulie à laquelle s'accroche la benne.

Le chariot est mû par deux câbles métalliques dont l'un s'enroule, tandis que l'autre se déroule ; la charge peut être arrêtée au point et à la hauteur voulus, pour être déchargée.

La manœuvre s'exécute à l'électricité et le rendement est de 40 tonnes à l'heure.

Chariot de l'élévateur Brown (*fig.* 63). — Les essieux des roues soutiennent deux plaques A, auxquelles sont fixés les pivots des deux poulies de guidage du câble de soulèvement.

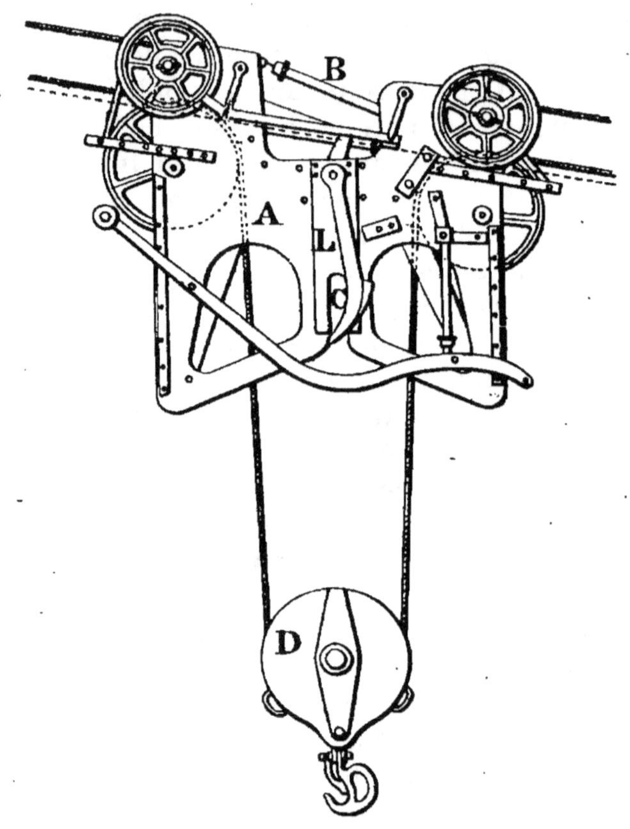

Fig. 63. — Chariot Brown.

Aux extrémités de l'essieu sont, en outre, attachés les bouts des câbles qui commandent le mouvement.

Les faces externes des plaques A portent deux leviers L, destinés à immobiliser la poulie à crochet de soulèvement D, quand il faut la fixer dans une position de sécurité ; à cet effet, on soulève la poulie jusqu'à ce que son arbre D, saillant aux deux extrémités, vienne buter contre la partie inférieure, en col de cygne, des leviers L. Le mouvement continuant, les deux leviers quittent leur position normale et les extrémités de l'arbre D glissent dans une rainure du col de cygne, jusqu'à ce qu'elles tombent dans un creux où, par l'effet du poids de la poulie et de la charge, elles demeurent encastrées.

Les leviers L, à leur partie supérieure, sont solidaires, avec un système articulé B qui, lorsque les leviers sortent de leur position normale, mettent en tension des ressorts.

En tirant encore le câble, la poulie se soulève un peu ; l'arbre D sort du creux où il était encastré et, les ressorts tendant à ramener les leviers L à leur position normale, l'arbre échappe par une fissure et libère la poulie de sa position de sécurité.

Un second levier est destiné à l'ouverture ou au renversement de la benne, suivant le système.

A Gênes, la course du chariot est de 53 mètres. La commande se fait par l'électricité.

Bennes automatiques. — Avec les appareils précédents, il est indispensable d'employer des bennes à chargement et déchargement automatiques. On a déjà vu la benne à dé-

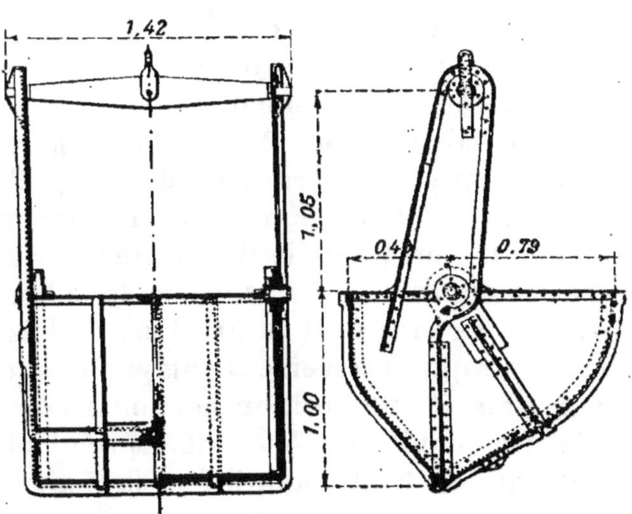

Fig. 64. — Benne à déchargement automatique.

chargement rapide Hunt dont la figure 64 représente un type analogue, mais il faut la remplir à la pelle. Les systèmes de chargement et de déchargement automatiques sont

assez nombreux; cependant on peut les ramener à quelques
types principaux.

Dans le dispositif de la figure 65, on a un demi-cylindre
composé de deux coquilles A fermées à leurs extrémités par

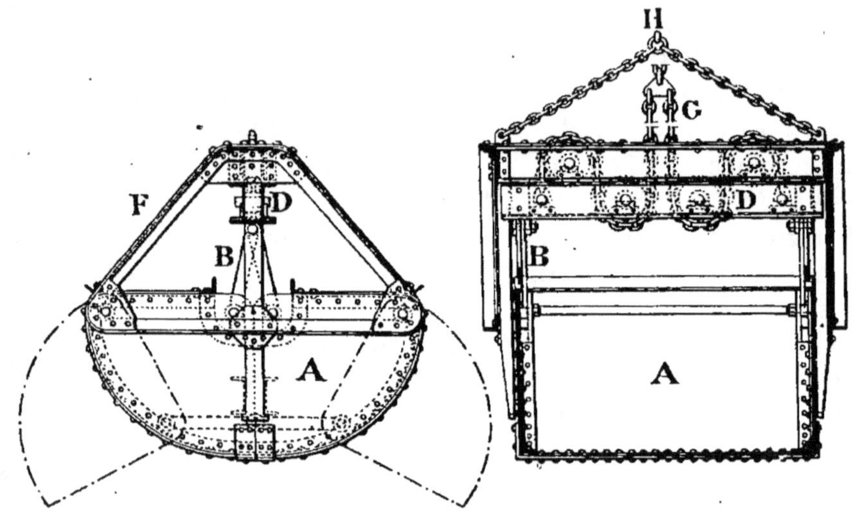

Fɪɢ. 65. — Benne à deux chaînes.

des fonds pleins et articulés, d'une part, aux branches inclinées F du support et de l'autre à deux bielles B, articulées
elles-mêmes à la traverse D. Cette traverse est également
mobile, pouvant se déplacer verticalement.

La benne est à deux câbles : l'un H pour la supporter,
le second G pour l'ouverture ou la fermeture des coquilles.
A cet effet les deux brins du câble G, après avoir passé sur
deux poulies fixées à la traverse mobile D et s'être infléchies
sur deux autres poulies appartenant au support de la benne
viennent s'attacher à la traverse D. Il suffira donc de laisser
le câble G s'allonger pour que la traverse D puisse descendre
faisant occuper aux bras B une position horizontale écartant les deux bords des coquilles. L'ensemble prend alors
la position indiquée par les traits pointillés : la benne est
ouverte.

Pour la fermeture, il n'y a qu'à tirer sur le câble G et lui
faire occuper sa position primitive. Le câble H sert au transport de la benne.

L'inconvénient de ce système réside dans le câble G qui est

en deux brins pouvant donner lieu à des efforts inégaux à chaque extrémité de la coquille.

On peut remédier à cet inconvénient en adoptant le dispositif de la figure 66. On n'a qu'un seul câble de manœuvre

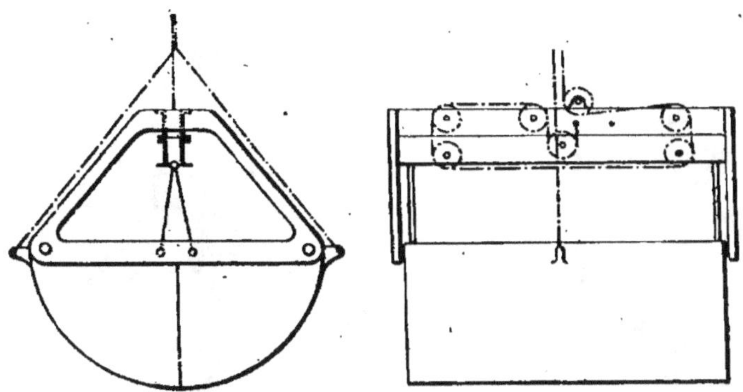

Fig. 66. — Benne symétrique.

passant successivement sur des poulies appartenant à la traverse fixe ou à la traverse mobile.

En outre, les points d'attache du câble de support, au lieu d'être situés sur le support lui-même, se trouvent placés aux extrémités des coquilles, de façon à utiliser tout le poids de la benne pour provoquer son ouverture.

Au lieu d'avoir deux câbles H et G, on peut n'en avoir qu'un seul servant au transport de la benne et à son ouverture.

Le système précédent peut lui-même être ainsi modifié.

A cet effet, sur l'armature C, est appliqué un manchon A qui peut se déplacer légèrement dans le sens vertical (*fig.* 67).

La partie inférieure du manchon porte deux coulisseaux dans lesquels passent des cliquets mobiles B autour des pivots portés par le manchon ; ces cliquets sont munis de contrepoids qui s'appuient sur des arrêts fixés à l'armature C.

Lorsque le manchon est accosté à l'armature, les cliquets ont leur dent abaissée et la chaîne G est libre dans le manchon. L'élévation du manchon donne aux cliquets une position telle que la chaîne peut descendre, mais non remonter.

La chaîne G, enroulée sur les poulies, est actionnée directement par la chaîne H ; si le manchon est laissé libre, cette dernière soulève la chaîne G et la benne est fermée.

Pour la manœuvre, on fait saillir de l'appareil de décharge une tige terminée par une fourchette qui saisit le manchon par un rebord et le soulève au maximum : la benne reste ainsi suspendue à la fourchette.

On relâche la chaîne, la traverse D tombe, et la benne

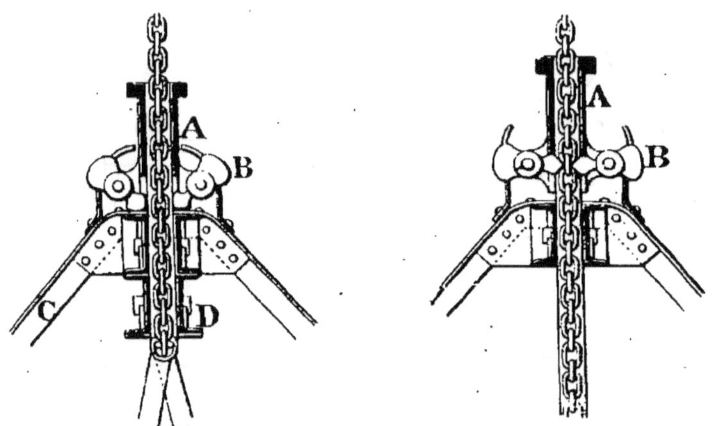

Fig. 67. — Benne à un seul câble de manœuvre.

s'ouvre; puis on tend la chaîne, la benne échappe à la fourchette, mais reste ouverte à cause des cliquets qui empêchent la chaîne de remonter vers le haut.

La benne pénètre dans la marchandise ; un léger relâchement de la chaîne fait retomber le manchon; on retire sur la chaîne H, et la benne pleine se referme.

Elle est alors conduite au point de déchargement, où elle est soutenue par la fourchette ; on relâche la chaîne H, la benne s'ouvre et l'on recommence.

Ces appareils servent d'ailleurs plutôt pour les allèges que pour les navires en mer.

Les bennes précédentes ont l'inconvénient de ne pouvoir se fermer

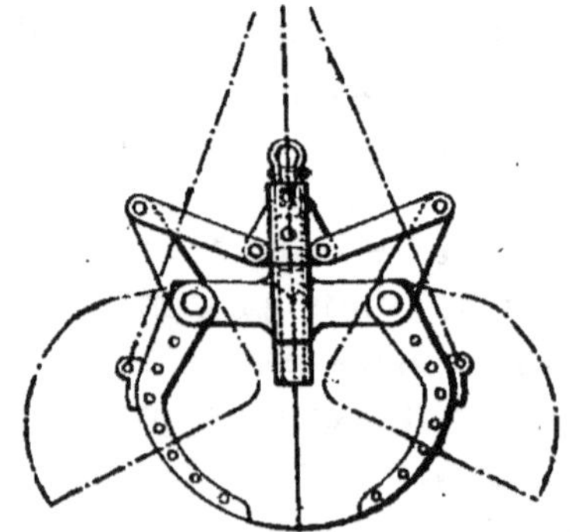

Fig. 68. — Benne griffe Bockermann.

quand un bloc de minerai ou de charbon s'engage entre les bords des coquilles; il est alors impossible de les empêcher de se vider en partie. Ce défaut est évité dans le système,

Bockermann (*fig.* 68) à deux câbles. Outre les bielles de manœuvre pour l'ouverture ou la fermeture de la benne, sur la traverse mobile, on a un double levier articulé dès lors quand on tire sur le câble, l'effort se transmet aux bords des coquilles qui cisaillent les morceaux qui auraient pu les empêcher de se fermer.

Appareil Hulett. — L'appareil automatique Hulett sert à décharger les minerais. En voici le principe :

Sur le quai se déplace un portique, portant un chariot au milieu duquel un beffroi soutient une poutre armée ou balancier oscillant autour d'un axe horizontal (*fig.* 69).

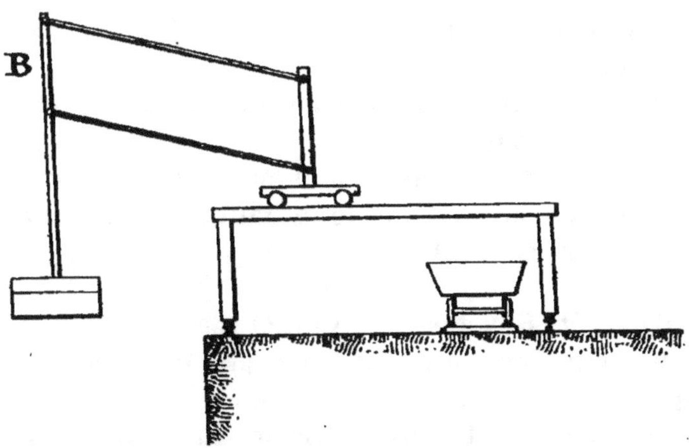

Fig. 69. — Appareil Hulett.

Un bras B est suspendu à l'extrémité du balancier et est maintenu vertical au moyen d'un parallélogramme articulé.

Ce bras porte une auge automatique pouvant enlever 10 tonnes. Cette auge peut s'orienter dans toutes les directions.

Lorsque, par l'abaissement du balancier, l'auge s'est remplie, et qu'on l'a soulevée, on recule le chariot jusqu'à ce que l'auge puisse venir verser le charbon dans une trémie au-dessus des wagons d'une voie ferrée.

La manœuvre électrique comporte : 110 chevaux pour l'auge, 150 pour le balancier, 90 pour le chariot.

Le portique roule, sur une voie ferrée, entraîné par le moteur de 150 chevaux qui sert également au déversement

On atteint avec cet appareil, paraît-il, une manutention de 400 tonnes à l'heure ; il en existerait même un qui a pu, durant ce temps, décharger 680 tonnes.

Les appareils du reste de cette importance ne conviennent que pour des trafics intenses, aussi ne les trouve-t-on qu'en Amérique.

Élévateur électrique de charbon de Rotterdam. — Les moteurs qui actionnent cet appareil sont les suivants :

1° Un de 130 chevaux, faisant 300 tours par minute, manœuvrant, par une transmission, dans le rapport de 1 à 60, un tambour sur lequel s'enroule le fil d'acier qui élève la plateforme ;

2° Un de 60 chevaux, faisant 550 tours (transmission de 1 à 56) actionnant une roue à tambour où s'enroule le fil d'acier opérant le mouvement basculant ;

3° Un de 18 chevaux, pour le mouvement d'ascension de « l'antibreakage crane » ;

4° Un de 4 chevaux, accouplé directement à la grue précédente pour la faire tourner ;

5° Un moteur de 17 chevaux, manœuvrant un engrenage à vis sans fin, changeant à volonté la hauteur et l'inclinaison du couloir de chargement.

Installation de Glasgow. — Comme application importante des balances tips, on peut citer celle de Glasgow, où un bassin spécial, celui de Clydebank ou de Rothseay a été construit spécialement pour le trafic du charbon ou des minerais.

Le dock (*fig.* 70) peut recevoir six élévateurs ; mais quatre seulement sont installés, ils peuvent soulever des wagons de 20 tonnes, soit 800 tonnes de matières manœuvrées à l'heure.

L'outillage se complète de trente six grues, de transporteurs avec les cabestans nécessaires. La force motrice exclusivement employée est l'électricité : c'est la première installation complète de ce genre.

Ce bassin est réuni par des voies distinctes aux deux compagnies de chemins de fer qui desservent le port. Des voies de garage ont été prévues en nombre suffisant pour n'avoir pas à craindre le moindre encombrement.

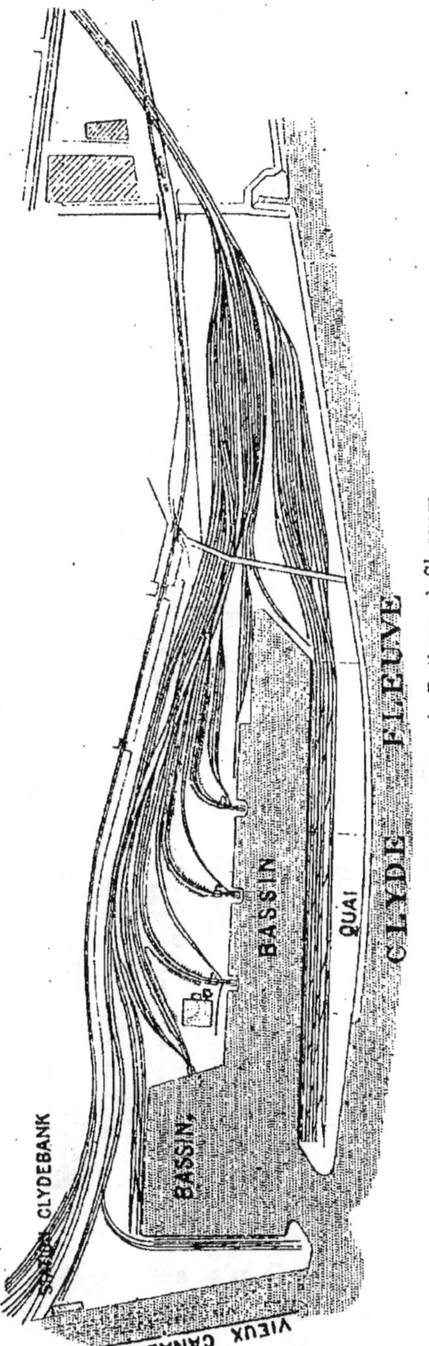

Fig. 70. — Bassin Rothseay à Glasgow.

La profondeur du bassin à marée haute est de 6 mètres à 7m,50; sa largeur, de 180 mètres environ, permet aux navires d'évoluer facilement.

Le quai séparant le bassin de la Clyde a une longueur de 520 mètres sur 90 mètres dans sa partie la plus large et 60 mètres à l'extrémité.

La construction de ce quai a présenté de grandes difficultés en raison du peu de cohésion du terrain, formé en partie des draguages provenant de la rivière et du sable mouvant. Après plusieurs tentatives, on s'est arrêté à des blocs monolithes reposant sur le type de fondations indiqué figure 71.

Vitesses de chargement du charbon. — M. Kidd a donné le résumé d'observations faites par lui, en 1884, sur divers résultats obtenus dans les ports, pour la vitesse de chargement du charbon. Ces résultats sont consignés dans les tableaux ci-après.

Les ports considérés

reçoivent tous les trains chargés à la hauteur du quai, et ils ne sont fréquentés que par des navires de moyennes dimensions, sauf Glasgow. Les observations faites l'ont été en plein

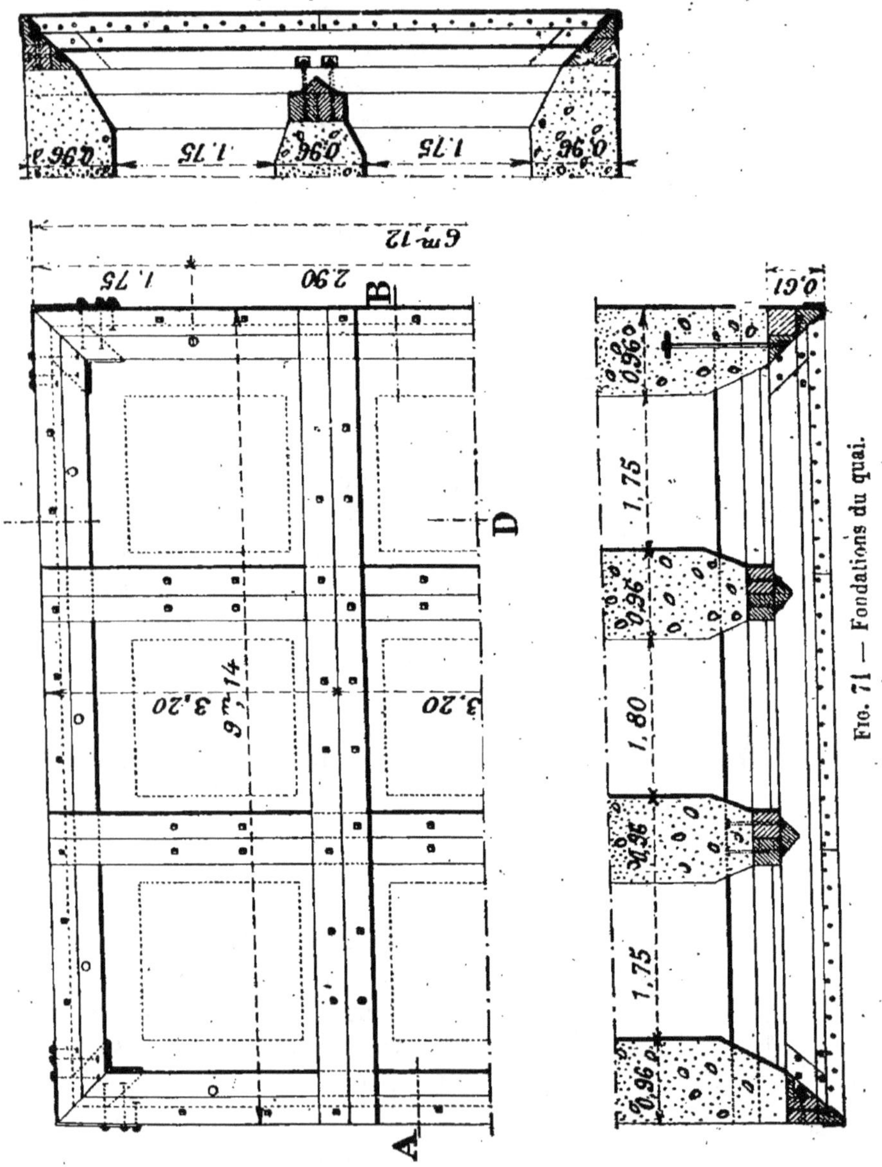

Fig. 71 — Fondations du quai.

travail, sans préparation aucune, mais il n'y est pas tenu compte de l'arrimage du combustible dans la cale.

La rapidité a atteint le maximum avec les élévateurs hydrauliques de Grangemouth (406 tonnes par heure) et le minimum avec les grues de Glasgow (144 tonnes, ou un peu plus d'un tiers). Si l'on ne considère que la rapidité, il faut donc écarter les grues.

D'ailleurs, les élévateurs hydrauliques ne donnent pas toujours le même rendement : on n'obtient que 264 tonnes et 160 tonnes à Burntisland-Dock.

La vitesse des machines est très différente (voir le tableau III); mais il importe de remarquer qu'à Grangemouth les résultats favorables sont dus à deux raisons (tableau II) : les wagons se succèdent à courts intervalles sur la plate-forme, arrivant et repartant par gravité, de sorte que leur manœuvre est très rapide.

Mais c'est le chargement par grue, à Glasgow, qui brise le moins le charbon, le wagon étant envoyé dans le panneau du navire pour y être déchargé.

Aussi peut-être serait-il possible, en vue de conserver cet avantage, de se servir d'une grue à double volée, dont l'une chargerait et l'autre déchargerait.

Les tableaux suivants ont été relevés dans les ports de :

I. *Queens-Dock Glasgow.* — Grue hydraulique de 20 tonnes. Plateforme pour élever le wagon et le décharger dans le panneau.

II, III. *Burntisland-Dock.* — Elévateur hydraulique de 15 tonnes, avec pistons élevant et basculant la plateforme dans un couloir mobile (2 épreuves différentes).

IV. *Burntisland-Dock.* — Même élévateur, mais avec deux pistons supérieurs réunis à la plateforme pour l'élévation et un piston inférieur sous la plateforme pour le bascule-ment. Vidange dans un couloir mobile.

V. *Grangemouth-Dock.* — Système des numéros II et III, mais d'un autre constructeur.

VI. *Bo'ness-Dock.* — Système du numéro IV.

Les wagons sont mus par des cabestans dans le numéro I, par des chevaux dans les numéro II et III, par des cabes-tans et un cheval dans les numéro IV et par gravité dans les deux autres.

TABLEAU I

	1	2	3	4	5	6
	m s	m s	m s	m s	m s	m s
Temps employé à une opération en minutes et en secondes	0 41 0	0 13 25	0 25 4	0 40 8	0 20 33	0 14 6
Rotation	0 27 0	»	»	»	»	»
Basculement	0 25 4	0 14 50	0 25 2	0 43 7	0 14 83	0 28 3
Rotation inverse et dépôt du wagon......	0 35 3	»	»	»	»	»
Dépôt du wagon......	»	0 19 75	0 23 2	0 54 8	0 14 22	0 46 2
Enlèvement du wagon vide et remplacement par le wagon plein...............	1 18 0	1 2 50	1 6 4	0 40 7	0 12 5	1 0 4
TOTAL par wagon..	3 26 7	1 50	2 20 2	3 0	1 1 88	2 29 5
Nombre de wagons manipulés par heure...	18	33	26	20	58	24
Charge d'un wagon ...	8	8	8	8	7	8
Tonnage chargé par heure	144	264	208	160	406	192
Niveau de l'hiloire de l'écoutille au-dessus du quai	1^m,50	0	2^m,40	1^m,65	2^m,25	0^m,45
Hauteur d'élévation de la plateforme.......	2^m,40	2^m,10	4^m,50	4^m,20	4^m,35	2^m,65
Nombre d'hommes employés	5 1 ch.	6 2 ch.	6 2 ch.	5 1 ch.	6	5

TABLEAU II

COMPARAISON DU TEMPS PASSÉ PAR LE WAGON SUR LA PLATEFORME
AVEC LE TEMPS D'INTERVALLE ENTRE LES WAGONS

	1	2	3	4	5	6
	m s	m s	m s	m s	m s	m s
Sur la plateforme......	2 8 7	0 47 5	1 13 7	2 19 3	0 49 3	1 29 1
Intervalle	1 18 0	1 2 5	1 6 5	0 40 7	0 12 5	1 0 4
Temps total par wagon.	3 26 7	1 50 0	2 20 2	3 0	1 1 8	2 29 5

TABLEAU III

VITESSE MOYENNE D'ÉLÉVATION ET D'ABAISSEMENT DE LA PLATEFORME CHARGÉE. UN MÈTRE EN :

	1	2	3	4	5	6
	m s	m s	m s	m s	m s	m s
Levage...........	1 7 3	0 6 3	0 5 5	0 9 51	0 4 6	0 5 5
Abaissement.....	»	0 5 0	0 3 6	0 8 9	0 2 2	0 1 05

Dépôt de charbon de Narraganset-Bay. — Ce dépôt est destiné à l'escadre américaine.

Les manutentions s'opèrent sur un appontement en acier, parallèle à la rive, à laquelle il est relié.

Deux hangars disposés dans le sens longitudinal de l'appontement sont parcourus par deux voies qui conduisent à l'appontement.

Les manutentions s'exécutent au moyen de deux tours en acier, mobiles sur l'appontement et desservant quatre voies ferrées. Les tours, dont la partie supérieure est pyramidale, sont munies de deux bras pivotant autour de la base ; elles se déplacent sur une voie à trolley. Ces bras peuvent porter 20 tonnes à leur extrémité.

La toiture des hangars est inclinée selon le talus naturel du charbon. Le plancher est placé de même, de façon que le charbon soit réparti également entre le milieu et les côtés. Du combustible est aussi emmagasiné sous le plancher.

Celui-ci, épais de 15 centimètres, est en béton armé.

Des tubes de température, au nombre de 232, avertissent des incendies, les circuits se fermant à 65°.

Les appareils manutentionnent 240 tonnes par heure.

C. — TRANSPORTEURS DIVERS

Embarquement des minerais à Alméria. — La société « Alquife mines and Railway Company » a installé à Alméria pour l'embarquement de ses minerais un système qui est un perfectionnement des staiths anglais.

L'appontement le long duquel s'amarrent les navires a 108 mètres de longueur et la superstructure s'appuie sur des palées formées de quatre cylindres de tôle, de 1ᵐ,70 de diamètre, enfoncés par havage, dans le sol composé de sable et de gravier, puis remplis de béton. Le tablier de l'appontement est à 19 mètres au-dessus du niveau de la mer qui est presque constant.

Le tablier, large de 16 mètres, porte quatre voies ferrées ; au-dessous sont établies, de chaque côté, vingt trémies, dont le fond est incliné de 40° vers l'extérieur. Chacune de ces trémies reçoit 250 tonnes, en tout 5 000 tonnes d'un côté.

Les wagons, à déchargement par le fond, remplissent ces trémies, qui peuvent être versées instantanément dans un navire, tandis que les trains amènent d'autres charges pour remplacer le minerai écoulé.

L'écoulement se fait au moyen de glissières, manœuvrées par des câbles et des treuils disposés sur le tablier. Ces couloirs ont 7ᵐ,25 de longueur et sont en tôle d'acier.

Déchargement des minerais au Poorter's haven (Rotterdam). — Sur le canal de Hoek van Holland, entre la mer et Maasluis, la maison J. de Poorter, grand importateur de minerais, a construit un port entièrement approprié au transbordement des navires dans les allèges qui remontent le Rhin (*fig.* 72).

Ce port est creusé latéralement au fleuve ; sur l'étroite bande qui les sépare, sont installés quatre transbordeurs à vapeur pouvant décharger chacun 750 tonnes en douze heures. Le navire s'amarre d'un côté de la bande, dans le port et l'allège de l'autre côté, dans le fleuve ; le transbordement est donc très rapide.

Une autre maison de Rotterdam transporte le minerai dans des navires spéciaux, à nombreux panneaux, et munis de puissants engins pour le chargement et le déchargement. Ainsi le *Grängesberg*, de 10.000 tonneaux, peut recevoir ou livrer sa cargaison en vingt-quatre heures.

La manutention du macadam, pris dans les chalands pour être jeté dans les cales du navire, s'effectue par un treuil roulant de 7500 kilogrammes, dont le portique marche sur

des rails longitudinaux, espacés de 32 mètres, à la vitesse de
0ᵐ,60 par seconde. La vitesse du treuil est de 0ᵐ,66 par
seconde, la benne-clam-shell soulève 2 tonnes et demie de
macadam et le dépose sous le portique, d'où il est repris pour

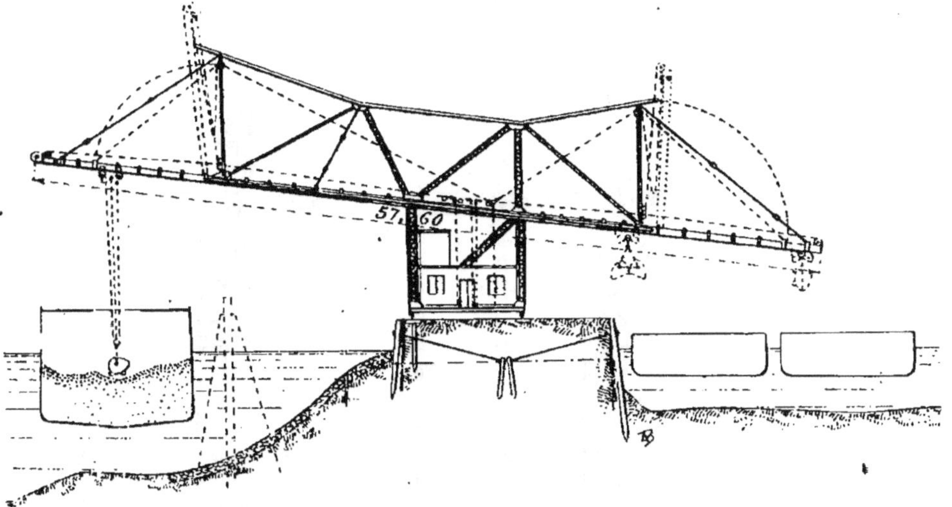

Fig. 72. — Transbordement de minerai.

être chargé sur le navire, par l'intermédiaire d'une noria
transporteuse, composée de godets de tôle.

Une installation comme celle du Poorter's haven économi-
serait l'une des deux manutentions.

Pont de déchargement dans l'avant-port d'Emden. — La
figure 73 représente un pont transbordeur pour la manutention du charbon, des minerais ou de toute matière
semblable.

Il se compose de deux tours dont l'une d'elles, celle du
côté du quai se termine par une partie mobile permettant
de donner à la benne transporteuse une course de 97ᵐ,78.
Ce bras mobile est levé ou abaissé par un cordage s'enroulant sur un cabestan électrique monté sur la plateforme du
pylône principal. Comme le poids de ce bras varie d'après
ses diverses positions, on a compensé la différence au moyen
d'une résistance auxiliaire formée par un frein magnétique intercalé sur le moteur; ce frein sert également à la

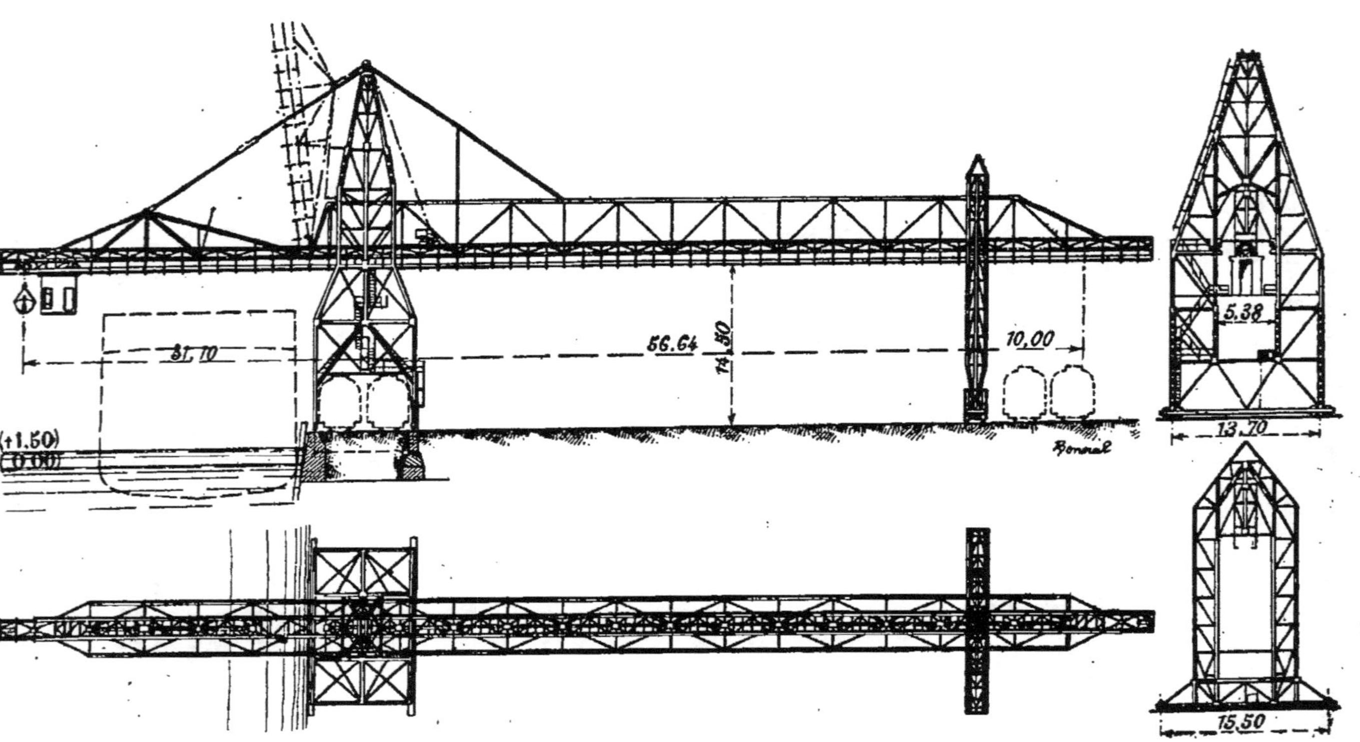

Fig. 73. — Transbordeur électrique du port d'Emden

descente. Les positions extrêmes du bras sont indiquées par des index et annoncées par des sonneries qui ne cessent de fonctionner qu'au désembrayage du moteur. Il est maintenu en place par un verrou automatique agissant sur le câble qui maintient la charge. Sa construction en treillis est très légère; néanmoins il a été établi de manière à pouvoir descendre, malgré une pression du vent de 50 kilogrammes par mètre carré.

Les deux pylônes sont montés sur rails : le plus grand est porté par huit roues en acier coulé, l'autre par quatre. Le déplacement s'obtient au moyen d'un moteur et d'engrenages agissant sur les roues d'un même côté; il a lieu même par les vents violents; des index montrent les différentes positions du transbordeur et un coupe-circuit automatique intervient lorsqu'il est arrivé à la position extrême, les roues sont en outre munies de freins magnétiques.

La cabine du conducteur est placée à la partie inférieure du câble ; elle est reliée à la benne et au chariot transbordeur.

On peut soulever $4^T,5$, un moteur conduit l'arbre porteur avec roues d'engrenage intermédiaires. Cet arbre est réuni à la benne par un embrayage à friction; pendant qu'elle descend pour être vidée, elle est maintenue par un frein à main. La charge rendue ainsi indépendante peut être maintenue dans chaque position ou abaissée graduellement par un puissant frein à bande sous l'action d'une magnéto. Un frein Weston est aussi prévu pour le déchargement rapide; il est actionné par le même levier que l'embrayage de descente. La position de la benne est indiquée à chaque instant par un index au conducteur; un coupe-circuit limite son ascension.

Le câble porteur est un double plat à fils d'acier croisés.

Le chariot transporteur de la benne est mû électriquement par engrenages et vis sans fin. On peut se servir du moteur pour le freinage concurremment avec un frein Weston, en tous cas le courant est coupé automatiquement et les freins serrés au moment où on arrive aux extrémités du pont; un tampon hydraulique amortit encore les chocs. Tous les mouvements sont commandés de la petite cabine du conducteur.

Comme vitesses on a pour la benne :

A la montée.............	1ᵐ,20	à la seconde
A la descente............	1ᵐ,80	—
Vitesse de translation....	3ᵐ » à 3ᵐ,60	—
Vitesse du pont...........	0ᵐ,30 à 0ᵐ,40	—
Elévation du bras mobile...	en 4 minutes.	
Descente du bras mobile...	en 3 minutes.	

Sur le port on a deux transbordeurs semblables, éclairés chacun par douze lampes à incandescence et deux réflecteurs de huit lampes.

Le courant continu de 440 à 500 volts est amené par un câble de 45 mètres de long enroulé ou déroulé automatiquement.

La voie a 180 mètres de longueur; on a quatre prises de courant qu'on réunit par le câble souple à la boîte montée sous la plateforme du transbordeur.

Transporteur Temperley. — Il consiste essentiellement en un chariot mobile se déplaçant sur une poutre au moyen

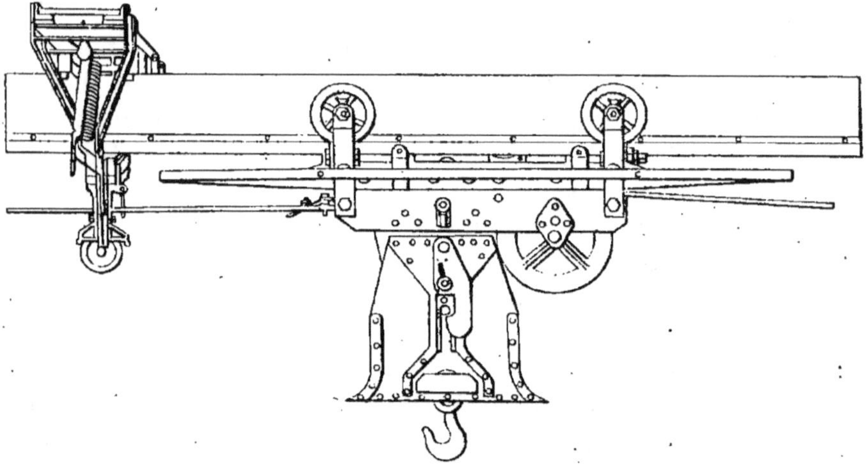

Fig. 74. — Chariot Temperley.

d'un câble d'acier actionné par une machine à vapeur, électrique ou hydraulique. Le chariot automatique est établi à deux types : à mouvement simple ou mouvement double, suivant que la poutre est inclinée ou horizontale, c'est-à-dire que le chariot revient de lui-même par la pesanteur à son point de départ ou qu'il faut recourir à un second câble réuni à une série de contrepoids pour ramener le chariot en arrière. Dans les deux cas, les opérations de l'enlèvement, du transport, de l'abaissement de la benne, de son relèvement après renversement de la charge, sont effectuées par la simple traction ou le filage d'un seul câble (*fig.* 74).

Soit par exemple l'opération au début du soulèvement de la charge, le chariot étant fixe sur la poutre, on tire sur le

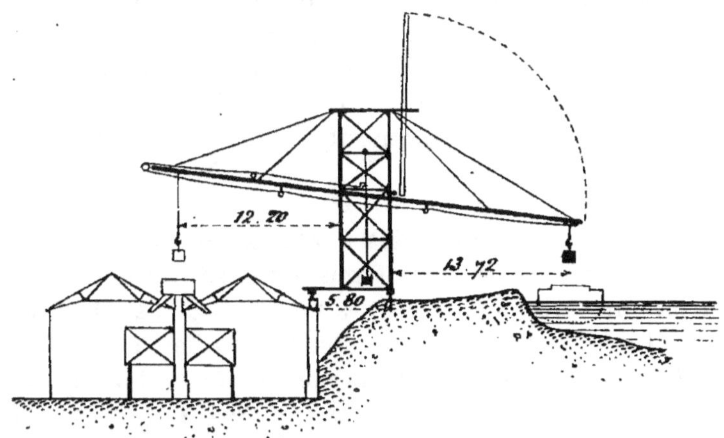

Fig. 75. — Transporteur mobile.

câble, la benne monte jusqu'à ce qu'elle atteigne le chariot, celui-ci recevant tout l'effort du câble est automatiquement déclenché de la poutre et court sur elle jusqu'à ce qu'il arrive au point voulu. Le conducteur renverse la marche, laisse filer le câble sous le contrôle du frein, immédiatement le chariot est calé de lui-même sur la poutre, la charge est abaissée. Parvenue à la hauteur de déchargement voulue, on n'a qu'à retirer le fardeau transporté, ou, s'il s'agit d'une benne à combustible, tirer sur le câble de retour du système pour provoquer le renversement automatique de la benne; le mécanisme de la poulie mouflée qui soutient la benne fait en effet basculer le loquet de celle-ci qui se renverse aussitôt. Le mouvement avant ou arrière du chariot ne s'effectue bien, en tirant toujours sur le câble de halage, qu'à partir du moment où la poulie mouflée est encliquetée dans le chariot.

La vitesse de déplacement du chariot peut atteindre 5 mètres et les charges soulevées sont de 1 620 à 2 540 kilogrammes suivant le type de chariot à mouvement simple ou double.

La poutre, très légère, peut être montée de différentes façons, suivant le but qu'on se propose : sur pylône fixe ou mobile (*fig.* 75), sur pont fixe ou mobile, elle peut recevoir un mouvement de rotation, et enfin être établie sur navires comme une grue flottante.

Il est bien entendu que quand le transporteur a plusieurs mouvements, on a un moteur pour l'enroulement du câble de la charge, un autre pour la translation des transporteurs et enfin un troisième pour la rotation de la poutre s'il y a lieu. On emploie indifféremment l'eau, la vapeur, l'électricité, suivant les cas.

Transporteur électrique des docks de la Mersey. — Aux docks de la Mersey, on a six transporteurs destinés à la manutention de toutes sortes de marchandises et disposés pour se déplacer le long des toits. A cet effet, sur le faîtage et le bord du toit, on a des rails sur lesquels se meuvent les roues porteuses du transporteur (*fig.* 76). Le poids soulevé de 1 tonne 1/2 peut se déplacer longitudinalement de la distance de 14^m,32, portée maxima de l'appareil à 1^m,50 de l'axe du rail de la bordure du toit ; la hauteur d'élévation est de 23 mètres.

Chaque transporteur est à quatre mouvements : ascension et déplacement longitudinal du poids soulevé, déplacement du transbordeur le long des toits et rotation de la portée.

Le soulèvement et le déplacement longitudinal du fardeau sont obtenus par un moteur électrique embrayé par friction avec les tambours sur lesquels s'enroulent les câbles de levée ou de translation. Suivant la position donnée à la manette du contrôleur, on a le déplacement longitudinal avant ou arrière. Le dispositif est tel que, quand la charge est à hauteur convenable, il suffit d'actionner un levier pour avoir la translation sans arrêter le moteur.

Les mouvements du transbordeur sont obtenus par un

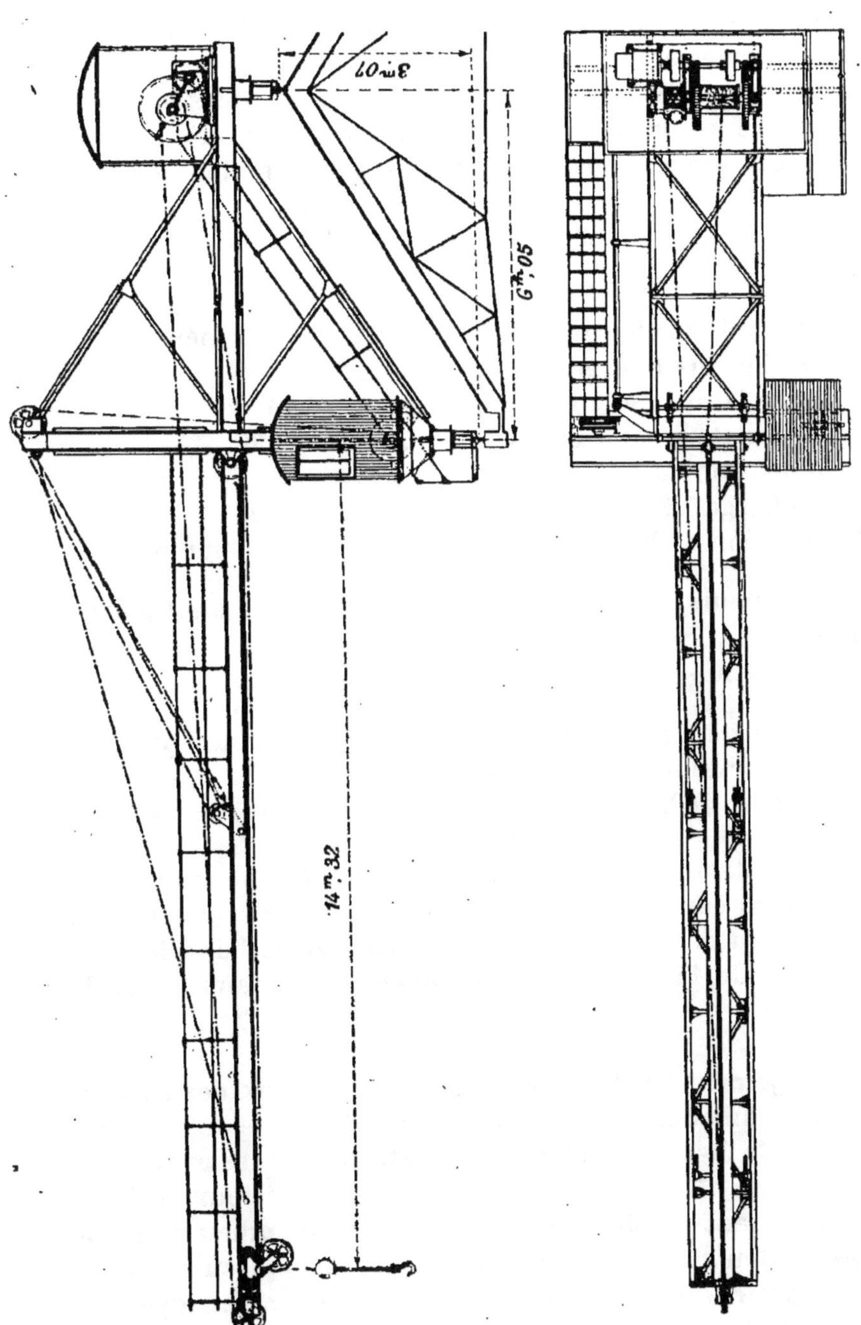

Fig. 76. — Transporteur sur toit.

second moteur monté dans la cabine inférieure de l'appareil ; pour la translation, on a une vis sans fin agissant sur une des deux roues dentées prévues pour chaque sens.

La portée peut être soulevée par quatre câbles en acier couplés s'enroulant sur un tambour ; un frein automatique de vitesse a été prévu concurremment avec le moteur formant frein.

Ces divers mouvements se font aux vitesses suivantes par minute :

Levée de la charge 1ᵀ 1/2	90	mètres
Levée sans charge..................	220	—
Translation de la charge...........	100	—
Translation sans charge...........	130	—
Déplacement de l'élévateur sans......		
charge.............................	20	—
Rotation de la portée sans charge en.	10	minut.

Les moteurs en série à 460 volts sont du type multipolaire cuirassé.

Comme puissance on a :

Moteur de la charge.	32 chevaux à	500	tours par min.
Moteur du transport.	5 — à	600	—
Moteur de la levée..	3 — à	1 000	—

Les contrôleurs, du type tramways, sont totalement enfermés, avec coupe-circuit magnétique ; les résistances sont réunies au contrôleur par des câbles isolés. La cabine est disposée de façon à voir les mouvements dans toutes les positions.

Chargement du charbon ou du minerai à bord des bateaux. — Pour amener le charbon à bord des bateaux, on peut adopter le dispositif suivant : Un bateau dont les parois intérieures (*fig.* 77) sont relevées d'un angle supérieur à celui de l'écoulement du charbon est muni dans le milieu d'un couloir A dont la partie inférieure sert à la circulation d'un convoyeur G allant de l'avant à l'arrière ; le convoyeur est une combinaison d'augets et de chaînes sans fin. On a en effet de petites bennes montées sur les maillons d'une chaîne qui reçoit son mouvement d'une roue à empreintes située à l'avant du vaisseau. Le charbon s'écoule du bateau dans le couloir en ouvrant les portes B mues par une crémaillère avec levier C qu'on peut maintenir dans une position fixe au moyen d'un verrou. Les portes sont munies de rouleaux D qui facilitent leur glissement. On a un plancher E pour la circulation des agents chargés de la manœuvre des portes.

Le charbon arrivant à l'extrémité est pesé automatique-

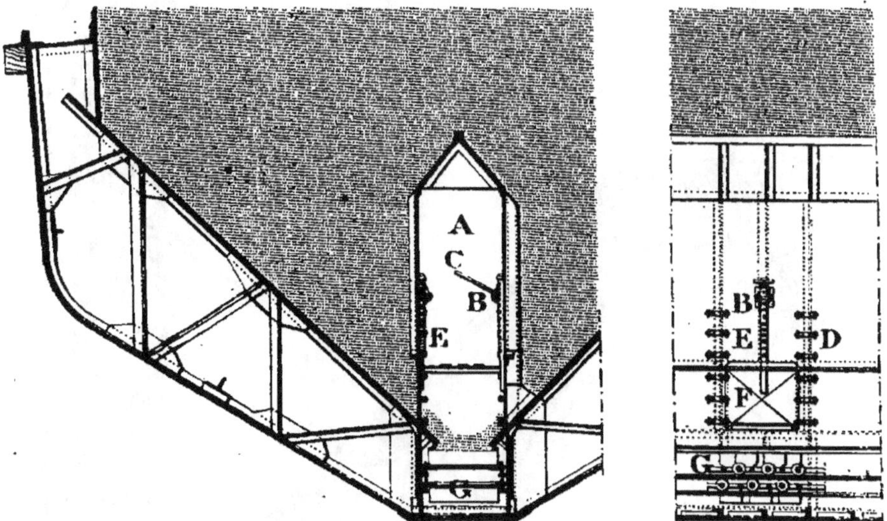

Fig. 77. — Coupe transversale du charbonnier.

ment et le nombre de tonnes transportées (100 à l'heure environ) est enregistré. Le charbon passant dans des tuyaux télescopiques (*fig.* 78), reliés à une grue dont la plateforme est placée sur le bateau même, se déverse au moyen d'une goulotte dans les cales des steamers. La hauteur des tuyaux télescopiques peut atteindre 18 mètres. On peut éviter la poussière du charbon en couvrant toutes les parties mobiles; du reste la manutention du combustible se fait sans secousse.

Le charbonnier est muni de deux hélices avec deux machines compound pour les faire mouvoir pendant son déplacement; une des machines sert à la mise en mouvement du

Fig. 78. — Elévation du combustible.

convoyeur. Ce système très avantageux permet d'accoster un navire en un point quelconque et de le charger pendant que l'on opère la manœuvre des autres colis.

Transporteur de bois. — Aux Millwall-Docks de Londres, les planches sont transportées par un appareil spécial, ce sont des rouleaux qui tournent et entraînent les planches.

Ces rouleaux sont en fonte ; leur diamètre est de 250 millimètres, leur longueur de 750 millimètres ; ils sont espacés de 1^m,50.

Le mouvement est transmis par un petit arbre d'acier, de 25 millimètres de diamètre, dont la longueur est celle du transporteur. Chacun des rouleaux est actionné par une paire de roues d'angle, réduisant la vitesse de 3 à 1.

Des élévateurs reçoivent les planches et les distribuent sur les rouleaux. Le bois marche à la vitesse de 0^m,75 à 1 mètre par seconde.

L'appareil est installé pour des planches d'au moins 3 mètres de longueur, de façon à reposer sur deux rouleaux à la fois. Il peut être construit suivant une courbe, pourvu que les rayons n'en soient pas trop petits. A Millwall-Docks, ceux-ci ont de 50 à 55 mètres.

La puissance est fournie par un électro-moteur, dont la force est de 5 chevaux par 150 mètres de longueur du transporteur.

D. — Emmagasinage du pétrole

Des lieux de production à ceux de consommation, le pétrole est transporté en *vrac* ou par barils.

Navires-citernes. — Les bâtiments qui portent le pétrole en vrac sont des vapeurs dont tout le mécanisme est situé à l'arrière, tandis que les citernes contenant l'huile occupent les deux tiers antérieurs. Ces citernes occupent toute la largeur du bâtiment, leur longueur est d'environ 9 à 10 mètres ; elles sont accolées. Entre la citerne arrière et la machine on ménage un espace clos, vide, limité par deux cloisons étanches prolongées jusqu'au pont supérieur.

Déchargement. — Il s'effectue au moyen de tuyaux en fer, de 150 millimètres de diamètre, placés au-dessus du sol. Les tuyaux entrent par la partie supérieure des réservoirs et se continuent à terre ; la portion entre le quai et le navire est raccordée par un tube flexible. Des soupapes de vidange sont ménagées de distance en distance (*fig.* 79).

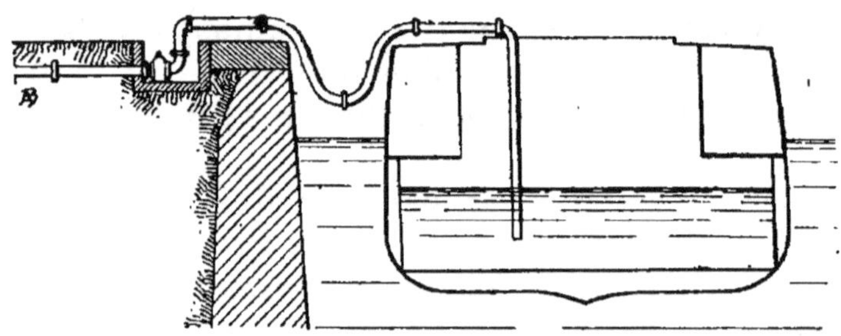

Fig. 79. — Transvasement du pétrole.

L'huile est aspirée par les pompes du bord ; les premières quantités sont envoyées à un réservoir spécial où elles déposent leurs impuretés. Ensuite on remplit les réservoirs ordinaires.

Les tuyaux y pénètrent par le sommet, ce qui évite les joints et par suite les fuites. Ils doivent pouvoir supporter une pression de 4 kilogrammes au moins par centimètre carré.

Réservoirs (*fig.* 80). — Les réservoirs ont une capacité proportionnée à l'importance du commerce et qui peut

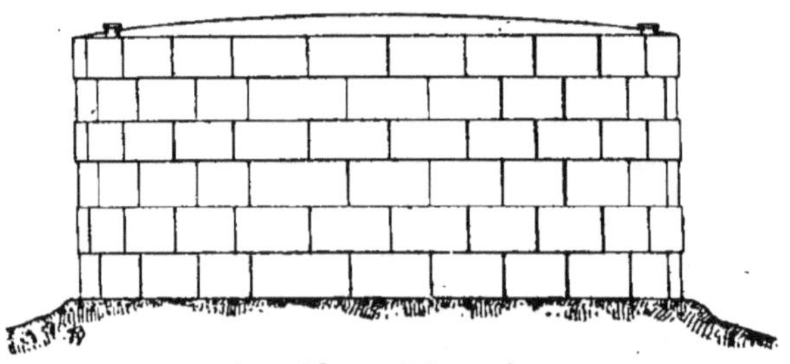

Fig. 80. — Réservoirs.

atteindre 5.500 mètres cubes. Les fondations en doivent être très solides.

La forme des réservoirs est cylindrique. Le diamètre varie

de 9 à 24 mètres et la hauteur de 6 à 12 mètres ; il est prudent de ne pas dépasser ces dimensions.

La tôle de fer, enveloppe de ces réservoirs, est la substance offrant le plus de résistance aux acides, qui persistent après le raffinage. Elle est très épaisse, afin de dispenser de toute pièce de renfort, avec rivets, dont, il faut, au contraire, réduire le nombre.

Les tôles employées ont $2^m,75 \times 1^m,60$, la couture est doublement rivée.

Le fond est plat ; dans les pays tempérés, la couverture est un dôme surbaissé, dont la flèche a de 1/15 à 1/20 du diamètre. Dans les pays chauds, le toit est plat et couvert d'eau renouvelée.

Des trous d'homme, disposés sur le toit, donnent accès à l'intérieur, où l'on peut pénétrer, après vidange, pour le nettoyage. Il faut d'abord ventiler, au moyen de manches à vent.

Avant la mise en service, on éprouve le réservoir, en le remplissant d'eau. L'épreuve est sérieuse, l'eau pesant plus que le pétrole.

Vidange. — Le pétrole est versé des réservoirs dans des barils, par la gravité, ou par une pompe, le tuyau de conduite mesurant 120 à 150 millimètres de diamètre.

Installations d'Avonmouth et Cardiff. — L'installation des dépôts de pétrole demande une étude très complète, afin de déterminer la situation des réservoirs ; en cas d'accident, le liquide répandu doit se rendre à la mer, dans un fleuve, sans danger pour les navires.

L'installation complète comprend :

1° Les réservoirs ; 2° la tonnellerie où se fabriquent ou bien se réparent les barils ; 3° la pièce de remplissage.

Ces différentes constructions sont très éloignées les unes des autres, toujours pour réduire au minimum le danger.

A Avonmouth, par exemple, les quatre réservoirs se trouvent à plus de 300 mètres de la pièce de remplissage, laquelle est très voisine de l'appontement où mouillent les navires.

La communication est établie comme il a été dit ci-dessus, entre les citernes du bord et les réservoirs. Ceux-ci, de même que la tonnellerie, sont installés à un niveau un peu plus haut que la pièce de remplissage.

Les tonneaux venant de la tonnellerie descendent par la gravité vers cette pièce, sur un chemin en pente formé d'un plancher porté par des tréteaux, de façon que les tonneaux y roulent doucement, sans pouvoir tomber.

Après le remplissage, les barils pleins sont dirigés de la même façon vers l'appontement.

Le liquide s'écoule des réservoirs à la pièce de remplissage par la gravité.

Transports par barils. — Les barils, à Anvers, sont conservés dans des magasins de 45 mètres de longueur sur 7 mètres de largeur, couverts en voûtelettes supportant des tuiles et que protège une mince couche de cendre.

A l'extérieur, les murs sont entourés par des glacis en terre gazonnée. Ces murs sont doubles et laissent entre eux un espace vide pour empêcher la propagation de la chaleur.

Les portes des magasins sont peu nombreuses ; les fenêtres sont tenues fermées, à cause de la malveillance. Des paratonnerres sont installés avec le plus grand soin.

A Herculanum docks, Liverpool, les magasins pour barils de pétrole, creusés dans les falaises, sont au nombre de soixante et peuvent contenir 60.000 tonneaux. Les portes, en fer, ont leur seuil à $1^m,25$ au-dessus du sol, de façon à emprisonner le liquide dans les magasins en cas d'accident.

Bassins de pétrole. — Dans les grands ports, les navires pétroliers sont reçus dans des bassins spéciaux, qu'il faut pouvoir isoler des autres au moyen de ceintures flottantes.

Le Petroleumhafen de Hambourg est complètement séparé des autres bassins. L'Elbe, par son grand développement, a permis cette disposition ; mais d'ordinaire les navires ont à passer par les bassins généraux avant d'atteindre celui du pétrole.

Au Havre, celui-ci est placé près du bassin Bellot. Il a 215 mètres de longueur sur 70 de largeur. L'entrée, de

17 mètres de largeur, peut être close par des ceintures flottantes (*fig.* 81) formées de madriers superposés et portant du côté de l'intérieur du bassin, une ceinture en tôle qui émerge au-dessus de l'eau. Les navires citernes opèrent au quai du Nord ; ceux qui sont chargés de tonneaux au quai du Sud.

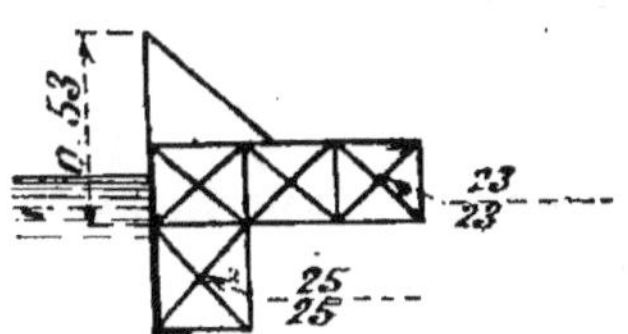

Fig. 81. — Ceinture flottante du Havre.

Bassin de pétrole d'Amsterdam. — Ce bassin a la forme d'un fer à cheval, il est creusé à la côte — 8^m,20 ; la longueur axiale est de 970 mètres ; la largeur du plafond de 140 mètres ; il mesure 15 hectares et les terre-pleins 10^h,50. Les terre-pleins ont 60 mètres de largeur.

Le bassin communique avec le port par deux pertuis de 30 mètres de largeur, fermés par des flotteurs en tôle busqués, s'appuyant sur des retraites des bajoyers.

Les flotteurs sont des caissons en tôle (*fig.* 82) ; de 17^m,87 de longueur, 1^m,60 de largeur et 0^m,815 de hauteur, formés de cadres en cornières espacés de 0^m,50 ; ils ont un enfoncement de 0^m,575 et sont protégés par une ceinture en bois de 0^m,30 sur 0^m,25. La partie émergeant de l'eau est revêtue d'une couche de béton de pierre ponce, épaisse de 0^m,15.

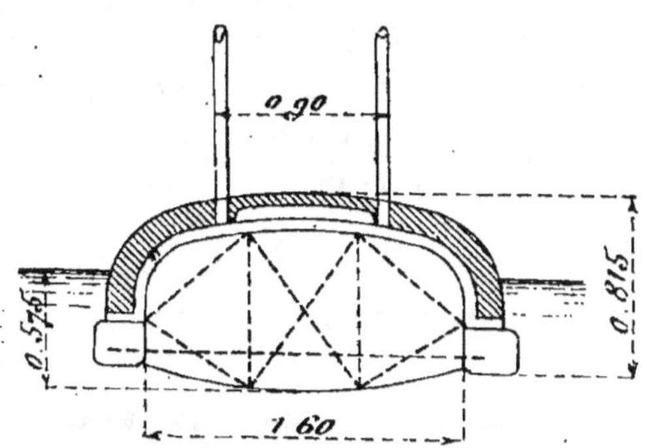

Fig. 82. — Barrage d'Amsterdam.

Les flotteurs sont maintenus en place, tout en suivant les variations du niveau de l'eau, par des axes verticaux en fer forgé de 0^m,15 de diamètre, établis dans les bajoyers, et par une chaîne qui les réunit. Ils portent sur la maçonnerie des bajoyers par une pièce métallique, et l'un contre l'autre au moyen de gorges circulaires de 40 et 45 centimètres de rayon. La manœuvre s'exécute par des chaînes et des treuils à main.

Barrage isolateur de Dieppe. — Ce barrage de 150 mètres de longueur, est formé de tronçons de dix mètres, assemblés à charnières. Chaque tronçon constitue une poutre dont l'une des faces porte, en forme d'écran vertical, une tôle de 75 centimètres de hauteur.

L'équilibre en est maintenu par des madriers perpendiculaires à l'écran ; ils sont espacés de $2^m,50$ et renforcés par des entretoises ; leurs extrémités sont réunies par une poutrelle parallèle à l'écran.

Ce système très stable, permet la circulation d'un homme sur la poutrelle extérieure.

Réservoir de sécurité. — M. Bastiani signale un projet de magasin de pétrole, dû à M. le chevalier Besso, de Turin, et qui semble offrir des garanties sérieuses de sécurité, dans le cas où le pétrole est en fûts ou en caisses.

Le fond du magasin est constitué par un entonnoir en ciment parfaitement étanche et rempli de gravier.

L'entonnoir se déverse dans une citerne souterraine, absolument close.

En cas d'incendie, les caisses et barils se brisent ; le pétrole peut s'enflammer, mais il s'éteint en traversant la couche de gravier et il se rend dans la citerne.

Celle-ci reçoit, en temps ordinaire, le liquide des fûts ou caisses qui pourraient couler.

E. — OBSTACLES A L'EXPLOITATION RATIONNELLE DES PORTS

Bien que ces obstacles disparaissent de plus en plus chaque jour, il est nécessaire de les noter, car ils se font encore sentir quelquefois.

Opposition des intérêts locaux. — L'emploi des élévateurs à grains a suscité des grèves à Anvers, à Rotterdam. A Nantes, jadis, la municipalité s'est opposée à la création de hangars, parce qu'ils auraient caché aux promeneurs la vue de la rivière. Le Consortium de Gênes a de continuelles difficultés avec les ouvriers charbonniers.

Habitudes commerciales. — Beaucoup de navires apportent de l'Inde ou de l'Amérique des cargaisons à *ordre*, pour Cadix, Falmouth, etc., points extrêmes du continent ou de l'Angleterre.

Là, l'armateur, d'après les prix de la marchandise attendue sur les divers ports possibles, dirige le bâtiment sur le point le plus favorable. Mais la cargaison n'est généralement pas vendue aussitôt, et elle a avantage à rester dans le navire aussi longtemps que le permettent les *jours de planche*. Il n'est donc pas nécessaire d'activer le déchargement du navire et l'emploi de moyens perfectionnés devient dans ce cas parfaitement inutile.

L'outillage particulier des vapeurs, surtout de ceux du cabotage, est souvent d'un emploi plus avantageux pour eux que celui de l'outillage des quais. Quelquefois il est le seul possible, comme dans les navires qui, au milieu d'un bassin à Hambourg, débarquent de chaque côté dans les bateaux du Rhin.

Certains armateurs ont un personnel parfois inoccupé qu'ils préfèrent affecter alors à la manutention de leurs navires, sauf à prolonger la durée du déchargement.

Enfin, les vapeurs à départ fixe n'ont quelquefois aucun intérêt à employer les moyens perfectionnés de manutention, ayant tout le temps voulu pour l'exécuter.

La marée aussi est un des facteurs avec lesquels il faut compter, ne se manifestant que toutes les douze heures, elle donne, dans bien des cas, à un navire le temps de se charger ou décharger par ses propres moyens en l'attendant.

Rotterdam. — En 1905, les droits sur l'entrée des céréales ayant été augmentés en Allemagne, le port de Rotterdam, où débarque une partie des céréales destinées à ce pays, mit en service deux élévateurs avec nettoyeurs destinés à enlever la poussière durant le transbordement sur les bateaux du Rhin. Cette poussière, autrement, aurait payé les droits à la frontière germanique.

Mais le pesage se faisant mécaniquement dans ces appareils, un grand nombre des « peseurs de blé » du port devinrent inutiles, et toute la corporation, pour protester, se mit en grève, demandant qu'on employât le même nombre d'ouvriers et aux mêmes salaires qu'auparavant.

C'était donc bien là, comme elle fut définie, « une résistance à l'introduction de la machine ».

Le bruit se répandit que la rapidité des manutentions serait également fatale aux petits marchands, qui vinrent au secours des grévistes.

Des négociants allemands, désireux de recevoir leurs marchandises, offrirent leur concours à la résistance contre les élévateurs, à la condition que le travail fût immédiatement repris. Ils s'engagèrent même à ne pas recevoir le blé pesé par les élévateurs.

Il en résulta que, pour sortir d'embarras, on dut expédier le blé non pesé ; mais les grévistes contestèrent la légalité de cette mesure, et la question fut portée devant la justice.

Cet exemple indique bien les résistances imprévues qu'on peut rencontrer dans l'introduction d'un procédé nouveau.

CHAPITRE VIII

MACHINERIE DES PORTS

Considérations générales. — Dans un port important, de nombreuses machines sont affectées aux diverses manutentions. Ce sont des grues de différentes puissances, des jiggers, des cabestans, des monte-charges, des appareils de ponts mobiles, de portes d'écluses, etc.

Ces appareils ne fonctionnent jamais tous à la fois. Il en est qui ne servent que quelques minutes, tout en exigeant pendant ce temps une énergie considérable. On peut citer, par exemple, ceux des portes d'écluses, des ponts, les grues puissantes, etc.

S'il fallait, dans un grand port, affecter une machine à vapeur à chacun de ces instruments, avec le même nombre de chaudières, de mécaniciens, la dépense de premier établissement serait considérable et également celles d'entretien et de fonctionnement.

Aussi l'énergie est-elle généralement produite dans une station centrale et envoyée aux divers appareils par des conduites appropriées, du moins dans les ports importants.

L'économie obtenue résulte de plusieurs conditions :

1° Non seulement le générateur unique, ou la batterie de générateurs qui remplace les multiples chaudières des appareils isolés, coûte moins cher que l'ensemble de celles-ci, mais encore son rendement est supérieur. Il en est de même de la machine motrice ;

2° La force de cette dernière peut être moindre que la somme des puissances des appareils isolés, ceux-ci ne marchant jamais tous à la fois.

Il est vrai que le prix des conduites augmente les frais de premier établissement, mais pas dans une proportion capable d'annuler les économies ci-dessus signalées.

En tout cas, le fonctionnement des appareils avec usine centrale de distribution est économique, surtout à cause de l'intermittence des besoins, sans compter l'avantage énorme d'avoir les machines toujours prêtes à fonctionner, pour un temps si court qu'il soit.

Le calcul suivant, qui sera repris plus loin sur des bases pratiques, fera comprendre l'économie résultant de la concentration de la production de l'énergie.

Soit un port utilisant 40 grues du type ordinaire de 1 500 kilogrammes de puissance, élevant ce poids à 10 mètres de hauteur.

La vitesse d'ascension est en moyenne d'un mètre à la seconde, c'est-à-dire que l'élévation durera dix secondes. Le travail effectué sera, théoriquement, $1\,500 \times 10 = 15\,000$ kilogrammètres, en 10 secondes, ou 1 500 kilogrammètres par seconde, soit 20 chevaux-vapeur.

Si chacune des grues possédait sa machine à vapeur, la force totale serait de 800 chevaux.

On suppose qu'on applique à ces appareils la force motrice provenant de l'eau, sous la pression de 50 kilogrammes par centimètre carré. Chaque litre écoulé représente donc 500 kilogrammètres, et les 15 000 kilogrammètres nécessaires à l'élévation du poids sont fournis par $\dfrac{15\,000}{500} = 30$ litres, en théorie du moins.

Par ailleurs, la grue consomme encore 20 litres pour effectuer sa rotation, l'abaissement de la chaîne, etc. Et l'opération, qui exige deux minutes ou cent vingt secondes, prend donc 50 litres en tout.

Par seconde, la dépense d'eau moyenne, pour une grue, est égale à $\dfrac{50}{120} = 0^{\text{lit}},416$, et la force qu'elle représente est égale à :

$$0,416 \times 500 = 208 \text{ kilogrammètres.}$$

Ainsi, pour la manœuvre d'une grue, on enlève à l'accumulateur 208 kilogrammètres par seconde, et pour les lui restituer, il faut une force de :

$$\frac{208}{75} = 2^{ch},77.$$

Si le rendement de l'accumulateur est égal à 0,72, il faut en réalité :

$$\frac{2,77 \times 100}{72} = 3^{ch},84.$$

Pour les 40 grues, il faudra donc :

$$3,84 \times 40 = 153^{ch},6,$$

soit environ 155 chevaux.

Ainsi, une machine de 155 chevaux, alimentant l'accumulateur, suffira à la mise en marche des 40 grues qui, on le comprend, ne développeront pas toutes ensemble le maximum de leur puissance.

L'économie sera donc :

$$800 - 150 = 650 \text{ chevaux.}$$

Cette économie, on le répète, est plutôt théorique; car, en fait, toutes les grues ne marchent pas à la fois, et il faudrait tenir compte que si les grues avaient chacune un moteur, celles au repos ne consomment pas de charbon; il n'en reste pas moins une marge considérable en faveur de la concentration.

Les appareils à vapeur isolés présentent encore le danger de l'incendie. A Dundee, où l'on manipule surtout du jute, on a dû renoncer aux grues à vapeur, à cause des avaries occasionnées aux marchandises et aux hangars par la fumée et la suie.

SOURCES D'ÉNERGIE

L'énergie distribuée peut être demandée à plusieurs sources : vapeur, air comprimé, eau sous pression, électricité.

Vapeur. — Les inconvénients de la vapeur sont de plusieurs ordres. Les machines qu'elle actionne sont plus compliquées, plus délicates que les autres, plus sujettes aux dérangements et ne peuvent être confiées qu'à des ouvriers expérimentés.

Mais surtout la vapeur distribuée a pour défaut la condensation, qui ne peut être combattue que par un isolement soigné des conduites ; malgré tout, ces précautions sont inutiles pour les machines qui travaillent rarement ; la vapeur, immobilisée longtemps dans les tuyaux, retourne fatalement à l'état liquide.

A Hambourg, où l'eau sous pression se gèle aisément, on a appliqué la distribution de la vapeur à 35 grues disséminées sur le quai Petersen, long de 1 250 mètres. Mais ces grues, il faut le remarquer, sont constamment employées à un travail intense. De plus, elles ne sont pas du type ordinaire et se rapprochent beaucoup des appareils hydrauliques. La vapeur agit sur un piston dans un cylindre vertical à simple effet. Le mouvement de la tige du piston est transmis directement à une moufle, ce qui rend ces appareils très rustiques.

N'utilisant pas la détente, ces machines ne sont guère économiques; la préférence leur a été accordée à cause de la simplicité de leurs organes et de leur conduite.

Les plus minutieuses précautions ont été prises contre la condensation : de fréquents purgeurs extraient l'eau condensée dans les tuyaux. Ceux-ci sont recouverts d'une enveloppe d'amiante de 10 millimètres d'épaisseur, que protège une couche de liège de 40 millimètres.

L'ensemble est enfoui dans du gypse et de la laque.

La condensation a pu ainsi être diminuée de 38 0/0 ; et, en définitive, la dépense par tonne de marchandises est de 7 centimes inférieure à celle qui résulte de l'usage des grues à vapeur à chaudière indépendante.

Mais ce n'est pas là un exemple à imiter, et maintenant Hambourg s'adresse uniquement à l'électricité pour ses installations nouvelles.

Air comprimé. — L'air comprimé est distribué comme source d'énergie dans divers appareils du port militaire de Portsmouth.

Les grues puissantes qui travaillent rarement y sont d'ailleurs actionnées par la vapeur et ont leurs chaudières indépendantes.

L'eau sous pression était déjà utilisée à Portsmouth, où existaient 3 kilomètres de conduites spéciales. Quand il fallut procéder à une extension de cette distribution, l'ingénieur en chef du port effectua des expériences comparatives, qui donnèrent à l'air comprimé, sur l'eau sous pression, un avantage estimé à la proportion $\frac{13}{11}$.

Néanmoins, après d'autres essais, les ingénieurs du port de Rotterdam ont écarté l'usage de l'air comprimé, parce qu'il exige, afin d'éviter le laminage de l'air, des conduites de fort diamètre, des moteurs et des réservoirs de grandes dimensions, en outre, l'air comprimé est soumis à des variations de température désavantageuses.

L'exemple de Portsmouth n'a pas été imité, sauf à Chatham pour quelques machines.

Eau sous pression. — *Principe.* — Le principe de l'usage de l'eau sous pression, appliqué d'abord par Rendel, a été rendu pratique par Armstrong, l'inventeur de l'accumulateur.

Dans un cylindre vertical de grand diamètre se meut un piston plongeur, sous lequel une petite pompe puissante envoie de l'eau. La partie supérieure du piston est chargée d'un poids considérable, qui presse sur l'eau du cylindre.

La pression généralement adoptée dans les ports est de 50 kilogrammes par centimètre carré ; elle s'élève à 80 kilogrammes au port de Birkenhead.

Un robinet placé à la base de l'accumulateur permet l'écoulement de l'eau, qui sort comme si elle s'écoulait d'une hauteur de 500 mètres pour 50 kilogrammes par centimètre carré. Chaque litre débité représente donc 500 kilogrammètres ; s'il s'écoule en une seconde, il peut effectuer un travail de $\frac{500}{75}$ ou 6,66 chevaux.

Rendement des appareils. — Le rendement de la pompe qui comprime l'eau sous le piston de l'accumulateur a été trouvé de 0,90 aux installations de Tancarville. Celui du moteur qui l'actionne étant estimé en moyenne à 0,80, le travail emmagasiné dans l'accumulateur n'est que $0,90 \times 0,80 = 0,72$ du travail fourni au moteur.

Ainsi, pour comprimer 1 litre d'eau à la pression de 50 kilogrammes par centimètre carré, ce qui représente 500 mètres de hauteur d'eau, il faut :

$$\frac{500}{0,72} = 695 \text{ kilogrammètres.}$$

Pour comprimer ce litre dans l'accumulateur en une seconde, la puissance nécessaire serait donc de 9,26 chevaux.

L'eau envoyée de l'accumulateur met en marche les grues, cabestans, etc., du port; mais le rendement de ces appareils est très faible et n'atteint que 0,44 de l'énergie contenue dans l'accumulateur. En définitive, on n'utilise que

$$0,44 \times 0,72 = 0,32,$$

ou environ un tiers du travail développé sur le piston du moteur de la station centrale.

Résultats pratiques. — Les expériences suivies sur l'outillage de Marseille ont donné les résultats suivants :

I. Le volume d'eau lancé dans l'accumulateur par les pompes est égal à 0,995 du volume engendré par les pistons;

II. Le rapport du travail emmagasiné dans l'eau lancée vers l'accumulateur au travail développé sur les pistons de la machine à vapeur est d'environ 0,765;

III. Le travail utile en marchandises élevées dans les appareils les plus simples n'est que de 0,33 environ du travail développé par la vapeur sur les pistons des machines;

IV. Le rendement des machines rotatives mues par l'eau sous pression atteint 0,45, soit 12 0/0 de plus que celui des appareils funiculaires;

V. Les pertes de charge dues au frottement de l'eau en mouvement contre les parois des conduites ne sont pas indépendantes de la pression quand celle-ci devient très considérable.

Avantages et inconvénients. — L'avantage de l'eau sous pression ne résulte donc que de la commodité de son emploi pour des machines à travail très intermittent; autrement il serait très onéreux.

Un autre inconvénient des appareils hydrauliques, c'est qu'ils exigent toujours la même quantité d'eau, quel que soit leur travail. Par exemple, qu'à une grue installée pour soulever 1.500 kilogrammes, on ne fasse lever que 750 kilogrammes à la même hauteur, il faudra toujours remplir le cylindre de la grue complètement avec l'eau de l'accumulateur et par conséquent avec la même perte.

On a, d'ailleurs, remédié en partie à ce défaut par l'usage d'appareils à double ou triple pouvoir, ainsi qu'on le verra plus loin.

Enfin, dans les ports septentrionaux, l'usage de l'eau sous pression est impossible, à cause des froids qui gèlent l'eau. Il est trop coûteux d'ajouter au liquide de la glycérine ou du chlorure de magnésium ; on préfère enterrer profondément les tuyaux ou les placer dans une galerie souterraine, chauffée pendant les froids trop rigoureux. A Brême, les conduites ainsi placées en tunnel sont alimentées par l'eau de condensation de la machine à vapeur.

A Rotterdam, les tuyaux sont munis de soupapes et robinets qui permettent d'isoler et de vider les portions de la conduite où les appareils fonctionnent mal. En outre, l'eau du réservoir d'alimentation est réchauffée à 24° par la vapeur projetée par des injecteurs, ce qui lui permet d'arriver à l'autre extrémité de la conduite à une température toujours supérieure à 2°.

Les soupapes et robinets sont chauffés au gaz pendant l'hiver.

Mais l'emploi de l'eau sous pression exige dans ce port des soins continuels qui en font revenir l'usage à un prix élevé. Cependant la suspension des travaux n'a été nécessitée qu'une fois en vingt ans par des froids exceptionnels.

Dans les nouvelles installations de Rotterdam, on a eu recours à l'électricité.

Electricité. — Depuis que la transmission de la force par l'électricité est entrée dans le domaine de la pratique, on a employé cette source d'énergie pour les machines élévatoires nouvellement établies dans les ports.

L'électricité se prête avec une grande facilité à la mise en mouvement des appareils de toutes sortes. On n'a plus à craindre la gelée, et les dangers d'incendies sont de beaucoup diminués. Grâce aux modes divers de distribution, courants continus, alternatifs ou polyphasés, la zone d'action est aussi étendue que l'on veut sans donner à l'installation une importance exagérée et avec une perte d'énergie aussi réduite que possible. Il semble donc que l'électricité doive être dans l'avenir, la source d'énergie la plus employée. Actuellement les grues les plus puissantes de 150 tonnes sont mues par l'électricité.

MODES D'EMPLOI DES DIVERSES SOURCES D'ÉNERGIE

a) **Vapeur**. — Avec la diffusion de la machinerie électrique, l'emploi de la vapeur provenant d'une station centrale, comme à Hambourg, ne sera certainement plus imité.

Les appareils de manutention, grues, treuils, cabestans, etc., sont, dans les petits ports, actionnés directement par la vapeur, c'est-à-dire que chacun d'eux a sa machine propre avec sa chaudière. Il est inutile d'insister sur des modèles courants, qui ne diffèrent en rien de ceux employés dans les autres chantiers.

Les grues à vapeur sont les unes fixes, les autres mobiles sur un truck porté par une voie ferrée. Outre leur poids, leur encombrement, elles ont encore l'inconvénient d'être très bruyantes, à cause des engrenages nécessaires pour diminuer la vitesse initiale de la machine. Enfin, la multiplicité des foyers disséminés dans le port est toujours un danger, plus ou moins grand, suivant la nature des marchandises dans le voisinage.

b) **Air comprimé**. — A Portsmouth, il y a deux stations centrales, l'une développant 200 chevaux, l'autre 90. L'air est comprimé dans huit récepteurs en tôle contenant ensemble 500 mètres cubes et où la pression est de 4^{kg},25 par centimètre carré.

Cette capacité est suffisante pour faire marcher pendant deux heures la moitié des appareils de service. L'air est transporté par 4 kilomètres de tuyaux de fort diamètre, afin d'éviter le laminage du gaz comprimé.

Les machines actionnées comprennent : 40 cabestans de 7 tonnes, 5 grues de 20 tonnes, 7 caissons-portes et un grand nombre d'appareils plus petits.

La température de l'air dans les réservoirs est de 41°.

Sauf cette application et celle du port de Chatham, ce mode de transmission de l'énergie ne s'est pas répandu pour les transports de force dans les ports.

c) **Eau sous pression.** — Accumulateurs. — L'organe principal d'une distribution de force par l'eau sous pression est l'accumulateur, sorte de presse hydraulique, dont le piston plongeur est chargé du poids nécessaire pour obtenir la pression voulue (*fig.* 83).

Ce poids se compose souvent d'anneaux de fonte disposés autour de la tige du piston, ou

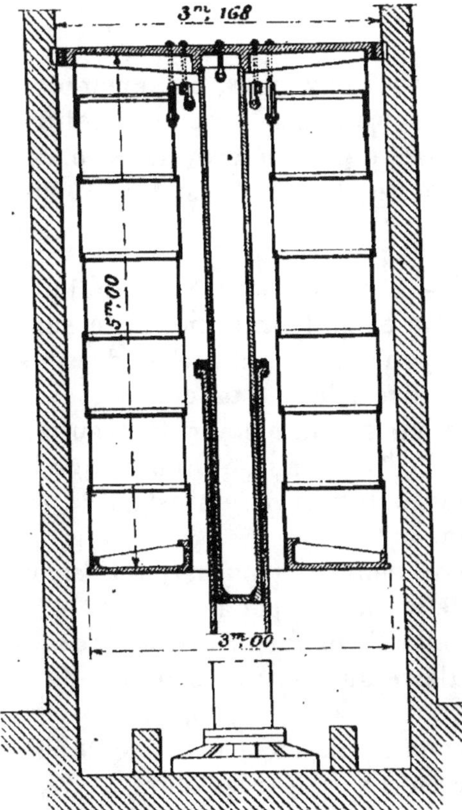

Fig. 83. — Accumulateur.

de gueuses contenues dans une caisse métallique guidée par deux montants.

Soient :

S, la section droite du piston ;

h, la course du piston ;

P, la charge ;

p, la pression par unité de surface.

Le travail développé pour l'élévation du piston est :

$$P h,$$

et la pression par unité de surface est :

$$p = \frac{P}{S}.$$

Sur le piston de l'accumulateur d'Anvers, par exemple, qui a 508 millimètres de diamètre (surface $= 2\,027$ centimètres carrés) la charge nécessaire pour déterminer la pression de 50 kilogrammes par centimètre carré est 101 350 kilogrammes, plus de 100 tonnes.

Accumulateur différentiel. — L'expression $p = P$ indique que l'augmentation de pression exige le minimum de surface du piston ; on ne peut cependant la réduire au-dessous d'une certaine quantité nécessaire à la résistance.

On avait pensé à employer un accumulateur différentiel, dans lequel le piston vertical est fixé au sol, tandis que le cylindre, mobile, porte la charge ; le mouvement est guidé par une tige qui prolonge le plongeur.

Dans le piston, creux, l'eau pénètre par un petit tuyau placé à la partie inférieure ; elle en sort par le sommet et se répand dans le cylindre, qu'elle élève par la pression développée sur la surface annulaire qui se trouve autour de la tige de guidage.

En appelant r et r' les rayons du piston et de la tige, la surface annulaire a pour expression $\pi\,(r^2 - r'^2)$; alors :

$$p = \frac{P}{\pi\,(r^2 - r'^2)}.$$

On peut diminuer le dénominateur en augmentant r', ce qui permet, en conservant p constant, de diminuer P.

Malgré cet avantage, l'accumulateur différentiel n'est pas
employé.

Capacité. — Le volume d'eau que contient l'accumulateur
se détermine suivant le nombre d'appareils qui peuvent se
trouver à la fois en service.

Ainsi qu'il a été dit, la pression généralement adoptée est
de 50 kilogrammes par centimètre carré; on a reconnu que
c'était la plus avantageuse au point de vue économique.

Le tableau suivant donne les détails de quelques accumulateurs bien compris :

	FORCE DES machines alimentaires	PISTON		CAPACITÉ	PRESSION	ÉNERGIE DISPONIBLE
		DIAMÈTRE	COURSE			
	chev.	mm.	m.	lit.	kg.	kilogrammètres
nvers	150	508	7,167	1 460	49,19	718 174
assin Bellot, Havre	154	430	5,20	754	54	407 000
ancarville ...	»	350	5,50	530	54	286 000
ondres (2 acc.)	800	508	7,00	1 418	50	709 000 × 2 = 1 418 000
iverpool.....	350	608	12,20	2 470	50	1 235 000
arry (5 acc.).	»	558	7,90	1 930	50	965 000 × 5 = 4 825 000
ilbury........	300	501	7,40	1 460	50	730 000
iddepur Docks }....	460	410	10,65	1 400	50	700 000
auillac	170	520	5,50	1 200	57	684 000
undee (2 acc.)	»	253-305	3,05	475	50	237 500

Épaisseur des parois. — L'épaisseur e, en mètres, du pot de
presse se calcule par la formule de Lamé :

$$e = \frac{d}{2} \sqrt{\frac{R + p}{R - p}} - 1.$$

d, diamètre du cylindre, en mètres;
$R = 200$ est le coefficient de la résistance de la fonte;
p, pression en kilogrammes par centimètre carré.

Pour la pression ordinaire de 50 kilogrammes, cette formule devient :

$$e = 0{,}15d.$$

Ainsi, pour un diamètre du piston de 500 millimètres, l'épaisseur sera de 78 millimètres, en donnant, au diamètre du cylindre, 30 millimètres de plus qu'à celui du plongeur.

Les fondations doivent être très solides.

Tuyau de sortie. — L'eau sort de l'accumulateur par un orifice auquel on donne souvent comme section $\frac{1}{40}$ de celle du plongeur. Ainsi, à Anvers, où le diamètre du plongeur est 50 millimètres (surface = 2026 centimètres carrés), la section de l'orifice de sortie est 50 centimètres carrés, et le diamètre 80 millimètres.

Mode d'alimentation. — L'alimentation a lieu par une pompe à piston plongeur, conduite par une machine à vapeur.

Celle-ci marche jusqu'à ce que l'accumulateur soit plein. Elle est alors arrêtée par un déclenchement automatique qui ferme la soupape d'admission de la vapeur.

Aussitôt qu'il se fait une dépense d'eau, la machine se remet automatiquement en mouvement.

Le déclenchement est obtenu par un taquet latéral fixé à la partie supérieure du piston. Quand celui-ci est au sommet, le taquet soulève un poids suspendu à une chaîne qui passe sur une poulie et dont l'autre bout est attaché au levier de manœuvre de la valve d'admission de la vapeur. Le poids ne faisant plus équilibre au levier, celui-ci tombe et ferme la soupape. Quand, au contraire, le taquet redescend, le poids soulève le levier et la soupape d'admission s'ouvre.

Réglage de la marche des machines à vapeur (*Dispositif de Marseille*). — Les machines à vapeur ne marchent que lorsque l'on consomme de l'eau ; c'est l'accumulateur lui-même qui règle la marche au moyen du dispositif suivant (*fig.* 84).

L'axe de la valve qui ouvre et ferme la conduite de distribution de vapeur porte extérieurement un levier d'un mètre environ de longueur, à l'extrémité duquel sont attachés un contrepoids P et une chaîne verticale que commande l'accumulateur.

Cette chaîne passe sur deux poulies *n* et *m'*, descend à côté de la caisse de l'accumulateur; à son extrémité est suspendu un contrepoids P' que l'accumulateur soulève par le moyen du taquet *h* quand, en remontant, il a parcouru les trois quarts de sa course. En un point *m'* de la chaîne est maillonnée une deuxième chaîne qui passe sur la poulie *m* et vient s'enrouler sur les moufles d'un petit appareil funiculaire installé sur un tuyau communiquant avec la conduite de pression ; cet appareil est désigné sous le nom de *plongeur de sûreté*.

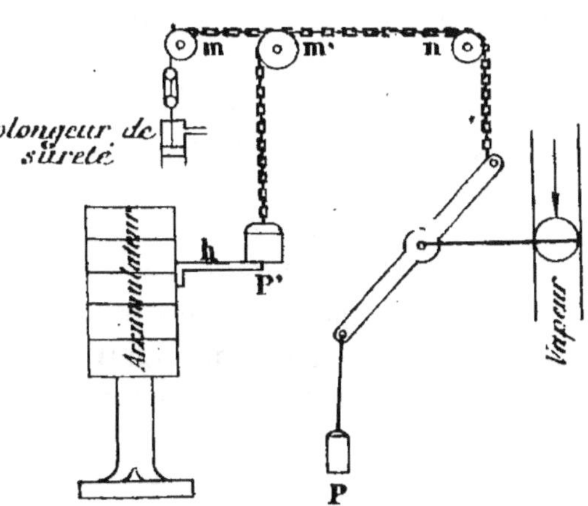

Fig. 84. — Réglage de l'admission de vapeur.

Quand le levier de la valve de vapeur est abaissé, la conduite de vapeur est fermée; lorsqu'il est relevé, la vapeur est introduite dans la machine. Les dimensions du contrepoids P' et du plongeur de sûreté sont telles que, quand le contrepoids P' est soutenu par le taquet de l'accumulateur, le plongeur de sûreté est impuissant à ouvrir la valve; au contraire, quand l'accumulateur descend, que le contrepoids P' est libre, celui-ci agissant sur sa chaîne en même temps que le plongeur de sûreté, le contrepoids P est soulevé et la valve s'ouvre.

Voici comment s'opère le réglage.

Si on suppose l'accumulateur au haut de sa course et que des appareils soient mis en fonctionnement; l'accumulateur descend. Aussitôt que le taquet abandonne le poids P', la valve de vapeur s'ouvre et la machine se met en mouvement; elle marchera tant que le poids P' restera suspendu; si l'accumulateur remonte, la valve de vapeur sera fermée aussitôt que le taquet de la caisse de l'accumulateur soulèvera le contrepoids P', et la machine s'arrêtera.

Dans une nouvelle installation, le plongeur de sûreté est supprimé. Au-dessous du contrepoids P' est fixée une tige verticale à l'extrémité de laquelle est suspendu un poids que l'on désignera par Q. Quand le contrepoids P' est soutenu par le taquet de l'accumulateur, le contrepoids P ferme la valve; aussitôt qu'il est abandonné par son taquet, P' et Q agissent ensemble pour l'ouvrir.

L'ouverture et la fermeture de la valve ont lieu beaucoup moins rapidement que dans le cas où l'on emploie le plongeur de sûreté, et avec autant de précision.

L'accumulateur arrivant en haut, la machine doit s'arrêter. Si elle ne le faisait pas, il en résulterait de graves désordres. On met près de l'accumulateur une soupape d'évacuation, en général fermée, et que l'accumulateur ouvre par une chaîne, s'il dépasse son niveau. L'eau venant des pompes est évacuée dans la conduite de retour.

Pompes d'alimentation. -- Le débit de la pompe est tel qu'elle peut rendre à l'accumulateur le volume d'eau dépensé au cas où tous les appareils marcheraient à la fois.

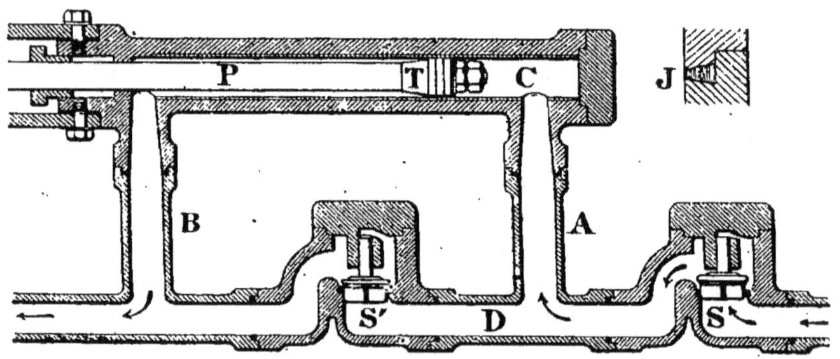

Fig. 85. — Pompe à double effet.

La pompe est à double effet et est disposée pour débiter un volume constant dans les deux sens.

La figure 85 fait comprendre la disposition.

L'eau aspirée entre dans la pompe par la soupape S, qui s'ouvre de bas en haut.

Le piston T a une section double de celle de sa tige P.

Supposons la marche vers la gauche ; le liquide logé autour de la tige P se rend par le tuyau B à l'accumulateur, tandis que celui qui arrive par A entre dans le corps de pompe, à droite du piston T. Cette quantité entrante est double de celle qui va à l'accumulateur.

Lorsque le piston marche vers la droite, il chasse l'eau du corps de pompe ; la soupape S se ferme, la soupape S' s'ouvre, et le liquide chassé par le tuyau A se rend, moitié pour remplir le vide autour de la tige P, moitié dans l'accumulateur.

Cette moitié est égale au volume chassé par la marche vers la gauche ; le volume introduit est donc constant.

Pompes du bassin Bellot. — Au bassin Bellot du Havre, les pompes de compression comprennent deux batteries de trois pompes à plongeur, articulées et attelées sur un même arbre à trois coudes disposés à 120° l'un de l'autre. Les plongeurs ont 50 millimètres de diamètre et 150 millimètres de course. L'arbre effectue trente tours par minute, le débit de chacune des batteries de pompes est de $26^{lit},5$ à la minute, soit 53 pour les deux.

La machinerie développe en marche normale, avec 150 tours par minute, une puissance de 12 chevaux, et avec 200 tours, 15 chevaux.

Le rendement des appareils (machine et pompe) est de 50 0/0 environ. La compression de 53 litres, qu'il fallait par minute, à la pression de 54 kilogrammes (ou 540 mètres de hauteur d'eau), correspond à un travail effectif de

$$540 \times 53 = 28\,620 \text{ kilogrammètres} ;$$

et par seconde à

$$\frac{28\,620}{60} = 477 \text{ kilogrammètres,}$$

soit 6,36 chevaux.

Pauillac. — A Pauillac, on a deux machines à vapeur compound de 85 chevaux actionnant chacune directement, par les tiges prolongées des pistons haute et basse pression, une pompe à double effet; soit donc 4 compresseurs en tout. Le diamètre des pistons mesure $0^m,75$, leur course $0^m,600$ comme celle des pistons à vapeur. A la vitesse de 45 tours, la quantité d'eau refoulée dans l'accumulateur est de 450 litres par minute à la pression de 57 kilogrammes par centimètre carré.

Conduites. — Les conduites sont en fonte; leur épaisseur se calcule par la formule de Lamé (p. 216); leur longueur est de 2 à 3 mètres.

A Brême, on a calculé l'épaisseur des cylindres, des tuyaux, etc., par la formule :

$$\delta = \frac{1}{2}\,d\,\frac{p}{K}\left[1 + \frac{1}{2}\frac{p}{K} + \frac{1}{6}\left(\frac{p}{K}\right)^2\right] + C,$$

dans laquelle :

δ est l'épaisseur de la paroi;

d, le diamètre intérieur du cylindre, du tuyau, etc.;

p, la pression de l'eau, en atmosphères;

K, la résistance pratique à la traction de la substance;

C, constante $= 8$ millimètres.

Pour la pression $p = 50$ atmosphères, et prenant à 520 kilogrammes pour la résistance de la fonte par centimètre carré, cette formule devient :

$$\delta = 0,102d + 8 \text{ millimètres.}$$

La comparaison avec la formule de Lamé s'impose.

Celle-ci, dans les mêmes conditions, avec R $= 200$, donne pour la valeur de e :

$$e = 0,11d.$$

Pour un diamètre de 50 centimètres, la première donnerait :

$$\delta = 59 \text{ millimètres;}$$

et la seconde :

$$e = 55 \text{ millimètres.}$$

Mais le coefficient adopté par Lamé pour R est 200 et non 250.

Avec R = 250, on aurait :

$$e = 0,15d,$$

et l'épaisseur serait pour le diamètre ci-dessus $e = 75$ millimètres.

Il est plus prudent d'accepter cette valeur.

L'assemblage s'effectue au moyen de brides ovales, renforcées, car c'est en ce point surtout que se produisent les ruptures. Des vannes d'arrêt sont placées à peu près tous les 3 à 400 mètres, afin d'isoler au besoin les tronçons.

Des tubes compensateurs, formés de deux tuyaux pouvant coulisser télescopiquement l'un dans l'autre, entre des presse-étoupes, sont également distribués à certains intervalles sur les conduites. Ils permettent la dilatation.

Hydrants. — Les divers appareils se raccordent à des tubulures disséminées aux points nécessaires. Sur les quais, ces tubulures existent tous les 10 à 20 mètres environ, de sorte que les grues mobiles y prennent l'eau, au moyen de tuyaux télescopiques.

Ces raccordements permettent aux grues d'occuper une position quelconque sur le quai. A Pauillac, les prises d'eau au nombre de 17 espacées de $20^m,45$ sont munies de deux robinets interceptant toute communication, l'un avec la conduite d'eau sous pression, l'autre avec la conduite de retour.

Le diamètre de la conduite se calcule en admettant la vitesse de 1 mètre par seconde et prenant pour débit le volume nécessaire à tous les appareils que l'on suppose devoir être en activité simultanément. Les pertes de charge sont considérables, de sorte qu'il y a lieu d'augmenter les diamètres calculés.

On a trouvé, par expérience comme pertes de charge à Marseille par mètre courant :

$0^{kg},0228$ pour des tuyaux de 127 millimètres de diamètre, sur une longueur de 1 357 mètres, avec 48 courbes;

Et $0^{kg},0140$ pour les mêmes tuyaux, sur une longueur de 320 mètres en ligne droite.

On peut évaluer la perte de charge par mètre courant au moyen de la formule :

$$\frac{4}{D}\,(0,0000173v + 0,000348v^2),$$

où D est le diamètre du tuyau, et v la vitesse de l'eau dans la conduite.

A Hull, on a constaté $0^{kg},0016$ pour des tuyaux de 150 millimètres de diamètre, sur 1 370 mètres de longueur. La perte de charge augmente avec le débit dans la conduite.

Les tuyaux sont reliés par des brides encastrées l'une dans l'autre et boulonnées.

La conduite est pourvue de soupapes d'arrêt d'eau sous pression, de soupapes de retenue de retour d'eau, de robinets de vidange et de robinets d'air.

Appareils de sûreté. — A l'entrée du canal du Havre à Tancarville, on a pourvu l'accumulateur d'un appareil de sûreté, en outre du trop-plein.

La soupape (*fig.* 86) est placée au pied du cylindre, sur le tuyau qui le relie à la conduite générale. Elle est disposée

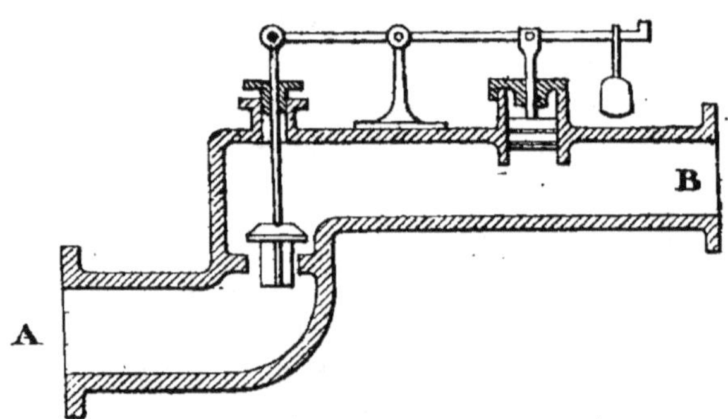

Fig. 86. — Appareil de sûreté (Havre).

de façon à se fermer d'elle-même, dans le cas où la pression manquerait brusquement dans la canalisation, par suite de la rupture d'un tuyau, et empêcher la chute de la caisse de charge.

Elle se compose d'une boîte en fonte interposée sur la

conduite de pression qui aboutit à l'accumulateur. L'orifice A est situé du côté de la conduite et l'orifice B du côté de l'accumulateur.

La communication entre la conduite générale et l'accumulateur peut être interceptée par une soupape, munie d'une tige servant de guide, articulée avec un levier.

A ce levier s'articule encore la tête d'un piston, dont l'extrémité pénètre dans la boîte de la soupape, du côté de l'accumulateur. Le levier porte à son extrémité libre un poids.

Soient :

r, le rayon du piston
r', celui du chapeau de la soupape
r'', celui de la tige de guidage
r''', celui de la soupape
         en centimètres

l, la longueur du levier du point d'appui au centre du poids P
l', l'espace entre le point d'appui et l'articulation du piston
l'', l'espace entre le point d'appui et l'articulation de la soupape
p, la pression par centimètre carré du côté de l'accumulateur
p', la pression par centimètre carré dans la conduite générale
         en mètres

L'effort F qui tend à soulever le poids est :

$$\mathbf{F} = p \left(\pi r^2 + \pi r'^2 - \pi r''^2 \right) = p\pi \left(r^2 + r'^2 - r''^2 \right).$$

L'effort F' qui tend à l'abaisser est :

$$\mathbf{F}' = p' \left(\pi r'^2 - \pi r''^2 \right) + \frac{\mathbf{P}l}{l'} \pi r^2 + \frac{\mathbf{P}l}{l''} \left(\pi r'^2 - \pi r''^2 \right);$$

$$= \pi p' \left(r'^2 - r''^2 \right) + \mathbf{P}\pi l \left(\frac{r^2}{l'} + \frac{r'^2}{l''} - \frac{r''^2}{l''} \right).$$

La soupape reste levée grâce à la différence F — F', mais si F' = 0, ce qui arrivera lorsque la pression p diminuera beaucoup, le contrepoids est soulevé et la soupape se ferme.

Système de Calais (fig. 87). — A Calais, le système est différent. La soupape se compose d'une boîte en fonte et d'un clapet évidé actionné par l'eau sous pression à sa partie supérieure et à sa partie inférieure, A communique avec la conduite générale, B avec l'accumulateur ; la surface d'action est plus grande sur la

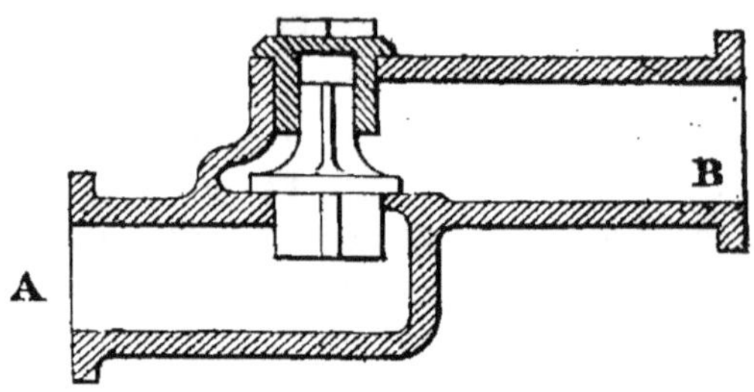

Fig. 87. — Appareil de sûreté (Calais).

partie supérieure qui n'est diminuée que de l'élément de guidage engagé dans le couvercle, la soupape reste normalement ouverte et ne gêne pas le passage de l'eau.

Mais, une rupture du tuyautage occasionnant une dépression, produit une diminution brusque au-dessous de la soupape ; celle-ci se ferme instantanément et arrête la descente du piston de l'accumulateur.

Le fait s'est produit une fois.

Ces appareils, dont l'emploi est général, ont surtout pour but d'empêcher la vidange trop rapide de l'accumulateur.

Conduite de retour. — Lorsque l'eau employée est peu coûteuse et de bonne qualité, on la rejette à la sortie des appareils. Au cas contraire, on dispose une conduite de retour, qui ramène l'eau à la pompe d'alimentation.

Le diamètre des tuyaux de retour est plus fort que celui des tuyaux d'amenée de l'eau aux appareils, dans la proportion de $\frac{6}{5}$.

On a disposé des tuyaux de retour au Havre, où l'eau coûte cher, et à Cherbourg parce qu'on se sert toujours du même liquide, préalablement filtré à cause de sa mauvaise qualité.

A Pauillac, où le diamètre des conduites d'aller va en décroissant de 160 millimètres près de l'accumulateur pour finir à 80 millimètres au point le plus éloigné, celui des conduites de retour varie de 150 à 200 millimètres.

La conduite de retour, qui entraîne une dépense assez

forte et occasionne des pertes, ne doit être adoptée qu'avec beaucoup de circonspection.

Installation d'eau sous pression de Calais. — L'installation hydraulique de Calais étant l'une des dernières effectuées en France, va être décrite avec quelques détails.

Machines de compression. — Il y en a deux, de 50 chevaux chacune, produisant 50×75 kilogrammètres par seconde, or la compression se fait à 50 kilogrammes par centimètre carré, c'est-à-dire que chaque litre introduit représente 500 kilogrammètres. Le débit par seconde est donc de :

$$\frac{50 \times 75}{500} = 7^{\text{lit}},5.$$

En arrivant au sommet de sa course, l'accumulateur soulève un contrepoids suspendu à une chaîne et fait ainsi fermer le tiroir d'introduction de la vapeur dans les machines. La descente de l'accumulateur suffit à réouvrir le tiroir, sauf dans le cas de marche à grande détente et où la machine se serait arrêtée à un point mort. Mais l'accumulateur, en descendant, agit en outre sur une came qui détermine, par des renvois, l'ouverture du tiroir et il en résulte une admission directe de vapeur produisant la mise en route.

La machine à vapeur est munie d'un condensateur par surface.

Pompes de compression. — Elles sont installées comme il a été indiqué, page 219, le diamètre du corps de pompe est de 110 millimètres.

Accumulateur. — Le diamètre du piston plongeur est de 430 millimètres et sa course de 5 mètres ; le diamètre du cylindre est de 460 millimètres et son épaisseur de 70 millimètres, tandis que celle du plongeur est de 40 millimètres.

Canalisation. — La canalisation générale destinée aux grues hydrauliques, à Calais, comprend une conduite de retour. En tout, son développement est de 3 100 mètres.

Le diamètre intérieur de la conduite d'eau sous pression

est de 127 millimètres, celui de la conduite de retour de 150 millimètres. Sur le quai Est du bassin Carnot, où la longueur de la conduite atteint 700 mètres, sont installés deux manchons compensateurs. Sur les autres portions, les coudes suffisent à assurer la dilatation.

Chacune des conduites est pourvue de 13 robinets d'arrêt.

Les prises d'eau pour les grues sont espacées de 15 mètres et comprennent un pointeau de pression de 50 millimètres de diamètre et une soupape de retour de 60 millimètres de diamètre.

Les joints des tuyaux sous pression comportent un cordon de gutta-percha de 11 millimètres de diamètre placé dans un encastrement; les tuyaux de retour sont établis à emboîtement avec joint en plomb et étoupe goudronnée.

Après essai individuel des tuyaux à 150 kilogrammes par centimètre carré, il en a été exécuté d'autres par tronçons après la pose, sous la pression de 100 kilogrammes. De même, les tuyaux de retour ont été essayés à 25 kilogrammes et la conduite à 10 kilogrammes.

Accumulateurs secondaires. — On a vu, ci-dessus, que les pertes de charge, dans les tuyaux, dépendent de la longueur de la canalisation et du débit de la conduite.

Pour simplifier l'explication, soit à alimenter un appareil au moyen d'un accumulateur situé à 1 000 mètres de distance; la quantité de liquide nécessaire s'écoulera rapidement sur toute la longueur de la canalisation; la perte de charge sera considérable.

Qu'au contraire, à 100 mètres de l'appareil, on place un second accumulateur, dont la contenance est supérieure à celle que nécessite le fonctionnement de l'appareil. La quantité d'eau nécessaire ne s'écoulera rapidement que sur cette longueur réduite de 100 mètres, et la perte de charge sera diminuée.

Il faudra bien, dans le second accumulateur, et au moyen de l'eau du premier, combler le vide produit par l'écoulement, mais cette opération ne se fera qu'à une vitesse moindre et par conséquent avec une perte de charge plus faible.

Dans une canalisation générale, on placera donc, de distance en distance, des accumulateurs secondaires.

La pression dans ces accumulateurs secondaires doit être inférieure à celle du principal.

Consommation d'eau. — Les machines que l'on rencontre surtout dans l'outillage d'un port sont les grues ; celles d'une puissance moyenne de 1 500 kilogrammes sont les plus répandues.

Ces grues ont une vitesse d'élévation de 1 mètre environ par seconde ; la hauteur totale du soulèvement de la charge est en moyenne de 10 mètres, ce qui exige le développement de 15.000 kilogrammètres, pendant dix secondes.

Pour produire ces 15 000 kilogrammètres, l'eau sous la pression de 50 kilogrammètres par centimètre carré représentant 500 kilogrammètres par litre écoulé, il faudrait :

$$\frac{15\,000}{500} = 30 \text{ litres.}$$

Mais, comme les appareils hydrauliques n'ont un rendement que de 0,44 environ, la dépense réelle sera de 67 litres, auxquels il faut joindre environ 20 litres pour la rotation de la grue, le ramassage des chaînes, etc., en tout 87 litres.

Les expériences directes ont montré que cette consommation varie de 65 à 85 litres. On prendra 60 litres pour l'élévation et 20 litres pour les autres manœuvres, en tout 80 litres.

On voit que pour chaque grue en travail maximum, le débit des conduites devrait être de 60 litres pour dix secondes ou 6 litres par seconde.

Lorsqu'il y a plusieurs grues à desservir, il est évident qu'elles ne seront pas toutes en même temps à la période d'élévation. Celle-ci ne dure que dix secondes sur les deux minutes, ou cent vingt secondes, que demande une opération complète de la grue, c'est-à-dire $\frac{1}{12}$ du temps total.

Par ailleurs, les grues ne fonctionnent pas toutes ensemble. Tandis que, une opération durant deux minutes, on pourrait en effectuer 30 par heure ou 90 000 par année de trois cents jours de travail, soit $90\,000 \times 1\,500^{kg} = 135.000$ tonnes par an, en réalité, dans la pratique une grue n'élève guère beaucoup plus du quart de cette quantité, 35 000 tonnes environ.

Aussi ne peut-on compter que 2 litres d'eau par seconde, comme consommation moyenne d'une grue de cette puissance.

Pour les cabestans, on peut admettre $3^{lit},75$; pour les ascenseurs, $3^{lit},33$.

Les chiffres suivants sont encore utiles ; mais il y aurait lieu d'en tenir compte en faisant intervenir le temps nécessaire aux opérations :

PORTES D'ÉCLUSES		LARGEUR	DÉPENSE POUR	
			L'OUVERTURE	LA FERMETURE
Bassin Bellot............		30	308^{lit}	185^{lit}
Tancarville	Porte de flot.	16	475	403
	Porte d'ebbe.	16	421	296

PONTS TOURNANTS	PORTÉE	POIDS	SOULÈVEMENT	DESCENTE
Bellot	30	400	462^{lit}	378^{lit}
Pollet	40	500	simple pouvoir : 521	id.
			double pouvoir : 876	id.

Description des appareils. — *Appareil funiculaire.* — Soit une presse hydraulique verticale dont le piston porte une poulie également verticale sur laquelle passe une chaîne. Une extrémité de la chaîne est fixe, tandis qu'à l'autre est suspendu un fardeau. Celui-ci sera soulevé par l'ascension du piston. C'est là le principe de l'appareil funiculaire.

Ainsi qu'on le remarquera, le fardeau ne peut être sou-

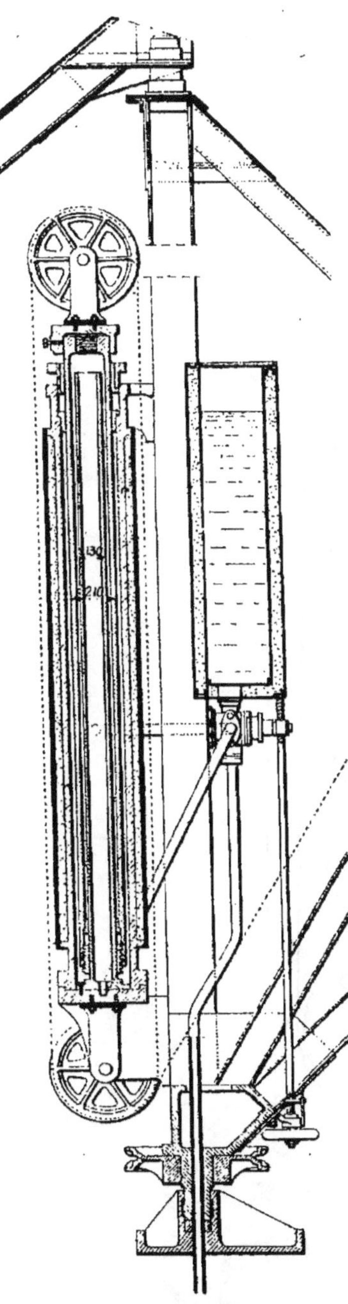

FIG. 88. — Détail de l'appareil funiculaire.

levé que de la longueur de la course du piston plongeur, mais on peut augmenter à volonté la hauteur du soulèvement.

Le piston plongeur porte, en réalité, l'une des poulies mobiles d'un palan, dont l'autre poulie est fixée à la base du cylindre (*fig.* 88). Une extrémité de la chaîne est encore fixe ; la chaîne s'enroule sur le palan, et son extrémité libre porte le fardeau. La hauteur d'élévation est donc multipliée par le nombre de brins du palan.

L'extrémité libre de la chaîne passe sur une poulie de renvoi qui guide le fardeau dans la direction voulue.

Les frottements augmentent d'ailleurs avec le nombre des brins, et, par conséquent, le rendement diminue.

Si l'on fait évacuer l'eau du cylindre après avoir déposé le fardeau, le piston descend de lui-même.

Double pouvoir. — Mais, ainsi qu'on le voit, quel que soit le fardeau, il faudra toujours, pour l'élever, que le cylindre se remplisse d'eau, et par suite, le travail absorbé reste constant. Il y a donc là une perte de puissance inutile, quand la charge à soulever est plus faible.

On a remédié à cet inconvénient par les procédés suivants :

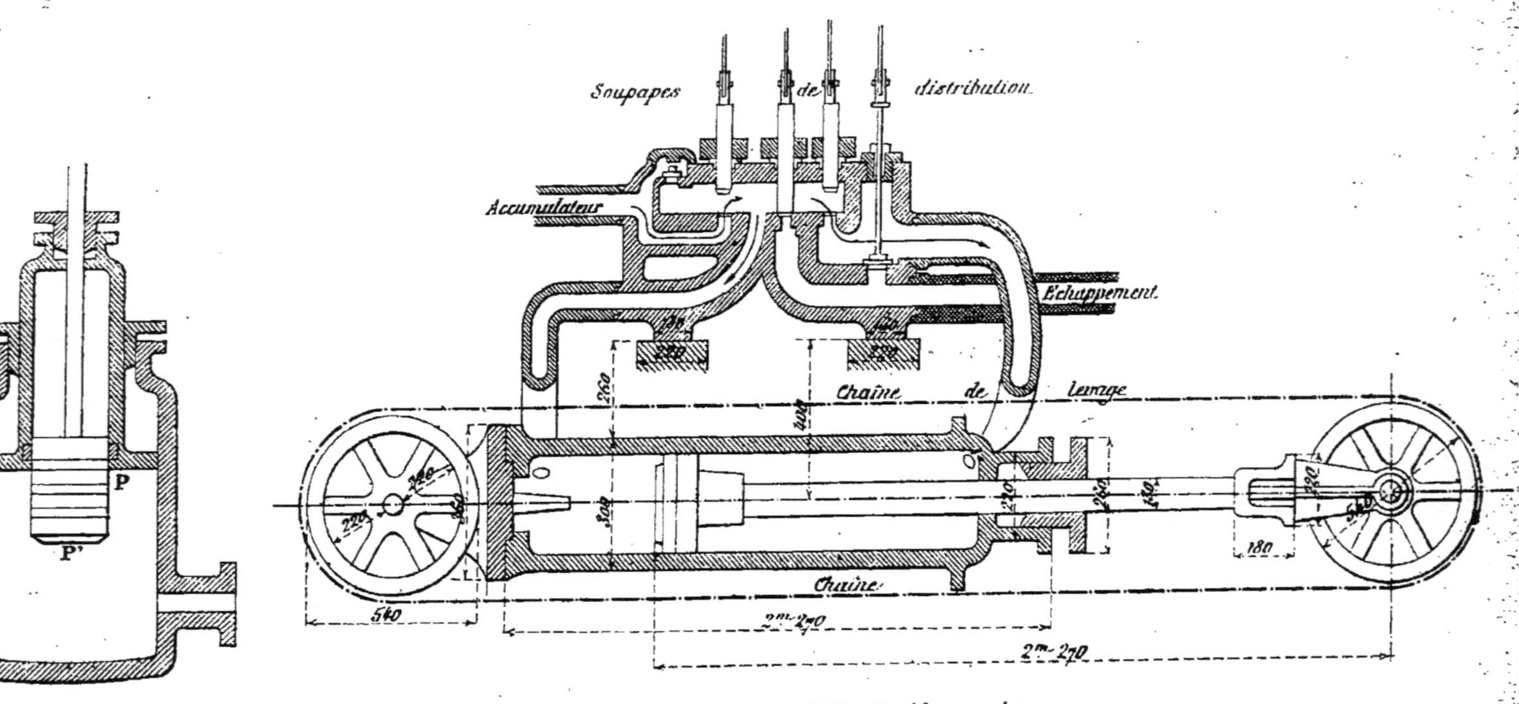

Fig. 89. — Double pouvoir.

Fig. 90. — Double pouvoir.

Le premier consiste à avoir deux pistons concentriques P et P'; en les faisant marcher ensemble, on a la force totale ; mais l'on peut caler P' de façon à l'empêcher de fonctionner, et seul P travaille en ne consommant qu'une partie de l'eau, et ne donnant par suite qu'une puissance réduite (Rotterdam) déterminée par le rapport de la section droite de P' à la surface annulaire de P (*fig.* 89).

A Pauillac où toutes les grues sont à double pouvoir l'immobilisation du piston extérieur est obtenue par un système de verrous articulés.

Le second agencement (Docks et Entrepôts de Marseille) consiste à introduire l'eau, soit seulement sous le piston pour le pouvoir maximum, soit des deux côtés pour la puissance la plus faible ; dans ce cas l'eau pénétrant autour de la tige retourne à la canalisation. La puissance est alors proportionnelle à la différence des sections du cylindre et de la tige du piston. La figure 90 indique le fonctionnement de l'appareil qui peut servir également pour les cabestans.

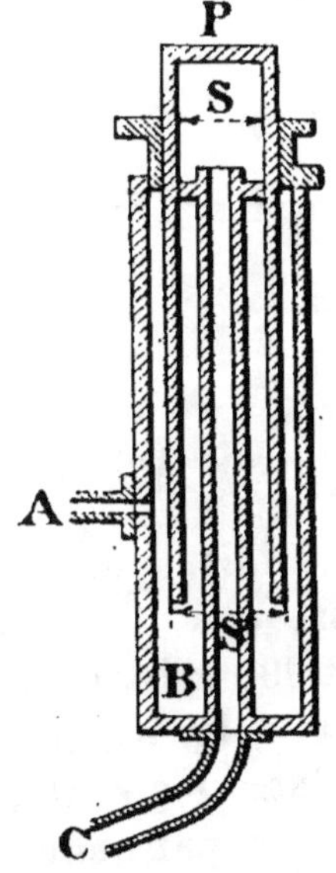

Fig. 91.
Triple pouvoir.

Triple pouvoir. — On peut donner aux grues un triple pouvoir (*fig.* 91). Le piston est creux et sa section droite intérieure S est le double de l'extérieure S' annulaire. Deux tuyaux A, C amènent l'eau de l'accumulateur. Si A seul est ouvert, le liquide ne passera que sur la surface extérieure S' et donnera une certaine force. L'eau, n'entrant que par C, appuiera sur la surface S, double de S', et la force développée sera double. Enfin, l'eau arrivant par les deux tuyaux à la fois, donnera une puissance triple (Brême) (*fig.* 92).

A Gênes, le dispositif est différent. Trois cylindres égaux, verticaux, sont accolés avec leurs pistons réunis entre eux par une traverse, à laquelle sont fixées les poulies de renvoi de la moufle. On peut faire entrer l'eau : 1° dans la presse centrale seule ; 2° dans les deux cylindres latéraux ; 3° dans les trois cylindres en même temps. Les efforts seront ainsi dans les proportions 1, 2, 3.

Le principal avantage des grues hydrauliques est leur simplicité; les complications qui résultent des dispositions qu'on vient de signaler leur enlèvent ce mérite. Aussi ne doivent-

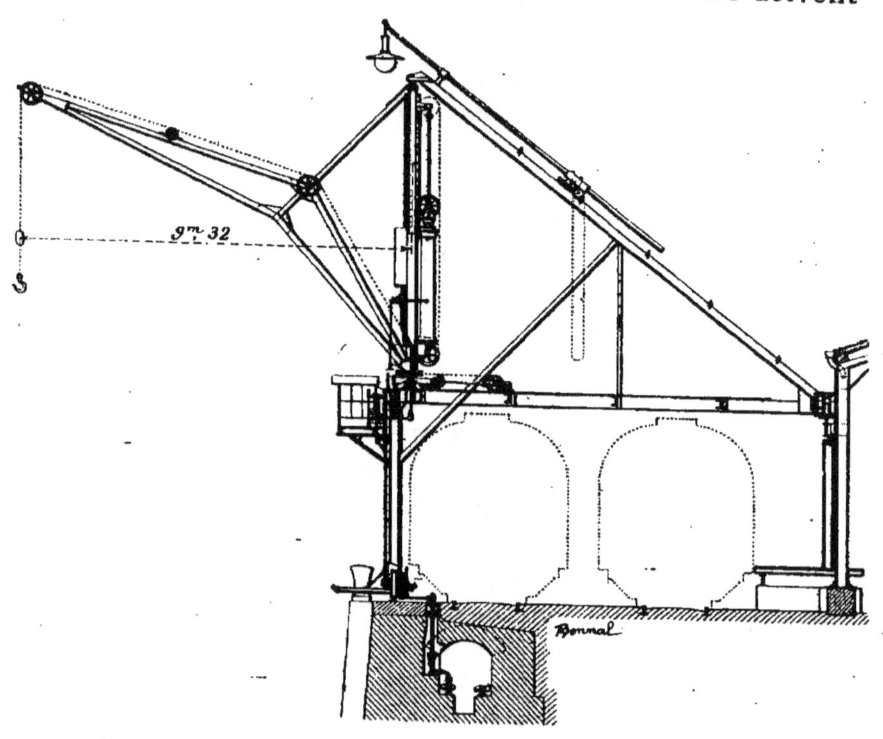

Fig. 92. — Grue à triple pouvoir de Brême sous demi-portique.

elles être adoptées que dans des cas tout à fait spéciaux. A Gênes, les grues à triple pouvoir ne sont pas du modèle courant ; elles soulèvent 3 300, 6 600 et 10 000 kilogrammes.

Les grues hydrauliques sont les unes fixes, les autres mobiles. Ces dernières sont les plus utiles dans les ports, car elles se déplacent pour se porter devant les panneaux des navires. Ce seront les seules qui seront décrites ici.

Grues anciennes. — Dans les premiers modèles, tels que ceux qui fonctionnent sur les quais d'Anvers, la disposition est la suivante :

Un truck roulant sur voie ferrée porte une plaque formant

crapaudine où repose un pivot auquel est boulonné le cylindre-presse. Le piston plongeur manœuvre entre deux flasques qui prolongent le cylindre et **auxquelles** sont boulonnés le tirant et la volée.

La chaîne de levage, fixée à un anneau, s'enroule sur deux parties mouflées ; l'anneau et les poulies sont portés par le cylindre. De là, la chaîne va passer autour d'une moufle disposée sur la tête du plongeur, et enfin sur la poulie de renvoi placée à l'extrémité de la flèche.

Un mécanisme analogue à un tiroir permet d'envoyer l'eau sous le piston et de l'évacuer ensuite.

Quant à l'appareil de rotation, il se compose de deux petits cylindres hydrauliques horizontaux, disposés sur la plaque du truck, et le tiroir qui les alimente, envoie l'eau dans l'un d'eux, tandis qu'il évacue l'autre.

Le mouvement des appareils horizontaux se communique au cylindre vertical et le fait tourner dans un sens ou dans l'autre, suivant la presse horizontale à laquelle on envoie l'eau.

Un contrepoids équilibre la grue et la volée.

La disposition précédente a le grave inconvénient de faire du cylindre vertical lui-même la colonne de la grue ; il est soumis à de puissants efforts de flexion et à un frottement énergique dans les appuis.

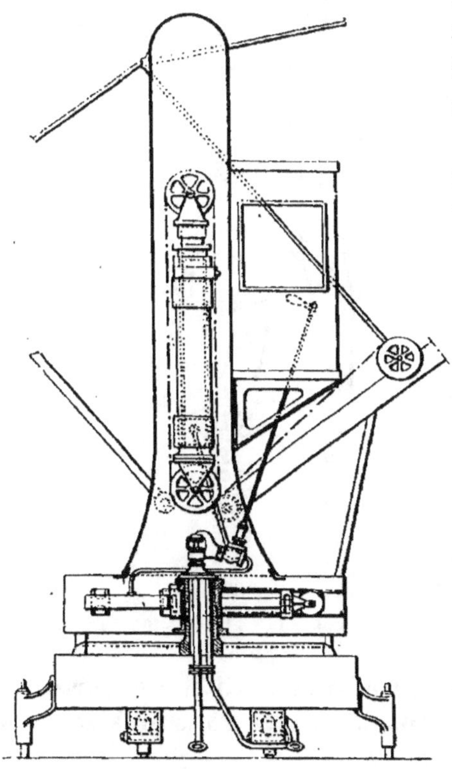

Fig. 93. — Grue Tannet-Walker.

Grue Tannet-Walker. —

A Gênes, à Savone, on a adopté la grue Tannet-Walker, qui présente plusieurs améliorations (*fig*. 93).

Elle se compose d'une plateforme circulaire, qui tourne au moyen de quatre galets sur le bâti. Au centre de la plateforme s'élève une colonne creuse en fer, qui porte d'un côté le bras de la grue avec la poulie de la chaîne de levage et du côté diamétralement opposé le contre-poids.

C'est à l'intérieur de la colonne creuse que se trouve le cylindre moteur.

L'appareil de rotation, composé des deux cylindres horizontaux, est placé dans la plateforme circulaire. Aux deux pistons sont fixées les extrémités d'une chaîne enroulée sur une roue dentée qui donne le mouvement rotatoire à la grue.

On voit que c'est la colonne creuse qui supporte les efforts de flexion et de torsion ; la presse est absolument indépendante. La rotation sur galets diminue aussi beaucoup le frotte-ment.

Un autre grand avantage de cette grue, c'est que la guérite et le levier de manœuvre tournent avec

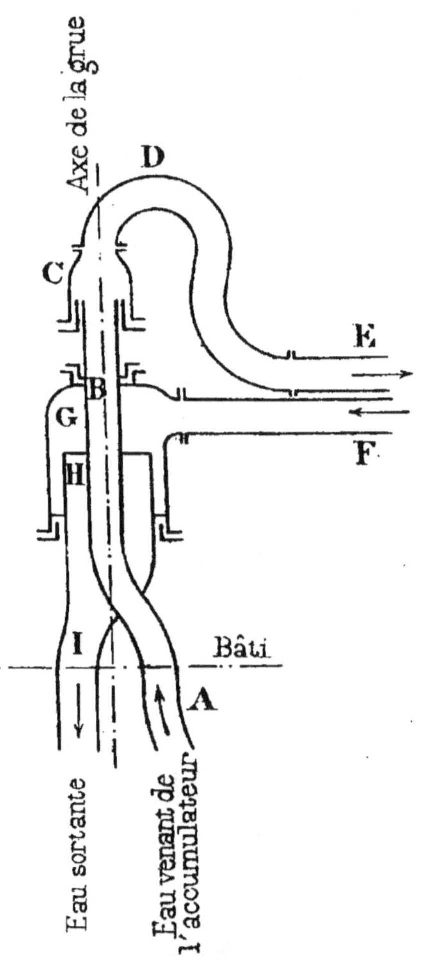

Fig. 94. — Circulation de l'eau.

l'échafaudage de la grue proprement dite, de sorte que l'opérateur voit constamment la charge dans tous ses mou-vements.

A cet effet les conduites de l'eau d'alimentation et de retour passent dans le pivot de la grue qui est creux. Au-dessus du pivot, les tuyaux entrent dans un appareil spécial, qui établit la communication avec l'appareil de distribution des cylindres moteurs (*fig.* 94).

L'eau venant de l'accumulateur entre par le tuyau A, dont toute la partie AB est fixe et se rend à l'appareil de distribution par la conduite mobile CDE, dont la partie C tourne autour de B avec interposition d'un presse-étoupes.

L'eau de retour revient par le tuyau mobile FG, dont la partie G tourne par l'intermédiaire également d'un presse-étoupes autour de la partie H du tuyau fixe HI, qui est le tube d'évacuation.

Tous ces tubes sont en bronze tourné dans les parties frottantes.

Le bâti, qui roule sur la voie ferrée, peut s'appuyer sur le sol au moyen de vis calantes.

Types divers. — Les grues mobiles sont du type *bas*, ou du type *élevé*.

TYPE BAS. — La grue Tannet-Walker qu'on vient de décrire est du premier type (*fig.* 93). Elle est encombrante et prend le long de l'arête du mur de quai un espace considérable.

TYPE ÉLEVÉ. — *Grue à portique.* — Dans ce modèle, la grue proprement dite est portée sur un échafaudage ou portique assez élevé pour que les trains puissent circuler en dessous. On fait passer sous le portique une ou deux voies ferrées ; celles-ci peuvent donc être rapprochées de

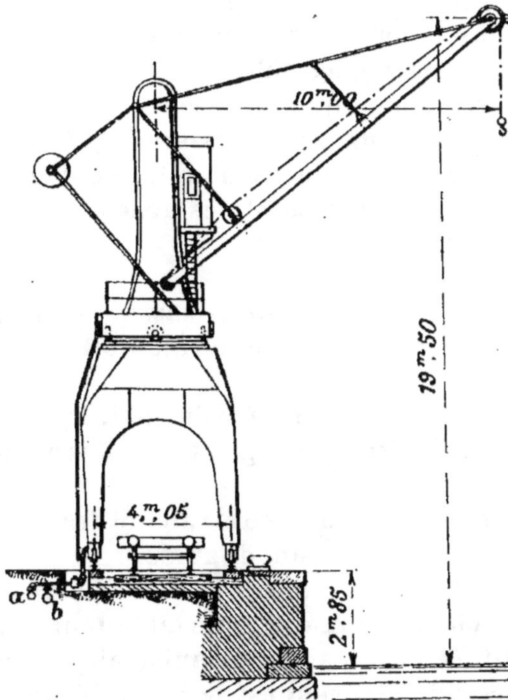

FIG. 95. — Grue à portique.

l'arête du quai (*fig.* 95), *a* et *b* sont les conduites d'eau sur lesquelles se branche la conduite d'alimentation de la grue.

Les dispositions mécaniques sont les mêmes que dans le type bas. Le portique se compose de trois ou quatre montants réunis à la partie supérieure par une plateforme et des arceaux ; le tout est en tôle et cornières.

Les montants portent à leur base les galets de roulement.

Voies des grues. — Les galets sont en acier, à double boudin sur l'un des rails, à simple boudin sur l'autre.

Les rails Vignole sont écartés de $4^m,10$ au bassin Bellot ; le plus rapproché du bassin se trouve à 80 centimètres de l'arête du mur de quai. A Pauillac l'écartement des rails est de $4^m,50$ et la hauteur sous portique de $4^m,55$.

La grue à portique, permettant de rapprocher de l'eau les voies des trains, a pour effet de diminuer l'arc de rotation nécessaire au chargement des wagons.

Il y a là par suite dans le fonctionnement une économie, qui à la longue est loin d'être négligeable.

Les grands portiques, sous lesquels passent deux voies ferrées, s'appliquent surtout aux ports desservis principalement par chemins de fer. Il faut, bien entendu, doubler la largeur précédente, tel est le dispositif des grues à triple pouvoir de Brême (*fig.* 92).

Grues de Calais. — *Grues de* $1\,500$ *kilogrammes.* — Elles sont à portique et roulent sur une voie ferrée de 4 mètres de largeur.

La première file de rails, à $1^m,75$ de l'arête du quai, est constituée par un seul rail ordinaire et les galets de la grue qui s'y appuient n'ont pas de boudin.

La deuxième file est formée de deux rails et les galets sont munis d'un boudin central servant de guide.

Sur le plafond du portique se trouve, portée par quatre galets tournant sur un chemin conique, une table tournante portant la grue, constituée par un appareil funiculaire mouflé à huit brins ; le diamètre du plongeur est de 235 millimètres.

Les caractéristiques de ces grues sont :

Rayon de la circonférence décrite par le crochet : 11^m80 ;

Portée : 8ᵐ,05, côté du bassin ; 15ᵐ,55, côté du terre-plein, à partir de l'arête du quai ;

Course du crochet : 18 mètres ;

Hauteur de l'axe : 16ᵐ,50 ;

Ouverture de l'angle décrit par la flèche de chaque côté de la perpendiculaire de l'arête du quai : 180° ;

Pression de l'eau : 50 kilogrammes ;

La surface du plongeur est égale à 434 centimètres carrés ; la pression est donc de 434 × 50 et sur un brin :

$$\frac{434 \times 50}{8} = 2\,712 \text{ kilogrammes.}$$

Avec la charge de 1 500 kilogrammes, la vitesse de montée est de 1ᵐ,60 à 90 centimètres par seconde ; la grue ne s'arrête que pour une surcharge de 300 kilogrammes environ.

La durée de rotation, pour un cercle complet, varie de quarante et une à cinquante-trois secondes.

Un navire contenant 3.300 tonnes de minerais a été déchargé par trois grues donnant ensemble quatre-vingt-treize heures de travail, soit 36 tonnes environ par grue et par heure.

La consommation d'eau a été de 51ˡⁱᵗ,5, se décomposant en 43ˡⁱᵗ,5 pour l'ascension à 8 mètres et 8 litres pour la rotation de 100°.

Grue à demi-portique. — On a adopté à Hambourg, Brême, Emden, Mannheim, etc., un système de grue à demi-portique, dit aussi en Italie *chèvre boiteuse* (*fig.* 92-96). Le portique n'est plus supporté que par les deux montants placés sur le rail qui borde l'arête du quai. La plateforme horizontale va s'appuyer par deux galets sur un rail, disposé horizontalement le long des magasins adjacents au quai, à une hauteur d'environ 5 mètres au-dessus du sol.

Cette disposition réduit au minimum possible l'encombrement des quais et elle est plus économique comme premier établissement.

Grues sur toit. — Au dock Harrington de Liverpool (*fig.* 16), la largeur du quai entre les magasins et l'arête du mur n'est

que de 2^m,60 ce qui ne permettait pas l'établissement de
voies ferrées. Le magasin, à deux étages, est desservi par une
grue roulante dont les
deux roues antérieures
circulent sur le haut du
mur de façade, tandis
que les deux roues d'ar-
rière marchent sur le
faîte.

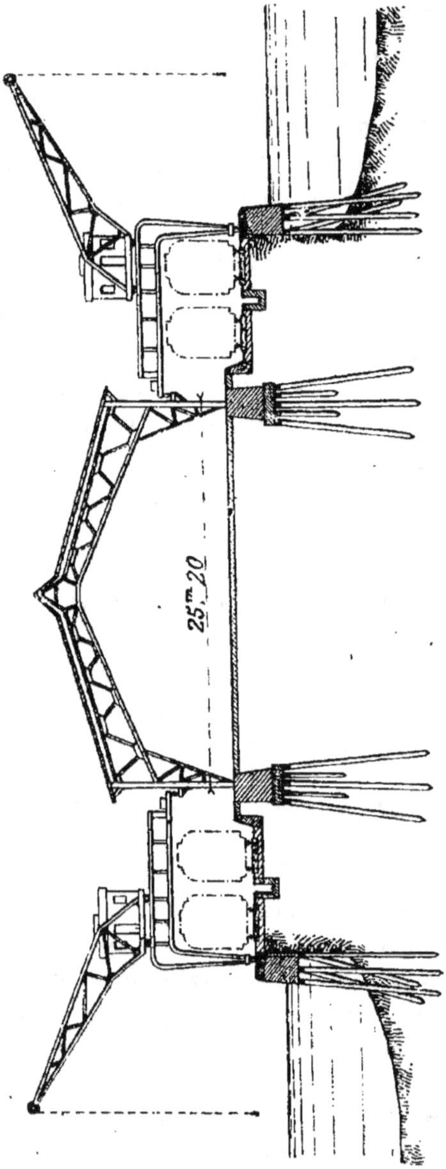

La portée de la grue
est suffisante pour que
la chaîne pénètre dans
les écoutilles des navi-
res. La cage d'abri se
trouve devant la plate-
forme et le mécanicien
peut ainsi suivre toute
la manœuvre.

Cette grue rend de
grands services; son in-
convénient réside dans
la longeur de la chaîne.

La pression est de 12 à
14000 kilogrammes par
roue sur le mur anté-
rieur et 2000 kilogram-
mes, également par roue,
sur le faîtage.

Puissance des grues.
— La puissance ordi-
naire des grues est, on
l'a dit, de 1500 kilo-
grammes. A Marseille,
on a adopté la force de
1250 kilogrammes. Au
Bassin Bellot, où l'on

Fig. 96. — Grues à demi-portique du port d'Emden.

manutentionne surtout des balles de coton, dont on enlève
à la fois à peu près 450 kilogrammes, on a des grues de

750 kilogrammes qui, au moyen d'un double pouvoir, donnent aussi 1 500 kilogrammes. Aux appontements de Pauillac, les dix-huit grues employées sont toutes à double puissance, mais six sont de 1 500 à 3 000 kilogrammes et douze de 750 à 1 250.

Choix des grues. — La grue à tour est plus rigide, plus facile à déplacer ; elle se transporte facilement au moyen d'une grue flottante ou d'un truck sur voie ferrée. Tous les appareils étant logés dans la tour, il est aisé de les garantir de la gelée, à l'aide d'un réchaud contenu à l'intérieur.

Lorsque les marchandises ont à subir à quai des manutentions, des reconnaissances, des vérifications, avant d'être chargées en wagons ou sur navires, on emploie des grues à tour.

La grue à portique est préférable quand les opérations de transbordement se font directement du navire sur wagon ou inversement, ce qui exige des voies ferrées rapprochées du navire.

Répartition des grues. — *Grues ordinaires*. — Les grues mobiles d'usage courant, de 1 500 à 2 500 kilogrammes de puissance, sont réparties sur les quais des principaux ports de la façon suivante :

A Anvers, 83 pour 3 500 mètres de quais, soit en moyenne une par 42 mètres ;

A Rotterdam, 16 sur 1 100 mètres du quai Est du Spoorweghaven, ou une pour 68 mètres. Les autres bassins sont plus mal outillés. Le plus nouveau, Maashaven, ne l'est pas encore ;

A Hambourg, 574 sur 13 885 mètres de quais, ou en moyenne une pour 24 mètres.

Au Havre, le quai le mieux outillé est celui de Saïgon, quai Sud du second bassin Bellot. Il s'y trouve 14 grues électriques de 1 500 kilogrammes, pour 500 mètres de longueur ; l'espacement est donc de 36 mètres.

A Pauillac on a 18 grues, pour une longueur d'appontement en deux parties de 472 mètres, soit un espacement de 50 mètres environ.

Un navire de 150 mètres de longueur n'ayant guère que

trois panneaux, il semble qu'il suffise de trois grues pour le décharger, ce qui exige une grue par 50 mètres de quai.

Le nombre considérable d'appareils de levage à Hambourg est motivé par le genre d'opérations spéciales à ce grand port, qui manutentionne beaucoup de chalands provenant de la navigation intérieure, bateaux qui, d'une part, sont courts, et, d'autre part, ont leur chargement à découvert, de sorte que, sur une longueur de 50 mètres, par exemple, peuvent fonctionner deux grues.

Grues puissantes. — Elles sont en général de 3, 10, 40 tonnes ; leur nombre atteint en moyenne le tiers ou le quart de celui des grues courantes de 1 500 kilogrammes.

Enfin dans les grands ports on a une ou deux grues de forte puissance pour manutentionner les pièces spéciales. qui peuvent se présenter, la puissance la plus élevée atteint 180 tonnes.

Rendement des grues. — Les grues de 1 500 kilogrammes peuvent effectuer en service courant trente opérations par heure, à cause du temps perdu.

A Calais, on a constaté :

Pour le déchargement des charbons..   de 25 à 28 coups
   —   —   minerais..   de 22 à 25   —
   —   —   bois......   de 18 à 20   —

On a pu atteindre jusqu'à 37 coups pour le déchargement des charbons. En général, la vitesse de l'élévation est de 1 mètre à la seconde pour les poids de 1 500 kilogrammes, et $0^m,75$ pour 3 000 kilogrammes, elle devient de plus en plus faible avec la charge à soulever, $0^m,60$ par minute pour 150 tonnes. La vitesse de rotation est sensiblement la même.

Trépieds oscillants. — Ce sont des appareils servant à mâter les navires ou à manœuvrer des fardeaux qui ont besoin d'une élévation considérable.

En principe, ils se composent de deux grandes bigues reliées au sommet et formant triangle ; une troisième bigue, à l'arrière, permet l'inclinaison plus ou moins grande de l'ensemble au moyen d'une vis (*fig.* 97).

Souvent les bigues ne portent à leur sommet qu'une poulie de palan, dont le câble supporte d'une part le crochet

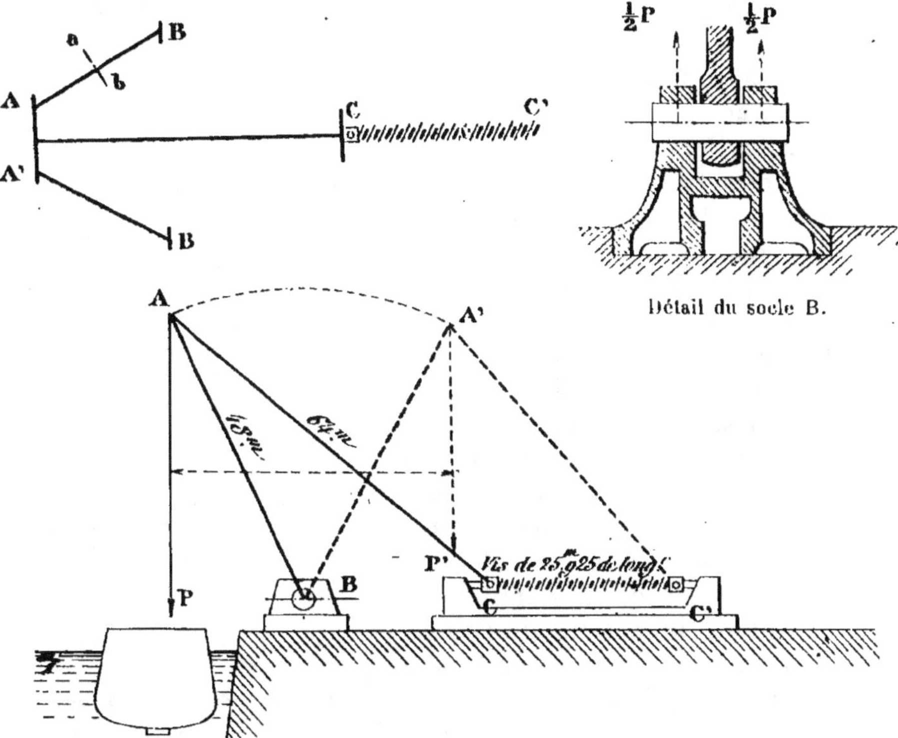

Fig. 97. — Trépied oscillant avec manœuvre à vis.

destiné à prendre le fardeau, tandis que l'autre extrémité s'enroule sur un treuil posé à terre et mû par la vapeur.

D'autres fois c'est un cylindre hydraulique qui est pendu verticalement à l'extrémité supérieure des bigues et qui soulève le poids. Telle est la *bigue oscillante.*

Bigue oscillante de 120 tonnes, de Marseille. — Le trépied a 33 mètres de hauteur; le cylindre hydraulique du sommet est à simple effet. Les pieds des deux bigues de l'avant tournent autour de deux tourillons scellés sur le quai; la queue glisse sur un chevalet métallique solidement ancré à une certaine distance en arrière.

La course du crochet de levage est de 14 mètres, dont
13^m,80 au-dessus du niveau de la plateforme du quai quand
la bigue est avancée vers le bassin. L'amplitude de son
déplacement horizontal est également de 14 mètres, dont
5 mètres en arrière de l'arête du quai et 9 mètres du côté du
bassin.

L'appareil fonctionne à volonté aux puissances de 25, 75 et
120 tonnes, en ne dépensant proportionnellement que la
quantité d'eau nécessaire.

Les dimensions des presses de levage et de basculement
sont calculées pour donner 75 tonnes
avec l'eau de la conduite générale,
sous la pression de 53 kilogrammes
par centimètre carré. On obtient
120 tonnes avec de l'eau à une pression supérieure et 25 tonnes avec
une puissance moindre.

Ces modifications de pression
sont produites par un *multiplicateur*
(*fig.* 98), appareil composé de deux
cylindres en fonte de diamètres
différents, placés horizontalement
en prolongement l'un de l'autre et
reliés entre eux par des entretoises

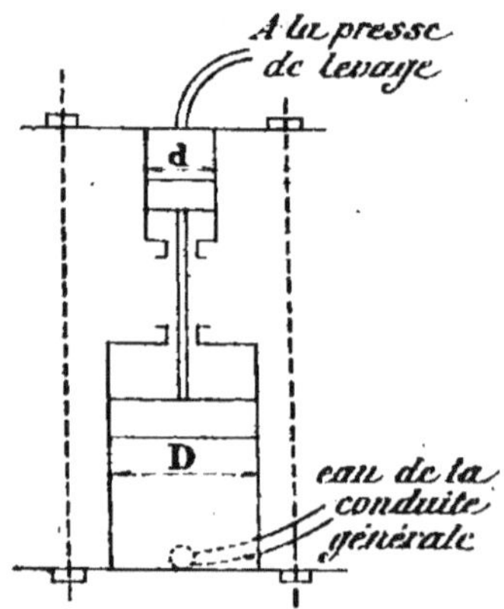

Fig. 98. — Multiplicateur.

en fer forgé ; les deux plongeurs sont d'une seule pièce.

Soient D et d les diamètres des deux plongeurs en centimètres.

Faisant entrer dans le grand cylindre l'eau sous pression
de 52 kilogrammes, le piston développera une force représentée en kilogrammes par

$$\frac{\pi D^2}{4} \times 52,$$

et cette force repoussera le petit piston ; pour l'équilibre, en
appelant x la pression par centimètre carré de celui-ci, on
aura :

$$52\,\frac{\pi D^2}{4} = x\,\frac{\pi d^2}{4}.$$

D'où :

$$d = \mathrm{D} \sqrt{\dfrac{52}{x}}.$$

La pression x est celle que l'on doit avoir dans la presse de levage pour qu'elle fonctionne à 120 tonnes.

En faisant agir la pression de régime dans le petit cylindre, c'est au contraire la force de 25 tonnes qu'on obtiendra.

La presse différentielle étant à simple effet, et le mouvement de la presse de levage devant être continu, le multiplicateur est formé de deux presses semblables conjuguées, dans lesquelles la distribution de l'eau est réglée automatiquement par des tiroirs que les presses actionnent directement et qui commandent les soupapes de distribution.

Pour fournir l'eau de retour en quantité suffisante à cette presse oscillante, on a installé un réservoir à côté du chevalet dans le bâtiment qui l'abrite. On a réservé également la place suffisante pour établir un accumulateur, qui peut être nécessaire pour l'alimentation de la bigue, si le nombre des grues et cabestans en service au moment où elle fonctionne est considérable.

Pour manœuvrer les chaînes et apparaux servant à l'élingage des colis et pour ramener le piston de la presse de levage au haut de sa course sans avoir à introduire dans la presse l'eau sous pression, on a installé sur la bigue, aux deux tiers de sa hauteur, un appareil funiculaire de 8 tonnes de puissance avec course du crochet de 26 mètres.

Les pistons des diverses presses peuvent être arrêtés en un point quelconque au moyen de crémaillères en acier suivant les pistons et dont les chapes sont manœuvrées à la main au moyen de leviers à contrepoids. Ces crémaillères permettent de maintenir la bigue et le crochet de levage dans toutes ses positions. Celles de la presse d'oscillation portent des talons de butée limitant la course du piston.

Le levage exige une minute et demie, le basculement sur 14 mètres autant. Il ne faut qu'un quart d'heure pour embarquer des chaudières de 60 tonnes.

Les paliers des tourillons des montants sont scellés dans de forts dés en granit; ils sont reliés entre eux et au bâti du chevalet par des tirants en fer. Ces dés sont maçonnés sur trois assises de libages reposant sur le mur de quai construit en blocs artificiels avec massif inférieur de béton.

Bigue de 180 tonnes à Chatham. — L'appareil de levage le plus puissant existant actuellement est la bigue de 180 tonnes de l'arsenal maritime de Chatham. Les jambages ont $48^m,80$ de longueur, et la contrefiche, 64 mètres. Les fuseaux creux qui constituent ces pièces, ont, pour les jambages, un diamètre de $1^m,25$ au milieu, de $0^m,915$ aux extrémités, pour la contrefiche de $1^m,83$ et $0^m,915$ respectivement. Le poids total des trois pièces est de 141 tonnes.

La vis qui actionne la contrefiche a $25^m,925$ de longueur et $0^m,2925$ de diamètre avec un poids de 11 tonnes; elle est mue à la vapeur. Les appareils de levage se composent de trois treuils, dont deux ont une puissance de 90 tonnes chacun.

La vitesse de levage est de 3 mètres par minute. Le surplomb maximum est de $19^m,526$.

Machine à mâter à quatre bigues de Toulon. — Les bigues sont également employées dans le mâtage des navires. La

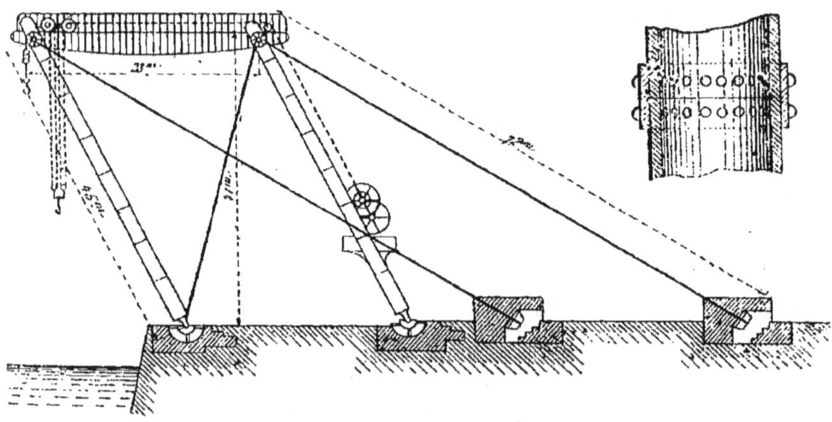

FIG. 99. — Machine à mâter à 4 bigues de Toulon.

figure 99, représente le dispositif employé à Toulon. On a un treuil mobile roulant sur un pont soutenu par les deux bigues, celles-ci sont formées par des pylônes métalliques de 45 mètres de long.

Le chariot du treuil porte trois poulies, on a en outre deux poulies pendantes conjuguées par un levier soutenant la charge, ce qui la répartit sur quatre brins de la chaîne. Le chariot est attaché à une chaîne sans fin s'enroulant à chaque extrémité du pont sur une poulie, une d'elles est à empreintes pour servir à l'entraînement de cette chaîne.

Grues flottantes. — L'outillage des ports comprend encore des grues flottantes.

Ces appareils présentent sur les machines fixes des avantages sérieux pour les gros colis. Ces colis sont assez rares, et le navire qui en a un dans sa cargaison est obligé de se déplacer pour aller à la grue fixe, tandis que c'est l'appareil flottant qui va à lui. Pendant ce temps le déchargement des autres marchandises peut continuer.

Seulement le prix des appareils flottants est plus considérable.

Grue flottante de Brême (fig. 100). — Elle est armée de deux appareils de levage différents : l'un pour les charges de 40 tonnes, l'autre pour les charges de 10 tonnes.

La bigue arrière de 28^m,20 de longueur est susceptible de s'allonger ou de se raccourcir, sous l'ation d'une vis puissante ; elle est munie d'un coulisseau, de façon que l'axe de la bigue tombe toujours dans celui de la vis. La hauteur de course de la grue est de 7^m,50 au-dessus de l'eau, les deux jambes d'avant ont 27 mètres de longueur. L'avant du ponton est assez résistant pour recevoir des charges de 40 tonnes, comme des chaudières marines, l'équilibre est obtenu au moyen d'un lest d'eau.

Le mouvement de translation du corps flottant se fait au moyen de deux hélices indépendantes, mues séparément par une machine à vapeur spéciale du type compound de 210 et 350 millimètres de diamètre sur 260 millimètres de course commune. La machine à vapeur de la grue est une machine jumelle de 178 millimètres de diamètre sur 314 de course.

Enfin, on a muni, pour les secours, le ponton d'une pompe à incendie à deux cylindres à vapeur de 750 millimètres de diamètre et les pompes à plongeurs de 180 millimètres; la course commune est de 330 millimètres.

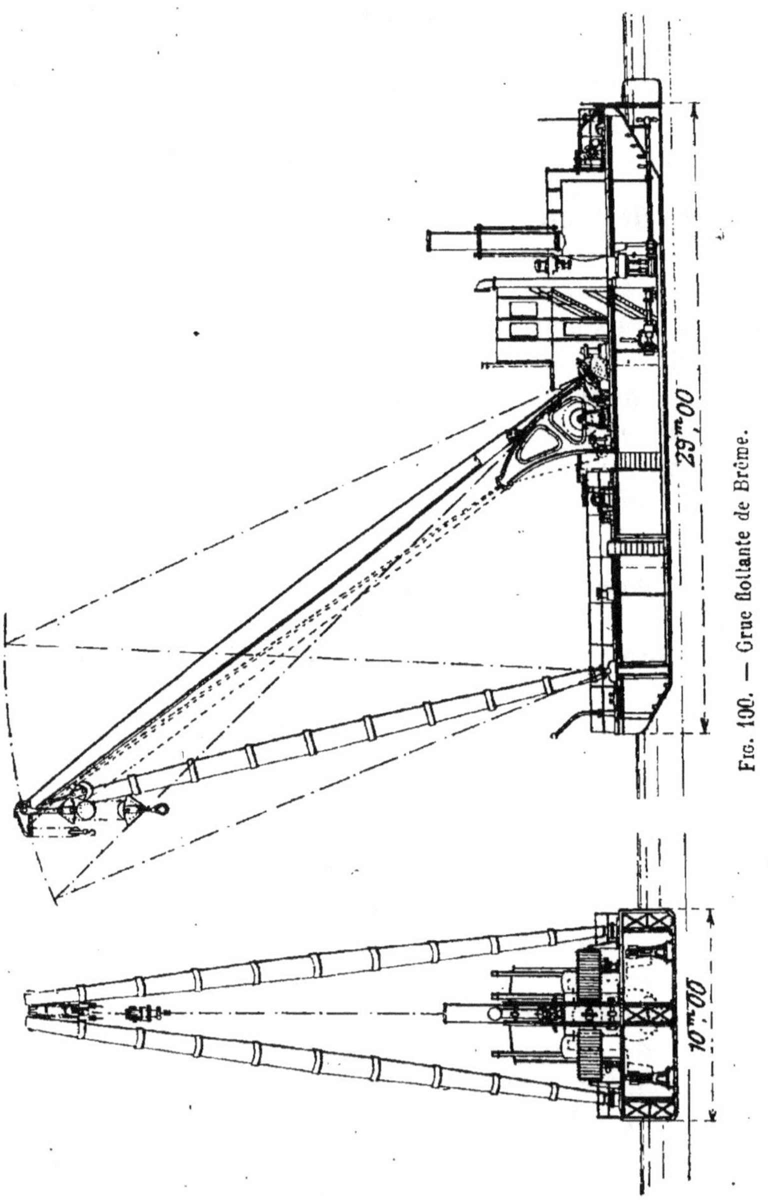

Fig. 100. — Grue flottante de Brême.

Grue flottante de 100 tonnes de l'arsenal de Dantzig. — Au lieu d'être composée de deux bigues fixées sur le bord du ponton et d'une troisième, servant en même temps de point d'appui et de tige de rappel, cette grue est composée d'un échafaudage en treillis, formé de deux parties qui se joignent à angle obtus et placé transversalement, de sorte que la grue peut servir même dans les chenaux étroits.

L'échafaudage est placé sur le ponton de façon que l'arête de la base située du côté de la courbure se trouve presque sur le milieu du pont.

De cette façon, les objets à charger peuvent être déposés devant la grue, tandis que dans la disposition ordinaire, la grue doit les saisir derrière et les faire passer entre les deux bigues d'avant, manœuvre que les dimensions de ces objets rendent parfois impossible.

L'échafaudage peut être redressé sur sa base et devenir ainsi presque vertical. Au contraire, il peut être incliné en avant, au moyen de deux fortes vis en acier, manœuvrant dans des écrous dont l'un est attaché à la base fixe de l'échafaudage, l'autre à la partie mobile.

L'objet est saisi et soulevé quand la grue est verticale, ce qui permet de le faire passer facilement sur le bateau à charger.

Le mouvement de levage est effectué par une machine de 120 chevaux.

La grue est placée non suivant l'axe longitudinal du ponton, mais suivant son axe transversal, ce qui fait que l'ensemble n'occupe qu'un espace restreint.

Un lest d'eau de 130 tonnes équilibre le poids de l'échafaudage chargé et incliné. Ce lest peut être vidé par une pompe à vapeur.

La machine de commande est de 120 chevaux. Elle actionne deux treuils de 100 et de 20 tonnes, ainsi que deux treuils auxiliaires de 1 500 et 3 000 kilogrammes.

On a ainsi les vitesses de levées suivantes à la seconde :

Charges de 1 500 kilogrammes .... $0^m,500$

Treuil de 20 tonnes :

Charges au-dessous de 10 tonnes .... $0\ ,250$

—   de 10 à 20 tonnes........... $0\ ,130$

Treuil de 100 tonnes :

Charges au-dessous de 40 tonnes..... $0^m,024$
—   de 40 à 100 tonnes.......... $0\ ,008$

Les dimensions du ponton sont $27 \times 20 \times 3$ mètres, et il

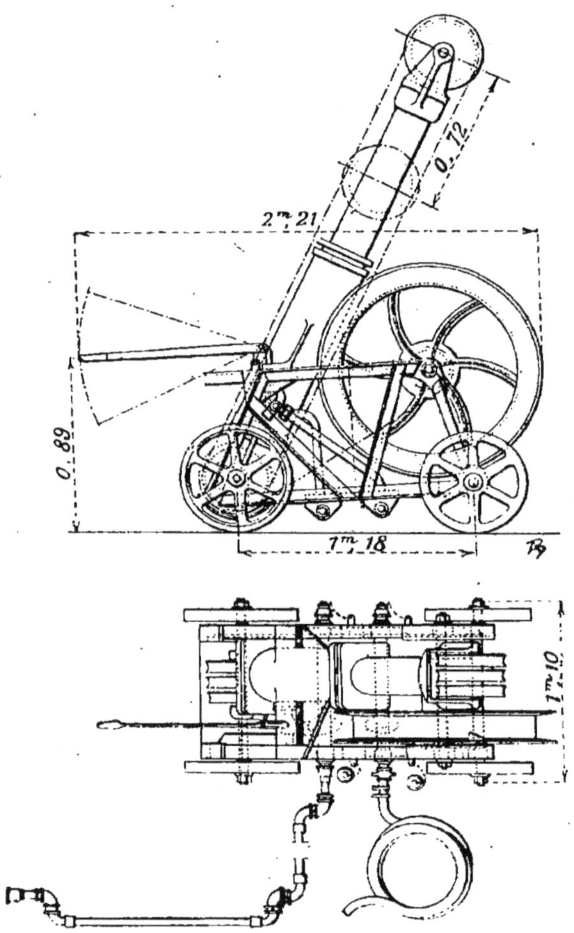

Fig. 101. — Jigger de Dundee.

est muni de deux hélices, lui permettant de virer. Un réservoir à eau de 130 tonnes fait équilibre à la grue.

Jigger. — Cet appareil, appelé aussi improprement, treuil hydraulique, puisqu'il ne possède pas d'organe tournant, est un outil de levage, dont l'utilité dérive de sa légèreté, qui fait qu'il n'exige pas de voie ferrée pour son déplacement.

Il se compose d'un cylindre incliné, formant appareil funiculaire. Sa force est d'une tonne. Il n'a pas de volée et sert au déchargement des cales des navires, par le moyen d'un câble passant dans une poulie suspendue à un cordage du gréement (*fig.* 6).

Ce procédé s'applique surtout aux navires placés au second rang le long du quai, tandis que ceux du premier rang sont déchargés par les grues du port. Il sert aussi à faire passer les marchandises légères de la cale sur les allèges. La manutention est ainsi très rapide.

A Dundee, pour le déchargement des balles de jute de 180 kilogrammes qui forment le principal élément du trafic du port, on emploie 32 jiggers (*fig.* 101), de la force de 250 kilogrammes. Leur piston mesure 185 millimètres de diamètre, et la course est de 660 millimètres. Ils peuvent élever 250 kilogrammes à 15 mètres, à la vitesse de 3^m,60 par seconde.

Les balles élevées au-dessus des panneaux à la hauteur convenable, sont envoyées par une glissière au quai et de là brouettées au hangar.

Le jigger exécute cinq opérations par minute ou 300 par heure, soit 10 fois plus qu'une grue. Les navires qui font ce trafic ont cinq panneaux; on peut donc décharger 25 balles ou 5 tonnes par minute.

Mais le temps perdu réduit cette proportion. La moyenne par jour est de 4 500 balles, et une cargaison de 33 000 balles a même pu être mise à terre en cinquante-neuf heures, ce qui donne 9 balles à la minute, ou environ 100 tonnes à l'heure.

On voit que cette machine est très utile pour des cargaisons homogènes.

Machinerie hydraulique de Dundee. — Il y a deux accumulateurs, ayant respectivement 256 et 305 millimètres de diamètre, avec 3^m,66 de course. Ils contiennent ensemble 570 litres d'eau.

Ils servent à actionner 32 jiggers, une grue de 20 tonnes, des monte-charges et des cabestans.

Les jiggers exigent environ 20 litres par manœuvre : en admettant que les 32 fonctionnent ensemble et fassent chacun cinq opérations par minute, il faudrait :

$$20 \times 32 \times 5 = 3200 \text{ litres,}$$

c'est-à-dire que les pompes devraient remplir six fois les accumulateurs par minute.

Monte-charges. — Ce sont des plateaux dont les dimensions sont d'environ $2^m,50 \times 1^m,70$, que des appareils hydrauliques font mouvoir entre des montants servant de guides et qu'on peut arrêter à chaque étage des magasins. Leur vitesse est d'environ 1 mètre par seconde.

La distribution de l'eau est commandée au moyen d'une chaîne qui monte jusqu'au sommet de l'édifice, de sorte que la manœuvre peut se faire de tous les étages.

On équilibre en partie les charges montantes par celles qui sont descendues des étages.

Plaques tournantes. — Les plaques tournantes sont manœuvrées par des appareils hydrauliques disposés horizontalement. Comme, dans ce cas, le piston ne peut redescendre tout seul, on place deux cylindres ainsi qu'on l'a vu pour la manœuvre de rotation des grues. L'eau entre dans l'un des pots de presse, tandis qu'elle évacue l'autre. On modifie ainsi à volonté le sens de la rotation.

Cabestans. — Il y en a de plusieurs modèles. Ceux de l'appontement de Pauillac (*fig.* 102) sont au nombre de quatorze, du système Brotherhood.

Un tambour en fonte a son axe coïncidant avec le centre d'un moteur à trois cylindres à simple effet, calés à 120° l'un de l'autre. Sur le tambour, deux gorges de diamètres différents servent à l'enroulement du câble de traction ; on a ainsi deux puissances et deux vitesses.

Au petit diamètre correspond une puissance de traction de 500 kilogrammes ; au plus grand elle est seulement de 350 kilogrammes.

L'appareil est établi sur une plaque de fondation solidement fixée au-dessus d'une fosse en maçonnerie pour les

cabestans de la gare maritime, et au-dessus d'un cuvelage
métallique pour ceux de l'appontement; dans ces fosses

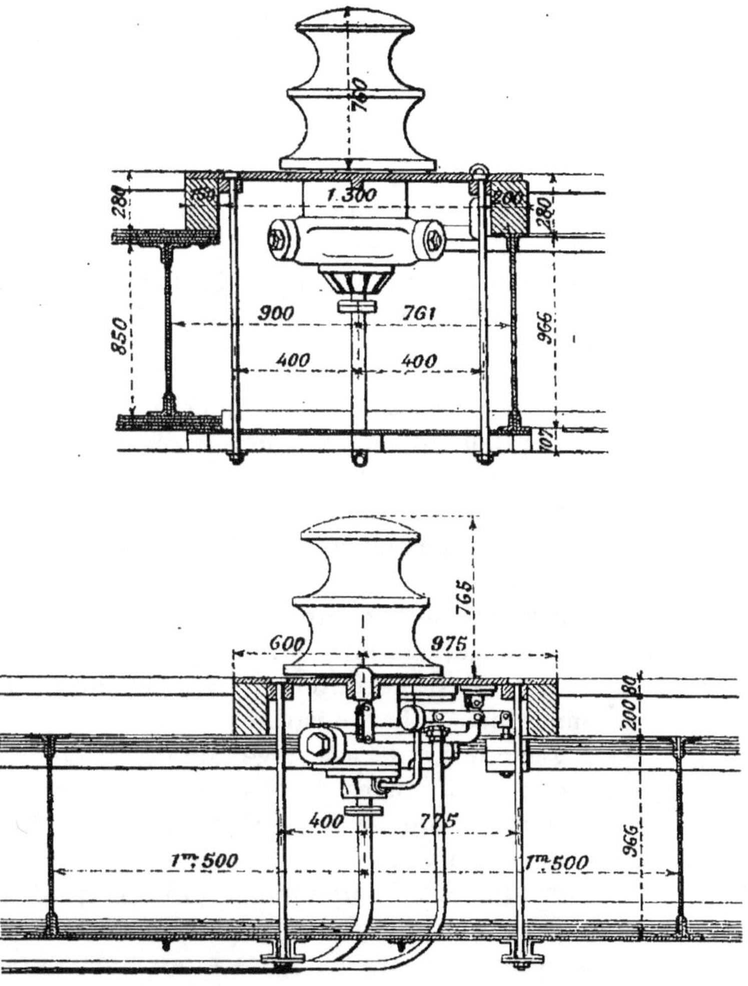

FIG. 102. — Cabestan hydraulique.

sont installés l'appareil et les organes de manœuvre ; seul le
tambour fait saillie.

La mise en marche s'effectue par une soupape à pédale.
Des soupapes d'arrêt et de retour isolent au besoin l'appareil.

Au Bassin Bellot, il y a trois cylindres également; les pistons actionnent l'arbre moteur au moyen de bielles. La

puissance y varie de 2 à 5 tonnes suivant les vitesses de 20 à 50 centimètres.

Grues puissantes. — Comme grue puissante hydraulique, on ne peut guère citer que celle d'Elsswick de 150 tonnes.

Les grues de ce genre ne sont pas toujours commodes à manœuvrer au milieu des mâts et des agrès des navires ; c'est pourquoi on leur préfère souvent les bigues oscillantes.

d) **Outillage électrique.** — L'outillage électrique tend à se répandre de plus en plus.

On a vu que la substitution de l'électricité à l'eau sous pression avait été nécessitée surtout dans les ports du Nord à cause de la gelée.

Choix du courant. — C'est le courant continu qui est le plus généralement employé dans la distribution d'énergie des ports. Il a, certes, des inconvénients, quand il s'agit notamment de longues distances, mais ce n'est pas ici le cas.

Les dynamos usitées sont à enroulements en série, en shunt, ou compound.

Les premières conviennent lorsqu'il faut une grande force de démarrage, comme dans les grues, cabestans ; elles s'adaptent aussi parfaitement à la conduite des pompes et aux machines à charge variable.

Les secondes ont l'avantage de la constance de la vitesse, malgré les différences de charge. Elles permettent aussi de grandes variations de vitesse par des modifications dans la résistance du shunt.

L'enroulement compound réunit souvent les avantages des deux premiers systèmes.

On emploie, dans les ports allemands plus particulièrement, les moteurs polyphasés, qui sont simples et économiques, en outre le courant d'alimentation peut se transporter aisément à de grandes distances par l'intermédiaire de transformateurs statiques.

Moteurs. — Un bon moteur de levage doit démarrer lentement et sans secousse. Il doit pouvoir atteindre rapidement sa vitesse de régime et s'arrêter à volonté presque instantanément aussi bien pour le levage des fardeaux que pour la rotation de la grue.

On le choisit du type hermétiquement clos pour le mettre à l'abri des poussières, de l'humidité et des chocs. Il doit être calculé avec une faible réaction d'induit pour que le calage des balais puisse être invariable et qu'il n'y ait pas d'étincelles aux balais, même avec de grandes variations de courant.

Dans les premiers appareils de ce genre, le moteur commandait les treuils de levage ou de rotation par des accouplements à friction.

Actuellement, on préfère munir les grues de deux moteurs et la transmission se fait au moyen d'engrenages et de vis sans fin.

Si l'on veut, par exemple, avoir 1 mètre à la seconde de vitesse d'ascension et que le diamètre du tambour du treuil soit de 0^m,50, il doit tourner à 38 tours par minute seulement; on comprend dès lors qu'un réducteur de vitesse soit nécessaire entre le treuil et le moteur. On emploie des engrenages en cuir ou en acier à denture fraisée tournant dans un bain d'huile.

L'inconvénient de la transmission intermédiaire est de diminuer beaucoup le rendement, la rapidité et la précision des mouvements. Aussi est-on entré franchement dans la construction de moteurs à très faible vitesse, 170 tours, et des expériences faites à Hambourg, il résulte que des moteurs de même puissance tournant à 560 et 170 tours n'ont consommé respectivement que 33 et 26 ampères sous même voltage.

Les grues soulèvent ordinairement 1 000 à 2 000 kilogrammes à la vitesse de 0^m,50 à 1^m,50 à la seconde, soit des moteurs de 10 à 45 chevaux, tournant de 1 000 à 170 tours.

Voici du reste quelques chiffres :

Dusseldorf....................	900 tours
Docks de Marseille............	600 —
Copenhague...................	330 —
Hambourg.....................	310 à 170 tours

Le mouvement de rotation des grues est généralement produit par un moteur indépendant. La vitesse de rotation varie de 1^m,20 à 2^m,10 par seconde pour un rayon de volée de 10 à 18 mètres. Le moteur attaque, par l'intermédiaire d'une vis sans fin et d'une roue hélicoïdale, un tourteau denté de grand diamètre fixé sur le portique de la grue.

Appareillage électrique. — Pour maintenir la charge sans dépense de courant, on est obligé de mettre un frein sur l'arbre du tambour. On emploie presque toujours des freins électro-magnétiques se composant en principe d'un frein à bande muni de sabots de bois. Le serrage est produit au moyen d'une masse de fer doux qui forme le noyau d'un électro-aimant suceur. Tant que le courant passe dans le moteur, l'électro est excité et le noyau est soulevé. Si on arrête le moteur, ce qui interrompt le courant, le noyau retombe et serre le frein. Pour les mouvements de rotation on a des freins mécaniques.

D'une manière générale, les contrôleurs employés sont du type tramways ; mais le soufflage des étincelles doit être bien plus énergique, à cause du nombre beaucoup plus fréquent des démarrages. Toutes les parties du contrôleur susceptibles d'usure ou d'avaries doivent être accessibles et facilement démontables. Les mouvements de la manette du contrôleur doivent se faire dans le même sens que ceux de la charge à manœuvrer.

On a également un contrôleur pour le moteur de rotation ; quelques constructeurs cependant n'ont qu'une manette pour les deux contrôleurs ; la charge monte ou descend suivant que le conducteur élève ou abaisse la manette, et la rotation a lieu dans un sens ou dans l'autre, suivant l'azimuth où l'on met la manette.

Les moteurs électriques pouvant surmonter des surcharges qui pourraient compromettre la stabilité de la grue, on doit avoir, lorsque le courant atteint une certaine intensité, des interrupteurs automatiques ou plus simplement des coupe-circuits. On remplace quelquefois ces appareils électriques par des dispositifs mécaniques ou limiteurs de force ; ils deviennent même indispensables quand l'accouplement du moteur et du treuil se fait sans interposition de plateaux de friction. En effet, la force vive du moteur pourrait produire des efforts anormaux dans le treuil ou la chaîne de levage.

Grues de Rosario. — Comme exemples de grues courantes, on peut citer celles de Rosario (*fig.* 103).

Ces grues, d'une puissance de 1500 kilogrammes, sont à portique, en charpente métallique. Les montants verticaux

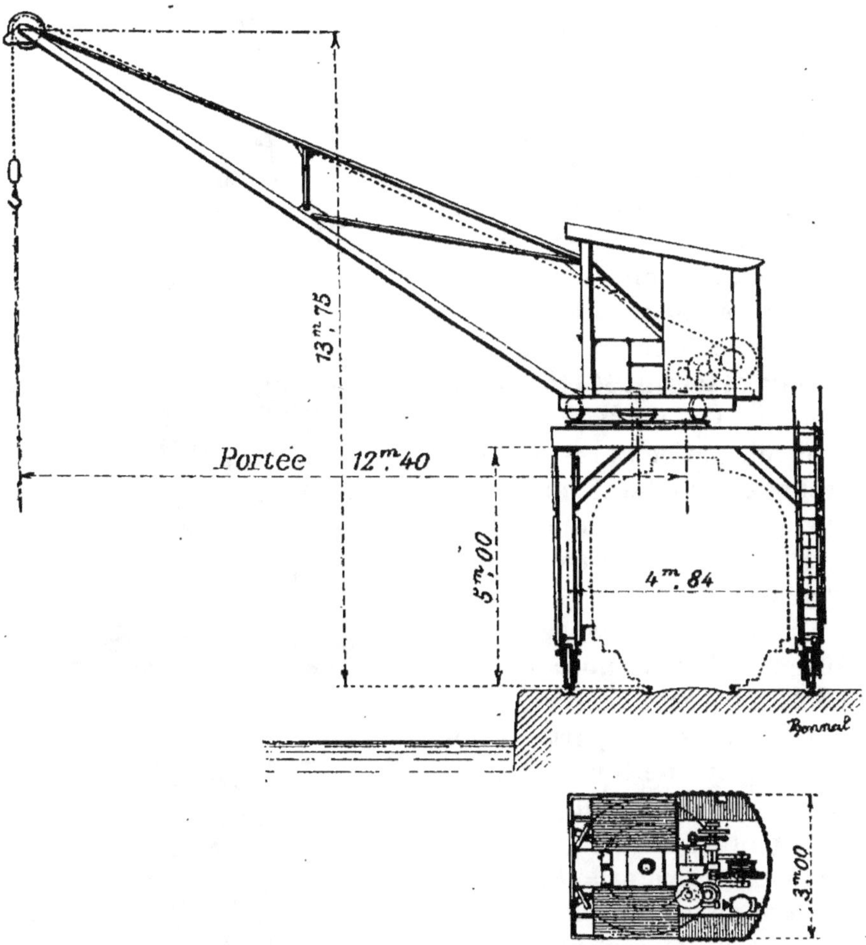

Fig. 103. — Grue électrique à portique de Rosario.

laissent entre eux un espace libre de 4m,25 pour le passage des wagons. La plateforme est établie à 5 mètres au-dessus du sol. Le tout se meut, au moyen de quatre roues, sur une voie ferrée de 4m,84 d'écartement dont un des rails est posé à 1 mètre environ de l'arête du quai.

La portée de la grue permet de lever verticalement les charges à 10 mètres de hauteur au-dessus de l'arête du quai. La flèche, composée de fers entretoisés et contreventés, a une portée de 12ᵐ,40 entre l'axe du pivot et la verticale passant par le crochet de levage. L'axe de la poulie fixée à l'extrémité de la flèche est à 13ᵐ,75 au-dessus de la voie.

Le mécanisme est monté dans une cabine en tôle ondulée placée sur un châssis en fer auquel est fixée la volée.

Le mouvement de levage est assuré par un électromoteur fermé, de 10 chevaux, sous 60 volts et faisant 545 tours par minute. Le mouvement est transmis par deux trains d'engrenages à un tambour sur lequel s'enroule le câble de levage en fils d'acier très fins et très souples.

La vitesse de levage est de 40 mètres par minute, soit 0ᵐ,66 par seconde.

Le châssis qui porte la volée et la cabine tourne autour d'un pivot assujetti dans la charpente du portique. Le mouvement d'orientation lui est donné par un pignon denté, actionné par un moteur électrique de 3 chevaux, engrenant avec une couronne circulaire horizontale sur la plateforme du portique.

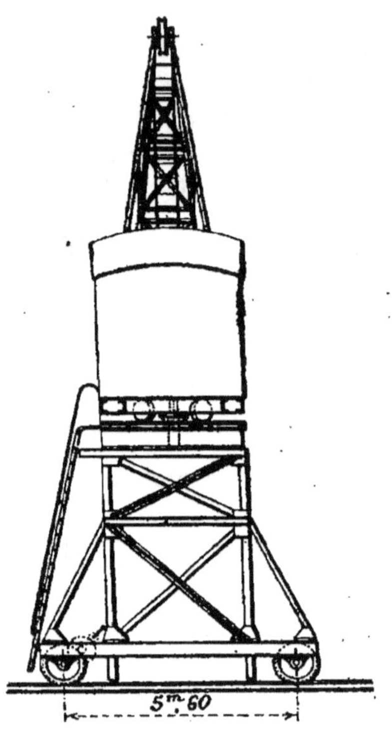

Elévation.

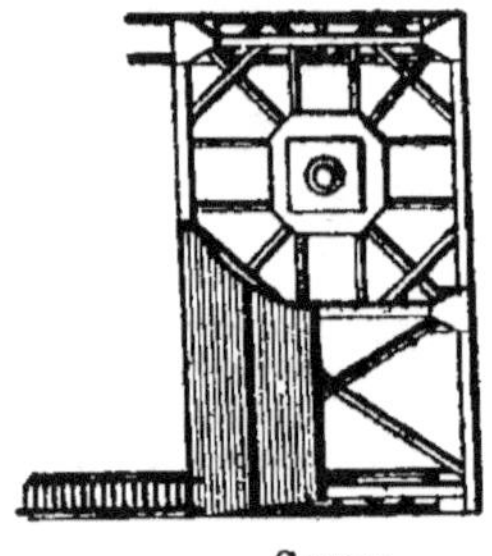

Coupe.

Fig. 103. — Grue à portique de Rosario.

La rotation s'opère en trente-cinq secondes.

La translation de la grue ne se faisant que rarement, on a préféré simplifier le mécanisme en opérant le déplacement à la main au moyen de manivelles et d'engrenages actionnant les roues.

Le conducteur du courant passe dans l'axe du pivot et le transmet à deux cercles que supporte celui-ci. Le courant, recueilli par deux balais en charbon, est conduit au tableau de distribution, qui comprend tous les appareils de manœuvre.

Chaque moteur est muni d'une mise en marche du type tramways avec rhéostat. La commande de chaque mouvement s'opère par un levier unique auquel on imprime la même direction que celle que l'on veut faire prendre à la charge. Deux freins produisent l'arrêt instantané de l'orientation et de l'immobilité de la charge.

La descente de celle-ci s'opère par le treuil électrique ou au frein et sans courant.

L'alimentation électrique de la grue se fait par un câble enroulé sur un tambour et branché sur une dérivation de la ligne principale.

Des prises de courant sont établies le long des quais, dans des boîtes espacées de 35 mètres.

Rotterdam. — Rotterdam, outre les raisons données ci-dessus pour l'emploi de l'électricité, il y en avait encore d'autres militant en faveur de la substitution de l'électricité à l'eau sous pression.

1° L'énergie doit être transmise à de grandes distances, les divers bassins étant très disséminés. L'eau sous pression est alors en état d'infériorité.

2° Les terrains sont très mous et occasionnent, malgré des précautions coûteuses, de fréquentes dislocations des tuyaux de conduite d'eau ;

3° La ville, qui exploite en régie l'éclairage au gaz et à l'électricité, ainsi que le port, devait éclairer celui-ci par des lampes électriques, et il y a eu avantage à appliquer aussi cette source d'énergie à la force motrice des machines.

Les grues ont été construites par la Haarlemsche Machinefabrick et ont une force normale de 2 000 kilogrammes.

La volée a 13 mètres et elle élève la charge à 17 mètres au-dessus du quai.

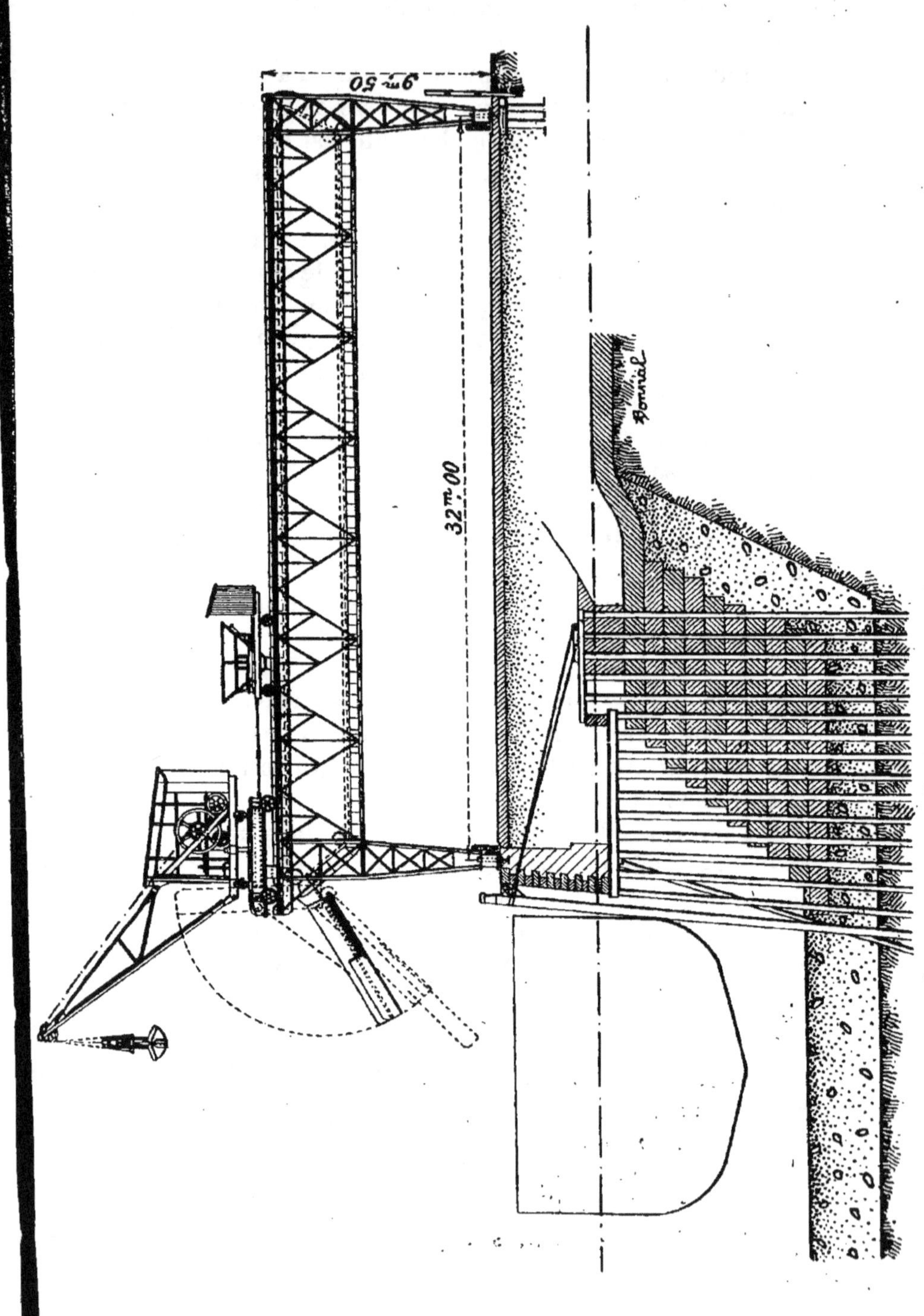
9ᵐ·50
32ᵐ·00
Sommet

L'opération complète, avec rotation de 140°, pour la charge de 2000 kilogrammes, consomme 120 watts-heure.

La grue n'a qu'un train d'engrenages simple, composé de roues hélicoïdales tournant dans l'huile. La transmission de la rotation s'effectue par une vis sans fin dans un bain d'huile.

Les moteurs, cuirassés, sont de 35 chevaux pour l'élévation et de 4 pour la rotation.

Le succès de ces machines dépend surtout des freins.

Sur le pivot moteur il s'en trouve un que fait fonctionner la même poignée qui met le moteur en mouvement, en lui communiquant l'électricité.

On peut donc ainsi arrêter à tout instant la gyration.

Le moteur élévateur actionne une vis sans fin donnant le mouvement à une roue directement reliée au pivot du tambour. Sur la roue se trouve un frein de sûreté à sabots.

Les sabots n'agissent pas lorsque le tambour tourne dans le sens de l'élévation ; mais, à la descente, ils entraînent un disque sur lequel court la bande du frein.

L'action d'un levier tend la bande et arrête le tambour.

Le mouvement recommence si l'on lâche la poignée du frein.

Le fardeau descend à volonté rien que sous le frein ; on peut aider au mouvement par un contre-courant.

Lorsque, comme à Rotterdam, l'outillage électrique est employé concurremment avec celui à eau sous pression, le même ouvrier passe parfois de l'un à l'autre, et il importe que leur maniement soit identique.

Le problème a été résolu par l'usage de contrôleurs horizontaux, reliés par un engrenage aux leviers de service. Ces contrôleurs, robustes et d'entretien facile, sont pourvus d'électro-aimants de soufflage, et les leviers sont reliés aussi bien avec ceux de levage que ceux de rotation.

La dépense de ces grues, pour une charge de 2000 kilogrammes, est de 120 watts-heure ; elle est réduite à 103 watts-heure si la charge n'est que de 1200 kilogrammes.

La vitesse est de 75 centimètres par seconde pour la première charge et de 1ᵐ,20 pour la dernière.

La figure 104 indique l'installation d'une grue électrique, pour charbon ou minerai, sur portique de 32 mètres de portée.

Grue de Hambourg (*fig.* 105). — Le port de Hambourg

Fig. 105. — Grue à demi-portique de Hambourg.

possède une installation d'eau sous pression, cependant
dans ces dernières années on a adopté l'électricité. On a vu

que le moteur choisi est à commande directe, c'est-à-dire sans interposition de réducteur de vitesse. On a conservé cependant le dispositif de grue à demi-portique qui a le grand avantage de laisser les quais disponibles.

Grue de 20 tonnes de Bruxelles (*fig.* 106). — Elle est du type chevalet de grue de carrière, avec avant-bec. Elle comporte trois moteurs indépendants. La longueur totale des poutres supérieures est de 18^m,370, et le chemin de roulement qu'elles supportent est à la hauteur de 7^m,300 ; la largeur totale est de 5^m,150.

Les vitesses de marche sont, avec charge maxima, par seconde :

```
Au levage ...................   33 millimètres
A la translation du chariot...  247      —
     —         de la grue...    198      —
```

et les moteurs respectifs font 17 chevaux, 2^{ch},5, 9 chevaux ; ils sont du type cuirassé hermétique et marchent sous 220 volts.

Le moteur de la translation de la grue est installé vers le milieu de la portée du chevalet, au niveau de la passerelle de service. Les deux autres sont montés sur un châssis en acier.

Le chariot n'emploie que des engrenages droits, donnant un rendement élevé. Le tambour, de grand diamètre, (555 millimètres) fatigue le moins possible le câble de levage, qui s'enroule toujours dans le même sens. Le chariot est trapu et son faible empattement assure un coefficient maximum d'utilisation.

Grues à « tambour libre ». — MM. Stothert et Pitt ont établi au port de Heysham des appareils de levage d'un modèle nouveau.

La figure 107 représente en plan et élévation le mécanisme d'une grue de quai de 5 tonnes, du modèle à demi-portique. Le tambour de levage n'est pas claveté sur l'arbre, mais peut tourner librement, étant embrayé ou désembrayé par un manchon de friction.

De cette façon le moteur de levage tourne toujours dans la même direction.

Fig. 106. — Grue de carrière.

L'arbre du tambour porte l'engrenage droit principal claveté, et cet engrenage commande directement, par simple réduction, le pignon lié à l'axe du moteur de levage.

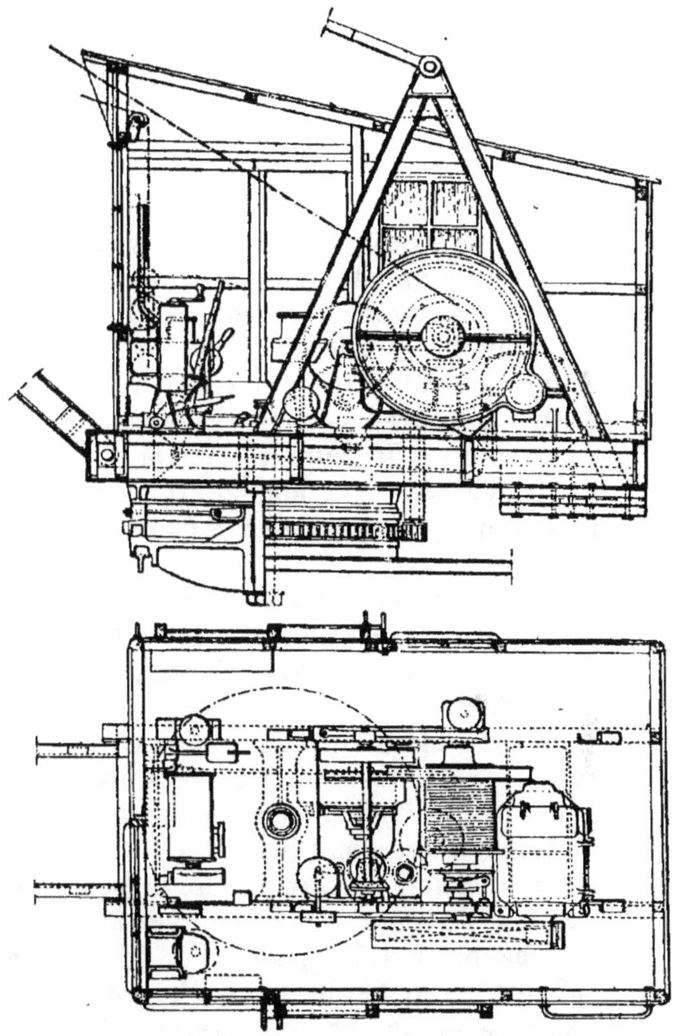

FIG. 107. — Grue à tambour libre.

Le levier à main de mise en marche actionne un solénoïde électrique qui commande le manchon, de façon qu'en portant la poignée en avant de la position verticale, le courant est conduit dans le solénoïde, le manchon s'embraye et le moteur de levage est mis en marche.

Une fois le manchon embrayé, un mouvement plus avan
du levier augmente la vitesse du moteur.

Les deux uniques poignées servent l'une au mouvemer
d'élévation, l'autre à la rotation ; une pédale actionne le frei
de sorte que la manœuvre est aussi simple que celle d'un
grue à vapeur.

L'adoption du tambour libre augmente la vitesse du mou
vement d'ascension et d'abaissement ; elle diminue le
risques d'accident du moteur, qui n'a pas à être renvers
et par conséquent pas à être arrêté subitement.

Dans les grues à tambour fixe et moteur réversible, il fau
avoir soin de modérer le moteur de levage quand le croche
est à une certaine distance de l'extrémité de la volée, d
façon que le crochet ne puisse aller s'enrouler dans la pouli
ce qui pourrait relever la volée et tordre les tirants.

Au contraire, dans le système décrit, le levage peut s
continuer à toute vitesse ; la charge s'arrête instantanéme
par la poussée de la poignée. Dans ce mouvement, il n'y a
arrêter que le tambour et le frein, dont la force vive est pe
considérable.

On gagne surtout en vitesse pour descendre, le tambo
tournant librement, sous le contrôle du frein à pédale. Et
descente peut commencer immédiatement après le levage
toute vitesse.

Enfin, le moteur n'exige pas un courant excessif à la mise
marche, et la courbe de l'intensité est presque une horizontal

Un déclenchement arrête le tambour dans le cas où
courant s'interromprait.

On a également prévu une disposition pour empêcher
crochet de dépasser sa course. Elle consiste en un levi
courbe placé à l'extrémité de la volée et qui est renver
lorsque le crochet le touche. Le frein est mis en mouveme
et arrête le moteur, en laissant le fardeau suspendu.

Le frein est enclenché avec le régulateur de façon que
courant ne peut aller au moteur que lorsque le frein est lib

La grue est actionnée par des moteurs en série du ty
traction, de 40 chevaux pour le levage et 7 chevaux pour
rotation ; la vitesse est de $0^m,50$ par seconde pour le prem
mouvement et 2 mètres pour le second.

Un poids moitié moindre peut être élevé à une vitesse double en démontant la poulie de double force qui se trouve à l'extrémité de la volée et la remplaçant par une poulie simple.

Des fiches sont établies tous les 12 mètres pour fournir le courant aux grues, au moyen d'un câble flexible en fer galvanisé.

D'autres grues, de divers tonnages, sont installées et n'ont d'ailleurs rien de particulier.

Grues puissantes. — *Grue de Bremerhaven.* — Avec l'électricité l'emploi des grues puissantes s'est développé, et le nombre des appareils de 150 tonnes est déjà considérable. On peut citer celle de Bremerhaven, qui est une des plus anciennes. Elle est du type à pylône mobile autour de son axe vertical, grâce à l'emploi d'un échafaudage disposé en forme de tronc de pyramide. A l'intérieur de celle-ci, tourne le pylône au moyen de deux chemins de roulement placés l'un au niveau du massif de fondation, l'autre à la partie supérieure de l'échafaudage fixe.

La volée horizontale, disposée de manière à former un T avec le pylône, constitue une sorte de pont roulant sur lequel se déplace un chariot supportant un palan. Les deux branches du T sont de longueur inégale (25 et 22 mètres).

La hauteur de la grue est de 36 mètres au-dessus du quai; sa portée maxima utile, de 13^m,50.

Elle comporte quatre moteurs électriques :

1° Un de 26 chevaux, 550 tours pour la rotation de la grue, qui tourne à raison de 0^t,137 par minute. Le mouvement est transmis par vis sans fin et roue hélicoïdale à un plateau dans le pied de la grue; le pont se déplace au moyen de galets coniques sur un plateau fixe;

2°-3° Deux moteurs de 17^{ch},5 chacun, à 450 tours pour l'élévation de la charge agissant sur un arbre portant les freins électro-magnétiques.

Pour une charge de 150 tonnes la vitesse de montée n'est que de 0^m,68 par minute; mais pour des charges plus faibles de 75, de 37 et 18 tonnes, elle est respectivement de 1^m,38, 3^m,08 et 6^m,29 par minute;

4° Un moteur de 26 chevaux à 550 tours, pour la translation du chariot; le mouvement par vis sans fin se fait à raison de 7ᵐ,90 par minute.

Les divers éléments de la grue établis en treillis sont en acier Siemens Martin d'une résistance de 4 200 kilogrammes par centimètre carré et d'un allongement de 20 à 25 0/0.

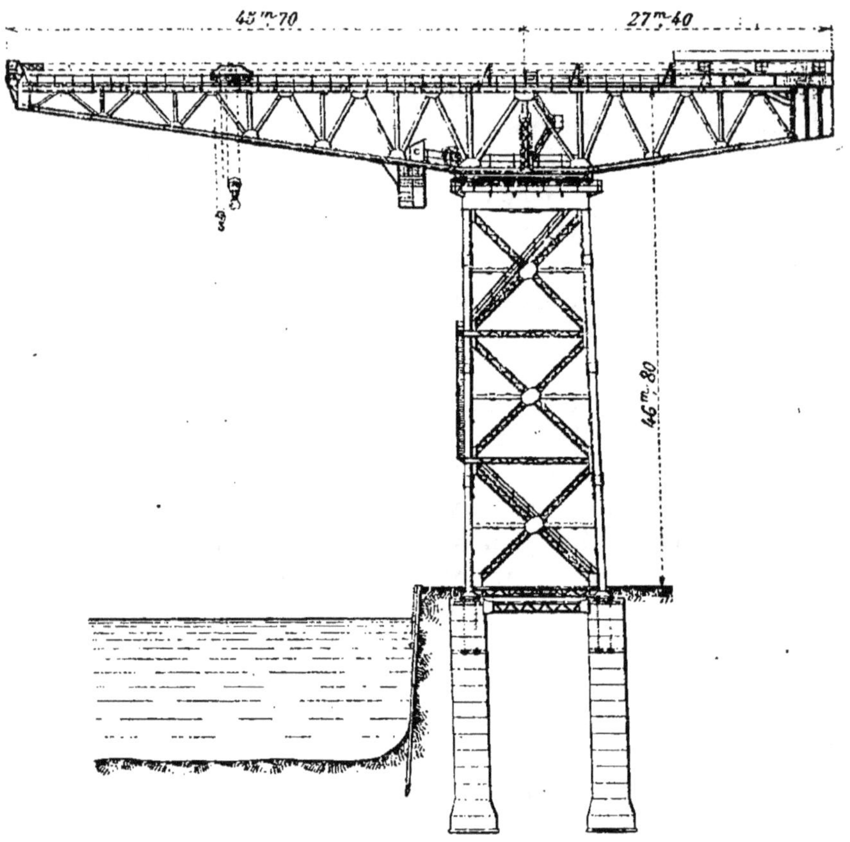

Fig. 108. — Grue de 150 tonnes des chantiers John Brown.

Le courant à 110 volts est pris sur la distribution générale du port pour la force et l'éclairage.

Grues des chantiers navals John Brown à Clydebank. — Elle est du type à pylône fixe et à volée horizontale rotative (*fig.* 108); elle dessert concurremment avec une grue à volée basculante, le bassin de construction des grands navires *Lusitania* et *Mauritania.*

Elle est à deux crochets : un crochet principal pouvant porter les charges de 150, 120, 100 et 80 tonnes (tonnes anglaises de 1 016 kilogrammes) avec des bras de leviers de 25^m,90, 30^m,50, 34^m,76 et 40^m,60 ;

Un crochet auxiliaire pouvant parcourir toute la longueur utile de la volée avec une charge utile de 30 tonnes.

La hauteur de déplacement est de 43^m,58.

La volée de la grue est constituée par une poutre horizontale reposant par l'intermédiaire d'une couronne mobile munie de galets coniques roulant sur une couronne fixe à la partie supérieure du pylône. Le mouvement de rotation de la volée est obtenu au moyen d'un pignon agissant sur une crémaillère fixée à la couronne mobile.

Sur la volée se déplace un chariot portant les deux crochets de levage.

Le mouvement de translation est donné par des treuils électriques au moyen de deux câbles en acier. La vitesse d'ascension du grand crochet varie de 1^m,50 à 2^m,25 par minute, correspondant à une vitesse du tambour du treuil de moins de un tour à un tour un quart.

Le treuil est commandé par deux moteurs de 50 chevaux, alimentés par du courant à 220 volts et faisant 350 tours. Sur la transmission intermédiaire du mouvement, on a quatre freins indépendants : deux électriques, un mécanique et un frein hydraulique.

Cabestans à tambour libre. — Le port d'Heysham est pourvu de douze cabestans électriques d'une tonne pour les travaux ordinaires et de 2, de 3 tonnes pour le halage des navires. Le moteur compound est de 20 chevaux.

Le mécanisme est actionné par une pédale, et le commutateur de mise en marche, ainsi que le coupe-circuit de surcharge présentaient quelques difficultés résolues avantageusement.

Le moteur a son axe horizontal, par des roues coniques, il commande un arbre vertical intermédiaire, relié lui-même par un seul jeu de roues dentées droites à la poupée du cabestan.

La mise en marche est gouvernée par un contact à pédale

qui ferme un circuit auxiliaire sur une bobine commandant l'interrupteur à marche rapide de manière à réduire les étincelles de rupture.

Comparaison des deux systèmes. — Il existe peu de renseignements publiés sur les résultats comparatifs de l'exploitation par les grues hydrauliques et électriques. Cependant leur importance se comprend, et voici une épreuve faite au pont de Middlesbrough, par M. Raven, ingénieur en chef adjoint du North Eastern Railway.

« Le Département du Trafic a trouvé un grand avantage dans les grues électriques. Le graissage est rapide, tous les paliers principaux étant munis de graisseurs à bagues et les roues tournant dans des bains d'huile renouvelée seulement chaque mois. Ces bains d'huile augmentent leur durée et étouffent tout bruit.

« La mise en marche n'exige qu'une poignée, au lieu de quatre leviers et d'un frein à pédale dans les grues à vapeur et de deux leviers, demandant un effort considérable dans celles mues par l'eau sous pression.

« Un coupe-circuit automatique empêche toute surcharge. D'autre part, si le courant vient à manquer, le frein du mouvement de levage entre en jeu automatiquement et la charge s'arrête à chaque position en toute sécurité.

« Un cycle complet, comprenant : Élévation de 2 tonnes à 9 mètres, rotation sur 33 mètres, abaissement de la charge de 9 mètres, relèvement du crochet à 9 mètres, rotation et abaissement comme ci-dessus, demande 1 minute 40 secondes pour une grue à vapeur, à peu près le même temps pour une grue hydraulique et seulement 1 minute 4 secondes pour la grue électrique.

« Celle-ci peut donc faire 56 cycles par heure, contre 36 pour l'autre, soit 50 0/0 en plus.

« Le transport à bras de la grue hydraulique demande six hommes et une heure, celui de la grue électrique deux hommes et un quart d'heure.

« La grue électrique ne craint pas la gelée. »

Quant aux dépenses, elles sont indiquées par le tableau suivant :

GENRE des GRUES	NOMBRE D'OPÉRATIONS	POIDS TOTAL ÉLEVÉ	TEMPS TOTAL EMPLOYÉ	CHARBON BRÛLÉ à la station centrale	MAIN-D'ŒUVRE à la station	MAIN-D'ŒUVRE à la station avec frais généraux	MAIN-D'ŒUVRE de manutention	COÛT TOTAL de la manutention	COÛT TOTAL pour 100 tonnes	ÉCONOMIE pour les grues électriques par 100 tonnes	ÉCONOMIE
		T	h. m.	kg.	fr.	fr.	fr.	fr.	fr.	fr.	0/0
Hydrauliques......	825	1 210,4	7 0	1 624	16,73	43,67	352,8	396,47	32,75	»	»
Électriques	834	1 224,9	5 15	1 320	15,13	35,44	264,6	299,75	24,47	»	»
Économie pour les électriques	»	»	1 45	304	1,60	8,53	88,2	96,72	8,28	8,28	25

Ainsi, l'économie serait de 25 0/0, et M. Raven regarde ce chiffre comme un minimum.

Il faut ajouter qu'à l'Institution of Mechanical Engineers de Londres, où fut faite cette communication en juin 1904, ces chiffres n'ont pas paru concluants. D'ailleurs, les frais d'entretien ne figurent pas dans les chiffres comparatifs, et ils sont beaucoup plus élevés pour les grues électriques.

L'opinion des membres de la Société semble avoir été résumée par le vice-président, M. Edward B. Ellington. « Chaque système a ses avantages spéciaux, et les deux trouveront leur place dans les ports les mieux outillés de l'avenir. Les conditions locales sont si variables qu'elles entraînent des modifications dans la pratique. Le choix dépendra donc des circonstances. »

M. Pitt, le plus grand constructeur de machines pour les ports, écrit :

« Les machines pour les ports sont répandues sur une grande surface. Dans les magasins, il y a des grues, fixes ou mobiles, des monte-charges; sur les quais, des grues à grande volée, des cabestans, des chargeurs de charbon; puis des appareils pour les portes d'écluses et les formes de radoubs, des ateliers de réparations. La nuit, il faut éclairer.

« Toutes ces opérations doivent se faire bien, économiquement, vite, avec le minimum d'arrêts, avec la main-d'œuvre la moins exercée.

« L'outillage hydraulique remplit parfaitement ces conditions. Cependant un changement rapide est en train de s'opérer, en faveur de l'éclairage électrique, à Hambourg, Rotterdam. Gênes, Brême, Naples, etc. C'est que l'outillage électrique fait tout ce que fait l'hydraulique, et d'autres choses encore, et il le fait à meilleur marché.

« L'iustallation générale sert à la marche des ateliers et à l'éclairage de nuit.

« Il n'y a guère de différence entre le prix de revient des grues hydraulique ou électrique. La dernière coûte un peu plus cher, mais la station centrale est plus économique pour elle. La transmission d'énergie électrique est infiniment moins chère. La quantité de marchandises manutentionnées par elle est plus considérable, pour une même puissance.

« Des expériences ont été exécutées à Glasgow, par l'ingénieur de la navigation de la Clyde, sur deux grues de 3 tonnes de puissance, travaillaut côte à côte, l'une hydraulique et l'autre électrique.

« Elles effectuaient le même travail et, en treize mois, elles avaient manipulé, l'une 41 000, l'autre 44 000 tonnes. Le cycle des opérations était le suivant :

Élévation de la benne pleine	9 mètres
Rotation —	...... 100°
Abaissement —	...... 3 mètres
Élévation de la benne vide........	3 —
Rotation de retour de la benne vide.	100°
Abaissement de la benne vide.....	9 mètres

« Les résultats pour la manipulation de 1 000 tonnes pour chaque grue ont donné :

GENRE DES GRUES	WATTS-HEURE POUR DES CHARGES DE			
	1 TONNE	2 TONNES	2,5 TONNES	3 TONNES
Hydraulique	236,7	236,7	236,7	236,7
Électrique	83,3	160,4	197,9	241,9
Rapport $\dfrac{\text{hydraulique}}{\text{électrique}}$	2,84	1,47	1,20	0,98

« D'autres expériences, exécutées sur le continent, ont donné des résultats analogues ; mais là, la condition de la grue hydraulique était meilleure, parce qu'elle était à triple pouvoir. Le cycle comprenait une élévation de 11 mètres, un abaissement de 4 mètres et une rotation de 140°.

« On a obtenu :

GENRE DES GRUES	WATTS-HEURE PAR CYCLE POUR DES CHARGES DE				
	0,50 T	0,75 T	1,00 T	1,25 T	1,50 T
Hydraulique.........	82,0	127,2	127,2	172,4	172,4
Électrique	48,5	58,5	73,5	80,5	105,5
Rapport $\dfrac{\text{hydraulique}}{\text{électrique}}$.	1,69	2,17	1,73	2,15	1,63

« Dans les deux cas, la grue hydraulique, pour un cycle, consommait de une à trois fois plus de puissance que l'autre.

« L'électricité a en sa faveur son extrême flexibilité, qui permet de donner à son emploi une grande extension et de lui demander toutes sortes de travaux. Quand même une machine isolée serait très éloignée, il n'est pas coûteux de lui apporter l'énergie.

« Les appareils électriques actuels sont satisfaisants. On n'a pas encore décidé de la supériorité entre les courants continus et les polyphasés; il y a encore à faire au sujet des résistances à vaincre; mais il n'en est pas moins certain que les installations électriques se répandront.

« En résumé :

1° Les dépenses d'installation et d'entretien sont à peu près les mêmes;

2° Les machines électriques ont un meilleur rendement;

3° Elles éprouvent moins de pertes dans les transmissions ;

4° La facilité d'adaptation de l'électricité est de beaucoup supérieure. »

Dans la discussion qui a suivi cette communication à l'Institution des Ingénieurs civils, à Londres, plusieurs membres ont d'ailleurs donné la préférence à l'outillage hydraulique.

Mais il est probable que c'est l'électricité qui jouera le plus grand rôle dans l'avenir des ports.

On trouve dans l'excellent ouvrage de M. H.-A. van Ysselstein, sous-directeur des travaux de la ville de Rotterdam, *le Port de Rotterdam*, les conclusions suivantes :

« La présence dans le port de trois outillages différents (vapeur, eau sous pression, électricité), employés simultanément, a fait d'elle-même naître la question de savoir quel système offre le plus d'avantages. Mais il n'est pas facile de répondre à cette question, même à l'endroit où, considérant la chose superficiellement, des comparaisons peuvent être faites dans de bonnes conditions.

« Avant tout, il faut généralement se garder des considérations exclusivement théoriques. Si l'on calcule soigneusement, combien une grue emploie d'eau par manipulation et combien d'énergie électrique il faut au juste pour élever une charge ; et qu'ensuite on se demande exactement : à quel prix revient, et un mètre cube d'eau sous pression, et un volt ampère, on ne pourra pourtant pas encore arriver à de justes résultats, malgré les calculs les plus minutieux.

« Les engins élévateurs hydrauliques et électriques se distinguent les uns des autres dans une telle mesure, la réparation des deux moteurs diffère tellement, la manière de production des deux forces répond à des besoins si totalement différents, qu'il est presque impossible de se saisir théoriquement de ce problème, sans courir risque de tirer des conclusions très inexactes.

« Dans les chiffres ci-dessous se trouve exposé le résultat de l'exploitation des grues électriques durant sept années.

« Il faut prendre en considération que le chiffre de 0 fr. 322 que paie l'Administration des Établissements de commerce à celle des usines à gaz et d'électricité équivaut à peu près au prix de revient de l'électricité.

« Si, par exemple, pour l'année 1902 on divise les frais de l'exploitation totale de l'usine génératrice (234 030 francs) par le nombre total d'hectowatts-heures utiles (1 040 723), on arrive à un peu plus de 0 fr. 22 par 100 watts-heures.

« Dans ce prix ne sont compris ni l'intérêt, ni l'amortissement du capital de l'installation centrale. En tenant compte de ces quantités, le montant est de 528 800 francs, de sorte que le prix de revient est de 0 fr. 52 par 100 watts-heures.

« Pour la livraison de l'électricité aux grues, on n'a certainement pas besoin de partir de la dernière hypothèse. En effet, la consommation d'énergie électrique pour les établissements de commerce a lieu en grande partie au moment où l'on n'en a pas besoin pour l'éclairage. On peut donc dire sûrement que le capital employé pour l'installation électrique n'aurait pas été beaucoup plus petit, si elle avait été faite exclusivement pour l'éclairage. Le produit de la livraison d'énergie doit donc être porté au profit des frais généraux (administration, etc.), mais n'a pas besoin de servir pour l'intérêt et l'amortissement.

« En effet, le prix payé par les établissements de commerce donne une juste mesure de ce que coûte environ l'énergie électrique ; ce prix de revient par unité électrique est assez élevé, mais il faut prendre en considération que le réseau des câbles de l'installation électrique a été fait en vue d'une production plus grande que celle qui a lieu en ce moment.

« Le solde à l'avantage des grues doit servir naturellement à l'intérêt des sommes consacrées à ces appareils eux-mêmes. Si l'on calcule que 23 grues représentent un capital de 860 000 francs, on obtient alors pour cette somme un intérêt de 2 0/0, par conséquent insuffisant encore pour couvrir les frais nets de l'emprunt.

« Si l'on compare ces résultats à ceux des grues à vapeur, ces dernières donnent un résultat plus favorable. Les 23 grues à vapeur ont fourni en 1903 une balance se soldant par un bénéfice de 22 560 francs. Elles furent employées pendant 2132 jours et 320 nuits, de sorte que le nombre moyen d'heures de travail par grue et par journée était de 7 3/4.

« Les frais d'intérêt de toutes les grues sont montés à 464 400 francs, de sorte qu'on est arrivé à un taux d'intérêt de presque 5 0/0.

« D'un autre côté, il faut cependant prendre en considération que, si l'on avait choisi pour les grues à vapeur le type beaucoup plus cher des grues à portique, qui est regardé comme nécessaire pour les nouveaux établissements de commerce, le prix ne serait pas beaucoup plus bas que celui des grues électriques ; ce qui, par conséquent, n'aurait pas peu diminué, dès ce moment même, le chiffre de l'intérêt.

« Il ne faut pas perdre de vue qu'on ne compte plus sur l'emploi de grues à vapeur isolées pour aucune des installations du port. Il est beaucoup trop compliqué d'être obligé de faire de la vapeur une heure à l'avance chaque fois qu'on en a besoin, avant de pouvoir se servir de la machine ; ensuite, le foyer mobile est une source de dangers d'incendie ; et enfin on ne peut pas, au moyen de la vapeur, ou du moins sans beaucoup de difficulté, faire marcher différents engins comme : cabestans, ascenseurs, treuils, qui, non moins que les grues, font partie de l'installation complète d'un port.

« Il est encore plus difficile de comparer l'installation électrique à la transmission de force hydraulique. En effet, cette dernière est commandée surtout par l'emploi que l'on fait des deux élévateurs-déversoirs des charbons.

« Ce sont ceux-ci que l'on emploie le plus souvent et qui ont besoin d'une quantité d'eau beaucoup plus considérable que les grues. Toute l'installation hydraulique se soldait en 1903 par un bénéfice de 29 700 francs. Si cependant on calcule qu'on a placé dans cette affaire un capital d'au moins

1 290 000 francs, ce chiffre d'intérêt, fourni en grande portion par les élévateurs-déversoirs, n'est pas non plus très avantageux. »

M. Van Ysselstein termine d'ailleurs ainsi :

« A Rotterdam, on a toujours considéré que le tarif des grues n'avait pas besoin d'être lucratif par lui-même. On l'a maintenu constant (21 fr. 50 par jour pour les grues de 1 500 kilogrammes) en supposant que la perte subie dans cette partie accessoire serait largement couverte par les droits de port. »

L'avantage de l'outillage électrique, c'est qu'il donne son maximum d'économie pour le maximum de vitesse. Il y a donc, par son emploi, suivant l'heureuse expression de M. Maurice Schwob, auquel ont été empruntées nombre de considérations, une prime à la vitesse. Il en résulte dans le personnel des habitudes qui peuvent suffire à faire la réputation et la popularité d'un port.

EXEMPLES DE DIVERS OUTILLAGES

Engins de levage du Havre. — Les engins de levage du Havre sont répartis de la façon suivante :

Quai du Brésil (Bellot I, Nord) : 5 grues hydrauliques de 750 à 1.250 kilogrammes et une de 1.500 kilogrammes.

Quai de Colombie (Bellot I, Est) : 1 grue hydraulique de 750 à 1.250 kilogrammes.

Quai de la Plata (Bellot I, Sud) : 8 grues hydrauliques de 750 à 1.250 kilogrammes et une de 1.500 kilogrammes.

Quai du Chili (Bellot I, Ouest) : 2 grues hydrauliques de 750 à 1.250 kilogrammes.

Quai du Tonkin (Bellot II, Ouest) : 3 grues hydrauliques de 750 à 1.250 kilogrammes.

Quai de Pondichéry (Bellot II, Nord) : 9 grues hydrauliques de 750 à 1.250 kilogrammes.

Quai Colbert (Vauban, Nord) : 11 grues électriques de 1.500 kilogrammes.

Quai de Saïgon (Bellot II, Sud) : 14 grues électriques de 1.500 kilogrammes.

Garage de Graville (Canal de Tancarville) : 5 grues à vapeur de 1 500 kilogrammes.

Quai de Madagascar (Bellot II, Est) : 1 bigue trépied de 120 tonnes.

Quais divers : 6 grues flottantes de 1.250 kilogrammes à 4.000 kilogrammes et une de 10.000 kilogrammes.

Outillage du port de Gênes :

NOMBRE	GENRE D'APPAREILS	PUISSANCE
		kilog.
4	Grues à main......................	»
3	— à vapeur......................	1 200 à 5 000
3	— hydrauliques fixes à triple pouvoir..........	3 300, 6 600, 10 000
11	— — du type bas.....	1 500
45	— — à portique......	1 500
6	— — à chèvre boiteuse	1 500
14	— électriques à portique.......	1 500
7	— — murales.........	1 500
2	— — fixes.............	1 500
2	— — à chèvre boiteuse.	1 500
3	Pontons-bigues à vapeur...........	40 000
1	Ponton à vapeur...................	120 000
4	Appareils chargeurs de charbon....	»
105		

Outillage électrique de Rotterdam. — Il comprend 29 grues réparties de la façon suivante :

De 1 500 à 2 250 kilogrammes..............	12
2 500 à 4 000 —	9
1 500 —	6
2 500 —	2
Cabestan de 2 000 kilogrammes..........	1

Le courant est fourni par une batterie d'accumulateurs composée de 252 éléments Hagen, qui peut être doublée. La batterie est chargée par la station centrale de la ville, sous 440 volts.

Outillage du port de Calais. — Engins hydrauliques et grues à bras concédés à la Chambre de commerce par décret du 19 mars 1891.

1° 10 grues hydrauliques roulantes de 1 500 kilogrammes.
2° 2 — — — de 5 000 —
3° 6 treuils — — de 750 —
4° 1 grue hydraulique de la force de 40 000 kilogrammes avec l'installation nécessaire pour l'embarquement du charbon par wagons complets.

La Chambre de commerce possède également :

1 grue à bras de 10 000 kilogrammes au bassin Ouest.
1 — — 3 000 — au quai Nord de l'avant-port Ouest.
1 grue à bras de 1 500 kilogrammes au quai Est de l'avant port Ouest.

CHAPITRE IX

DIVERS

—

PORTS DE PÊCHE

Il est une classe de ports pour lesquels le gouvernement anglais n'a pas hésité à faire une exception au point de vue d'un concours pécuniaire. Ce sont les ports de pêche et les subventions leur sont accordées sur la proposition d'un comité du Board of Trade, connu sous le nom de « Harbour Grants Committee ».

C'est qu'on a reconnu que l'amélioration de ces ports était d'un intérêt national, comme ceux de refuge. En 1905, le nombre des pêcheurs, seulement pour l'Angleterre et l'Ecosse, s'élevait à 82 000 ; l'Irlande intervient d'ailleurs peu dans cette industrie.

Et l'on peut estimer au double le nombre des personnes qui vivent des accessoires de la pêche, les tonneliers, emballeurs, saleurs, fabricants de filets, etc.

Les ports de pêche n'ont que très peu de revenus et exigent des dépenses considérables relativement à leur importance ; aussi le concours de l'Etat est-il indispensable.

Le développement de ces ports est dû surtout à la facilité qu'ont donnée les chemins de fer au transport, dans l'intérieur, des produits de la pêche. Vers 1880, sont apparus les premiers chalutiers à vapeur ; les vapeurs engagés dans la pêche, en Angleterre et en Ecosse, sont aujourd'hui au nombre de 2 000, de 100 000 tonneaux de capacité, dont 1 200 chalutiers à vapeur et 800 à voile.

Comme termes de comparaison on a les chiffres suivants (1903) :

22 chalutiers à vapeur en Belgique (port d'Ostende).
28   —   —   en Hollande.
133   —   —   en Allemagne.
14   —   —   en France.

En 1885, en Angleterre, le produit de la pêche pesait
55.000 tonnes et valait 130 millions; aujourd'hui (1904), les
chiffres respectifs sont 96. 560 tonnes et 220 millions.

Une grande partie de la pêche s'effectue encore par des
voiliers.

Le nombre des ports de pêche anglais est de 110, et 68 ont
reçu des allocations de l'Etat. Ces allocations ont dépassé
250.000 francs pour 45 d'entre eux.

En France, il n'existe pas de ports spéciaux pour la pêche;
mais celle-ci est concentrée dans un certain nombre de villes
telles que Boulogne. En 1902, ce port atteignait déjà le chiffre
important de 20 millions comme produit de pêche répartis
comme suit :

Juin à octobre :
Hareng, salaison à bord, pêché au nord de
   l'Ecosse ....   4 358 170 fr.

Octobre à février :
Hareng frais pêché depuis l'embouchure de
   la Tamise jusqu'aux côtes de France......   7 249 870

Avril à juillet :
Morue au nord et à l'est de l'Angleterre.....   21 250

Toute l'année :
Pêche au chalut dans la mer du Nord, la
   Manche et l'Océan jusqu'au Maroc........   6 570 000

Mars à mai :
Maquereau, salaison à bord................   676 342

Mai à juin :
Maquereau frais 1 132 784
                                                            20 008 416 fr.

Pour un service aussi important, on n'a guère que 400 mètres de quai servant à la manutention du poisson, de la glace, du charbon et des provisions. Il est à remarquer que les ports de pêche doivent être reliés à l'intérieur par des lignes à trains rapides ce qui est le cas de Boulogne et explique son avance.

SERVICE DES PASSAGERS

En 1903, les différentes Compagnies de navigation européennes ont transporté à New-York 152 810 passagers de cabine et plusieurs centaines de millions d'émigrants.

Le nombre des passagers vers les ports français ou au départ des ports français pour l'Angleterre a été en 1904 :

Calais	296 217
Boulogne	230 350
Dieppe	213 522
Le Havre	36 785
Cherbourg	4 555
Saint-Malo	18 226

Pour leur embarquement ou débarquement, il a fallu prévoir des installations dont quelques-unes seront signalées ici, la question ayant déjà été examinée, en particulier pour Calais (*Ports maritimes*, tome II, page 384).

Débarcadère flottant de Brême (*fig.* 109). — Le ponton, composé de flotteurs étanches, encadrés de bois, offre la forme d'un trapèze irrégulier de 60 mètres de longueur. La base voisine du quai a 6 mètres, l'autre, 12 mètres. Sur ce ponton descend une passerelle articulée sur le quai à un arbre horizontal ; l'extrémité inférieure roule sur des galets.

La passerelle a 36^m,40 de longueur et 3 mètres de largeur ; c'est par elle qu'accèdent les voyageurs, qui s'embarquent sur les bateaux accostés au ponton. Aux hautes eaux, la passerelle est horizontale. Sa pente est de 1/6 aux basses eaux.

Le ponton est tenu en place par deux chaînes amarrées à

deux blocs de béton noyés dans le sol. Ces chaînes se croisent et passant sur des poulies de renvoi, traversent toute la longueur du ponton près des bords, puis se relèvent en arrière pour aller s'accrocher aux arêtes du quai. Elles sont disposées de façon que la quantité dont elles se raccour-

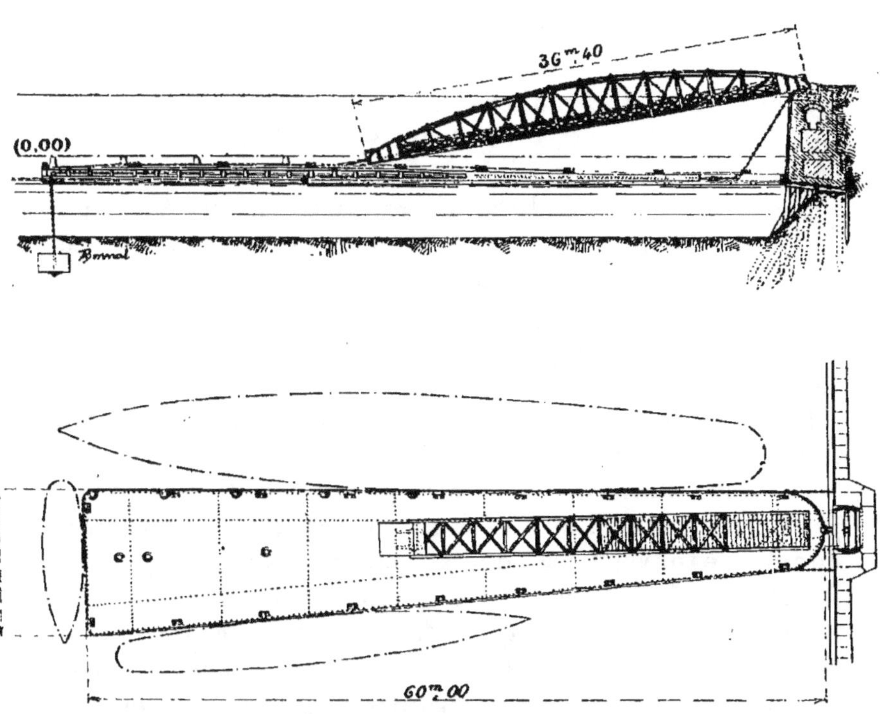

Fig. 109. — Débarcadère de Brême.

cissent entre le quai et le ponton, quand la mer monte, soit égale à celle dont elles doivent s'allonger au-dessus des blocs de béton.

Le ponton suit ainsi le mouvement des marées et des crues au moyen d'un guidage élastique qui le rend très peu sensible aux chocs des bateaux.

Terrasse d'embarquement du Havre. — Il s'agit d'une véritable gare maritime, disposée sur le quai du bassin de l'Eure, pour le service des passagers et de leurs bagages. C'est l'installation la mieux entendue qui existe à l'heure actuelle.

La gare a 202^m,50 de longueur et est recouverte, sur 89^m,10 d'un étage. Entre les piliers qui ferment les façades, la largeur est de 17^m,28 ; mais les fermes supportant le plafond se prolongent des deux côtés en porte-à-faux, formant vérandas. Celle du côté de terre abrite le train de luxe, celle du côté de l'eau est revêtue à sa partie supérieure d'un plancher formant terrasse d'embarquement.

Les voyageurs arrivant du train de luxe montent à l'étage et, par la terrasse d'embarquement, couverte également par une marquise, se rendent au navire par des passerelles appuyées, d'une part sur la terrasse, de l'autre sur le pont-promenade du navire.

Les bagages sont embarqués, du rez-de-chaussée, par des passerelles aboutissant au pont supérieur, qui se trouve sous le pont promenade du bateau.

La terrasse d'embarquement a une longueur de 162 mètres ; elle est bordée d'un garde-corps, percé de coupées, distantes de 8 mètres, pour les passerelles.

Le niveau de l'eau variant peu dans le bassin, les passerelles ont toujours à peu près la même inclinaison.

Les deux façades sont fermées, au rez-de-chaussée, par des portes roulant sur des galets supérieurs, de façon à donner des ouvertures de la largeur nécessaire,

Cette partie est destinée au paquebot partant.

Le paquebot arrivant se place devant un autre hangar, relié au premier par une cour couverte et devant lequel se prolonge la terrasse d'embarquement. C'est sur cette partie que descendent les voyageurs.

L'accès du premier étage a lieu par trois escaliers, dont un est réservé aux divers services de l'administration installés dans la gare Maritime, un autre aux passagers de première et seconde classes, le dernier, le plus voisin du hangar, aux passagers de troisième classe.

Les bâtiments sont éclairés à l'électricité, chauffés par la vapeur à basse pression et décorés selon les classes.

L'embarquement. — Il a lieu d'abord pour les passagers de troisième classe. Ils se dirigent vers leur salle d'attente, puis passent par la visite médicale et embarquent, par la terrasse sur laquelle on a placé des barrages pour séparer la partie où ils accèdent de celle où passeront ensuite les passagers des autres classes, qui embarquent les derniers.

Débarquement. — C'est le contraire au débarquement ; la visite des bagages des deux premières classes se fait dans la salle d'attente des troisièmes. Les passagers de cette dernière classe ne sortent qu'après le départ du train de luxe.

MESURES SANITAIRES

Émigration. — En 1905, il est parti de Rotterdam 55 574 émigrants, presque tous pour les États-Unis. Deux mille seulement étaient Hollandais.

La Compagnie Hollando-Américaine, qui transporte la majeure partie de ces passagers, exploite près de ses embarcadères un hôtel pour émigrants où 1 000 personnes peuvent être logées. A cet hôtel, merveilleusement installé et qui satisfait à toutes les exigences de l'hygiène, sont adjoints des pavillons isolés pour les émigrants atteints de maladies contagieuses.

Logements des émigrants. — Un rapport de M. P. Jolibois au Conseil municipal de Paris contient les considérations suivantes à ce sujet.

« La surveillance est indispensable lorsqu'il s'agit des logements réservés aux émigrants dans les ports de mer. Ces émigrants ne s'embarquent pas, en effet, immédiatement après leur arrivée par chemin de fer ; ils restent souvent plusieurs jours dans le port, errent à travers les rues de la ville et entrent dans les magasins pour y faire des achats. Ils peuvent ainsi répandre la contagion s'ils sont infectés...

« C'est par la voie des émigrants que le choléra est parvenu à Hambourg en 1892. N'y a-t-il pas là un motif suffisant pour souscrire aux deux vœux suivants, exprimés par M. G. Mélius, le très éminent chef de bureau d'hygiène d'Anvers ?

« PREMIER VŒU. — Il y a nécessité absolue de soumettre à une réglementation spéciale les logements d'émigrants, dans les ports affectés à l'embarquement.

« Deuxième vœu. — Les logements d'émigrants devront remplir les conditions générales d'habitabilité suivantes :

« 1° Posséder une cour spacieuse, non couverte, des urinoirs et des cabinets d'aisances en nombre suffisant (au moins un cabinet pour 20 personnes). Les urinoirs et les cabinets d'aisances devront se trouver à l'air libre et être pourvus de chasses d'eau intermittentes.

« La cour aura un dallage ou un pavage bien équarri, avec inclinaison requise pour assurer l'écoulement vers l'égout.

« 2° Les logements susdits devront être pourvus d'eau potable en quantité suffisante.

« 3° Les chambres, destinées au logement et autres, mises à la disposition des émigrants ainsi que les cages d'escaliers, seront ventilées d'une manière permanente d'après un système approuvé par l'autorité compétente.

« 4° Les murs des chambres, cages d'escaliers, corridors, cabinets d'aisances, devront être peints à l'huile ou badigeonnés à la chaux. Dans le premier cas, ils devront être lavés au moins deux fois par an ; de même, le badigeon sera renouvelé dans le second cas, en mai ou en octobre.

« 5° Chaque chambre servant de logement devra avoir un cube d'air en rapport avec le nombre de logés, soit 10 mètres cubes au minimum par personne adulte et 5 mètres cubes par enfant au-dessous de dix ans. Les lavabos et les lits seront en nombre suffisant et ces derniers pourvus des objets de couchage nécessaires.

« 6° Sur la porte de chaque chambre sera inscrit, à la peinture à l'huile, le nombre de personnes qui pourront l'occuper.

« 7° Toute maison comportant des logements d'émigrants devra posséder un réfectoire ayant des dimensions en rapport avec le nombre d'émigrants ,ainsi qu'une place destinée exclusivement à recevoir les bagages.

« 8° On ne pourra loger des émigrants dans des caves, sous-sols ou greniers. »

Mesures générales. — Depuis que les progrès de la science moderne ont fait connaître l'origine, le mode de propagation des maladies épidémiques, les mesures sanitaires imposées à la navigation diffèrent absolument de l'antique *quarantaine*, dont le nom seul indique la durée.

Les routes nouvelles, comme le canal de Suez, la rapidité des voyages, ont augmenté dans une proportion considérable les risques d'invasion, et les puissances européennes se sont entendues pour prendre des mesures de préservation générales, en dehors des précautions individuelles à chaque pays.

Le point fondamental de la convention de Venise, de 1892, a été l'organisation d'une surveillance sanitaire à l'entrée du canal de Suez; des postes sanitaires ont été établis, où les malades peuvent être débarqués, soignés et isolés, où la désinfection et l'observation peuvent s'effectuer.

Les navires ordinaires vont aux sources de Moïse, près de Suez, sur la côte asiatique; les navires à pèlerins, les plus dangereux, à 120 milles de l'entrée du Canal, à Djebel-For, sur la plage au pied du Sinaï. La surveillance est confiée au Conseil sanitaire et quarantenaire d'Égypte, siégeant à Alexandrie et qui est international.

D'autres stations sont encore établies à l'entrée de la mer Rouge et sur le golfe Persique.

Quant à la préservation individuelle des pays, elle s'effectue dans les ports, suivant des règles également internationales.

Les mesures sanitaires imposées aux bâtiments, diffèrent suivant que le navire, porteur d'une patente brute, c'est-à-dire provenant d'un pays où règne une épidémie, est considéré comme indemne, suspect ou infecté.

Dans le dernier cas, le bâtiment est soumis au régime suivant.

I. Les malades sont immédiatement débarqués et isolés jusqu'à leur guérison ;

II. Les autres personnes sont soumises à une observation qui varie selon le cas;

III. Le linge sale, les effets à usage, les objets de literie ainsi que tous les autres objets ou bagages que l'autorité sanitaire considère comme contaminés sont désinfectés.

IV. L'eau potable du bord est renouvelée. Les eaux de cale sont évacuées après désinfection.

V. Il est procédé à la désinfection du navire ou de la partie du navire contaminé après le débarquement des passagers et, s'il y a lieu, le débarquement des marchandises.

Le titre IX du décret du 4 janvier 1896 exige dans les ports des Stations sanitaires ou des Lazarets.

Les *stations sanitaires* comprennent des locaux séparés, destinés au traitement des malades et à l'isolement des suspects. Des étuves à désinfection pour les vêtements, le linge, etc., y sont installés.

Les *Lazarets* sont des établissements permanents disposés de manière à permettre l'application de toutes les mesures de préservation : isolement des passagers, désinfection des marchandises et du navire.

Pour l'isolement des passagers, il faut au moins deux corps de bâtiments séparés, situés à une distance convenable, l'un pour les malades, l'autre pour les suspects. Ils sont munis de parloirs isolés pour les visiteurs.

Les magasins, également isolés, reçoivent les uns les produits à purifier, les autres ceux déjà purifiés.

Les Lazarets sont pourvus d'étuves à désinfection. Ils sont alimentés par de l'eau saine ; et les eaux usées sont enlevées par un système d'évacuation sans stagnation ou par des tinettes mobiles.

Lazaret de Gênes. — Il est placé sous le musoir du Molo Nuovo, et occupe une superficie de 4.100 mètres carrés, dont 1.600 mètres carrés couverts. Il comprend les édifices suivants :

1° Salles d'attente, de garde, pour la visite médicale et le logement du personnel ;

2° Hôtel à trois étages avec chambres à deux lits ou plus, pouvant recevoir 70 voyageurs ;

3° Hôpital pour douze lits, divisé en deux compartiments ;

4° Pavillon pour bains, douches ;

5° Magasin ;

6° Blanchisserie et désinfection des gros bagages et hardes ;

7° Cuisine ;

8° Four crématoire et four à chiffons.

La désinfection des gros bagages se fait au moyen d'étuves. Le blanchissage s'opère par des lessiveuses et des essoreuses.

Le coût de l'installation a été de 350.000 francs; on reproche à ce local d'être trop près de ceux du port.

Dans les stations sanitaires de Naples, Venise, etc., on n'a que des fours crématoires, des étuves de désinfection et des bains.

Lazaret du Frioul. — Le Lazaret du Frioul, au milieu de la rade de Marseille, a été installé dans les deux îles de Pomègues et de Ratoneau, qui ont été reliées par une chaussée sur enrochements.

Les figures 110 reproduisent le plan de la disposition

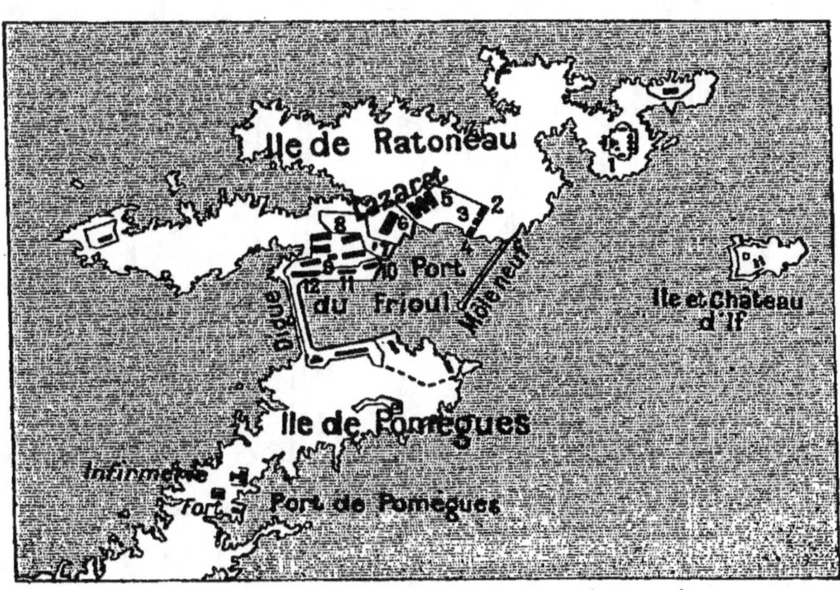

Fig. 110. — Port et Lazaret du Frioul.

générale et celui du grand hangar sanitaire. On a critiqué souvent les locaux, le mobilier, le confortable de ce lazaret et surtout le défaut de pavillons séparés permettant d'isoler les passagers par petits groupes.

Le principal inconvénient est la réunion dans une même enceinte du lazaret et de la station de désinfection.

Celle-ci, devrait être complètement séparée et serait destinée à la visite médicale, à la désinfection des bagages et des

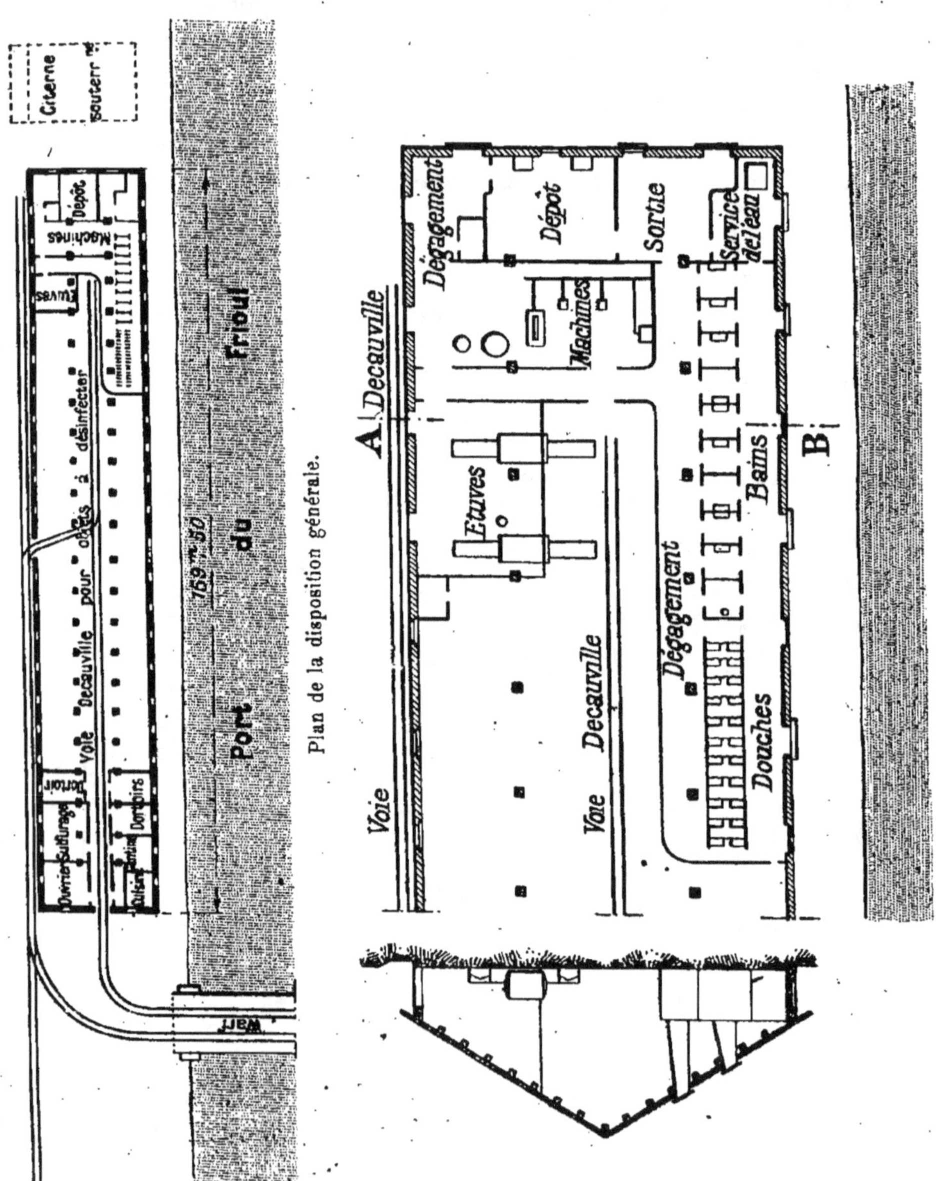

marchandises des navires indemnes ou suspects, lorsque le
déchargement complet n'est pas nécessaire.

On a proposé de l'installer sur un vieux bâtiment servant de ponton, ou sur la pointe Est de l'île de Pomègues.

Sous un hangar, serait disposée une série de cabines à deux issues, à fermetures complètes, avec un compartiment pour recevoir les vêtements à désinfecter.

Des salles d'attente closes seraient placées à l'entrée et à la sortie.

Ce hangar recevrait également un appareil Clayton, producteur d'acide sulfureux. Ce gaz, introduit à la proportion de 8 à 9 0/0 dans l'atmosphère des cales, est sûrement microbicide et parasiticide. Dès 5 0/0 il est mortel pour les rongeurs qui infectent les cales et de là se répandent dans les ports. On sait qu'ils sont les propagateurs de la peste.

Ce procédé a fait ses preuves à Dunkerque. La durée de la désinfection d'un navire de 3 000 tonnes ne dépasse pas huit heures et le prix 200 francs.

FOURNITURE DE L'EAU

La fourniture de l'eau comprend, celle nécessaire à la propreté, à l'alimentation et celle destinée aux chaudières.

Au Havre, le prix de la fourniture est calculé sur le tonnage du bâtiment, quelle que soit la quantité prise.

Pour un navire de 500 tonneaux, l'eau potable coûte 30 francs, et l'eau des chaudières 50 0/0 en plus, soit 45 francs, en tout 75 francs.

Un navire de 4 000 tonnes doit payer pour l'eau potable 205 francs, et pour celle des chaudières 50 0/0 en sus, 307 fr. 50, ou en tout 512 fr. 50.

Or, les grands navires n'ont souvent besoin que de très peu d'eau. On avait adopté ce mode de comptes, en estimant que le personnel et la capacité des chaudières étaient fonction du tonnage. Outre que la considération de la vitesse a faussé ce mode d'évaluation, il ne pourrait être approximatif que si le navire avait à faire son plein d'eau.

Tarif pour un navire de :

70 à 100 tonneaux................	8	francs
101 à 150 —	10	—
151 à 200 —	15	—
201 à 250 —	20	—
251 à 350 —	25	—
351 à 500 —	30	—

Par 100 tonneaux de jauge au-dessus de 5 tonneaux 5 francs.

Pour l'eau des chaudières 50 0/0 en plus de la jauge nette, A Marseille, l'eau douce se vend à la tonne, rendue à bord, 2 francs. Les vapeurs ne la paient, en quantité, que 1 fr. 50, et celle pour les chaudières 1 franc.

Aux môles A, C et à la traverse de l'abattoir, les conduites de la Chambre de commerce livrent l'eau à 0 fr. 60.

PARC A BESTIAUX

Le parc à bestiaux du Havre fait partie de l'outillage de la Chambre de commerce. Etabli sur le quai de la Plata (quai Sud du premier bassin Bellot), il contient 125 bœufs et 2 500 moutons.

La Chambre de commerce fournit le parc avec ses cloisons de circulation et de séparation, les mangeoires, abreuvoirs, lisses d'attache, robinets d'eau, tuyaux d'arrosage et le matériel de conduite du bétail.

Les déplacements du matériel, les dépenses de nettoyage, de désinfection et d'eau sont à la charge du locataire qui paye :

Par bœuf ou cheval ..	$0^{fr},50$	par jour de 24 heures
Par mouton.........	$0^{fr},07$	

Dans le port de Calais, on a près du bassin Carnot un immense enclos affecté à cette destination, le hangar possède des mangeoires de manière à permettre un séjour prolongé des bestiaux. Une canalisation spéciale assure une abondante alimentation d'eau pour les animaux.

CHAMBRES RÉFRIGÉRATRICES

Depuis une vingtaine d'années, les grands ports importateurs sont pourvus de magasins spéciaux, à atmosphère refroidie, pour la conservation des viandes, des fruits, etc.; à Londres, ces entrepôts ont reçu une grande extension.

Conservation des viandes. — *Entrepôts de Victoria docks.* — On peut citer les magasins des Victoria docks de Londres. Construits à deux étages en bois, ils ont chacun $3^m,35$ de hauteur. Le parquet du rez-de-chaussée est légèrement élevé au-dessus du sol environnant, et les portes d'entrée ont leur seuil à $1^m,35$ au-dessus ; on y accède par des marches.

La porte donne dans une petite pièce d'attente, qui sert à deux chambres de réfrigération contiguës et dont elle est séparée par des portes isolantes. La perte de chaleur, à l'ouverture, est ainsi réduite au minimum, la couche inférieure à la porte n'éprouvant aucun mouvement,

Ces portes ne servent qu'au personnel. La viande est reçue par des guichets, placés à la même hauteur, $1^m,35$.

Ces guichets sont fermés par une fenêtre à guillotine, sans charnières, ni gonds, afin de ne pas déchirer les enveloppes de la viande. Dans cette fenêtre en est pratiquée une autre, plus petite, s'ouvrant de la même façon. La grande ouverture sert pour les quartiers de bœuf ; la petite pour le mouton. La fermeture, par boulon à charnière, s'effectue sur une bande de flanelle.

Les battants des portes, les volets des fenêtres sont formés de deux épaisseurs de planches assemblées, avec interposition de papier d'emballage goudronné.

La construction est faite sur pieux et colonnes. Le parquet se compose d'asphalte sur châlit de béton ; l'asphalte est recouvert d'un plancher assemblé qui reçoit à son tour deux épaisseurs de papier goudronné.

Un deuxième plancher est posé sur solives de 75×275 millimètres, espacées de 50 centimètres. Tous les joints sont recouverts de feutre, et l'espace entre les solives est rempli de charbon de bois léger; le tout est enfin recouvert de planches assemblées.

Les murs sont construits dans le même genre, avec des montants de $18 \times 6^{cm},5$ et $28 \times 7^{cm},5$ espacés selon le poids que supporte le plancher supérieur. Le hourdis double est recouvert de papier goudronné, et le contact de bois sur bois est prévenu par des bandes de feutre ; les espaces sont également remplis de charbon de bois.

Les plafonds, les parquets supérieurs sont construits de même. Le tout, ainsi que le toit, est protégé par du fer ondulé, à distance de la partie isolée.

Les portes ont leurs vides remplis par du laitier à filaments, qui n'a pas l'inconvénient, comme le charbon de bois, de se tasser sous les chocs.

Les machines employées à Victoria docks sont celles à l'air sec, qui est conduit dans tout l'édifice par des tuyaux en bois, munis de distance en distance de portes glissantes, qu'on ouvre ou ferme, suivant la température désirée.

Entrepôts de West India docks et West Smithfield. — Ces magasins ont dû recevoir plusieurs étages, à cause du manque de terrain. Aussi n'ont-ils pu être construits en bois, mais en briques ; on a dû disposer des briques creuses, çà et là, pour assurer la ventilation.

Le mur intérieur est complètement revêtu d'une double paroi de planches assemblées et recouvertes chacune de papier goudronné ; le vide entre ces parois est rempli de charbon de bois.

Une chambre spéciale est destinée à la conservation du beurre, du lait, des œufs, etc.

Machines. — Les machines usitées sont de trois types. A Victoria docks, l'air sec détendu; aux West India docks, les machines à ammoniaque, et à West Smithfield, celles à l'anhydride carbonique.

Les machines à ammoniaque et à l'anhydride carbonique étant très connues, il suffira de dire quelques mots de l'installation du refroidissement par l'air sec.

Le principe consiste à comprimer fortement l'air et à le refroidir, puis à le laisser se détendre, ce qui occasionne un refroidissement considérable.

L'inconvénient de ce système, c'est que la machine doit être au même niveau que les chambres à refroidir ; car l'air, en s'élevant, s'échaufferait. Un autre inconvénient, c'est la grande quantité d'eau qu'exige le refroidissement. La puissance nécessaire est également plus grande qu'avec les autres procédés.

Les avantages du système sont sérieux. D'abord, l'air est renouvelé constamment dans les chambres de réfrigération, ce qui aide à la conservation des marchandises. D'autre part, l'humidité qui se transforme en neige reste dans les conduites en bois.

La machine à vapeur employée au Victoria dock est compound, horizontale, à enveloppe de vapeur et condensation par surface ; le diamètre du cylindre de haute pression est de 50 millimètres, celui du cylindre de basse pression de 900 millimètres ; la course commune est de 900 millimètres.

Ils sont placés côte à côte et actionnent un arbre coudé portant de forts volants. Les compresseurs, de 640 millimètres de diamètre, ont la même course que les cylindres ; dans leur enveloppe passe un courant d'eau que des pompes prennent dans des rafraîchisseurs et injectent autour des compresseurs.

La pression dans les compresseurs atteint $3^{kg},5$ par centimètre carré.

L'air comprimé passe dans un refroidisseur analogue à un condenseur par surface et composé de 1 000 tubes autour desquels passe l'eau provenant des pompes. L'eau est mise en circulation sous une pression de $0^{kg},70$ à 1 kilogramme par centimètre carré.

Cet air doit absolument être desséché. A cet effet, on le fait passer dans des tubes sécheurs, lors de son retour à la machine, après avoir circulé dans les chambres. Il est ensuite exposé à une large surface de refroidissement, et l'humidité qu'il contient se condense. L'eau ainsi déposée est immédiatement enlevée.

Les cylindres de détente sont au nombre de deux, de

300 millimètres de diamètre, avec 900 millimètres de course ; ils sont munis de tiroirs, de soupapes, etc.

Les tuyaux en bois, d'amenée de l'air, sont fixés au centre du plafond de chaque chambre. L'ouverture des valves, dont ils sont garnis, fait entrer l'air qui entretient une température de — 5° à — 8°. Les tuyaux de retour sont placés sur les parois, près du plafond.

A vitesse normale, l'air accomplit son cycle en deux heures. La puissance nécessaire est de 287 chevaux.

A West Smithfield, les étages sont desservis par des monte-charges spéciaux.

Le refroidissement par l'air semble préférable ; à Birkenhead, on emploie le procédé Linde, qui a donné de bons résultats.

SAUVETAGE DES NAVIRES

Généralités. — Les navires échoués dans les avant-ports, bassins, chenaux, etc., sont tellement encombrants pour le trafic du port que, souvent, il est impossible de les sauver, car il y faudrait mettre trop de temps. Cependant, il y a des cas où le sauvetage est possible. Dans les rivières, les rades, il est presque de règle et il faut connaître les divers moyens employés dans ce but.

Pour la destruction des épaves, on emploie la dynamite qui réduit la coque en petits fragments, faciles à enlever. Pour les navires en bois, la poudre ordinaire est préférable, justement parce qu'elle donne des morceaux plus gros et utilisables.

Un cas remarquable a été celui du *Milwaurkee*, un vapeur de 7 320 tonneaux, long de 140 mètres, qui se perdit sur la côte anglaise orientale près d'Aberdeen en 1898. La partie arrière ayant été reconnue bonne, on fit sauter l'avant par la dynamite. La partie postérieure, y compris la chambre de la machine, ayant pu être bouchée, fut remorquée à Newcastle, où on la répara et le navire allongé servit à nouveau.

Jadis, presque tous les navires sombrés étaient détruits ; il n'en est plus de même aujourd'hui.

Sauvetage. — Plusieurs procédés sont employés pour *renflouer* un navire. Les deux les plus usités sont le relèvement par pontons ou chameaux, et l'épuisement de l'eau, grâce auquel le navire peut flotter.

A. *Pontons.* — Le premier procédé ne s'applique qu'aux mers à marées assez prononcées.

On fait passer sous la quille du bâtiment des cordes (élingues) ou des chaînes qui, à la marée basse, sont fortement attachées à des flotteurs (chameaux).

La marée montante soulève à la fois les flotteurs et le navire, qui flotte et peut être amené à un bassin de radoub.

Quelquefois le navire n'a pas été suffisamment soulevé pour franchir l'entrée du port; il s'échoue en un point moins profond et l'on recommence l'opération, même à plusieurs reprises.

Quand il n'y a pas d'appareils de réparations dans le voisinage, on se contente de transporter le navire sur la côte et de l'y échouer. Pendant les basses mers on le répare le mieux possible.

Les chameaux sont de simples barriques vides pour les petits navires, ou des caisses étanches pour les grands. Des chalands servent également très bien.

Au lieu de chaînes ou de câbles ordinaires, on emploie aujourd'hui les câbles en acier beaucoup plus commodes.

B. *Épuisements.* — Dans ce système, toutes les ouvertures, sabords, panneaux, la déchirure cause du désastre, tout est soigneusement bouché et les tuyaux d'aspiration d'une ou plusieurs pompes sont introduits au milieu d'un calfatage dans la cale. L'eau intérieure est ainsi épuisée et le bâtiment redevient léger.

Si une écoutille est émergée, elle n'a pas besoin d'être bouchée; quelquefois, on prolonge les parois de la lisse, afin de laisser les panneaux à découvert.

Les ouvertures sont bouchées par de la toile à voile goudronnée; si elles sont très grandes, on les recouvre de plaques de tôle ou de planches, soigneusement calfatées. Le tout est maintenu par des madriers dont les extrémités sont goujon-

nées dans la carcasse si elle est métallique, ou clouées, dans
le cas des navires en bois.

Des plaques de caoutchouc interposées sont d'un très
bon effet.

Si le trou produit par une collision se trouve sous la coque,
il est le plus souvent impossible de sauver le bâtiment de
cette façon surtout — cas le plus fréquent — quand la cale
est pleine. Autrement, les scaphandriers peuvent aller bou-
cher la déchirure intérieurement.

Conservancy Board de la Tamise. — C'est une administration qui a le privilège d'enlever les épaves du grand fleuve,
trop nombreuses chaque année. Elle peut recouvrer, des propriétaires des navires, les frais en cours, avec faculté même
de vendre les bâtiments en cas de non-paiement.

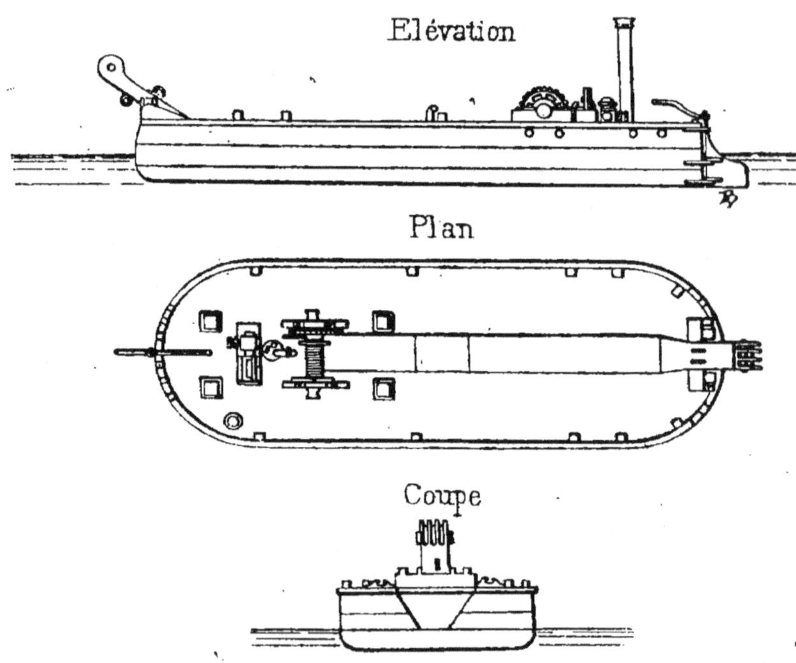

FIG. 111. — Chaland de 150 tonnes.

Le personnel du sauvetage est très exercé, et le matériel
toujours mouillé à Millwall, est tout à fait spécial. Il se compose de :

Cinq chalands mesurant 21^m,30 de longueur sur 7^m,30 de largeur avec une puissance de soulèvement de 150 tonnes (*fig.* 111);

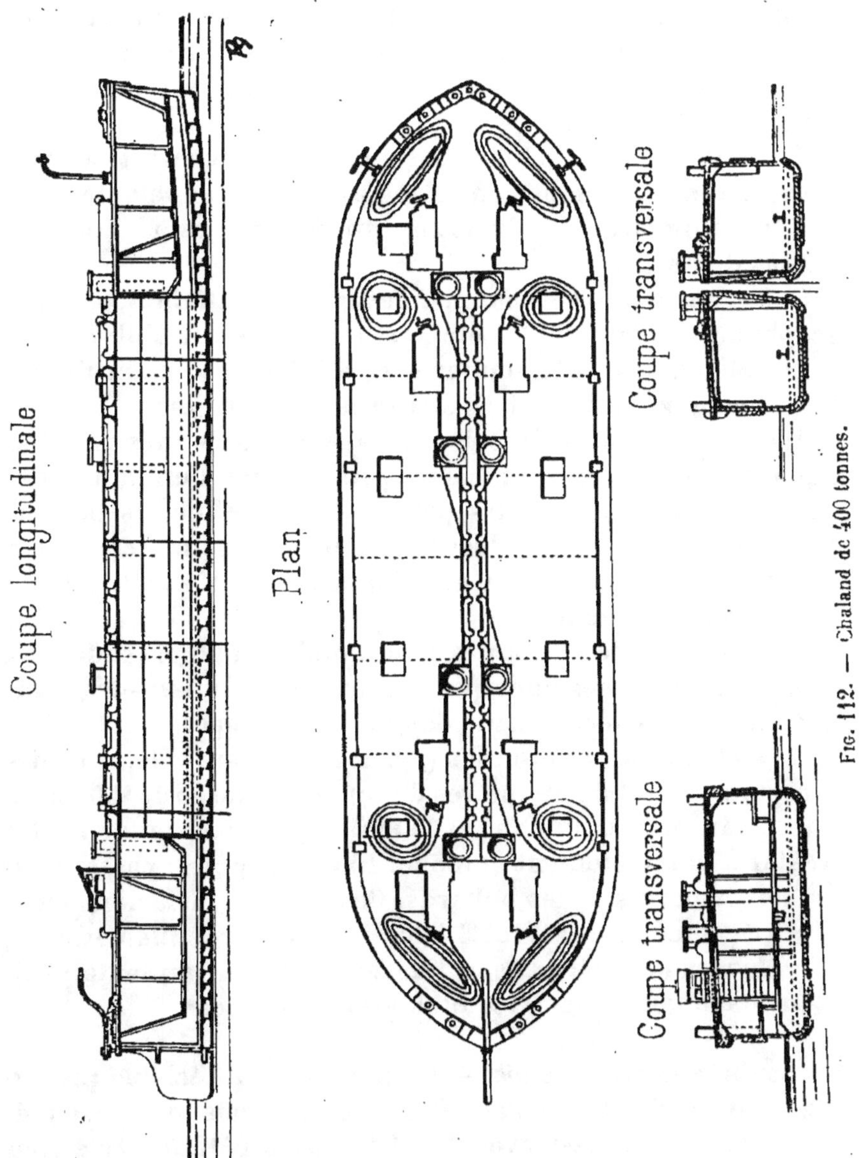

Fig. 112. — Chaland de 400 tonnes.

Deux de 27^m,40 × 7^m,30, de 300 tonnes;

Deux de 33 × 8^m,50, de 400 tonnes (*fig.* 112).

La capacité totale de soulèvement, de deux des chalands

de 150 tonnes, peut encore être accrue par l'accroissement de la calaison.

Le matériel comprend encore : Un remorqueur à hélice, de 18 mètres sur 4^m,25 de la force de 30 chevaux ; un bateau, stationné à Gravesend, qui sert à marquer la place des épaves, trois autres bateaux analogues plus petits servent dans l'amont de la rivière.

Le remorqueur attaché aux dragues du fleuve est pourvu d'une puissante pompe centrifuge avec tuyau de refoulement de 450 millimètres de diamètre, qui peut être réquisitionnée en cas de besoin.

Enfin, un fort approvisionnement de câbles, chaînes, poulies, scaphandres, lanternes, etc., est en magasin à Millwall.

Les chalands de 150 tonnes sont solidement construits en fer, avec faux ponts en bois et panneaux étanches.

Trois sont armés de puissants treuils actionnés par des machines de 12 chevaux ; des bossoirs, larges d'un mètre, débordent et soutiennent des poulies à trois brins. Ils portent une pompe centrifuge destinée à former sous l'épave un couloir pour passer la chaîne-élingue ; à cet effet elle refoule la vase au point voulu.

Les chalands de 300 tonnes sont semblables ; leurs panneaux sont assez étanches pour que l'embarcation puisse être complètement submergée sans danger d'échouage.

Les allèges de 400 tonnes (*fig.* 112) portent à leur centre un puits ouvert de 18 mètres de longueur, large de 450 millimètres au niveau du pont et 600 millimètres au fond. Tout le reste est complètement étanche. Dans le puits passent les câbles, amarrés à des bollards. Ces câbles en acier, longs de 4 à 40 mètres, ont de 25 à 30 millimètres de diamètre.

A Liverpool, Belfast, etc., existe également un matériel de sauvetage qui a rendu les plus grands services.

Sauvetage du *Cabenda*. — Ce navire s'était échoué près de la côte de Sierra Leone. Tous les goussets de liaison du réservoir du ballast avec les flancs du bâtiment s'étaient brisés ; le double fond, ouvert sur une longueur de 7 mètres, avait les bords de la déchirure repliés en dedans.

On recouvrit le trou d'une tôle d'acier, qu'il fut très difficile de fixer. Des boulons d'arrêt spéciaux lièrent cette plaque au double fond; ils étaient taraudés et fixés dans la tôle du bâtiment par des plongeurs.

Les goussets furent de même assujettis par des boulons d'arrêt.

On garnit ensuite les voies d'eau de sacs de ciment, sur lesquels on coula du béton en masse.

Après la prise, le bateau put être renfloué.

Sauvetage de l'Austral. — L'*Austral* est un vapeur de l'*Orient Steam Navigation C°*, dont les dimensions sont 140ᵐ × 14,60 et 11ᵐ,25 de hauteur et dont le tonnage brut atteint 5 588 tonneaux (*fig.* 113).

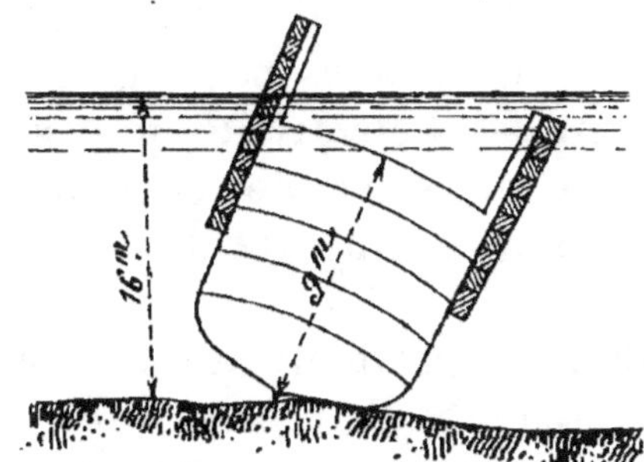

Fig. 113. — Sauvetage de l'*Austral*.

Il coula devant Sydney, par 16 mètres d'eau ayant à bord 200 tonnes de fer et 1 500 tonnes de charbon.

Pour le renflouer, on jugea qu'il était impossible de le soulever, et l'on s'arrêta à l'idée de prolonger ses parois jusqu'au-dessus du niveau de l'eau, de façon, après avoir fermé les ouvertures, à épuiser l'eau contenue dans la caisse ainsi formée et dans la coque.

C'était donc, en réalité, surmonter le bâtiment d'un batardeau.

Celui-ci avait 125 mètres de longueur sur 9 mètres de hauteur; une cloison transversale le divisait en deux parties qu'on pouvait pomper alternativement pour assurer l'équilibre du bateau.

Les parois étaient composées de fermes, espacées de 2ᵐ,40, sur lesquelles étaient clouées des planches. Un contreventement soigné assurait la solidité.

Les parois étaient construites à terre, par portions de 5 mètres environ, mises en place par une grue et boulonnées au bâtiment par des boulons passant dans les hublots.

L'étanchéité fut réalisée par de la toile à voile, de 2 400 mètres carrés, recouvrant le bordé.

Dix pompes, donnant environ 4 mètres cubes à la seconde, étaient actionnées par la vapeur provenant de six vapeurs, mouillés autour.

En quelques heures, on aurait pu terminer, si ce n'avait été les fortes rentrées d'eau; quand le navire put être halé, il fut remorqué et échoué sur le rivage. Après enlèvement du batardeau, on le fit entrer au bassin de radoub.

Ce système est applicable dans les localités abritées, quand le navire est coulé par une profondeur au plus double de sa hauteur.

Engins de sauvetage. — L'installation du Havre peut être citée à titre d'exemple :

Une construction, sur les rives de l'avant-port, renferme les logements du directeur, du chef du sauvetage et du patron des canots, une salle de secours pour les noyés, à deux lits chauffés rapidement par l'électricité, une salle de repos avec lits de camp et matériel de couchage pour dix naufragés, le cabinet du médecin avec les accessoires nécessaires, etc.

Le magasin de sauvetage proprement dit contient des amarres, des grelins, des aussières, chargés sur des chariots prêts à partir; un approvisionnement de gaffes Legrand, de lignes Torès et Bracnel, des armements de rechange pour les canots de sauvetage, des poulies, un canon, un pierrier, un mousqueton porte-amarres système d'Houdetot, avec son attirail, des fanaux, etc.

Deux canots de sauvetage sont mouillés dans l'anse des Pilotes; un troisième est en réserve dans les bassins. Les deux premiers sont munis du système Debrosse pour la projection de l'huile sous pression, de l'acide carbonique liquide.

Engins contre l'incendie. — Le port du Havre possède: Une pompe projetant 20 litres à la seconde; une autre déversant 40 litres; une pompe automobile à pétrole projetant 32 litres et pouvant se déplacer à la vitesse de 22 kilomètres à l'heure ;

Trois bateaux pompes :

Le bateau n° 1, fort de 40 chevaux, peut épuiser 120 litres

à la seconde ; le bateau n° 2, 220 litres; et le bateau n° 3, 110 litres.

Le remorqueur Titan peut épuiser 75 litres à la seconde et les refouler dans cinq manches à incendie. Il existe encore 375 mètres de barrages flottants pour les pétroliers.

Parmi les appareils de sauvetage, il faut encore citer :

La *Torche automatique*, qui s'enflamme aussitôt qu'elle tombe dans l'eau, n'a aucun mécanisme et dont la conservation est parfaite.

La *Bouée lumineuse* à allumage automatique, qui a les mêmes qualités que la précédente.

La *Bouée automatique à huile*, d'où suinte de l'huile qui calme les flots autour de l'appareil, dont l'approche est ainsi facilitée. La zone protégée s'étend sur 100 à 200 mètres carrés. La bouée porte le jour un pavillon rouge et la nuit une torche lumineuse.

CHAPITRE X

RÉPARATION DES NAVIRES. — CALES

Les navires ont besoin, de temps à autre, de faire nettoyer leur carène, salie par les incrustations des animaux et végétaux marins. Cette obligation est rendue presque inutile quand le bâtiment séjourne pendant une période suffisante dans l'eau douce, qui fait périr ces organismes; aussi les ports en rivière ne possèdent-ils que peu de moyens de nettoyage, à moins que le séjour des bâtiments n'y soit très court et qu'il faille accomplir à la main l'œuvre que l'eau douce n'a plus le temps d'effectuer.

En tout cas, il est nécessaire de repeindre assez souvent les bâtiments, surtout ceux en fer. Les accidents, l'usure obligent également à des visites et à des réparations.

Mise à terre. — Les petits bateaux sont halés à terre, souvent à l'aide de rouleaux, et la visite en est aisée.

Gril de carénage. — Pour les navires d'une certaine importance, le procédé précédent n'est pas applicable. Dans les ports, à fortes marées les navires de faibles dimensions peuvent être réparés sur les grils de carénage; la figure 114 représente celui de Dieppe.

Il se compose d'une plateforme en bois, installée contre un quai, qui sert de soutènement aux batiments. La plateforme est supportée par des pilotis moisés. Elle a 60ᵐ,50 de longueur sur 11ᵐ,50 de largeur.

Le niveau de la plate forme est un peu au-dessus de celui des basses mers de morte eau. Des *tins* ou pièces transversales en bois reçoivent la quille du navire.

Celui-ci est amené durant le flot et étayé.

Il est réparé pendant la basse mer. Si le travail n'est pas terminé quand le niveau de l'eau remonte, il faut le suspendre

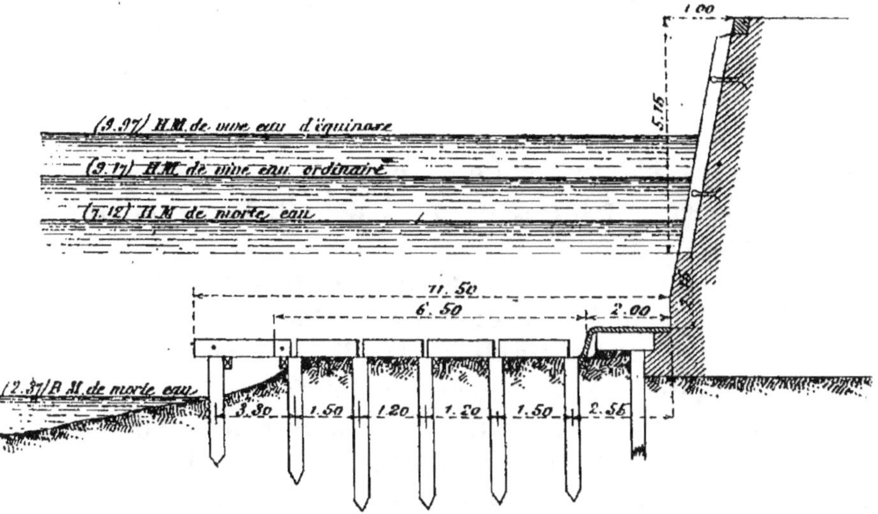

Fig. 114. — Gril de carénage de Dieppe.

et le recommencer ainsi à plusieurs reprises ; il y a là un inconvénient sérieux.

A l'époque du *Great Eastern* (1857), le grand navire qui dépassait 200 mètres de longueur quand les autres n'atteignaient guère que la moitié de cette dimension, il n'existait aucun moyen de le réparer; il fallut lui construire un gril dans la baie de Milford Haven.

On étudie en ce moment, au Havre, la construction d'un gril de carénage pour les petits navires, les pêcheurs et les bâtiments de servitude.

Il en existe un à Calais et dans de nombreux ports de second ordre.

Grils de Liverpool. — Celui du dock Clarence a une longueur de 95 mètres et une largeur de 7ᵐ,75. Il se compose de tins de 28 × 35 centimètres espacés de 1ᵐ,30 posés sur des blocs de maçonnerie. L'attinage présente 75 centimètres de pente de l'arrière à l'avant.

Celui du King's Pier, long de 155 mètres, large de 8 mètres, a ses tins tous au même niveau.

Abatage en carène. — Le procédé consiste à incliner la coque du navire successivement des deux côtés de façon à faire émerger la quille.

On commence par *dépasser* tous les mâts supérieurs du bâtiment, c'est-à-dire à les abaisser pour qu'ils ne gênent pas. On met également à terre les vergues, les cordages, le lest, etc. Il ne reste que les bas-mâts étayés par les haubans et aussi soutenus par des béquilles appuyées contre le pont.

Dans cet état, on fixe des palans au haut des bas-mâts contre les hunes. L'autre poulie du palan est attachée à des organeaux placés sur les quais ou à des chalands ancrés près du navire.

Celui-ci ne peut reculer étant attaché au quai ou aux chalands et les palans le font aisément basculer.

L'amarrage des palans sur chalands a l'avantage que ceux-ci subissent l'action de la marée en même temps que le bâtiment à réparer, de sorte que l'inclinaison ne varie pas. Quand les poulies sont accrochées aux organeaux des quais, il faut veiller sur les cordes afin de parer aux différences de niveau de l'eau.

L'abatage en carène est assez avantageux pour les navires en bois, dont les joints ont besoin d'être calfatés de temps à autre. L'inclinaison de la coque fait ouvrir ces joints et facilite le refoulement de l'étoupe qui est bien pressée lorsque le bâtiment se relève.

L'inconvénient du système est la nécessité de décharger complètement le navire.

CALES DE HALAGE

On a vu que les petites embarcations sont halées à terre au moyen de rouleaux. La cale de halage n'a fait que perfectionner ce procédé. Elle consiste à poser le navire sur un échafaudage appelé *ber*, qu'on retire de l'eau en le faisant glisser, ou mieux rouler, sur une voie installée à terre et qui est en bois dans le premier cas, métallique dans le second.

On ne décrira ici que les cales à roulement. Elles comprennent deux parties : le chemin de roulement et le ber.

Voie ferrée. — Elle se compose également de deux portions : l'une s'enfonce dans l'eau, afin que le ber aille se placer au-dessous du navire à relever ; l'autre est toujours à sec ; c'est là que le bâtiment est visité et réparé. La première porte le nom d'*avant-cale*, la seconde de *cale*.

La longueur de la cale est celle du plus grand bâtiment qu'on puisse avoir à réparer.

Celle de l'avant-cale doit être suffisante pour que le navire soit pris en haute mer de morte-eau. A ce moment, le ber et

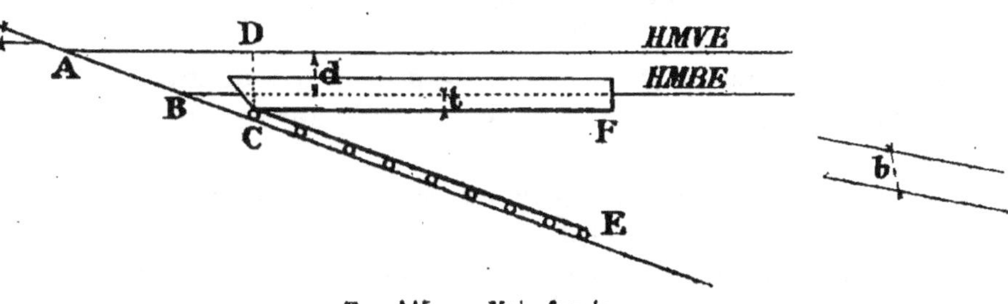

Fig. 115. — Voie ferrée.

le bâtiment seront dans la position représentée par la figure 115.

Dans cette figure sont indiqués les niveaux des hautes mers de vives eaux (H. M. V. E.) et de basses eaux (H. M. B. E.). d représente la hauteur entre ces niveaux, soit la différence entre les grandes et les basses marées ; t est le tirant d'eau du navire ; il faut encore tenir compte de la hauteur verticale b du ber, qu'on peut ajouter à d.

Quand le ber est halé à terre, le navire s'y appuie peu à peu, prenant l'inclinaison de la voie ferrée et, en définitive, toute la quille repose sur le chariot, de façon que la longueur l du navire soit égale à CE.

Comme la cale ne commence qu'au-dessus de A, car le navire à terre doit être toujours à sec, la longueur L de l'avant-cale comprend donc la partie AE, composée de AC + CE ou AC + l.

En appelant α l'inclinaison de la voie ferrée, on voit que :

$$CD = AC \sin \alpha \quad \text{ou} \quad AC = \frac{CD}{\sin \alpha} = \frac{d + t}{\sin \alpha}.$$

Donc

$$L = \frac{d + t}{\sin \alpha} + l.$$

Plus l'angle α d'inclinaison sera grand, moindre sera la longueur L. Il y aurait donc intérêt à porter cet angle au maximum, pour réduire la longueur de l'avant-cale, dont la construction est difficile. Mais on augmente ainsi beaucoup la puissance nécessaire au halage.

L'inclinaison ordinaire est de 3°, soit 5 à 6 0/0 ; elle est d'ailleurs suffisante pour que le ber descende naturellement.

Fondations. — Celles de la cale sont de pratique courante. Dans les mers à grandes marées, on peut également fonder à sec l'avant-cale.

Au cas contraire, on isole les travaux au moyen d'un batardeau, si ce procédé est possible.

Il ne l'est pas toujours. On emploie alors l'un des procédés

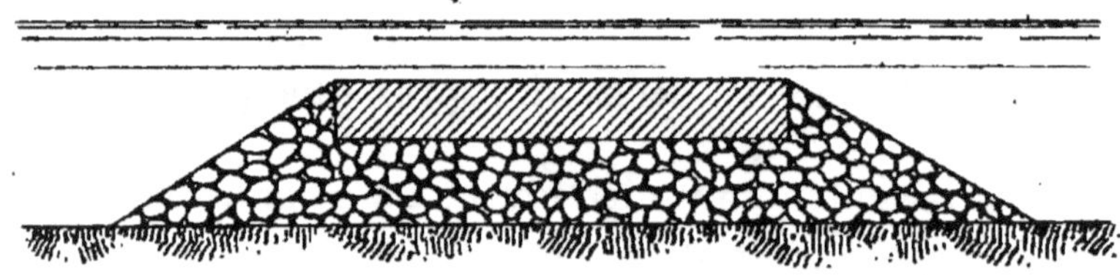

Fig. 116. — Coupe de l'avant-cale.

de fondation des murs de quai (*fig.* 116). Si l'on bat des pilotis, il faut avoir soin de le faire dans toute la longueur de l'avant-cale, pour que la compressibilité soit la même partout et que le ber ne soit pas exposé à des dislocations.

Voie. — Les rails sont fixés sur des longrines longitudinales de 30 à 35 centimètres d'équarrissage (*fig.* 117), supportées par des traverses larges de 30 centimètres et hautes de 155 millimètres jointives.

Au milieu, les longrines sont au nombre de trois ; les latérales sont isolées : leurs dimensions sont de 33 centimètres de côté.

Les longrines sont toutes reliées ensemble à terre en une plateforme avant leur immersion et les rails y sont fixés.

On lance à l'eau l'ensemble et on l'amène flottant à sa place, entre des pieux-guides préalablement enfoncés de façon à limiter l'espace occupé par l'avant-cale. La plateforme est

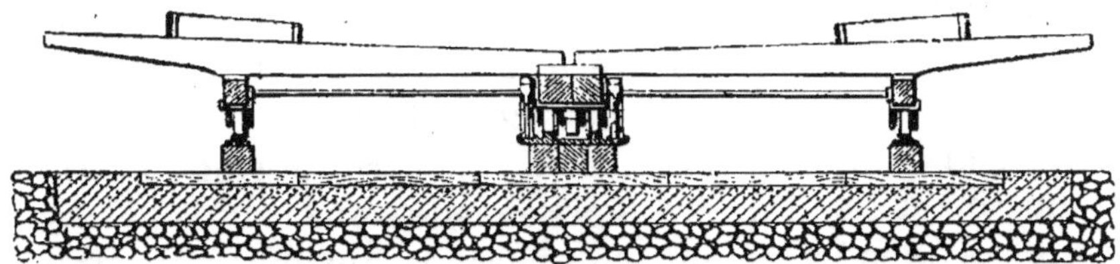

FIG. 117. — Coupe du ber et de la voie ferrée.

alors recouverte de gueuses de fonte sur les côtés, là où ne passera pas le ber.

Les rails sont en fonte, du modèle Barlow ; il n'y en a qu'un seul sur les longrines latérales et deux sur le groupe de longrines centrales. Ceux-ci sont reliés par une plaque sur laquelle est fondue une forte crémaillère, d'environ 150 millimètres de pas, pour recevoir les linguets du ber. Ces linguets sont disposés pour empêcher le ber de rouler vers le bas, en cas d'accident au halage.

Ber. — C'est une charpente construite de façon à recevoir et transporter le navire. Il se compose (*fig.* 118) de la façon suivante.

1° Une forte pièce jumelée, placée au centre dans le sens

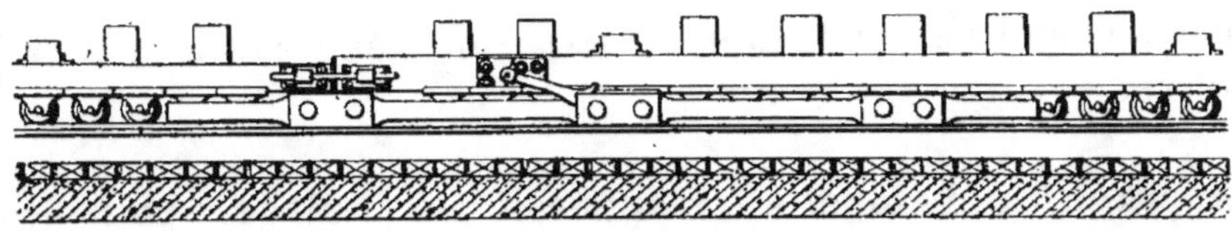

FIG. 118. — Coupe longitudinale du ber.

longitudinal, reçoit la quille, ainsi que deux longrines également longitudinales, plus faibles, placées à l'aplomb des rails latéraux ;

2° De la pièce centrale aux deux latérales s'étendent des pièces transversales, en bois ou en fer, portant des tasseaux glissants, manœuvrés au moyen de cordes du haut du pont du navire ou de jetées situées de chaque côté de l'avant-cale et servant au guidage et à la surveillance.

Les tasseaux ont leur face supérieure inclinée, à la demande de la carène, et ils sont munis de coins accessoires pour bien assurer le calage du navire.

Les longrines du ber sont portées par de nombreuses roulettes en fer. Celles-ci sont presque accolées sur les rails du centre, où la pression est la plus considérable.

Environ dix de ces roulettes du centre portent les linguets ou sortes de cliquets décrits ci-dessous.

Le ber est généralement composé de plusieurs chariots, construits comme il vient d'être dit, et de longueurs inégales, afin de s'adapter aux dimensions du navire; on les réunit pour former le truc total.

Les autres accessoires du ber sont : les chasse-boue en fer forgé, au bas de chacune des longrines, des tiges de fer à crochets pour guider la quille du navire au centre du chariot, des appareils pour la manœuvre des tasseaux et des linguets. Le mode d'opérer est le suivant : selon le navire, les tasseaux sont disposés à l'avance de façon à s'approcher autant que possible de la carène. Le ber est alors immergé. Le navire saisi est conduit à sa place par des aussières et sa position est repérée par des jalons posés sur l'axe du ber.

L'avant est tourné vers la terre et vient toucher l'extrémité du ber. Aussitôt le halage commence; la quille se repose peu à peu sur la longrine centrale. Les flancs sont calés à mesure au moyen des tasseaux.

Pour remettre le bâtiment à l'eau, on exécute la manœuvre inverse.

Appareil de halage. — L'appareil de halage, pour les grands navires, consiste en des cylindres hydrauliques placés à la partie supérieure de la cale. Le mouvement est transmis par des tiges de fer forgé ou des chaînes.

La figure 119 indique le système le plus employé.

Trois cylindres égaux A sont accouplés, afin de donner à volonté : simple, double ou triple pouvoir; on pourrait de même employer un seul cylindre, avec deux pistons concentriques comme dans le système des grues décrit plus haut.

Les pistons P agissent sur la traverse T, réunie à une autre traverse T' par les deux barres B en fer forgé.

A cette seconde traverse sont attachés des maillons M, M. qui s'étendent tout le long de la cale et de l'avant-cale, supportés par des ailes fondues sur les rails du centre.

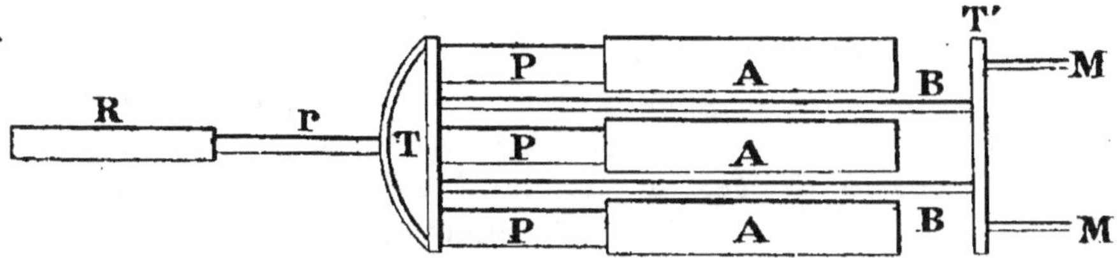

Fig. 119. — Appareil de halage.

Un autre cylindre hydraulique R, de diamètre inférieur à celui des cylindres A a son piston r relié à la traverse T. Ce cylindre reçoit toujours de l'eau sous pression, provenant d'un accumulateur qui alimente également les cylindres A.

On fait agir l'eau sous les trois pistons P, sous un seul ou sous deux, suivant le poids du navire à haler.

Les pistons P, sortant des cylindres A, le piston r est poussé dans le cylindre R et les maillons M montent vers le sommet de la cale (à gauche du dessin).

En mettant alors l'eau à l'évacuation, le piston r, qui reçoit toujours l'eau sous pression, repousse les pistons P, et les maillons M retournent à leur position primitive.

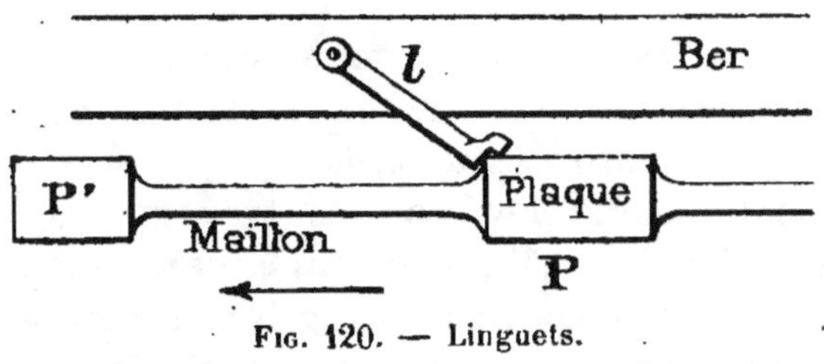

Fig. 120. — Linguets.

On peut donc donner aux maillons un mouvement alternatif, de la longueur de la course du piston.

Ces maillons sont réunis par des plaques rectangulaires PP', sur lesquelles appuient des linguets l (fig. 120) fixés au ber.

Les maillons et les plaques sont respectivement de même longueur. Quand le mouvement d'ascension des maillons s'opère (vers la gauche), le cliquet l, appuyé contre la plaque est entraîné et le ber monte avec lui.

Lorsque les pistons sont à bout de course, on renverse le mouvement et les maillons redescendent, les linguets glissant sur les plaques. A ce moment, c'est la plaque suivante P' qui viendra encliqueter avec le linguet l et qui remontera encore d'une longueur égale le *ber*, et ainsi de suite.

Dans cette succession d'avancées, le ber ne peut redescendre, étant maintenu par l'autre système de linguets, qui engrène avec la crémaillère centrale.

Il existe plusieurs linguets agissant sur les plaques, de sorte que les efforts sont très partagés. L'accumulateur règle le débit de l'eau sous pression, de manière à éviter tout choc.

Le système décrit est celui de Penhart ; la cale et l'avant-cale réunis donnent une longueur de 260 mètres et peuvent recevoir des navires de 2.500 tonnes. La machine à vapeur est de 40 chevaux.

On a également employé, pour le remontage des navires, des câbles en acier de 75 à 80 millimètres de diamètre s'enroulant sur des tambours de $1^m,50$ de diamètre et $2^m,25$ de longueur. Ce système, bien qu'appliqué à des navires de 3.000 tonnes, est plutôt considéré, peut-être à tort, comme convenable pour les petits bâtiments. Il est moins coûteux et plus expéditif que celui des linguets.

Cale de halage de Douvres. — Cette cale est destinée à des navires de 850 tonnes ; sa longueur est de 170 mètres, sa largeur de 16 mètres ; l'inclinaison de $\frac{1}{18}$.

Une partie de la longueur repose directement sur la craie ; l'autre, établie en tranchée, a sa voie sur un massif de béton de 1 mètre d'épaisseur, renforcé au centre.

Dans ce massif de béton sont noyées des traverses de $9^m,75$ de longueur, espacées de $3^m,35$, ayant un équarrissage de 30×15 centimètres. Elles portent les longrines longitudinales sur lesquelles sont fixés les rails par des tirefonds.

L'espace compris entre les traverses est pavé.

La voie se compose de trois paires de rails, d'une file au centre et deux files latérales, une de chaque côté. Les rails sont en fonte, longs de 3 mètres et pèsent 35 kilogrammes par mètre.

Le ber est composé de quatre sections, dont deux, formant le ber principal, ont ensemble 40 mètres de longueur, et de deux pièces auxiliaires ayant, l'une 7^m,60 et l'autre 6^m,60.

Le ber principal consiste en trois lignes de longrines longitudinales, que supportent des galets marchant sur les six lignes de rails et portant sept paires de traverses.

Les longerons centraux sont formés de deux pièces en pitchpin de 30×15 centimètres; elles sont boulonnées ensemble avec une barre de fer plat, de 127×445 millimètres, posées sur le champ et une barre de fer de 127×31 millimètres de chaque côté.

La barre centrale se prolonge sur toute la longueur du ber (principal et annexes); les barres latérales sur les 15 mètres du milieu. Le ber est ainsi renforcé.

L'ensemble des longerons centraux est supporté par 83 paires de galets sous le ber principal; les rouleaux des annexes sont espacés d'un mètre.

Les pièces latérales du ber sont en chêne; les quatre paires centrales ont 11^m,25 de longueur, et les trois autres, 10 mètres. Ces pièces sont reliées aux longerons centraux par leurs extrémités placées côte à côte et clavetées contre deux pièces coudées, à dents pénétrant dans des trous ménagés dans les traverses.

La pente des traverses est de $\frac{1}{14}$. Sur la majeure partie de leur longueur, elles portent à leur face supérieure des bandes de fer, larges de 75 millimètres, sur lesquelles glissent les tasseaux d'accorage.

Environ tous les 6 mètres est fixé, sous la pièce centrale, un cliquet qui travaille sur une crémaillère placée sous les rails. Ce cliquet, lorsqu'il ne sert pas, peut être relevé et fixé horizontalement.

Les annexes du ber sont réduites aux longerons qui supportent la quille.

Il y a trois modèles de galets; ils sont doubles sous les longerons, simples sous les traverses courtes, doubles et avec arc-boutants sous les traverses longues.

Les galets ont un diamètre de 200 millimètres; ils sont

larges de 90 millimètres et ont un bourrelet profond de 20 millimètres.

Cales à relevée. — On a demandé aux cales un service plus intensif, par des moyens permettant de réparer à la fois deux ou trois navires.

Le moyen le plus simple est celui dit à relevée.

La longueur de la cale émergée est égale à deux fois celle des navires à réparer.

Les traverses du ber qui portent les tasseaux sont mobiles, retenues seulement par des crochets.

On hale un premier navire tout à fait en haut de la cale et on le soulève légèrement au-dessus du ber, au moyen de coins en bois qui constituent les épontilles.

On retire alors les traverses et rien n'empêche le ber de redescendre chercher un second bâtiment. Avec une longueur suffisante de cale, on peut mettre ainsi plusieurs navires en file hors de l'eau.

Il faut avoir soin de placer au sommet les bâtiments dont les réparations demandent le plus de temps.

Cale de Calcutta. — A Calcutta, la pose de la partie inférieure de la cale étant presque impossible, on eut recours au procédé suivant: Les longrines A, B, du ber furent coupées en CD, et une barre de fer plate et solide, fixée en K sur la longrine A, peut glisser dans un étrier G, boulonné sur B.

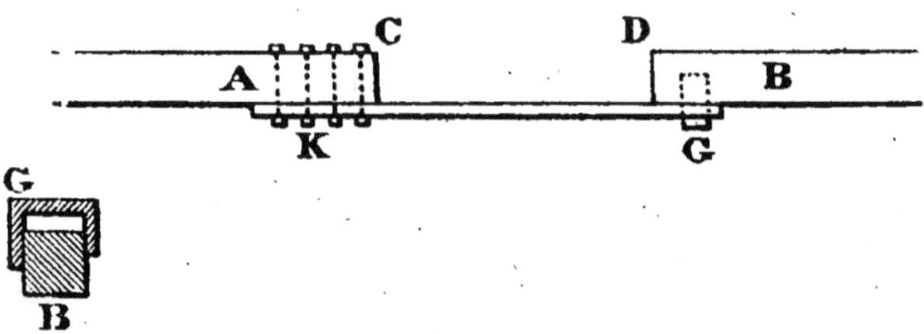

Fig. 121. — Cale de Calcutta.

On peut rapprocher ou écarter les extrémités C et D à volonté, sur une longueur de 3 mètres (*fig.* 121).

La même opération ayant été faite en quatre endroits, le ber était allongé ou raccourci de 12 mètres.

Raccourci, on immerge sous l'eau l'extrémité de la cale ; le navire est attaché et accoré sur le tronçon le plus élevé du ber. On hisse ce tronçon d'une certaine longueur ; on fait alors glisser la première barre, de sorte que le ber s'augmente de 3 mètres ; on hisse encore et ainsi de suite.

On avait eu soin de ne pas couper la partie centrale du ber, sur laquelle repose la portion la plus chargée du navire.

Lorsqu'on a à retirer de l'eau un navire court, il est inutile d'allonger le ber.

Puissance nécessaire. — Elle varie selon différents facteurs. Soient :

S, l'effort total sur les barres de halage ;

w, le poids du navire ;

w', le poids du ber ;

w'', le poids des maillons ;

r, le rayon des galets ;

r', le rayon des essieux des galets ;

f, le coefficient de frottement entre l'essieu et le moyeu ;

f', le coefficient de frottement entre les maillons et les rails ;

s, la pression sur le piston du petit cylindre de retour ;

θ, l'angle des voies avec l'horizontale.

On a :

$$S = \operatorname{tg} \theta \, (w + w' + w'') + \frac{(w + w') \, r'}{r} f + w'' f'.$$

Les valeurs de f et f' sont difficiles à déterminer et varient suivant l'état du graissage ; il y a encore d'autres éléments dont il faudrait tenir compte ; MM. Lightfoot et Thomson donnent la formule empirique suivante comme très approchée :

$$S = s + \frac{w + w' + w''}{8},$$

pour les pentes ordinairement usitées, se rapprochant de $\frac{1}{20}$.

Le calcul se fera plus rigoureusement de la façon suivante. Quand un bâtiment est sur la cale, le poids P de l'ensemble (*fig.* 122), y compris ber, etc., se décompose en deux forces, l'une, celle qui tend l'organe de halage, est P sin α, et très approximativement Pα, sin α étant égal à l'inclinaison de la cale.

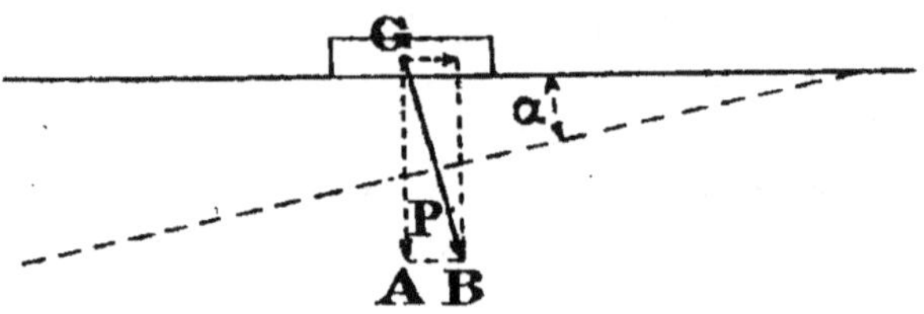

Fig. 122.

Il faut y ajouter le frottement. On peut donc écrire, pour une inclinaison de $\frac{1}{20}$:

$$S = \frac{P}{20} + f.$$

f a été déterminé dans deux circonstances :

1° A Douvres, où la pente de la cale est $\frac{1}{18}$; un navire avec le ber, le système de halage, etc., pesait 242 tonnes, et l'effort de traction a été trouvé de 22,88 tonnes. Dans ce cas :

$$\frac{P}{18} = 13^t,44 ;$$

La différence :

$$22,88 - 13,44 = 9^t,44,$$

représente l'effort nécessaire à vaincre le frottement. Il est égal à :

$$\frac{9,44}{242} = 3,9 \ 0/0$$

du poids total ;

2° A Calcutta, avec les données suivantes : P = 602, inclinaison = $\frac{1}{24}$, l'effort de traction a été trouvé de 45,2 tonnes.

$$\frac{P}{24} = 25^t,1,$$

et le frottement a absorbé :

$$45,2 - 25,1 = 20^t,1,$$

soit $\dfrac{20,1}{602}$ ou 3,33 0/0 du poids total.

On peut donc écrire, suivant les inclinaisons

$$S = \frac{P}{i} + \frac{P\,(3\ \text{à}\ 4)}{100},$$

ou approximativement :

$$S = P\left(\frac{1}{i} + \frac{3\ \text{à}\ 4}{100}\right) = P\,\frac{100 + 3\ \text{à}\ 4i}{100i}, \qquad (1)$$

i étant le coefficient d'inclinaison.

M. Summers a trouvé dans une expérience, où $i = 24$ et les poids du ber (82) et du navire (1 000) formant ensemble 1 082 tonnes, que la force absorbée par le frottement était de 50 0/0 celle donnée par l'expression $\dfrac{P}{24}$. Or $\dfrac{P}{24} = 45$ et alors :

$$S = \frac{3}{2}\frac{P}{i} = 67^t,5.$$

La formule (1) aurait donné au moins 77 tonnes.

Cales en travers. — L'inconvénient principal des cales de halage consiste dans leur longueur; elle occasionne une perte de terrain qui peut en rendre l'emploi impossible.

D'autre part, les efforts développés durant le halage en long sont considérables. Enfin, la longueur de l'avant-cale oblige à des travaux sous l'eau très coûteux.

Labat a construit à Bordeaux et à Rouen des cales où le navire est pris et halé par le travers et qui affectent une pente de 20 à 30 0/0. Non seulement la partie immergée est très réduite, mais le bâtiment est plus facile à manœuvrer, et il est appuyé tout de suite dans toute sa longueur.

La cale de Rouen, plus récente que celle de Bordeaux, présente des modifications qui en simplifient le fonctionnement.

Cale de Rouen. — Cette cale est destinée à recevoir des navires de 1 800 à 2 000 tonnes ; elle est large de 90 mètres. La pente étant de 20 0/0, la longueur de la cale et de l'avant-cale réunies n'est que de 51^m,30.

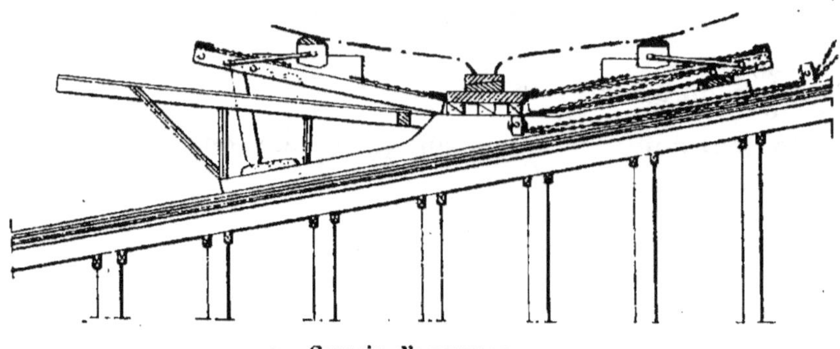

Coussin d'amarrage.

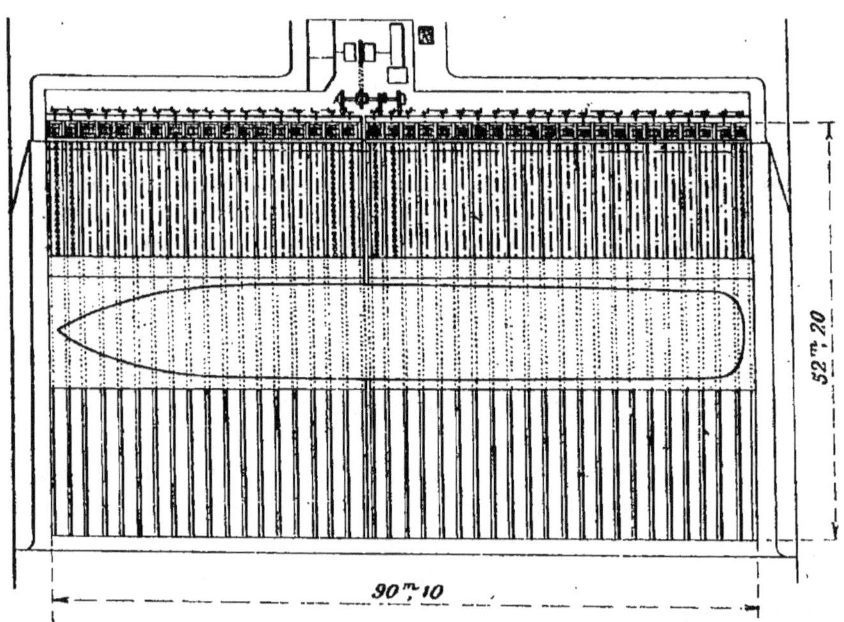

Fɪɢ. 123. — Plan général du slop.

Le ber marche sur une distance de 36^m,50, et la différence de niveau entre ses positions extrêmes est de (*fig.* 123) :

$$\frac{36,5 \times 20}{100} = 7^m,30.$$

Lorsque le ber est au bas, le niveau de haute mer de morte-eau est à 4^m,50 au-dessus des tins ; ceux-ci émergent d'un mètre, aux plus hautes marées, lorsque le ber est au sommet. Les ouvriers travaillent donc facilement à sec.

Des pieux moisés supportent le plan incliné, formé de 42 longrines disposées dans le sens de la plus grande pente et munies de rails à leur face supérieure.

Le ber est constitué par 42 poutres entretoisées, placées juste au-dessus des longrines et pourvues sur leur face inférieure de rails à ornière centrale.

Entre les deux rails, roulent des galets, de 140 millimètres de diamètre et 180 millimètres de largeur, portant une saillie qui s'engage dans l'ornière du rail inférieur.

Ces galets sont indépendants aussi bien du ber que de la voie ferrée et sont distants les uns des autres de 560 millimètres. Ils sont réunis de chaque côté par une platebande en fer ; leur ensemble forme un chapelet ayant la longueur du chariot augmentée de la demi-longueur de la distance entre les deux positions extrêmes du ber.

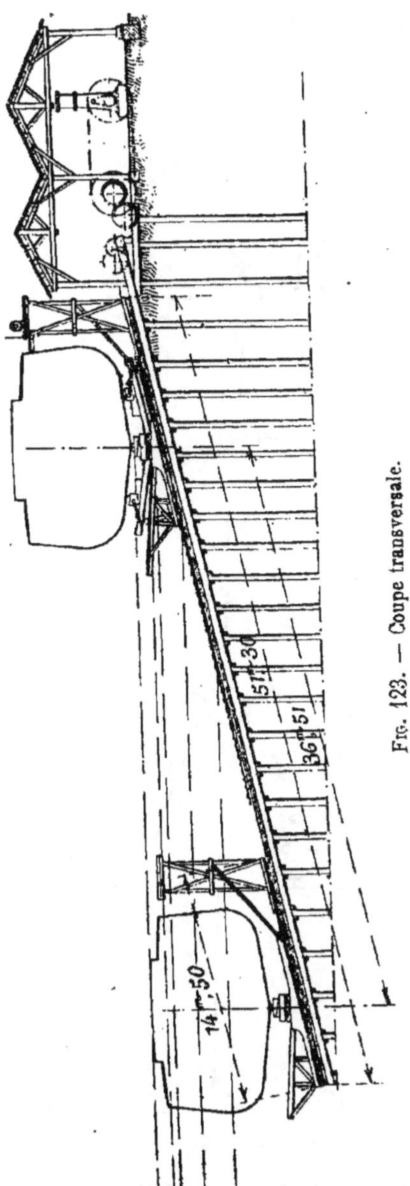

Fig. 123. — Coupe transversale.

Les chapelets restent toujours dans la même position. Pour y parvenir, chacun d'eux est commandé par un câble métallique qui, fixé sous la partie supérieure de la cale, passe sur une poulie placée au bas du chapelet et s'attache sur le berceau.

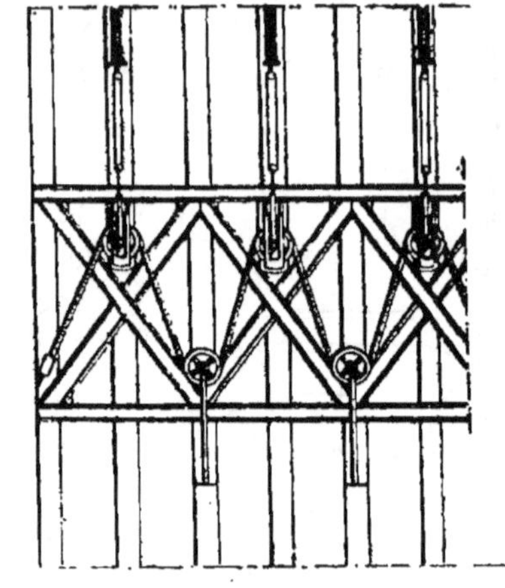

Attache du berceau.

Celui-ci est manœuvré par 40 chaînes de galle, situées au milieu de l'intervalle entre deux poutres et terminées par une poulie. A l'extrémité de chacune des poutres est également attachée une poulie; un câble, fixé à chaque extrémité du ber, passe alternativement d'une poulie du berceau à la poulie suivante des câbles, formant un feston.

L'effet du halage se répartit également sur toute la longueur du câble compensateur, et chacune des chaînes, par suite, a le même poids à tirer.

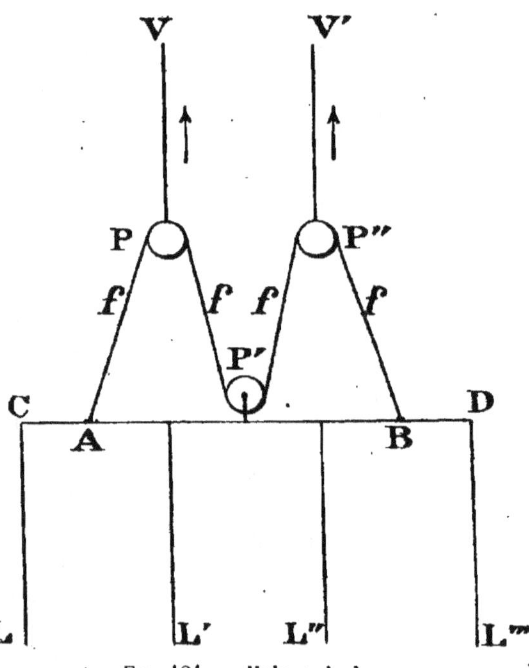

Fig. 124. — Halage du ber.

Le schéma (*fig.* 124), où le berceau est supposé réduit à quatre longerons, indique le système.

Chaque poutre porte sur cinq galets, dont le nombre total

est donc de $42 \times 5 = 210$. Le poids du navire se répartit sur ce nombre, et la charge, pour un bâtiment de 2 000 tonnes, est de :

$$\frac{2\,000}{210} = 9^{t},5.$$

Le ber se compose de deux parties longues, l'une de $49^{m},36$, et l'autre de $40^{m},44$. Elles peuvent être utilisées ensemble pour un grand navire, ou séparément pour ceux de petites dimensions. On accède au bâtiment par une passerelle de service.

La manœuvre est la suivante :

Le navire est amené, au moyen d'aussières, juste au-dessus des tins, et l'on relève le berceau de façon que la quille porte sur l'attinage. L'accorage s'effectue au moyen de coins glissant sur des poutres en tôle qui peuvent être rapprochées par des leviers.

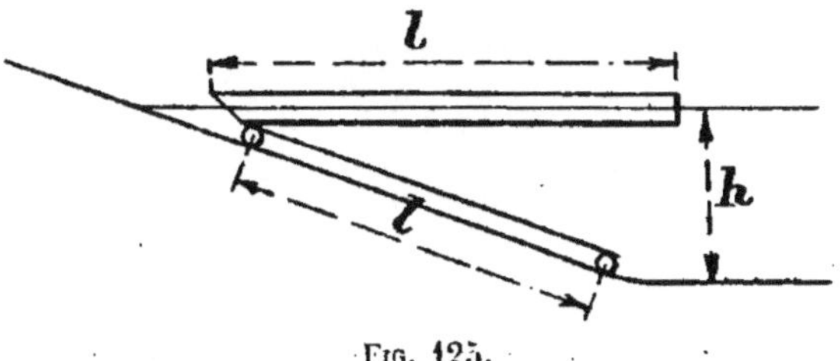

Fig. 125.

L'avantage principal de la cale en travers, c'est qu'elle peut être employée dans les fleuves, ayant à peu près juste la profondeur exigée par le tirant d'eau du navire ; tandis que, pour la cale en long, il faut encore compter la hauteur h, comme l'indique le croquis (*fig.* 125).

L, L', L″, L‴ représentent les quatre longerons (*fig.* 124). La chaîne *ffff*, formant feston, est attachée en A et B au milieu des intervalles extrêmes entre les longerons ; elle passe sur les poulies P, P″, situées dans le prolongement de L' et L″ et sur la poulie P′ située au milieu de l'intervalle médian.

Les poulies P, P″ sont tirées par les chaînes V, V′, dont le mouvement est identique.

Il est évident que la poutre CD étant rigide (poutre armée), le berceau sera halé régulièrement, et sa progression sera moitié de celle des chaînes V, V′.

Le système est le même pour un plus grand nombre de poulies. Les chaînes de halage V s'enroulent à leurs extrémités sur un treuil à noix, mû par des engrenages que commande une vis sans fin, recevant elle-même son mouvement d'un engrenage conique porté sur un arbre de toute la longueur du ber (*fig.* 125 *bis*).

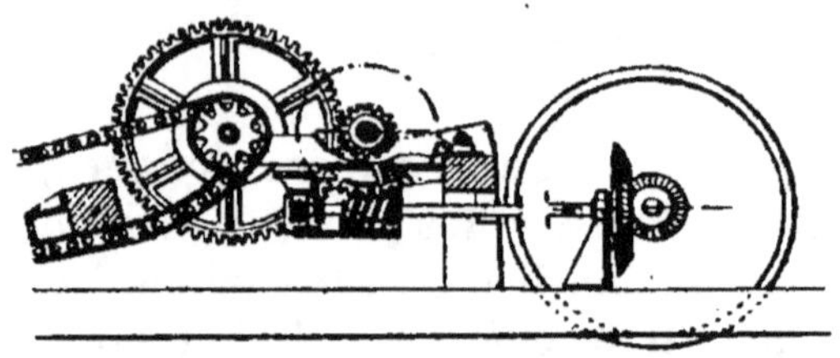

Fig. 125 *bis*. — Treuil de levage.

Le dispositif adopté annule le frottement de glissement, celui de roulement est les 0,03 du poids transporté.

Une cale en travers a également été construite à Alt-Ofen, en Hongrie, sur le Danube.

CHAPITRE XI

RÉPARATION DES NAVIRES. — FORMES DE RADOUB

Le procédé le plus employé pour la réparation des navires est la *forme de radoub*, dite également *bassin de radoub* et *cale sèche* (*dry dock* ou *graving dock* en anglais).

C'est une chambre close, en maçonnerie, où l'on introduit le navire à haute mer et qu'on ferme ensuite par une porte étanche, à la façon d'une écluse. Par un procédé quelconque, on fait évacuer l'eau, et le navire, laissé à sec, peut être visité.

La forme comprend donc deux parties : la *forme* proprement dite, où se loge le navire, et la *chambre* d'entrée, consacrée au fonctionnement de la porte.

Forme de Bélidor (*fig.* 126). — Bélidor décrit, dans son *architecture hydraulique*, un système qui n'a jamais été

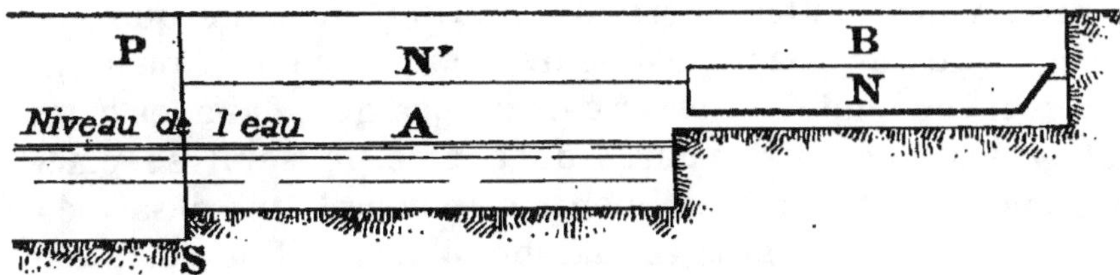

Fig. 126. — Forme de Bélidor.

appliqué, mais qui pourrait sans doute rendre des services dans certains cas.

La forme comprend deux bassins consécutifs A et B ; le second a son radier plus élevé que le niveau de la mer ou du fleuve dans la localité.

On introduit le navire dans le bassin A et l'on ferme la porte P, dont la hauteur est supérieure à celle du plan d'eau définitif. On introduit alors, dans les deux bassins, de l'eau provenant d'une dérivation, et qui les remplit jusqu'au niveau N'. Le bâtiment est alors amené dans le bassin B, à la position N.

En ouvrant la porte P, l'eau reprend son niveau A et le navire reste à sec.

L'inconvénient de ce système consiste surtout dans la hauteur de la porte P, qui peut d'ailleurs n'être pas excessive, s'il ne s'agit que de navires moyens. Il faut également un espace plus considérable pour deux bassins.

Mais, dans les endroits où le charbon est coûteux, on serait ainsi dispensé des pompes d'épuisement. D'autre part, si le volume d'eau douce est considérable, l'opération peut être très abrégée, condition souvent importante.

Formes ordinaires. — La forme ordinaire comprend la chambre d'entrée et la forme proprement dite.

Chambre d'entrée. — La chambre d'entrée constitue une écluse simple.

Voici sommairement les conditions auxquelles celle-ci doit satisfaire.

La largeur doit être celle des plus grands navires reçus, avec 2 à 3 mètres de plus de chaque côté, afin de faciliter leur passage.

Le seuil est placé à une profondeur suffisante au-dessous du niveau des hautes mers de morte-eau, pour que les navires, qu'on allège d'ailleurs complètement, puissent entrer. Il convient d'observer à ce propos que, dans les cales sèches destinées aux navires de guerre, le seuil se place beaucoup plus bas, ces bâtiments ne pouvant être désarmés.

Le radier est plat dans la chambre d'entrée. Son épaisseur est égale au sixième environ de la largeur.

Porte. — A Anvers, sur la Tyne, à l'Alexandra dock de Hull, etc., on a adopté des portes à doubles vantaux busqués pareilles à celles des écluses. Mais, en France et dans la plupart des bassins de radoub anglais, le bassin est fermé par un bateau-porte, caisson qui s'appuie dans une feuillure du radier et des bajoyers de la chambre d'entrée.

Si des portes ordinaires sont employées, le radier est nécessairement plat ; il peut être courbe avec les caissons, à moins que ceux-ci ne soient glissants ou roulants, comme on le verra plus loin.

Le radier est situé à 30 centimètres de profondeur au-dessous du tirant d'eau des plus forts navires reçus. Il serait prudent de compter le tirant d'eau du bâtiment chargé, car un navire dans ces conditions peut avoir besoin de passer au bassin immédiatement, à cause d'une avarie importante ; mais de tels cas sont si rares qu'ils ne justifieraient sans doute pas la dépense supplémentaire considérable qu'entraînerait l'abaissement du seuil.

Le profil longitudinal du radier est horizontal. La face inférieure est renforcée aux parties exposées, comme dans les portes d'écluses.

Forme proprement dite. — Sa longueur est nécessairement celle des plus grands navires qui fréquentent le port.

Ce serait une erreur que de construire uniquement des grandes formes ; elles seraient très dispendieuses pour les petits navires ; ceux-ci doivent avoir des bassins qui leur soient proportionnés.

En général, il faut beaucoup plus penser aux frais futurs d'exploitation qu'à la dépense première de construction.

La largeur de son radier est égale au moins à celle du radier de la chambre d'entrée ; elle est même généralement plus considérable.

La largeur ne doit pas être trop importante, car elle augmente le volume d'eau à enlever ; il y a de nombreuses formes qui semblent trop larges pour leur longueur.

Il faut avoir soin d'élever les bajoyers à une hauteur telle qu'ils ne puissent jamais être noyés par les hautes mers exceptionnelles.

Section droite. — Les anciens navires avaient la forme « en bateau », très étroite à la quille, très large au sommet. Afin de diminuer le cercle des maçonneries, le profil intérieur de la forme épousait à une certaine distance celui du maître couple du bâtiment.

Aujourd'hui, au contraire, les bâtiments sont plus larges à la partie inférieure qu'au sommet. Leur fond, près de la quille, est plat sur une largeur assez grande, environ les 2/3, et il ne se relève un peu que vers les bords.

Cette forme a le double avantage d'augmenter à la fois la contenance et la stabilité.

Mais il importe que le jour pénètre sous le navire, pour le travail, que l'air y passe pour sécher les peintures. Il faut, par suite, élargir le profil vers le haut. D'autre part, le volume d'eau à épuiser doit être aussi réduit que possible ; l'élargissement doit par suite être restreint au strict nécessaire.

Relations entre les largeurs des formes de radoub à la base et au sommet. — Il faut, bien entendu, tenir compte de la profondeur. En joignant par une ligne fictive les extrémités A et B des bases de la section droite (*fig.* 127), on obtient le schéma ci-contre, où l'angle α est compris entre la droite AB et la perpendiculaire AC abaissée du point A sur la base supérieure ;

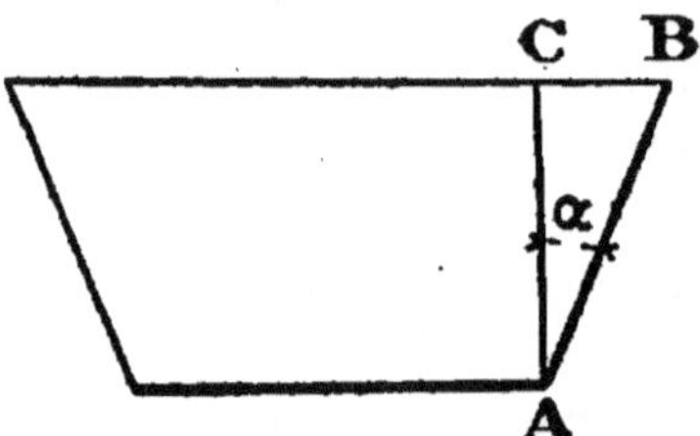

Fig. 127. — Schéma.

cet angle varie de 17° (bassin du Prince-de-Galles à Southampton) à 34°, à Dundee.

La moyenne d'un très grand nombre de bassins de radoub donne 25° ; c'est la dimension du troisième bassin de Missiessy à Toulon.

Bajoyers. — Leur profil ne se compose pas d'une ligne continue ; il est formé de gradins.

Gradins. — Les gradins servent à deux fins :

1° C'est contre eux que s'appuient les *épontilles*, pièces de bois maintenant la verticalité du bâtiment. En réalité une seule rangée d'épontilles horizontales, au niveau du pont supérieur du navire, suffit à cet effet et, à ce point de vue, un seul gradin suffirait, à une hauteur convenable, si ce n'était la variation des dimensions des bâtiments ;

2° Les gradins servent à la circulation des ouvriers. Sous ce rapport, non plus, ils n'ont pas besoin d'être multipliés.

En résumé, on diminue beaucoup le nombre des gradins en France ; à Saint-Nazaire, il n'y en a qu'un ; au Havre, trois (chiffre qui paraît le plus convenable), et à la Pallice deux ; ils sont également espacés dans ces deux ports.

En Angleterre, les gradins sont toujours nombreux, bien

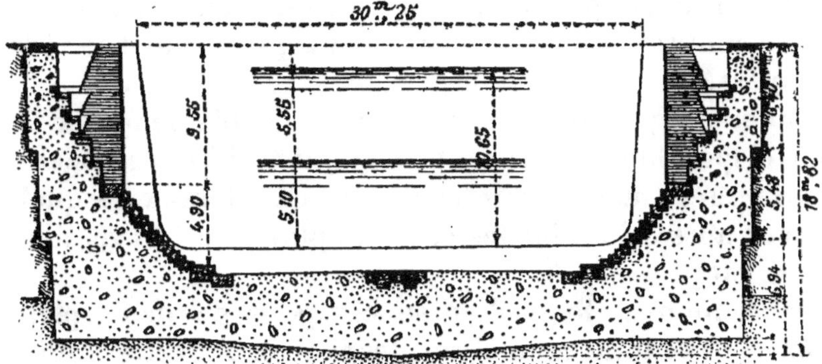

FIG. 128. — Forme anglaise.

que ce nombre semble diminuer dans les dernières formes construites.

La figure 128 montre un type de la section droite des formes anglaises.

Les gradins sont assez élevés à la partie supérieure, nombreux, mais rapprochés à la partie inférieure et séparés par une marche assez large.

Si les gradins sont rares, on leur donne 1 mètre de largeur, afin d'éviter les chutes des travailleurs. Au contraire, lorsqu'ils sont en très grand nombre, on ne leur donne que 30 centimètres seulement.

Epontilles. — Leur longueur ne doit pas excéder 5 mètres afin qu'elles restent maniables. La partie inférieure de la carène s'appuie sur des pièces de bois presque verticales.

Radier. — Ainsi qu'on le verra, la quille des navires repose sur des traverses appelées *tins*, laissant en dessous de la carène environ 1 mètre de hauteur pour le passage des ouvriers. Or la quille a passé sur le radier de la chambre d'entrée en laissant sous elle environ 30 centimètres, et elle doit aller s'appuyer sur les tins. Le radier de la forme doit donc être environ à 1 mètre au-dessous de celui de la chambre d'entrée.

Il peut d'ailleurs présenter, du fond de la forme vers l'entrée, une pente égale à la différence de tirant d'eau des bâtiments à l'avant et à l'arrière.

Caniveaux. — Le radier central n'est pas non plus horizontal transversalement. Pour l'écoulement des eaux de pluie, de lavage, d'infiltration, etc., on dispose soit une rigole longitudinale centrale, soit deux caniveaux qui bordent le pied des bajoyers.

Bien que la rigole centrale ait l'avantage d'augmenter la hauteur disponible sous la quille, ce qui facilite les réparations, on préfère maintenant les caniveaux latéraux, lesquels retiennent hors du radier les eaux de pluie, de lavage, d'infiltration, etc.

En conséquence, le radier se compose de deux plans inclinés de l'axe longitudinal vers les caniveaux ; cette double inclinaison est de 2 0/0 environ.

Les caniveaux ont environ 50 centimètres de largeur sur 25 de profondeur. Ils sont inclinés vers l'avant, comme le radier lui-même, pour envoyer l'eau aux puisards d'asséchement.

Épaisseur du radier. — L'épaisseur du radier se calcule comme pour les écluses ; elle est de $\frac{1}{5}$ à $\frac{1}{6}$ de la largeur.

Aux docks de Barry, on a construit les formes pour recevoir côte à côte deux navires, ce qui a exigé 30 mètres de largeur à leur base. L'épaisseur du radier aurait donc dû être de 5 à 6 mètres.

On a diminué cette épaisseur par un procédé également employé au graving dock de Greenock (*fig.* 129). Le radier a surtout à résister à la sous-pression de l'eau avoisinante. On laisse celle-ci entrer librement dans l'intérieur de la forme par des drains ou par des dalots verticaux pratiqués dans la maçonnerie du radier, qui n'a plus ainsi à supporter la sous-pression.

Ce procédé a bien réussi dans les terrains où il a été employé et où l'afflux de l'eau est minime ; il ne pourrait suffire dans les sols très exposés, aussi est-il urgent de s'as-

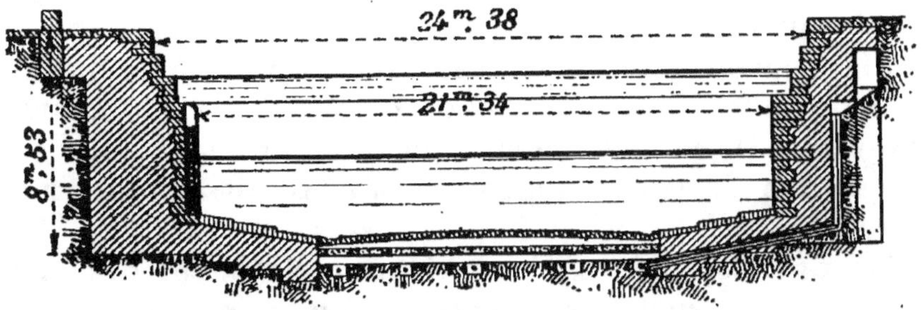

Fig. 129. — Graving dock de Greenock.

surer, par plusieurs puits perforés à l'avance, de cette quantité d'eau ;

L'eau entrée dans la forme s'écoule par les rigoles aux pompes dont il sera question plus loin.

A Bremerhaven, dans une forme de radoub, établie sur de l'argile bien compacte et imperméable, on n'a pas établi de radier.

Formes à divisions. — La longueur des formes est celle des plus grands navires qui fréquentent le port; elles sont donc trop longues pour la généralité des bâtiments, et ce sont ceux-ci qui constituent d'ordinaire la principale clientèle.

On remédie à cet inconvénient en partageant la longueur de la forme en deux parties l et l', le plus souvent inégales. On a ainsi trois combinaisons possibles (l, l' et $l + l'$). Ces divisions sont séparées par un caisson, et dans chacune d'elles on peut placer un navire.

L'avantage, c'est que, si la forme ne reçoit qu'un bâtiment, le volume d'eau à extraire est beaucoup moindre que si l'on plaçait ce petit bateau tout seul dans la forme entière.

Le niveau de tous les tins doit alors être horizontal, puisque le navire qui va au fond passe sur l'ensemble de ces traverses, qu'on désigne sous le nom d'*attinage*.

Le radier est aussi horizontal, et la pente des caniveaux est creusée dans l'épaisseur de la maçonnerie du fond. Aussi vaut-il mieux placer le puisard de réception au milieu de la forme.

Forme Alexandra, à Belfast. — Ce bassin, de 210 mètres de longueur, est divisé en trois parties ayant 90, 60 et 90 mètres de longueur, ce qui permet cinq combinaisons, réduites en réalité à quatre.

La largeur de cette forme n'est que de 15ᵐ,25, ce qui ne permet pas de recevoir des navires de plus de 130 mètres (auxquels suffisent deux compartiments). En réalité, elle est toujours employée avec au moins l'un des caissons intermédiaires.

C'est une disposition qui convient spécialement à Belfast, centre de construction de navires de dimensions moyennes.

On met, dans le compartiment extrême, les navires dont les réparations doivent être longues.

Dans ce bassin, les rigoles latérales, de 30 $\times$ 30 centimètres, courent tout autour de la forme et dirigent les eaux à la station des pompes. Les tins sont tous horizontaux. On a également des aqueducs amenant l'eau de l'avant-port dans les trois compartiments pour le remplissage de la forme lors de la sortie des bateaux.

Les tins sont enlevés des chambres intermédiaires lorsqu'on y place les caissons ; ils servent lorsque deux des compartiments sont occupés par un navire.

Avantages. — La division des formes n'est avantageuse qu'en apparence ; il est rare que les réparations des navires se fassent avec une concordance telle qu'il n'y ait pas de temps perdu, et alors un bâtiment qui reste trop longtemps dans le premier compartiment immobilise l'autre.

Certaines formes ont une double entrée. Telles sont celles du Salon à Brest et de Tilbury (*fig.* 141) sur la Tamise. Alors leur division en deux parties n'offre que des avantages. Les bassins de radoub de Tilbury ont encore celui de servir à l'occasion d'écluses.

Tins. — Les tins sont destinés à élever suffisamment la quille pour que les réparations sous la coque puissent se faire facilement. Leur hauteur est d'un mètre environ.

Leur espacement d'axe en axe est une question de sérieuse considération. Il demande à être assez grand pour permettre la visite et le travail faciles ; dans ce but, on l'a fait de 1^m,30 dans les cales d'Anvers.

Mais d'autre part, la pression de la quille sur ses supports est considérable et demande à être répartie sur un très grand nombre. Dans la forme qui reçoit les transatlantiques, au Havre, on a réduit l'espace à 65 centimètres vers le milieu de la longueur. C'est là en effet que les pressions sont les plus considérables.

Les tins se font le plus souvent en bois, ils sont formés de trois pièces de chêne de 35 centimètres de côté. L'inférieure a 3 mètres de longueur, et elle est boulonnée sur le radier où l'on a disposé à cet effet des pierres de taille. Celle du milieu a 2 mètres, et la supérieure 1 mètre seulement (*fig.* 130).

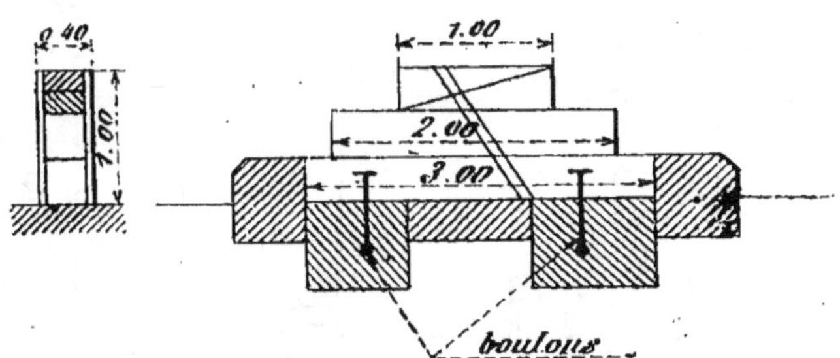

Fig. 130. — Tins en bois.

Les trois pièces se recouvrent mutuellement dans le sens *vertical ;* et leurs surfaces de contact sont obliques. La section verticale du tin médian a la forme d'un boisseau de robinet (*fig.* 131) et, en le forçant entre les deux autres, on soulève le tin supérieur jusqu'au contact de la quille. Celle-ci, en effet, n'est jamais droite, à cause des flexions qui s'y produisent.

Une fois le réglage du tin terminé, on relie les trois pièces en clouant sur leur côté une écharpe en bois. De doubles croix de Saint-André placées entre les tins successifs maintiennent leur écartement.

Tins métalliques. — Dans les cuirassés, la charge par mètre courant de quille sous les tourelles peut atteindre plus de

150 tonnes. Aussi les tins sont-ils soumis à une usure rapide;
il en est de même pour les grands bâtiments de commerce.

On construit souvent les pièces inférieures des tins en
fonte, mais elles doivent être surmontées d'une ou plusieurs

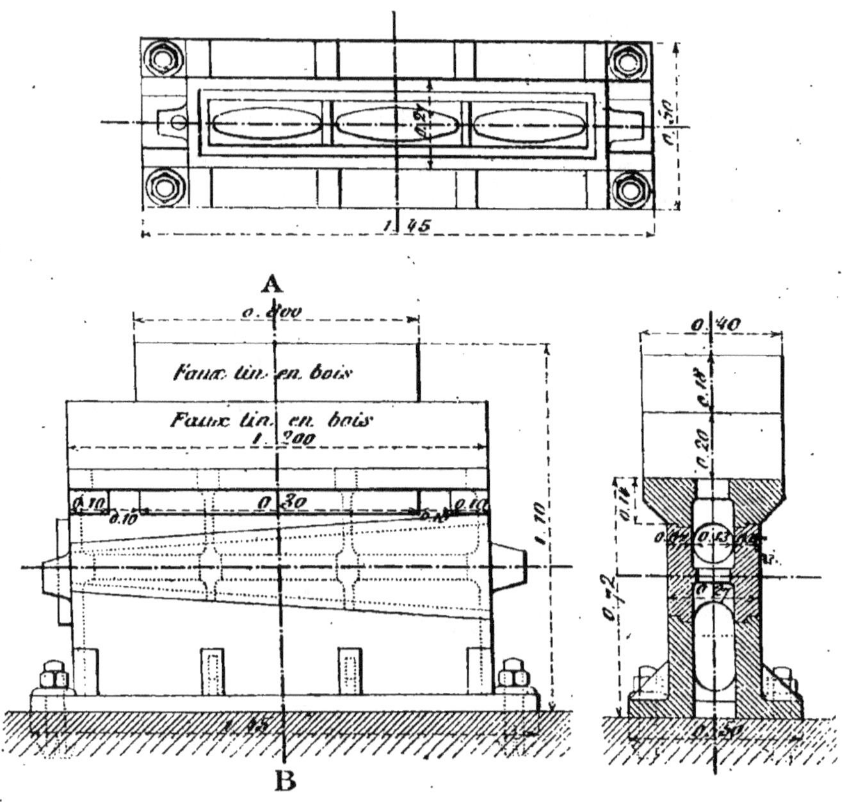

Fig. 131. — Tins métalliques.

traverses de bois, sur lesquelles la quille s'appuie mieux et
qu'on remplace facilement (*fig. 131*).

La durée des tins métalliques est plus grande; il faut veiller
à leur solidité. Il y a eu, à Birkenhead, un désastre causé par
la rupture de ces organes : le bâtiment *Fulda* a été ainsi brisé.

Aussi dans la nouvelle forme n° 4 du Havre, a-t-on placé
des tins en bois qui sont considérés comme plus convenables
pour les grands navires. Mais ceux en fonte garnis en bois,
situés dans les autres formes du Havre semblent cependant
préférables.

Accident de la « Fulda ». — Cet accident est survenu le 2 février 1899. Le navire avait 131 mètres de longueur, 13ᵐ,80 de largeur et 11 mètres de creux. Son déplacement, au moment de l'événement, était d'environ 6 000 tonnes.

Sa quille avait 305 millimètres de hauteur sur 80 de largeur ; elle reposait dans le bassin n° 2 de Birkenhead, sur des tins en fonte, recouverts d'abord d'une pièce de greenheart de 150 millimètres d'épaisseur et d'une autre de bois tendre, d'épaisseur moitié moindre.

La hauteur des tins était de 0ᵐ,75 ; leur espacement d'axe en axe, de 1ᵐ,375.

Le navire présentait à l'avant un porte-à-faux considérable. Sur le quart antérieur de sa longueur la quille s'élevait régulièrement suivant une pente de 18 millimètres environ.

Les tins furent chassés vers l'arrière et tombèrent, tandis que le navire s'écrasait. On a attribué ce désastre à la pression considérable exercée sur les tins de l'avant par le porte-à-faux.

Fosse à gouvernail. — Dans les cales sèches modernes, on dispose à l'entrée une fosse qui sert à enlever le gouvernail au cas où il a besoin de réparation. Cette fosse peut être de section rectangulaire ou circulaire avec un diamètre minimum de 3 à 4 mètres et une profondeur égale. A l'Alexandra dock de Belfast, la section est circulaire avec 3ᵐ,60 de diamètre et une profondeur de 6 mètres. L'enlèvement du gouvernail est une chose assez rare ; aussi la précaution de disposer une fosse est-elle souvent négligée, bien qu'utile.

En temps ordinaire la fosse est recouverte d'un plancher.

Les formes sont fermées par des caissons, qui s'appliquent quelquefois sur des feuillures plus ou moins écartées, ainsi qu'on le verra. On dispose le bateau porte dans la feuillure la plus externe si l'on veut recevoir un navire plus grand que de coutume.

Dans ce cas (Marseille, Calais), on dispose dans la partie ainsi gagnée une deuxième fosse à gouvernail.

Pour éviter la contruction de cette seconde fosse, à la Pallice, on l'a disposée à l'extrémité d'amont de la forme ;

les navires entrent dans la cale sèche par l'arrière. Cette disposition n'a pas été imitée.

Plan de la forme. — Le plan de la forme est rectangulaire ; mais on remplaçait autrefois généralement le petit côté d'amont par un demi-cercle, pour recevoir l'avant affilé des navires. Cette partie prend le nom d'hémicycle.

Elle est gothique à Cherbourg, elliptique à Toulon, demi-hexagonale à Saint-Nazaire.

L'hémicycle n'existe pas à la Pallice, à cause de la disposition qui vient d'être indiquée. La face d'amont est également rectangulaire aux bassins de radoub de Southampton, et dans diverses formes récentes.

L'épaisseur des murs est limitée par l'inclinaison même des

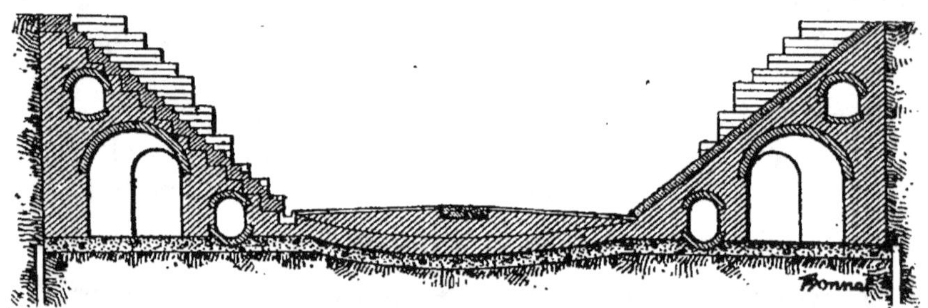

Fig. 132. — Cale d'Anvers.

bajoyers. A Anvers, la maçonnerie est évidée par des arceaux, afin d'en réduire le volume (*fig.* 132).

Escaliers. — Les gradins sont réunis par des escaliers, avec palier à chacun d'eux. On en dispose au moins quatre et parfois six ou huit. Bien que généralement l'escalier continue tout droit d'un gradin au suivant, on en trouve à volées inverses. Les marches, au Havre, ont 30 centimètres de largeur et 20 de hauteur.

Glissières. — En France, on dispose souvent dans les bajoyers des glissières pour effectuer la descente des matériaux destinés aux réparations.

La figure 133 montre la disposition de celles des cales sèches du Havre, qui en contiennent trois, dont deux dans le bajoyer Sud et l'autre à l'extrémité de l'hémicycle.

Dans la forme n° 5, ce sont des plans inclinés à raison de 3 de base pour 2 de hauteur, avec de chaque côté un escalier qui permet aux ouvriers de guider la descente des matériaux.

Les glissières se raccordent avec le fond de la forme par une courbe. Les deux latérales sont couvertes d'une voûte,

Fig. 133. — Glissière de la cale du Havre.

laissant un passage libre de 1ᵐ,90 au-dessus des escaliers, de façon à ne pas interrompre la rive de la forme.

La glissière de l'extrémité, non couverte, permet l'engagement, entre ses parois, distantes de 3ᵐ,30, de l'étrave d'un navire, on peut ainsi recevoir un bâtiment de 170 mètres de longueur.

Les glissières ne sont guère usitées en Angleterre ; les matériaux sont descendus au moyen de grues.

Hiloires. — Ce sont des parapets, dont on entoure quelquefois les bords de la forme, afin d'empêcher les accidents. Ils servent aussi, à Saint-Nazaire, à accrocher les amarres des épontilles.

Vidange directe et remplissage des formes. — Des aqueducs font communiquer le bassin avec l'extérieur pour la vidange ; ils sont établis à la hauteur du radier ; on leur donne une section suffisante pour vider la forme en trois ou quatre heures. Ces aqueducs sont munis de vannes placées au fond de puits, dans lesquels passent les organes de manœuvre.

Un autre aqueduc sert au remplissage de la forme, quand la réparation du navire est terminée.

Cabestans. — Les bords de la forme de radoub sont armés de cabestans pour la manœuvre des navires.

Ils sont mus par la force motrice employée dans le port.

Sur les bassins de radoub, M. Vetillart, au Congrès des Travaux maritimes, a émis les considérations suivantes :

Réparation des navires. — La vitesse des navires ne peut être maintenue que sous condition de renouveler souvent le nettoyage et la peinture des carènes. Aussi, hors le cas d'avaries motivant des réparations de la coque ou de l'hélice, les grands navires donnent-ils lieu à des visites fréquentes qui nécessitent leur passage dans les cales sèches ou bassins de radoub, ou dans les docks flottants.

L'emploi des docks flottants pour la grande navigation est exceptionnel, du moins dans les ports d'Europe, où l'on trouve presque toujours des bassins de radoub plus ou moins nombreux et plus ou moins bien appropriés aux divers échantillons de l'architecture navale.

Les bassins ou formes de radoub doivent s'ouvrir dans les bassins à flot, pour être accessibles en toutes conditions de marée, et le plus près possible de l'entrée de ces bassins, pour en faciliter l'accès aux navires du plus grand tonnage et aux navires avariés.

Dans la plupart des ports, les bassins de radoub existants ne répondent plus convenablement aux besoins du nouveau matériel de la marine marchande. Les conditions de longueur et de largeur sont assez fréquemment remplies, parce que l'on a pris depuis longtemps l'habitude, dans un grand nombre de ports, de construire ces ouvrages en vue du séjour simultané de plusieurs navires disposés bout à bout sur une même ligne de tins, et parce que l'on a dû prévoir la nécessité de recevoir des paquebots à roues, comme il en existe

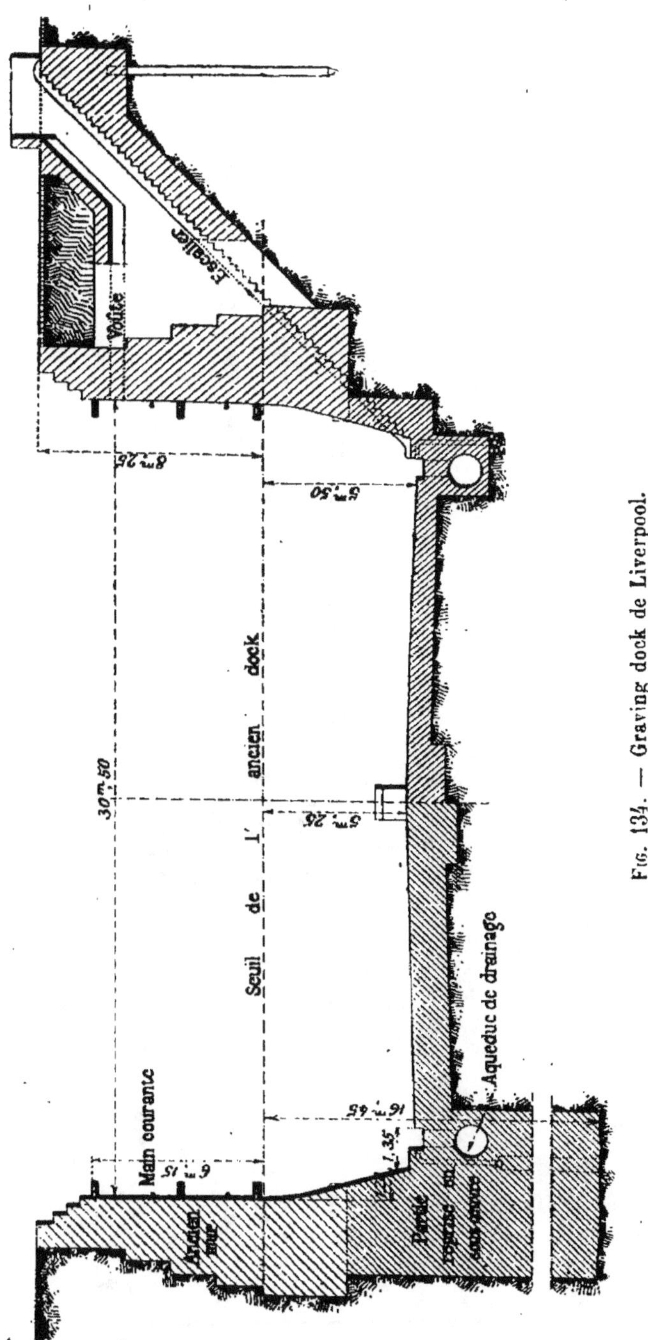

Fig. 134. — Graving dock de Liverpool.

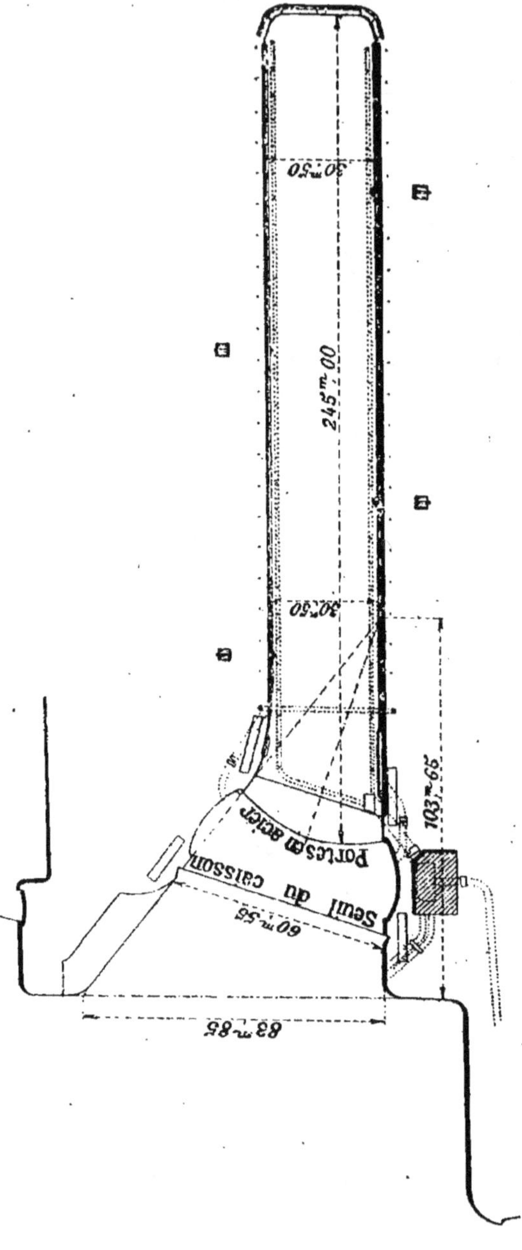

Fig. 131. — Graving dock de Liverpool.

encore beaucoup, pour effectuer les services rapides des voyageurs sur les rivières ou entre les ports situés sur les côtes voisines.

Mais il n'en est pas de même des conditions de profondeur. En les construisant, on a compté beaucoup trop souvent sur la réduction du tirant d'eau que l'on pouvait obtenir par l'allègement préalable du navire et sur la possibilité de choisir les marées de vives eaux pour y faire entrer les navires de grande calaison La figure 134 indique l'augmentation de profondeur qu'a dû subir le graving dock de Liverpool pour satisfaire aux besoins actuels, on a dû creuser de 5ᵐ, 25, et reprendre l'ouvrage en dessous.

Non seulement il faut s'attendre aujourd'hui à l'accroissement des dimensions du tirant d'eau normal des navires, mais il faut renoncer, au moins dans une large mesure, au bénéfice de l'allègement et du choix des marées.

Les grandes vitesses exigent des visites de carène de plus en plus fréquentes, et les traversées rapides ont comme corollaire, ainsi qu'on l'a dit, la réduction du séjour dans les ports. Il faut donc que les bassins de radoub soient en état de recevoir les plus grands navires, même en marée de morte eau.

Les plus grands paquebots ne prenant presque aucun chargement ne peuvent d'ailleurs s'alléger que du poids de leur approvisionnement de charbon. Encore est-on conduit, pour éviter toute perte de temps, à les faire entrer dans les formes de radoub avec tout ou partie de cet approvisionnement et prêts à prendre la mer. De plus, les formes de radoub peuvent être appelées à recevoir d'urgence des navires dont un ou plusieurs compartiments ont été envahis par l'eau, à la suite d'une collision ou d'un échouage, et dont le tirant d'eau normal est atteint ou même dépassé.

Il serait donc désirable d'établir le seuil des formes de radoub au même niveau que le seuil d'amont des écluses d'entrée des bassins, c'est-à-dire à 9 ou 10 mètres au-dessous du niveau des hautes mers de morte eau. Il ne serait pas prudent, tout au moins pour celles qui sont appelées à recevoir les grands navires modernes, d'admettre une profondeur inférieure à 8 mètres dans les circonstances les plus défavorables, et l'on ne devrait user de cette tolérance que dans les ports où il existe un écart notable entre l'amplitude des marées de morte eau et celle des marées de vive eau.

L'entrée des navires dans les bassins de radoub et leur sortie ayant toujours lieu sans vitesse, par temps variable et dans des parties du port parfaitement abritées, la largeur de l'écluse de tête peut être réduite de 25 ou 26 mètres environ au point le plus étroit, c'est-à-dire au niveau du seuil. La forme plate des fonds du navire exige que ce seuil soit parfaitement horizontal et condamne les radiers en arc de cercle ou anse de panier que l'on adoptait autrefois pour favoriser la résistance aux sous-pressions.

L'inclinaison très accentuée des bajoyers de l'écluse, autrefois admise pour favoriser le dégagement des bateaux-portes n'est pas nécessaire ; la verticalité des bajoyers permet de réduire la largeur au couronnement et facilite la construction des bateaux-portes.

Le radier du bassin de radoub lui-même, établi à 1 mètre au moins (hauteur des tins) au-dessous du niveau du seuil de l'entrée, doit être à peu près plat comme le fond des navires, sur une largeur au moins égale à la plus grande largeur de ceux-ci, présentant toutefois un léger bombement suivant l'axe pour faciliter l'accès sous le navire et l'écoulement superficiel des eaux vers les rigoles latérales du drainage ménagées au pied des bajoyers (*fig*. 135).

La longueur utile des formes de radoub destinées à la grande navigation doit être déterminée en prévision de l'avenir ; il serait bon d'adopter au moins une longueur de 250 mètres. Un excédent de longueur présente peu d'inconvénients pour ces ouvrages, à cause de la faculté dont on dispose d'y placer à la fois plusieurs navires de longueur moyenne.

Le profil en long du radier doit être horizontal. Les avantages que l'on peut réaliser en adoptant une pente longitudinale ne sont pas démontrés, car, dans ce cas comme dans l'autre, il y aura rarement parallélisme entre la quille du navire flottant et la ligne des tins, et l'on se trouverait dans des conditions plus fâcheuses, si, pour une cause ou pour une autre, on devait faire entrer le navire par l'arrière.

La hauteur des tins, dont le dessus ne doit pas dépasser le niveau du seuil, ne doit pas être inférieure à 1 mètre ; cette hauteur est nécessaire pour permettre de travailler assez facilement sous le fond des navires.

En raison de l'énorme charge que peuvent exercer les navires, les dispositions des tins et leur espacement doivent être toujours déterminés dans chaque cas. On est généralement conduit à réduire l'espacement des tins à 0^m,90 ou 1 mètre au plus dans les formes de radoub destinées aux grands navires, pour éviter tout danger d'écrasement. Il est bon de pouvoir intercaler en cas de besoin des tins intermédiaires.

Pour faciliter l'exploitation de la forme de radoub, il y a tout avantage à réduire le plus possible sa largeur en couronne et par suite à restreindre au strict nécessaire le nombre des banquettes d'accorage, auxquelles il faut donner une largeur d'au moins 1 mètre pour que la circulation y soit possible sans danger.

Une fosse à gouvernail doit être ménagée à l'une des extrémités.

Les machines d'épuisement doivent être assez puissantes pour permettre de vider complètement la forme dans une durée de trois à quatre heures.

De puissants moyens de levage, établis de préférence dans le voisinage de l'entrée, au droit de la fosse à gouvernail, peuvent rendre de grands services, surtout dans les formes relativement étroites, pour faciliter l'enlèvement et la remise en place des hélices.

Choix des moyens de radoub. — *Résolutions prises par le IX° Congrès de Navigation.* — « 1° Pour choisir le système à employer dans un chantier de réparation de navires à établir, la première question qui se pose est celle de savoir si ce chantier doit servir à l'outillage d'un port dans l'intérêt général de la navigation, ou s'il doit produire des bénéfices immédiats comme installation exploitée indépendamment. Dans le premier cas, les cales sèches sont presque toujours préférables à tous les autres systèmes, vu les qualités de simplicité et de sûreté qu'elles offrent; dans le deuxième cas, des installations moins coûteuses peuvent être plus avantageuses.

« 2° Pour la réparation de très grands navires, il n'y a actuellement que les cales sèches et les docks flottants, qui entrent en ligne de compte. Aucun des deux systèmes ne présente sur l'autre des avantages tels qu'il soit préférable de n'employer que l'un d'entre eux. Dans chaque cas, les avantages et les inconvénients des deux systèmes doivent être rigoureusement pesés.

« 3° Ce qui décide surtout de ce choix sont les considérations suivantes :

« *a*) La puissance qu'on exige du dock, en ce qui concerne la vitesse, la sécurité et la diversité des travaux à exécuter;

« *b*) Le temps accordé pour la construction ;

« *c*) L'économie de l'installation : celle-ci devra souvent céder le pas aux grands bénéfices que la navigation tout entière retire d'un dock. »

M. l'ingénieur en chef Barbé fait suivre ce vote des réflexions suivantes :

« Il ressort avec évidence des communications faites au Congrès que les cales sèches restent les plus parfaits des appareils de radoub en usage.

« Les cales sèches sont à la vérité coûteuses de construction et nécessitent des épuisements importants, mais leurs frais d'entretien sont faibles et leur durée à peu près illimitée.

« D'autre part, les opérations d'accorage et de mise à sec se font avec beaucoup plus de sécurité dans les cales sèches que dans les autres appareils de radoub.

« Les formes flottantes sont d'un établissement plus économique, surtout quand le terrain de fondation présente des difficultés particulières ; mais elles sont d'un entretien difficile et coûteux et elles exigent le maintien de grandes profondeurs d'eau.

« En France, en particulier, il semble que les formes flottantes et les cales de halage doivent continuer à être réservées aux seuls navires de faible tonnage; pour la grande navigation, la construction de cales sèches s'impose dans tous les ports de quelque importance.

« En ce qui concerne les dispositions d'ensemble et de détail, les commodités de l'exploitation, la perfection de la machinerie, il ne semble pas que les formes construites en France aient rien à envier à celles construites à l'étranger. Il n'en est pas de même pour les dimensions.

« Il est impossible de n'être pas frappé de l'infériorité, sous ce rapport, des formes en service dans les ports français. En présence de l'augmentation continue du tonnage des navires qui est la caractéristique de la navigation maritime, il est à craindre que l'insuffisance des dimensions des formes ne constitue pour les ports français un élément d'infériorité regrettable; aussi semble-t-il qu'il soit temps de prévoir, dans les grands ports, la construction de cales sèches pouvant recevoir les plus grands navires à flot.

« Pour parer à toutes les éventualités, il paraît désirable, partout où cela est possible, de construire des formes à double entrée pouvant être séparées par un bateau-porte intermédiaire en deux formes inégales et indépendantes. Cette disposition peut être obtenue en plaçant les formes au travers d'un môle entre deux bassins; on peut également la réaliser en disposant une entrée dans un bassin et une autre entrée dans un avant-port; mais dans ce cas, pour parer au danger que pourrait faire courir au port une avarie survenue

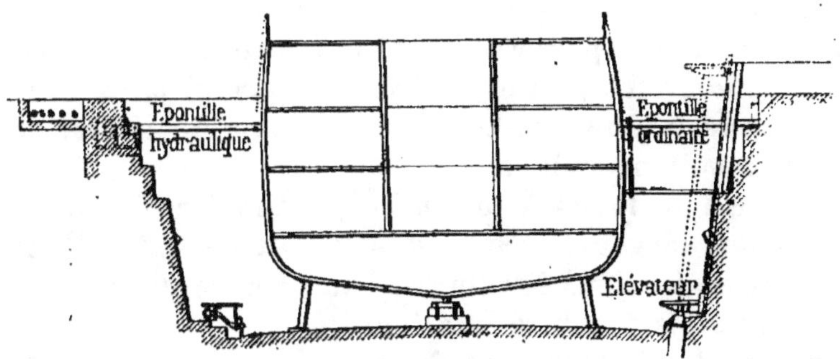

Fig. 135. — Cale de radoub type.

à un bateau-porte au cours d'une manœuvre, il serait prudent de munir l'entrée vers l'avant-port de portes de garde.

« En tout cas, la forme totale devrait avoir une longueur utile de 250 mètres, une largeur à l'entrée de 25 à 30 mètres et un mouillage de 9 mètres au-dessous des plus faibles hautes mers. »

La figure 135 indique la section d'une forme de radoub type d'après M. Redman de Londres. En plus des épontilles ordinaires en bois, il y en a quatre manœuvrées par un cylindre hydraulique et servant en cas de grand vent.

EXEMPLES DE DIVERSES FORMES DE RADOUB

Forme de Calais. — La forme proprement dite a une longueur utile de 138^m,30, de la paroi intérieure du bateau-porte jusqu'au fond de l'hémicycle ; mais l'écluse d'entrée, large de 21 mètres, offre une seconde feuillure, distante de la première de 13^m,50 et pouvant également recevoir le bateau-porte ; la longueur utilisable est dans ce cas de 151^m,80.

Le radier de la chambre d'entrée est à la cote — 1^m,78, et le couronnement des bajoyers à + 8^m,75. Les bajoyers, verticaux, ont donc 10^m,53 de hauteur.

L'épaisseur du radier de l'écluse est de 4^m,50 en aval de la première feuillure et 6^m,50 en amont sous les fosses à gouvernail.

Les fondations du radier reposent sur des pilotis, longs de 7 mètres, descendus à la cote — 11 mètres ; leur tête arrive donc à la cote — 4 mètres ; elles sont noyées dans une couche de béton, épaisse de 1^m,50 et faisant partie de l'épaisseur du radier. La partie supérieure de celui-ci est formée de maçonnerie de blocailles, avec parement en pierres de taille et moellons smillés.

Il existe deux fosses à gouvernail, de 5 mètres de longueur, 6 mètres de largeur, avec fond à la cote — 5^m,75 ; l'une est placée entre les deux feuillures, l'autre est située à 5 mètres en amont de la feuillure intérieure.

Chacun des bajoyers renferme un aqueduc de 1^m,75 de hauteur et 1^m,25 de largeur, débouchant dans le bassin à flot, en aval de la feuillure extérieure d'une part, et de l'autre dans la forme, en aval de la feuillure intérieure. Il est fermé par une vanne, qui s'ouvre pour le remplissage de la forme.

Les bajoyers sont construits en maçonnerie de blocailles

au mortier de ciment de Portland, parementée en moellons smillés et pierres de taille, celle-ci ne servant qu'aux musoirs et aux arêtes saillantes.

Le radier de la forme proprement dite est horizontal, et son épaisseur varie de 5 mètres à l'aval à 3 mètres à l'amont.

L'espacement des tins, d'axe en axe, est de 1^m,50.

A la base, le radier n'a que 9^m,30, y compris deux rigoles d'asséchement de 40 centimètres de largeur; il s'élargit par quatre gradins massifs de 1^m,30 de largeur et 35 centimètres de hauteur et mesure ainsi 19^m,70 à la cote — 1^m,40.

Au-dessus, il n'y a que deux gradins, de 1^m,25 de largeur, établis aux cotes + 1^m,75 et + 4^m,75.

La largeur totale de la forme, au couronnement, est de 27^m,40.

Il n'y a d'escaliers qu'aux deux extrémités; à l'extrémité amont existe une glissière pour les bois.

Formes de radoub de Marseille. — La disposition adoptée à Marseille est excellente. Les six formes sont disposées sur les petits côtés d'un bassin de réparations à flot, de 4^{ha},70 de superficie et de 8 mètres de tirant d'eau, communiquant par une passe de 28 mètres avec le Bassin National (*fig.* 136).

Ces formes ont les dimensions suivantes :

	LONGUEUR TOTALE	TIRANT D'EAU SUR LES TINS	
		A L'ENTRÉE DE LA FORME	AU FOND
	mètres	mètres	mètres
1	181,50	7	5,60
2	110	6	5
3	90	6	5,20
4	90	6	5,20
5	130	6,60	5,65
6	130	6,60	5,65

Elles sont desservies par deux groupes de machines d'épuisement : au Nord, quatre machines, donnant au total 600 chevaux, commandent chacune une pompe rotative

capable de débiter en moyenne 2.200 mètres cubes à l'heure ;
au Sud, 3 machines, attelées de 250 chevaux chacune actionnent 3 pompes débitant chacune 2.500 mètres cubes à l'heure.

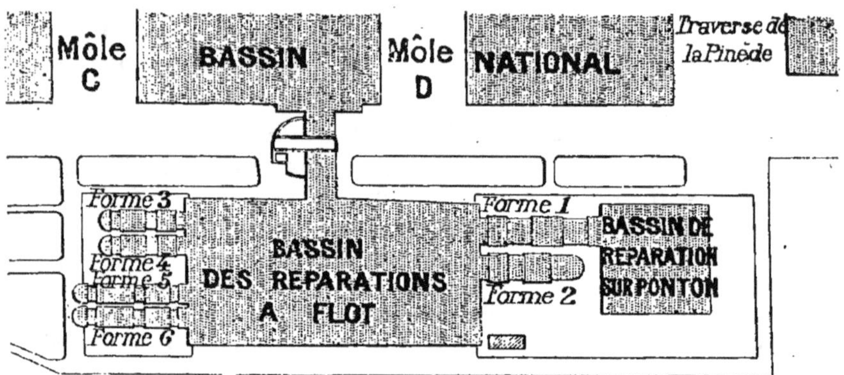

Fig. 136. — Bassin spécial aux formes de Marseille.

La figure 136 représente le plan de l'installation ; grande forme à l'avant terminé par un mur droit, toutes les autres étant en demi-cercle. Elle reçoit les plus grands navires qui peuvent pénétrer dans le bassin de réparations à flot.

Toutes les formes sont pourvues de fosses à gouvernail.

Forme de San Fernando, près de Buenos-Ayres. — Cette forme a quelques particularités remarquables. L'absence de pierres de taille convenables et de main-d'œuvre experte a conduit à remplacer les chardonnets de maçonnerie par des pièces en fonte encastrées dans la maçonnerie où vient s'ajuster le poteau-tourillon, constitué de la même façon. Les étambots sont en fonte avec parement en bronze. Les poteaux busqués sont en teck.

Les pièces fixes de fonte sont solidement reliées à la maçonnerie de briques et de ciment ; celles mobiles sont réglables à volonté, pour assurer l'étanchéité.

Kaiserdock de Bremerhaven. — Le Kaiserdock, construit de 1896 à 1899, a sa plus grande longueur utilisable, mesurée au niveau des tins, de 226 mètres. La largeur moyenne de l'écluse d'entrée, dont les parois sont inclinées à 1/4, est de 28 mètres.

Le seuil est à 9^m,20 au-dessus des eaux basses du bassin à flot attenant, le Kaiserhafen ; en hautes eaux, le mouillage sur le seuil est de 10^m,76.

Les tins, espacés de 1^m,375 d'axe en axe, ont 0^m,50 de largeur ; ils sont en bois, l'usage des tins en fonte ayant été écarté à cause de l'accident de la *Fulda*.

La fermeture s'effectue par bateau-porte.

Un seuil intermédiaire permet de réduire la longueur utile à 106 mètres.

La machinerie comporte quatre pompes centrifuges à arbres horizontaux, de 2^m,50 de diamètre, aspirant à une hauteur maxima de 7 mètres.

Elles donnent 4^m3,3 par seconde, et la durée de l'épuisement de la cale, qui contient 77.000 mètres cubes d'eau, est de deux heures et demie.

Pour l'utilisation de toute la longueur de la forme, le bateau-porte se place en dehors du musoir : mais d'ordinaire, il est placé dans une rainure pratiquée à 4 mètres en dedans, et la longueur disponible n'est plus alors que de 222 mètres. Une autre rainure permet encore de disposer le bateau de façon que la longueur soit réduite à 166 mètres.

La largeur du fond est telle qu'il reste aux ouvriers un espace de 2 mètres de chaque côté d'un navire de 25 mètres de largeur.

La bande centrale sur laquelle reposent les tins a une pente de $\frac{1}{600}$; latéralement, la pente des canaux collecteurs n'est que de $\frac{1}{450}$ vers les puisards. Il en résulte que le radier est surélevé sur les 30 premiers mètres et, si une hélice doit être réparée, ce travail peut être commencé avant l'épuisement total.

La hauteur des tins est de 1^m,06.

Le caisson a la forme en bateau ; il porte une grue de 20 tonnes.

Le remplissage s'opère par deux aqueducs, dont la section est de 8 mètres carrés, fermés par des vannes ordinaires.

Cale de Barry. — Les deux formes construites au port de Barry sont d'un modèle très spécial; et elles remplissent parfaitement le rôle qui leur est dévolu, celui de recevoir quatre navires à la fois dans chacune d'elles, condition qui active beaucoup les opérations.

La longueur totale de la forme est de 225 mètres, et la largeur de 30 mètres au sommet. La largeur de la chambre d'entrée est de 18^m,25; la hauteur de l'eau sur le seuil, de 8^m,10 aux hautes mers de marées ordinaires.

Chaque cale sèche peut recevoir à la fois quatre navires dont deux de 97 mètres et les autres de 103 et 118 mètres. Ce sont les dimensions maxima des charbonniers qui fréquentent le port. En enlevant le caisson de séparation, on loge à l'occasion un bâtiment de 180 mètres environ, longueur que comporte la largeur de 18 mètres.

La pensée qui a guidé cette disposition, c'est que les vapeurs en fer actuels n'ont guère besoin de longues réparations à leur carène; en revanche, ils entrent constamment au bassin pour être visités et peints, et il est avantageux d'en recevoir quatre à la fois.

Comme on le voit, les bateaux ne peuvent être épontillés que d'un côté, celui du bajoyer voisin, aussi leur donne-t-on une légère inclinaison de ce côté, et de l'autre ils sont appuyés par des étais verticaux.

Le sassement est tout à fait indépendant pour les deux compartiments.

Le bassin ne comporte pas de glissières; les matériaux sont descendus au moyen de grues.

Forme en bois de Lorain. — La forme de Lorain, à 40 kilomètres de Cleveland (Ohio), sur la Black-River, est un bon exemple de la construction des formes en bois (*fig.* 137).

Elle a 170^m,60 de longueur totale, 30 mètres de largeur au sommet, 17 à la base et 7 mètres de profondeur totale. La largeur de l'entrée est 18^m,30 au fond, 20 mètres au sommet; la hauteur d'eau sur le seuil est de 5^m,20.

Le radier est installé sur un pilotis général, composé de quinze rangées longitudinales de pieux, distants de 1^m,20 d'axe en axe dans les cinq rangées centrales et dans les deux extrêmes ; les pilotis des autres rangées sont espacés du double.

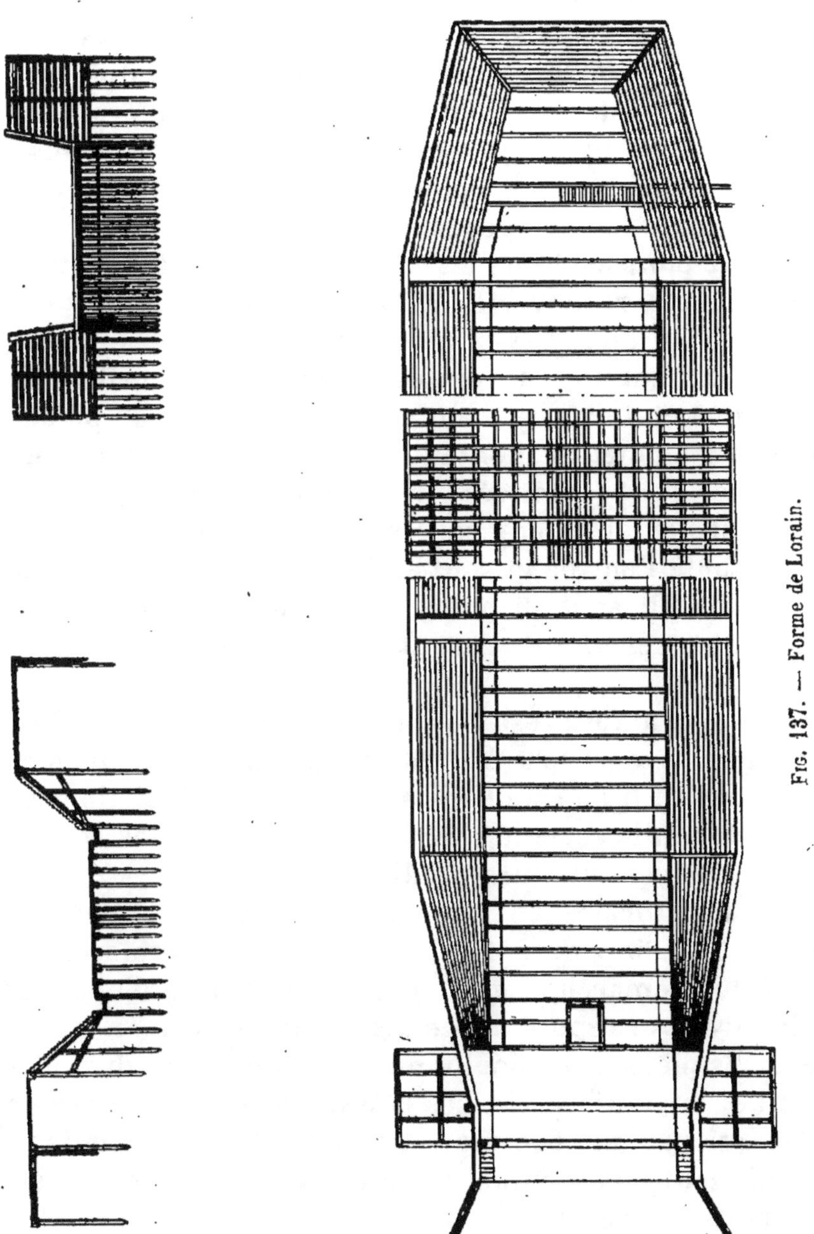

Fig. 137. — Forme de Lorain.

Chaque rangée est coiffée de pièces de chêne de 0^m,30 d'équarrissage, à joints croisés avec les voisines. Sur ces pièces sont placées d'autres transversales, qui supportent la quille et les tasseaux. Celles-ci ont 30 × 45 centimètres avec 19^m,50 de longueur ; elles sont espacées de 2^m,40 et sont entaillées de 5 centimètres à l'endroit des pièces longitudinales, pour relier ensemble toutes les rangées du pilotis.

Les bajoyers sont établis sur trois rangées longitudinales, de pieux, dont les têtes arrivent à des hauteurs différentes, pour former l'inclinaison ; ils sont reliés aux pièces transversales du radier. Sur ces pieux sont placées des pièces inclinées, formant le talus des bajoyers et sur lesquelles des planches sont clouées. Tous les 30 mètres sont établies des glissières en bois recouvertes de planches et couvrant les gradins, de façon que ceux-ci ne soient pas dégradés.

L'entrée du bassin est protégée par deux cribs de 9^m,60 × 8^m,40 et 7^m,20 de hauteur, reposant sur 48 pieux. Les seuils et les poteaux montants qui maintiennent le caisson en place sont enfoncés de 2 centimètres dans les murs des cribs et fortement boulonnés. Les pièces du radier traversent toute l'entrée et sont également reliées aux cribs. Sous chaque seuil sont disposés deux rangs de pieux et de longrines. D'autres pilotis assurent la résistance de la chambre d'entrée.

Toute cette chambre est pavée de béton de ciment dont l'épaisseur varie de 1^m,20 à 1^m,50. Quant aux cribs, ils sont remplis d'argile ; il en est de même du vide sous les bajoyers ; à peine cette argile est-elle corroyée, qu'on pose les revêtements des bajoyers et leurs gradins.

Ceux-ci sont formés en coupant diagonalement des longrines de 25 × 35 centimètres, qui laissent une marche de 25 et une contremarche égale, avec une bande d'appui de 5 centimètres qui repose sur le gradin inférieur.

Toutes les pièces sont boulonnées. Le plancher du radier est incliné du milieu vers les côtés, où sont installées des cuvettes qui, par un caniveau transversal, sont réunies et communiquent par un tunnel en briques de 1^m,20 de diamètre avec le puits des pompes.

La fosse à gouvernail est placée juste à l'intérieur du radier de la chambre d'entrée ; elle a 3 mètres de large, 4^m,50 de long et 3 mètres de profondeur. Le fond est revêtu d'une couche de béton de 60 centimètres d'épaisseur, les parois sont recouvertes de palplanches.

Le caisson, en acier, a 18^m,90 de longueur à la base, 20^m,70 au sommet, et 5^m,80 de hauteur, avec 3^m,60 à sa plus grande largeur. Les pompes enlèvent 3^{m3},700 à la seconde et l'assèchement se fait en deux heures.

Formes de radoub anglaises. — M. Young résume ainsi les considérations qui guident les ingénieurs anglais dans la construction de leurs bassins de radoub :

Dans le projet d'une forme, il faut faire la part très large aux besoins de l'avenir. A peine un bassin est-il construit qu'il se présente un navire qu'il ne peut pas recevoir.

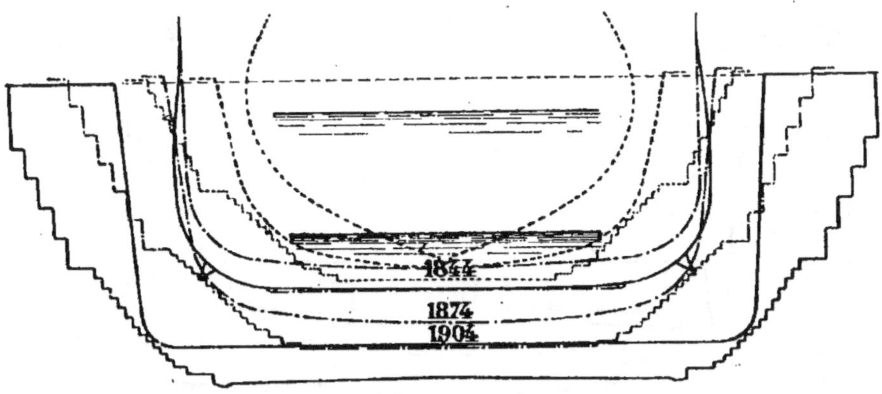

Fig. 138. — Accroissement des formes anglaises.

La figure 138 montre les accroissements successifs qu'ont reçus et les navires et les formes (section droite), en 1844, 1876 et 1904.

La première chose à considérer dans la construction d'une forme est l'établissement des gradins, destinés à recevoir les bouts des épontilles. Un large gradin doit être placé près du plan d'eau. Au-dessous, les gradins sont beaucoup plus étroits, et ils sont très rapprochés, afin de servir de butées à des pièces d'appui auxiliaires, s'il en est besoin. Cette précaution est surtout indispensable pour les navires blindés, dont on supporte ainsi la cuirasse ; elle est utile aussi dans le cas où la forme reçoit de petits bâtiments.

Au-dessus du large gradin, il n'est guère nécessaire d'en avoir.

Un large espace doit être ménagé tout autour du navire pour le travail, et le radier doit être plat et placé à 1^m,20 ou 1^m,50 au-dessous du seuil, pour la hauteur des tins.

Il faut, enfin, que le profil diminue autant que possible le cube d'eau à assécher.

L'examen du sol, avant les travaux, doit se faire au moyen de puits, afin de connaître la nature du terrain, la valeur de son talus naturel, la façon dont il se comportera au contact de l'eau. Ces sondages coûtent peu et sont d'une importance capitale. Ils indiquent le niveau auquel se tient l'eau, et, par suite, la valeur de la contre-pression.

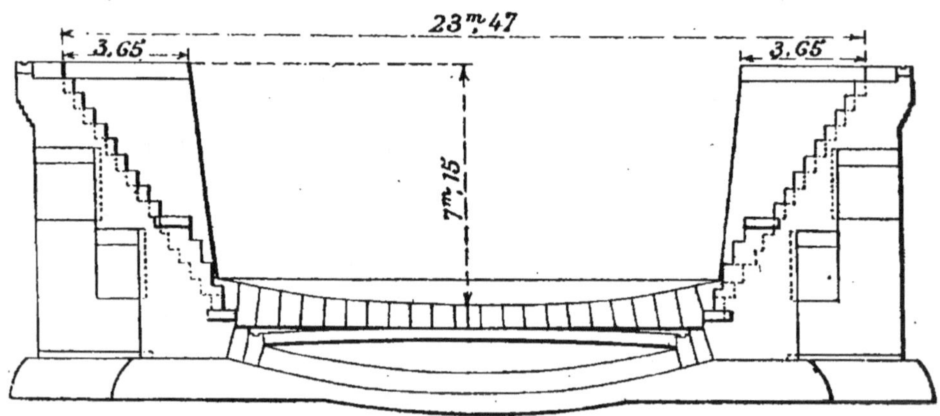

Fig. 139. — Forme de Dundee.

La solidité du radier et des bajoyers, en effet, variera, selon qu'ils auront à résister à la poussée des terres seules ou à une pression hydrostatique.

La figure 139 donne la section droite du bassin de radoub de Dundee, qui est un vrai type du modèle anglais. Le radier a une épaisseur de 2^m,50, sa largeur atteint 16 mètres. Le bassin est protégé par une arche renversée en maçonnerie de moellons, établie sur une fondation en ciment.

Formes de Tilbury. — La disposition de ces formes est très heureuse : elles s'ouvrent d'une part sur le bassin de

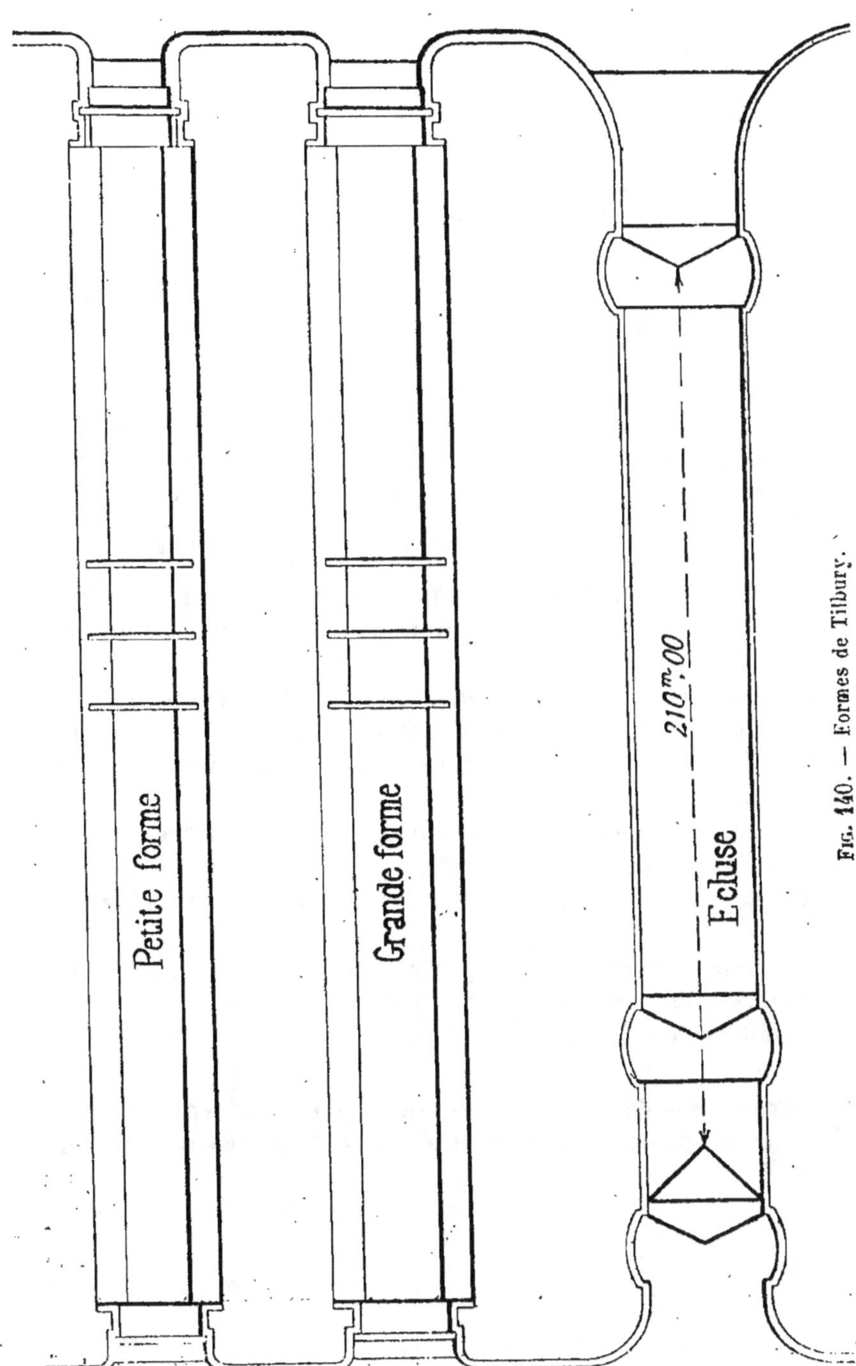

Fig. 140. — Formes de Tilbury.

marée et de l'autre sur le bassin à flot ; les deux extrémités sont fermées par des bateaux-portes.

Chacune est pourvue de rainures intermédiaires, destinées à recevoir des caissons, de sorte que la forme, qui a 266^m,75 de longueur totale, est segmentée en deux autres, de longueurs variables, qui sont d'après les combinaisons admises : 1° 136 et 122 mètres ; 2° 152 et 106 ; 3° 167 et 91 mètres. Les navires introduits n'ont jamais à attendre, le premier entrant d'un côté, le second de l'autre (*fig.* 140).

La largeur des deux formes n'est pas la même ; la plus grande a 21^m,33 au fond, la petite 18^m,30 ; la profondeur des seuils est, respectivement, 10^m,66 et 9^m,15.

L'épaisseur des bajoyers de la grande forme est de 4^m,95 à la base et 1^m,50 au sommet. Leur face du côté de la terre est verticale, sauf des élargissements pour recevoir les aqueducs. La face interne a un fruit de $\frac{1}{20}$; la hauteur est de 7 mètres. Les gradins, au nombre de 6, n'existent qu'au sommet des bajoyers, disposition très particulière, adoptée surtout en Angleterre.

L'épaisseur du radier est de 4^m,57 ; il est en béton, recouvert d'un plancher en pitchpin, cloué sur des traverses du même bois, de 35 centimètres d'équarrissage, noyées dans le béton.

Les tins sont en teck ; les bateaux-portes en fer ont les étambots et la quille en greenheart. La manœuvre se fait en remplissant ou vidant les compartiments, sans l'aide de pompes.

L'épuisement se fait par quatre pompes centrifuges, pouvant ensemble débiter 650 tonnes d'eau par minute ; il est complet en une heure.

Forme n° 3 de Glasgow. — Cette forme présente de très bonnes dispositions ; elle date de 1898 et ses dimensions sont les suivantes :

Longueur du radier, entre le caisson et
l'hémicycle.......................... 268 mètres
Largeur au fond 25   —
Largeur au sommet.................... 35   —
Profondeur du seuil.................. 8   —
Profondeur du radier 9   —
Profondeur de la chambre de la porte. 9^m,15

Une paire de portes en acier divise le dock en deux sections de 140 et 128 mètres.

Le sol où a été établie la forme étant mauvais, sable fin et gravier avec poches d'argile, a d'abord été renforcé par des

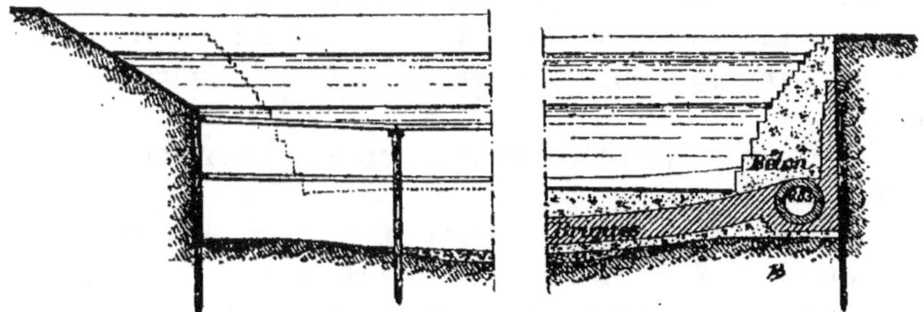

Fig. 141. — Cessnock-dock de Glasgow.

puits en béton, du système communément usité à Glasgow. Deux de ces puits n'ont été remplis qu'à la fin, ayant servi de puisards durant les travaux.

Sur le sommet des puits a été posée une couche de béton de 35 centimètres d'épaisseur, en arche renversée ; l'épaisseur sur les côtés était portée à 1^m,35 (*fig.* 141). Cette couche est recouverte par une voûte concentrique en briques, de 1^m,75 d'épaisseur, avec un rayon de 53 mètres, portant encore un massif de béton épais, de 2 mètres d'épaisseur au centre et de 0^m,30 sur les côtés, bombée de 0^m,15 à la partie supérieure.

Enfin ce radier est dallé en pavés de granit de 0^m,15 de hauteur, sauf en amont sur 31 mètres, où le pavage se compose de blocs de granit.

Les bajoyers, aux deux rainures, sont en briques et béton parementés en granit.

Le béton des bajoyers a été coulé dans des moules mobiles ; il y a 14 gradins dont les dimensions vont de 1^m,12 $\times$ 0^m,50 à 0^m,46 $\times$ 0^m,35. Les bajoyers sont épais de 1^m,35 au sommet.

La fosse à gouvernail a 3 mètres $\times$ 2^m,10 avec 2^m,50 de profondeur.

Des pierres de taille en granit protègent toutes les parties exposées.

Les aqueducs de remplissage mesurent 3^m,10 de hauteur sur 1^m,20 de largeur.

Les deux pompes centrifuges ont 1^m,50 de diamètre, et sont actionnées directement par des machines verticales dont les cylindres ont 710 millimètres de diamètre et 610 millimètres de course. La pression de la vapeur est de 7^{kg},70 par centimètre carré. La vidange des eaux d'infiltration se fait par une pompe rotative de 150 millimètres de diamètre.

L'épuisement peut être complet en une heure et quarante minutes.

La forme est pourvue d'une grue mobile à vapeur de 25 tonnes, de 5 cabestans hydrauliques de 5 tonnes, de 12 cabestans à main et de 31 bollards. Les tins en bois ont 1^m,50 de longueur, 40 centimètres de largeur et 75 centimètres de hauteur.

Forme de Southampton (*fig.* 142). — Les dimensions principales de cette forme sont les suivantes :

Longueur totale...................	266^m,75
Largeur à la base...................	27 ,40
Largeur à la partie supérieure........	38 ,10
Profondeur totale...................	18 ,50
Hauteur de l'eau aux hautes mers....	11 ,90
Hauteur de l'eau aux basses mers....	8 ,70

Elle a été construite en béton de ciment de Portland et en gravier des eaux de Southampton; les gradins sont en granit provenant des carrières de Shap. On a dû creuser 266 000 mètres cubes de terrain et employer 133 000 mètres cubes de béton. Les murs ont 6^m,50 d'épaisseur et vont en se rétrécissant au sommet où ils atteignent 0ᵐ,90, l'épaisseur du radier est de 4ᵐ,80. Il y a sept gradins de 0ᵐ,60 × 0ᵐ,61.

Il existe aussi quatre glissoires et huit escaliers.

Les portes d'acier sont munies de bois intérieurement, chaque ventail du poids de 2 tonnes est mû mécaniquement au moyen du piston d'un cylindre hydraulique, dont la tige est fixée à la porte par une articulation, de façon à lui laisser la liberté nécessaire (*fig.* 144). Le piston reçoit l'eau sous pression à l'avant ou l'arrière au moyen d'une valve

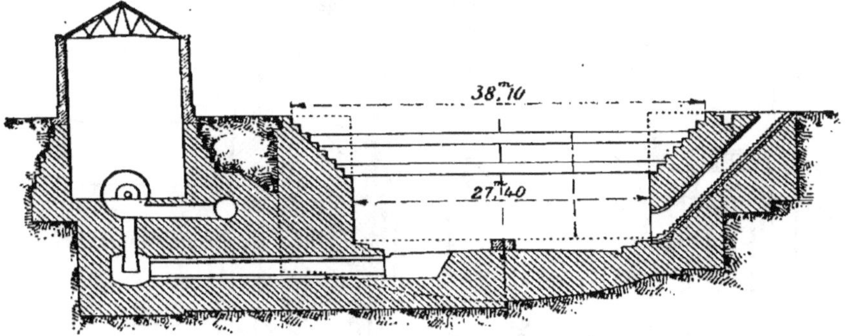

Fɪɢ. 142. — Forme de Southampton. Section du graving dock.

placée sous le quai et commandée par un levier situé sur le quai. Ce cylindre a 0ᵐ,325 de diamètre sur 5ᵐ,10 de course.

Les pompes servant à la vidange de la fosse sont placées dans les murs. Des vannes mues par la tige d'un piston permettent à l'eau d'aller à l'aspiration des pompes centrifuges. Le bassin a une contenance de 85 000 mètres cubes dont la vidange se fait en deux heures et demie (*fig.* 143).

Les pompes centrifuges verticales peuvent débiter chacune 275 mètres cubes ou tonnes à la minute, à la vitesse de 140 tours, leur diamètre est de 2ᵐ,20.

On a en outre une petite pompe pour le drainage du bassin pouvant débiter 6ᵐᶜ,350 à la minute.

Les pompes sont mues à la vapeur par des machines à condensation ; cependant on peut les actionner par le courant électrique pris sur l'éclairage du port.

Enfin l'installation se complète d'une grue de 50 tonnes

de 29 mètres de portée. Placée sur le mur Est du bassin, elle

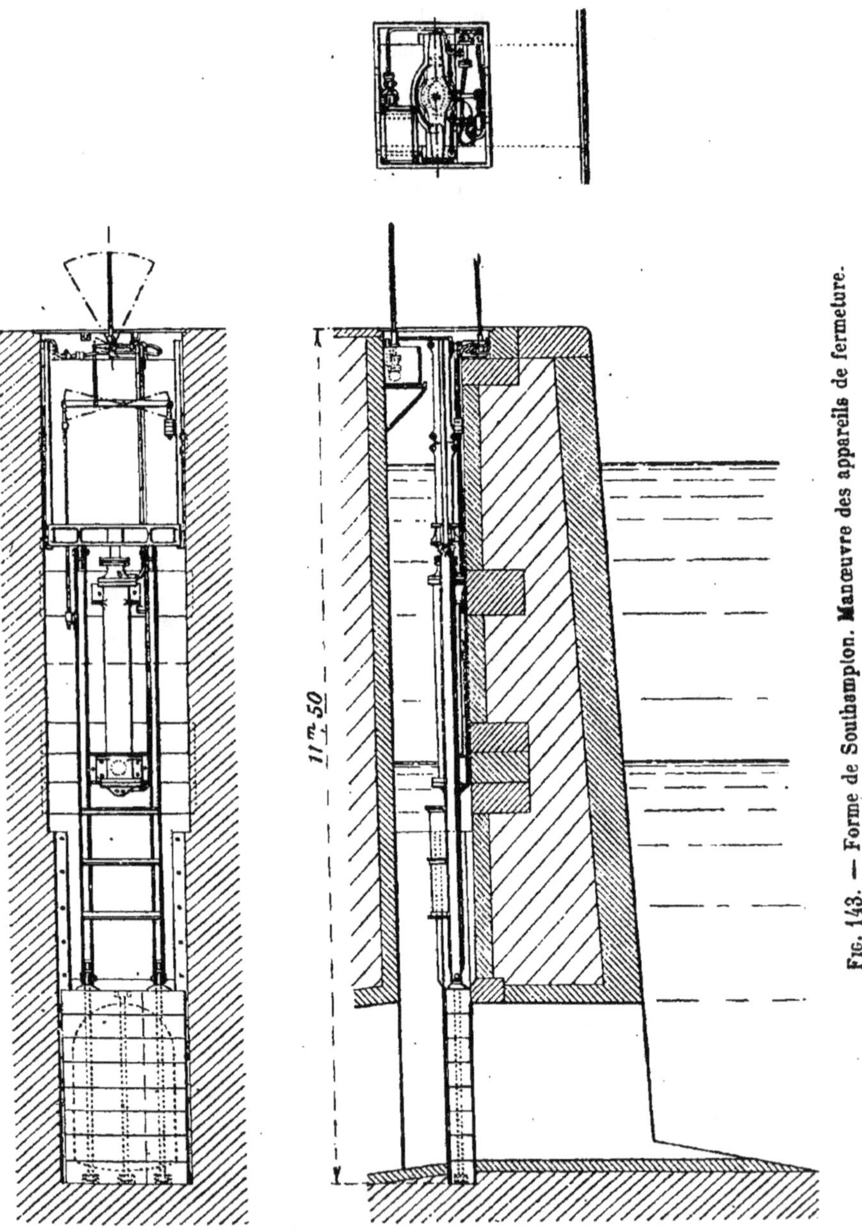

Fig. 143. — Forme de Southampton. Manœuvre des appareils de fermeture.

peut, au moyen de 20 galets qui la supportent, prendre un mouvement longitudinal.

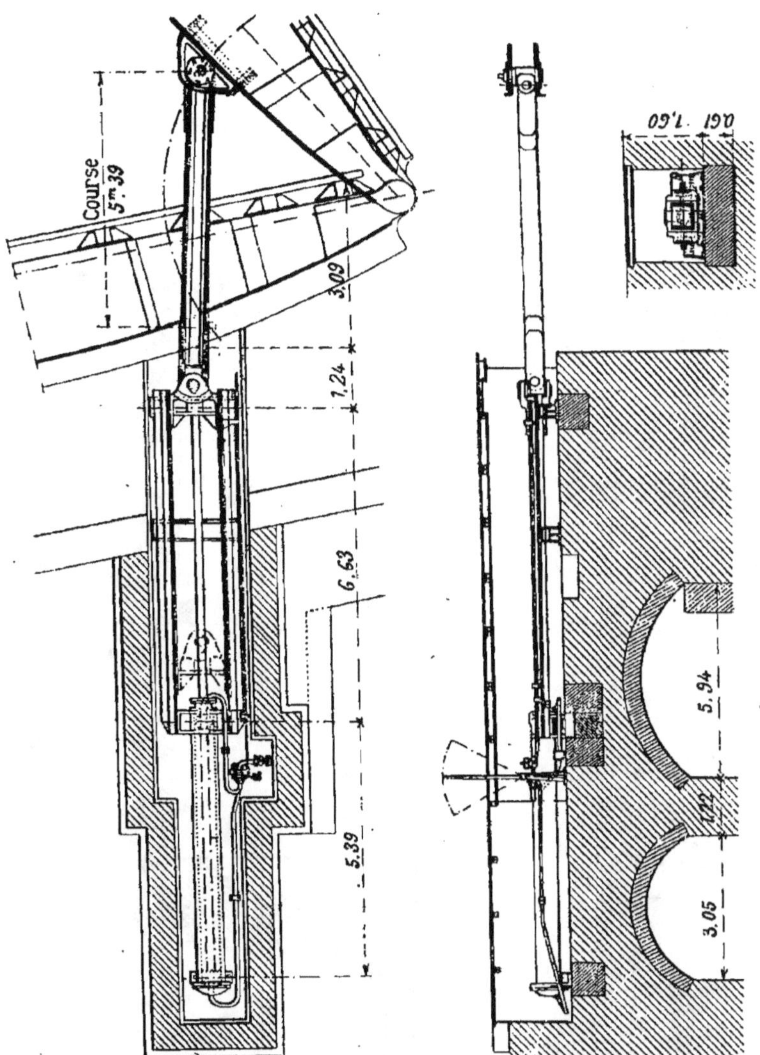

Fig. 144. — Forme de Southampton. Manœuvre hydraulique des portes.

Forme du Canada Dock à Liverpool. — Cette forme est la plus grande qui existe. Sa longueur totale est de 282 mètres ; sa largeur à l'entrée est de 28^m,65 ; la profondeur d'eau, des hautes mers de vives eaux ordinaires, est de 9^m,75 ; les musoirs ont une hauteur de 12^m,50 au-dessus du niveau du seuil (*fig.* 145).

La largeur interne de la forme proprement dite est de 20^m,65 à la base et de 39^m,80 au sommet.

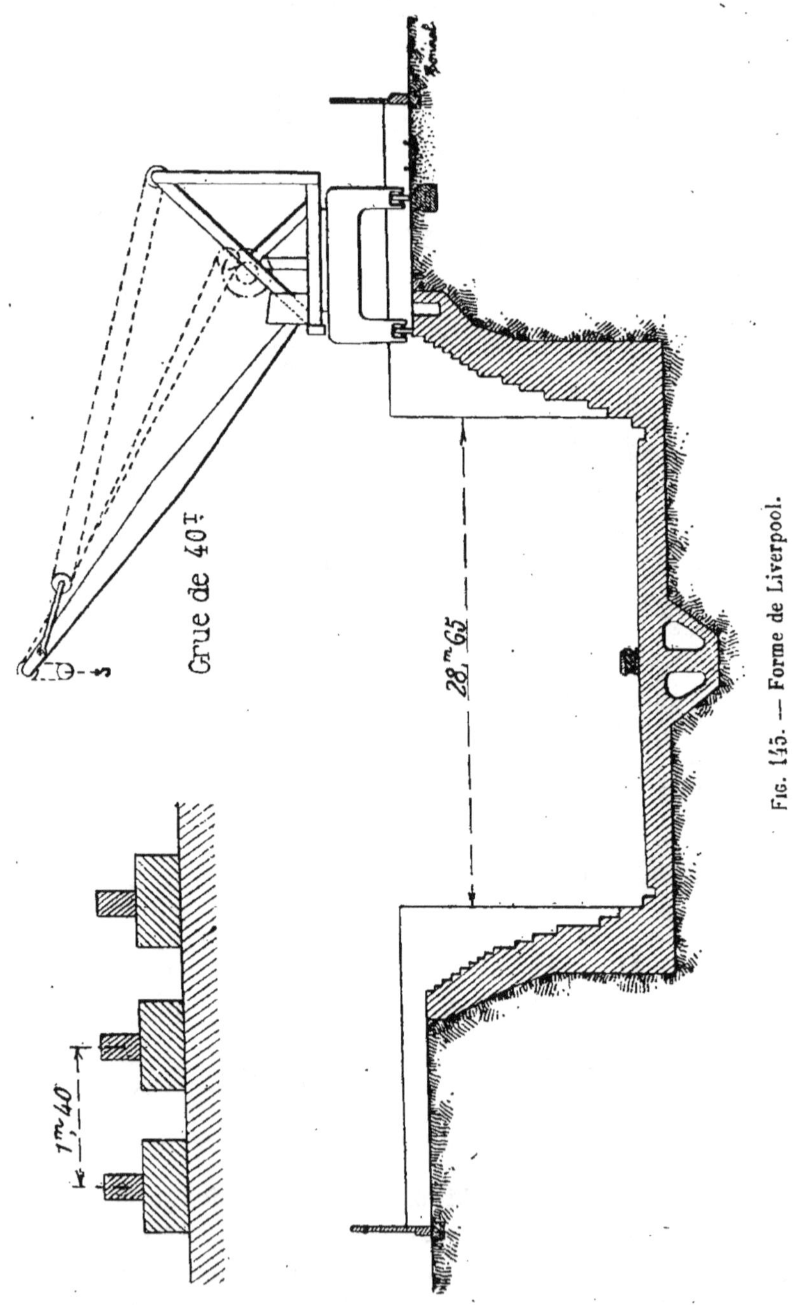

Fig. 145. — Forme de Liverpool.

Les gradins, au nombre de 13, sont de hauteurs très différentes, les plus élevés se trouvant à la base ; les bajoyers de la forme s'élèvent au-dessus du seuil de 10^m,80 au Nord et de 10^m,10 au Sud.

Il existe trois glissières de chaque côté et deux escaliers en tête.

Le radier s'incline de 23 centimètres du centre vers les bords, où se trouvent des cuvettes, reliées par des tuyaux de 46 centimètres de diamètre avec deux aqueducs parallèles, placés dans l'axe longitudinal, les sections varient de 1^m,67 à 2 mètres environ de diamètre, la forme étant d'ailleurs ovale.

Un puisard, latéral à l'entrée, de 3^m,65 $\times$ 10^m,65, reçoit les eaux et les envoie au puits des pompes.

Celles-ci consistent en trois pompes centrifuges, de 1^m,300 de diamètre, conduites chacune par une machine à condensation de 700 chevaux, à deux cylindres de haute pression, de 640 millimètres de diamètre et 610 millimètres de course, utilisant de la vapeur à la pression de 7^{kg},75 par centimètre carré.

Ces pompes, peuvent élever 1 000 tonnes à la minute, et la forme, dont la contenance est de 90 000 mètres cubes, est épuisée en une heure et demie.

Une petite pompe rotative de 354 millimètres de diamètre suffit à enlever les infiltrations.

Une fosse à gouvernail, ayant une forme très allongée, existe à chacune des extrémités.

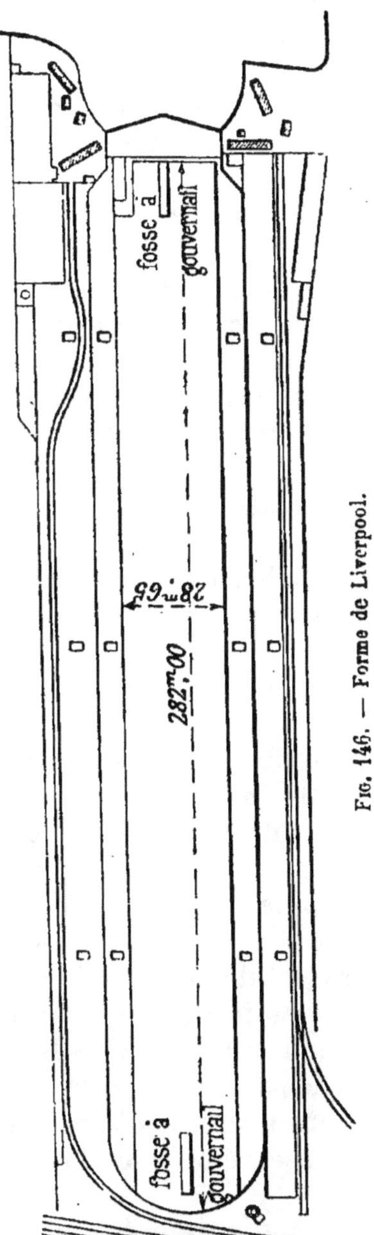

Fig. 146. — Forme de Liverpool.

Elle a en effet 15 mètres de longueur, 1^m,80 de largeur et 9 mètres de profondeur. Lorsqu'on n'a pas à enlever de gouvernail, on recouvre ces fosses au moyen de pièces et l'attinage continue au-dessus.

Forme de Birkenhead. — Une forme appartenant à des industriels de Birkenhead présente une disposition spéciale de porte.

Cette forme de 12^m,20 de largeur est fermée par un panneau unique de 8^m,40 de hauteur.

Ce panneau se relève ou se rabat autour de charnières disposées un peu au-dessous du seuil d'entrée. Rabattu, sa face supérieure se trouve également au-dessous du seuil. Relevé, il porte par ses deux poteaux latéraux contre des pièces verticales et contre le seuil par son étambot, toutes ces pièces sont en pitchpin.

Le panneau se compose d'une carcasse en fer recouverte en bois.

Toutes les faces de contact sont bordées de bandes de caoutchouc, larges de 50 millimètres et épaisses de 9^{mm},5, qui ont fait un excellent usage.

Les charnières ont des gonds de 100 millimètres de diamètre.

La traverse supérieure constitue une chambre à air, qui sert de flotteur pour diminuer le poids de la porte au moment du soulèvement, qui s'opère au moyen de chaînes manœuvrées par un treuil placé sur le bajoyer.

Une installation analogue, pour une forme de 10^m,65 de largeur, existe à Port-Dinorwic, dans le pays de Galles.

Ce système a parfaitement réussi, et il n'y a pas de raisons pour qu'on ne puisse l'appliquer à des formes plus larges. Il faut que l'épaisseur du radier (qu'on renforcerait au-dessous) se prête au creusement d'une cavité pour recevoir le flotteur à air. La chambre de la porte aurait besoin d'être nivelée avec soin pour que le panneau puisse s'étaler sur le fond.

Formes de radoub militaires. — La question des formes de radoub est l'une des plus importantes au point de vue de la guerre navale. La destruction des flottes russes dans les mers de l'Extrême-Orient est surtout due à ce que les bâtiments avariés durant les premières rencontres ne purent être réparés, tandis que les Japonais trouvaient chez eux les facilités désirables.

L'Angleterre, en cas de guerre, disposerait non seulement des formes des ports militaires, mais d'un certain nombre d'autres, réparties dans les ports marchands.

Il y a dans le Royaume-Uni beaucoup de formes qui pourraient recevoir des bâtiments de guerre, si leurs seuils n'étaient situés trop haut.

On comprend en effet que, même à égalité de longueur, il y a une grande différence entre les navires de guerre et les bâtiments marchands au point de vue des formes de radoub. Les navires de commerce n'y entrent qu'après s'être déchargés, et leur tirant d'eau est alors très réduit. Ceux de guerre conservent toute leur pesante artillerie et ne peuvent se débarrasser que du charbon. Ils exigent donc des seuils situés très bas, ce qui augmente dans une forte proportion les dépenses.

Bassin de radoub de Bahia Blanca (Argentine). — Ses dimensions sont :

Longueur	221^m,90
Largeur	25 ,90
Profondeur sur le seuil aux hautes marées ordinaires	9 ,90

L'amplitude de la marée est de 3 mètres; la profondeur maxima sur le seuil est de 10^m,50.

Le bassin est construit en béton avec revêtement de granit.

Il y a deux entrées, dont l'une communique avec un bassin à flot. Celle-ci est fermée par un bateau, tout en acier, de 250 tonnes. L'autre, par une porte glissante, de 356 tonnes, manœuvrée à la main ou par l'eau sous pression.

Deux bateaux-portes intermédiaires servent à diviser la forme en tronçons de 100 mètres, 40 mètres et 77 mètres.

Les pompes sont divisées en deux groupes, dont chacun

comprend une pompe centrifuge de $1^m,83$ de diamètre, conduite par un moteur de 400 chevaux et qui élève par seconde 1.500 litres à $11^m,30$. Les deux groupes ensemble vident la forme en trois heures.

Manœuvre des cales de radoub. — Le navire se présente ordinairement par l'avant, il est conduit dans la forme par des amarres, manœuvrées des appontements latéraux, s'il en existe.

Lorsqu'il se trouve en position, l'épuisement commence et le bâtiment repose peu à peu sur les tins ; pendant ce temps, on place les épontilles supérieures d'abord, afin de conserver la verticalité du bâtiment. Quand la cale est vidée, les épontilles latérales doivent être mises en place.

S'il ne s'agit que de réparations au haut de la carène, il est inutile d'épuiser totalement; mais ce sont là des conditions qui se présentent très rarement.

Dès que commence l'épuisement, les ouvriers, installés sur des radeaux, se mettent à gratter et nettoyer la carène, ce travail étant plus facile quand la coque est humide. Les radeaux descendent à mesure que le niveau de l'eau baisse, et il est bon de proportionner la vitesse de l'épuisement au temps nécessaire à ce nettoyage.

Accessoires. — Pour toutes ces manœuvres, pour la mise des matériaux à pied d'œuvre, les formes sont entourées de cabestans, de grues, de treuils. Elles sont munies de conduites d'eau, de vapeur, etc., qui sont installées tout le long des arêtes des bajoyers. On place en général un cabestan dans le prolongement de l'hémicycle, pour le halage des navires, et un de chaque côté de l'entrée, pour les guider.

Une forte grue, de 25 tonnes, avec une portée de 10 mètres, est installée à l'entrée de la grande forme du Havre pour la manœuvre des hélices, gouvernails, etc.

A l'Alexandra Dock de Belfast, il y a 8 cabestans, 64 bollards espacés de 15 mètres, une grue de 100 tonnes pour la pose des mâts, des chaudières, etc.

ÉPUISEMENT DES FORMES

Les navires ne passent souvent que quelques heures dans une cale sèche, et l'on peut citer un exemple où trois bâtiments ont été visités dans une seule journée. En moyenne, on estime à quarante-huit heures le séjour d'un vapeur dans la forme.

Dans ces conditions, il est important que l'épuisement se fasse le plus rapidement possible, et le maximum de durée admis, qui était encore récemment de trois heures, est aujourd'hui réduit ; le nouveau bassin de Barry, qui sert à quatre navires à la fois, est asséché en une heure et demie.

Cette brièveté de l'opération tient à la disposition spéciale de la forme de Barry ; mais il n'y a en réalité guère d'avantage à trop réduire le temps de l'assèchement, car c'est pendant la baisse de l'eau que la coque est grattée, ce qui exige trois ou quatre heures.

Puissance nécessaire. — La puissance nécessaire à l'épuisement est très variable. Comme on place le tuyau d'évacuation le plus bas possible, tout en restant au-dessus du niveau supérieur de l'eau dans la forme, la hauteur d'élévation est très faible au début de l'opération ; mais elle va toujours en augmentant.

On est donc obligé de calculer la puissance nécessaire pour la hauteur moyenne h d'élévation.

Soient donc :

V, le volume à enlever ;

n, le nombre de secondes dans lequel doit se faire l'épuisement ;

1 026, le poids spécifique de l'eau de mer ; le poids P est égal à 1 026V.

Le travail développé est 1 026Vh en n secondes ;

Et par seconde,

$$\frac{1\,026V h}{n}.$$

Le travail en chevaux-vapeur est donc :

$$\frac{1\,026V h}{75n}$$

La pratique a indiqué que l'on tenait compte de toutes les conditions (rendement des pompes, etc.) en calculant la puissance des machines pour le maximum de hauteur d'élévation.

Ainsi, au Havre, la forme n° 5 contient 37 675 mètres cubes d'eau, et il faut l'élever à 11^m,80 au maximum. Cette opération s'exécute en 2^h 47 minutes, soit 10 020 secondes. Le débit des pompes par seconde est :

$$\frac{37\,675}{10\,020} = 3\,765 \text{ litres,}$$

et la force nécessaire en chevaux est :

$$\frac{3\,765 \times 11,80}{75} = 592 \text{ chevaux environ.}$$

La force réellement employée est de 603 chevaux, avec surcharge possible, comme on le verra ci-dessous.

Au bassin de Bilocla, le cube de 45 300 mètres est enlevé en trois heures et demie, avec une élévation de 11 mètres ; les machines développent 530 chevaux.

A l'Alexandra Dock de Belfast, on épuise 45 330 mètres cubes en trois heures, ce qui exige, pour une élévation de 7^m,50 une puissance de 518 chevaux. Les deux machines qui font mouvoir les pompes font ensemble 500 chevaux.

Ces exemples suffisent pour faire apprécier la puissance nécessaire.

D'ailleurs, on maintient les variations du travail dans des limites compatibles avec un rendement moyen satisfaisant, en faisant varier la vitesse des pompes.

Ainsi, on trouve :

	NOMBRE DE TOURS	DÉBIT DES POMPES	PUISSANCE INDIQUÉE DE CHAQUE MACHINE
Dunkerque.	80 à 140	700 à 1 100 lit.	150 à 240 ch.-v.
Le Havre...	98 à 130	2 857 à 4 635 lit.	440 à 788 ch.-v.

Une petite pompe est affectée à l'asséchement des formes, pour enlever les eaux d'infiltration, de pluie, de lavage. Cette pompe est à piston ou rotative ; elle est centrifuge et d'un diamètre de 225 millimètres à l'Alexandra Dock de Belfast.

Choix des pompes. — A l'arsenal de Portsmouth, les pompes sont à piston ; les cylindres ont $1^m,80$ de diamètre. Le mouvement est donné par des machines à vapeur verticales compound, dont les cylindres ont 1 mètre et $1^m,60$ de diamètre. Elles débitent 5 mètres cubes par seconde ; il leur faut 875 chevaux.

Mais, aujourd'hui, on préfère les pompes centrifuges, pour plusieurs motifs.

a) Le mouvement circulaire de la pompe et son équilibrage parfait suppriment les vibrations de la pompe alternative, si dangereuses pour les maçonneries du puits de la pompe et parfois même de la forme.

b) Les machines, à vapeur ou électriques, peuvent être placées au-dessus du niveau de l'eau et actionner la pompe par un arbre vertical.

c) L'eau des formes contient toujours des débris de bois et autres impuretés, qui ne gênent pas le mouvement des pompes centrifuges.

L'inconvénient de ces pompes est la grande vitesse qu'elles exigent ; on y remédie en les plaçant le plus bas possible.

Commande des pompes. — A Calais, à Saint-Nazaire, à Marseille, la commande des pompes s'opère par courroies ; mais l'humidité qui règne dans les puisards fait varier constamment la longueur et la tension de celles-ci, et il en résulte des pertes de travail. Il est inutile d'insister sur la nécessité du remplacement fréquent des courroies et sur les dangers de leur rupture.

Aussi préfère-t-on la commande directe. Mais il faut avoir soin de placer les machines elles-mêmes en dehors du puisard, pour les soustraire à l'humidité et pour faciliter leur service.

Le seul inconvénient de la commande directe réside dans

l'usure qui peut se produire à la portée par suite du poids considérable de l'arbre et de la pompe. On y remédie en faisant supporter l'arbre de commande par un palier de butée analogue à ceux employés pour les arbres d'hélice. Au Havre et à la Pallice, cette disposition donne toute satisfaction.

Machinerie du Havre. — Au Havre, pour les nouvelles formes, les pompes reposent sur la voûte inférieure du puisard, à la cote $0^m,93$, tandis que les machines sont situées sur la voûte supérieure, à la cote $9^m,30$.

Les trois pompes centrifuges, de 2 mètres de diamètre, sont à axe vertical. Chacune d'elles est actionnée directement par une machine compound. Les deux cylindres sont placés à angle droit ; leur diamètre est de $0^m,45$ et $0^m,78$, et la course des pistons atteint $0^m,60$.

Les trois générateurs de vapeur sont semi-tubulaires à foyers intérieurs, dont chacun a 4 mètres carrés de surface de grille et 125 mètres carrés de surface de chauffe.

Machinerie de la forme de radoub de Calais. — Cette machinerie a été établie pour trois formes, en vue de l'avenir ; pour le moment elle sert à la forme unique.

Le radier du puisard où plonge le tuyau d'aspiration est à la cote — $5^m,03$; à la cote de $0^m,355$, le puisard est couvert d'un plancher sur lequel est fixée la pompe centrifuge. L'eau est conduite dans le puits par un aqueduc longitudinal établi à la cote — $4^m,03$, c'est-à-dire à un mètre au-dessus de la crépine d'aspiration.

Un autre aqueduc longitudinal est placé à la cote 0 et va déboucher dans l'avant-port. Par là on peut écouler à la mer tout le volume d'eau contenu dans la forme et situé au-dessus du niveau de basse mer. On ferme ensuite l'orifice de l'aqueduc supérieur, qui communique d'ailleurs avec l'autre par une conduite verticale, et à ce moment commence l'épuisement. L'eau est refoulée par la pompe dans une conduite d'évacuation.

Les pompes qui pourraient servir ou à une forme seulement ou aux trois, sont du type centrifuge, le diamètre est de

1^m,80, à axe horizontal, elles sont commandées par courroies.

Leur garniture étanche automatique est formée des pièces suivantes (*fig.* 147) :

La rondelle A, plane en bronze, fixée par des vis sur les parois intérieures du corps de pompe.

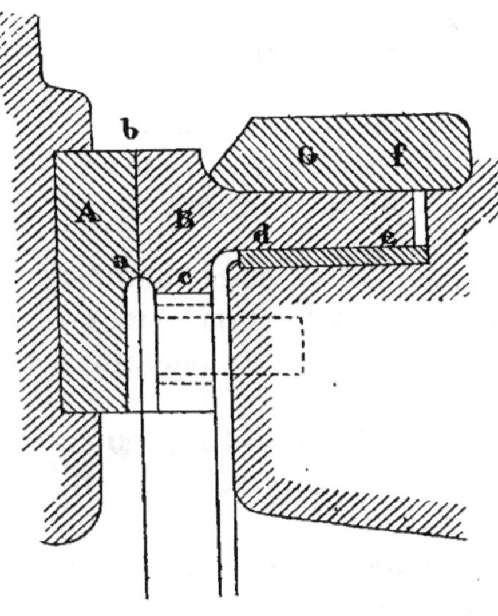

Fig. 147. — Garniture étanche.

La rondelle B, en bronze, est à section en cornière; des ergots la fixent sur le disque précédent, qu'elle suit dans sa rotation, tout en pouvant se mouvoir parallèlement à elle-même dans le sens de l'axe du disque.

Le cercle élastique en caoutchouc G, est appliqué avec tension sur la rondelle B et, en partie, sur le moyeu du disque qui ferme hermétiquement le joint cdc_f. Soit une hauteur d'élévation totale de 10 mètres, partagée également entre l'aspiration et le refoulement.

La colonne d'aspiration agit par succion sur la surface annulaire ab de la rondelle mobile B et la pousse contre la rondelle A avec une intensité de 0^{kg},5 par centimètre carré. Elle agit en sens contraire sur les surfaces annulaires cd, ef, et tend à appliquer la rondelle contre le disque, mais la surface ab étant supérieure à la somme des surfaces cd, ef, la rondelle B est appliquée contre A par la force :

$$0^{kg},5 \; [ab - (cd + ef)].\qquad(1)$$

Ni l'eau, ni un corps étranger ne pourront passer par le joint, les deux rondelles étant toujours en contact.

La colonne de refoulement agit comme celle d'aspiration, de sorte que l'expression (1) est doublée et devient :

$$ab - (cd + ef).\qquad(2)$$

En donnant à la surface exprimée par (2) et représentée par l'épanouissement supérieur de la rondelle B, une valeur de 110 à 115 centimètres carrés, la force de poussée de B contre A sera égale à 110 ou 115 kilogrammes, quantité plus que suffisante pour obtenir l'étanchéité.

Les pompes sont actionnées par des machines compound, avec condensation par mélange.

Aux essais, la machinerie a donné comme résultats :

Volume total de l'eau épuisée..   31 180 mètres cubes.
Durée de l'épuisement......... $2^h 10^m$ ou 130 minutes.
Charbon brûlé...............   1 500 kilogrammes.

En déduisant la quantité de charbon brûlée pour chauffer l'eau restant à la fin de l'expérience, la consommation de charbon a été de $1^{kg},056$ par cheval-heure. Les machines développaient 650 chevaux.

Le travail utile pour épuiser l'eau a été de 145 000 000 de kilogrammètres ; la quantité de charbon consommée par million de kilogrammètres était de $10^{kg},275$.

Le rendement mécanique, variable de 0 au début, à un maximum à la fin, a été en moyenne de :

$$\frac{145\,000\,000}{130^m \times 60^s \times 75 \times 650} = 0,38.$$

L'asséchement de la forme est maintenu par deux pompes centrifuges de 800 millimètres de diamètre ; on a constaté que les infiltrations et les pertes du bateau-porte s'élèvent à environ 50 mètres cubes en vingt-quatre heures.

Vannes de la machinerie. — Elles sont en fonte (*fig.* 143). Un fort cadre, encastré dans la maçonnerie de la tête de l'aqueduc, est maintenu par des boulons formant vérins ; ils s'appuient d'un côté sur des sommiers en fonte scellés dans la maçonnerie du puits, de l'autre sur des glissières fixées sur les montants du cadre et le long desquelles se déplace la vanne.

Celle-ci est une plaque de fonte, renforcée par des nervures horizontales en forme de solide d'égale résistance, et appliquée avec recouvrement sur l'ouverture du cadre. On obtient ainsi l'étanchéité lorsque la pression rapproche les deux surfaces.

Dans le cas contraire, ce rapprochement est effectué par des parties inclinées où s'engagent des talons ménagés sur la plaque. Sur le radier sont également disposées des butées réglables à volonté.

La verticalité est assurée par une rainure verticale disposée sur toute la hauteur de la glissière et où s'engage un talon vertical régnant sur toute la hauteur de la vanne.

La vanne porte une tige graduée qui en indique toujours la situation.

Appareil d'épuisement du bassin de Chatham. — Les pompes installées pour l'asséchement du nouveau bassin de radoub de Chatham sont les dernières construites, de sorte qu'elles donnent le modèle anglais actuel.

Pour l'épuisement, il y a deux groupes de pompes centrifuges, à axe vertical avec huit aubes horizontales de $2^m,40$ de diamètre. Chaque pompe est conduite par une machine horizontale compound, avec condensation par surface, dont les cylindres ont 400 et 800 millimètres de diamètre avec course de 610 millimètres.

Les deux cylindres sont placés à angle droit et agissent sur la même manivelle.

L'arbre coudé, vertical, est couplé directement à la tige de transmision longue de 14 mètres. On a ainsi évité l'emploi de roues dentées entre la machine et le pivot des pompes, les engrenages présentant de nombreux inconvénients.

Les cylindres sont pourvus d'enveloppes de vapeur; les fonds et les pistons sont en acier.

Les guides de la traverse sont circulaires; les glissières, garnies de métal blanc sont réglables. Le piston, la bielle, les traverses sont équilibrés. La garniture du piston et des tiges des soupapes est métallique.

Les bâtis des machines ont été conçus spécialement en vue de la nécessité de placer l'arbre à manivelle sur le centre du puits, pour le coupler directement à l'axe de la pompe. A cet effet, une poutre creuse solide est posée au travers de l'extrémité supérieure du puits et encastrée dans le béton. Sur cette poutre est boulonné le bâti, tandis que les cylindres sont supportés sur le plancher, l'ensemble étant très raide et très solide.

La réaction des aubes est soutenue par des paliers que portent de fortes poutres placées dans le puits. Ces paliers à coussinets verticaux plongent dans un bain d'huile et sont refroidis au moyen d'une enveloppe d'eau.

Le pivot de 200 millimètres de diamètre, a ses tourillons, garnis de bronze. L'enveloppe de la pompe est modelée de façon à faciliter la sortie de l'eau.

Ces pompes et machines sont les plus grandes construites en Angleterre. La vidange se fait en quatre heures ; elle comporte 66.000 tonnes élevées à 11^m,70 ; le nombre de tours par minute est de 122.

Les deux pompes d'entretien sont à piston, de 550 millimètres de diamètre et 1^m,20 de course.

La condensation s'opère dans deux condenseurs à surface capables chacun de refroidir 13 600 kilogrammes de vapeur par heure. Leur surface respective est de 280 mètres carrés.

Moteurs électriques. — Depuis 1900, l'usage des moteurs électriques s'est répandu ; ils sont moins encombrants et peuvent être placés loin de la forme, laissant l'espace libre pour les opérations de celle-ci.

En empruntant temporairement la puissance voulue à la station centrale, on réalise une grande économie, cette puissance étant ordinairement employée pour les autres machines du port.

Le courant est ordinairement continu et à faible tension ; mais dans les nouvelles installations américaines, le voltage est considérable.

Installation de la forme de New-York. — A la nouvelle forme de l'Arsenal de New-York, les pompes servent à assécher deux formes longues, l'une de 92 mètres, l'autre de 190 mètres. Elles sont placées entre les deux, dans un puits profond de 9 mètres et dont le diamètre est de 13^m,75 ; ce puits est étanche et recouvert, à la hauteur du sol, par un toit en béton armé.

Les pompes centrifuges sont au nombre de trois de 1 060 millimètres de diamètre à axe horizontal.

Chacune débite 3 800 litres par seconde. Elles épuisent à volonté l'un ou l'autre bassin, pouvant en être isolées par des vannes. La vidange des eaux d'infiltration est faite par deux pompes de même système de 400 millimètres de diamètre.

Les trois moteurs électriques à 42 pôles fournissent chacun 415 chevaux ; ils sont directement couplés aux grandes pompes et travaillent sous 2 000 volts ; ils sont triphasés à 60 périodes. Les petites pompes sont aussi conduites directement, par un moteur de 125 chevaux à 34 pôles.

Critique. — L'inconvénient des moteurs électriques, c'est que leur vitesse ne peut varier que dans d'étroites limites, sous peine d'une grande réduction dans le rendement.

D'autre part, dans la pompe centrifuge, la vitesse à chaque instant varie directement avec la hauteur d'élévation comme l'indique la formule :

$$V = \frac{gHS}{Q};$$

dans laquelle :

V est la vitesse tangentielle à l'extrémité des aubes ;

S, la section du tuyau de décharge ;

Q, le débit ;

H, les hauteurs d'élévation.

Mais, pour les bassins de radoub il se présente un cas particulier. La majeure partie de l'eau contenue $\left(\text{les } \frac{2}{3} \text{ ou les } \frac{3}{4}\right)$ se trouve dans la moitié supérieure de la section. C'est donc cette partie qu'il importe d'épuiser rapidement et c'est pour elle qu'on règle la vitesse des moteurs.

La seconde moitié est épuisée moyennant une plus grande perte de puissance, mais l'importance en est beaucoup moindre. En tout cas, cette perte n'est pas comparable avec le bénéfice retiré du prompt assèchement de la forme.

A New-York, la vitesse est de 1 800 tours à la minute. Le

moteur supporte facilement pendant deux heures une surcharge de 50 0/0, la température au-dessus de celle de l'atmosphère ne dépassant pas 60°. La surcharge peut même momentanément atteindre 60 0/0.

La distance entre le générateur et la pompe est de 400 mètres.

Une installation analogue existe à Algiers, près de la Nouvelle-Orléans, à Mare Island et à Boston.

En Angleterre, on emploie quelquefois le pulsomètre à l'asséchement des formes.

A Swansea, des pompes centrifuges de 65 centimètres de diamètre sont conduites par des machines à gaz de 125 chevaux.

Remplissage des formes. — Lorsque les réparations d'un navire sont terminées, il faut le remettre à flot pour le faire sortir.

Quelquefois la rentrée de l'eau s'opère par des ventilles disposées dans le bateau-porte lui-même; mais il est préférable et plus rapide de faire arriver le courant par des aqueducs ménagés dans les bajoyers.

Il y a lieu de faire déboucher l'orifice intérieur près du haut radier, presque sans chute.

Vidange. — L'aqueduc de vidange conduit au puisard les eaux recueillies par les rigoles d'épuisement. Lorsque cet aqueduc débouche en un seul point de la forme, il se produit des courants longitudinaux.

Pour éviter ces courants, on a établi aux formes 5 et 6 du Havre, à la partie basse des bajoyers, deux grands aqueducs qui communiquent avec les rigoles par des tuyaux de poterie de 30 centimètres de diamètre, distants de 2 mètres d'axe en axe, et dont la section totale est supérieure à celle des aqueducs.

Ceux-ci offrent d'ailleurs l'avantage de constituer en contre-bas du radier un réservoir où s'accumulent les eaux pendant un certain temps sans qu'il soit besoin de faire fonctionner constamment les pompes d'entretien pour maintenir le radier à sec.

Dans l'installation de Belfast, les aqueducs venant de

l'avant-port, mènent l'eau aux trois compartiments de la forme. Ils ont $1^m,50$ de largeur et $1^m,20$ de hauteur et sont munis de vannes, qui interceptent ou établissent la communication avec le bassin. Les vannes sont manœuvrées par des vis verticales.

Aqueducs de vidange. — Partant de la forme, ils vont au puisard des pompes et en repartent pour emporter l'eau à l'extérieur.

Réparations du matériel. — Les ports importants possèdent un matériel considérable de grues flottantes, chalands, bateaux-portes, etc. Leurs réparations se font sur cales de halage ou dans un bassin de radoub spécial de très faible profondeur.

Emplacement des formes. — Elles doivent être placées dans un endroit abrité, car les navires de commerce sont allégés avant leur entrée au bassin, et leur stabilité est alors très peu assurée.

Lorsque le port possède plusieurs formes, il est bon de les grouper dans un seul bassin (Marseille, *fig.* 136); on a l'avantage de cette façon d'avoir à proximité les ateliers, les accessoires.

L'espace entre les diverses formes de radoub du Havre est de 12 mètres. Bien que cette dimension soit encore quelquefois moindre, la pratique en a démontré la nécessité.

EXPLOITATION DES FORMES DE RADOUB

L'exploitation d'une forme de radoub ou de l'ensemble de celles qui existent dans un port doit être considérée à des points de vue différents, selon que l'utilisation de ces engins est assez intensive pour donner des bénéfices ou non.

Dans le premier cas, on peut trouver un concessionnaire, qui paie une redevance, sous une forme quelconque à l'Etat; dans le second, celui-ci est obligé d'exploiter par lui-même.

On peut distinguer

L'exploitation technique : manœuvre du bateau-porte, épuisement, évacuation et remplissage, entretien.

L'exploitation commerciale, comprenant, d'une part, la manœuvre d'entrée du navire, le réglage de sa position, l'accorage ; de l'autre, les réparations du bâtiment.

Celles-ci sont toujours laissées à l'industrie privée, et il en est de même le plus souvent de la manœuvre du bâtiment.

Reste l'exploitation technique.

Forme de Calais. — A Calais durant les quatre premières années, l'exploitation totale, sauf les réparations, a été faite par l'État, la fréquentation de la forme étant très restreinte, car, dans cette période, il n'est entré que 51 navires dont l'ensemble de la jauge brute était de 60.000 tonneaux.

Le nombre des jours de séjour a été de 247 et les recettes se sont élevées à 46.350 francs.

Il est intéressant de donner le détail des dépenses :

Fonctionnement des machines	7 491^f,08
Entretien	13 817 55
Manœuvres du bateau-porte	961 59
Renouvellement des tins, épontilles, etc.	1 935 75
TOTAL	24 205^f,97

Soit un bénéfice de 22 144 fr. 13, représentant une moyenne de 434 fr. 34 par navire.

Cette économie n'a pu être réalisée que parce qu'un seul ouvrier était attaché à la forme, et qu'on n'a pas compté de frais généraux. Au moment d'une opération, on empruntait à un autre chantier le personnel nécessaire, y compris les mécaniciens; on ne comptait leur salaire au compte de la forme que pour le temps où ils y étaient occupés.

Aujourd'hui, l'exploitation technique est confiée aux officiers du port, comme celle des écluses et de la machinerie hydraulique. L'exploitation commerciale a été concédée à la Chambre de commerce, qui, touchant les recettes, rembourse à l'État les dépenses de l'exploitation technique, de même qu'elle partage avec lui les bénéfices.

La Chambre de commerce n'exploite pas par elle-même,

mais prélève des taxes sur les industriels qui exécutent les manœuvres d'entrée et les réparations.

Considérations sur les formes de radoub. — Un rapport de M. Desprez, lu au IXᵉ Congrès international de navigation, tenu à Dusseldorf en 1902, énonce les considérations suivantes :

« Parmi les établissements de radoub, il y a lieu de distinguer ceux qui appartiennent à des sociétés particulières (ateliers de réparations de navires ou Compagnies de navigation) de ceux établis par l'Administration qui exploite le port et en font pour ainsi dire partie intégrante.

« Les premiers font partie de l'outillage de la Société qui les utilise, soit pour sa clientèle, soit pour ses navires, et ont le caractère d'une installation accessoire destinée à faciliter l'exercice de l'industrie principale.

« On conçoit, en effet, qu'une puissante Compagnie de navigation ait avantage, dans l'intérêt de la régularité et de la facilité de ses services, de posséder ses propres engins de radoub, ou qu'un chantier de construction ait également intérêt à disposer d'installations qui lui permettent de procéder aux réparations et transformations de bâtiments, sans avoir à se plier aux exigences des règlements d'une administration publique.

« L'opportunité économique de l'établissement de ces appareils de radoub dépend alors essentiellement des conditions générales d'existence des sociétés en question ; elle ne peut guère être analysée.

« Pour les engins de radoub établis par l'organisme qui exploite le port, la question peut être envisagée tout autrement. On peut déterminer, en effet, quel est le trafic nécessaire pour que l'exploitation d'un appareil de radoub déterminé puisse faire face non seulement aux dépenses d'exploitation, mais encore à l'intérêt et à l'amortissement des capitaux engagés, en établissant des tarifs qui rendent cette exploitation aussi avantageuse que possible. Mais dans la réalité la question, du moins en France, ne se pose pas dans ces termes.

« On admet, et à juste titre il semble, qu'il est nécessaire, pour qu'un port prospère, que la navigation y rencontre un certain nombre d'installations essentielles, et qu'il y a lieu de les établir sans chercher à se rendre compte si par elles-mêmes elles seront ou non rémunératrices.

« Parmi ces installations, les formes de radoub sont au premier rang et celles qui sont établies dans les ports secondaires ne donnent lieu qu'à des recettes extrêmement faibles, comparées à l'importance des capitaux engagés.

« D'ailleurs, quand bien même un port devrait se suffire à lui-même, en dehors de l'intervention de toute ressource provenant d'un impôt général, il ne paraît pas qu'il soit nécessaire, pour avoir avantage à installer un établissement de radoub, que les recettes d'exploitation puissent faire face à toutes les dépenses ; et il est parfaitement légitime de faire contribuer au paiement de ces dépenses, non seulement les navires qui utilisent cette partie de l'outillage, mais encore tous ceux qui, fréquentant le port, n'y ont pas recours.

« Tous les navires, en effet, ont un intérêt direct à trouver dans leur port de destination les moyens nécessaires à la réparation de leurs avaries éventuelles et à payer, dans ce but, sous forme de droit de péage, une certaine somme qui peut être justement considérée comme une prime d'assurance destinée à limiter les conséquences de ces avaries éventuelles.

« Il va de soi qu'on ne saurait cependant aller trop loin dans cette voie, et qu'il y a une question de mesure qui ne justifie l'établissement d'appareils de radoub que dans les ports où le mouvement maritime atteint une importance suffisante.

« En France, toutes les formes de radoub ont été établies par l'Etat avec le concours des intéressés (ville, département et surtout Chambre de commerce) ; à Marseille seulement, la Compagnie des Docks, à laquelle devait être concédée l'exploitation pour une longue durée, a été appelée à fournir la partie la plus importante des capitaux nécessaires à la construction des formes de radoub.

« Dans presque tous les ports, les tarifs en usage sont bien inférieurs à ceux qui seraient nécessaires pour faire face aux charges financières de l'entreprise, même avec une exploitation complète des instruments de radoub.

« En général, leur utilisation comporte la perception de deux taxes : une taxe fixe qui correspond aux frais d'assèchement et une taxe proportionnelle au temps d'occupation, qui représente la location de l'appareil et les frais d'entretien de l'assèchement. »

DIMENSIONS EN MÈTRES DE DIVERS BASSINS DE RADOUB

	LONGUEUR	LARGEUR	PROFONDEUR
Liverpool, dock du Canada............	282	28,65	
Glasgow, Cessnock dock, forme n° 1..	270	25,30	7,90
Glasgow............................	268,20	25,30	8
Southampton, forme n° 6.............	266,75	27,43	10,95
Tilbury	257	21,35	10,66
Belfast............................	240	15,30	8
Liverpool..........................	234	18,30	6,75
Southampton (calle Prince-de-Galles)..	228,75	26,70	9,50
Birkenhead	2.8,60	25,90	8,10
Bremerhaven.......................	226	28	10,76
Bahia Blanca	221,90	25,90	10,51
Nagasaki	220.06	26,97	10,36
Barry.............................	225	18,25	8,10
Hedburn (Angleterre)...............	2.3,36	27,43	8,84
Southampton	201	27,75	9,90
Sydney............................	195	20,10	6,10
Greenock..........................	193	21,34	
Gênes	189,50	20,70	8
Cardiff............................	188,75	18,90	8,20
Sydney............................	185,30	25,60	9.75
Brooklyn	181,35	25,90	7,60
Buenos-Ayres	180	0	6,10
Buenos-Ayres	178,90	19,80	8
Biloela............................	176,75	25,60	8
Glasgow Cessnock dock, forme n° 2...	175		
Liverpool..........................	172,20	21,35	6,80
Halifax (Nouvelle-Ecosse)...........	170,65	21,30	9,15
Glasgow Cessnock dock, forme n° 3...	170		
Newcastle..........................	167,60	24,40	8,20
Hull..............................	167,60	19,80	6,40
Wallsend	159	20,10	7,60
Newport...........................	158,50	19,80	9,70
Barrow	152,40	18,25	6,70
Dundee............................	152	16	5,60
Dundee............................	150	16	5,50
Buenos-Ayres	150	20	6,10
Blackwall, à Londres...............	143,70	19,80	7
Plymouth..........................	141,50	24,40	6,70
Anvers............................	140	24,60	7
Leith	125	21,40	6,40

PRINCIPALES FORMES DE RADOUB DE FRANCE. — DIMENSIONS EN MÈTRES (M. BARBÉ)

PORTS	LONGUEUR		LARGEUR		HAUTEUR D'EAU sur les radiers en pleine mer	
	SUR TINS	TOTALES	AU COURONNEMENT	AU RADIER	B. M. B. E.	H. M. V. E.
Dunkerque n° 1..........	99	107	20,60	14	6,95	7,95
— n° 2..........	99	107	19,60	14	5,45	6,45
— n° 3..........	75	86	19,60	14	5,45	6,45
— n° 4..........	169	185	27,50	20,95	7	8
Calais................	130	154,75	21	21	7,45	8,75
Dieppe................	97,50	107	21,16	18	6,12	8,17
Le Havre n° 1.........	60,50	64	11	9,25	4	5,70
— n° 2.........	61,50	68	13	11,12	4,50	6,20
— n° 3.........	76	83	16	14	5	6,70
— n° 4.........	167	196	30,12	28,12	7	8,70
— n° 5.........	150	174	20	13,96	7	8,70
— n° 6.........	115	122	16,12	10,18	6,15	7,85
Granville	65	74	14,30	14,30	3,42	6,94
Saint-Nazaire n° 1.......	169,35	184,45	25	20	7,30	8,80
— n° 2.......	113	120,15	13	9,80	4	5,50
— n° 3.......	135	165	19,20	14	7,30	8,80
La Pallice n° 1..........	165,50	180	22	22	8,16	9,30
— n° 2..........	96,50	111	14	14	7,16	8,30
Bordeaux..............	136,75	149,62	22	22	6,91	8,36
Bayonne...............	94	98	15	15	4,46	5,86
Marseille n° 1..........	161	181,50	25,40	13	7,60	7,60
— n° 2..........	97,60	110	21,94	12,84	6,60	6,60
— n° 3..........	77,40	90	16,60	10,45	6,60	6,60
— n° 4..........	77,40	90	16,60	10,45	6,60	6,60
— n° 5..........	118	130	16,60	10,45	6,60	6,60
— n° 6..........	118	130	16,60	10,45	6,60	6,60

CHAPITRE XII

RÉPARATION DES NAVIRES. — DOCKS FLOTTANTS

Depuis quelques années surtout, le nombre des formes de radoub flottantes a considérablement augmenté.

Ce n'est pas que ce procédé de réparation des navires soit supérieur. La forme fixe, en maçonnerie, doit lui être préférée chaque fois qu'elle est possible, elle n'est sujette à aucun risque, ne demande presque aucun entretien ; sa durée est indéfinie.

Dans les mers à marée, on ne trouve guère que des formes fixes ; ainsi en Angleterre il n'y a que 18 formes flottantes sur les 240 appareils de radoub divers qu'on y rencontre, soit 7,5 0/0. Dans les mers sans marée, la proportion est plus grande ; elle est de 36,7 0/0 dans la Baltique (22 sur 60) et de 70,7 sur la côte américaine de l'Atlantique (53 sur 75).

TYPES DIVERS DE FORMES FLOTTANTES

On suivra dans cette énumération les indications du principal constructeur anglais, M. Lyonel Edvin Clark.

Forme en boîte. — C'est simplement un caisson rectangulaire en bois ou métal, surmonté de parois formant murs sur trois de ses côtés ; le quatrième côté est pourvu d'une porte mobile. Ces parois creuses sont vides. Le caisson inférieur peut être vidé ou rempli d'eau.

Plein, on le coule de façon que le plafond supérieur du caisson soit au-dessous du niveau de la quille du navire ; celui-ci est alors conduit entre les parois supérieures. La porte étant close, on épuise l'eau du compartiment ; le caisson remonte et met le navire à sec.

Sectional dock. — Le procédé précédent a un grand inconvénient ; il est impossible de réparer les parties inférieures du caisson. Cet inconvénient se fait surtout sentir dans les formes métalliques. Le fer ou l'acier, en effet, se corrodent rapidement si l'on ne les entretient pas d'une façon régulière.

On a adopté un nouveau type, le *Sectional dock* (*fig.* 147).

Le caisson unique est remplacé par plusieurs éléments, en ayant soin que la longueur de chacun d'eux soit plus courte que la largeur entre les murs de l'élément,

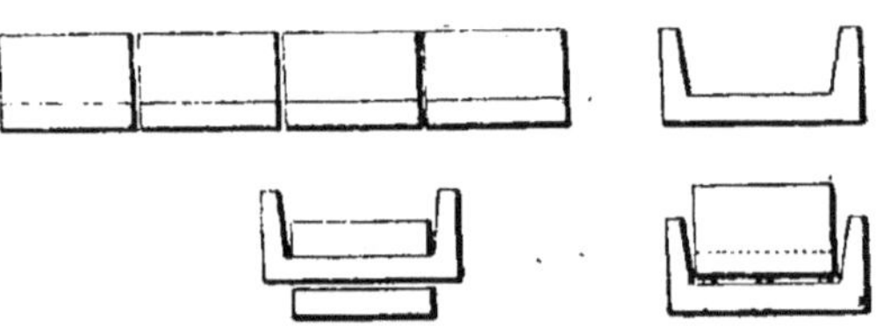

Fig. 147. — Sectional dock (premier type).

que l'on désignera toujours sous le nom de largeur intérieure.

Chacun des caissons peut donc être traité comme un navire et entrer à son tour dans la forme, diminuée de la longueur de ce caisson.

On ne se sert d'ailleurs, dans ce système, que du nombre de caissons voulu pour lever le navire à réparer.

Ce type a été abandonné.

Mais on lui en a substitué un nouveau, très analogue

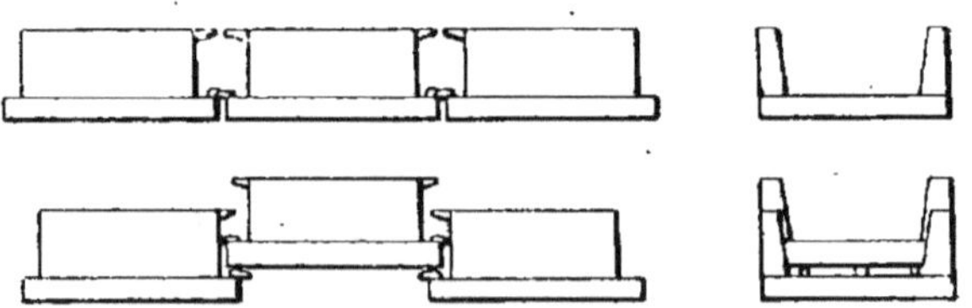

Fig. 148. — Sectional dock (deuxième type).

(*fig.* 148). Celui-ci doit comporter au moins trois éléments.

Dans ce système, le caisson inférieur d'un élément est plus long que les murs, de sorte que si l'on veut réparer l'un des éléments, on le fait reposer sur les deux autres comme l'indique la figure.

C'est ce système qui a été employé à Hambourg pour une forme flottante pouvant enlever 17500 tonnes.

Sectional pontoon dock (*fig.* 149). — Dans ce système, le caisson inférieur est formé de plusieurs éléments, mais cha-

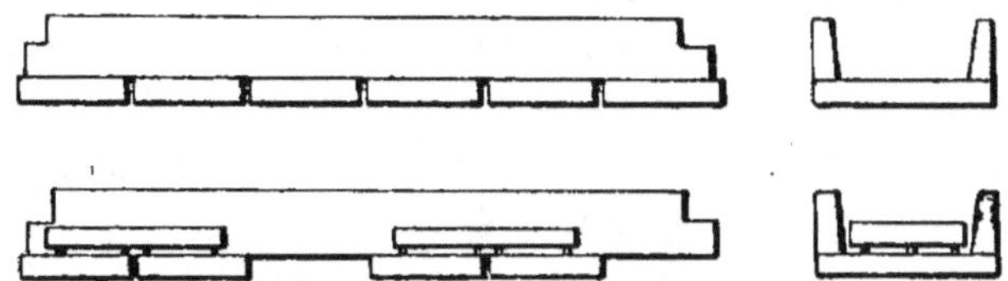

Fig. 149. — Sectional pontoon dock.

cun des deux murs latéraux est continu sur toute la longueur de la forme et il est boulonné sur les pontons. La longueur

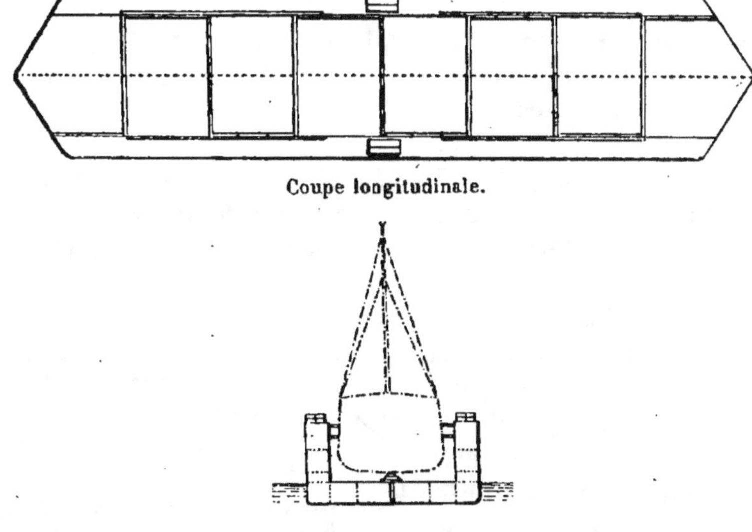

Coupe longitudinale.

Vue arrière.

Fig. 150. — Autre dispositif de Sectional pontoon dock.

de chacun de ceux-ci est plus courte que la largeur intérieure, de manière que chaque élément, déboulonné, peut être réparé à son tour.

C'est de ce système qu'est le dock flottant de Rotterdam, de 15 000 tonnes de puissance.

L'avantage de ce procédé est de donner une plus grande rigidité à l'ensemble ; mais cette rigidité n'est demandée qu'aux parois latérales, les caissons n'étant pas réunis entre eux.

Lorsqu'il s'agit de navires effilés et légers, comme ceux du commerce, la charge est répartie sur une grande longueur et n'a pas de conséquences fâcheuses Pour les bâtiments courts et pesants, la flexion est considérable et il y a eu des exemples d'appareils de cette nature qui se sont gondolés, même d'une façon très marquée.

Un autre désavantage de ce type, c'est qu'il est très difficile à remorquer, si l'on veut le changer de place, spécialement dans une mer agitée. Ainsi, dans l'été de 1903, une forme de ce genre, de 130 mètres de longueur et de 8 000 tonnes de capacité, remorquée dans la Manche, a eu son arrière brisé.

Mais, en revanche, l'appareil est très facile à monter partout, condition précieuse pour les localités de peu de ressources mécaniques.

Floating Graving dock. — Pour les navires pesants, on a ensuite adopté le type représenté par la figure 151.

Le caisson inférieur est d'une seule pièce ; il porte latéralement deux enclaves, dans lesquelles se placent les murs latéraux, plus courts par conséquent que le ponton. Les parois de ces murs peuvent être boulonnées aux pontons, au moyen d'éclisses. Les pontons portent, vis-à-vis des murs, quatre tonnelles qui servent également au boulonnage.

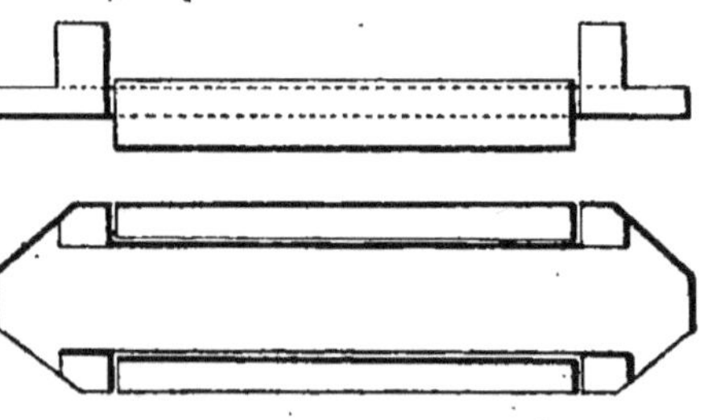

Fig. 151. — Floating Graving dock.

Pour recevoir un navire, tout l'ensemble travaille en même temps ; les faces inférieures du ponton et des murs sont au même niveau. S'il s'agit de réparer les murs, on les détache du ponton et l'on immerge celui-ci. On reboulonne à nouveau les ailes, mais à un niveau supérieur. Le relèvement du ponton fait sortir de l'eau les murs qu'on peut réparer.

Si, au contraire, on veut réparer le ponton, on le boulonne, immergé, avec la partie supérieure des murs; l'ensemble se relevant, le ponton sort de l'eau.

On voit l'inconvénient de ce type; il exige un double jeu de pompes, l'un pour le ponton, l'autre pour les ailes latérales. D'autre part, les murs, devant pouvoir faire émerger le ponton, ont besoin d'une large surface d'immersion. Pour un grand appareil, cette surface serait énorme; aussi n'en a-t-on construit qu'un petit de ce modèle, pour la Vera-Cruz.

Il a été remplacé par un nouveau dit « Havane », du nom de la ville pour laquelle a été établi le premier.

Dock Havane. — La jonction des ailes avec le ponton se fait encore par éclisses et ces ailes, construites d'une grande hauteur, sont également très rigides.

Le ponton, composé d'abord de cinq éléments, n'en a plus que trois aujourd'hui (*fig.* 152). Les éléments extrêmes sont

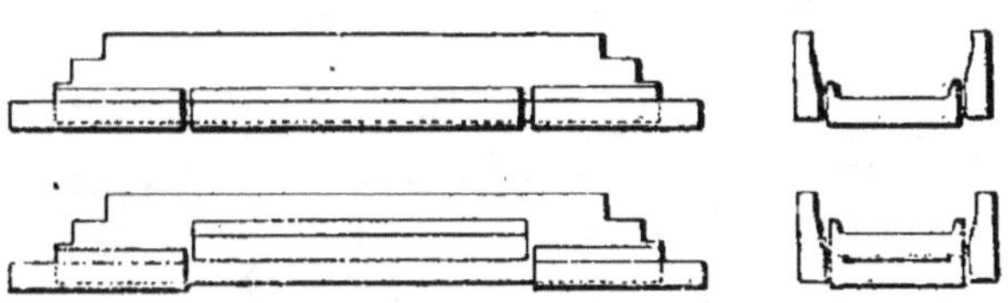

Fig. 152. — Dock Havane.

en pointe, constituant un avant et un arrière et, dans les docks qui doivent être transportés par mer, les murs latéraux eux-mêmes sont affilés ainsi aux deux extrémités.

Pour la réparation des ailes, il suffit de faire donner une très légère bande à l'ensemble; le mur opposé sort de l'eau très facilement, vu son étroitesse en proportion de l'ensemble.

Pour réparer l'un des éléments du ponton, on enlève ses éclisses; on fait immerger le reste et l'on boulonne l'élément libre à un niveau supérieur des ailes; en pompant, on relève le tout et l'élément isolé sort de l'eau.

Les éléments extrêmes peuvent être traités ainsi, mais on peut aussi, quand le reste a été immergé, les faire passer par-dessus et ils sont ensuite soulevés.

Ce type « Havane » est très rigide, facile à remorquer ; il peut facilement servir à la réparation des cuirassés et des grands paquebots.

Dans le dock construit pour les Bermudes, il y a trois éléments, formant une longueur totale de 166 mètres, l'élément central ayant à lui seul 91 mètres, les deux autres chacun 36^m,60. Le ponton du milieu représente donc un dock-boîte décrit en premier lieu. Aussi a-t-il reçu très facilement, sans éprouver aucune flexion, des navires de 95 mètres de longueur comme le *Sans-Pareil* de 12.000 tonnes. Le dock des Bermudes a une capacité de 15.000 tonnes; celui de la Nouvelle-Orléans, de 18.000 tonnes.

Ces appareils ont été remorqués sans accident depuis l'Angleterre. Deux autres ont été envoyés au Cap, par le cap de Bonne-Espérance, le voyage a duré cinq mois.

Sectional dock boulonné. — Pour les Philippines, le Gouvernement des États-Unis exigeait un dock encore plus

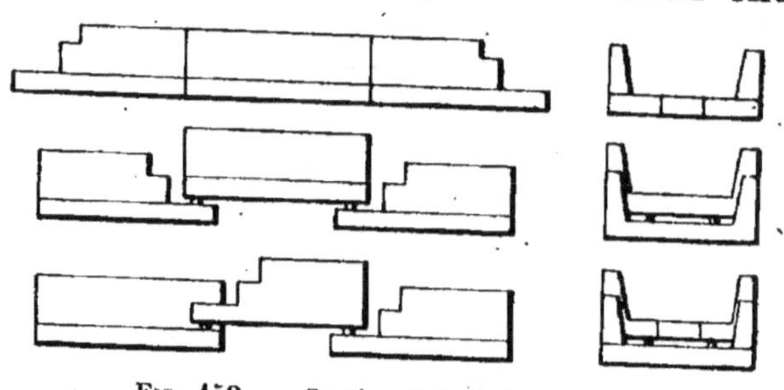

FIG. 153. — Sectional dock boulonné.

rigide. Le nouveau type est analogue à l'ancien *Sectional dock*, mais avec les éléments boulonnés.

C'est le système actuel le plus stable (*fig.* 153).

Il se compose de trois éléments, ordinairement de même longueur, les extrêmes terminés extérieurement en pointe.

Les joints entre les faces verticales des éléments se font par des boulons réunissant des cornières établies tout autour du profil des faces et pourvues d'une plaque de caoutchouc interposée. Ces joints sont étanches et très solides. Pour réparer l'un des éléments, on le déboulonne et on le soulève sur les deux autres comme précédemment.

C'est de ce type qu'est le dock de 15000 tonnes de capacité de Pola.

Il y a encore plusieurs variétés de ces systèmes; leur description n'apprendrait rien de nouveau.

Depositing dock. — Il y a lieu d'examiner maintenant un type tout à fait différent, dont le premier modèle a été construit pour Nicolaïef, en 1875.

Il n'y a plus qu'un seul mur latéral, qui suffit pour assurer l'immersion et la stabilité longitudinale. La stabilité

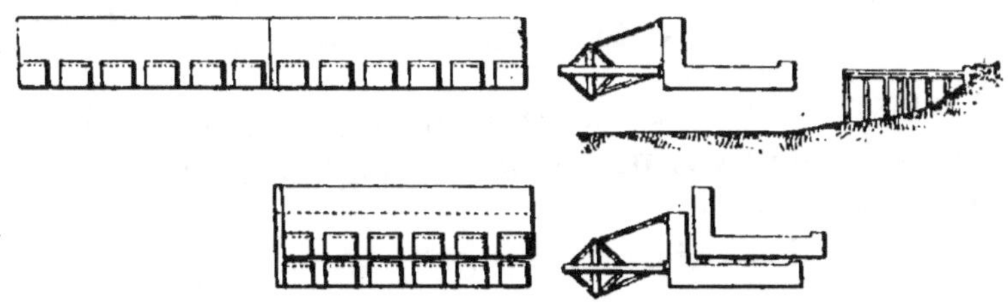

Fig. 154. — Depositing dock.

transversale est obtenue au moyen d'un flotteur extérieur, réuni au ponton par des entretoises à charnières (*fig.* 154).

Le navire est reçu sur le côté.

Il peut, en outre, être déposé sur un gril installé près du rivage, comme un quai. A cet effet, le ponton n'est pas une caisse rectangulaire. Il se compose d'une quantité de courts éléments, qui se détachent comme des doigts de la paroi longitudinale et peuvent ainsi pénétrer entre les montants du gril.

On élève assez les pontons pour que la quille du navire dépasse la hauteur du gril; on les immerge ensuite, de façon à déposer le bâtiment sur le gril.

L'appareil peut ainsi déposer plusieurs navires, si le gril est de longueur suffisante.

Ces docks ne peuvent être employés que dans un bassin tranquille et à marée assez faible, car des variations trop grandes de niveau gêneraient les manœuvres, qui sont lentes.

Un inconvénient sérieux, c'est que, comme dans tous les appareils à éléments séparés, la puissance de levage est limitée à celle des pontons sur lesquels le bâtiment repose tout d'abord.

Malgré tout, il existe plusieurs de ces docks en service, et un nouveau, de 6 000 tonnes de capacité, vient d'être construit à Barcelone pour ce port lui-même.

Dock « au rivage » (*fig.* 155). — La différence entre ce type et le précédent consiste en ce que l'équilibre n'est pas obtenu au moyen d'un flotteur, mais au moyen d'un point d'appui

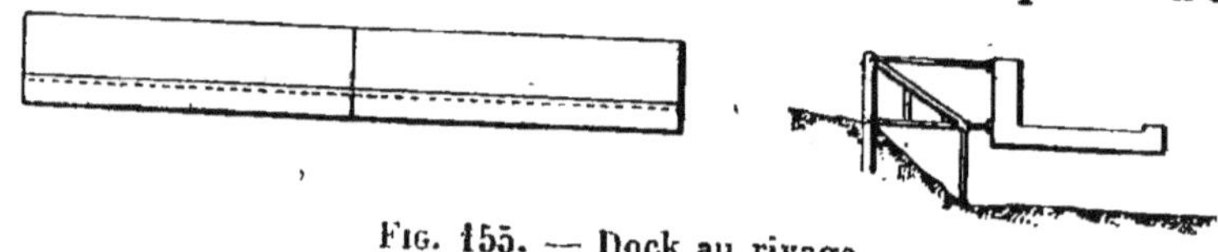

FIG. 155. — Dock au rivage.

situé à terre et sur lequel sont articulés les leviers d'attache.

Ce point d'appui est une colonne rigide, mais il y a une précaution à prendre.

L'ensemble des caissons et du mur latéral présente la forme d'un L, et son centre de gravité reste toujours sur la même verticale dans les diverses positions d'immersion et d'émersion. Il n'en est pas de même du centre de poussée, qui est sur la verticale précédente tant qu'il n'y a que les caissons d'immergés, mais lorsque le mur latéral s'enfonce, le centre de poussée se rapproche de lui.

Il en résulte que la colonne d'appui, fixe, recevra un effort qui peut arrêter le mouvement.

Pour remédier à cet inconvénient et maintenir les deux centres sur la même verticale, les pontons sont partagés, dans le sens de la longueur du dock, en compartiments dans lesquels on fait varier la répartition de l'eau qui sert de lest. On la fait passer latéralement à mesure que l'inclinaison se manifeste.

Il faut évidemment, pour atteindre ce but, que l'articulation à terre ne soit pas un point fixe; le levier de liaison est articulé à une came placée sur la colonne et dont la forme est telle que la résistance qu'elle offre est proportionnelle à l'angle d'inclinaison du ponton.

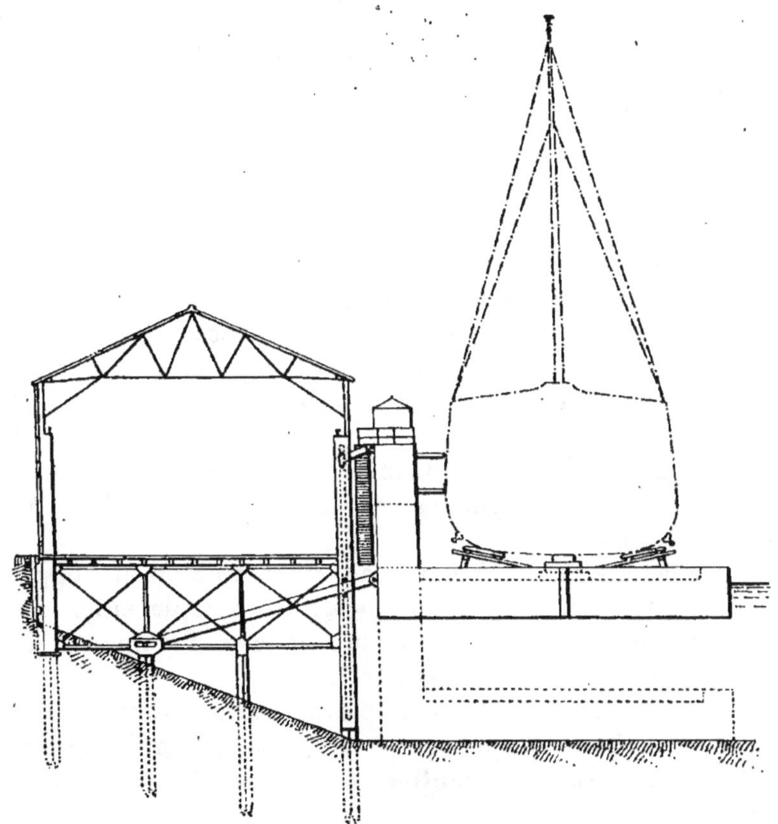

FIG. 156. — Dock de Hambourg.

C'est de ce type qu'est le dock flottant de Hambourg (*fig*. 156), dont la capacité de levage est de 11.000 tonnes. En

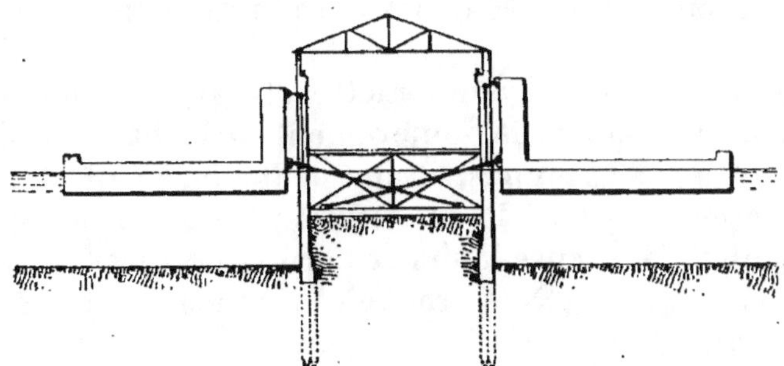

FIG. 157. — Dock au rivage double.

général, d'ailleurs, ce sont les puissances de 6 à 7.000 tonnes qui se prêtent le mieux à ce système ; au-dessus, la rigidité devient plus difficile à obtenir.

Lorsque la disposition le permet, on peut doubler le dock (*fig.* 157) l'intervalle entre les deux est arrangé en forme d'atelier.

Type « Combiné ». — C'est la combinaison des types «déposant » et « au rivage ». Il en existe un exemple à Gênes.

Le dock « dépositeur » est relié par des pièces à un flotteur, destiné non seulement à assurer la stabilité, mais encore à porter les chaudières, à un atelier de réparations.

Construction des docks flottants. — La partie inférieure, ou caisson, est rectangulaire ; la largeur est environ le décuple de la hauteur.

Le volume interne est partagé par plusieurs cloisons longitudinales, qui ont l'avantage de localiser le déplacement de l'eau employée comme ballast, durant les mouvements de roulis et de maintenir ainsi la stabilité.

Le centre de gravité est abaissé autant que possible, à cet effet, les murs latéraux doivent avoir juste la hauteur nécessaire pour l'accorage ; la ventilation et la lumière sont également mieux assurées.

Dock flottant des Bermudes. — Lancé en 1902, il représente le type le plus moderne de ce genre de construction (*fig.* 158).

Sa longueur est de 166 mètres ; sa largeur intérieure, de 30^m,50.

Les parois latérales ayant 4 mètres, la largeur totale est de 38^m,50. La puissance de soulèvement, à la hauteur de son radier, est de 15.500 tonnes, et elle peut aller à 17.500, en faisant émerger en partie le ponton. Il pèse 6.500 tonnes.

La hauteur des murs latéraux permet de recevoir sur les tins un navire de 9^m,75 de tirant d'eau, et les tins ont 1 mètre de hauteur.

La carcasse comprend trois pontons et deux murs latéraux ; ce sont les pontons qui fournissent la majeure partie de la puissance d'élévation ; mais les murs latéraux y contri-

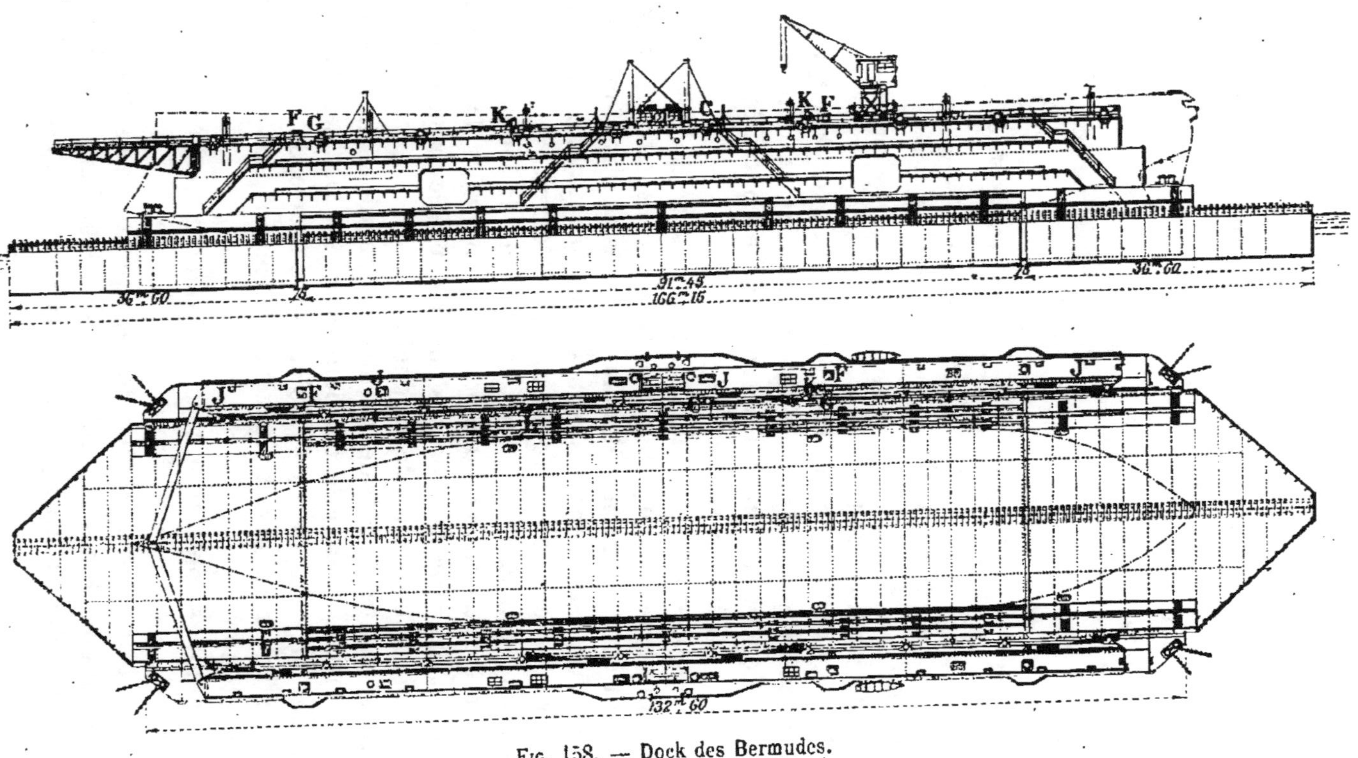

Fig. 158. — Dock des Bermudes.

buent également, bien que leur rôle principal soit d'assurer la stabilité de la construction et de servir aux manœuvres.

Les pontons extrêmes ont chacun 36^m,50 de longueur et sont taillés en pointe pour la facilité de la remorque. Du côté de la sortie on a deux volées en treillis avec passerelle de service quand elles sont fermées. Le ponton central a 90 mètres. Les murs latéraux s'élèvent par trois gradins.

Ils ont chacun 132^m50 de longueur et 16^m,20 de hauteur. Afin d'y loger les chaudières, on les élargit à la partie supérieure au moyen de jardins, comme

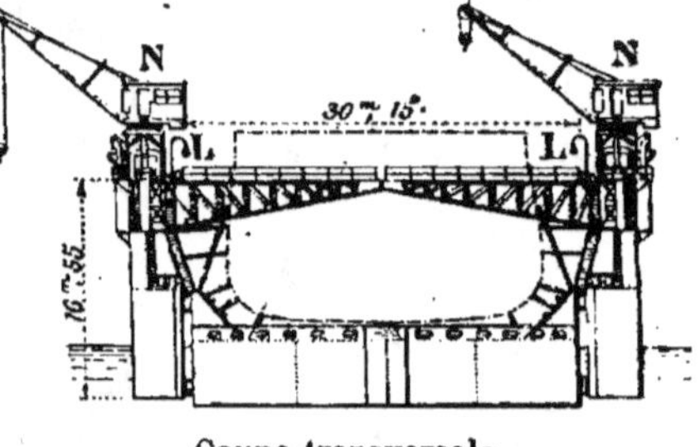

Coupe transversale.

Fig. 158. — Dock des Bermudes.

dans les navires à aubes, ceux-ci ont 3^m,80 de largeur. Quatre fenêtres pratiquées dans les murs donnent la lumière et la ventilation sur le fond du navire. On a en outre des écoutilles J sur les faces supérieures.

Les trois pontons sont subdivisés en quarante compartiments, dont trente-deux étanches. Chacun des murs contient aussi huit compartiments étanches. Toutes ces divisions sont munies d'un tuyau séparé avec soupape, les tuyaux conduisant directement dans les deux canaux latéraux.

Ceux-ci sont continus tout le long de la longueur des murs et aboutissent à quatre pompes centrifuges de 455 millimètres ; chacune des pompes peut vider les compartiments de la moitié longitudinale du dock.

Une séparation centrale partage la longueur du dock en deux parties, mais elle contient de petits orifices par où peut passer l'eau, de sorte qu'en cas d'avarie de l'une des pompes l'autre pourrait vider à sa place, en plus de temps, bien entendu.

Les pompes sont actionnées directement chacune par une machine à vapeur compound.

Les manœuvres s'opèrent de deux positions centrales sur le sommet des tours du dock. On a des échelles de service C.

Six cabestans F avec poupée de renvoi G servent à placer

le navire. L'éclairage est électrique par lampes à arc K. Une grue mobile de 5 tonnes N est également mue à l'électricité.

Le fond des pontons est protégé par des grilles en green-heart.

Calculs de résistance. — La résistance d'un dock flottant doit être considérée sous deux points de vue :

1° C'est une structure flottante portant en un point donné un certain poids, le bâtiment ;

2° C'est un navire ayant à résister à la pression du fluide dans lequel il flotte à des profondeurs variables.

Le poids du bâtiment est égal à la puissance maxima de levage du dock, mais sa longueur est moindre que celle de celui-ci, et la pression par unité de longueur est variable. Cette pression est supportée par les tins et tend à les écraser.

Les tins reposent sur des poutres transversales, qui tendent à fléchir et répartissent la pression sur l'ensemble de la forme, de même qu'elles répartissent la force opposée due à la pression de l'eau sur l'ensemble.

Pour résister à ce double effort, le dock doit offrir la rigidité d'une poutre, mais il faut compter également avec la raideur du bâtiment.

Le problème, dès lors, ne peut être entièrement résolu. D'ailleurs, la répartition du poids du navire sur les tins n'est pas déterminée, même pour un navire donné.

Voici comment on procède, en admettant, par exemple, les conditions imposées par le Ministère de la Marine des États-Unis : « Le navire étant placé au centre, tous les compartiments vidés uniformément, les flexions longitudinale et latérale sur le pont du dock ne doivent pas excéder $\frac{1}{2\,000}$ et, dans ces limites, on considérera la charge du navire comme parfaitement flexible. »

La répartition des poids du bâtiment est représentée par une courbe. Si les extrémités du navire dépassent les tins, leur poids est ajouté quelque part aux autres charges directement supportées. La distribution de la partie en porte-à-faux a une influence importante sur la courbe des moments de flexion.

Par exemple, même dans le cas où on aurait un porte-à-faux court, si on le répartit entièrement sur les premiers mètres supportés, la courbe des moments sera plus faible au centre. En pratique, il vaut mieux répartir le porte-à-faux sur une longueur égale de la partie supportée.

La courbe des appuis est représentée par la puissance de levage du dock, consistant en une série de forces verticales agissant de bas en haut.

De ces deux systèmes des forces opposées résulte le moment de flexion, et l'on peut en dessiner la courbe.

Soit comme exemple un dock, type Havane, le dock est projeté de façon à résister aux moments de flexion, sans que le métal éprouve une tension supérieure à 700 kilogrammes par centimètre carré, la flexion totale étant limitée à $\dfrac{1}{2\,000}$.

Un diagramme montrera la courbe des résistances nécessaires dessinée au-dessus de celle des moments de flexion.

On rapportera d'abord le moment normal de résistance, montrant le moment qu'aurait le dock, si l'on ne prenait aucune disposition contre la tension longitudinale.

Le dock dont il s'agit, a comme résistance normale celle des deux murs rectangulaires, à laquelle il faut ajouter la résistance des pontons. Ceux-ci, bien que rigidement liés aux murs, ne sont pas considérés comme faisant partie de la poutre; on les traite comme des poutres séparées, dont la résistance s'ajoute à celle des murs.

Dans le dock considéré, la résistance était très inférieure à celle demandée et il fallut ajouter de la matière aux rebords supérieur et inférieur des murs.

Dans la pratique courante, on n'exige pas autant de résistance, et l'on fait entrer en ligne de compte celle du navire. Et, en réalité, celle-ci doit y entrer; car, en admettant même que le dock se courbe, le navire pourrait bien ne pas fléchir et sa quille resterait une ligne droite, ne touchant que les tins extrêmes de chaque côté.

Mais dans ce cas, le poids du navire n'étant porté que par ces tins, la répartition des poids serait très différente, ainsi que les moments de flexion.

Dock et navire doivent donc fléchir ensemble. Ils se comporteront comme deux planches reposant librement l'une sur l'autre, leur résistance commune étant la somme des moments de résistance des deux, prises séparément.

Dans les cuirassés, les moments longitudinaux d'inertie sont connus; ce nombre peut être considéré comme partant de 0 aux extrémités du navire et s'élevant à l'intensité totale à environ 1/3 de la longueur du navire à partir de chaque extrémité.

Si cette courbe des moments de résistance, ajoutée à la résistance normale du dock, reste extérieure à la courbe des flexions, on peut affirmer que le dock est assez fort longitudinalement sans raideur extraordinaire.

Pour les navires de commerce, on considère le bâtiment comme rigide en ce qui regarde la répartition de son propre poids, mais reposant seulement sur les tins qui n'occupent que les $\frac{2}{3}$ de sa longueur. Du poids total, les $\frac{5}{6}$ sont considérés comme uniformément distribués sur toute la longueur de la quille portée par les tins, les deux porte-à-faux portant chacun $\frac{1}{12}$. On admet que ces deux douzièmes sont superposés en forme triangulaire aux extrémités.

Pour des calculs moins approchés, on admet souvent que le navire qui exige toute la puissance du dock a son poids entièrement distribué sur les tins occupant les $\frac{2}{3}$ du dock.

On trace les courbes de moments comme il a été dit, et si l'on trouve que la résistance au centre du dock est trop faible, on cherche si la raideur du navire suffit à combler la différence.

C'est une chose facile à déterminer, car les dimensions maxima des navires pour tout dock donné sont connues, et même pour des docks très faibles, on trouvera toujours que la force du bâtiment est suffisante. En réalité, le navire est, en général, plus fort que le dock.

Les docks qui ont à effectuer une traversée en mer demandent un contrôle sérieux de leur résistance longitudinale, afin de résister aux efforts inégalement répartis d'une longue vague ou d'une série de vagues.

On peut aborder le problème statiquement, le navire étant considéré comme en équilibre sur une vague aussi longue que lui et de hauteur égale au trentième de sa longueur. Comme dans une forte mer, le dock ne marche pas, mais simplement s'élève et s'abaisse avec les vagues, sa condition approche beaucoup d'un état statique.

Les moments de flexion et de résistance sont pris comme ci-dessus, et, excepté dans les petits docks, on trouvera d'ordinaire que même un dock du type Havane n'est pas assez raide pour supporter les efforts sur son bordage dans les limites de 500 kilogrammes par centimètre carré généralement adoptées, et qu'il faut augmenter la raideur. Le second dock de Durban a dû être contreventé, et près des panneaux, qui l'affaiblissaient, on a disposé des plaques doubles.

La force longitudinale du dock peut aussi être considérée au point de vue de la résistance aux opérations des self-dockins. Ainsi, s'il s'agit de lever le ponton central, un fort poids doit être supporté sur un point donné. C'est encore le problème du navire court et il est résolu de même. Mais on ne prend pas en compte la raideur du ponton, parce que, n'étant supporté que par les éclisses boulonnées, une certaine flexion peut être prise par le dock sans affecter le ponton.

La même méthode s'applique à tous les types. Les moments de flexion sont les mêmes; seuls ceux de résistance changent. Dans le sectional dock, la seule résistance est celle des murs, peu élevés, le ponton n'en ajoutant aucune. Dans la depositing dock, l'unique mur latéral présente peu de résistance longitudinale et l'on ne peut employer que cette portion des forces de soulèvement qui portent directement sous le navire. Le dock « au rivage » en L, n'est pas une poutre bien solide; aussi ne l'emploie-t-on que pour les navires marchands moyens.

D'autres efforts importants sont ceux produits transversalement par le navire qui s'appuie sur la rangée centrale de tins. On admet encore que le navire nécessitant toute la force du dock a son poids localisé sur les deux tiers de la longueur.

Pour ce calcul, on suppose le dock renversé et reposant

sur la quille du bâtiment. Son fond est alors considéré comme uniformément chargé par la pression de l'eau agissant de haut en bas et opposé à son poids agissant en sens contraire.

On ajoute les déplacements de ces portions de pontons et des murs extérieurs aux tins; ils sont transmis par les murs raides et agissent comme des poids additionnels appliqués aux extrémités extérieures des poutres transversales.

Le moment de la résistance est donné par la poutre creuse du ponton, mais pour une position si importante que celle-là il faut prendre un fort coefficient de sécurité, si toute la section est incluse, pour être certain que les pièces et bordages sont assez solides pour résister à l'écrasement et au cisaillement.

Dock flottant pour torpilleurs. — On a projeté, pour les

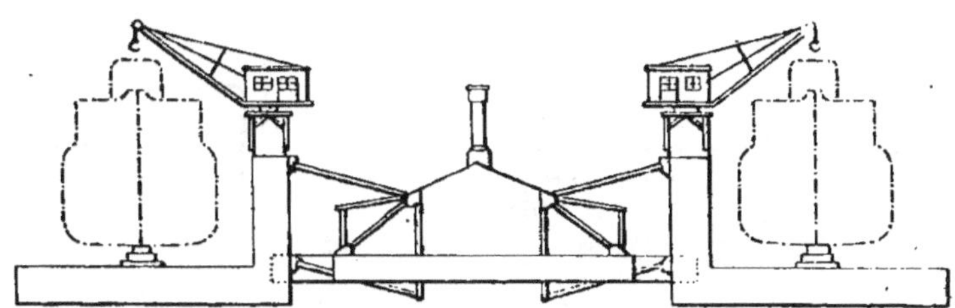

Fig. 159. — Dock pour torpilleurs.

torpilleurs, un dock double (*fig.* 159), comportant deux docks en L liés au même flotteur, qui devient un caisson couvert, contenant les machines pour la manœuvre des formes et aussi un atelier de réparations.

Cet ensemble peut suivre les torpilleurs et être ainsi d'une grande utilité.

Les formes à un seul mur latéral peuvent se réparer elles-mêmes comme les types précédemment

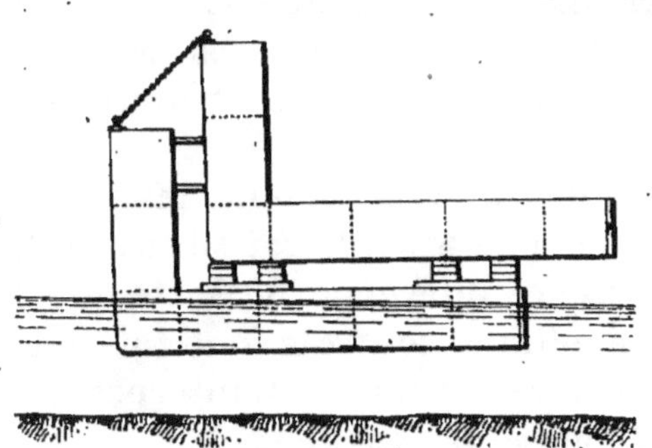

Fig. 160. — Réparation d'un dock en L.

cités (*fig.* 160). On les construit alors généralement en deux parties, boulonnées ensemble, avec un joint analogue à celui de la figure 153. Ce joint, dans le type « depositing » n'est prévu que le long du mur latéral, tandis que dans le type « au rivage » il est disposé tout le long du dock.

Visite des docks flottants de Rotterdam. — Il existe à Rotterdam quatre docks flottants; les trois premiers ont comme dimensions, en mètres :

Longueur	Largeur	Hauteur du fond
48	27,50	3
90	27,40	3
110	26,40	3,50

Pour examiner leur fond, on emploie un flotteur en bois, dont la longueur est égale à la largeur du dock et large de 6 mètres. Ce flotteur est étanche, mais il porte une caisse en bois, de mêmes dimensions, sans couvercle (*fig.* 161).

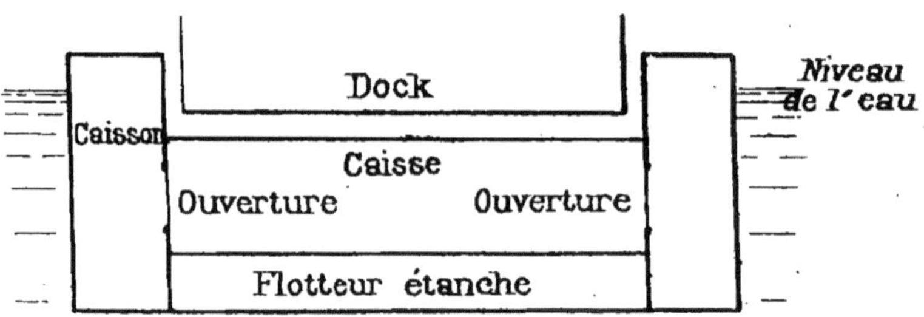

Fig. 161. — Visite des docks flottants.

Enfin, aux deux extrémités de la longueur, sont placées deux caissons ouverts au sommet et dont les bords sont assez élevés pour, dans les manœuvres, rester toujours au-dessus de l'eau.

Le remplissage du compartiment étanche inférieur fait enfoncer tout l'ensemble ; et l'on passe la caisse sous le dock. On vide alors le compartiment inférieur, de sorte que l'appareil se soulevant vient appliquer contre le fond inférieur du dock la partie supérieure de la caisse. L'interposition de cordes rend le joint étanche entre les deux.

On vide alors la caisse supérieure, où l'on pénètre par les

caissons latéraux. Le plafond de cette caisse est alors formé par le fond du dock, qu'on peut donc visiter sur une longueur de 6 mètres.

On recommence l'opération à côté.

COMPARAISON ENTRE LES FORMES EN MAÇONNERIE ET LES DOCKS MOBILES

Les caractéristiques du dock flottant sont les suivantes :

Rapidité de construction. — La construction d'une forme en maçonnerie demande un temps très variable, mais qu'on peut estimer en moyenne à trois années. Il n'en faut guère plus d'une pour l'établissement d'une forme flottante.

Mobilité. — La forme flottante peut, au besoin, passer d'un port dans un autre. Dans un arsenal militaire, elle peut être envoyée au devant d'un navire désemparé et le ramener au bassin. On a même proposé de rendre la forme mobile par ses propres moyens et de l'envoyer accompagner une flotte au combat; mais sa vitesse ne serait pas suffisante pour suivre les navires.

Lieu d'établissement. — L'emploi de la forme flottante nécessite une profondeur d'eau considérable, puisqu'elle doit passer par-dessous le bateau. Ainsi, pour un cuirassé de premier rang, il faut de 6 à 7 mètres de profondeur en sus du tirant d'eau du bâtiment.

Si l'on opère dans une eau sujette à la marée, cette grande profondeur doit être comptée à basse mer.

Il faut donc souvent draguer une souille spéciale pour recevoir la forme flottante.

Le dragage de cette souille ne serait d'ailleurs pas évité par la construction d'une forme fixe, car celle-ci a besoin d'un épais radier.

La forme flottante, établie dans un fleuve, peut être placée dans le sens du courant et le navire n'a pas à subir les difficultés qu'il éprouve à entrer dans une forme fixe, établie au contraire normalement au rivage et par conséquent au courant.

La forme flottante peut être mise en œuvre à tout instant de la marée, si la souille est assez creuse; il n'en est pas de même de la forme fixe.

La forme fixe ne peut pas recevoir un navire dont la longueur excède la sienne, tandis que sur une forme flottante, le bâtiment peut déborder des deux côtés. Ce porte-à-faux peut être considérable; ainsi, à Barrow, la forme a soulevé le vapeur *Empress of India* avec 33 mètres dans le vide à chacune des extrémités.

De même, dans les formes à paroi unilatérale, la largeur du bâtiment peut excéder celle du pourtour; ainsi à Barrow également, la largeur de celui-ci n'est que $16^m,25$, et il y est entré un vapeur à aubes larges de $20^m,50$; le tambour des roues débordait d'un côté.

Frais d'établissement. — Ceux d'une forme flottante ne sont sujets à aucun aléa.

Quant à l'emploi , il faut remarquer que, dans une forme fixe, plus le navire en réparation est petit, plus il y a d'eau à pomper; c'est le contraire avec la forme flottante. En moyenne, on peut estimer au quart la puissance nécessaire pour les pompes de la dernière.

Il n'y a pas besoin de pompes pour retirer l'eau pendant le travail, tandis qu'il en faut pour maintenir l'asséchement dans les formes en maçonnerie.

Ainsi, à Dewonport, la puissance nécessaire à la pompe d'entretien de la forme fixe est même supérieure à celle qui sert à la manœuvre de la forme flottante des Bermudes, et les deux appareils sont destinés à recevoir les mêmes navires.

Frais de manœuvres. — Ils sont très réduits dans la forme flottante. On estime qu'ils ne dépassent guère une vingtaine de francs pour faire émerger un navire de 3.000 tonnes.

Frais d'entretien. — Ils sont plus considérables pour la forme flottante, mais la différence n'est pas très grande, le fer et aussi l'acier, bien entretenus, ayant une longue durée, surtout dans les fleuves.

La condition des surfaces a une grande influence sur cette durée. Il est bon de peindre la tôle dès le commencement des travaux et de repeindre, avant le lancement de la coque, les parties écaillées; alors au bout de dix ans, la surface est encore intacte.

Les végétations marines, qui ne doivent pas être enlevées, semblent même préserver la tôle. Les parties qui souffrent le plus sont celles voisines de la ligne d'eau à l'extérieur et la partie supérieure des compartiments à l'intérieur; ce sont des parties facilement accessibles.

L'entretien peut se faire, en majeure partie, par l'équipage de la forme elle-même; et il en aura tout le temps, car tandis qu'un navire reste en moyenne deux jours dans la forme, il suffit de trois heures pour la manœuvre.

Quant aux réparations générales, elles ne se représentent que très rarement, une fois tous les sept ans au plus.

Durée. — Il y a des formes flottantes, encore en usage, qui remontent à quarante ans (Carthagène, Callao, Alexandrie, Bermudes); leur durée peut être estimée à cinquante ans et même plus. C'est là une durée commerciale très suffisante; autrement, on est exposé à deux inconvénients : ou les dimensions deviennent trop petites pour les nouveaux navires, ce qui se présente aujourd'hui pour les anciennes formes en maçonnerie, ou celles qu'on prévoit, comme on le fait maintenant, sont beaucoup trop grandes pour les bâtiments actuels, et il y a de ce chef une dépense inutile.

Dock de Cavite (Philippines). — Le dock, parti de Baltimore, a eu à effectuer un trajet de 14 000 milles dans l'Atlantique, la Méditerranée, le Canal de Suez, la mer Rouge, l'océan Indien et la mer de Chine.

La remorque avait 2 315 mètres de longueur. Le tirant d'eau ordinaire du dock était de $2^m,14$; mais, quand la mer était houleuse, on le portait à $5^m,50$, afin d'augmenter la stabilité.

En très mauvaise mer, la remorque était détachée et le dock immergé de $9^m,15$ à $12^m,50$, afin de ne laisser dépasser que les parties supérieures, à l'abri desquelles pouvait se tenir les remorqueurs.

Le remorqueur ordinaire était, dans les beaux temps, doublé d'un second. Deux navires charbonniers accompagnaient le convoi.

AUTRES SYSTÈMES

Elévateur de San Francisco (*fig.* 162). — On avait installé à Londres, aux docks Victoria, un élévateur, système Edwin Clarke, qui soulevait hors de l'eau le navire à réparer, au moyen de presses hydrauliques. La difficulté de fonctionnement de cet appareil provenait de l'impossibilité d'établir la concordance de la marche des pistons, de façon à ne pas provoquer de déformation.

Près de San Francisco, la Société « Union Iron Works » a établi un élévateur analogue, où la concordance est établie d'une façon absolue.

Les navires sont reçus sur une plateforme de 128 mètres de longueur, 20 mètres de largeur, à laquelle 36 presses hydrauliques donnent une course verticale de 9^m,14. La hauteur d'eau, au-dessus de la plateforme abaissée, est de 5^m,70 en basse mer et 7^m,90 en haute mer. Les navires peuvent donc être entièrement émergés.

La plateforme se compose de cinq poutres métalliques longitudinales, entretoisées et recouvertes d'un plancher sur lequel sont établis les tins. Des épontilles appuient le bâtiment.

Les pistons des 36 presses hydrauliques, réparties sur deux rangées latérales, ont 760 millimètres de diamètre. La course est de 4^m,570, et elle est doublée par un palan. La pression varie de 50 à 80 kilogrammes par centimètre carré. Ils soulèvent la plateforme au moyen de câbles d'acier passant sur des rouets de 1^m,90 de diamètre. L'un des bouts du câble vient s'attacher sur la base du cylindre, l'autre est fixé sur la traverse, de cette façon, la plateforme peut être soulevée du double de la course des pistons, soit 9^m,14. La difficulté de cette installation comme celle de Victoria docks est d'assurer la concordance de la marche de tous les pistons pour que l'appareil ne soit pas soumis à des déformations. On y est

arrivé au moyen d'un réglage spécial dont on trouvera la
description dans le mémoire de M. Van Blarenbergh [1].

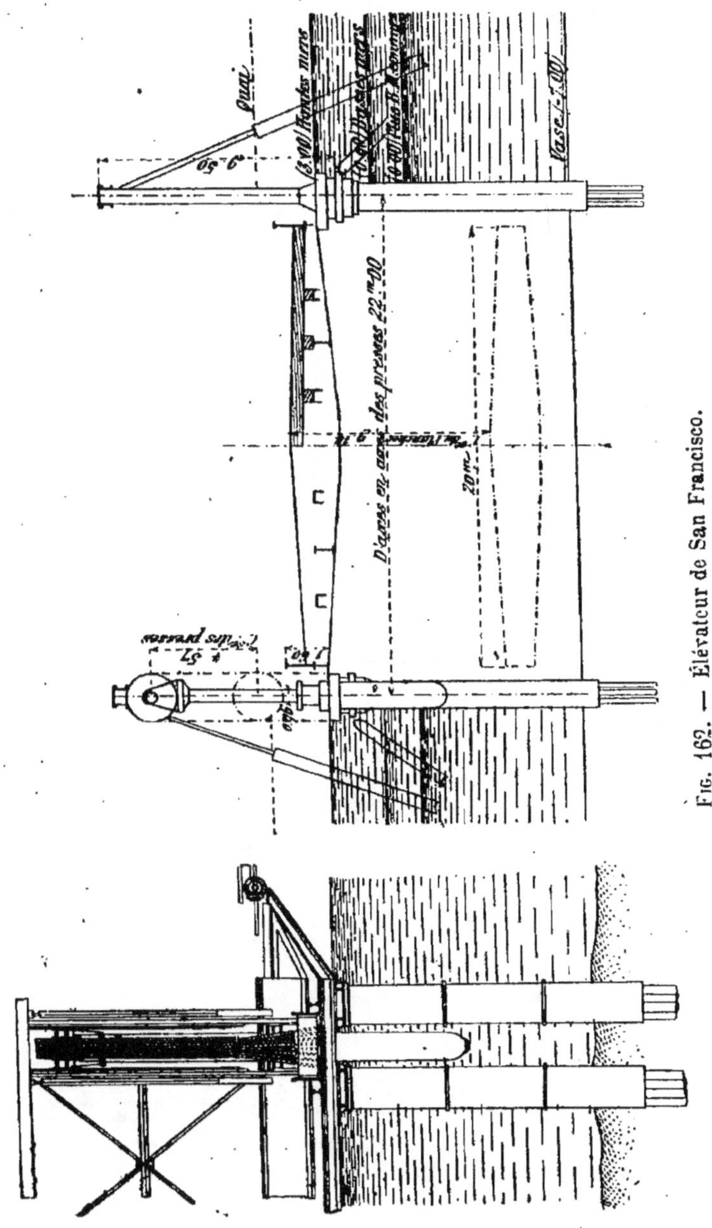

Fig. 162. — Élévateur de San Francisco.

1. *Annales des Ponts et Chaussées*, avril 1892.

Les presses sont installées sur un solide pilotis établi dans une couche de vase profonde de 20 mètres. Les pieux rapprochés forment pour chaque presse une pile, d'où s'élèvent les montants de la superstructure qui guide le mouvement des pistons.

Cet appareil a une force de soulèvement de 8.000 tonnes et fonctionne parfaitement. Il a l'avantage de s'établir facilement en terrain vaseux, où la construction d'un bassin de radoub est très difficile. Son prix de revient est très économique.

CHAPITRE XIII

FERMETURE DES BASSINS DE RADOUB

MODE DE FERMETURE DES FORMES

En France et dans la plupart des grands bassins de radoub

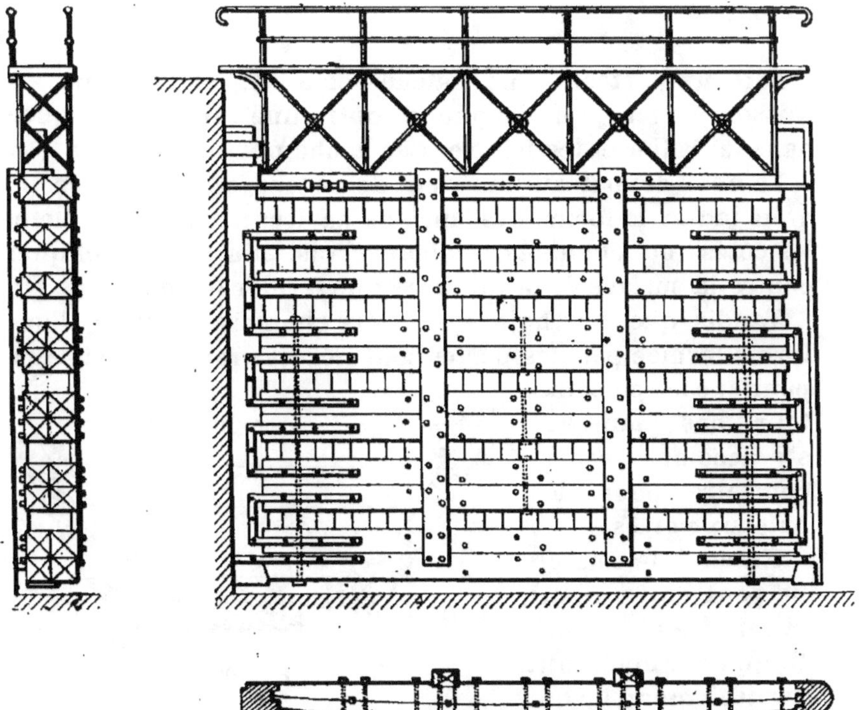

FIG. 163. — Porte d'Anvers.

anglais, de même qu'en Allemagne, la fermeture se fait au moyen de *bateaux-portes*; à Anvers et dans certains ports d'Angleterre, on emploie les portes ordinaires d'écluses. Ces deux systèmes ont leurs avantages et leurs inconvénients, qui seront exposés plus loin.

Portes [1]. — La figure 176 indique le mode de construction des portes en bois des nouvelles formes d'Anvers.

Leur largeur est de 8m,64 ; leur hauteur de 6m,41. Les poteaux tourillon et busqué, en chêne, ont un équarrissage de 50 centimètres ; les aiguilles ont 23×40 centimètres.

Au bassin de radoub de Newport, dont la largeur est de 15 mètres, il y a deux paires de portes analogues aux portes d'ebbe et de flot des écluses. Les portes extérieures sont destinées également à résister aux efforts extérieurs des vagues.

La construction de ces portes est d'ailleurs d'une extrême simplicité

Bateaux-portes. — Le bateau-porte est, en principe, un caisson étanche, qui s'applique contre une rainure pratiquée dans le radier et les bajoyers de la chambre d'entrée.

Le nom de bateau lui vient de ce que sa section droite avait jadis la forme des anciens navires ; mais la quille et les côtés (ou étambots) étaient plans, afin de s'appliquer contre la surface de la rainure et de fermer le dock.

Tandis que les bajoyers de la chambre d'entrée d'une forme fermée par des portes sont nécessairement verticaux, pour que les poteaux-tourillons puissent s'y accoler, c'est le contraire pour les bateaux-portes.

En effet, le caisson ne peut entrer dans la rainure et en sortir qu'en se déplaçant verticalement, ce qui

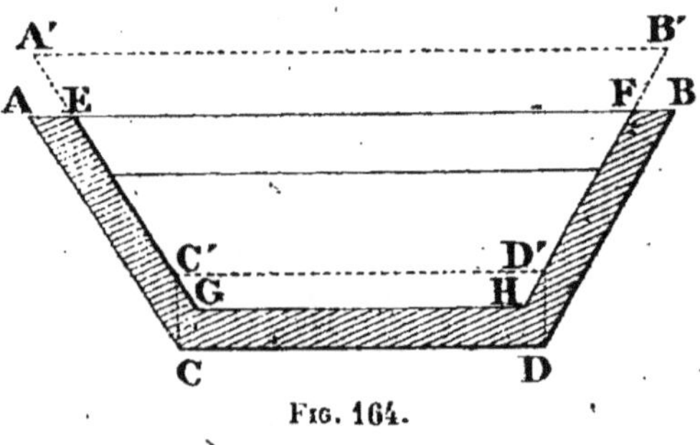

Fig. 164.

serait impossible avec des bajoyers verticaux, dont la rainure monterait jusqu'au sommet.

1. Voir *Ports maritimes*, t. II, chap. xxxiv, B. C. T. P.

Dans la figure 164 les bajoyers sont AC, BD; la partie hachurée représente la rainure. Quand la forme est fermée, le caisson est en ABDC. Pour le retirer, on le fait monter verticalement au moins en A'B'D'C', et, à ce moment, il peut sortir.

Le mouvement inverse le fait entrer.

On donne aux bajoyers une inclinaison de $\frac{1}{4}$ à $\frac{1}{3}$. Aujourd'hui le bateau-porte est un simple caisson à grandes faces parallèles.

Type de Marseille (*fig.* 165). — Ce type est destiné aux mers de niveau presque constant.

Le caisson inférieur C est fermé à sa partie supérieure par

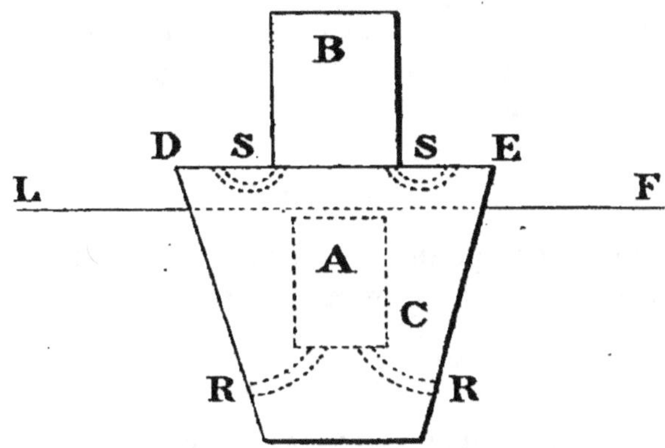

Fig. 165. — Bateau-porte de Marseille.

un pont étanche, appelé *pont de ressaut*. Il est surmonté d'un autre caisson B.

Le caisson C est chargé à la partie inférieure de gueuses de fonte; ce lest est calculé de façon à répondre à deux conditions :

1° La stabilité du bateau vide n'est pas tout à fait complète ;

2° Le pont de ressaut est alors au-dessus du plan d'eau de flottaison, d'une hauteur un peu supérieure à la distance CC' de la figure précédente.

Dans le caisson C, est disposé un réservoir étanche A, dont la partie supérieure se trouve légèrement au-dessous du plan de flottaison. Un petit tube met cette caisse en communication avec l'atmosphère, pour qu'elle se remplisse ou se vide d'air suivant qu'on la vide ou qu'on la remplit d'eau.

L'eau y est introduite par les tuyaux R, que l'on manœuvre du haut de la passerelle.

Fonctionnement. — Le flotteur A doit avoir un volume tel que l'eau entrée fasse immerger le bateau-porte jusqu'en LF (ligne de flottaison), au-dessous du pont de ressaut DE.

Conditions d'immersion. — Le flotteur est rempli par l'ouverture des robinets R.

Soient :

V, Le volume du flotteur A ;

v, celui de la partie du bateau comprise entre DE et LF ;

v', celui de la charpente ;

v'', celui des parties vides où n'entre pas l'eau, telles que le puits par lequel on descend dans le bateau, etc.

On doit donc avoir :

$$V > v + v' + v'',$$

Et en appelant δ le poids spécifique de l'eau de mer, le poids du bateau-porte à ce moment est :

$$P = [V - (v + v' + v'')].$$

C'est le poids qui fait immerger le bateau dans la feuillure. Ce poids doit être suffisant pour empêcher les oscillations que subirait le caisson sous la moindre houle. Le minimum admissible est $P = 2$ tonnes et ce poids atteint jusqu'à 10 et 12 tonnes.

Si le volume V était trop grand, on perdrait du temps à remplir le flotteur. Il faut donc diminuer V, ce qui entraîne la diminution du volume v. Celui-ci a pour mesure le produit de la section du bateau à la ligne de flottaison, par la distance de cette ligne au pont de ressaut.

La section du bateau dépend des conditions d'équilibre ; c'est donc une constante ; on ne peut viser à diminuer que la hauteur. Cependant, on ne saurait l'abaisser au-dessous de 100 à 150 millimètres.

Conditions de l'émersion. — L'émersion s'obtient en vidant les flotteurs A, par l'ouverture des robinets R. On a trouvé qu'en pratique la force de soulèvement pour produire le décollement est de 4 à 7 tonnes en moyenne.

On ferme les robinets R aussitôt que les caisses sont vides. L'eau, continuant à monter dans la forme, arrive au niveau de la flottaison normale ; on ouvre alors les soupapes à vis situées sur le pont du ressaut, du côté de la forme, afin d'évacuer le lest d'eau amovible contenu dans la partie supérieure et on les referme avant que le niveau de l'eau dans la forme s'élève au-dessus des orifices.

Lorsque ce niveau est assez élevé pour que la sous-pression soit égale au frottement du bateau-porte contre la rainure, le bateau se soulève et émerge.

Ce mouvement se produisant brusquement, des précautions sont nécessaires.

Ces bateaux ne doivent être employés qu'en eaux calmes. Autrement, les oscillations sont assez fortes pour que la pose dans les rainures soit difficile.

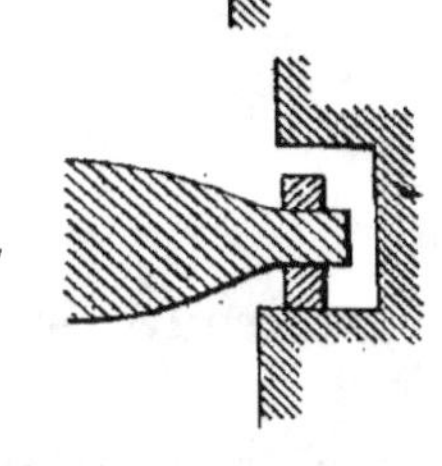
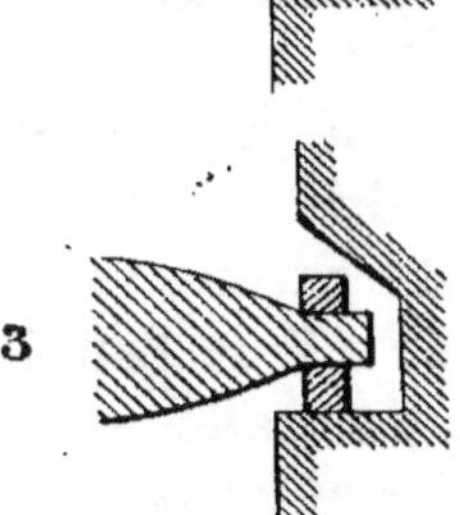

Formes des rainures.— Dans le schéma 2 de la figure 166, la section droite de la rainure est supposée avoir trois côtés égaux, autrement dit, la rainure formerait un canal à section carrée. C'est ce qui oblige ou à soulever beaucoup le caisson pour le faire sortir, ou à donner aux bajoyers une forte pente.

Alors, le pont supérieur du bateau-porte est très long et le centre de gravité est nécessairement surhaussé.

Aussi, au Havre, par exemple, la rainure des bajoyers présente-t-elle un évasement qui, on le comprend, facilite beaucoup la sortie du caisson, auquel on imprime un mouvement de rotation autour de l'une de ses extrémités (3, *fig.* 166).

Fig. 166. — Formes des rainures.

Dans les cales anglaises, la rainure n'est souvent pratiquée que dans le radier; le long des bajoyers, le bateau s'appuie contre une bande saillante (*fig.* 166, 1).

Stabilité des bateaux-portes (*fig.* 167). — Soient ACD, la section droite d'un navire convenablement lesté, SS sa ligne d'eau, et G son centre de gravité. Le point d'applica-

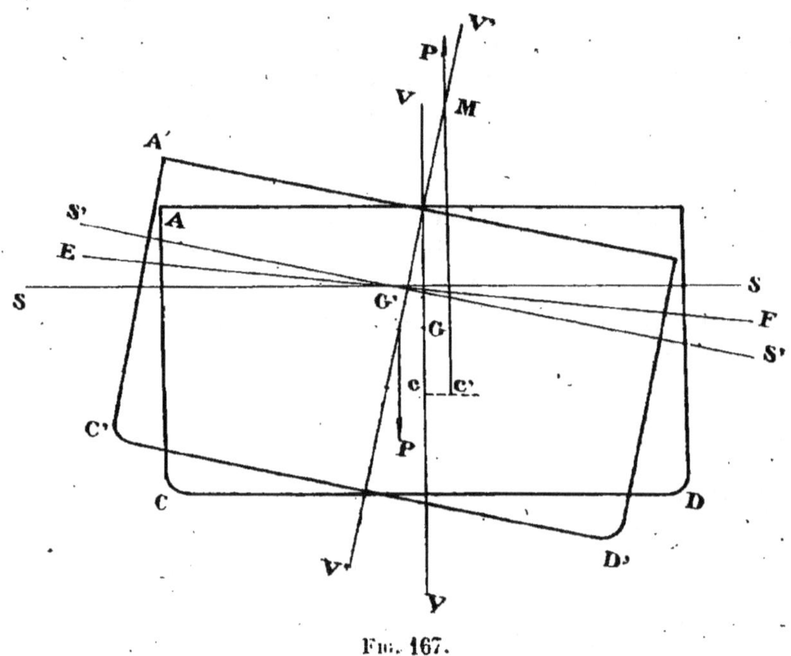

Fig. 167.

tion de la poussée de l'eau, ou *centre de carène*, se trouve sur la verticale passant par G, soit en *c*.

Le bateau, prenant une inclinaison, passe à la position A'C'D'. La ligne d'eau SS ne varie pas, mais la droite qui l'indiquait tout à l'heure va en S'S'. Le centre de carène va en *c'*, la droite *c'c* étant parallèle à la bissectrice EF de l'angle formé par SS et S'S'. Ce centre de carène est, dans les deux cas, le centre de gravité de la surface comprise entre la ligne d'eau et la quille.

La verticale VV de la première position passe en V'V' dans la seconde.

L'intersection de V'V' avec la verticale menée par le point *c'* est le point M, auquel on donne le nom de *métacentre*.

Dans la seconde position, la poussée verticale de l'eau est appliquée en c'; on peut transporter son point d'application en M; c'est la force P', dirigée de bas en haut.

Le centre de gravité G a passé dans la seconde position, en G', et le poids P du navire, dirigé verticalement de haut en bas, y est appliqué.

Lorsque, comme l'indique la figure, *le métacentre M est au-dessus du centre de gravité* G, les deux forces P et P' tendent à ramener le navire dans sa position normale et l'équilibre est stable.

C'est le contraire si le métacentre était au-dessous du centre de gravité.

Bateaux-portes des nouvelles cales du Havre. — Ces caissons n'ont pas la forme de bateaux; ils portent à la partie supérieure un pont de $4^m,50$ de largeur, largeur qui se conserve jusque vers la partie inférieure du bateau, où elle est réduite à $0^m,80$, le raccordement entre les deux parties s'effectuant par deux arcs de cercle. Les étambots ont la même largeur que la quille et se raccordent de même avec le caisson; leur inclinaison est égale à celle des bajoyers, $\frac{1}{8}$.

Les feuillures sont profondes de $0^m,50$ avec jour de $0^m,15$ pour faciliter la manœuvre.

Dans la grande forme (n° 5) la longueur est de 24 mètres au sommet, $18^m,075$ à la quille et la hauteur totale est de 11 mètres.

Le bateau est divisé à la hauteur des pleines mers de morte eau (cote $+ 5^m,67$), par une cloison transversale servant à assurer la solidité. L'ensemble est soigneusement contreventé.

Le lest, formé de gueuses de fonte, est placé dans la cale; son poids est calculé de façon que le bateau flotte et se soulève de $0^m,40$ au-dessus du bas radier, dans les plus faibles pleines mers de morte eau.

Deux cheminées avec échelles permettent la visite de la cale.

L'eau nécessaire à l'échouement pénètre dans la cale par des bondes de fond.

Bateau-porte de Calais. — Il est constitué par une caisse étanche à section transversale rectangulaire de 4ᵐ,20 de largeur sur 3ᵐ,14 de hauteur, dont la paroi supérieure est située à 0ᵐ,20 au-dessus du plan de flottaison normale. Trois grandes poutres horizontales, dont deux constituent le fond et le ciel de la caisse à air, résistent à la pression de l'eau et transmettent les efforts aux rainures verticales de la forme.

Au-dessous de la caisse à air, une tôle unique appuyée sur des membrures qui reportent une partie de la pression sur le busc, produit l'étanchéité ; il en est de même au-dessus de la caisse à air.

Le volume de la caisse à air est limité au strict nécessaire à la flottaison et à la stabilité. Le reste du bateau ne produit de déplacement que celui que nécessite la partie métallique.

On a évité les surfaces à double courbure ; seule, la caisse à air présente des raccordements cylindriques avec les étraves ; on a, en outre, économisé un double bordé sur une partie importante de la hauteur.

Le déplacement étant faible dans les parties basses, le centre de poussée est relevé et le poids du lest réduit ; il en est de même du déplacement pour un tirant d'eau donné.

Le très faible déplacement des parties hautes permet de n'introduire dans le bateau pour le coulage qu'un lest d'eau très restreint et, par suite, les manœuvres sont facilitées, car les oscillations d'une grande masse liquide dans la carène nuisent toujours à la stabilité.

Enfin, l'emploi d'une caisse à eau supérieure permet l'exécution du coulage et du relevage dans des circonstances très diverses.

Manœuvre. — Lorsqu'un navire a quitté la forme, on amène le bateau à sa place. Les bondes centrales du flotteur étant ouvertes, l'introduction de 25 mètres cubes d'eau environ produit l'échouage.

L'eau n'entrant que dans le compartiment central, les mouvements du liquide ne nuisent pas à la stabilité.

On écoule alors à la mer une tranche d'eau de la forme

telle que le niveau soit au-dessous du fond du flotteur. Celui-ci est alors complètement vidé sans aucun engin mécanique et la pression maintient le bateau en place.

Si, pour une raison quelconque, par exemple pour retirer un corps étranger des rainures, il faut relever le bateau, on fait écouler l'eau de lestage dans les compartiments latéraux d'où on l'épuise facilement par deux petites pompes rotatives à bras. Celles-ci servent également lorsqu'il se produit des rentrées d'eau par une bonde mal fermée.

On laisse le bateau vide en place jusqu'au jour où un relevage est nécessaire.

Alors, la caisse à eau supérieure reçoit 25 mètres cubes d'eau prise à la canalisation générale des quais. On remplit la forme et le bateau, lesté, ne peut se relever. On ne le retire que lorsque le niveau est le même dans le bassin et dans la forme.

Ce système présente des avantages.

Supposons, en effet, le bateau insuffisamment lesté, il est soumis à une force verticale correspondant à son déplacement, mais il est retenu par l'effort de frottement sur les rainures, dû à la pression hydrostatique. A mesure du remplissage de la forme cet effort diminue. Puis, la force ascensionnelle devient la plus forte et le bateau se soulève.

Si ce fait se produit lorsque la différence de niveau entre la forme et le bassin est notable, l'eau déplacée forme une onde qui peut causer des avaries. Il est donc convenable de choisir le moment du relevage et d'en régler à volonté la vitesse.

C'est ce qu'on obtient par le lestage de la caisse supérieure ; celle-ci, se trouvant au-dessus du niveau des plus hautes mers, peut être vidée, au moment choisi, par l'ouverture de bondes.

Calculs de résistance. — La pression totale se répartit entre le busc et les trois poutres horizontales, dans une proportion résultant de la répartition des efforts provenant d'une charge d'eau.

On a, toutefois, envisagé, pour la grande poutre inférieure une hypothèse défavorable dont on peut admettre la réalisation. A haute mer, les pressions exercées sur la paroi située au-dessus de la poutre donnent une résultante qui tend à produire un mouvement de bascule autour de la poutre ; au-dessous, la résultante agit en sens contraire.

En cas d'équilibre, l'ouvrage, rigide, peut être supposé supporté seulement par la poutre agissant comme un essieu. Elle éprouve alors une pression de 1.135.000 kilogrammes, soit au mètre courant 53.290 kilogrammes, la portée étant de 21^m,30.

Le travail dû au moment fléchissant ne dépasse pas 10^{kg},02 par millimètre carré, et celui dû à l'effort tranchant 6^{kg},03.

Des dispositions spéciales répartissent, en outre, la pression sur la hauteur des fourrures en bois des étraves.

Calculs de stabilité. — Le bateau, en flottaison normale, a une grande stabilité, le centre de gravité se trouvant au-dessous du métacentre et du centre de carène ; les distances entre ces points sont respectivement de 1^m,073 et 0^m,633.

Une pression de 100 kilogrammes par mètre carré de la partie émergée produite par le vent ne peut incliner le bateau de plus de 10°30'.

En immersion complète du flotteur, le moment d'inertie de la section mouillée est négligeable et le métacentre se confond avec le centre de carène. Le coefficient de stabilité diminue donc brusquement et a sa plus petite valeur lorsque l'eau de lestage est à la partie supérieure.

La détermination de la stabilité a été appuyée sur les considérations suivantes :

Le flotteur s'inclinant, le lest se déplace et son poids est une force verticale appliquée au nouveau centre de gravité de la masse liquide, c'est-à-dire au centre de carène de cette masse. La force coupe l'axe au métacentre de la masse liquide. Un lest liquide peut donc être assimilé à un lest solide concentré en un point, métacentre de la carène liquide.

La section de la caisse à eau supérieure ayant un moment d'inertie très considérable par rapport à un axe transversal, la stabilité n'existerait pas si l'eau pouvait se déplacer librement dans la longueur, car cette masse liquide placée très haut produirait le chavirement.

Pour l'éviter, la caisse à eau est divisée en trois compartiments par des cloisons transversales et les 25 mètres cubes
introduits dans la caisse équivalent à un poids de 25.000 kilogrammes placé à $2^m,141$ au-dessus du plancher de la passerelle.

Dès lors, la distance entre le centre de poussée et le centre
de gravité de l'ensemble est de $0^m,09$.

La face supérieure du bateau est revêtue d'un plancher en
tôle et sert de passerelle.

Les fourrures en bois des étraves et de la quille sont garnies
d'une double feuille de feutre goudronné, fixée par des
pointes en cuivre. Le paillet est une tresse de chanvre, lardée
de torons en fils de chanvre goudronné.

Caisson de Dundee. — Le caisson qui constitue la forme de
Dundee est à peu près du modèle des portes de Tancarville
(*fig.* 168). C'est un bateau ordinaire, à faces parallèles, dont
la paroi extérieure est continuée par un bras triangulaire, articulé avec une barre fixée dans la maçonnerie. C'est autour
de ce bras que tourne la porte et elle va se placer dans une
enclave.

En place, le caisson est chargé d'un lest qui le fait descendre contre les fourrures de la rainure, car il peut glisser
verticalement sur sa charnière. Ce lest d'eau est contenu
dans une chambre placée du côté opposé à celui de la charnière. En pompant cette eau, le caisson remonte et peut
être ouvert. L'opération totale ne demande pas un quart
d'heure.

Caisson flottant de Kiel. — Les deux dernières formes
construites à Kiel ont 175 mètres de largeur, mais, en plaçant le caisson dans une position intermédiaire, on peut
raccourcir la forme à 140 mètres.

Le même caisson sert dans les deux cas; seulement, à la
position intermédiaire, il est retiré en le halant dans une
chambre latérale, comme un caisson glissant ou roulant, sauf
que sa quille ne s'appuie pas et qu'il flotte au moment du déplacement, déterminé par un treuil à main.

Pour fermer à 175 mètres, ce caisson est manœuvré comme

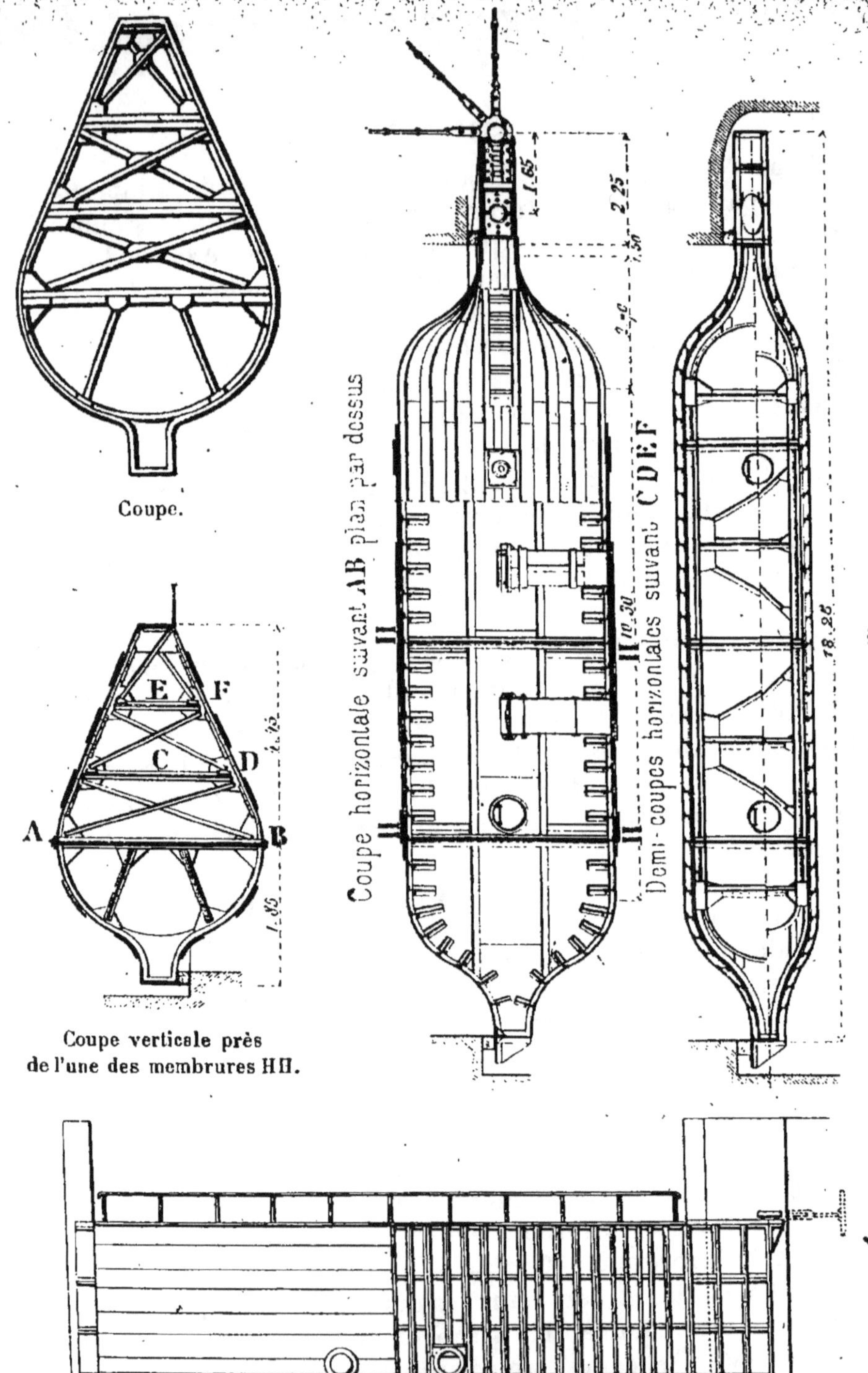

Fig. 168. — Porte de Tancarville.

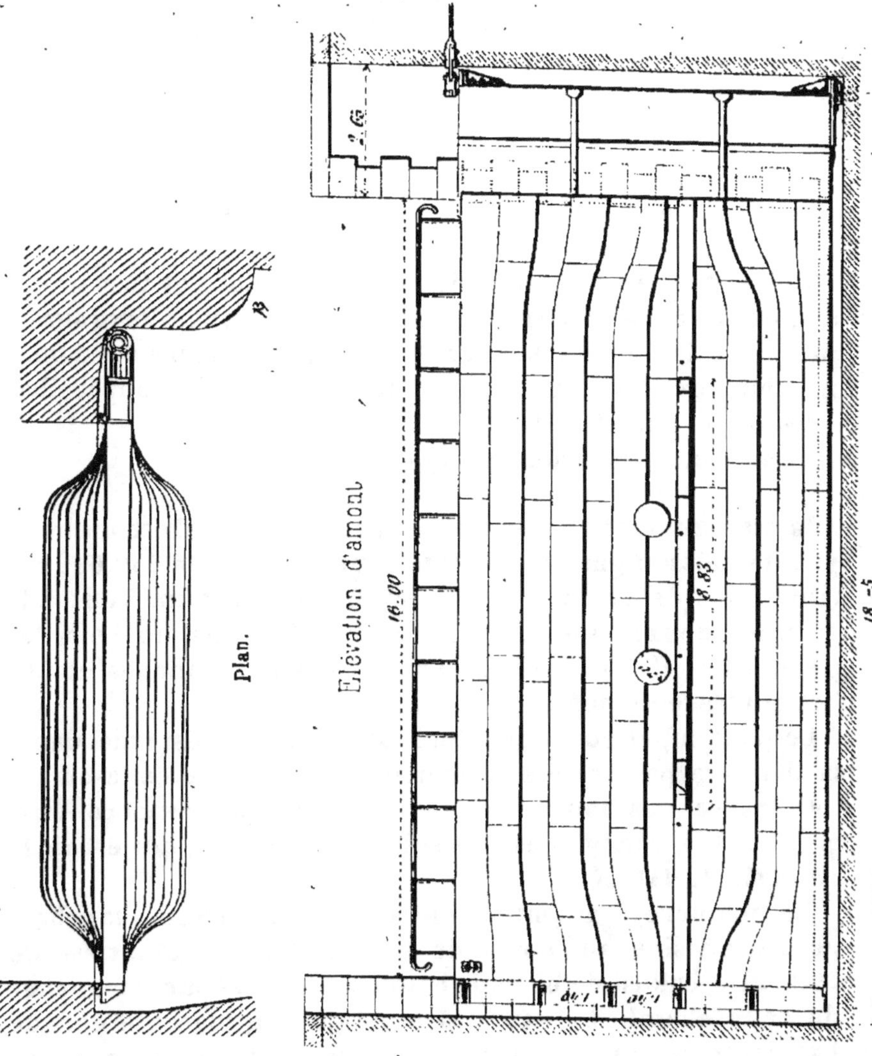

Fig. 168. — Porte de Tancarville.

un bateau-porte ordinaire et va s'appuyer dans la feuillure terminale. Ses dimensions sont : 28ᵐ70 de longeur, 5ᵐ,60 de largeur et 2ᵐ,50 de hauteur. Il contient, dans sa portion médiane, une partie étanche, formant caisse à air qui lui donne la flottabilité.

CAISSONS GLISSANTS ET ROULANTS

Pour éviter les difficultés de la mise en place et du retrait des bateaux-portes, on emploie beaucoup, en Angleterre surtout, des caissons qui se logent, en dehors du service, dans une chambre latérale où ils sont halés par des appareils hydrauliques ou électriques.

On peut en citer deux exemples :

Caisson glissant de l'Hamilton dock, Malte. — C'est un bon type de caisson glissant. Il ferme une entrée de 28ᵐ,65 ; sa hauteur est de 12ᵐ,26, son épaisseur de 5 mètres. Tout est en acier doux, sauf la quille et les étambots en bois de greenheart ; il est consolidé par deux ponts étanches et un fort contreventement.

Le pont supérieur peut, lorsque le caisson est halé dans sa chambre, passer sous le plancher qui recouvre celle-ci.

Outre sa position normale, le caisson peut encore être placé à l'extrémité des voussoirs de la forme, qui est ainsi allongée de 11ᵐ,50.

La chambre à air, située entre les deux ponts étanches, peut être visitée au moyen de deux puits ; sa hauteur est de 2ᵐ,50. Un ballast de blocs de béton est disposé sur le plancher de cette chambre. Deux réservoirs d'eau, placés à chaque extrémité du caisson, au-dessus du pont supérieur, donnent un lest additionnel.

Sans aucun lest, le caisson flotterait ayant le sommet de la chambre à air à 50 millimètres au-dessus de la ligne d'eau ; mais le ballast de béton fait plus que contrebalancer la flottabilité et exerce sur les surfaces de glissement une pression normale de 10 à 20 tonnes.

Les deux réservoirs supérieurs sont réunis par un tuyau

de 100 millimètres de diamètre, commandé par un robinet à trois voies, de façon que l'eau puisse passer d'un réservoir

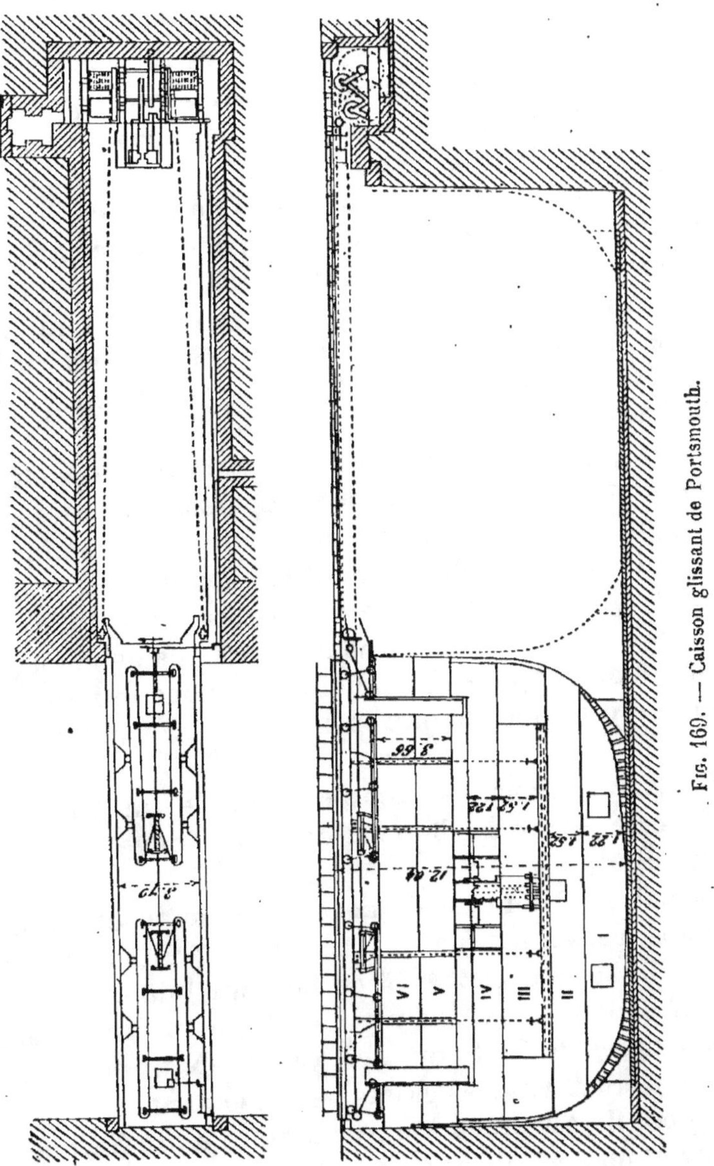

Fig. 169. — Caisson glissant de Portsmouth.

à l'autre, ou bien que l'un d'eux ou même les deux puissent être vidés.

Le halage du caisson, pour entrer ou sortir de la chambre de retraite, s'effectue en cinq minutes, au moyen de deux chaînes sans fin, en acier, commandées par un mécanisme hydraulique et exerçant une traction de 30 tonnes sur les deux bras par lesquels elles sont attachées au caisson.

La quille glisse sur des dés de granit, qui se continuent dans la chambre de retraite ; le caisson est guidé en dessus par des défenses ; des roulettes disposées sous le plafond l'empêchent de se pencher.

L'arrêt, à chaque extrémité de la course, est automatique ; des tampons sont disposés pour arrêter la fermeture, au cas où l'appareil hydraulique se briserait.

La pression maxima exercée sur le pourtour du caisson est de 1 000 kilogrammes par centimètre carré, lorsque l'un des côtés de l'entrée est vide et que, de l'autre, l'eau arrive à la hauteur du pont supérieur.

Deux tuyaux avec vannes, de 1^m,05 de diamètre, servent comme moyen auxiliaire de remplissage du bassin.

La pompe d'épuisement de l'eau de la chambre à air a 100 millimètres de diamètre et se manœuvre à la main.

La figure 169 représente le caisson glissant d'un bassin de Portsmouth, son fonctionnement est analogue au précédent, sauf qu'on emploie l'air comprimé pour le faire mouvoir et que le radier des chambres est muni de bandes de fonte.

Caisson roulant. — Comme exemple on peut citer celui de la cale sèche de Biloela, dans la Nouvelle-Galles du Sud (Australie).

Ce caisson, dont les deux faces d'amont et d'aval sont parallèles, est en fer forgé. Il mesure 27^m,40 de longueur, sur 4^m,50 de largeur et 12^m,25 de hauteur totale.

Il ne diffère du caisson glissant que par le remplacement des plaques de fonte ou des pavés en granit de glissement sur le radier, par des galets de roulement.

Il peut flotter grâce à une chambre à air limitée par deux ponts étanches, distants de 2^m,70, le plus élevé se trouvant juste au-dessous du niveau des basses mers de syzygies.

Au-dessous et au-dessus de cette chambre, l'eau a libre accès dans l'intérieur du caisson mis en place.

Au moyen d'un étrier et d'une goupille, le caisson est relié à une traverse, dont les extrémités sont attachées à des chaînes sans fin manœuvrées par des roues dentées qu'actionne la machine. Un manchon, mû par un levier, est interposé entre la machine et les roues dentées et permet le mouvement du caisson dans les deux sens sans changer la marche de la machine.

Afin d'empêcher un roulement trop grand, ou une rupture des pièces, par suite d'une résistance extraordinaire accidentelle du caisson, un mécanisme automatique de dégagement a été prévu.

Comparaison des modes de fermeture. — Lorsque le bateau-porte n'est pas en place, il est remisé en un endroit quelconque et souvent dans une retraite ménagée en avant de la forme.

Ce mode de fermeture n'exige donc pas le grand espace nécessaire à la manœuvre des portes ordinaires d'écluses.

Il offre encore les avantages suivants :

Le caisson peut facilement être visité, repeint, réparé, soit en le retournant d'abord sur une face, puis sur une autre, soit au moyen de l'un des procédés de réparation de navires, grils, cales de halage, formes de radoub, etc.

Il peut être placé dans les différentes rainures qu'offre la chambre d'entrée et servir ainsi à allonger ou raccourcir une forme, à la demande des bâtiments.

Sa face supérieure constitue un pont où peut même passer un train, ce qui dispense de l'établissement d'un pont-mobile.

Son principal inconvénient est la difficulté et la lenteur de sa manœuvre. Il faut le lester et le délester, le retirer de la chambre. Ces opérations prennent une vingtaine de minutes, tandis que les portes d'écluses sont facilement ouvertes en deux minutes.

Enfin, la construction des caissons est plus compliquée que celle des portes, bien que leur prix de revient soit à peu près le même.

Mais la grande supériorité du bateau-porte consiste dans l'étanchéité de la fermeture. La quille, les étambots, garnis de paillets de cordages, s'appliquent parfaitement dans un seul plan contre les feuillures.

Au contraire, avec les portes busquées, on doit avoir pour chaque vantail un joint étanche dans deux plans différents, et il est indispensable que la longueur de la porte soit rigoureusement exacte.

Autrement il arrive — cas fréquent — que les poteaux busqués étant en contact, il y a du jeu au busc, ou *vice versa*.

L'usage des caissons glissants ou roulants diminue beaucoup la difficulté et le temps de la manœuvre ; la fermeture est aussi étanche ; ces systèmes, surtout celui à roulement, sont donc préférables.

Les portes busquées, comme les caissons roulants et glissants, peuvent être ouvertes à tout état de la marée, tandis qu'il faut un certain tirant d'eau aux bateaux-portes. Enfin, quand l'entrée de l'écluse est exposée à des vagues, le bateau-porte ne peut être employé, et l'on a vu plus haut la protection qui a dû être apportée par des portes de flot au bassin de Newport.

En résumé, le bateau-porte est de beaucoup le plus usité. Sur la Tamise, où il existe trente-deux grandes cales de radoub, vingt-deux sont fermées par des caissons. En France, c'est le seul mode de fermeture adopté.

CHAPITRE XIV

DES DROITS DE PORT

CONSIDÉRATIONS PRÉLIMINAIRES

Définition des mots tonne, tonnage, tonneau. — La *tonne* est égale à 1 000 kilogrammes.

Le *tonneau d'encombrement* est appliqué pour le transport de marchandises plus légères que l'eau de mer. Il est égal à $1^{m3},132$.

Le *tonneau de déplacement*, dont le poids est de 1 000 kilogrammes, est le volume de l'eau de mer déplacée par une tonne du navire flottant, il est donc de $0^{m3},975$ environ.

Le *tonnage brut* est égal au quotient du nombre de mètres cubes de la capacité interne du navire par $2^{m3},83$.

Le *tonnage net* est égal au tonnage brut diminué des espaces occupés par l'équipage, l'outillage, les machines, etc. ; en un mot c'est l'espace disponible pour le chargement.

Justification des taxes. — C'est sur le tonnage des bâtiments que sont appliqués les droits de port. En principe, ne faut-il pas faire payer les services rendus par le port au navire?

Ces services sont :

1º Établissement et entretien du chenal ;

2º Construction de quais pour la manutention des marchandises et le service des passagers ;

3º Des services spéciaux.

A. Le premier droit imposé est un *droit d'ancrage.*

B. Dans les avant-ports et bassins à marée, le navire est exposé à s'échouer plus ou moins à sec. L'autorité doit veiller à ce qu'il n'en résulte pour lui aucun dommage.

C. Sur les quais, certaines marchandises, pierres, bois, minerais, charbon, peuvent rester à l'air libre. Les autres exigent l'abri sous des hangars ou magasins.

L'entretien du port doit être à la charge de son propriétaire ; mais les navires qui s'en servent doivent aussi y participer. C'est le tirant d'eau du bâtiment qui devrait régler sa quote-part ; car la dépense de construction et d'entretien du port, toutes choses égales d'ailleurs, est proportionnelle à sa profondeur.

Les droits de pilotage sont d'ailleurs basés sur le tirant d'eau.

L'usage du quai est plus difficile à évaluer. Le prix de revient d'un quai est plus ou moins proportionnel à sa longueur et à sa hauteur, c'est-à-dire à la profondeur du bassin. Le navire devrait donc payer selon sa longueur et son tirant d'eau, c'est-à-dire suivant le produit de ces deux quantités.

Mais il se présente là une difficulté. Un navire de 75 mètres de longueur et de 3 mètres de tirant d'eau ne paierait pas plus qu'un autre de 50 mètres calant 5 mètres ($75 \times 3 = 50 \times 5$). Cependant il occupe 25 mètres de plus, et, au lieu de deux navires comme le premier, on pourrait en placer trois du second type, payant dans le rapport de 3/2 comparativement aux premiers.

Il faudrait donc peut-être avoir une taxe de longueur et une de calaison.

Les droits auxquels sont soumis les navires dans les ports français ont un caractère uniquement fiscal, c'est-à-dire son supportés également par les pavillons national et étranger il n'y a que quelques exceptions et encore disparaissent-elles dans la pratique.

De ces droits, les uns sont généraux, les mêmes partout et ils reviennent à l'État ; les autres sont locaux et son perçus par les communes ou les Chambres de commerce, qui ont effectué des travaux au moyen d'avances dont elles doivent se rembourser.

Droits de l'État. — Ce sont :

1° LE DROIT DE FRANCISATION. — C'est une sorte de brevet de nationalité, permettant au navire de jouir des privilèges réservés aux navires français.

La matière est réglée par les lois du 21 septembre 1793, du 9 juin 1845, du 30 janvier 1872.

Pour être admis à la francisation, les navires doivent appartenir, pour moitié au moins, à des Français, avoir été construits en France ou dans les possessions françaises, ou avoir été naturalisés par le paiement des droits, s'ils sont de construction étrangère.

Ce droit est le suivant : pour les navires de :

Moins de 100 tonneaux...	0^f,108 par tonneau	
100 à 200 tonneaux......	21^f,60	par navire
200 à 300 —	28^f,80	—

Au-dessus de 300 tonneaux, le navire paie 28 fr. 80 plus 7 fr. 50 par 100 tonneaux ou fraction de 100 tonneaux en sus.

2° DROIT DE CONGÉ. — Dû par les navires français seuls. C'est un acte de police, délivré par la douane, permettant au capitaine de sortir du port pour se rendre à tel autre, avec invitation aux autorités de lui accorder au besoin secours et assistance.

Le droit de congé est régi par la loi du 27 vendémiaire an II, l'arrêté du 30 juin 1829, avec circulaire des Douanes du 15 juillet de la même année, la loi du 6 mai 1841, l'ordonnance du 16 décembre 1843.

Le droit est ainsi fixé :

Au-dessous de 30 tonneaux	1^f,20 par navire	
De 30 à 50 tonneaux......	3^f,60	—
Au-dessus de 50 tonneaux.	7^f,20	—

3° DROIT DE PASSEPORT. — Dû par tout bâtiment étranger sortant d'un port français. La quotité en est de 1 fr. 95 par navire (Circulaire des Douanes du 9 mars 1849).

4° Droit de quai. — Ce droit est aujourd'hui fixé par la loi du 27 décembre 1897, dont voici les dispositions :

Les navires de tous pavillons, chargés en totalité ou en partie, venant de l'étranger ou des colonies françaises autres que l'Algérie, paient, par tonneau de jauge nette : 1 franc, si le nombre de tonnes N de marchandises manutentionnées (embarquement et débarquement) est supérieur à la moitié de cette jauge J ; $N > \dfrac{J}{2}$:

$$\text{Pour N compris entre } \tfrac{1}{2} \text{ et } \tfrac{1}{4} \text{ J} \ldots \quad 0^f,50$$

$$- \qquad - \qquad \tfrac{1}{4} \text{ et } \tfrac{1}{10} \text{ J} \ldots \quad 0^f,25$$

$$- \text{ inférieur à } \tfrac{1}{10} \text{ J} \ldots \quad 0^f,10$$

La taxe est réduite de moitié pour les navires provenant d'un port situé dans les limites de cabotage international, ou s'y rendant.

En cas d'escales successives, la taxe est perçue dans chaque port, mais de façon à ne pas dépasser 1 franc par tonneau de jauge nette.

Chaque passager, chaque tête de gros bétail compte pour une tonne. Les têtes de petit bétail pour un quart de tonne.

Les opérations de ravitaillement et d'approvisionnement de charbon ne donnent lieu à aucun droit.

5° Droits sanitaires. — Ils comprennent (décret du 4 janvier 1896) :

a) Le droit de *reconnaissance*, qui varie de 5 à 15 centimes par tonneau de jauge, suivant la provenance du navire ;

b) Le droit de *station*, perçu sur les navires soumis à la quarantaine et fixé à 3 centimes par tonneau et par jour ;

c) Le droit de *séjour*, qui est, par jour et par personne, de 0 fr. 50, 1 franc et 2 francs, suivant la classe des voyageurs ;

d) Le droit de *désinfection* du linge, qui varie comme le précédent de 0 fr. 25 à 1 franc, celui des marchandises, du chiffon, du navire. Pour ce dernier le droit est de 2 centimes par tonneau de jauge.

Droits locaux. — Par leur nature, ces droits représentent le paiement d'un service rendu. En très grande majorité, le droit est une taxe perçue sur le tonnage du navire, mais il y a également, dans les ports à voyageurs, des droits sur les passagers.

Ces taxes portent les noms suivants :

Droit de tonnage ;
Droit de péage ;
Droit de port ;
Droit de sauvetage ;
Droit de ville ;
Droit d'ancrage ;
Droit d'outillage ;
Taxe sur les passagers ;
Taxe de séjour.

Ces noms différents s'appliquent généralement à des droits analogues. Il en est ainsi pour ceux de tonnage, de péage, de port, de ville, d'ancrage et d'outillage.

Le droit de *sauvetage* est affecté à l'entretien des appareils de sauvetage ; celui de séjour est perçu sur les navires restés en désarmement pendant un temps prolongé.

Ces divers droits sont très variables suivant les ports.

Droit de tonnage. — *Calais*. — Il est perçu, d'après des décrets de 1883 et 1895, à Calais, un droit de 0 fr. 45 par tonneau de jauge, sur tout navire français ou étranger chargé ou venant prendre charge dans ce port, à l'exception des navires français se livrant à la pêche côtière, au petit cabotage, à la navigation intérieure et au remorquage.

Cette taxe est réduite à 0 fr. 10 sur les navires spécialement affectés au transport des voyageurs. Pour les paquebots effectuant un service spécial subventionné obligatoire, la taxe est de 0 fr. 40 à 0 fr. 30, suivant que la quantité de marchandises embarquées est inférieure ou supérieure au dixième de la jauge totale du navire.

Enfin les navires faisant escale à Calais, quelle que soit leur provenance, ont des réductions sur le tarif général en raison de leur charge.

La réduction est suivant la quantité de marchandises embarquées ou débarquées N, pour :

$$N < \frac{J}{4} \dots\dots\dots\dots\dots\dots \text{de } 60\ 0/0$$

$$N \text{ compris entre } \frac{J}{4} \text{ et } \frac{J}{2} \dots\dots\dots 40\ 0/0$$

$$N \quad — \quad — \quad \frac{J}{2} \text{ et } \frac{3}{4} \dots\dots\dots 28\ 0/0$$

Tout navire faisant relâche pour compléter son approvisionnement en charbon est dispensé des droits de tonnage.

Droit d'*outillage* : il varie de 0 fr. 04 à 0 fr. 24 suivant les cas. La taxe sur les *voyageurs* est de 1 fr. 75 par personne.

Un arrêté ministériel de 1896, a ramené cette taxe à 1 franc pour les voyageurs de 3ᵉ classe. Des réductions sont accordées aux excursionnistes. Tout voyageur en provenance ou à destination des pays limitrophes, est exempt du droit de péage.

Le recouvrement de ces droits est effectué par la douane, ils sont concédés à la Chambre de commerce pour les travaux d'amélioration du port.

Dunkerque. — A Dunkerque, les droits sont, par tonneau de jauge, de 0 fr. 54 au profit de la Ville pour l'amélioration du port, et de 0 fr. 16 au profit de la chambre de commerce pour les travaux d'élargissement du port, pour la reconstruction de la jetée Est, cette taxe totale de 0 fr. 70 est due par tous les navires entrant ou sortant, sauf pour les navires de pêche ou de cabotage ; elle est réduite de moitié pour les navires ayant fait escale et payé déjà un droit de tonnage.

Droit de pilotage (Décrets des 12 décembre 1806 et 29 août 1854). — Le pilotage est une institution destinée à mettre à la disposition des capitaines ayant à faire entrer ou sortir, leur navire d'un port, des marins spéciaux, brevetés en raison de leur connaissance approfondie de ce port.

Les tarifs de pilotage varient nécessairement suivant les ports ; les navires à visites régulières paient généralement un droit réduit. La distance jusqu'à laquelle se fait le pilotage, entre également en ligne de compte.

Ce droit est perçu par tonneau de jauge. Pour en donner une idée, voici le tarif pour les navires à vapeur chargés ou sur lest, au Havre :

Dans les jetées.....................	0^f,0433
En petite rade.....................	0^f,065
A moins de 20 milles...........	0^f,13
De 20 à 40 milles..............	0^f,1733
A plus de 40 milles..............	0^f,195

A Calais, tout bâtiment à voiles, français ou assimilé, soumis au droit de pilotage, paie, s'il est chargé, 0 fr. 25 par tonneau de jauge.

Sont considérés comme chargés ceux qui portent un chargement de plus du tiers de leur jauge.

Les bâtiments à vapeur sont toujours considérés comme chargés et paient la moitié de la taxe des bâtiments à voiles chargés.

Les pilotes touchent comme indemnités :

A Calais, pour conduire un navire de :

Calais à Graveline......	0 fr. 28 par	tonneau
Calais à Boulogne......	0 fr. 40	—
Calais à Dunkerque....	0 fr. 40	—

avec un minimum de 100 tonneaux, plus un droit de frais de route du retour de 2 francs par myriamètre.

Droits de halage. — Le passage des navires dans les écluses doit se faire le plus rapidement possible. Dans le but de faciliter aux navires l'exécution des prescriptions des officiers de port, un atelier de haleurs se tient en permanence sur l'écluse pendant la durée des marées ; il est chargé d'aider les navires dans les manœuvres à l'écluse. La rétribution est de 0 fr. 02 (Boulogne), 0 fr. 03 (Calais, Dunkerque) par tonneau de jauge légale ; sont exceptés les navires de l'État et les barques ou bateaux des Ponts et Chaussées. Le prix est ramené à 0 fr. 25 ou 0 fr. 50 pour les bateaux plats qui franchissent les écluses dans l'un ou l'autre sens.

Les haleurs sont employés à d'autres corvées dont le tarif est fixé d'avance.

Courtage maritime (décrets divers ; 6 janvier 1882, pour le Havre). — Le capitaine d'un navire qui arrive dans un port peut avoir besoin d'un intermédiaire, soit pour le conduire auprès des diverses autorités maritimes, soit pour la traduction des pièces du bord écrites en langue étrangère, soit pour l'interprétation orale des observations qu'il peut avoir à faire au cours de ces opérations.

Le courtier maritime, nommé par l'Administration, est seul autorisé à remplir ce rôle.

Le capitaine français, et même l'étranger parlant notre langue, au courant de nos règlements, peut se passer du concours du courtier maritime, dont la rétribution est proportionnelle au tonnage du navire, sauf pour certains actes de traduction, par exemple, qui sont tarifés directement, (6 francs pour protêt d'une lettre de change). Le droit de courtage est le même pour les ports de Boulogne, Calais, Dunkerque et le Havre : 0 fr. 25 à 0 fr. 10 par tonneau, suivant la nature du chargement.

Droit de remorquage (décrets divers : 28 avril 1888, pour Dunkerque). — Il est également perçu selon le tonnage du navire et les distances de conduite. Ainsi, à Dunkerque, il varie par tonneau de jauge de 0 fr. 20 à 0 fr. 40 pour une conduite de 1 à 7 milles à l'entrée, et de 0 fr. 15 à 0 fr. 35 à la sortie.

A Calais, on a trois zones de perception, suivant que le remorquage s'effectue à 1, 4 ou 7 milles au delà de la tête de la jetée. Il est moins onéreux à la sortie qu'à la rentrée et en raison inverse du nombre des navires remorqués, soit 0 fr. 40 à 0 fr. 90 par tonneau de jauge, ou 30 à 20 francs au moins par navire.

A Boulogne, pour l'entrée et la sortie du port, la taxe est de 15 francs pour les grands bateaux, et 10 francs pour les chalands; les déplacements dans l'intérieur du port et du bassin coûtent 10 francs pour les vapeurs de pêche, et 5 francs pour les bateaux de pêche à voile.

Comparaison avec l'étranger. — La comparaison avec l'étranger montre qu'en définitive les droits de port ne sont pas plus élevés en France que dans les autres pays.

L'ancienne *surtaxe de pavillon*, droit différentiel qui frappait les navires étrangers, a été abolie. Les autres nations en ont fait autant par réciprocité. Mais, il y a là-bas des façons détournées de la rétablir, qui ne se voient pas de prime abord.

Ainsi, en Allemagne, existent les *ristournes*. Une entente entre les chemins de fer et les lignes régulières établit des *connaissements directs* pour les marchandises. Celles-ci, prises en un point intérieur de l'Empire, sont portées moyennant un prix fixe et considérablement réduit jusqu'à leur destination d'outre-mer, pourvu qu'elles empruntent « toutes voies allemandes », c'est-à-dire que du chemin de fer allemand elles passent sur une ligne de navigation allemande.

Il y a là une protection déguisée, mais très efficace.

En France, une entente de ce genre serait très utile pour le relèvement de la marine nationale et la prospérité des ports.

Il est, d'ailleurs, très difficile ou plutôt impossible de comparer entre eux, article par article, les droits qui frappent les navires dans les divers ports, les conditions dans lesquelles ces droits sont établis étant très variables.

Les différences ne sont d'ailleurs pas suffisantes pour diriger le courant commercial vers l'un plutôt que vers l'autre. Ce qui est important, c'est la rapidité de manutention et surtout la certitude de trouver un chargement immédiat.

EXEMPLE DES DROITS A PAYER PAR UN NAVIRE DANS UN PORT

FRAIS DIVERS A CALAIS

DÉTAIL DES FRAIS	NAVIRES A VAPEUR		NAVIRES A VOILES
	venant d'un port d'Europe Jauge : 1 240ᵗ Portant en lourd : 2 500ᵗ	venant d'un pays hors d'Europe mêmes conditions	venant d'un port hors d'Europe Jauge : 1 160ᵗ en lourd 1 700ᵗ
	francs	francs	francs
Pilotage à l'entrée............	155 »	155 »	290 »
Bateau d'aide et ligne à terre.	15 »	15 »	15 »
Remorqueur à l'entrée........	»	»	464 »
Déclaration et timbre........	10 »	10 »	10 »
Droits de quai et de passeport	622 20	1242 20	1 162 20
Taxe de tonnage locale.......	558 »	558 »	522 »
Droits sanitaires	126 »	186 »	174 »
Société humaine de secours aux naufragés (facultatif)........	6 20	6 20	5 80
Taxe de halage...............	74 40	76 40	69 60
Droits consulaires...........	3 20	3 50	3 20
Balayage des quais..........	5 »	5 »	5 »
Lest, à 1 fr. 50 le tonneau.....	»	»	900 »
Rapport de mer au tribunal...	27 85	27 85	27 85
Pilotage à la sortie..........	155 »	155 »	145 »
Bateau-pilote à la sortie......	15 »	15 »	15 »
Courtage à l'entrée..........	660 »	660 »	500 »
Totaux............	2 432,85	3 115,15	4 308,65

EXEMPLES DIVERS DE TARIFS

TARIFS DES HANGARS

Conditions d'exploitation. — La location des hangars donne lieu à des difficultés spéciales, non pas dans le cas où elle est faite à un particulier ou à une Compagnie, à l'année. La taxe est alors proportionnelle à la surface concédée.

Mais cette simplicité disparaît quand l'occupation est faite par un navire de passage.

Deux modes sont alors possibles :

1° L'importance du service rendu exigerait la taxe du tonneau de marchandises abritées;

2° Le remboursement des dépenses effectuées pour l'établissement du hangar s'obtient plus aisément par un droit sur la surface occupée.

Le premier système est en vigueur à Marseille, à Calais et à Anvers, sauf au bassin de la Camproie, où le droit réclamé est proportionnel à la quantité de wagons abrités, c'est-à-dire, en définitive, à la quantité de marchandises.

L'avantage du premier procédé est de permettre au commerce de connaître par avance la somme qui lui sera réclamée, tandis que l'on ne connaît qu'après arrimage la surface occupée par les marchandises.

L'inconvénient commun aux deux systèmes, c'est qu'il faut un mesurage, soit de la surface occupée, soit du cube des marchandises, et celles-ci doivent être comptées à part pour chacun des négociants intéressés.

Le Havre. — La taxe est payée par le navire en proportion de sa jauge nette et du temps qu'il passe bord à quai. Le navire se fait ensuite rembourser en partie par la marchandise, au prorata de son volume.

LARGEUR DES HANGARS DEVANT LESQUELS LE NAVIRE EST PLACÉ	PRIX D'OCCUPATION EN FRANCS PAR JOUR ET PAR TONNEAU	
	de jauge nette pour les vapeurs	de jauge brute pour les voiliers
Supérieure à 45 mètres........	$0^f,09$	$0^f,075$
De 30 à 45 mètres	$0^f,08$	$0^f,065$
Inférieure à 30 mètres	$0^f,07$	$0^f,050$

Lorsque plus du cinquième de la longueur du navire se trouve en face du terre-plein non couvert par les hangars, il y a une réduction proportionnelle au rapport de la longueur totale du navire à la longueur de la partie du hangar occupée, augmentée d'un cinquième.

Les navires d'escale bénéficient des réductions suivantes :

50 0/0, si le tonnage des marchandises manutentionnées est inférieur à la moitié de la jauge nette ;

35 0/0, si cette quantité est supérieure à la moitié de la jauge nette, mais inférieure à celle-ci ;

20 0/0, comme dans le cas précédent, mais ne dépassant pas de plus de la moitié la jauge nette.

Toute marchandise non enlevée dans les soixante-douze heures de la mise à terre paye par tonneau et par jour :

Pendant les cinq premiers jours......	5 centimes
— les cinq jours suivants......	10 —
Au delà de dix jours de retard.......	20 —

Les taxes d'occupation, payées par le navire, lui sont remboursées par les destinataires des marchandises, à raison de 20 centimes par tonneau pour les laines et cotons, et 25 centimes pour les autres marchandises.

Un vapeur de 1 200 tonneaux, débarquant sa cargaison entière de 1 500 tonnes de marchandises devant un hangar de 45 mètres, en quatre jours, paie 384 francs. Les marchandises lui remboursent 300 ou 375 francs, suivant leur nature.

Un vapeur d'escale de 3 000 tonneaux, devant un hangar de 55 mètres, peut débarquer en deux jours 500 tonnes de marchandises. Il ne paiera alors que la moitié de $2\,000 \times 0,09 \times 2$ ou 180 francs. Les 500 tonnes de marchandises lui rembourseront $500 \times 0,20$ ou $0,25$, c'est-à-dire 100 ou 125 francs.

La location à l'année est concédée à raison de 5 francs par mètre carré.

Calais. — A Calais, les taxes à percevoir sur les marchandises déposées sous les hangars par tonne de 1 000 kilogrammes et par période de 5 journées de séjour sont :

du 1er au 10e jour inclusivement ..	0 fr.	05
du 11 au 20e —	..	0	10
du 21 au 40e —	..	0	15
du 41 au 50e —	..	0	20
du 51 au 60e —	..	0	25
au delà du 60e —	..	0	50

Toute fraction de tonneau est comptée pour un tonneau. La taxe est due intégralement pour chaque période de 5 jours commencée.

Anvers. — Cinq jours de gratuité, puis par mètre carré et par jour :

Pendant les 5 premiers jours... 2 centimes
— les 10 jours suivants... 10 —
— les jours suivants...... 20 —

Sur les quais non couverts, les droits sont réduits de moitié.

Rotterdam. — Par 100 mètres carrés au moins :

Pour les trois premières journées ou moins. 6 fr. 45
Pour chaque journée suivante............. 2 15

Si les marchandises d'un navire ne remplissent pas un hangar, la taxe est de 0 fr. 32 par mètre courant et par journée, mais avec le minimum de ce qui serait dû d'après le tarif précédent.

Sur les quais non couverts, par 25 mètres carrés ou moins :

Pour les trois premières journées ou moins. 0 fr. 645
Pour chaque journée suivante............ 0 215

TARIFS DES MAGASINS

Anvers. — Pour la montée à n'importe quel étage.

Par 100 kilogrammes de marchandises.. 5 centimes
Par hectolitre de grains............... 2 —

Location par mètre carré et par mois :

Rez-de-chaussée.................. 0 fr. 70
1er étage........................ 0 60
2e — 0 50
3e et 4e étages 0 40

TARIFS DES GRUES

Port d'Anvers. — 1° *Grues hydrauliques fixes et bigue de 120 tonnes.* — Le tarif est exprimé par la formule $P \sqrt{P}$.

Ainsi, un colis de 16 tonnes paie 64 francs et un de 25 tonnes 125 francs.

2° *Grues fixes à bras.* — Tarif précédent, diminué de 30 0/0 avec réduction de 50 0/0 pour les marbres et pierres de taille.

3° *Grues hydrauliques mobiles :*

	MANŒUVRE FOURNIE	
	Par la ville	Par le locataire
Par journée.........	20 fr.	15 fr. »
Par demi-journée....	10	7 50
Par quart de journée.	6	5

Port du Havre. — *Grues flottantes :*

	De 1 250 kg	De 4 000 kg	De 10 000 kg
Journée............	30 fr.	70 fr.	100 fr.
Demi-journée	15	35	50
Heure réglementaire.	3 50	7	10
Heure non réglementaire (semaine)....	3	10	15
Heure non réglementaire (dimanche)...	5	16	25
Déplacements	5	10	15
Allumage	5	10	15

Grues hydrauliques :

	De 750 et 1 250 kg	De 1 500 kg	De 3 000 kg
Journée............	25 fr.	30 fr.	45 fr.

Treuils hydrauliques :

	De 250 à 400 kg	De 750 kg	De 1 000 kg
Journée............	16 fr.	18 fr.	20 fr.

Engins à vapeur et électriques :

La journée : 50 francs.

Bigue-trépied :

	De 0 à 15 000 kg	De 15 000 à 30 000 kg	De 30 000 à 60 000 kg	De 60 000 à 120 000 kg
Journée.	150 fr.	200 fr.	250 fr.	300 fr.

Location des engins de levage à Rotterdam. — a) *Grues mobiles de 1 500 kilogrammes.*

Journée...................... 21 fr. 50
Demi-journée 12 90

b) *Grues électriques de 2 500 kilogrammes.* — Le prix est calculé d'après la consommation du courant, à raison de 5 centimes par hectowatt-heure.

c) *Grues fixes.* — Manutention entre le bateau et le quai :

	Par tonne
Pièces jusqu'à 10 tonnes......	2 fr. 15
Pièces de plus de 10 tonnes :	
De 10 à 15 tonnes............	25 fr. 80
De 15 à 20 tonnes............	51 60
De 20 à 25 tonnes............	80 60
De 25 à 30 tonnes............	144 75

Port de Calais. — *Outillage de la Chambre de commerce. — Engins hydrauliques.*

DÉSIGNATION DES APPAREILS

	Puissance utilisée	Prix pendant les heures de travail de la Douane		Prix en dehors des heures de la Douane	
		Demi-journée	heure	heure de jour	heure de nuit
Grue de 40 tonneaux	10^T	90 fr.	30	45	60
	20	95	32	48	64
	40	100	35	52	70
Embarquement de la houille et du coke par wagons complets.	»	40	12	18	24
Treuil de 750 kilogr.		7 fr. 50		1^f,50	2
Grue de 1 500 kilogr.		10		2	3
Grue de 5 000 kilogr.	25	20		3	4
	5	25		5	7

Note (texte vertical entre les colonnes) : « Le prix de la demi journée est exigible quelle que soit la durée de l'emploi. »

L'emploi des grues pour le mâtage et démâtage donne lieu à l'application des taxes maxima suivantes à Calais :

Jauge des navires	Prix par mât enlevé ou remplacé	Prix pour passer ou dépasser une hune
Moins de 300 tonneaux..	23	15
De 300 à 500 tonneaux..	40	18
De 500 à 1000 — ..	60	22 fr. 50
De 1000 à 1500 — ..	80	30
De 1500 et au-dessus.....	100	37 fr. 50

Ces prix établis pendant les heures de travail de la douane sont majorés de 50 0/0 en dehors de ces heures, le jour, et de 100 0/0, la nuit.

TARIF DES FORMES DE RADOUB D'ANVERS

TONNAGE des NAVIRES	NAVIRES ENTRANTS ET SORTANTS dans les 24 heures	PRIX PAR JOUR		
		POUR 2 JOURS de séjour	POUR 3 JOURS de séjour	APRÈS 3 JOURS de séjour
	francs	francs	francs	francs
85 tonneaux et au-dessous..	70	50	45	25
86 à 128 tx .	105	70	60	30
129 171 tx .	140	85	80	33
172 214 tx .	175	95	90	36
215 257 tx .	180	105	100	39
258 300 tx .	210	120	115	41
301 342 tx .	240	135	130	44
343 385 tx .	270	145	140	47
386 428 tx .	300	160	150	50
429 514 tx .	360	190	176	54
515 599 tx .	420	220	203	58
600 685 tx .	480	250	229	62
686 771 tx .	540	280	255	66
772 856 tx .	600	310	283	70
857 942 tx .	660	340	297	77
943 1027 tx .	720	370	311	84
1028 1113 tx .	780	400	326	91
1114 1199 tx .	840	430	337	98
1200 1284 tx .	900	460	350	105
1285 1370 tx .	940	480	367	108
1371 1455 tx .	980	500	384	111
1456 1541 tx .	1020	520	401	114
1542 1627 tx .	1060	540	417	117
1628 1712 tx .	1100	560	433	128
Pour chaque 85 tx en plus..	40 en plus	25 en plus	20 en plus	5 en plus

Les réparations sont faites par les navires eux-mêmes ou par des ateliers privés.

A Anvers, on veut remplacer le tarif actuel des cales de radoub, qui conduit à ce résultat que deux navires dont le tonnage ne diffère que de 2 tonnes peuvent payer des sommes très différentes.

On a cherché à rendre ce tarif continu comme pour les engins de levage de forte puissance, et l'on a proposé les formules suivantes :

Au-dessous de 1 250 tonneaux :

$$P = (0{,}65 + 0{,}066N)\,T,$$

Au-dessus de 1 250 tonneaux :

$$P = (0{,}14 + 0{,}114N)\,T.$$

P est la somme à payer, en francs;
N, le nombre de jours d'occupation ;
T, le tonnage du navire (Moorson).
Au-delà de quatorze jours, le tarif serait doublé.

Ce projet n'est pas encore adopté; on peut se rendre compte des différences qu'il présentera avec l'actuel.

Pour un navire de 1 000 tonneaux, l'occupation pendant :

1 jour, coûtera	716 francs,	au lieu de	720 francs.
2	—	782	—	—	740	—
3	—	848	—	—	933	—
4	—	914	—	—	1 017	—
5	—	980	—	—	1 101	—
6	—	1 046	—	—	1 185	—
7	—	1 112	—	—	1 269	—
8	—	1 178	—	—	1 353	—
9	—	1 244	—	—	1 437	—
10	—	1 310	—	—	1 521	—

Le nouveau tarif serait moins élevé; mais, à partir du quatorzième jour, la différence entre deux nombres consécutifs du tarif proposé, qui est jusque-là de 66 francs, monte à 132 tandis que celle du tarif actuel reste de 84, de sorte qu'au bout du vingtième jour les deux tarifs s'équivalent. Ensuite, le nouveau devient plus coûteux.

Les circonstances locales décideront de la préférence à accorder à l'un ou à l'autre.

Tarif des formes de radoub du Havre. — Le port du Havre possède six formes de radoub, trois dans le bassin de la Citadelle, et trois dans le bassin de l'Eure.

Les trois premières reçoivent des navires jusqu'à 83 mètres ; les autres, des bâtiments de 130, 171 et 200 mètres. L'exploitation en est concédée à un entrepreneur, mais les navires doivent payer au port.

Dans le bassin de la Citadelle, on paie pour l'asséchement d'une forme :

1. Au-dessous et jusqu'à 100 tonneaux............   89^f »
2. Pour chaque tonneau en sus de 100...........   0 ,178

Occupation de l'une des formes, pour chaque jour après l'asséchement et pour les six premiers jours :

3. Au-dessous et jusqu'à 100 tonneaux...........   22^f,25
4. Pour chaque tonneau en sus de 100...........   0 ,04

Dans les formes du bassin de l'Eure, on a de même :

1. Au-dessous et jusqu'à 1 000 tonneaux...........   356^f »
2. Pour chaque tonneau en sus, jusqu'à 3 000 tonneaux....................................   0 ,178
2 *bis*. Pour chaque tonneau en sus de 3 000 tonneaux....................................   0 ,089

Occupation de l'une des formes, pour chaque jour après l'asséchement et pour les six premiers jours :

3. Au-dessous et jusqu'à 1 000 tonneaux...........   89^f,   »
4. Pour chaque tonneau en sus, jusqu'à 3 000 tonneaux....................................   0 ,044
4 *bis*. Pour chaque tonneau en sus de 3 000 tonneaux....................................   0, 027

Le travail de nuit comporte un supplément.

Taxes du dock flottant d'Amsterdam.

POUR UNE CONTENANCE BRUTE DES NAVIRES en mètres cubes	POUR L'ENTRÉE ET LA SORTIE par mètre cube	LOCATION PAR JOUR et par mètre cube
	francs	
Moins de 401	0,1935	Pour les 5 pre-
401 à 450	0,1828	miers jours :
451 500	0,1720	
501 750	0,1613	0 fr. 0645
751 1 000	0,1505	
1 001 2 000	0,1398	
2 001 3 000	0,1290	Pour les jours
3 001 4 000	0,1183	suivants :
4 001 5 000	0,1075	
5 001 et au-dessus	0,0968	0 fr. 0430

Le jour de l'entrée et celui de la sortie comptent chacun pour un jour plein.

On ajoute au volume du navire le poids de la cargaison, du ballast et du charbon, à raison de $2^{m3},83$ par 1 000 kilogrammes de poids, si la somme de ces poids excède

500 mètres cubes pour vapeur et 600 mètres cubes pour voiliers jusqu'à 5 000 mètres cubes ;

400 mètres cubes pour vapeur et 800 mètres cubes pour voiliers de 5 000 à 10 000 mètres cubes ;

500 mètres cubes pour vapeur et 1 000 mètres cubes pour voiliers de 10 000 mètres cubes et au-dessus.

Grils de carénage. — Le port de *Boulogne* possède dans l'angle Sud-Ouest du port d'échouage, un gril de 100 mètres de long sur $8^m,40$ de large pour navires de 500 à 1 000 tonneaux, un gril de 19 mètres au Sud pour les bateaux pêcheurs, et enfin un troisième gril, de 40 mètres pour bateaux de pêche, est établi dans l'angle Nord-Est. Le prix de location est de 0 fr. 10 par tonneau et par journée de séjour pour les navires vides ou sur lest, et de 0 fr. 15 pour les navires chargés en tout ou en partie.

À *Calais*, le gril de carénage pouvant recevoir des navires d'au moins 60 mètres coûte 0 fr. 10 par tonneau et par jour. En outre, dans ces deux ports, il est payé au gardien nettoyeur du gril une taxe de 1 fr. 50 à 3 francs par jour suivant l'importance du navire.

A *Dunkerque*, le gril de carénage peut recevoir des navires de 400 tonneaux, la taxe est de 0 fr. 10 par navire et par tonneau de jauge, le salaire du gardien du gril est de 3 fr. 50 par journée de travail.

PRIX DE REVIENT DE QUELQUES CONSTRUCTIONS

Hangars. — Les hangars du bassin Bellot ont coûté de 37 à 43 francs sur le quai Nord et 45 francs sur les autres.

Le prix du hangar de 37 francs se décompose en les éléments suivants :

		francs
Fondations		2,00

Superstructure :	francs	
Charpente métallique	14,58	
Couverture	5,71	
Voligeage	2,88	24,32
Chéneau et descente	0,88	
Peinture et vitrerie	0,27	

Fermeture latérale :		
Charpente métallique	1,60	
Menuiserie	1,51	
Ferrure des portes	1,23	6,16
Peinture et vitrerie	0,48	
Maçonnerie	1,34	

Divers :		
Égouts	0,39	
Pavages	0,24	
Éclairage	0,23	1,52
Divers	0,66	

Frais généraux		3,00
TOTAL		37,00

Le mètre carré couvert de divers hangars a coûté :

Marseille...................... 45 et 54 fr.
Glasgow...................... 48
Sfax...................... 36

Magasins, Silos. — Le mètre carré de magasin coûte en général 100 francs pour chacun des étages.

En Amérique, où les silos sont construits en bois, le prix par mètre cube de grain contenu est de 60 francs. Le prix de dépôt est de 2 francs par mètre cube et par mois.

Bateaux-portes :

	LARGEUR	HAUTEUR	PRIX PAR MÈTRE DE LARGEUR
	mètres	mètres	francs
Hamilton dock, Malte	28,65	12,50	3 940
Alexandra dock, Belfast...	24,40	8,00	4 610
Calais......................	21,00	11,80	7 130
Biloela....................	27,45	12,00	15 730

Outillage hydraulique :

Nouveau bassin de Calais

	francs
Canalisation......................	230 000
Grues fixes......................	60 000
12 grues mobiles	180 000
6 treuils	24 000
Voies ferrées des grues	150 000
Ateliers et bâtiments............	46 000
Machinerie centrale..............	160 000
Divers......................	50 000
TOTAL......................	900 000

Marseille. — L'outillage de la gare Maritime et du bassin National a coûté 1 888 000 francs, dont 225 000 pour une

bigue de 120 tonnes. Le reste comprend 27 grues mobiles :
   16 de 1.250 kilogrammes ;
   8 de 1 et 3 tonnes ;
   3 de 3 tonnes.
   3 treuils mobiles de 1.000 kilogrammes ;
   38 cabestans de 800 kilogrammes.
   3 machines de compression : deux de 97 et une de 50 chevaux ;
   3857 mètres de canalisations.

PRIX DES BASSINS DE RADOUB

Biloela (Australie) :

Longueur totale	193^m,50
Longueur du radier de la forme	176 ,50
Largeur à la base	26 ,70
Largeur au sommet	32 ,00
Largeur à l'entrée	25 ,50
Profondeur totale	11 ,25
Profondeur du seuil sous H. M. V. E.	9 ,70
— H. M. B. E.	7 ,90

Prix :

Cale sèche	5182925 fr.
Pompes	386950
Machines à vapeur et chaudières	161220
Vannes, câbles, organeaux	83600
Caisson	428500
Outillage	18730
Conduite d'eau, voirie	65975
TOTAL	6327900 fr.

Alexandra Graving dock (Belfast) :

Longueur du radier de la forme	240 mètres
Largeur à la base	15^m,50
— au sommet	27 ,75
Profondeur totale	9 ,40
Hauteur d'eau en H. M. V. E.	7 ,50
— H. M. B. E.	7 ,30

La forme est partagée en trois sections ayant 90, 60, 90 mètres.

Cale sèche.........................	1 873 000 fr.
Gaz, eau...........................	34 000
Deux caissons......................	219 000
176 tins..........................	22 900
Machine et chaudières.............	126 000
Pompes............................	139 000
TOTAL...............	2 413 900 fr.

Nouveau dock commercial quadruple de Barry :

Cale sèche avec machines et chaudières...............	2 040 000 fr.
Pompes............................	155 000
Deux caissons.....................	190 000
Machinerie des vannes.............	25 000
TOTAL...............	2 410 000 fr.

Formes nos 5 et 6 du Havre :

Forme n° 5 :

Longueur totale...................	174 mètres
Longueur sur tins.................	150 —
Largeur à la base.................	20 —
Hauteur d'eau sur le seuil........	7 —

Forme n° 6 :

Longueur totale...................	122 mètres
Longueur sur tins.................	115 —
Largeur à la base.................	16 —
Hauteur d'eau sur le seuil........	$6^m,15$

Terrassements et maçonneries......	$3\,243\,800^f,68$
Ciment de Portland................	514 009 ,26
Chaux du Teil.....................	140 459 ,61
Bateaux-portes....................	245 968 ,22
Tins et plaques en fonte..........	74 965 ,62
Machines d'épuisement.............	402 452 ,48
Bâtiment de ces machines..........	60 000 ,00
TOTAL...............	$4\,681\,655^f,87$

Quelques dépenses complémentaires ont fait monter le total à 4 851 973 francs.

Bassins de radoub divers :

DÉSIGNATION	LONGUEUR	LARGEUR DE L'ENTRÉE	HAUTEUR D'EAU sur seuil	PRIX	PRIX PAR MÈTRE de longueur
	m.	m.	m.	fr.	fr.
Calais................	150	21	»	2 700 000	18 000
Anvers................	123	15	5,18	800 000	6 500
Lyttelton..............	135	19	8,50	1 975 000	14 600
Biloela................	177	24,50	9,75	6 750 000	38 000
Alexandra de Belfast...	244	24,40	7,62	3 754 000	15 300

APPAREILS DIVERS

DÉSIGNATION	PRIX	PRIX PAR MÈTRE de longueur
	fr.	fr.
Élévateur de San-Francisco de 128 m..	2 000 000	15 600
Cale en travers de Rouen de 95 mètres..	740 000	18 000

CALES DE HALAGE (CONSTRUCTION)

La Seyne, pour navires de 800 tonneaux...   155 000 fr.
    —   —   200   —   ...   60 000 fr.
Hoogby,   —   800   —   ...   210 000 fr.

D'après M. Howaldt, les frais d'établissement des formes flottantes avec ossature métallique, mais avec les fonds et les parois en bois — ce qu'il trouve préférable — s'élèvent par tonne de puissance de soulèvement de la forme : à 145 francs environ dans l'Ouest de l'Europe et à 230 francs dans l'Est.

Pour les formes entièrement métalliques, ces prix doivent être augmentés respectivement de 65 0/0 dans l'Ouest et de 35 0/0 dans l'Est de l'Europe.

Prix des portes de Kiel : 280000 francs par porte, compris les appareils de manœuvre.

Exploitation des formes flottantes. — Les frais d'exploitation sont naturellement variables avec la puissance et la fréquentation de la forme; à titre d'exemple, M. Howaldt signale que les frais d'exploitation d'une forme de 3000 tonnes de puissance se sont élevés à 26000 francs environ par an, pour 177 entrées dans la forme.

Soit environ 9 francs par tonne de puissance.

Les frais d'exploitation sont d'autant moindres que le navire est plus petit, alors que c'est le contraire dans une cale sèche.

D'après M. Nobel, les poids propres des formes sont de $0^{kg},600$ environ par tonne de déplacement. Le prix de revient, tout compris, varie de 235 à 275 francs par tonne de déplacement.

Les frais d'exploitation et d'entretien varient de 5 francs à 6 fr. 15 à Rotterdam, où les bénéfices ont atteint de 3 à 7 0/0 des frais de première installation, l'exploitation étant faite en régie par la ville de Rotterdam.

Exploitation des trois premiers docks flottants de Rotterdam. — L'exploitation a donné en 1903 :

Recettes..	423.360 fr.
Dépenses..	57.200
Bénéfice.......................................	366.160 fr.

Les dépenses comprennent :

Traitement et salaires.....................	20.015 fr.
Charbons..	6.000
Huiles, graisses, entretien général.......	27.330
Impôts fonciers et assurances............	3.375
Divers..	4.480
	57.200 fr.

Les recettes ont été fournies par 240 navires.

L'installation de ces docks a coûté 4 085 000 francs ; l'intérêt produit, sans amortissement, a donc été de 9 0/0 environ. Cette installation se compose des :

Bassins des docks, bâtiments, magasins, etc........................	666.500 fr.
Dock I et II........................	1.806.000
Dock III........................	1.591.000
Éclairage, machines, etc............	21.500
	4.085.000 fr.

Le prix du dock n° IV, avec les frais, est d'environ 3 millions de francs ; la mise en service de ce dock sera une cause de diminution dans les bénéfices.

Données relatives aux formes flottantes. — D'un tableau donné par M. Clark, il résulte qu'en moyenne une forme flottante pèse 42 tonnes pour 100 tonnes de navire à soulever, et qu'un mètre de longueur pèse environ 20 tonnes ; mais le premier type (dock-boîte) est beaucoup plus léger.

La forme des Bermudes, qui a 165 mètres de longueur, pèse 6.500 tonnes, soit à peu près 40 tonnes par mètre de longueur ; c'est que, destinée aux cuirassés, elle a eu besoin d'une grande solidité.

Forme du dock de Pola (140 mètres de longueur ; force, 15 000 tonnes ; poids de la coque, 5 200 tonnes), soit 37 tonnes par mètre :

Prix :

Coque................	3 433 000 francs

soit 0^{fr},66 le kilogramme.

Machine et installation.	433 000	—
Travaux sur le rivage..	385 000	—

La coque coûte 24 500 francs par mètre courant.
Entièrement construite à Pola avec matériaux autrichiens.

DÉPENSES DE L'OUTILLAGE DE LA FORME DE RADOUB DE CALAIS

1° *Engins mécaniques*

	Francs.
2 Machines à vapeur pour la vidange............	123 126,68
3 Pompes centrifuges pour la vidange...........	21 780,00
2 Machines avec pompes d'entretien	13 913,38
4 Grands générateurs.........................	46 041,24
2 Petits —	6 618,21
Tuyauterie générale des machines et chaudières.	9 738,39
2 Machines alimentaires avec pompe de compression....................................	9 360,00
Tuyautage d'aspiration et de refoulement des pompes, diaphragmes étanches..............	40 970,21
Ejecteurs, réservoirs d'eau, tuyaux d'air, escaliers, garde-corps, parquets, échelles, grilles.	16 339,64
8 Grandes vannes...........................	33 555,00
8 Appareils hydrauliques et tuyautage..........	72 335,40
6 Petites vannes............................	10 341,97
Indicateurs de vannes, planches, échelles, plaques de recouvrement...........................	4 677,28
Canalisation de pression et de retour, soupapes, dallages....................................	3 411,49
2 Vannes de remplissage.....................	13 900,00
Remplacements et outillages..................	7 667,00
Scellements................................	5 629,50
Éclairage électrique, surveillance, essais, divers.	55 661,56
TOTAL.....................	495 066,95

2° *Bâtiments*

Bâtiments de la machinerie et accessoires......	133 014,79

3° *Bateau-porte*

Entreprise..................................	153 947,23
Régie......................................	23 293,66
TOTAL.....................	177 240,89

4° *Tins et hiloires*

Ensemble..................................	29 386,67

5° *Cabestans*

1 De 5 tonnes..............................	8 600,00
2 De 2 500 kilogrammes......................	11 200,00
TOTAL.....................	19 800,00
TOTAL GÉNÉRAL........	854 509,30

CHAPITRE XV

DÉVELOPPEMENT DE QUELQUES PORTS

De l'avenir des ports actuels. — On a vu que les ports les plus importants sont situés sur des fleuves. Il y avait à ce choix plusieurs raisons :

D'abord, l'entrée du fleuve est généralement facile : les navires peuvent y pénétrer à toute vitesse, ce qui n'a pas lieu dans un avant-port, de longueur toujours réduite. A peine dans le fleuve, le bâtiment est en sécurité, et cette sécurité n'a généralement pas eu besoin d'être conquise par des travaux extérieurs.

Enfin, ainsi qu'il a été dit dans l'ouvrage traitant de la construction des ports, les marchandises ont tout avantage à être transportées par les bateaux eux-mêmes dans l'intérieur des terres.

Mais, sauf de rares exceptions, les fleuves, même ceux dont l'estuaire est le plus favorisé, ne gardent pas leurs profondeurs très loin de la mer. D'autres ont pu, près de l'embouchure, recevoir les anciens navires, mais sont hors d'état de le faire aujourd'hui.

Dans le premier cas, la solution qui s'est imposée est le dédoublement du port fluvial. Il comprend un port principal en amont et un établissement maritime en eau profonde plus en aval.

Les exemples ne manquent pas. Ainsi Brême a dû céder une partie de son trafic à Bremerhaven, Bordeaux à Pauillac, Nantes à Saint-Nazaire.

Les bassins à flot de Londres se sont continuellement succédé vers l'aval, et seul aujourd'hui l'établissement de

Tilbury, à 40 kilomètres de la capitale, peut recevoir les grands navires.

Même Tilbury est un peu trop difficile à atteindre, et c'est ce qui explique le développement récent et considérable de Southampton, dont le port, abrité derrière l'île de Wight, est précédé d'une rade très sûre, présente de grandes profondeurs, et comme le Havre, même sur une plus grande échelle, jouit d'une étale de flot très prolongée. Aussi plusieurs Compagnies ont-elles déjà abandonné Londres pour Southampton.

Les ports établis sur des fleuves à profondeur insuffisante sont-ils donc condamnés ?

Certainement non. Le port à grande profondeur ne sera, même dans l'avenir, qu'une exception.

On agrandira, on approfondira continuellement les établissements maritimes qui tiennent la tête des opérations commerciales ; on en fera de même, sans nul doute, pour les autres ports, mais ceux-ci resteront toujours dans un état d'infériorité.

Les bâtiments secondaires qu'ils recevront joueront le rôle des voitures qui relient aux villages les stations de chemin de fer.

Le grand port sera de plus en plus un centre de distribution.

Port de Hambourg. — Hambourg lui-même ne doit sa grande prospérité qu'aux petits bâtiments ; les grands navires ne peuvent y accéder et sont obligés de débarquer sur allèges à l'embouchure de l'Elbe à Brunshausen. Il y a trois ans, un concours de circonstances avait réduit à $5^m,50$ la profondeur disponible dans ce fleuve et de nombreux vapeurs échouèrent. Heureusement, la vitesse du courant n'est pas très forte et l'amplitude de la marée n'est que de $1^m,80$. Les grands écarts qu'on y constate parfois sont dus aux crues, mais ils ne sont que profitables à la navigation.

En 1902, le Sénat et le Bürgerschaft de Hambourg ont voté la régularisation de l'Elbe entre Neumühlen et Lühersand, de façon à lui donner 10 mètres de profondeur ; ces travaux sont presque terminés.

Les grands transatlantiques s'arrêtent encore aujourd'hui à Brunshausen.

La grande navigation entre pour une part restreinte dans l'énorme mouvement maritime de Hambourg. En 1903, par exemple, 14 028 bâtiments y sont entrés de la mer jaugeant 9 221 260 tonneaux ; le jaugeage moyen est donc de 660 tonneaux environ.

La même année, Anvers voyait arriver 5761 navires, de 9 131 831 tonneaux donnant une jauge moyenne de 1 600 tonneaux (520 pour les voiliers, 1 670 pour les vapeurs).

Les quelques vapeurs qui s'arrêtent à l'embouchure de l'Elbe, à Cuxhaven, ne pouvant remonter plus loin, ont une jauge moyenne de 6 000 tonneaux.

En fait, des 14 000 navires fréquentant Hambourg, plus de 12 000 appartiennent au petit cabotage. Ce grand port de mer est donc surtout un port de distribution, tant pour les ports allemands voisins que pour son hinterland même. Et à celui-ci, il fournit plus de marchandises qu'il n'en reçoit. En effet, il y entre plus de 5 000 chalands à vide, tandis qu'il en sort moins de 3 000.

Le total des chalands arrivant en 1903 est de 19 400 dont 5 000 à vide, le tonnage total étant de près de 4 millions de tonneaux.

Hambourg est situé sur l'Elbe, à 110 kilomètres de la mer. Il comprend les bassins suivants, tous de marée (*fig.* 170) :

Sandthorhafen, Schiffbauerhafen, Grasbrookhafen, Strandhafen, Backenhafen, Kirchenpauerhafen, Segelschiffshafen, Hansahafen, Indiahafen, Petrolemhafen.

Telle était la situation jusqu'en 1903, où l'on a ouvert à la navigation trois nouveaux bassins, à Kuhwärder, en aval de la ville. Ce sont le Kuhwärderhafen, le Kaiser Wilhelm Hafen et l'Ellerholzhafen.

La surface totale de la nappe d'eau est de 460 hectares, dont 210 peuvent recevoir les navires de haute mer.

Les deux derniers bassins, formant ensemble 54 hectares, sont loués pour vingt-cinq ans à la Hambourg Amerika Linie, pour une somme annuelle de 1 625 000 francs. Ils offrent une profondeur minima de 8 mètres en basses eaux. La Com-

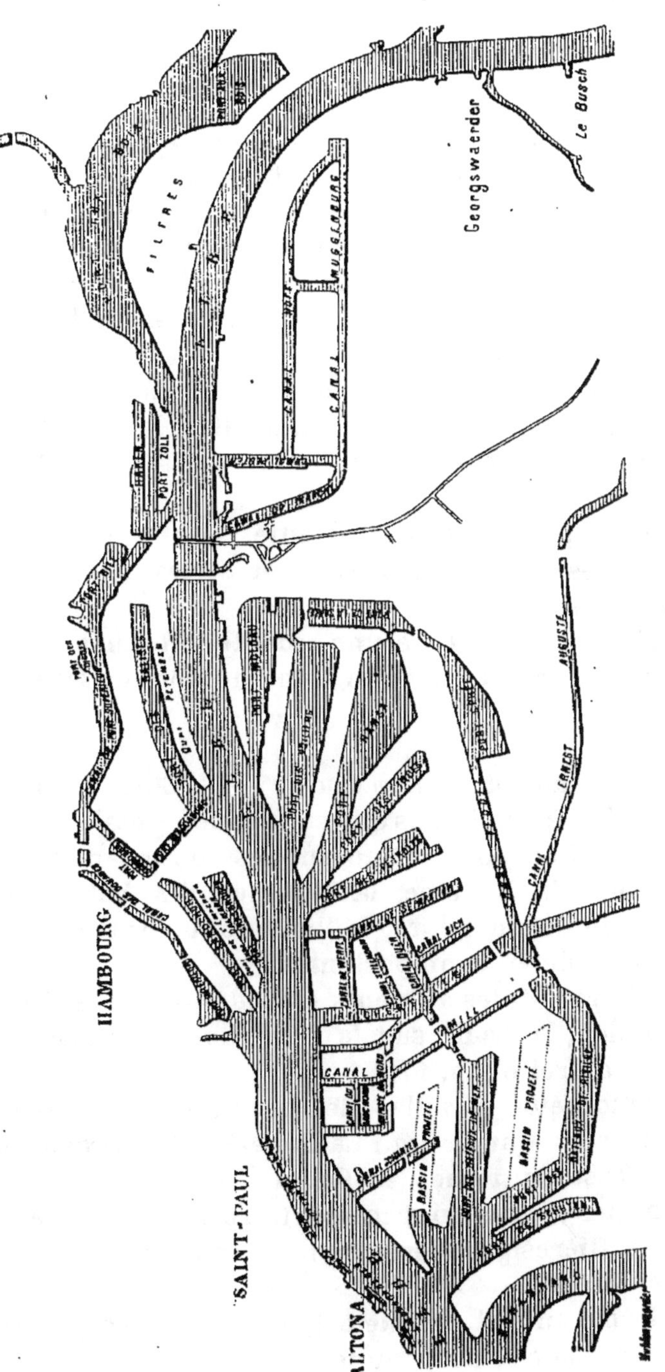

Fig. 170. — Port de Hambourg.

gnie les a pourvus de hangars, de voies ferrées et de l'outillage nécessaire.

A marée basse, les anciens bassins offrent des profondeurs variables de 5 mètres à 6^m,50.

La longueur totale des quais où peuvent accoster les bâtiments de haute mer est de 25 kilomètres.

La longueur des voies ferrées du port est de 65 kilomètres sur la rive droite, 75 kilomètres sur la rive gauche, 22 kilomètres pour les bassins de Kuhwärder; il existe en outre 14 kilomètres de voies particulières. L'ensemble est donc de 176 kilomètres.

Le nombre des grues, tant fixes que mobiles, est très considérable. Parmi elles, il faut citer la grande grue tournante à vapeur de 150 tonnes de puissance et 31 mètres de hauteur.

Les autres grues puissantes sont celles à vapeur de 50 tonnes et 12 tonnes et demie et les deux électriques de 30 tonnes.

A Kuhwärder, il y a une grue de 75 tonnes, une de 20, une de 10 tonnes, fixes, et un grand nombre de grues mobiles, de 3 tonnes.

Zone d'action de Hambourg. — L'Elbe est navigable sur 833 kilomètres, tandis que sa longueur totale atteint 900 kilomètres. Née en Bohême, sur les confins de la Silésie, elle parcourt la Bohême, la province d'Anhalt, le royaume de Saxe, le Brandebourg, le Hanovre, en traversant un grand nombre de villes importantes.

Elle reçoit des affluents considérables : la Molden, l'Eger, la Mulde, la Saale sur la rive gauche, l'Elster, le Havel sur la rive droite (*fig.* 171).

De toute cette vallée, les produits se dirigent naturellement vers Hambourg. La Bohême, la Moravie, la Haute et la Basse Autriche, la Galicie, la Hongrie septentrionale sont des clients du grand port. C'est par lui que leur arrivent les matières premières de leurs industries et les denrées alimentaires.

Même au Sud, Trieste et Fiume ne peuvent lutter sur toute la rive gauche du Danube.

Par l'Oder et la Vistule, Hambourg envoie en Pologne et en Russie le coton, la laine, les cafés, le pétrole et les engrais.

L'Oder porte, en Silésie, les laines de l'Australie et de l'Argentine débarquées à Hambourg; il en est de même des matières premières des industries chimiques, des peaux, des

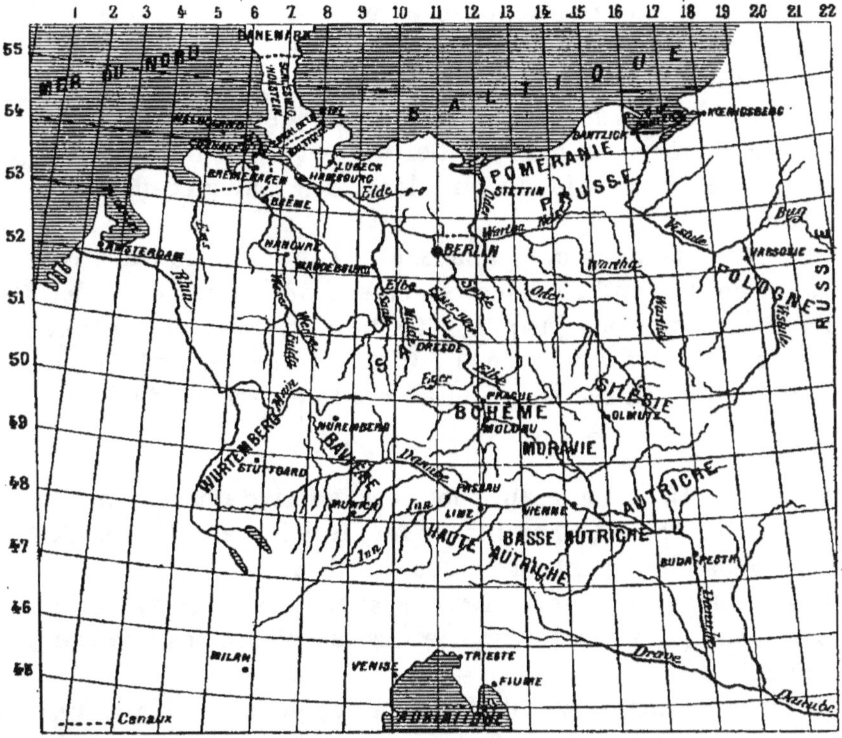

Fig. 171. — Zone d'action de Hambourg.

tanins. En retour, toute l'industrie de cette région envoie ses produits au grand port.

La partie de l'Allemagne comprise entre la rive droite du Main et le Haut Weser partage ses produits entre Brême et Hambourg. Le Hanovre, l'Oldembourg, la Thuringe, la Westphalie préfèrent le dernier à cause du plus grand nombre de lignes de navigation.

La Suisse envoie à Hambourg un grand nombre de marchandises, à destination des États-Unis, du Canada. Elles suivent le Rhin par Bâle et Mayence, puis se dirigent par chemin de fer vers l'Elbe.

Ainsi, c'est surtout le transit qui donne à Hambourg ses éléments de prospérité. On est arrivé à ce résultat par le réseau navigable et l'abaissement des tarifs de chemins de fer.

La navigation sur l'Elbe a été améliorée par des travaux de canalisation, dont la dépense a dépassé 150 millions de francs. Par la Saale, le fleuve est relié à la Thuringe, par le Havel avec le bassin de l'Oder.

Les rectifications de la Saale seules ont coûté plus de 7 millions. La Sprée, qui passe à Berlin, est également reliée à l'Oder par une voie où circulent des bateaux de fort tonnage.

Au développement des canaux et à l'amélioration des rivières, a correspondu un accroissement des dimensions des chalands qui portent jusqu'à 1200 tonnes. Les écluses ont généralement des dimensions doubles de celles usitées en France. C'est l'Elbe surtout qui alimente les trafics de Hambourg.

Voies ferrées. — Le grand port est aussi desservi par un excellent réseau de chemins de fer, qui le relie à Lubeck, Berlin, Magdebourg, et aux villes du Rhin.

Les tarifs de ces voies ferrées sont très avantageux et décroissent pour les transports des marchandises à grande distance.

Pour certaines parties de l'Allemagne pourtant, il y aurait avantage, au point de vue du transport, à se servir d'un autre port que Hambourg; mais une considération prime souvent toutes les autres. C'est que, pour l'armateur, les grands marchés ont une importance capitale. Là seulement, il est sûr de composer un chargement, chose fort difficile dans les petits ports, où il faut souvent attendre longtemps.

Les navires affluent donc volontiers dans les grands centres et ainsi s'explique la prospérité de Hambourg. Cette prospérité rejaillit d'ailleurs sur le pays lui-même, les frets pouvant être réduits, grâce à la rapidité des affaires, des chargements, etc.

Il y a donc un avantage très considérable à développer certains ports, au lieu de disséminer les efforts sur une foule de petites localités.

La flotte marchande de Hambourg s'est accrue durant les dernières années dans des proportions importantes.

Lignes régulières de Hambourg. — Les lignes régulières partant de Hambourg sont presque toutes allemandes. L'Angleterre n'y fait guère toucher que les bâtiments desservant l'Afrique du Sud, l'Afrique occidentale et le Brésil.

Les lignes allemandes sont :

La *Hambourg Amerika* : États-Unis, Antilles, Mexique, Extrême-Orient, Asie Mineure, Suède, Norvège, Hollande ;

La *Hambourg Südamenrikanische* : Amérique du Sud (Argentine, Uruguay, Brésil) ;

Le *Kosmos* : Chili, Pérou, San Francisco ;

La *Deutsche Levante* : Levant ;

La *Deutsch Australische* (Australie) ;

La *Woermann* : côte occidentale d'Afrique ;

La *Ost Afrika* : côte orientale d'Afrique.

Il existe 13 lignes de cabotage, 35 lignes sur l'Angleterre, 8 sur la Russie, 6 sur la Suède, 4 sur la Norvège, 3 sur le Danemarck, 7 sur l'Espagne et la Méditerranée.

Port de Gênes (*fig.* 172). — Le port de Gênes, rival de Marseille, a pris depuis quelques années un développement tel qu'on peut lui consacrer une monographie un peu détaillée.

Primitivement la baie de Gênes constituait un demi-cercle de 1 500 mètres de diamètre dont la superficie était d'environ 80 hectares.

Le premier môle de protection qui y ait été construit, est le *Vieux Môle* (1283). Successivement, on établit le *môle Neuf*, puis, durant ces dernières années, le *môle Gallicra* et le môle *Giano*.

Aujourd'hui, le port entier comprend l'avant-port de 100 hectares et le port intérieur de 94 hectares. Dans le premier, les profondeurs varient de 9 à 20 mètres, dans le second de 8 à 13 mètres, la majeure partie atteignant au moins 9 mètres.

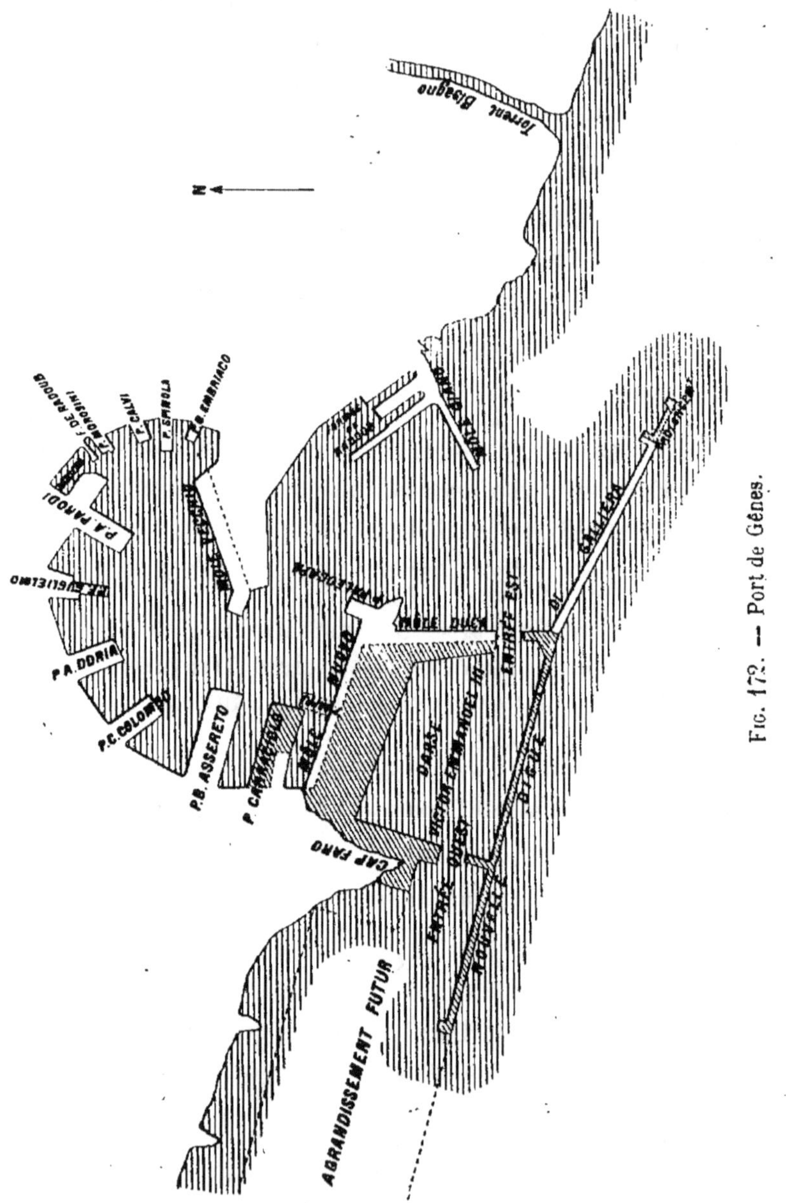

Fig. 172. — Port de Gênes.

Le total des murs de quai utilisés est de 8 300 mètres. Bien que les quais ne soient pas absolument spécialisés au point de vue du commerce, on peut dire qu'en général ceux de l'avant-port sont réservés au cabotage et ceux du vieux port aux marchandises diverses.

Le commerce des grains, pour lequel on a construit des bâtiments spéciaux, est concentré sur le quai de Limbania, le quai Parodi et le quai dolla Darsena.

Le quai Guglielmo est affecté au service des passagers, le pont Doria au mouvement des marchandises d'exportation, le quai Colombo aux textiles, le pont Carraciolo au bois et au fer.

La manutention du charbon est localisée sur les quais Sapri et Assereto ainsi que sur les quais du môle Neuf.

Les pétroliers s'amarrent au quai du Passo Nuovo, où se fait le dépôt des matières combustibles.

Le port de Gênes reçoit annuellement près de 500 navires dont le tonnage atteint près de 6 millions de tonnes.

Mais ce qui intéresse tout particulièrement, ce sont les projets d'agrandissement ; et, pour les exposer, on n'a qu'à suivre une brochure officielle du « Consorzio autonomo » du port. Les travaux suivants ont été approuvés par le Conseil supérieur des Travaux publics d'Italie, en 1902.

Ils comprennent :

1° La formation d'une nouvelle darse, extérieure à l'ancienne conquise sur la mer et qui portera le nom de Victor-Emmanuel III.

Elle est comprise entre le cap Faro et le premier môle Galliera et sera défendue au large par une digue qui se détachera du coude formé par les deux bras de ce môle et s'avançant vers Sampierdarena, à l'Ouest, sur une longueur de 1 700 mètres. Cette darse sera mise en communication avec Sampierdarena par une rue qui côtoiera le rivage ;

2° L'agrandissement du pont Carraciolo (qui entraînera la démolition du pont Sapri), le prolongement du quai Gerolamo Boccardo et la construction d'un quai au sud du Vieux Môle ;

3° Le prolongement du môle Galliera sur 200 mètres.

La superficie de la darse Victor-Emmanuel III sera de 39 hectares, avec des profondeurs variant de 12 à 25 mètres. On y entrera par une coupure de 100 mètres de largeur pratiquée dans le môle Galliera.

Le môle qui, partant du cap Faro, fermera la darse à
l'Ouest laissera de même une coupure de 100 mètres protégée par la digue extérieure, qui dépasse le môle Ouest de
700 mètres environ.

Le passage, dans l'avenir, mettra la darse Victor-Emmanuel III en communication avec une autre prévue à l'Ouest;
en attendant, elle permettra, en beau temps, l'entrée des
navires de ce côté et elle assurera le renouvellement de l'eau
de la darse.

Le développement des quais utiles de celle-ci sera de
1 350 mètres. Les quais pourront être accostés sur une hauteur de 11 mètres.

Cette darse sera affectée au commerce du charbon.

On avait songé à développer l'utilisation de l'ancienne
baie, en y multipliant les ponts d'accostage, le long desquels
les navires se seraient alignés; mais une telle conception est
irréalisable.

Il faut réserver une place pour les navires qui attendent
leur tour d'entrée à la forme de radoub, à ceux qui font du
lest, qui sont désarmés ou sous séquestre, qui cherchent du
fret, pour les allèges, etc.

Ces divers bâtiments exigent une vaste étendue d'eau tranquille; aussi considère-t-on la baie actuelle comme ayant
donné le maximum de son rendement. D'où la nécessité de
la nouvelle darse.

Puissance commerciale du port de Gênes. — Les derniers
travaux d'agrandissement du port de Gênes ont été projetés
d'après les considérations suivantes :

La nouvelle darse Victor-Emmanuel III est réservée aux
seuls charbonniers, qui pourront accoster le long de quais
offrant 1 350 mètres de développement, divisés en trois
tronçons rectilignes mesurant 350, 680 et 320 mètres de
longueur.

Il pourra y aborder 8 navires de 150 mètres de longueur. On
compte sur un rendement de 3 000 tonnes au mètre, ce qui
permettra le débarquement de 4 millions de tonnes de
charbon.

L'ancienne darse offre les 6 500 mètres de quai actuels

qui, desservis par des voies ferrées avec plaques tournantes, ne peuvent rendre que 600 tonnes au mètre et les 2 400 mètres de quai en projet ; ceux-là, où les voies ferrées arriveront par des aiguillages, pourront servir, par mètre, à la manutention de 1 000 tonnes annuellement.

L'ensemble pourra fournir un trafic de plus de 6 millions de tonnes, et le total sera de 10 millions de tonnes, trafic qu'on n'espère pas atteindre avant 1920.

Développement du port de Gênes (graphique page 24). — En 1874, quatre années après la constitution du royaume d'Italie, le mouvement commercial de Gênes n'atteignait que 1 700 000 tonnes. Il était en 1903 de 5 650 000 tonnes, ce qui met Gênes au septième rang des ports européens.

Le développement est surtout accentué depuis 1882, après les grands travaux exécutés au port ; l'accroissement s'est ensuite uniformément continué, avec une progression annuelle de 175 000 tonnes, sauf deux exceptions : une maxima dans la période 1889-1891, due à une importation exceptionnelle de riz, l'autre minima, en 1891-1894, à cause de la crise commerciale traversée par l'Italie.

Gênes, comme Hambourg, est surtout un port d'importation. Ainsi, en 1903, 86 0/0 du mouvement total provenant de l'importation des marchandises suivantes :

Charbons.....................	2 493 971	tonnes
Grains	716 986	—
Cotons	634 116	—
Vins nationaux	35 705	—
— étrangers.............	22 039	—
Divers	1 495 895	—
TOTAL	5 398 712	tonnes

Cette importation est destinée à l'hinterland de Gênes, où sont installées de nombreuses fabriques.

Le nombre des navires entrés a baissé de 7 336 à 6 335 ; mais le tonnage moyen a passé de 212 à 906 tonneaux, par suite de la diminution du nombre des voiliers, qui n'est plus que de 36 0/0 du nombre total des bâtiments, au lieu de 75 0/0.

Réglementation du travail. — Parmi les principales réformes immédiatement entreprises par le Consorzio, il faut citer son programme de réglementation du travail, qui peut se résumer ainsi :

1° Limiter le nombre des ouvriers aux strictes exigences du commerce, afin d'éviter le retour des troubles produits par la surabondance des bras et le chômage ;

2° Inscrire sur une liste de roulement du travail les ouvriers admis d'une façon fixe à travailler sur le port ;

3° Imposer des conditions d'âge, d'aptitude et de moralité pour cette inscription ;

4° Organiser les ouvriers en associations ayant pour but unique la prévoyance et la mutualité ;

5° Institution d'un conseil arbitral pour régler les différends entre le capital et le travail ;

6° Appliquer un tarif et un horaire officiels du travail ;

7° Assurer le commerce de la bonne exécution du travail des ouvriers.

Cependant le Consorzio n'a pas cru devoir prendre pour lui-même l'entreprise du travail.

Projets d'extension du port du Havre. — Un programme, arrêté en 1895, comprenait la création, au moyen de deux môles convergents, d'un avant-port de 70 hectares de superficie, auquel donne accès une passe de 300 mètres.

Un quai de marée, établi sur l'enracinement du môle Sud, aura 500 mètres de longueur et 9 mètres d'eau à son pied. Le terre-plein de ce quai sera pourvu de vastes installations, très perfectionnées, pour le service des voyageurs.

L'avant-port sera réuni au bassin de l'Eure par une écluse de 214 mètres de longueur utile et 30 mètres de largeur entre les bajoyers. Le seuil est établi à la cote — $4^m,50$. Le *Mauretania* et le *Lusitania* ont déjà, on le sait, 240 mètres de longueur ; mais ils pourraient, en tous cas, entrer au plein avec toutes les portes ouvertes.

Les autres améliorations apportées à l'état actuel com-

portent l'utilisation de 1 000 mètres du quai Sud du bassin
fluvial du canal de Tancarville, où les navires ne calant pas
plus de 6 mètres peuvent déjà opérer; mais le Havre a
besoin absolument de nouveaux quais, et l'on compte construire un pertuis à sas entre le bassin Bellot et le canal,
draguer celui-ci à 8^m,30 et utiliser également le quai du Nord.

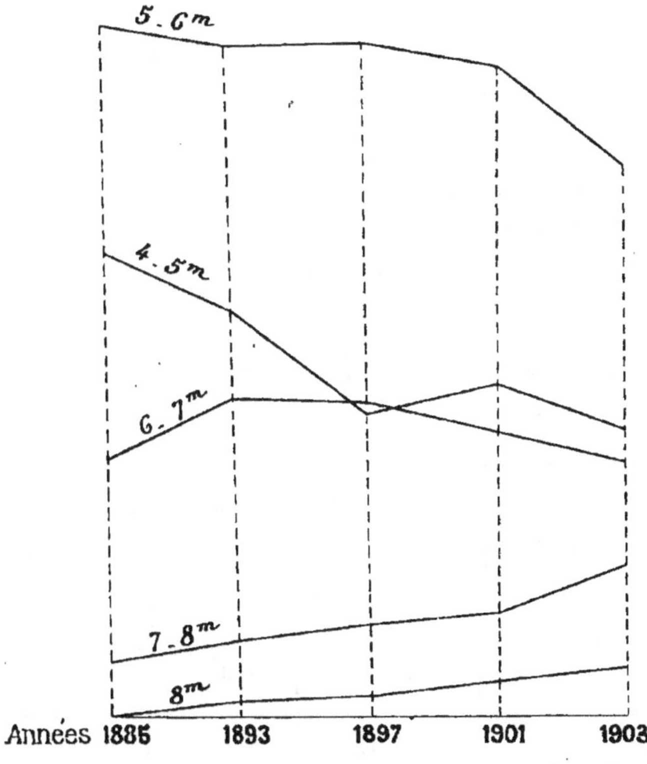

Fig. 173. — Tonnage moyen et tirant d'eau des navires au Havre.

De même, l'entrée du bassin Dock doit être élargie et approfondie, afin d'y permettre l'entrée des grands cargo-boats.

Enfin, on a songé à l'avenir. Les futurs bassins à construire
au Havre seraient conquis dans l'estuaire, au sud du bassin
Bellot.

Aussi, à la jonction du môle Sud avec le quai de marée, a-
t-on prévu une portion, désignée sous le nom de *batardeau*,
et qui n'est construite qu'en matériaux facilement dragables

plus tard et se composant principalement des déblais entassés de l'avant-port.

La longueur du batardeau est de 350 mètres; lorsqu'on aura construit les nouveaux établissements de l'estuaire, on enlèvera cette clôture provisoire et, derrière, l'avant-port se trouvera prolongé sur une longueur variant de 300 à 500 mètres avec 300 mètres de largeur.

Une écluse, dont la longueur totale sera de 400 mètres, donnera accès aux nouveaux bassins, dont le nombre ne sera pas limité, qui se construiront à mesure des besoins. Ils seront réunis par un passage de 200 mètres de largeur sur lequel ils seront inclinés.

La passe d'accès à l'avant-port consiste en un chenal de 300 mètres de longueur. On en avait prévu le dragage à la cote — $4^m,50$; mais il sera poussé jusqu'à la cote — 9 mètres et pourra alors donner passage, quel que soit l'état de la marée, à presque tous les navires actuels.

TONNAGE MOYEN ET TIRANT D'EAU DES NAVIRES

AYANT FRÉQUENTÉ LE PORT DU HAVRE

ANNÉES	CATÉGORIE de NAVIGATION	TONNAGE MOYEN PAR NAVIRE		NOMBRE DE NAVIRES AYANT UN TIRANT D'EAU DE				
		moyenne par catégorie de navigation	moyenne générale	8^m et plus	7 à 8^m	6 à 7^m	5 à 6^m	4 à 5^m
		tonneaux	tonneaux					
1885	Long cours. Cabotage ..	1 131 596	751	3	87	412	1 123	738
1893	Long cours. Cabotage .	1 306 691	875	25	127	513	1 093	652
1897	Long cours. Cabotage ..	1 511 735	934	33	148	505	1 090	493
1901	Long cours. Cabotage ..	1 651 828	999	55	168	460	1 005	532
1905	Long cours. Cabotage ..	2 050 896	1 200	75	246	412	893	463

Ce tableau montre l'accroissement régulier du tonnage, que représentent les courbes de la figure 173. Ces courbes montrent que le tonnage augmente presque suivant une forme linéaire. On peut donc admettre que, dans vingt ans, le tonnage moyen pour le long cours sera de près de 4 000 tonneaux.

Le graphique indique en outre comment les grands tirants d'eau augmentent, tandis que les faibles diminuent. Mais on ne saurait en déduire un accroissement indéfini, car la profondeur des ports limitera toujours le tirant d'eau à un certain chiffre.

Port de Southampton. — Le port de Southampton peut être cité comme un modèle, et son importance grandit chaque jour.

Il ne possédait que deux bassins : l'un de marée (*Outer dock*) avec 6 hectares et demi, l'autre à flot (*Inner dock*) avec 4 hectares, quand il devint la propriété du *London and South Western Railway Company*.

Un nouveau bassin de marée, de 7 hectares et demi, l'*Empress dock*, fut bientôt ouvert avec une profondeur minima de 8 mètres aux basses eaux. C'est le seul bassin d'Angleterre qui puisse être atteint de jour et de nuit à tout état de marée.

Le chenal d'accès de la mer aux bassins présente une profondeur minima de 9 mètres.

Southampton forme une presqu'île bordée par les rivières Itchen et Test. Les quais, le long de ces rivières, servent également aux manutentions. Sur l'Itchen, ils se développent sur une longueur de 750 mètres et offrent 8^m,50 d'eau à leur pied. Sur la Test, 460 mètres de quais reçoivent les plus gros navires, qui y trouvent 9^m,75 de profondeur.

Ces quais sont pourvus de magasins à deux étages, parfaitement outillés à l'eau sous pression ou à l'électricité.

Partout, des hangars commodes peuvent recevoir les marchandises les plus variées, et les caves pour les vins sont les mieux installées de l'Angleterre. Les hangars à bois occupent une superficie de près de 2 hectares.

Un petit bassin spécial a été construit pour recevoir des

allèges destinées au chargement du charbon. Elles contiennent 14.000 tonnes et peuvent être dirigées simultanément sur le navire à charger.

Cinq bassins de radoub servent à la réparation des navires; le dernier construit a 265 mètres de longueur.

Les dépenses effectuées par la Compagnie du chemin de fer s'élèvent à environ 80 millions de francs.

En dix années (1893-1903), le tonnage net des navires entrés a passé de 1 400 000 à 3 700 000 tonneaux, le nombre des passagers embarqués ou débarqués de 140 000 à 326 000.

Agrandissement du port de Dunkerque. — Dunkerque dont le plan est indiqué sur la figure 448 du tome II comporte un projet d'agrandissement.

Un avant-port sera délimité par deux môles convergents, laissant entre eux une passe de 200 mètres. L'avant-port sera creusé de façon à avoir 8 mètres de profondeur.

Il est évident que ce projet, ne devant être exécuté que dans quelques années, subira des modifications. La profondeur de 8 mètres est insuffisante. Un faible prolongement des môles porterait les musoirs dans les fonds de 11 à 12 mètres, et répondrait ainsi aux nécessités de l'avenir. La direction de la passe, directement vers le large, semble aussi plus avantageuse.

Il n'y a pas lieu d'insister.

L'amélioration du port de Dunkerque serait utilement complétée — on peut dire nécessairement — par la création du canal du Nord-Est, qui rendrait au grand port du Nord une grande partie du fret français qui se dirige aujourd'hui vers Anvers.

Peu de villes sont aussi bien placées que Dunkerque pour atteindre un développement commercial et industriel considérable : situation géographique prépondérante, port excellent, outillage des plus modernes, voies de transport par fer et par eau, maisons de commerce nombreuses et expertes, larges services financiers; cependant, alors que les centres étrangers voisins procèdent par de véritables bonds en avant, son mouvement ne s'accroît que par des étapes trop modestes.

« Cet état de choses… tient à ce que les capitaux sont intimidés, les initiatives sont paralysées par les conflits trop fréquents entre le capital et le travail, et aussi par la crainte de nouveaux impôts de superposition.

« Les capitaux, au lieu de rechercher des emplois industriels et commerciaux, restent dans l'attente ; et une conséquence bien directe de cette atonie est la pléthore d'argent disponible placé à des taux dérisoires dans les banques de dépôt. Cette accumulation de valeurs improductives devient tous les jours plus anormale, et cette situation ne ferait que s'aggraver si elle n'était atténuée par des achats nombreux de titres, trop souvent, malheureusement, de titres étrangers. » (Ch. de Comm. de Dunkerque, rapport de 1904.)

Canal du Nord-Est. — Ce canal, partant de l'Escaut, près de Denain, aboutirait à la Meuse, près de Mézières ; et repartant de la Meuse canalisée, à Reuilly près de Sedan, elle aboutirait à un point très voisin de la frontière luxembourgeoise.

Le premier tronçon aurait 154 et le second 90 kilomètres, en tout 244 kilomètres de longueur.

Dunkerque serait, de cette façon, mis en communication directe avec le bassin minier de Longwy, aujourd'hui tributaire d'Anvers.

La dépense totale serait de 131 millions.

Heysham (*fig.* 174). — La compagnie du Midland Railway a récemment établi à Heysham, au Nord de Liverpool, un port destiné au trafic de la côte, mais spécialement au service entre l'Angleterre et le nord de l'Irlande, par Belfast et l'île de Man. Le port est relié directement à la ligne principale de chemin de fer.

Le port se compose d'un grand bassin de marée rectangulaire de 50 hectares de superficie. La profondeur minima, en basse mer, est de 5^m,20, de sorte que les paquebots peuvent, à toute phase de la marée, atteindre ou quitter le port. Les approches sont très profondes, 12 mètres environ.

Le quai du Nord, l'un des grands côtés du rectangle, pos-

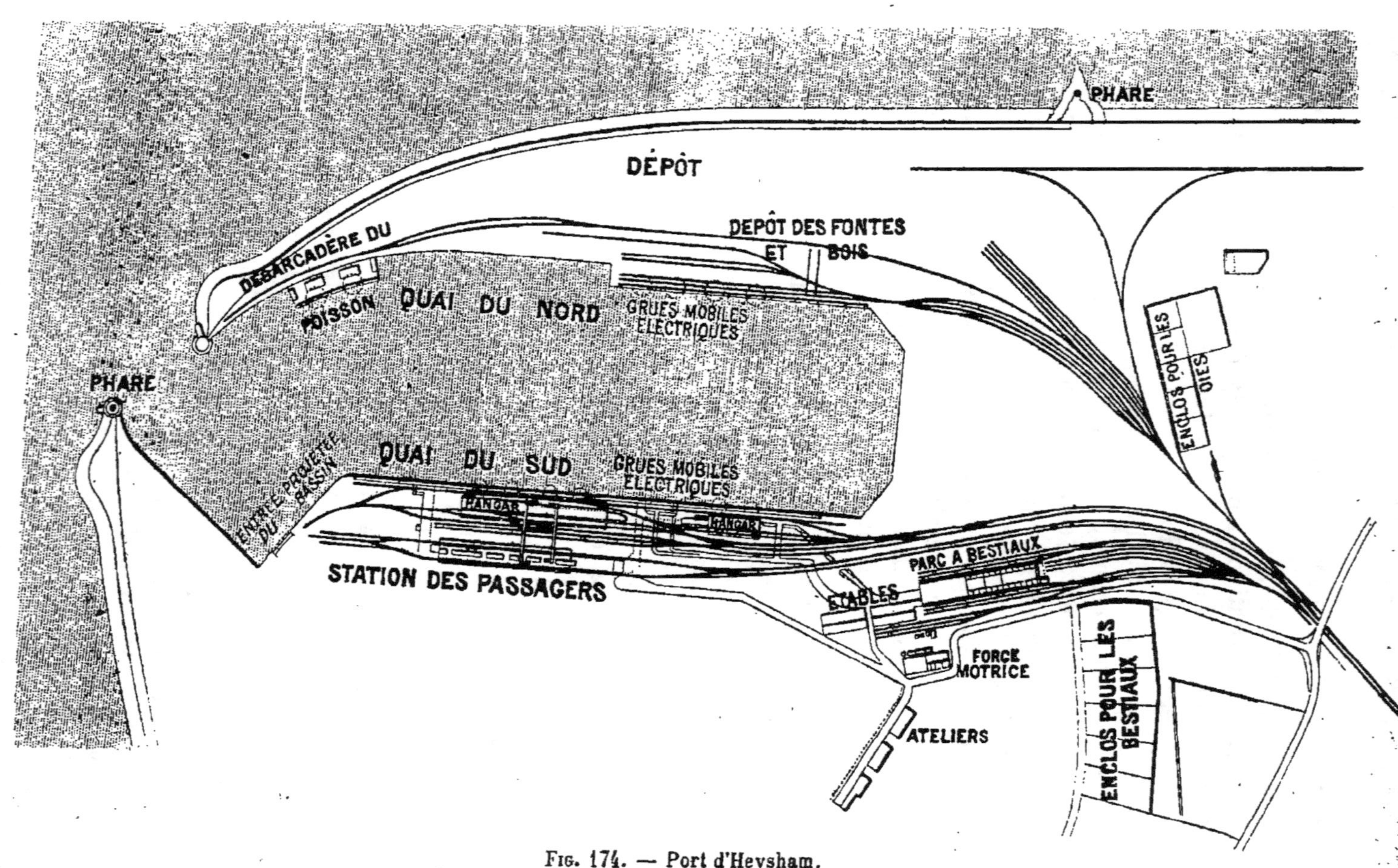

Fig. 174. — Port d'Heysham.

sède, près de l'entrée, un quai spécial pour le poisson ; et au fond du bassin, un quai destiné à la manutention du bois de construction, de la fonte, etc.

Le quai du Sud est consacré au service des passagers, des marchandises générales et des bestiaux.

Les trains de voyageurs arrivent directement au port, un réseau de voies ferrées très bien entendu, des hangars, etc., permettent un travail rapide.

Tout autour des bassins sont des parcs, des enclos pour les bestiaux, la volaille, etc.

Les grues, les cabestans sont électriques.

On a ménagé au Sud du bassin l'entrée d'un futur bassin, qui sera construit à sec, quand le développement du port l'exigera.

Port de Boulogne. — Le môle Carnot qui abrite le port en eau profonde a rendu l'accès du port de Boulogne complètement sûr ; d'autre part l'entrée du chenal entre les jetées est devenu possible depuis son approfondissement.

Aussi dès 1893, le port de Boulogne a-t-il vu son importance augmenter considérablement, et il a, durant ces dernières années, plus que doublé.

Ce n'est pas seulement parce que Boulogne est le premier port de pêche du continent.

La valeur des produits pêchés dépasse : vingt millions (1903).

Le service des voyageurs entre Boulogne et l'Angleterre a également augmenté dans de notables proportions : 111.176 en 1893, et 218.637 en 1902.

Mais Boulogne est surtout le port d'exportation sur l'Angleterre des produits de nos fermes, des légumes, fruits et fleurs de la côte méditerranéenne, ce port étant toujours accessible.

A certains jours du mois d'août, il arrive à Boulogne sept ou huit trains apportant jusqu'à 60.000 paniers de fruits réexpédiés le jour même. Le nombre des colis manufacturés n'est pas moindre de 6 à 7 millions par an, et le rendement du mètre de quai s'élève à près de 1 000 tonnes.

Malheureusement la place manque le long des quais.

Le tableau ci-dessous mentionne les progrès accomplis de 1893 à 1902.

ENTRÉES ET SORTIES	1893	1902	POURCENTAGE EN 1902
Nombre de navires de commerce.	5 082	5 612	10,43 0/0
Tonnage de ces navires	1 594 391	3 438 388	115,65 0/0
Nombre de bateaux de pêche....	32 714	33 354	2,07 0/0
Tonnage de ces bateaux........	1 006 628	1 158 646	15,10 0/0
Produit de la pêche............	14 141 700	21 190 788	49,84 0/0
Nombre de voyageurs..........	111 176	218 637	95,59 0/0
Péages......................	343 155	600 499	75,28 0/0

Nantes. — La preuve que la vie peut être donnée et même rendue à un centre commercial, par des perfectionnements intelligents, est fournie par Nantes. Après un lent déclin, cette grande ville s'est relevée durant ces dernières années et est même le port qui, proportionnellement, a le plus prospéré.

Son tonnage, de 354 000 tonnes en 1890, a passé à 1 176 000 en 1899 ; l'augmentation a donc été de 232 0/0. Ce résultat est dû à la construction du canal maritime de la Martinière au Carnet qui permet le passage des navires calant 5^m,50. En donnant une plus grande profondeur à ce canal ou à la Loire, on augmenterait encore la prospérité de Nantes.

Port d'Anvers. — Anvers est situé sur l'Escaut, à 88 kilomètres de la mer. Le port comprend deux parties :

1° Une longueur de 5 500 mètres de quais, le long de l'Escaut, avec mouillage, au pied des murs, de 8 mètres à marée basse (L'amplitude de la marée est de 4^m,20).

Ces quais sont réservés aux vapeurs appartenant à des services réguliers et aux navires de grand tirant d'eau. Ils sont dotés, sur toute leur longueur, de hangars métalliques et de 98 grues hydrauliques à portique, de 1 500 et 2 000 kilogrammes de puissance ;

2° Huit bassins maritimes, à flot, dont le niveau est maintenu à 0^m,30 au-dessous du niveau de marée haute, savoir :

DÉSIGNATION DES BASSINS	LONGUEUR	LARGEUR	SURFACE	SURFACE DES TERRE-PLEINS	PROFONDEUR
	m.	m.	m²	m²	m.
Bassin Bonaparte (ancien Petit Bassin).	150	170	25 500	10 000	6,60
— Guillaume (ancien Grand Bassin)	380	150	57 000	15 000	6,60
— du Kattendijk	960	140	134 400	13 000	7,10
— au Bois	520	150	78 000	28 000	8,38
— de la Campine	350	160	56 000	59 000	8,38
— Asia	610	100	61 000	64 000	8,38
— Lefebvre	»	»	129 000	84 000	9,10
— America	»	»	67 500	73 000	9,10

Le bassin Bonaparte communique avec l'Escaut, d'une part, avec le bassin Guillaume, de l'autre, par des écluses. Celle de l'Escaut a 18 mètres de largeur. Le bassin du Kattendijk communique avec le fleuve par une écluse à sas de 24 mètres de largeur. Des écluses réunissent ce bassin avec ceux de Lefebvre et Guillaume.

Dans le bassin du Kattendijk, débouche le bassin au Bois entouré de hangars pour dépôts provisoires, et celui-ci communique avec le bassin de la Campine, réservé aux minerais et au charbon et avec le bassin Asia (bois et minerais).

Le bassin Lefebvre reçoit les bois d'ébénisterie et les grains qui sont emmagasinés dans un bâtiment à silos de 2 500 mètres carrés de superficie et contenant 350 000 hectolitres.

Le bassin America d'abord réservé au pétrole, est maintenant affecté au trafic général.

L'outillage des bassins comporte 103 grues hydrauliques mobiles et d'autres de grande puissance.

Le bassin Lefebvre sera bientôt mis en communication avec l'Escaut par une nouvelle écluse de 180 mètres de longueur utile, 22 mètres de largeur, avec le seuil à la cote — 6^m,50.

Un chenal de 50 mètres de largeur avec écluse réunit le

bassin Lefebvre à deux nouveaux bassins, qui seront bientôt terminés et qui ont reçu le nom de « bassins intercalaires » leur surface sera de 28 hectares, avec 70 hectares de terre-pleins.

Ces bassins et le bassin Lefebvre recevront les navires de 9 mètres de tirant d'eau.

Le pétrole est maintenant débarqué au moyen d'un ap-

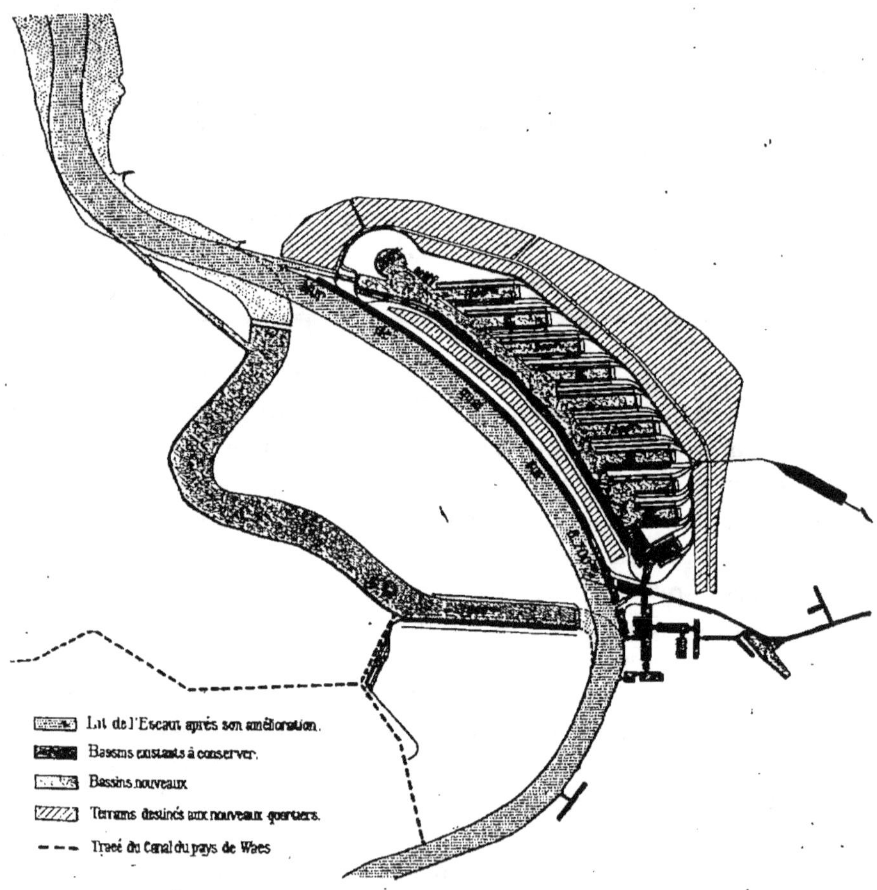

Fig. 175. — Agrandissement du port d'Anvers.

pontement établi sur l'Escaut tout à fait en amont du quai du fleuve. Cet appontement, de 330 mètres de longueur, peut être accosté par trois navires, et le pétrole est refoulé par des conduites dans les réservoirs construits au milieu du polder qui avoisine l'Escaut.

Il suffit de citer les trois bassins peu étendus situés en amont et qui servent à la petite navigation.

Dans l'état actuel, les navires de mer disposent d'une longueur de quais de 19 000 mètres environ.

Mais déjà l'on prévoit que cette longueur sera insuffisante dans quelques années et, dès lors, l'Etat belge va bientôt commencer des travaux gigantesques.

Le nouveau projet comprend deux parties :

Le cours de l'Escaut, très tortueux depuis Lillo jusqu'à l'ouvert de l'écluse du Kattendijk, serait régularisé et remplacé par un canal formant une grande courbe conique, à profondeur régulière. C'est le projet connu sous le nom de « la Grande Coupure ».

L'ancien lit de l'Escaut, isolé du canal nouveau par deux batardeaux, serait d'ailleurs conservé et deviendrait un immense bassin à flot auquel on accéderait par une écluse débouchant près de l'ancien port de Liefkenshoek, presque en face de Lillo.

Le canal de la Grande Coupure nécessiterait la disparition du bassin America et d'une partie du bassin Lefebvre.

L'établissement du nouveau canal a donné lieu à de longues discussions et à des critiques dont l'une domine toutes les autres.

Il y aura, lors de l'ouverture du nouveau canal, un instant critique. On ne pourra, en un moment, abattre la barrière qui sépare le canal de la partie amont du fleuve, ni établir le bâtardeau qui isolera la portion sacrifiée du fleuve.

Pendant ce temps la navigation serait suspendue, ce qui donnerait lieu à de nombreux inconvénients.

Aussi l'ingénieur de la Ville, M. Royers, ingénieur en chef du port, préférerait-il améliorer le lit actuel et construire un long canal relié, à l'amont et l'aval, à l'Escaut par une écluse. Perpendiculairement au canal, il établirait douze bassins, disposés en rues, servant à l'extension du port.

Des deux conceptions est sortie une solution mixte (*fig.* 175).

La Grande Coupure est conservée ; mais latéralement un canal, ne portant qu'une écluse en aval, va en amont se réunir à l'un des bassins intercalaires.

Neuf bassins obliques déboucheront dans ce canal et seront construits au fur et à mesure des besoins.

Le canal éclusé sera construit tout d'abord et les travaux vont bientôt commencer. Les navires passeront par là durant la période critique qui a été signalée, et ils pourront, en traversant les bassins intercalaires et le bassin Lefebvre, aller prendre leur place dans l'Escaut.

On pense bien que les ingénieurs qui ont proposé ce projet se sont rendu compte des inconvénients de ce passage à travers les bassins. Mais ils espèrent que le régime transitoire durera peu de temps, ce qui est probable d'ailleurs.

ANVERS. — LONGUEUR DES MURS DE QUAI ET PERRÉS

SUR L'ESCAUT	SUR LES BASSINS	
	I. Situation actuelle	
mètres		mètres
5500	Bassins maritimes......................	10921
	— de batelage......................	2660
	Ensemble.............	13581

TOTAL : 19081 mètres

II. Situation après l'achèvement des bassins intercalaires et de la nouvelle écluse

SUR L'ESCAUT	SUR LES BASSINS		
mètres			mètres
	Bassins maritimes existants...............		10921
	Réduction du bassin Lefebvre.............		320
5500	Reste..................		10601
	Bassins maritimes nouveaux.............		3000
	Total.................		13601
	Bassins de batelage......................		2660
	Ensemble.............		16261

TOTAL : 21761 mètres

III. Situation définitive

SUR L'ESCAUT	SUR LES BASSINS		
mètres			mètres
	Bassins maritimes (situation II)............		13601
	Suppression du bassin America......	1545	1855
	Nouvelle réduction du bassin Lefebvre	310	
Existants . 5500	Reste..................		11746
Nouveaux . 8600	Bassins maritimes nouveaux.............		30660
Ensemble. 14100	Total.................		42406
	Bassins de batelage existants........	2660	4860
	— — nouveaux.......	2200	
	Ensemble.............		47266

TOTAL GÉNÉRAL : **61366** mètres

ANVERS. — SURFACES D'EAU

CORRESPONDANTES AUX QUAIS DE L'ESCAUT A RAISON DE 150 MÈTRES CARRÉS PAR MÈTRE COURANT	DES BASSINS		SUPERFICIE DES HANGARS
	I. Situation actuelle	hectares	hectares
hectares	Bassins maritimes..................	62,61	
82,50	— de batelage................	5,79	37,5146
	Ensemble......	68,40	
	Total : 150ʰᵃ,90		
	II. Situation après l'achèvement des bassins intercalaires et de la nouvelle écluse	hectares	hectares
hectares	Bassins maritimes existants........	62,61	
	Réduction du bassin Lefebvre......	3,325	
	Reste..........	59,285	
82,50	Bassins maritimes nouveaux.......	27,868	56,9546
	Total..........	87,153	
	Bassins de batelage..............	5,790	
	Ensemble......	92,943	
	Total : 175ʰᵃ,443		
	III. Situation définitive	hectares	hectares
hectares	Bassins maritimes établis..........	87,153	
	Suppression du bassin America... 8,750	8,235	
Existantes. 82,50	Réduction du bassin Lefebvre 1,485		
Nouvelles . 129 »	Reste..........	78,918	
Ensemble . 211,50	Bassins maritimes nouveaux......	391,960	337,674
	Total des bassins maritimes.	470,878	
	Bassins de batelage existants 5,79	22,290	
	— — nouveaux 16,50		
	Ensemble......	493,168	
	Total général : 704ʰᵃ,668		

Il faut y joindre le bassin de 590 hectares, formé par le bras désaffecté de l'Escaut, où les navires pourront également opérer.

CHAPITRE XVI

RÈGLEMENTS

RÉGLEMENT GÉNÉRAL POUR LA POLICE MARITIME DES PORTS DE COMMERCE

CHAPITRE I

MOUVEMENT ET STATIONNEMENT DES NAVIRES [1]

ARTICLE PREMIER. — Tout navire, lorsqu'il entre dans le port et lorsqu'il en sort, arbore le pavillon de sa nation.

ART. 2. — Les officiers et maîtres de port règlent l'ordre d'entrée et de sortie des navires dans le port et dans les bassins. Ils ordonnent et dirigent tous les mouvements. Les capitaines, maîtres et patrons de navires doivent obéir à toutes leurs injonctions, et prendre d'eux-mêmes, dans les manœuvres qu'ils effectuent, les mesures nécessaires pour prévenir les accidents.

ART. 3. — Tout capitaine entrant dans le port doit, dans les vingt-quatre heures, remettre au bureau des officiers du port une déclaration écrite, indiquant le nom de son navire, celui du capitaine, celui de l'armateur ou du consignataire, le tonnage du navire, son tirant d'eau, son genre de navigation, la nature de son chargement, sa provenance, sa destination et le nombre d'hommes de son équipage. La même déclaration doit être faite avant la sortie.

Ces déclarations remises par le capitaine sont inscrites,

1. *Règlement du port de Bayonne* (ordonnance d'août 1681, loi des 16-26 août 1790, loi des 2-17 mars 1791, décret du 15 juillet 1854, loi du 19 mai 1902, décret du 18 août 1810, décret du 16 décembre 1811, décret du 10 avril 1812, loi du 23 mars 1842, article 538 du Code civil, titre IV du Code pénal(.

dans l'ordre de leur présentation, sur un registre spécial où elles reçoivent un numéro d'ordre.

ART. 4. — Sauf les cas de nécessité absolue, aucune ancre ne doit être mouillée dans la passe des navires.

ART. 5. — Dans les ports où il y a des bassins à flot, un pavillon blanc encadré de bleu, hissé à l'entrée du port, annonce que ces bassins sont ouverts.

Les officiers de port donnent les ordres nécessaires pour la manœuvre des portes et des ponts. Ils assistent autant que possible à l'entrée des navires dans les bassins et à leur sortie.

Ils peuvent interdire l'ouverture des portes par gros temps.

A moins d'inconvénients graves, ils les font ouvrir, même avant le lever ou après le coucher du soleil, lorsque l'heure de la marée et l'intérêt de la navigation l'exigent.

Lorsqu'un navire entre dans un bassin, le capitaine ou son second doit toujours être à son bord.

ART. 6. — Les officiers de port fixent la place que chaque navire doit occuper à quai, suivant son tirant d'eau et la nature de son chargement, et conformément aux usages du port. Ils suivent pour cela l'ordre des inscriptions prescrites ci-dessus par l'article 3. Toutefois, ils sont juges des circonstances qui peuvent motiver une dérogation à cette règle.

ART. 7. — Les navires ne peuvent être amarrés qu'aux boucles, pieux, bornes ou canons placés sur les quais pour cet objet.

ART. 8. — Le capitaine d'un navire ne peut se refuser à recevoir une aussière ni à larguer ses amarres pour faciliter les mouvements des autres navires.

ART. 9. — Tout navire amarré dans le port doit avoir un gardien à bord. S'il devient nécessaire de faire une manœuvre et qu'il ne se trouve pas sur le navire assez d'hommes pour l'exécuter, les officiers de port leur adjoignent le nombre d'hommes de corvée qu'ils jugent nécessaire. Le salaire de ces hommes est payé par le capitaine, l'armateur, le consignataire ou le propriétaire du navire, d'après un rôle dressé par les officiers et rendu exécutoire par le préfet.

ART. 10. — En cas de nécessité, tout capitaine ou gardien doit doubler les amarres et prendre toutes les précautions qui lui sont prescrites par les officiers du port.

ART. 11. — Dans les ports où il y a des écluses de chasse,

toutes les fois que ces écluses doivent jouer, cette opération est annoncée pendant la pleine mer précédente au moyen d'un pavillon bleu hissé sur les écluses. Les capitaines doivent alors prendre les dispositions nécessaires pour préserver leurs navires des avaries que les chasses pourraient leur causer.

CHAPITRE II

CHARGEMENT ET DÉCHARGEMENT

ART. 12. — Dans chaque port, le temps accordé pour le chargement et le déchargement des navires, suivant leur tonnage, est fixé par un arrêté du préfet, pris sur l'avis de la Chambre de Commerce. Les délais commencent à courir le lendemain du jour de la mise à quai.

On y ajoute vingt-quatre heures, lorsque le navire a besoin de prendre du lest pour se tenir debout.

Les officiers de port sont juges des circonstances exceptionnelles qui peuvent motiver une prolongation.

ART. 13. — Le navire est relevé à l'expiration du délai fixé pour le déchargement et le chargement, ou même plus tôt, si ces opérations sont terminées avant que le délai soit expiré.

Les marchandises déchargées doivent être enlevées au fur et à mesure qu'elles ont subi la vérification de la douane, et au plus tard, vingt-quatre heures après cette vérification. Si elles sont laissées plus longtemps sur le quai, les officiers de port constatent le fait par un procès-verbal, et après en avoir donné avis au capitaine ou au consignataire du navire, font transporter d'office ces marchandises au lieu de dépôt désigné pour cet objet. Elles ne peuvent plus ensuite en être retirées qu'après le paiement, par les intéressés, du prix du transport, du droit de magasinage et de tous les frais accessoires.

CHAPITRE III

LESTAGE ET DÉLESTAGE

ART. 14. — Nul ne peut embarquer ou débarquer du lest sans en avoir fait la déclaration, vingt-quatre heures à l'avance, aux officiers du port.

Art. 15. — Les officiers de port désignent, conformément aux indications des ingénieurs des ponts et chaussées, les terrains dépendant du port sur lesquels le lest peut être déposé.

Tout capitaine qui veut faire porter du lest aux lieux de dépôt désignés par l'administration, ou en prendre dans ces mêmes dépôts, doit en faire la déclaration par écrit, au bureau des officiers de port.

Les déclarations doivent indiquer d'une manière précise les noms du navire, du capitaine, de l'armateur ou du consignataire, la place occupée par le bâtiment, la quantité, l'espèce et la qualité du lest.

Ces déclarations sont inscrites dans le bureau des officiers du port, sur un registre spécial ; les autorisations sont accordées suivant l'ordre des demandes, à moins de circonstances exceptionnelles, dont les officiers de port sont seuls juges.

Art. 16. — Il est interdit à tout capitaine de faire charger du lest à son bord, quelle qu'en soit la provenance, même celui qui vient de son propre navire et qui a été déposé provisoirement sur le quai, avant que les officiers de port se soient assurés que ce lest ne contient aucune matière insalubre.

Sont exceptés de cette disposition le lest en fer et les pierres connues sous le nom d'*iron stones* ou pierres de fer.

Art. 17. — Il est défendu de travailler au lestage ou au délestage pendant la nuit, à moins d'une autorisation spéciale des officiers de port.

CHAPITRE IV

PRÉCAUTIONS CONTRE LES INCENDIES

Art. 18. — Il est défendu d'allumer du feu sur les quais dans un espace de 10 mètres à partir du couronnement et, à cette même distance, des tentes ou des dépôts de marchandises, et d'y avoir de la lumière autrement que dans des fanaux.

Art. 19. — Il n'est permis d'avoir du feu et de la lumière à bord des navires, à voiles ou à vapeur, que pour les besoins de l'équipage et des passagers, pour les visites, les réparations et le service des machines.

L'usage du feu et de la lumière, à bord des navires à voiles, peut être soumis, dans certains ports, à des restrictions particulières, prescrites pár arrêté préfectoral sanctionné par le Ministre.

Le feu et la lumière sont interdits sur les navires désarmés et qui n'ont qu'un gardien.

La lumière doit être enfermée dans des fanaux.

L'usage des huiles essentielles, du pétrole et autres analogues, est interdit.

Les appareils de chauffage doivent être en fer, en cuivre ou en maçonnerie. Le plancher qui les supporte doit être revêtu de feuilles métalliques et convenablement isolé du foyer.

Ces appareils sont soumis à la surveillance des officiers de port, qui ont le droit d'en interdire l'usage lorsqu'ils sont mal établis ou en mauvais état, et même de placer au besoin sur le navire, aux frais du capitaine, de l'armateur ou du consignataire, un gardien spécial pour surveiller l'usage du feu, lorsqu'ils reconnaissent la nécessité de cette mesure.

Il est permis de fumer à bord, mais sur le pont seulement et jamais dans aucune partie du navire.

Art. 20. — Aucun navire ne peut entrer dans le port avec des canons ou autres armes à feu chargées.

Tout capitaine de navire de commerce, arrivant dans un port, doit, si son navire est porteur de poudre, d'artifices, de munitions de guerre ou de matières fulminantes, en faire immédiatement la déclaration aux officiers du port. Ces matières sont débarquées et transportées au lieu désigné à cet effet, par les soins du capitaine, et sous la surveillance des dits officiers.

Toutefois des dispenses spéciales peuvent être accordées par les officiers du port.

Art. 21. — L'embarquement et le débarquement des matières explosibles ou facilement inflammables ont lieu pendant le jour et avec toutes les précautions qui sont prescrites dans chaque cas par les officiers de port.

Art. 22. — En cas d'incendie sur les quais du port ou

dans les quartiers de la ville qui en sont voisins, tous les capitaines de navires réunissent leurs équipages et prennent les mesures de précaution que les officiers de port leur prescrivent.

En cas d'incendie, à bord d'un navire, le capitaine ou le gardien doit, en toute hâte, avertir les officiers de port.

C'est à ces officiers qu'appartient la direction des secours. Ils peuvent requérir l'aide de tous les ouvriers du port et des matelots de tous les navires, barques et bateaux de pêche. Ils font immédiatement avertir l'autorité municipale.

Art. 23. — Lorsqu'il y a lieu de faire des fumigations à bord d'un navire, de chauffer les soutes pour les brayer ou de chauffer sa carène, il en est donné avis aux officiers de port, afin qu'ils fixent le lieu et l'heure de l'opération.

Le chauffage ne peut être fait que par un maître calfat, sous la surveillance d'un officier de port et en prenant toutes les mesures de précaution que cet officier prescrit.

Art. 24. — Il est interdit de faire chauffer du brai ou du goudron ailleurs que sur les points désignés par les officiers de port.

CHAPITRE V

CONSTRUCTION, CARÉNAGE ET DÉMOLITION DES NAVIRES

Art. 25. — Dans l'enceinte du port et de ses dépendances, aucun navire, canot ou embarcation ne peut être construit, caréné ou démoli que sur les points désignés par l'administration, avec les mesures de précautions prescrites par les officiers de port, qui fixent également les heures et les délais, s'il y a lieu.

Art. 26. — La mise à l'eau d'un navire ne peut avoir lieu sans qu'il en ait été fait déclaration, vingt-quatre heures à l'avance, aux officiers de port, pour qu'ils puissent assister à l'opération, et prendre, de concert avec l'autorité locale, les mesures de précaution jugées nécessaires.

Art. 27. — Lorsqu'un bâtiment quelconque, navire ou embarcation a coulé bas dans le port, le propriétaire ou le capitaine est tenu de le faire relever ou dépecer sans délai.

Les officiers de port prennent alors les mesures nécessaires pour hâter l'exécution des travaux, et, au besoin, ils les font exécuter d'office aux frais des propriétaires.

CHAPITRE VI

POLICE DU PORT ET DES QUAIS

ART. 28. — Il est défendu de jeter des terres, des décombres, des ordures ou des matières quelconques dans les eaux du port et de ses dépendances.

D'y verser des liquides insalubres ;

De faire aucun dépôt sur les parties des quais réservées à la circulation ;

De déposer sur les autres parties des marchandises ou objets quelconques ne provenant pas des déchargements de navires amarrés au quai ou non, destinés à y être chargés, sous peine de l'enlèvement de ces objets aux frais du contrevenant, à la diligence des officiers de port, et sans préjudice des poursuites qui pourront être exercées contre lui pour le fait de la contravention ;

D'étendre sans autorisation des filets sur les quais ;

De faire rouler des brouettes, tombereaux ou voitures sur les dalles de couronnement des quais ;

De tailler des pierres sur les quais, d'y faire aucun ouvrage de charpente, de menuiserie ou autre, sans l'autorisation des ingénieurs du port ;

De ramasser des moules ou autres coquillages sur les ouvrages du port.

ART. 29. — Aucune tente ne peut être dressée sur les quais sans l'autorisation des officiers de port. L'espace compris entre deux tentes doit toujours rester entièrement libre. Toute personne qui a été autorisée à établir une tente est tenue, après son enlèvement, de faire réparer à ses frais le pavé ou l'empierrement, et de remettre les lieux dans leur premier état.

ART. 30. — Il est défendu, sauf autorisation de l'officier de port, de lancer aucune marchandise du bord d'un navire à terre.

D'embarquer ou de débarquer des pavés, des blocs, des

métaux ou autres marchandises pouvant dégrader les couronnements des quais, sans avoir couvert le dallage de planches pour le protéger ;

De charger, décharger ou transborder des tuiles, briques, moellons, terres, sables, cailloux, pierrailles, du lest, de la houille ou d'autres matières menues ou friables, sans avoir placé entre le navire et le quai, ou, en cas de transbordement, entre les deux navires, une toile ou prélart bien conditionnée et solidement attachée.

Art. 31. — Les marchandises infectes ne peuvent rester déposées sur le quai ; faute par le consignataire du navire de les faire enlever immédiatement après leur déchargement, il y est pourvu d'office, à ses frais, à la diligence des officiers de port.

Art. 32. — Les voitures, chariots et fourgons ne peuvent stationner sur les quais que pendant le temps strictement nécessaire pour leur chargement ou leur déchargement.

Art. 33. — Chaque soir, à la fin du travail, les rances, échelles, planches et autres objets mobiles servant à l'embarquement ou au débarquement sont rangés de manière à ne pas gêner la circulation.

Art. 34. — A la fin de chaque journée, tout capitaine est tenu de faire balayer le pavage du quai jusqu'à la ligne des pieux d'amarre, devant son navire et dans la moitié de l'espace qui le sépare des navires voisins, sans toutefois être obligé dans aucun cas de dépasser une distance de 15 mètres à partir des extrémités de son navire.

La même opération doit être faite lorsque le déchargement ou le chargement est terminé. Le capitaine fait alors balayer en outre, l'espace que les marchandises de son navire ont occupé.

Aucun navire ne peut quitter la place où il a chargé ou déchargé du lest, avant que le quai ait été complètement balayé.

Art. 35. — Il est défendu à toute personne étrangère à l'équipage d'un navire d'en larguer les amarres, sans en avoir reçu l'ordre des officiers de port.

Art. 36. — Les capitaines, maîtres et patrons sont responsables des avaries que leurs bâtiments feraient éprouver aux ouvrages des ports, les cas de force majeure exceptés.

Les dégradations sont réparées aux frais des personnes qui les ont occasionnées, sans préjudice des poursuites à exercer contre elles, s'il y a lieu, pour le fait de la contravention.

CHAPITRE VII

DISPOSITIONS GÉNÉRALES

ART. 37. — Les contraventions au présent règlement, et tous autres délits ou contraventions concernant la police des ports maritimes de commerce et de leurs dépendances, sont constatés par des procès-verbaux que dressent les officiers et maîtres de port, les commissaires de police et autres agents ayant qualité pour verbaliser.

ART. 38. — Chaque procès-verbal est transmis, suivant la nature du délit ou de la contravention constatée, au fonctionnaire chargé d'en poursuivre la répression, conformément à l'article 18 du décret du 15 juillet 1846, sur l'organisation des officiers et maîtres de port.

ART. 39. — A défaut du capitaine, maître ou patron, les armateurs et propriétaires de navires sont civilement responsables des contraventions constatées à sa charge.

ART. 40. — Lorsqu'en exécution du présent règlement, il a été fait d'office certains frais à la charge du capitaine, de l'armateur ou du propriétaire du navire, ou lorsqu'il a été dressé un procès-verbal pouvant donner lieu à une amende à la charge de ce même capitaine, armateur ou propriétaire, le navire ne peut quitter le port avant que le capitaine ait fourni bonne et valable caution pour le paiement des frais ou de l'amende.

ARRÊTÉ PRÉFECTORAL DU 15 JUIN 1898

LE HAVRE

RÈGLEMENT GÉNÉRAL POUR L'EXPLOITATION DES VOIES FERRÉES

ARTICLE PREMIER. — ...

ART. 2. — La traction des wagons, entre la gare et les quais, peut être faite au moyen de chevaux ou de machines locomotives.

Pour les manœuvres des wagons sur les voies des quais, on peut employer les mêmes moteurs ou des appareils de traction installés à cet effet.

ART. 3. — La Compagnie chargée de l'exploitation n'est autorisée à effectuer la conduite des wagons de la gare aux quais, ou inversement, ainsi que les manœuvres à faire pour répartir le matériel vide ou chargé à l'arrivée, ou pour la formation des trains au départ, qu'aux heures et suivant les conditions de détail qui résultent des arrêtés préfectoraux spéciaux et réglementant ces heures et manœuvres.

Les manœuvres ont lieu par les soins du personnel de la gare, sous la responsabilité du chef de gare ou de l'agent qu'il aura désigné pour le remplacer.

Les wagons ne peuvent être amenés sur les voies des quais que pour le chargement ou le déchargement des marchandises en provenance ou à destination des navires, sauf dans le cas où des dérogations à cette règle ont été autorisées, en raison de circonstances locales, par des arrêtés préfectoraux préalablement soumis à l'approbation du ministre des Travaux publics.

Les wagons ne sont admis à stationner sur les voies des quais que pendant le temps nécessaire aux opérations de chargement ou de déchargement, ainsi qu'aux manœuvres à l'arrivée et au départ.

ART. 4. — Quand les manœuvres désignées à l'article précédent sont faites avec des chevaux, ou à l'aide des appareils spéciaux du port pour les manœuvres de quai, les employés chargés de la conduite du matériel doivent se tenir constamment à la portée des freins, prêts à les faire agir au besoin.

À cet effet, chaque train ou chaque rame de wagons attelés doit compter au moins un wagon sur trois muni de freins; les wagons sans freins non attelés à des wagons à freins ne peuvent être manœuvrés qu'isolément, et on doit se servir d'engins spéciaux usités en pareil cas, soit pour modérer leur marche, soit pour les mettre à l'arrêt.

Sur les voies en pente, les chevaux doivent être attelés à l'arrière des wagons et les remorquer parallèlement à l'un des côtés de la voie.

À la traversée des ponts, les chevaux doivent être toujours attelés en tête des wagons.

Sur les voies des quais, ainsi qu'à la traversée des rues, routes et chemins publics, les chevaux doivent être conduits constamment au pas.

Art. 5. — Lorsque la traction du matériel vide ou chargé est faite à l'aide de machines, tout employé chargé de diriger la manœuvre doit s'assurer, avant de donner le signal de marche que la voie est complètement libre, et avertir le public à l'aide de plusieurs coups de cornet saccadés. Cet avertissement est répété, s'il y a lieu, pendant la manœuvre pour écarter les piétons et les voitures de la voie que doit suivre la machine.

Un coup de cornet prolongé donne le signal de marche; la vitesse ne doit pas dépasser celle d'un homme allant au pas.

Un agent, porteur d'un drapeau rouge roulé pendant le jour, ou d'un feu blanc, soit pendant la nuit, soit en temps de brouillard, doit se tenir à 20 mètres en avant de la machine, si elle est attelée en tête des wagons, ou du premier wagon, lorsque la machine sera attelée en queue.

Cet agent marche en dehors de la voie, du côté droit, dans le sens du mouvement, de façon à permettre au mécanicien d'apercevoir les signaux en tout temps; si un obstacle quelconque s'opposait à ce que le mécanicien pût bien voir ces signaux, d'autres agents en nombre suffisant et convenablement placés les lui transmettraient.

L'arrêt immédiat est commandé, soit par le drapeau rouge

déployé, soit par le drapeau roulé agité vivement ou par le feu blanc agité vivement.

Les mêmes précautions seront prises pour les mouvements des machines isolées.

En cas de refoulement par la machine, tous les wagons doivent être attelés avant d'être mis en mouvement.

ART. 6. — Quand un ou plusieurs wagons ont été mis à la disposition d'un expéditeur ou d'un destinataire et qu'ils doivent stationner sur les voies des quais, l'expéditeur ou le destinataire doit prendre toutes les mesures nécessaires pour éviter qu'ils soient mis en mouvement, soit par l'action du vent, soit par leur propre poids sur les pentes, soit par toute autre cause.

A cet effet, on doit abattre les freins, qui seront maintenus au moyen des clavettes dont ils sont munis; les wagons sans freins seront calés.

L'expéditeur ou le destinataire peut, sous sa responsabilité personnelle, exécuter ou faire exécuter par les agents désignés par lui tous les mouvements de wagons nécessaires. au chargement ou au déchargement; il veille à l'observation des précautions édictées par le présent article 6 pour immobiliser les wagons après les manœuvres.

Si les manœuvres sont faites avec des chevaux, l'expéditeur ou le destinataire ou ses agents sont tenus de prendre toutes les mesures de sécurité prévues à l'article 4.

Immédiatement après le chargement ou le déchargement des wagons, tous les détritus qui proviennent de ces opérations sont enlevés par les soins de l'expéditeur ou du destinataire.

ART. 7. — Dans tous les cas, le lançage des wagons sur les voies ferrées est formellement interdit, même pour les manœuvres faites à bras d'hommes.

ART. 8. — Dans les cas prévus par les articles 4 et 6, avant tout mouvement des wagons, les agents préposés aux manœuvres, soit par la Compagnie, soit par l'expéditeur ou le destinataire, doivent s'assurer que la voie est libre; ils recourent, en outre, à tous les moyens en usage pour avertir le public et pour prévenir les accidents.

ART. 9. — Il est interdit aux personnes étrangères à la

Compagnie, autres que celles désignées à l'article 6, de toucher aux véhicules stationnant sur les quais.

Toute avarie de matériel, tout accident résultant d'une infraction à ces prescriptions, resteront à la charge des personnes qui en seront les auteurs.

Art. 10. — Il est formellement interdit de laisser séjourner des voitures sur les voies ferrées et d'y faire des dépôts, de quelque nature qu'ils soient, susceptibles d'entraver la circulation des trains et des machines.

A cet effet, une distance de $1^m,35$ au moins doit toujours exister entre tout dépôt et les bords extérieurs des rails.

Par exception aux dispositions qui précèdent, les voitures en chargement ou en déchargement peuvent stationner sur les voies, à la condition expresse qu'elles seront toujours attelées et qu'elles seront déplacées à toute réquisition pour livrer passage aux trains et aux machines.

Art. 11. — Pendant la nuit, ou en temps de brouillard, tout train en marche est éclairé :

1° Par un feu vert à l'avant et un feu rouge à l'arrière, s'il est remorqué par des chevaux ;

2° Par un feu blanc à l'avant et un feu rouge à l'arrière, s'il est remorqué par une locomotive.

Il en est de même pour une machine isolée.

Art. 12. — Le stationnement des wagons sur les voies des quais ne peut avoir lieu que conformément aux prescriptions des arrêtés préfectoraux spéciaux qui réglementent ce stationnement.

Art. 13. — Les agents de la Compagnie, ceux des expéditeurs et des destinataires sont tenus de se conformer strictement aux ordres qui leur sont donnés par les officiers et maîtres de port, au sujet des manœuvres et du stationnement des machines et des wagons sur les voies des quais.

Ils restent soumis, en outre, à toutes les dispositions des règlements généraux de police du port, intervenus ou à intervenir, et auxquelles il n'aura pas été dérogé par les arrêtés spéciaux relatifs à l'exploitation des voies ferrées.

ARRÊTÉ DU 21 AOUT 1889

ARTICLE PREMIER. — La Compagnie des chemins de fer de l'Ouest devra prendre les mesures nécessaires pour que la traction et les manœuvres de son matériel n'apportent aucune entrave à la circulation sur les quais, notamment aux abords des ponts, au moment de la cessation et de la reprise du travail des ouvriers du port.

ART. 2. — En aucun cas, le passage des trains ou les manœuvres de wagons et de machines sur les quais, ne pourront intercepter pendant plus de cinq minutes la traversée des voies, places et passages publics.

Lorsque des files de wagons seront en chargement ou en déchargement sur les quais, elles seront coupées par groupes de 8 wagons au plus, séparés par un intervalle de 4 mètres au moins.

ART. 3. — La circulation des trains et les manœuvres de wagons et de machines sur les ports sont subordonnées aux mouvements de la navigation. La Compagnie devra se conformer à ce sujet aux indications du capitaine de port.

ART. 4. — A moins d'une autorisation spéciale du capitaine de port, les trains circulant ou manœuvrant pendant la journée ne se composeront pas de plus de vingt wagons.

ART. 5. — Le stationnement des wagons et des machines sur les chaussées de circulation est formellement interdit.

ARRÊTÉ DU 6 JUILLET 1893

PORT DU HAVRE

RÈGLEMENT RELATIF A L'EXPLOITATION DES ENGINS DE LEVAGE

§ 1ᵉʳ. — **Dispositions générales relatives à tous les engins.** — ARTICLE PREMIER. — ...

ART. 2. — Les engins ne doivent être déplacés qu'au moment où le navire pour lequel ils sont demandés est à quai et en état de les utiliser. Néanmoins, lorsque le nombre d'engins disponibles le permet, les engins de levage peuvent être placés avant l'arrivée du navire. Dans ce cas, le prix de location est dû à partir de l'heure pour laquelle la demande est faite ; il est toutefois déduit un allumage ou un déplacement par journée entière pendant le temps où les engins ne fonctionnent pas, et ce, jusqu'à ce que le locataire ait mis fin à la location par un avis écrit remis à l'agent de la Chambre de commerce au quai de la Meuse, pendant le cours des heures réglementaires. Les frais de déplacement des engins sont dus par tout locataire qui a adressé une demande, même s'il n'est fait aucun usage de l'engin, toutes les fois que le déplacement a été commencé.

Art. 3. — Les taxes sont payables à la Caisse de la Chambre de commerce, avant l'expiration du quatrième jour qui suit la remise de la facture.

Toute réclamation à laquelle donnerait lieu le mode d'établissement ou le montant de ladite facture devra être présentée dans le même délai, sans quoi elle ne pourra être admise.

Art. 4. — Toute demande d'engin doit spécifier, sous peine de nullité, le poids maximum des colis à manutentionner.

Le locataire demeure responsable de tous accidents, avaries ou conséquences résultant d'une fausse déclaration. Il est chargé de veiller à ce qu'il ne soit pas exigé de l'engin une force supérieure à la puissance maxima réglementaire correspondant à l'engin pris en location, et ce, par suite de quelque cause que ce soit.

La Chambre de commerce conserve le droit de vérifier en cours d'opération le poids des colis manutentionnés, sans que ce droit dégage en quoi que ce soit la responsabilité du locataire et sans que celui-ci puisse réclamer aucune indemnité de ce fait.

Dans le cas où il est reconnu que le poids du colis soulevé est supérieur à la charge maxima correspondant à l'engin employé, le locataire supporte les frais de l'opération et perd tout droit à faire usage de l'engin.

De plus, la taxe appliquée pendant toute la durée de la location sera celle qui figure au tarif pour les engins de même nature dont la puissance correspond aux poids effectivement manutentionnés.

L'application de cette taxe sera faite d'office, sans préjudice des dommages-intérêts que la Chambre de commerce pourra toujours réclamer par les voies de droit, et de l'amende que le locataire aura pu encourir pour contravention aux prescriptions des règlements et arrêtés.

Art. 5. — L'accès des grues est interdit au public ; il est également interdit de se faire hisser par les grues de quelque façon que ce soit, ou de stationner dans l'intérieur de la circonférence décrite par les colis suspendus au crochet des grues pendant leur fonctionnement ; les ouvriers occupés à la manutention sont astreints à la même règle et doivent sortir de l'espace ci-dessus défini lorsque les colis sont saisis ou déposés sur le terre-plein.

Art. 6. — Le locataire de l'engin est tenu de faire déplacer, à bord des navires ou à terre, tous les agrès ou objets susceptibles d'apporter un obstacle au mouvement de la grue ou des colis, en tenant compte des oscillations, et d'être détériorés par le fait de l'usage des engins.

Art. 7. — Les ordres relatifs à la manutention des colis sont donnés par le locataire ou son personnel, sous sa propre responsabilité. Le locataire doit signaler immédiatement tout agent de la Chambre de commerce qui refuserait de lui obéir, en indiquant les motifs de son refus.

Art. 8. — Les locataires sont tenus d'assurer l'exécution des mesures de précaution ci-dessus prescrites ; la Chambre de commerce ne peut, en aucun cas, être rendue responsable des avaries et accidents qui surviendraient par suite de la non-exécution de ces prescriptions.

La Chambre de commerce, en cas d'infraction aux règlements et dispositions qui régissent l'usage de ces engins, fera constater les faits par telle voie qu'elle jugera convenable ; procès-verbal pourra être dressé par un agent assermenté, et les contrevenants seront poursuivis par toute voie de droit, tant au point de vue des amendes encourues que des dommages-intérêts auxquels la Chambre de commerce pourrait prétendre.

§ 2. Dispositions relatives aux engins flottants. — Art. 9.
— Tout locataire qui demande qu'un engin flottant soit placé entre le quai et un navire, ou entre deux navires, doit se charger, à ses risques et frais, de faire déplacer le ou les navires pour l'approche ; les déplacements ou l'enlèvement de l'engin flottant auront lieu à toute réquisition des agents de la Chambre de commerce, en prenant les précautions voulues pour que l'opération se fasse sans danger ni risques d'avaries, tant pour les engins que pour les navires.

Le locataire reste responsable des conséquences de tous les retards apportés à exécuter les ordres donnés à cet égard. Il est également responsable des avaries faites au ponton de la Chambre de commerce pendant le cours de la location et survenues dans les manœuvres exécutées par son ordre ou par l'ordre de ses agents, s'il n'a pas pris toutes les dispositions pour les éviter.

Art. 10. — Lorsqu'une grue flottante reste immobilisée entre un navire et le quai, par le fait du locataire, il est dû à la Chambre de commerce une indemnité égale, pour chaque jour, au prix de la location de l'engin, diminué du prix d'un allumage ; la Chambre de commerce se réserve toutefois le droit de requérir l'engin inoccupé, et de le déplacer d'office aux frais et risques du locataire non diligent.

§ 3. Dispositions relatives à la location d'engins accessoires. — Art. 11. — La Chambre de commerce n'est tenue de mettre à la disposition des locataires des engins que le matériel accessoire d'élingues et de bennes qui se trouvent en magasin.

Ce matériel doit faire l'objet d'une demande spéciale au bureau de la Chambre de commerce.

Les élingues sont formées de deux bouts de chaîne ou d'une boucle en filin d'acier ; la Chambre de commerce se réserve la faculté de fournir, suivant les cas dont elle reste seule juge, des élingues de l'un ou de l'autre type.

Art. 12. — Le locataire est tenu de garnir les angles vifs des colis sur lesquels devront porter les élingues, soit avec des paillassons, soit avec du bois.

Art. 13. — La location des élingues et bennes est faite

sans aucune garantie ; le locataire reste responsable des avaries qui résulteraient de leur usage, tant vis-à-vis des tiers
que vis-à-vis de la Chambre de commerce.

Art. 14. — La location des élingues et bennes compte depuis le moment de leur remise au locataire jusqu'au moment
de leur rentrée au magasin de la Chambre de commerce ; le
transport de ce matériel est à la charge du locataire.

ARRÊTÉ DU 11 JUIN 1901

RÈGLEMENT D'EXPLOITATION DES HANGARS
DE LA CHAMBRE DE COMMERCE DU HAVRE

Demande de hangars. — Article premier. — Les demandes
de hangars, dressées sur formules spéciales, dont le modèle
est annexé au présent règlement, doivent être déposées au
bureau de l'ingénieur de la Chambre de commerce à la
Bourse. Il en est délivré récépissé si l'intéressé le requiert.

Aucune demande ne peut être accueillie qu'après entente
avec le service du port pour l'obtention de la place à quai.

Travail en dehors des heures réglementaires. — Art. 2. —
Le travail sous les hangars, en dehors des jours et heures
ouvrables, tels qu'ils sont fixés par les usages du port du
Havre, est autorisé sous la condition d'un avis préalable
adressé à l'ingénieur de la Chambre de commerce, savoir :

Pour le travail de nuit, deux heures avant l'expiration de la
période de travail normal de la journée ;

Pour le travail des jours fériés, deux heures avant l'expiration de la période de travail normal de la journée précédente.

Les frais accessoires auxquels donnera lieu le travail, en
dehors des jours et heures ouvrables, seront à la charge des
intéressés, conformément aux tarifs régulièrement approuvés.

Chemins et passages. — Art. 3. — Les marchandises
devront être déposées sous les hangars de manière à réserver des chemins de 6 mètres de largeur :

1° Dans le sens transversal, depuis chacune des portes de la façade du hangar, la plus éloignée du quai, jusqu'au bord du quai ;

2° Dans le sens longitudinal, suivant l'axe du hangar, ou suivant l'axe d'une des travées du hangar, d'après ce qui sera prescrit par le service du port, la Chambre de commerce entendue.

D'autres chemins ou coursives pour le passage des camions ou pour le coltinage seront ménagés, s'il y a lieu, sur la demande de la Chambre de commerce et conformément aux instructions des officiers de port.

Toute marchandise qui aurait été déposée sur l'emplacement de l'un des chemins réservés comme il est dit ci-dessus et ferait obstacle à la circulation, devra être immédiatement enlevée sur ordre verbal des officiers de port ou sera enlevée d'office par les agents de la Chambre de commerce. Elle sera alors transportée et arrimée dans une partie des hangars désignée à cet effet, d'où elle ne pourra être retirée par le propriétaire ou le consignataire qu'après remboursement des frais.

Manutention sous les hangars. — ART. 4. — Toutes les manutentions de marchandises nécessitées par la reconnaissance de la Douane sont autorisées sous les hangars d'une manière générale, mais elles doivent être faites avec toute la célérité possible en prenant, conformément aux instructions du service du port, toutes les précautions nécessaires pour ne pas entraver la bonne utilisation du terre-plein du hangar.

Les manipulations ayant pour but d'échantillonner, de conditionner, de trier et d'expertiser la marchandise, ou toute autre analogue, ne pourront être faites sous les hangars qu'après autorisation et sous la condition qu'elles seront conduites rapidement conformément aux instructions des officiers et maîtres de port, de manière à n'apporter aucun obstacle et aucune gêne à l'usage du terre-plein.

Utilisation des surfaces. — ART. 5. — Les marchandises déposées sous les hangars avant embarquement ou après débarquement devront être convenablement arrimées et empilées au besoin, en se conformant aux ordres donnés, de manière à n'occuper que la surface strictement nécessaire.

Lorsque la dissémination des marchandises, ou les mauvaises dispositions prises pour le dépôt ou les diverses manutentions paraîtraient incompatibles avec la bonne utilisation du terre-plein des hangars, les officiers et maîtres de port, pourront prescrire au propriétaire ou au consignataire de la marchandise ou, à défaut aux agents chargés du déchargement, les dispositions à prendre dans le rangement et l'arrimage.

S'il n'est pas tenu compte de ces instructions, et après un ordre écrit adressé par l'officier ou maître de port au propriétaire ou consignataire de la marchandise, ou, à son défaut, à l'auteur du dépôt ou à l'agent chargé des diverses manutentions, la Chambre de commerce sera autorisée à procéder, dès le commencement du jour suivant, à un nouvel arrimage de la marchandise, sans préjudice des pénalités qui pourraient être encourues pour violation des règlements de police du port.

ARRÊTÉ DU 12 JUILLET 1881

LE HAVRE

IMPORTATION ET EXPORTATION DE LA DYNAMITE

Chapitre I. — **Dispositions communes aux importations et aux exportations.** — Article premier. — Le poids de la dynamite qui pourra être transportée par le même navire, à l'entrée ou à la sortie, ne dépassera en aucun cas 10.000 kilogrammes.

Tout navire transportant de la dynamite ne devra avoir à bord aucun fulminate ou autre matière détonante.

Art. 2. — La dynamite sera renfermée dans des cartouches recouvertes d'une enveloppe imperméable; les cartouches seront elles-mêmes emballées avec soin, de manière à éviter tout ballottement, dans des caisses en bois parfaitement closes, munies de solides poignées non métalliques, ou de tasseaux en bois, et pesant au moins 25 kilogrammes chacune. Toutes les caisses porteront, sur deux de leurs faces, au moins :

1° Des marques de couleur rouge d'un décimètre carré de superficie ;

2° En gros caractères, le mot : « Dynamite » ;

3° Le nom du fabricant.

Art. 3. — L'embarquement et le débarquement de la dynamite seront exclusivement effectués à l'extrémité Ouest du quai Nord du môle, qui sépare l'avant-port proprement dit de l'annexe de la Floride ; les caisses seront directement portées, à bras d'hommes, du wagon ou du camion dans le navire ou réciproquement ; elles ne pourront, et sous aucun prétexte, être déposées sur le terre-plein du quai.

Les opérations seront successives, et, sous aucun prétexte, deux navires transportant de la dynamite ne pourront prendre place à la fois le long du quai ci-dessus désigné.

Art. 4. — Pendant toute la durée du chargement, et, soit à partir de leur entrée dans le port, soit jusqu'à leur sortie, les navires transportant de la dynamite arboreront un pavillon rouge en tête de leur grand mât. Des pavillons de même couleur seront établis sur le terre-plein du quai, en des points bien apparents correspondant à l'avant et à l'arrière du navire ; la circulation publique sera interdite entre les limites marquées par les pavillons rouges ; il est défendu de fumer et de faire usage du feu, de lumière ou d'allumettes, sur le terre-plein du quai, entre les limites ci-dessus définies, pendant toute la durée du chargement ou du déchargement ; la même interdiction s'applique aux navires. Deux gardiens au moins et quatre au plus seront chargés par le capitaine de port, sous la direction immédiate d'un maître de port, d'assurer l'exécution des prescriptions qui précèdent.

Art. 5. — Les camions ou voitures employés au transport de la dynamite à travers la ville et jusqu'au quai d'embarquement ou réciproquement, seront recouverts d'une bâche en parfait état et solidement fixée, portant de chaque côté, en lettres rouges de 30 centimètres de hauteur au moins, le mot : « Dynamite ». Un pavillon rouge sera de plus arboré sur chaque véhicule. Le convoi, depuis le point de départ jusqu'au point d'arrivée, sera escorté d'un ou deux agents de la police municipale, selon ce que décidera le capitaine de port.

ART. 6. — Les opérations à travers la ville, d'embarquement de la dynamite, ne pourront être commencées avant huit heures du matin en hiver et six heures en été; elles devront être entièrement terminées avant quatre heures du soir en hiver et sept heures en été.

Pendant la durée des opérations, aucun navire ne pourra stationner dans l'avant-port et l'annexe de la Floride à moins de 50 mètres de distance du poste assigné au bâtiment chargeant ou déchargeant de la dynamite.

CHAPITRE II. — **Importation de la dynamite.** — ART. 7. — Le capitaine ou le consignataire d'un navire venant de la mer, et ayant de la dynamite à bord, sera tenu, avant d'entrer au port, de remettre au capitaine de port une déclaration écrite, datée et signée, contenant les indications suivantes:

Le nom, l'espèce et la nationalité du navire;

Le poids et le lieu de provenance de la dynamite chargée à bord;

Le nombre de colis contenant de la dynamite;

Le lieu de destination des colis;

Le nom du camionneur chargé d'effectuer le transport des colis à travers la ville.

L'engagement écrit dudit camionneur de tenir à la disposition du capitaine de port, à la première réquisition, le nombre d'ouvriers nécessaire au chargement et le nombre de camions nécessaire au transport.

ART. 8. — En échange des déclarations relatives à l'article 7, le capitaine de port fera immédiatement connaître par écrit:

1° Au capitaine ou consignataire:

Le jour et l'heure auxquels le navire devra entrer au port, et les dispositions à prendre pour en assurer la prompte évolution;

2° Au camionneur:

Le nombre d'ouvriers et les camions à rassembler au poste de stationnement du navire, ainsi que le jour et l'heure du rassemblement;

3° Au commissaire central :

Le nombre d'agents destinés à escorter les camions, ainsi que le jour et l'heure auxquels ils devront se trouver au poste de débarquement.

ART. 9. — Dans le cas où, par suite d'une circonstance quelconque, les opérations ne pourraient être terminées dans les délais fixés à l'article 6, le capitaine de port pourra, selon les cas, soit exiger que le navire reprenne la mer, à l'aide d'un remorqueur, au besoin, soit le maintenir à quai, mais en prenant alors, aux frais du navire, toutes les précautions stipulées à l'article 4 du présent arrêté.

CHAPITRE III. — **Exportation de la dynamite.** — ART. 10. — Le capitaine ou le consignataire d'un navire en stationnement au Havre et à bord duquel il devra être chargé de la dynamite, sera tenu de remettre au capitaine de port, vingt-quatre heures au moins à l'avance, une déclaration écrite, datée et signée, contenant les indications suivantes :

Le nom, l'espèce et la nationalité du navire ;

Le poids et le lieu de provenance de la dynamite à embarquer ;

Le nombre de colis contenant de la dynamite ;

Le nom du camionneur chargé d'effectuer le transport à travers la ville.

L'engagement écrit dudit camionneur de tenir à la disposition du capitaine de port, à sa première réquisition, le nombre de camions nécessaire au transport et le nombre d'ouvriers nécessaire à l'embarquement des colis.

ART. 11. — En échange des déclarations relatées à l'article précédent, le capitaine de port fera connaître immédiatement par écrit :

1° Au capitaine ou consignataire ;

Le jour et l'heure auxquels le navire devra s'amarrer au quai Nord du môle de l'avant-port et les dispositions à prendre pour assurer l'exécution de cette prescription ;

2° Au camionneur ;

a) Le nombre des camions à affecter au transport de la dynamite et le jour et l'heure auxquels le convoi devra arriver au quai Sud de l'avant-port ;

b) Le nombre d'ouvriers à rassembler au quai Sud de l'avant-port pour effectuer le transbordement de la dynamite, et le jour et l'heure du rassemblement;

3° Au commissaire central :

Le nombre d'agents destinés à escorter le convoi à travers la ville, et le jour et l'heure et le point de départ du convoi pour le quai Sud de l'avant-port.

ART. 12. — Dans le cas où, pour une cause quelconque, le chargement ne pourrait être complètement effectué dans les délais spécifiés à l'article 6, le capitaine de port pourra exiger que le navire prenne la mer à l'aide d'un remorqueur au besoin, sauf à rentrer ultérieurement au port achever son opération; il prendra de plus, à l'égard des camions non déchargés ou du navire, si le capitaine de port l'a autorisé à rester à quai, et aux frais et risques de l'expéditeur, toutes les précautions stipulées à l'article 4 du présent arrêté.

Lorsque, au contraire, le chargement aura été terminé dans les délais prescrits, le navire sera tenu de prendre la mer sur-le-champ, ou au plus tard dès que l'ascension de la marée le lui permettra; dans ce dernier cas, il serait encore fait, aux frais et risques de l'expéditeur, application des prescriptions de l'article 4 susvisé.

CHAPITRE IV. — **Frais d'escorte et de surveillance.** — ART. 13. — Les allocations à accorder aux maîtres de port, agents de la police municipale et gardiens spéciaux, seront établies d'après le tarif suivant :

1° Au maître de port, par vacation de trois heures, toute vacation commencée étant considérée comme complète   6 fr. »

2° Aux agents de police, par heure de présence effective, sans toutefois que l'allocation totale puisse être inférieure à 3 francs, par agent.................................... 1 fr. 50

3° Aux gardiens spéciaux préposés par le capitaine de port, par heure de présence effective, sans toutefois que l'allocation totale puisse être inférieure à 3 francs, par gardien... 1 fr. 50

ART. 14. — L'état de frais, dressé dans les vingt-quatre heures au plus par le capitaine de port, sera présenté au

consignataire du navire, lequel devra l'acquitter immédiatement; en cas de refus, l'état sera rendu exécutoire par le
préfet, et le remboursement en sera poursuivi comme en
matières de contributions directes.

Les mêmes dispositions s'appliquent au cas où, par ordre
du capitaine de port, un remorqueur aurait dû être requis
pour hâter les évolutions du navire ou le conduire à la mer.

ARRÊTÉS PRÉFECTORAUX DES 12 MAI 1897 ET 10 JUIN 1898

PORT DU HAVRE

EMBARQUEMENT ET DÉBARQUEMENT DES MARCHANDISES
DANGEREUSES. — CONDITIONS DE SÉJOUR DANS LES
PORTS DES NAVIRES QUI EN SONT PORTEURS.

Matières dangereuses de deuxième catégorie. — *Lieu
ordinaire de débarquement ou d'embarquement.* — ARTICLE PRE-
MIER. — Les opérations de débarquement ou d'embarquement des matières dangereuses classées dans la deuxième
catégorie par le décret du 12 août 1874, sont autorisées dans
le bassin au pétrole situé à l'Est du bassin Bellot.

Délai de séjour sur les quais. — ART. 2. — Moyennant une
autorisation spéciale et préalable du capitaine de port, les
marchandises dangereuses de la deuxième catégorie qui
auront été débarquées et qui devront être embarquées pourront séjourner vingt-quatre heures sur les quais du bassin
au pétrole. Ce délai ne pourra jamais être dépassé sur les
terre-pleins proprement dits des quais. Il est inapplicable
aux marchandises chargées sur voiture ou sur wagon ainsi
qu'aux marchandises déposées sur les terre-pleins.

Une prolongation de délai pourra être accordée, suivant
les circonstances, sur une demande spéciale, pour les marchandises qui seront déposées, avec l'autorisation du capitaine de port, dans les parcs établis à l'extrémité Sud-Est
du bassin à pétrole.

Débarquement ou embarquement pendant la nuit. — Eclairage. — ART. 3. — Moyennant une autorisation également spéciale et préalable du capitaine de port, les opérations de débarquement et d'embarquement des marchandises dangereuses de la deuxième catégorie pourront avoir lieu, la nuit, dans le bassin au pétrole.

L'éclairage pendant le stationnement ou la manutention des dites marchandises sera fait exclusivement à l'aide de lampes électriques à arc, qui ne devront jamais surplomber les bateaux ni les marchandises. Les lampes devront être au moins à 12 mètres de hauteur au-dessus du sol et les fils conducteurs à 6 mètres. Les lampes devront être disposées de manière à éviter la chute d'étincelles, et leur installation sera autorisée dans chaque cas par un arrêté préfectoral spécial.

Le capitaine de port pourra de même autoriser, pendant la période du chargement ou du déchargement, l'emploi, dans telle ou telle partie du navire, de lampes électriques à incandescence d'un système adopté dans les mines grisouteuses, portant avec elles leur foyer d'électricité, munies d'une double ampoule en verre bien protégées contre les chocs et disposées de telle façon qu'il soit impossible de les ouvrir ou de les démonter sans les éteindre.

Ces lampes ne pourront d'ailleurs être employées qu'après avoir été agréées par le service du port, qui apposera sur chacune d'elles une marque distincte.

Lieux exceptionnels de débarquement ou d'embarquement. — ART. 4. — Moyennant une autorisation spéciale et préalable du capitaine de port, le chargement ou le déchargement de pétrole raffiné en bidons, par quantités n'excédant pas 40 000 litres, pourra être effectué sur d'autres points du port désignés par la dite autorisation, avec les précautions qui seront prescrites dans chaque cas particulier par le service du port, et, en tous cas, sous les conditions suivantes :

Les bidons seront hermétiquement soudés; chacun d'eux ne devra pas contenir plus de 15 litres de pétrole.

Ils seront renfermés par groupe de quatre au plus dans

des caisses en bois présentant toutes les garanties désirables
de solidité.

En aucun cas, ces marchandises ne pourront séjourner
sur les quais; elles seront apportées au fur et à mesure du
déchargement.

*Emploi d'appareils à vapeur pour le chargement ou le déchar-
gement.* — ART. 5. — Les appareils à vapeur employés pour
le chargement ou le déchargement des matières dangereuses
devront recevoir leur vapeur de chaudières établies à
50 mètres au moins du bord des quais et de tout dépôt de
marchandises dangereuses. Les chaudières ne pourront être
placées sur les quais que sur les points et dans les conditions
qui seront fixées par le service du port.

Extinction des feux à bord des navires. — ART. 6. — Les
navires à vapeur qui auront à faire des opérations dans le
bassin au pétrole devront éteindre leurs feux dès qu'ils
seront amarrés à la place qui leur aura été désignée et
avant tout commencement des opérations de chargement ou
de déchargement.

Ils ne pourront les rallumer dans l'intérieur du port que
sur l'autorisation du capitaine de port, en se conformant
aux conditions prescrites par cette autorisation.

Les navires admis à faire leurs opérations dans l'avant-port
pourront être autorisés, en cas de nécessité reconnue par
le capitaine de port, à conserver leurs chaudières en feu
pendant lesdites opérations, à condition d'être disposés
pour une sortie immédiate du port et de se conformer aux
autres instructions qui pourront leur être données par le
capitaine de port.

*Interdiction de l'accès des navires à toute personne en état
d'ivresse.* — ART. 7. — L'accès de tout navire en cours de
chargement ou de déchargement de matières dangereuses,
ou séjournant avec un chargement de ces matières, dans le
port du Havre ou ses dépendances, sera interdit à toute personne en état d'ivresse.

Emploi des barrages isolateurs. — ART. 8. — Les navires
contenant moins de 25 000 litres de pétrole en fûts ou en

caisses et faisant des opérations dans l'avant-port, et les navires contenant une quantité quelconque de matières dangereuses de deuxième catégorie et stationnant ou faisant des opérations dans le bassin au pétrole, ne seront entourés d'une ceinture de barrages isolateurs, aux frais des dits navires, que lorsque les officiers de port en reconnaîtront l'utilité.

Dans ce dernier cas, les capitaines de navires se conformeront, pour la disposition des barrages isolateurs, aux instructions du service du port.

Gardiennage. — Tarif. — Art. 9. — Les gardiens préposés par les officiers de port à la surveillance des marchandises dangereuses de la deuxième catégorie seront payés conformément au tarif ci-après :

1° Gardiennage à bord des navires exclusivement chargés de matières dangereuses de deuxième catégorie : pour tout ou partie de la journée, 4 francs; pour tout ou partie de la nuit, 6 francs ;

2° Gardiennage à bord des chalands ou à bord des navires portant de petites quantités de matières dangereuses de deuxième catégorie et gardiennage de ces matières sur les quais du port : pour tout ou partie de la journée, 3 francs; pour tout ou partie de la nuit, 4 francs.

Pour l'application de ce tarif, la journée sera comptée de 7 heures du matin à 7 heures du soir, et la nuit de 7 heures du soir à 8 heures du matin, quelle que soit la saison.

Exemptions des prescriptions du décret du 2 septembre 1874 pour certaines catégories de navires. — Art. 10. — Les navires ayant à bord moins de 1 000 kilogrammes de matières dangereuses de deuxième catégorie logées comme le prescrit le décret du 30 décembre 1887, sont affranchis des prescriptions du décret du 2 septembre 1874, sauf toutefois la déclaration exigée par le deuxième paragraphe de l'article premier, qui demeurera obligatoire.

Matières dangereuses de première catégorie. — *Lieu d'embarquement ou de débarquement et gardiennage.* — Art. 11. — Les opérations d'embarquement ou de débarquement des matières dangereuses de la première catégorie, en quantités aussi faibles que ce soit, ne pourront être effectuées qu'à l'extrémité Ouest des quais du môle qui sépare l'avant-port proprement dit de l'annexe de la Floride et dans les conditions qui seront fixées, dans chaque cas particulier, par les officiers de port, la manutention de la dynamite restant d'ailleurs soumise aux prescriptions de l'arrêté préfectoral du 12 juillet 1881.

Les gardiens préposés par les officiers de port à la surveillance des matières dangereuses de la première catégorie seront payées conformément au tarif fixé spécialement pour la dynamite par l'article 13 de l'arrêté préfectoral du 12 juillet 1881.

Prescriptions générales. — Art. 12. — Dans tous les cas où le présent arrêté prévoit la nécessité d'une autorisation du capitaine de port, cette autorisation devra faire l'objet d'une demande écrite adressée par le capitaine du navire, et le capitaine de port restera juge des circonstances qui pourront motiver le refus de cette autorisation.

ARRÊTÉ DU 18 FÉVRIER 1902

LE HAVRE

EMBARQUEMENT ET DÉBARQUEMENT DU CARBURE DE CALCIUM

Article premier. — Moyennant une autorisation du capitaine de port, les opérations d'embarquement et de débarquement du carbure de calcium pourront être effectuées sur tous les quais du port du Havre, à l'exception des quais attenant à des quartiers habités ; lorsque cette marchandise sera contenue dans des récipients bien conditionnés et complètement étanches et lorsque la quantité à manutentionner n'excédera pas 50 000 kilogrammes.

Art. 2. — Le séjour provisoire des colis sur les quais pendant vingt-quatre heures au plus pourra également être autorisé par le capitaine de port, dans les cas visés à l'article 1er du présent règlement.

Les colis ne devront jamais être placés, d'ailleurs, à l'intérieur des hangars ou constructions quelconques. Ils seront déposés sur des planchers et recouverts de prélarts bien conditionnés, de manière à être protégés contre les atteintes de l'humidité.

Art. 3. — A défaut d'une autorisation spéciale et préalable du capitaine de port, donnée par écrit, toutes les précautions réglementaires applicables d'une manière générale à l'embarquement et au débarquement ou au séjour, dans le port du Havre, des marchandises dangereuses de deuxième catégorie, continueront à recevoir leur exécution en ce qui concerne le carbure de calcium, même lorsque la quantité à manutentionner n'excédera pas 50,000 kilogrammes. Le capitaine de port restera juge des circonstances qui pourront motiver le refus de cette autorisation.

ARRÊTÉ DU 24 AOUT 1888

LE HAVRE

MANUTENTION DES PÉTROLES ET AUTRES MATIÈRES INFLAMMABLES

Article premier. — Les opérations de débarquement ou d'embarquement des pétroles et autres matières inflammables ne pourront être effectuées que dans l'extrémité Est du bassin Bellot, à l'intérieur du bassin factice limité par un barrage isolateur.

Art. 2. — Les navires contenant moins de 15 000 litres de pétrole ne seront pas entourés.

DÉCRET DU 12 AOUT 1874

SUR LES MATIÈRES DANGEREUSES

ARTICLE PREMIER. — Les matières pouvant être cause d'explosion ou d'incendie sont divisées en deux catégories :

1° Les matières explosibles ou très dangereuses et dont le transport exige les plus grandes précautions ;

2° Les matières inflammables et comburantes ou moins dangereuses, mais dont il importe cependant de soumettre le transport à des précautions spéciales.

ART. 2. — Font partie de la première catégorie :

Nitroglycérine, dynamites, picrates, coton-poudre, coton azotique, fulminates, amorces, mélanges de chlorates et d'une matière combustible, poudres et cartouches de guerre, chasse et mines, pièces d'artifices, mèches de mineurs.

ART. 3. — Font partie de la seconde catégorie :

Phosphore, allumettes, sulfure de carbone, éther, collodion liquide, huiles brutes de pétrole, schiste, boghead, résines, essences et huiles lampantes de pétrole, schistes, boghead, résines, essences de houille, benzine, toluène, acide nitrique monohydraté...

DÉCRET DU 25 NOVEMBRE 1895

MODIFIANT CELUI DU 2 SEPTEMBRE 1874

ARTICLE PREMIER. — Les articles 1, 3, 6, 10 et 13 du décret du 2 septembre 1874 sont modifiés ainsi qu'il suit :

ART. 3. — Les navires dont le chargement en matières dangereuses excède 15.000 litres, devront, en outre, être entourés, aux frais desdits navires, par les soins des officiers de port, d'une ceinture de barrages isolateurs du système en usage dans le port.

Toutefois, des arrêtés préfectoraux, approuvés par le ministre des Travaux publics, pourront dans certains ports et eu égard aux circonstances locales, dispenser ces navires de cette obligation.

La même mesure de précaution peut être appliquée, si les officiers de port en reconnaissent l'utilité, aux navires porteurs de moins de 15 000 litres de matières dangereuses.

Art. 6. — Le chargement et le déchargement des matières dangereuses ne peuvent avoir lieu que sur les quais ou portions de quais désignés à cet effet.

Ces opérations ne peuvent être commencées sans l'autorisation écrite d'un officier de port. Elles n'ont lieu que le jour et sont poursuivies sans désemparer, avec la plus grande célérité, de telle sorte qu'aucun colis ne reste sur le quai pendant la nuit.

Toutefois, des arrêtés préfectoraux, approuvés par le ministre des Travaux publics, peuvent autoriser le travail de nuit dans les ports convenablement aménagés à cet effet, avec séjour provisoire des colis sur les quais, pendant vingt-quatre heures au plus.

L'embarquement des matières dangereuses n'a lieu qu'à la fin du chargement.

Art. 10. — Il est interdit de faire usage de feu, de lumière ou d'allumettes, ainsi que de fumer à bord des navires, sur les allèges employées au transport et sur les quais où se font le chargement et le déchargement, pendant la durée du chargement et du déchargement.

Toutefois des arrêtés préfectoraux, approuvés par le ministre des Travaux publics, pourront autoriser l'emploi, à bord des navires, de lampes de sûreté dont les modèles seront fixés par ces arrêtés.

Art. 13. — Des arrêtés préfectoraux, approuvés par le ministre des Travaux publics, détermineront pour chaque port :

1° Les mesures nécessaires pour l'exécution du présent règlement;

2° Les conditions sous lesquelles il pourra être dérogé aux dispositions du présent règlement à l'égard des navires chargés de petites quantités de matières dangereuses et de marchandises qui, en raison de leur nature et des circonstances locales, exigeraient moins de précautions.

LOI INSTITUANT LE CONSORTIUM DE GÊNES

CHAPITRE I. — **Composition du Consortium.** — ARTICLE PREMIER. — Un Consortium obligatoire est constitué, avec mandat de pourvoir moyennant des fonds spéciaux qui lui sont confiés, à l'exécution des travaux, à la gestion et à l'organisation des travaux dans le port de Gênes.

Le Consortium aura la durée de soixante ans et pourvoira :

1° A l'administration des fonds et des revenus spéciaux qui lui sont assignés ;

2° A l'exécution des travaux ordinaires et extraordinaires du port, comme aussi à la manutention et à la réparation de ces travaux et de ceux qui existent déjà dans le port de Gênes ;

3° Aux dépenses pour la construction de nouvelles lignes de chemins de fer de tout genre sur les quais, et pour les lignes d'accès destinées au service du port ;

4° Aux services maritimes du port... ;

5° A favoriser, dans les formes légales et avec tous les moyens pouvant rentrer dans sa compétence, l'organisation et l'amélioration des autres services du port, comme aussi à régler et discipliner tout genre de prestation de travail personnel fait par les individus attachés aux services et travaux du port ;

6° Aux dépenses de tout genre qui sont nécessaires pour les dites attributions.

Le Consortium n'aura pas à veiller à tout ce qui concerne les travaux, les servitudes, les services militaires de terre et de mer ; le service de pilotage, la police judiciaire, la juridiction pénale maritime du port, la sûreté publique, la santé et la douane.

ART. 2. — Le Consortium est constitué :

Par l'État, par les provinces et les communes déterminées par les articles 3 et 12, par la Chambre de commerce et arts de Gênes, par le corps dirigeant le service des chemins de fer du port de Gênes.

ART. 3. — Les membres du Consortium sont représentés :

1° *L'Etat.* — Par cinq membres au choix, soit :

Le Président du Consortium nommé par décret royal sur proposition du Ministère des Travaux publics, de concert avec le Ministère de la Marine et choisi hors des membres du Consortium ;

Un conseiller de préfecture désigné par le Ministère de l'Intérieur.

Un inspecteur du Génie civil, un inspecteur supérieur technique de l'Inspectorat général royal des chemins de fer, un fonctionnaire technique du bureau de l'Inspectorat général royal des chemins de fer du cercle de Gênes, nommés par le Ministère des Travaux publics ;

Cinq membres de droit, savoir :

L'intendant des finances de Gênes.

L'ingénieur en chef du Génie civil de Gênes ;

Le directeur du Bureau hydrographique de la marine royale de Gênes ;

Le capitaine de port de Gênes ;

Le directeur de la douane de Gênes.

2° *Les provinces.* — Des membres électifs, savoir :

Un conseiller provincial élu par le conseil provincial, pour la province de Gênes ;

Un représentant élu par le conseil provincial, pour chacune des autres provinces qui concourent aux dépenses pour le port de Gênes par une cotisation non inférieure à 80 pour 1000 de la contribution annuelle totale imposée aux provinces par la loi du 2 avril 1885.

3° *Les communes.* — Un membre de droit : le maire de Gênes ;

Des membres électifs, savoir :

Un ingénieur choisi par le Conseil municipal de Gênes dans le collège des ingénieurs et architectes de Gênes ou dans le collège des ingénieurs navals et mécaniciens d'Italie ;

Un conseiller municipal élu par chacun des conseils communaux qui concourent aux dépenses du port de Gênes par une cotisation non inférieure à 30 pour 1000 de la contribution annuelle totale imposée aux communes par la loi précitée.

4° *La Chambre de commerce et arts de Gênes.* — Un membre de droit, le président ;

Des membres éligibles, savoir :

Un capitaine maritime et un armateur nommés par l'assemblée des électeurs commerciaux de la catégorie des capitaines maritimes et armateurs, convoquée par la Chambre de commerce et arts de Gênes...

3° *Le corps dirigeant le service des chemins de fer du port de Gênes.* — Deux fonctionnaires supérieurs désignés par le corps même.

ART. 4. — Sont, en outre, admis à faire partie du Consortium :

a) Un délégué de la Chambre de commerce de Milan ;

b) Un délégué de la Chambre de commerce de Turin ;

c) Deux délégués des ouvriers employés aux travaux du port de Gênes ;

Un ouvrier choisi parmi ceux qui font partie des caravanes du port franc et nommé par l'ensemble de ladite institution.

Un ouvrier choisi parmi ceux attachés aux travaux et aux services du port de Gênes, par le moyen d'une élection faite dans leur sein...

ART. 5. — Le ministre des Travaux publics désigne, par décret, parmi les membres du Consortium, celui qui devra. en cas d'empêchement de la part du président, prendre sa place et ses fonctions comme vice-président.

ART. 6. — Le mandat du président et de tous les membres au choix et éligibles dure trois ans et peut être confirmé.

Le président doit résider à Gênes et ne peut exercer d'autres fonctions. Il est le chef des services, des fonctionnaires et du personnel du port.

Il lui est assigné une indemnité fixée par le règlement.

Les représentants du corps dirigeant le service des chemins de fer de Gênes disposent à eux tous d'un seul vote.

Le maire de Gênes et le président de la Chambre de commerce de Gênes ont la faculté de déléguer respectivement à leur place un conseiller municipal et un membre de ladite Chambre.

Il est donné faculté au Gouvernement, sur proposition du Consortium de nommer, par décret royal, après avis du Conseil des ministres, un directeur général comme chef des services exécutifs du port de Gênes, dans le cas où le Gouvernement le reconnaîtrait nécessaire pour la marche desdits services.

Art. 7. — Pour expédier les affaires ordinaires et remplir les autres fonctions qui seront établies par le règlement, il est constitué dans le Consortium un comité exécutif composé des membres suivants :

Le président du Consortium ;

Le conseiller de préfecture ;

L'ingénieur en chef du Génie civil ;

Le capitaine du port ;

Le fonctionnaire technique du bureau de l'inspectorat royal général des chemins de fer du cercle de Gênes ;

Le directeur de la douane ;

Le conseiller municipal de Gênes ;

Le Président de la Chambre de commerce ou son délégué ;

Le capitaine maritime ;

L'ouvrier élu par la majorité des travailleurs du port.

Un membre choisi par l'assemblée générale du Consortium, par élection, entre les représentants des corps et classes auxquels n'est pas expressément réservée une représentation dans le comité exécutif.

Art. 8. — Les membres du Comité exécutif, qui n'auraient pas d'autres appointements, auront un jeton de présence à fixer par le règlement.

Tant l'assemblée générale du Consortium que le Comité exécutif ne pourront délibérer, s'il n'intervient pas la moitié du nombre des membres qui les composent respectivement.

En seconde convocation, qui aura lieu un autre jour, les délibérations sont valables, quel que soit le nombre des membres présents.

En cas de parité des votes, la voix du président est prépondérante.

Les délibérations ne pourront se faire que sur les matières précédemment indiquées à l'ordre du jour.

Chapitre II. — **Patrimoine du Consortium.** — Art. 9. — Le Consortium, pour remplir les attributions et pour soutenir les charges qui lui sont imposées, dispose des revenus suivants, qu'il administre :

a) Par des substitutions établies ou autorisées par la présente loi :

1º Résidu des fonds prescrits par la loi du 2 août 1897 ;

2º Contributions imposées aux communes et aux provinces ;

3º Contributions annuelles de l'État en rapport avec la quantité de marchandises embarquées et débarquées dans le port de Gênes, dans la mesure et les modes indiqués par l'article 13 ci-dessous;

4º Revenus de l'usage, de la concession et de la location de terrain, maisons, locaux, installations et mécanisme du port de Gênes;

5º Sommes versées par les particuliers comme remboursement des dépenses qui ont été nécessaires pour la réparation des dommages causés aux travaux, installations, etc., en contravention à la police technique des ports;

b) Par des contributions imposables :

6º Produits des taxes spéciales du port ;

c) Par le crédit :

7º Emprunts et autres opérations financières consenties par la présente loi.

d) Par libéralité :

8º Biens et sommes reçus par dispositions testamentaires, par donations, par des offres volontaires.

e) Par d'autres titres :

9º Sommes de toute provenance mises à la disposition du Consortium.

ART. 10. — Pour les dépenses d'exécution des travaux prévus par la loi du 2 août 1897, l'État passe chaque année au Consortium les fonds alloués à cet effet.

Outre les fonds alloués annuellement dans le bilan, par effet de la dite loi, l'État cède au Consortium tous ses droits pour la perception des contributions dues par les provinces et par les communes aux termes de la dite loi.

Le Consortium, de son côté, rembourse à la direction du service des chemins de fer du port de Gênes, les sommes qui lui sont dues pour les travaux des chemins de fer, des gares par elle exécutées.

Art. 11. — Pour faire avancer rapidement les travaux qui dépendent de la loi du 2 août 1897, le Consortium est autorisé à stipuler un acte spécial pour prendre la place de la Municipalité de Gênes dans l'anticipation des sommes nécessaires, et à renouveler les obligations contractées par la Municipalité, même dans ce but, par le moyen de deux conventions stipulées respectivement avec le Gouvernement, la Caisse d'épargne de Gênes et celles des provinces lombardes.....

Art. 12. — La liste des provinces et des communes appelées à concourir aux dépenses soutenues par le Consortium pour les travaux du port, en cas de dépenses excédant le fonds fixé par la loi du 2 août 1897, et la détermination des cotisations respectives, sont faites d'après la loi du 2 avril 1885.

La mesure totale de cette contribution est réduite à 10 0/0.

Pour le concours des provinces et des communes, sont considérées comme travaux du port, les constructions de chemins de fer sur les quais et les jonctions du port avec les gares.

Art. 13. — La contribution annuelle de l'État, dont il est parlé au numéro 3 de l'article 9, sera d'un million de lires. Cependant, si la quantité de marchandises embarquées et débarquées dans le port de Gênes excède 5 millions de tonnes, la contribution sera accrue à raison de 10 000 par chaque partie complète de 500 000 tonnes au-dessus de 5 millions de tonnes.

La contribution sera payée annuellement en un seul versement, et sera établie sur la base du nombre de tonnes constaté pendant l'année précédente par la direction générale des gabelles.

Dans tous les cas, la contribution ne pourra dépasser la somme de 2 millions de lires.

Art. 14. — Par l'effet des charges imposées à l'État par les articles 9 et 10, l'État même est exonéré de tout concours de frais d'exécution de nouveaux travaux et de frais de manutention, et par conséquent cessent, à dater de la constitution du Consortium, toutes les charges assumées...

Toutes les charges revenant à l'État et par la loi et en vertu des conventions précitées, passent à la charge entière et exclusive du Consortium ; et ce, tant pour les travaux d'intérêt commercial et de défense maritime, nécessaires pour assurer la tranquillité des eaux dans le bassin intérieur du port, que pour les travaux d'organisation générale du port et ceux destinés à la compléter, ainsi que pour toutes les installations de chemins de fer nécessaires pour le service du port.

Art. 15. — L'État cède au Consortium l'usage gratuit de toutes les œuvres, terrains, édifices, ustensiles, meubles, bateaux, machines et installations qui se trouvent dans le port et qui sont sous sa dépendance, à l'exception de tout ce qui est nécessaire pour les services qui, suivant l'article 1, dernier paragraphe de la présente loi, restent de l'exclusive compétence de l'État.

Le Consortium recouvre et perçoit, en substitution de l'État et avec les mêmes privilèges, les redevances dues par les tiers pour la concession du louage de ces biens ; il est autorisé tant à stipuler de nouvelles concessions ou louages, qu'à maintenir, modifier, résoudre ou racheter celles ou ceux qui existent, au terme des conditions des contrats respectifs.

Art. 16. — Il est donné faculté au Consortium d'imposer et de recouvrer des taxes spéciales de port sur les marchandises embarquées ou débarquées.

Les taxes spéciales sur les marchandises sont imposées à raison de la tonne métrique et peuvent varier, suivant la nature, la confection et l'emballage, de 0,10 lire à 1 lire.

Art. 17. — Les tarifs de taxes spéciales et les modifications successives sont délibérés par le Consortium et approuvés par le ministre des Travaux publics, d'accord avec celui des finances et celui de l'Agriculture, Industrie et Commerce, après avoir consulté le Conseil d'État.

Le Consortium peut en tout temps prendre la décision, de suite exécutable que, à titre exceptionnel et temporaire, les taxes spéciales sur les marchandises en transit de l'étranger pour l'étranger soient diminuées ou supprimées.

Le tarif réduit, de quelque manière que ce soit, ne peut être augmenté que trois mois après la date de sa réduction.

Art. 18. — Les taxes spéciales sont certifiées et perçues

par l'Administration de la Douane avec le procédé en vigueur pour la constatation et la perception du droit de statistique, et sont remises au Consortium ou au bureau chargé d'en faire le service de caisse.

Les dépenses de perception sont à la charge du Consortium.

ART. 19. — Pour pourvoir à ces dépenses, pour les travaux approuvés dont on parlera à l'article 24, qui ne peuvent être supportées par les moyens normaux du bilan consortial, le Consortium a la faculté d'emprunter ou de recourir à d'autres opérations financières dans les modes et sous les conditions qui seront délibérés par l'Assemblée du Consortium et qui devront obtenir l'approbation préalable des Ministères du Trésor et des Travaux publics.

L'emprunt et les autres opérations financières sont garantis par l'État, dans les limites des revenus annuels que le Consortium décidera d'assigner au service des intérêts et des amortissements desdits emprunts et opérations.

CHAPITRE III. — **Fonctions du Consortium.** — ART. 20. — Le Consortium devra commencer à fonctionner dans le délai d'un an, à dater de la promulgation de la présente loi.

ART. 21. — Dans le délai de deux mois de la constitution du Consortium, le Gouvernement du roi soumettra à l'examen et aux délibérations du Consortium même, l'avant-projet régulateur des travaux extraordinaires qui seront nécessaires pour l'agrandissement et l'organisation du port; sur les appréciations du Consortium, le Ministère des Travaux publics prendra une délibération définitive, et le projet approuvé servira de base aux mesures ci-après confiées au Consortium par l'article suivant :

ART. 22. — Le Consortium veillera :

a) A l'étude et à la composition des projets d'exécution des travaux du port de Gênes, suivant le projet régulateur dont il est parlé à l'article 21; il veillera enfin à la direction et à la surveillance de ces travaux avec le personnel du corps royal du Génie civil pour les travaux du port et maritimes, et du corps dirigeant le service des chemins de fer du port pour les installations de chemins de fer;

b) Aux services maritimes avec le personnel de la capitainerie locale du port ;

c) Aux services administratifs avec un personnel directement engagé ;

d) Aux services de caisse avec un personnel directement engagé, ou par le moyen du bureau du receveur de la province, ou par le moyen de la Banque d'Italie.

Le Consortium paiera aux administrations compétentes la dépense correspondante pour le personnel qui, suivant les indications données par les paragraphes *a* et *b*, aura été, sur sa demande, mis temporairement à la disposition et sous la dépendance immédiate du Consortium, ou pour les prestations du corps dirigeant les services de chemins de fer.

ART. 23. — Le Consortium :

a) Pour la compilation des projets, pour la comptabilité, la direction et l'approbation des travaux, observe les dispositions de la loi sur les travaux publics et du règlement pour les travaux en compte de l'État, en tant qu'elles sont applicables.

L'approbation des travaux dépassant la valeur de 12 000 lires sera donnée par des fonctionnaires du Génie civil ou de l'inspectorat royal général des chemins de fer, délégués par le ministre des Travaux publics ;

b) Pour les services maritimes du port qui lui sont attribués, il observe, en tant qu'elles sont applicables, les dispositions du code pour la marine marchande et du règlement relatif ;

c) Pour la question administrative et financière et pour la stipulation des contrats, il observe les dispositions de la loi du règlement sur l'administration et la comptabilité générale de l'État, en tant qu'elles sont applicables.

Dans l'exercice de ses attributions et facultés, le Consortium n'est pas obligé de consulter les hauts corps de l'État, il n'est pas commis aux vérifications et contrôles préventifs de la Cour des Comptes et des administrations centrales, déterminés par les lois et règlements précités.

ART. 24. — Sont soumis à l'approbation du Ministère des Travaux publics, pris l'avis du Conseil supérieur des Travaux publics, tous les avant-projets et les projets exécutifs des travaux nécessaires dans le port.

Il est fait exception pour les projets exécutifs qui n'excèdent pas 100 000 lires.

Le vote du Conseil supérieur des Travaux publics sur lesdits projets devra être émis dans le délai de trois mois après la présentation.

Au cas où, trois mois après la présentation, le Conseil supérieur des Travaux publics ne se serait pas encore prononcé, le Consortium peut procéder à l'adjudication et à l'exécution des travaux suivant le projet présenté.

ART. 25. — .....

ART. 26. — Pour vérifier la régularité technique des projets, comme aussi l'exactitude des comptes et l'admissibilité dans les rapports du bilan, le Consortium a respectivement deux reviseurs techniques et deux reviseurs des comptes, qui contresignent les actes présentés par le Comité. Sont reviseurs techniques : l'inspecteur du Génie civil et l'inspecteur supérieur technique de l'inspectorat royal général des chemins de fer.

Les reviseurs des comptes sont choisis par l'assemblée du Consortium parmi ceux de ses membres qui ne font pas partie du comité exécutif.

En cas de conflit entre les reviseurs et le Comité exécutif, la solution de toute contestation est remise à l'assemblée du Consortium.

ART. 27. — Le Consortium, dans les huit jours, communique toutes les délibérations de l'Assemblée générale et du Comité du Consortium au préfet de Gênes, qui en donne un reçu immédiat au Consortium et examine si elles sont régulières dans la forme, si elles sont contenues dans les attributions du Consortium, et si elles sont conformes à la loi.

Les délibérations du Consortium deviennent exécutives si le préfet ne les a pas annulées pour un des motifs indiqués dans le délai de quinze jours de la date du reçu et de deux mois si elles se rapportent aux bilans. Sont immédiatement exécutives les délibérations de l'Assemblée et du Comité du Consortium qui sont déclarées telles par la présente loi ou dans le règlement pour son exécution, et celles qui se rapportent uniquement à la simple exécution de mesures précédemment délibérées.

Contre le décret d'annulation, le Consortium peut, dans le délai de quinze jours après la communication du préfet, recourir au Gouvernement du roi, qui pourvoit par un décret royal, pris l'avis du Conseil d'État.

Art. 28. — Le ministre des Travaux publics se servant, s'il le faut, même de fonctionnaires dépendant d'autres administrations de l'État, et d'accord, en tel cas, avec le ministre compétent, peut en tout temps faire inspecter et contrôler la marche de tous les services confiés au Consortium.

Art. 29. — Le Gouvernement du roi peut en tout temps, pour de graves motifs, après avoir consulté le Conseil supérieur des Travaux publics, et sur avis conforme du Conseil d'État, dissoudre l'Administration du Consortium, la confiant à un commissaire royal.

L'Administration du Consortium doit être reconstituée au plus tard dans le délai de six mois. Au cas où des conditions spéciales exigeraient une prolongation des pouvoirs du commissaire royal, le Gouvernement du roi pourvoira par décret royal, entendu le Conseil d'État et sur son vote conforme.

Cette prolongation ne pourra dépasser six mois.

Art. 30. — A l'expiration du Consortium, toutes les œuvres et les choses reçues en consigne, celles qu'il a lui-même accomplies, ainsi que les soldes de ses fonds, compris le fonds de réserve, reviennent à l'État.

Art. 31. — Les contrats stipulés par le Consortium ne peuvent durer ni ne peuvent créer des charges ou des engagements au delà du terme du Consortium même, à moins qu'une expresse autorisation du Gouvernement n'intervienne.

Art. 32. — A l'égard des taxes d'enregistrement et de timbre, tous les actes et contrats du Consortium sont soumis aux règles établies pour les actes et contrats de l'État...

ACTE DES WARRANTS DU PORT FRANC DE COPENHAGUE

ARTICLE PREMIER. — **Règles générales.** — La Compagnie du port franc peut émettre des « bordereaux du Magasin » ou des « certificats » pour toute marchandise entreposée aux soins dudit port franc. Ces bordereaux et certificats auront les effets exprimés dans le présent acte.

ART. 2. — Toute personne qui dépose ou a déposé des marchandises aux soins de la Compagnie peut demander un bordereau de ces dépôts et peut aussi, en même temps ou ultérieurement, demander un certificat. Toute personne qui, après la délivrance d'un bordereau, demande un certificat pour les mêmes marchandises, doit représenter le bordereau, montrant son titre conformément à l'article 3. La délivrance du certificat doit être inscrite sur le bordereau.

Tout bordereau ou certificat doit être daté et signé au nom de la Compagnie ; il mentionnera le nom et la profession du déposant, son adresse, le genre, la quantité et la marque des marchandises déposées, leur valeur notifiée au moment du dépôt, dira si les marchandises sont ou seront assurées aux frais des porteurs de ces documents et la date du dépôt. Si l'on fait un certificat, il doit être conçu dans les mêmes termes que le bordereau.

ART. 3. — **La personne légalement détentrice des documents a, en règle générale, le droit de demander la livraison des marchandises.** — Sauf les exceptions prévues aux articles 8, 9, 10, 15, la Compagnie doit délivrer les marchandises déposées sur la restitution du bordereau ou — dans le cas où un certificat a été délivré et qu'il a été fait usage de l'un ou de l'autre pour engager les marchandises conformément aux articles 6 et 7 ou pour une vente conditionnelle, conformément à l'article 10 — sur la restitution des deux documents, régulièrement endossés d'un reçu de marchandises par la personne qui est désignée dans les documents ou par celle qui, en vertu d'une série ininterrompue et complète d'endos, ou par un transfert en blanc, paraît être le légitime porteur. La Compagnie, si elle délivre les marchandises autrement qu'il n'est ici spécifié, sera responsable envers la personne lésée.

Le porteur, désigné comme ci-dessus, a le droit de demander livraison des marchandises, contre paiement de toutes les taxes légales pour emmagasinage, transport, conservation et assurance, la Compagnie étant toujours libre, bien que non obligée, de vérifier les endos (Voir § 2 de l'article 5).

ART. 4. — **Responsabilité de la Compagnie pour les marchandises déposées.** — La Compagnie est responsable de tout dommage ou diminution arrivés aux marchandises depuis la réception jusqu'à la livraison, à moins qu'il ne soit prouvé que ces pertes sont dues à la guerre, à l'insurrection, au feu, ou autre accident que la Compagnie ne pouvait empêcher — ou qu'elles résultent d'un emballage imparfait, dépérissement naturel, rétrécissement, coulage ordinaire, ou de la nature des marchandises — étant entendu que la Compagnie est absolument responsable de tout dommage causé aux marchandises par faute ou négligence de la part de ses employés dans l'accomplissement de leur service, ou par tout défaut dans ses bâtiments, machines et appareils.

La Compagnie est responsable pour tout dommage causé par un défaut extérieur de l'emballage, apparent au moment du dépôt, à moins qu'elle n'ait signalé ce défaut sur le bordereau et le certificat.

La Compagnie est responsable envers le porteur de l'exactitude des indications du bordereau et du certificat sur les marchandises, à moins qu'il ne soit établi qu'en écrivant ces documents, elle ne pouvait s'assurer de l'exactitude de ces indications. A la requête du déposant, la Compagnie doit peser, mesurer ou compter les marchandises déposées.

La responsabilité de la Compagnie, à l'égard de tout dommage, diminution ou inexactitude dans les indications du document sur les marchandises qui auraient pu être découvertes par un examen ordinaire, cessera, si la personne qui prend livraison n'a pas, avant l'enlèvement des marchandises, fait constater ces dommages, diminutions ou inexactitudes par les employés de la Compagnie ou par un examen légal.

Art. 5. — **Les bordereaux et certificats sont des instruments négociables, si l'on n'a pas spécifié de restriction.** — Tout bordereau ou certificat peut être transféré par endossement, ou à une personne spécifiée ou en blanc, à moins qu'ils ne soient pas transférables, par suite d'une clause écrite sur le document par la Compagnie, à la requête du déposant.

Tout porteur d'un bordereau ou d'un certificat, conformément aux dispositions de l'article 3, détruit le titre de celui qui peut avoir perdu ses documents, à moins qu'il ne soit prouvé que le porteur, en prenant le document, n'a pas agi de bonne foi ou est coupable de négligence lourde.

Dans les mêmes conditions, le porteur détruit le titre de celui qui serait qualifié pour réclamer les marchandises comme déposant. Il incombera, cependant, à la Compagnie de ne pas recevoir de marchandises de toute personne dont le titre sur les marchandises est suspect. Dans le cas de négligence sous ce rapport des agents de la Compagnie, celle-ci est responsable envers toute personne ayant subi un dommage.

Art. 6. — **Endossement.** — L'endossement d'un bordereau transfère la propriété des marchandises.

L'endossement d'un certificat seul, fait en conformité des dispositions de l'article 7, par une personne le portant légitimement selon les dispositions de l'article 3, opère comme un gage envers le cessionnaire des marchandises déposées. Le gagiste peut transférer son droit par l'endossement ultérieur du certificat.

Art. 7. — **Manière d'engager les marchandises par le moyen du certificat.** — Lorsqu'il se propose de donner en gage les marchandises déposées, d'après les dispositions du second paragraphe de l'article 6, en transférant à un cessionnaire le certificat seulement, celui qui met en gage endosse le certificat et signe une note établissant la date et le montant de l'emprunt à garantir, l'intérêt stipulé, la date du paiement, et le nom, la profession et l'adresse du gagiste. Il faut également produire le bordereau établissant le titre légitime, suivant l'article 3, et une note (indiquée comme transcription) du prêt ainsi effectué doit être inscrite sur le bordereau, le principe étant que tout endossement ou note fait sur l'un des documents, après leur émission, doit être transcrit littéralement sur l'autre, et que cette transcription doit être indiquée comme telle.

Lorsque les dits endossements ont été effectués, les documents doivent être remis aux bureaux de la Compagnie, qui est obligée de s'assurer que les endossements et notes faits ou endossés sur l'un des documents sont conformes aux prescriptions précédentes; elle constatera que cette prescription est remplie. En cas de non-accomplissement, la Compagnie est responsable envers toute personne acceptant ces documents de bonne foi.

On agira de même ultérieurement si le prêt primitif est augmenté ou si les termes du contrat sont modifiés ou si le certificat, après paiement de la dette, est employé pour un nouvel engagement des marchandises.

Les droits acquis par le cessionnaire d'après cet article sont supérieurs à ceux du porteur du bordereau, selon les prescriptions du présent acte.

ART. 8. — **Le porteur du bordereau peut en tout temps dégager le certificat.** — Comment après paiement de la dette, au jour fixé de la dette, avec l'intérêt — ou avec les intérêts et les frais, si le paiement a été retardé (art. 9), le porteur (art. 3) du bordereau peut en tout temps requérir le porteur (art. 3) du certificat de le lui rendre et, si le certificat a été endossé au nom de ce porteur, de l'endosser avec le reçu de la somme.

Si le porteur du bordereau peut prouver, à la satisfaction de la Compagnie, que le porteur du certificat n'a ni résidence ni siège d'affaires à Copenhague, ou qu'il n'a pas été possible de le trouver chez lui ou à ses bureaux, ou que celui-ci n'a pu ou voulu rendre le certificat acquitté, au moment nécessaire, le porteur du bordereau, en déposant entre les mains de la Compagnie le montant dû avec l'intérêt, ou s'il est en retard, avec les intérêts jusqu'au jour de la remise, et les frais possibles, estimés par la Compagnie, peut réclamer livraison des marchandises, en rendant le bordereau seul. Si l'argent est ainsi déposé, le porteur du certificat peut ensuite en tout temps, moyennant restitution du certificat acquitté, demander le paiement de la dette, avec les intérêts et les frais.

Art. 9. — **Formalités en cas de retard du paiement.** — Si le montant spécifié sur le certificat (art. 7), avec l'intérêt, n'est ni payé ni déposé au jour dû, le certificat peut être présenté à la personne qui, des endossements faits sur le certificat, paraît être le premier gagiste, et en cas de non-paiement, doit être protesté par un notaire public.

Si le montant spécifié sur le certificat, avec l'intérêt fixé et, du jour de l'échéance, une majoration d'intérêt de 1 0/0 par an, les frais du protêt, n'est ni payé ni déposé dans les trois semaines du jour du protêt, le porteur de certificat, sur délivrance d'une copie du protêt, peut requérir la Compagnie de vendre les marchandises déposées, ou par vente publique, ou par un agent de change. Si c'est en vente publique, les droits dus sont réglés par l'acte concernant les ventes publiques (26 mai 1868).

Sur le prix de la vente — déduction faite des frais de la vente, du prix du magasinage, des frais divers de transport, conservation, assurance des marchandises (§ 25 de l'article 3), la Compagnie acquittera d'abord la demande du gagiste. En recevant le paiement de la dette, avec l'intérêt et les dépenses, le gagiste acquittera et rendra le certificat. Si le prix de vente n'a pas suffi pour couvrir la dette, la somme payée sera consignée sur le certificat. Si, au contraire, ce prix excède le montant de la dette, le surplus sera conservé par la Compagnie, qui le paiera contre restitution du bordereau acquitté.

Art. 10. — **Vente conditionnelle.** — Si le certificat n'a pas servi à engager les marchandises, une note pareille peut être mise au dos du certificat et du bordereau, établissant que les marchandises ont été vendues au moyen du bordereau, sous condition qu'une somme déterminée sera payée à un jour déterminé ou avant.

Après avoir été ainsi endossés, les documents doivent être produits à la Compagnie, qui constatera par écrit sur ces documents mêmes cette production. Le porteur du bordereau, en payant au porteur du certificat au jour fixé, ou avant, la somme ainsi spécifiée, aura le droit de demander la délivrance du certificat, acquitté. Si cependant le porteur du bordereau peut prouver, à la satisfaction de la Compagnie, que le porteur du certificat n'a ni adresse ni bureaux à Copenhague, ou qu'il n'a pas été possible de l'y trouver, ou que celui-ci n'a pu ou voulu rendre le certificat acquitté, le porteur du bordereau, en déposant le prix d'achat entre les mains de la Compagnie, pas plus tard qu'une semaine après le jour fixé dans la note, a le droit de demander la livraison des marchandises, moyennant restitution du bordereau seul, acquitté. Le porteur du certificat, en le rendant, acquitté, peut à tout moment avoir le droit de toucher l'argent ainsi déposé.

Si le prix d'achat n'est pas déposé dans le délai fixé ci-dessus, le bordereau ne peut plus être opposé à la Compagnie, et le porteur du certificat a le droit de prendre livraison des marchandises, en rendant seulement le certificat acquitté.

Art. 11. — **Responsabilité des endosseurs du certificat, quand il a servi à emprunter sur les marchandises.** — Si le certificat a servi à gager les marchandises, si la dette ainsi contractée, avec l'intérêt et les frais, n'a pas été couverte par la vente des marchandises, le porteur du certificat a le droit de poursuivre tout premier endosseur qui n'a pas expressément, dans son endos, décliné cette responsabilité en cas d'insuffisance de la vente — pourvu toujours que le protêt mentionné dans l'article 9 n'ait pas été fait plus tard que le second jour de la semaine écoulée depuis le jour fixé pour le paiement et pourvu aussi que la vente soit demandée dans les trente jours du jour du protêt.

Tout endosseur du certificat a le droit de demander la délivrance du certificat et du protêt, moyennant paiement de la dette, avec l'intérêt et les frais.

Tout porteur du certificat et du protêt peut poursuivre, simultanément, et dans tout ordre quelconque, les parties responsables par premiers endossements.

Art. 12. — **Limite de la responsabilité de l'endosseur d'après l'article 11.** — Le délai de poursuite édicté par l'article 11 est limité à six mois. Contre le porteur du certificat à la requête duquel les marchandises ont été vendues, la dite période part du jour de la vente. Contre toute autre personne responsable (ou ses représentants) elle part — si la personne responsable a payé sans poursuites — du jour du paiement ou, en tout autre cas, du jour où la poursuite en recouvrement a commencé contre elle, ou de celui où la dette a été réclamée à sa faillite ou à la liquidation de ses affaires après décès. L'obstacle à cette prescription peut être levé suivant les règles édictées pour les lettres de change, quand ces règles sont applicables.

ART. 13. — **Les droits sur la marchandise s'étendent aux réclamations en cas de perte ou d'avaries.** — Les droits des porteurs du bordereau et du certificat s'étendent à toute indemnité qui peut être réclamée en cas de perte ou d'avaries des marchandises, y compris le bénéfice de tout contrat d'assurance effectué par la Compagnie au profit des porteurs de ces documents.

ART. 14. — **Droits de timbre.** — Tout bordereau doit être timbré conformément aux règles du timbre des bons *ad valorem*, au regard de la valeur des machandises spécifiée dans les documents (art. 2).

Le bordereau peut être endossé sans timbre.

Les certificats et leurs endossements, les notes qui y sont écrites (art. 7 et 10) sont exempts de timbres.

ART. 15. — **Pertes des bordereaux et certificats.** — En cas de perte de ces documents, ils peuvent être déclarés nuls et de nul effet par le tribunal.

La personne qui veut faire une telle déclaration présente une requête au président du Tribunal de commerce de Copenhague; cette requête doit indiquer, à la satisfaction du président, le droit qu'a sur les marchandises le réclamant; celui-ci doit déclarer son intention de prêter serment que, à sa connaissance, nul n'a de droits sur ces marchandises que lui.

Si le président ne repousse pas la requête, il permettra au requérant la publication d'un avis ; le délai courra ensuite pendant douze semaines à partir du jour du dernier avis ; celui-ci sera publié trois fois (dans le journal danois représentant les *Petites Affiches*), à des intervalles d'au moins huit jours et doit être notifié à la Compagnie pas plus tard que le second jour de la semaine après la publication.

Cette annonce faite, la livraison des marchandises, conformément aux articles 8 et 10 sur la visite, peut être ordonnée avec les précautions déterminées par le président. Si l'on demande l'anticipation de cette livraison, elle peut être accordée selon les circonstances, par le président, par un jugement spécial.

Art. 16. — **Droits de la Compagnie en cas de non-paiement des taxes.** — Si les taxes de la Compagnie, pour magasinage et autres, ne sont pas payées dans les délais fixés par l'article 18 ;

Ou si le montant de ces taxes ou frais excède les trois quarts de la valeur des marchandises, suivant estimation d'experts nommés par le Tribunal de commerce ;

Ou si les marchandises, ou une partie d'entre elles sont en danger de destruction, d'après les experts ;

La Compagnie est autorisée à vendre les marchandises, ou une partie d'entre elles, une semaine après un avis inséré trois fois (aux *Petites Affiches*) et, en cas nécessaire, par un avis affiché à la Bourse de Copenhague, et par des lettres chargées, envoyées par la poste aux porteurs respectifs du bordereau et du certificat, si leur adresse est connue, annonçant la vente à l'expiration de la semaine après le dernier avertissement.

Quand toutes les charges légales sont couvertes, le surplus, s'il y en a, de la vente, est conservé en dépôt par la Compagnie, qui le paiera à la personne qualifiée par les articles 8 et 9. Les sommes non réclamées dans les dix ans après la vente par une personne qualifiée, restent la propriété de la Compagnie.

Art. 17. — **Bordereaux pour portions de marchandises désignées seulement par la nature et la qualité.** — Les dispositions du présent acte peuvent être, par ordonnance royale, rendues applicables aux bordereaux émis par la Compagnie pour portions de marchandises déposées, désignées seulement par leur nature et leur qualité.

LOI DU 3 DÉCEMBRE 1908

RACCORDEMENT DES VOIES DE FER AVEC LES VOIES D'EAU

ARTICLE PREMIER. — Est étendu aux propriétaires ou concessionnaires de magasins généraux, ainsi qu'aux concessionnaires d'un outillage public et aux propriétaires d'un outillage privé, dûment autorisé sur les ports maritimes ou de navigation intérieure, le droit d'embranchement reconnu aux propriétaires des mines ou d'usines, dans les conditions stipulées par l'article 62 du cahier des charges des concessions de chemins de fer, d'intérêt général annexé à la loi du 4 décembre 1875, par l'article 61 du cahier des charges des concessions de chemins de fer d'intérêt local établis en exécution de la loi du 11 juin 1880 et par l'article 70 du décret du 16 juillet 1907, portant règlement d'administration publique pour l'exécution de l'article 38 de la loi du 11 juin 1880 (établissement et exploitation des voies ferrées sur le sol des voies publiques).

ART. 2. — Des décrets rendus en Conseil d'État, les Compagnies entendues, pourront, lorsque l'utilité en aura été reconnue après enquête, prescrire l'exécution des bassins et installations nécessaires pour assurer l'accès des bateaux dans les gares de chemins de fer.

Les travaux seront exécutés par les Compagnies sur les projets approuvés par le ministre des Travaux publics; les dépenses de premier établissement seront supportées par l'État, avec, s'il y a lieu, le concours des intéressés.

ART. 3. — Il sera statué par le Conseil d'État sur les indemnités qui pourraient être réclamées par les Compagnies de chemins de fer à raison du préjudice qui leur serait causé par l'application de la présente loi.

INSTALLATION D'OUTILLAGE
SUR LES QUAIS DES PORTS MARITIMES DE COMMERCE

CAHIER DES CHARGES TYPE

TITRE I. — **Objet de l'autorisation.** — ARTICLE PREMIER. — *Objet de l'autorisation.* — L'outillage que
est autorisé à établir et à exploiter [1] dans le port de aux conditions déterminées par le présent cahier des charges, comprend
des grues ou des treuils hydrauliques ou à vapeur pour le chargement ou le déchargement des navires, pour la manutention des marchandises sur les quais, pour le mâtage et le démâtage des navires ; des hangars pour abriter les marchandises, pendant les opérations de reconnaissance sur le terre-plein des quais, etc.

ART. 2. — *Nature de l'autorisation.* — L'autorisation ne constitue aucun privilège en faveur du permissionnaire.

L'usage des appareils et des hangars est toujours facultatif pour le public, et il est subordonné aux nécessités du service général du port dont l'Administration est seule juge.

Les quais sur lesquels ils sont installés restent affectés à l'usage libre du public, sous l'autorité exclusive de la police du port.

L'Administration se réserve le droit d'établir et d'autoriser toute autre personne à employer ou à mettre à la disposition du public tels appareils, engins ou abris qu'elle jugera convenable, sans que le permissionnaire puisse élever aucune réclamation.

TITRE II. — **Exécution des travaux et entretien.** — ART. 3. — *Nombre et nature des appareils autorisés.* — Les engins et abris que le permissionnaire est autorisé à établir [2] sont les suivants :

1. Lorsque le permissionnaire sera une Chambre de commerce, on remplacera *exploiter* par *administrer*.

2. Pour les Chambres de commerce, on remplacera *est autorisé à établir* par *est tenu dès maintenant d'établir*.

(Indiquer le nombre, la nature et la force des divers appareils autorisés : grues fixes, roulantes ou flottantes, à bras, à vapeur ou hydrauliques ; treuils ; la surface à couvrir par les hangars, etc.)

Art. 4. — *Emplacements.* — L'emplacement définitif des hangars et des appareils fixes, les dispositions et le tracé des voies ferrées destinées au déplacement des appareils mobiles, l'emplacement des bâtiments annexes pour machines à vapeur, accumulateurs d'eau comprimée et bureaux, le tracé des conduites d'eau et de gaz sont déterminés par le ministre des Travaux publics, sur la proposition du permissionnaire, lors de la présentation des projets d'exécution prescrits par l'article 5 ci-après.

Art. 5. — *Projets d'exécution.* — Le permissionnaire est tenu de soumettre au ministre des Travaux publics les projets d'exécution ou de modification de tous les ouvrages ou engins à installer.

Ces projets doivent comprendre tous les plans et dessins et les mémoires explicatifs nécessaires pour bien spécifier les constructions à faire.

Le ministre des Travaux publics a le droit de prescrire les modifications qu'il juge nécessaires pour assurer la liberté et la sécurité des quais ainsi que la conservation des ouvrages du port.

Il peut prescrire que certaines parties des hangars soient disposées de manière à être fermées la nuit par mesure de sécurité, et que certaines parties couvrent les voies ferrées affectées au stationnement des wagons de chemin de fer en cours de chargement ou de déchargement le long des terrepleins des quais.

Art. 6. — *Exécution des travaux.* — Le permissionnaire doit exécuter les travaux conformément aux projets qu'il a présentés, et avec les modifications prescrites par le ministre des Travaux publics.

Tous les ouvrages doivent être exécutés en matériaux de bonne qualité, mis en œuvre suivant les règles de l'art.

Art. 7. — *Entretien des ouvrages.* — Les ouvrages établis par le permissionnaire doivent être constamment entretenus en bon état par ses soins, de façon à toujours convenir parfaitement à l'usage auquel ils sont destinés.

Le permisionnaire doit tenir constamment propres les abords des grues fixes, les voies de roulement des grues mobiles et leurs abords, ainsi que l'intérieur des hangars.

Si l'entretien est négligé sur quelques points par le permissionnaire, il y sera pourvu d'office à la diligence des ingénieurs du port, à la suite d'une mise en demeure adressée par le préfet et restée sans effet. Le montant des avances faites par le service du port sera remboursé par le permissionnaire, au moyen de rôles rendus exécutoires par le préfet.

Art. 8. — *Responsabilités vis-à-vis des tiers.* — Le permissionnaire est responsable, vis-à-vis des tiers, de la réparation des dommages provenant du défaut de solidité ou d'entretien des constructions et engins.

Art. 9. — *Frais de construction et d'entretien.* — Tous les frais de premier établissement, de modification et d'entretien sont à la charge du permissionnaire.

Sont également à sa charge les frais des changements qu'il peut être autorisé par le ministre des Travaux publics à apporter aux ouvrages du port, aux becs de gaz, canons d'amarrages, etc.

Art. 10. — *Pavages.* — Le permissionnaire a à sa charge la construction et l'entretien des pavages dans l'intervalle compris entre les rails servant au déplacement des grues mobiles et sur une bande de   de largeur de chaque côté de la voie.

Il en est de même des pavages de la surface couverte par les hangars, à l'exception des parties restant affectées à la circulation ordinaire des voitures.

Avant la mise en service des grues mobiles et des hangars, il sera dressé un procès-verbal contradictoire de reconnaissance des pavages exécutés et à entretenir par le permissionnaire.

Art. 11. — *Indemnités aux tiers.* — Le permissionnaire a à sa charge, sauf son recours contre qui de droit, toutes les indemnités qui pourraient être dues à des tiers par suite de l'exécution, de l'entretien ou du fonctionnement des ouvrages autorisés.

Art. 12. — *Règlements de voirie.* — Le permissionnaire est

tenu de se conformer à tous les règlements de voirie existants ou à intervenir, notamment en ce qui concerne les
travaux à exécuter sur la voie publique, en vue de l'établissement ou de l'entretien des voies ferrées, des tuyaux d'eau
et de gaz et de tous autres appareils.

Ces travaux doivent être effectués avec la plus grande
activité et avec toutes les précautions qui seront prescrites, de façon à gêner le moins possible la circulation.

Aussitôt qu'ils seront terminés, la chaussée sera rétablie
en bon état par les soins du permissionnaire et à ses
frais.

ART. 13. — *Effets de libre usage de la voie publique.* — Le
permissionnaire n'est admis à réclamer aucune indemnité,
à raison des dommages que le roulage ordinaire causerait
aux voies ferrées et aux autres ouvrages fixes qui ne
doivent former aucun obstacle à la circulation publique.

Il ne peut non plus élever contre l'Administration aucune
réclamation, en raison de l'état des chaussées et terre-pleins
des quais ou de l'influence que cet état exercerait sur l'entretien et le fonctionnement de ses ouvrages, ni en raison du
trouble ou des interruptions de service qui résulteraient
pour ces divers engins, soit de mesures temporaires d'ordre
et de police, prises par le service du port, soit de travaux
exécutés sur le domaine public tant par l'Administration que
par les particuliers régulièrement autorisés, ni en raison
d'une cause quelconque résultant du libre usage de la voie
publique.

ART. 14. — *Délais d'exécution.* — Le permissionnaire devra
avoir terminé dans les délais ci-après les travaux de premier
établissement des appareils et des hangars qui font l'objet
de la présente autorisation :

ART. 15. — *Contrôle de la construction et de l'entretien.* —
Les travaux de premier établissement, de modification et
d'entretien sont exécutés sous le contrôle et la surveillance
des ingénieurs du port.

A mesure que les travaux de premier établissement seront
terminés, chaque abri, appareil ou groupe susceptible d'être
utilisé isolément fera l'objet d'un procès-verbal de récole-

ment dressé par les ingénieurs sur la demande du permissionnaire, et le préfet, sur le vu de ce procès-verbal, en autorisera, s'il y a lieu, la mise en service.

Art. 16[1]. — *Insuffisance des installations.* — Lorsque le nombre des engins ou l'étendue des hangars ne seront plus suffisants pour les besoins du commerce, la Chambre de commerce sera tenue de les augmenter par l'établissement et la mise en service d'engins supplémentaires de même nature ou de hangars nouveaux dans la mesure reconnue nécessaire à la bonne exploitation du port par les ministres des Travaux publics et du Commerce, de l'Industrie, des Postes et des Télégraphes, d'accord avec la Chambre de commerce ou, à défaut de cet accord, par un décret rendu en Conseil d'Etat après enquête, sur le rapport des ministres des Travaux publics et du Commerce, de l'Industrie, des Postes et des Télégraphes.

Titre III. — **Exploitation**[2]. — Art. 17. — *Police des quais et du port.* — L'autorisation ne confère au permissionnaire aucun droit d'intervention dans le placement des navires aux quais outillés par lui, dans le déplacement de ces navires, dans la police de grande voirie, dans celle de la circulation ou de l'usage des quais.

Art. 18. — *Ordre d'admission à l'usage des engins de manutention.* — Les engins de chargement et de déchargement sont mis à la disposition des navires suivant l'ordre des demandes.

Les demandes sont inscrites, à cet effet, dans l'ordre et à la date de la production, sur des registres à souche, tenus par les soins du permissionnaire.

Ces registres sont communiqués, sans déplacement à toutes les personnes intéressées à en prendre connaissance.

Si un navire inscrit ne se présente pas à son rang, il prend le premier tour dont il est en mesure de profiter.

Les bâtiments appartenant à l'Etat ou employés au service

---

1. Cet article ne doit figurer que dans les cahiers des charges d'autorisations accordées à des Chambres de commerce.

2. *Administration* si le permissionnaire est une Chambre de commerce.

de l'Etat ont la priorité sur tous les autres pour l'usage des engins. Ils ne sont pas astreints aux inscriptions prévues ci-dessus. En cas d'urgence, et sur la réquisition du capitaine du port, les engins employés par d'autres navires peuvent être enlevés à ces navires pour être affectés immédiatement aux opérations des bâtiments appartenant à l'Etat, ou employés au service de l'Etat.

ART. 19. — *Obligations du permissionnaire en ce qui concerne les engins.* — Le permissionnaire est tenu :

Soit de donner ses appareils en location au public, à l'heure ou à la journée, avec la force motrice et les mécaniciens nécessaires pour faire fonctionner les appareils à vapeur et hydrauliques ;

Soit de les employer lui-même directement, sur la demande du public, à l'enlèvement des colis ou des mâts.

Et cela, non seulement pendant les jours et heures réglementaires du travail de la douane, mais encore, en dehors de ces périodes, de jour et de nuit, quand ce travail aura été autorisé par la douane, sur la demande de la personne qui devra faire usage des appareils[1].

ART. 20. — *Obligations des usagers.* — Ceux qui font usage des engins du permissionnaire doivent employer pour le déchargement, l'embarquement des marchandises, ainsi que pour leur arrimage à fond de cale ou sur les wagons, et en général pour la manutention des marchandises, un nombre d'hommes suffisant pour accélérer le travail et ne pas laisser chômer l'engin ; faute de quoi il peut être immédiatement mis à la disposition du premier des inscrits suivants qui est en situation de l'utiliser.

Les grues ne peuvent être employées à soulever un poids supérieur à leur force. Toute avarie occasionnée par l'emploi de poids supérieurs reste à la charge des personnes qui ont fait usage des grues.

---

1. Pour les Chambres de commerce, on mettra :
Le permissionnaire est tenu de donner ses appareils en location au public à l'heure ou à la journée avec la force motrice et les mécaniciens nécessaires pour faire fonctionner les appareils à vapeur et hydrauliques non seulement pendant les jours, etc. (*le reste comme ci-dessus*).

Ceux qui veulent travailler en dehors des jours et heures réglementaires du travail de la douane doivent en faire la déclaration écrite au moins six heures avant le commencement du travail supplémentaire en produisant, s'il y a lieu, l'autorisation de la douane.

Art. 21. — *Surveillance des appareils.* — Les engins fixes ou mobiles donnés en location ne peuvent travailler que sous la surveillance d'un agent du permissionnaire, dont le salaire est compris dans la taxe de location.

Art. 22. — *Suspension des opérations.* — Si l'agent chargé de la surveillance trouve qu'il y a danger ou inconvénient à continuer le travail au moyen des engins du permissionnaire ou si ces engins doivent être déplacés par ordre des ingénieurs ou des officiers de port, les locataires doivent immédiatement suspendre les opérations jusqu'à ce que tout soit remis en bon ordre, sans avoir droit à aucune indemnité, même si l'interruption de travail est occasionnée par un défaut des engins mis à leur disposition.

Mais dans ce dernier cas, ils ne payent que le temps pendant lequel ils ont pu faire usage de ces engins.

Le paragraphe 1er du présent article est applicable au cas où les engins seraient employés, pour le compte du permissionnaire même, à l'enlèvement des colis et des mâts [1].

Art. 23. — *Usage des hangars.* — Les hangars sont exclusivement affectés à abriter la marchandise immédiatement avant son embarquement ou après son débarquement,

Ils peuvent être fermés pendant la nuit par mesure de sécurité, mais ils restent ouverts pendant le jour. Le permissionnaire ne peut s'opposer à la libre circulation du public pendant le jour sous ces hangars. Le sol occupé par eux reste soumis au régime légal de la grande voirie sous réserve seulement de la perception, par le permissionnaire, des taxes établies pour le dépôt et la manutention des marchandises. — Le payement de ces taxes ne donne pas au public le droit de laisser stationner les marchandises sous les hangars, ou les navires devant les quais sous les hangars au

---

1. Ce dernier paragraphe est à supprimer dans les autorisations données à des Chambres de commerce.

delà des délais fixés, soit par les règlements généraux de police du port, soit par les arrêtés préfectoraux pris en vertu de l'article 25 ci-après.

Dans le cas où ces délais seraient dépassés, les officiers de port pourraient prendre les mesures prévues par les règlements généraux de police du port.

ART. 24. — *Éclairage et surveillance.* — Le permissionnaire est tenu d'éclairer les hangars pendant la nuit et d'entretenir à ses frais un nombre de gardiens suffisant pour assurer la régularité du service.

Mais la garde et la conservation dés marchandises placées sous les hangars ne sont point à sa charge, et aucune responsabilité ne pèse sur lui pour la perte ou le dommage ne résultant pas de son fait ou de celui de ses agents.

ART. 25. — *Règlements du port et mesures de police.* — Le permissionnaire est soumis aux règlements du port.

Il doit se conformer aux arrêtés que prend le préfet, le permissionnaire entendu pour réglementer, dans l'intérêt de la sécurité publique, du bon ordre dans l'exploitation du port, et du bon emploi des ouvrages de l'Etat, le stationnement, les mouvements et le fonctionnement des engins établis sur le domaine public.

Il est tenu de déplacer momentanément ses engins loués ou non, toutes les fois qu'il en est requis, soit par les officiers de port pour les besoins de l'exploitation du port, soit par les ingénieurs du port, pour les réparations à exécuter aux ouvrages de l'Etat.

Ces déplacements sont ordonnés verbalement aux agents du permissionnaire, qui doivent obtempérer immédiatement aux injonctions des officiers de port et des ingénieurs; faute de quoi, lesdits agents sont personnellement passibles de procès-verbaux de contravention à la police de la grande voirie, et il est procédé d'office à l'exécution des ordres des officiers de port et des ingénieurs, aux frais des contrevenants, sauf recours contre le permissionnaire civilement responsable.

ART. 26. — *Mesures de détail.* — Les mesures de détail relatives à l'application du présent cahier des charges, en ce qui concerne notamment les obligations respectives du permissionnaire et des personnes qui font usage de ses appareils, ainsi que les mesures de détail relatives à l'application des tarifs, sont arrêtées par le préfet, le permissionnaire entendu.

Art. 27. — *Agents du permissionnaire.* — Les agents et gardiens que le permissionnaire emploie pour la surveillance et la garde des ouvrages autorisés peuvent être commissionnés par le préfet et assermentés devant le tribunal de première instance.

Ils sont dans ce cas assimilés aux gardes des particuliers.

Ils ont des signes distinctifs de leurs fonctions.

Art. 28. — *Sous-traités.* — Le permissionnaire peut, avec le consentement du ministre des Travaux publics, confier à des entrepreneurs agréés par lui l'exploitation de tout ou partie de ses appareils et abris et la perception des taxes fixées par le tarif; mais dans ce cas il demeure personnellement responsable, tant envers l'Administration qu'envers les tiers, de l'accomplissement de toutes les obligations que lui impose le présent cahier des charges.

Art. 29. — *Contrôle de l'exploitation.* — L'exploitation des appareils ou engins autorisés est faite sous le contrôle et la surveillance des ingénieurs du port.

Titre IV. — **Tarifs.** — Art. 30. — *Durée.* — Pour indemniser le permissionnaire des travaux et dépenses qu'il s'engage à faire par le présent cahier des charges et sous la condition expresse qu'il en remplira toutes les obligations, le Gouvernement lui accorde le droit de percevoir, pendant toute la durée de l'autorisation, pour l'usage de ses appareils et abris, des taxes dont le montant est déterminé par des tarifs établis conformément aux dispositions ci-après.

Art. 31. — *Taxes maxima.* — Les taxes maxima qui peuvent être perçues à partir de la mise en service des appareils et des hangars sont les suivantes :

Nota. — (On devra établir des prix différents pour les diverses catégories d'appareils, suivant leur force et leur nature.

Les taxes afférentes au chargement et au déchargement des marchandises seront fixées, d'après le poids réel de ces marchandises, pour 1000 kilogrammes et pourront varier avec le poids des colis. On pourra aussi prévoir la location des appareils à l'heure ou à la demi-journée.

Pour les opérations de mâtage ou de démâtage, on établira, pour chaque opération, un prix variable avec le tonnage brut du navire calculé conformément aux décrets du 24 décembre 1872 et du 24 mai 1873.

On devra, d'ailleurs, établir des tarifs différents correspondant aux diverses périodes de travail, en définissant exactement l'origine et la fin de ces périodes.

Les taxes afférentes à l'occupation des hangars seront établies, soit d'après la surface occupée, soit d'après le poids réel des marchandises, soit d'après le nombre de tonneaux d'affrètement que représentent ces marchandises. Ce prix par jour d'occupation croîtra avec la durée du séjour ; il sera le même pour les jours fériés que pour les jours ouvrables.

ART. 32. — *Application du tarif des engins.* — Les taxes pour l'usage des engins sont dues par celui qui a fait la demande prévue à l'article 18 ci-dessus.

Lorsque les appareils sont donnés en location à l'heure ou à la demi-journée, toute demi-journée commencée est due ; néanmoins l'engin est retiré par les agents du permissionnaire dès que le travail est terminé.

Le prix de la première heure ou de la première demi-journée est payé d'avance à titre d'arrhes, lors de la demande d'un engin.

ART. 33. — *Frais compris dans les taxes en cas de location à l'heure ou à la journée.* — Le permissionnaire a à sa charge la fourniture de l'engin et de ses accessoires, le graissage et les frais accessoires relatifs à son fonctionnement, plus, pour les appareils à vapeur et hydrauliques, la fourniture de la force motrice nécessaire pour les actionner et les frais de conduite, et enfin, dans le cas des engins roulants ou flottants, les frais de la première approche et du départ définitif de l'engin.

Tous les autres frais de manœuvre, les déplacements de l'engin effectués au cours des opérations, sur la demande du locataire ou sur l'ordre des officiers de port ou des ingénieurs, l'accrochage, le décrochage, l'approche et la manutention des colis et des mâts, ainsi que la fourniture des chaînes et cordages pour saisir les colis et les mâts, sont à la charge du locataire.

ART. 34 [1]. — *Frais compris dans les taxes en cas d'emploi direct des appareils par le permissionnaire.* — Le permissionnaire a à faire avec ses appareils, en transportant partout où il le faudra ceux qui sont mobiles, l'opération consistant à hisser les colis ou les mâts et à les déposer, mais cette opération seulement.

Toutes les autres mains-d'œuvre et fournitures seront à la charge des personnes qui font usage des appareils.

ART. 35. — *Application du tarif des hangars.* — La taxe est due pour toute marchandise déposée ou manutentionnée sous les hangars.

La durée du séjour pour lequel elle est due est évaluée en jours sans déduction des jours non ouvrables. Les jours se comptent de minuit à minuit, et toute journée commencée donne lieu à la perception du prix fixé pour la journée entière.

Le nombre de tonneaux à taxer est établi d'après la définition légale du tonneau d'affrètement [2].

Toute fraction de   (tonne, tonneau, mètre carré occupé) donne lieu à la perception de la taxe pour   (une tonne, un tonneau, un mètre carré).

ART. 36. — *Assurances.* — Les taxes ne comprennent aucune assurance contre les incendies ou contre les avaries et aucune garantie contre le vol.

Les risques de perte, d'incendie ou d'avarie, lorsque ces accidents ne seront pas causés par les agents du permissionnaire, restent à la charge des intéressés, sous réserve de l'application de l'article 8 du présent cahier des charges.

ART. 37. — *Recouvrement des taxes d'occupation.* — Les taxes pour l'usage des hangars sont dues par le propriétaire ou le consignataire des marchandises déposées, ou, si le propriétaire et le consignataire sont inconnus, par le décla-

1. A supprimer dans les cahiers des charges des autorisations accordées à des Chambre de commerce.

2. A supprimer lorsque le tarif n'a pas pour base le tonneau d'affrètement.

rant en douane, et à défaut de déclarant, par l'auteur du dépôt de la marchandise.

Le permissionnaire peut s'opposer à l'enlèvement de la marchandise jusqu'au payement du montant des taxes et, s'il y a lieu, du montant des frais d'enlèvement et de magasinage des marchandises enlevées d'office par le permissionnaire sur l'ordre des officiers de port après l'expiration des délais de séjour réglementaires.

ART. 38. — *Perception des taxes.* — La perception doit être faite d'une manière égale pour tous, sans aucune faveur. Toute convention contraire à cette clause est nulle de plein droit.

Toutefois cette clause ne s'applique pas aux traités qui pourraient intervenir entre le permissionnaire et l'État, dans l'intérêt des services publics de l'État.

Il peut, en outre, être établi des abonnements à prix réduits, en faveur des lignes régulières de navigation jouissant d'une place à quai spéciale en vertu d'arrêtés préfectoraux intervenus et à intervenir. Le tarif de ces abonnements doit être soumis à l'homologation du ministre des Travaux publics. Toute réduction de taxe ou tout avantage consenti par abonnement en faveur d'une ligne régulière doit être accordé de droit à toute autre ligne régulière qui se soumet aux mêmes conditions.

ART. 39. — *Abonnements. Abaissements de taxe.* — Le permissionnaire peut, s'il le juge convenable, abaisser les taxes au-dessous des limites déterminées par les tarifs maxima.

Les taxes ainsi abaissées ne peuvent être relevées qu'après un délai de trois mois.

Toute modification des tarifs est portée à la connaissance du public par des affiches placardées au moins quinze jours avant l'époque fixée pour la mise à exécution.

La perception des tarifs modifiés ne peut avoir lieu qu'avec l'homologation du ministre des Travaux publics.

ART. 40. — *Contrôle des perceptions.* — Les tarifs en vigueur à toute époque sont portés à la connaissance du public au moyen d'affiches apposées d'une manière très apparente, le plus près possible des appareils, et aux endroits qui sont indiqués par le capitaine de port.

Le permissionnaire est responsable de la conservation de ces affiches et les remplace toutes les fois qu'il y a lieu.

L'état des perceptions est constaté par un registre à souche, avec indication détaillée, sur la souche comme sur le reçu détaché, de toutes les perceptions opérées.

Ce registre doit être représenté, à toute réquisition, aux Ingénieurs du port qui en contrôlent la tenue.

Titre V. — **Revision des tarifs et affectation des recettes.** (Spécial au cas où le titulaire de l'autorisation est une Chambre de commerce.) — Art. 41. — *Compensation des recettes et des dépenses.* — L'ensemble des comptes et budgets spéciaux mentionnés à l'article 2 du décret auquel est annexé le présent cahier des charges ne doit être, pour la Chambre de commerce, l'objet d'aucun bénéfice et d'aucune perte.

Art. 42. — *Revision des tarifs maxima.* — Afin d'assurer et de maintenir la compensation entre les recettes et les dépenses, les tarifs maxima spécifiés à l'article 31 peuvent être revisés, soit d'office, soit sur la demande du permissionnaire.

Cette revision peut être appliquée à tout tarif maximum qui a été en vigueur pendant cinq années consécutives au moins.

Toutefois, et par exception, il suffit d'une année entière, durant la première période quinquennale à partir du décret d'autorisation.

Toute revision consistant en un abaissement de tarifs maxima accepté par le permissionnaire est approuvée par le ministre des Travaux publics après avis du ministre du Commerce, de l'Industrie, des Postes et des Télégraphes.

Toute revision comportant les abaissements qui ne seraient pas consentis par le permissionnaire est ordonnée par décret délibéré en Conseil d'État.

Toute revision comportant des relèvements est effectuée en la forme suivie pour la présente autorisation.

La revision des tarifs maxima entraîne de plein droit l'annulation des taxes abaissées qui auraient été mises en vigueur en vertu de l'article 39.

Les taxes inférieures aux nouveaux maxima, qui auraient

été antérieurement établies, ne continuent en conséquence à être perçues que si elles ont été de nouveau l'objet de propositions du permissionnaire et de l'homologation ministérielle.

ART. 43. — *Emploi des taxes.* — Le produit des taxes est exclusivement employé par ordre de priorité :

1° A solder les dépenses relatives à l'administration et à l'entretien des ouvrages fixes et du matériel ;

2° A solder les dépenses relatives au remplacement, après usure, des ouvrages fixes et du matériel ;

3° A concourir à l'amortissement du capital de premier établissement ;

4° A constituer un fonds de réserve suffisant pour mettre le permissionnaire en mesure de satisfaire à ses obligations, de supporter les responsabilités qui lui incombent et de perfectionner l'outillage.

Jusqu'à l'amortissement complet du capital de premier établissement, le permissionnaire ne peut, sans l'autorisation des ministres des Travaux publics et du Commerce, de l'Industrie, des Postes et des Télégraphes, prélever annuellement sur le produit des taxes une somme supérieure à pour la constitution du fonds de réserve.

Ce fonds de réserve cesse de s'accroître lorsqu'il a atteint un chiffre maximum fixé par les ministres des Travaux publics et du Commerce, de l'Industrie, des Postes et des Télégraphes. La totalité des recettes disponibles après le prélèvement des sommes nécessaires pour payer les dépenses prévues aux paragraphes 1 et 2 est alors affectée à l'amortissement du capital engagé.

Lorsque le capital de premier établissement sera complètement amorti, si le fonds de réserve présente une importance suffisante, il devra être procédé à la revision des tarifs conformément aux dispositions de l'article précédent.

Le permissionnaire ne peut employer le fonds de réserve qu'aux besoins des entreprises figurant aux comptes et budgets spéciaux mentionnés à l'article 41. Il doit pour en disposer obtenir, dans chaque cas, l'assentiment préalable des ministres des Travaux publics et du Commerce, de l'Industrie, des Postes et des Télégraphes, excepté dans le cas où le fonds de réserve serait employé à solder des indemnités au payement desquelles le permissionnaire aurait été condamné par justice à raison de faits relatifs à son administration.

Art. 44. — *Budgets et comptes. Communication aux ingénieurs du port.* — Afin d'assurer l'exécution des prescriptions des articles 41, 42 et 43 ci-dessus, et de l'article 2 du décret d'autorisation, la Chambre de commerce doit communiquer aux ingénieurs du port, dans les six premiers mois de chaque année, le projet du budget spécial de l'année suivante et le compte spécial des recettes et dépenses d'établissement et d'exploitation de l'année précédente.

Art. 45. — *Liquidation d'emprunts en cas de retrait d'autorisation ou de suppression d'ouvrages.* — En cas de retrait de l'autorisation ou de suppression d'ouvrages ordonnée en exécution de l'article 51 ci-après, il sera pourvu, par décret délibéré en Conseil d'Etat, aux moyens de faire face aux charges des emprunts qui auraient pu être contractés par le permissionnaire.

Art. 46. — *Services accessoires.* — En dehors des tarifs fixés au titre IV, le ministre des Travaux publics, sur la proposition du permissionnaire, arrête annuellement les taxes relatives aux services accessoires, non prévus au présent cahier des charges, dont le permissionnaire viendrait à se charger dans l'intérêt de la bonne exploitation du port.

Titre VI. — **Durée et retrait de l'autorisation, suppression totale ou partielle des installations.** — Art. 47. — *Durée de l'autorisation.* — La durée de l'autorisation est fixée à   ans, à partir de la date du décret auquel le présent cahier des charges est annexé.

Art. 48. — *Retrait de l'autorisation.* — Faute par le permissionnaire de remplir les obligations qui lui sont imposées par le présent cahier des charges, il encourra le retrait de l'autorisation.

Le retrait sera prononcé, s'il y a lieu, après mise en demeure, par décret rendu en Conseil d'État sur le rapport du ministre des Travaux publics, le permissionnaire entendu.

Art. 49. — *Retour à l'État, lors du retrait ou à l'expiration de l'autorisation*. — Par le seul fait de la notification du décret prononçant le retrait de l'autorisation, ou à l'expiration de la année et le seul fait de cette expiration, l'État se trouvera subrogé à tous les droits du permissionnaire. Il entrera immédiatement en possession de tous les appareils et de leurs accessoires, ainsi que de tous les ouvrages mobiliers ou immobiliers établis sur le domaine public ou sur le domaine de l'État et de toutes les dépendances immobilières. Le permissionnaire sera tenu de lui remettre ces ouvrages en bon état d'entretien.

En ce qui concerne les ustensiles et objets mobiliers qui seraient nécessaires au fonctionnement des appareils, l'État sera tenu, si le permissionnaire le requiert, de reprendre tous ces objets sur l'estimation qui en sera faite à dire d'experts, et réciproquement, si l'Etat le requiert, le permissionnaire sera tenu de les céder de la même manière.

Les dispositions qui précèdent ne sont applicables qu'au cas où le Gouvernement déciderait que les engins et abris doivent être maintenus en totalité ou en partie.

Dans le cas, au contraire, où le Gouvernement déciderait que les engins et abris doivent être supprimés en tout ou en partie, ces engins et abris seront enlevés et les lieux seront remis dans l'état primitif aux frais du permissionnaire sans qu'il puisse prétendre à aucune indemnité.

Art. 50. — *Interruption de service*. — Dans le cas d'interruption partielle ou totale des services confiés au permissionnaire, le ministre des Travaux publics prendra immédiatement, aux frais et risques du permissionnaire, les mesures nécessaires pour assurer provisoirement le service jusqu'à ce qu'il ait été statué sur le retrait de l'autorisation ou jusqu'à ce que le permissionnaire se soit remis en mesure de continuer ses opérations.

Art. 51. — *Suppression partielle ou totale d'installation*. — Dans le cas où, à une époque quelconque, il serait reconnu nécessaire, dans l'intérêt public, de supprimer, soit momentanément, soit définitivement, une partie ou la totalité de ses installations, le permissionnaire devra, à la première réquisition de l'Administration supérieure, évacuer les lieux et les remettre dans leur état primitif.

Faute par lui de se conformer à cette obligation dans un délai de   mois à dater de la réquisition, il sera procédé d'office et à ses frais à l'exécution des travaux nécessaires.

Cette suppression ne donnera lieu à aucune indemnité. Elle ne pourra être prononcée que dans les formes suivies pour la présente autorisation, à moins qu'elle ne résulte d'un projet d'amélioration du port, déclaré d'utilité publique par un décret ou par une loi.

Art. 52. — *Déplacement d'ouvrages accessoires.* — Les dispositions de l'article précédent ne s'appliquent pas à la suppression patielle ou au déplacement des égouts, des tuyaux de conduite d'eau et de gaz posés sous le sol du domaine public et, en général, des ouvrages fixes accessoires qui peuvent être démontés et reposés sur un autre emplacement.

Il suffit que le préfet ordonne, sur l'avis de l'ingénieur en chef du service maritime, la suppression et le déplacement de tel groupe déterminé de ces ouvrages, pour que le permissionnaire soit tenu d'exécuter cet ordre à ses frais et sans indemnité, dans les délais prescrits, faute de quoi l'Administration procède d'office à l'exécution aux frais du permissionnaire.

Il en est de même pour les déplacements définitifs des engins mobiles roulants et flottants sur le domaine public, qu'il serait reconnu utile par le préfet d'exclure d'un quai ou d'un bassin déterminé.

Titre VII. — **Clauses diverses.** — Art. 53. — *Élection de domicile.* — Le permissionnaire est tenu à faire élection de domicile à

Il doit avoir un bureau situé à proximité des quais et faire choix, s'il en est requis, d'un agent qui logera dans le bâtiment affecté audit bureau.

Cet agent a qualité pour recevoir, au nom du permissionnaire, toutes les notifications administratives[1].

1. Lorsque le permissionnaire est une Chambre de commerce, cet article doit être ainsi rédigé :
La Chambre de commerce aura un bureau situé à proximité des

Art. 54. — *Établissement de grues par des tiers.* — Dans le cas où l'Administration, usant de la faculté qu'elle s'est réservée par l'article 2, autoriserait l'établissement de nouvelles grues, le permissionnaire devra laisser les propriétaires de ces grues user des voies ferrées qu'il aura installées, sous la condition de contribuer, dans une juste mesure, aux frais d'établissement et d'entretien desdites voies.

En cas de désaccord sur le principe ou l'exercice de l'usage commun des voies, il est statué par le ministre des Travaux publics, le permissionnaire entendu.

Les grues qui seraient établies ultérieurement par des tiers devraient d'ailleurs être disposées et exploitées de manière à ne pas gêner la manœuvre des grues du permissionnaire.

Art. 55[1]. — *Fourniture d'eau comprimée à l'Administration.* — Le permissionnaire est tenu également, dans la limite des disponibilités, de livrer à l'Administration, lorsqu'elle en fera la demande, de l'eau sous pression prise sur ses conduites pour la manœuvre des engins mobiles ou fixes employés dans les opérations relatives à l'exploitation du port.

L'eau ainsi fournie sera payée à la fin de chaque exercice au prix moyen de revient pendant l'année écoulée fixé d'un commun accord ou, à défaut d'accord, à dire d'experts.

Art. 56. — *Redevance.* — Le permissionnaire payera à l'État, pour l'occupation des terrains du domaine public sur lesquels seront établis ses appareils et leurs dépendances, une redevance annuelle de[2]   qui sera versée d'avance, au 1er janvier de chaque année, entre les mains du receveur des domaines, à

Cette redevance sera exigible à partir du jour[3] où le décret d'autorisation aura été rendu.

quais ; elle fera, si elle est requise, choix d'un agent qui logera dans le bâtiment affecté audit bureau et aura qualité pour recevoir, en son nom, toutes les notifications administratives.

1. A supprimer s'il ne s'agit pas d'un outillage hydraulique.

2. 1 franc s'il s'agit d'une Chambre de commerce. Dans tous les autres cas, chiffre à fixer conformément aux dispositions des arrêtés des ministres des Finances et des Travaux publics.

3. Du 1er janvier qui suivra la date du décret d'autorisation, s'il s'agit d'une Chambre de commerce.

Elle pourra être revisée tous les cinq ans.

Art. 57. — *Frais d'impression et d'enregistrement.* — Les frais d'impression et d'enregistrement de toutes les pièces relatives à la présente autorisation, ainsi que les impôts y afférents, restent à la charge du permissionnaire.

TABLE DES MATIÈRES

CHAPITRE I

GÉNÉRALITÉS

CHAPITRE II

RÉGIME DES PORTS EN FRANCE

Organisation administrative

Mode d'exécution du travail

CHAPITRE III

PORTS FRANÇAIS ET ÉTRANGERS

Du commerce

Ports français

Du régime des ports à l'étranger

De l'autonomie des ports

CHAPITRE IV

LES PORTS FRANCS

CHAPITRE V

INSTALLATIONS GÉNÉRALES. — HANGARS

Modes de manutention

Hangars

CHAPITRE VI

MAGASINS ET QUAIS

Construction des magasins

Aménagement des quais

Gares de triage

CHAPITRE VII

MANUTENTION DANS LES PORTS

CHAPITRE VIII

MACHINERIE DES PORTS

Sources d'énergie

Modes d'emploi des diverses sources d'énergie

Exemples de divers outillages

CHAPITRE IX

DIVERS

Ports de pêche
Service des passagers

Mesures sanitaires

Sauvetage des navires

CHAPITRE X

RÉPARATION DES NAVIRES. — CALES

Cales de halage

CHAPITRE XI

RÉPARATION DES NAVIRES. — FORMES DE RADOUB

Exemples de divers formes de radoub

Épuisement des formes

Exploitation des formes de radoub

CHAPITRE XII

RÉPARATION DES NAVIRES. — DOCKS FLOTTANTS

Types divers de formes flottantes

Comparaison entre les formes en maçonnerie et les docks mobiles

CHAPITRE XIII

FERMETURE DES BASSINS DE RADOUB

Mode de fermeture des formes

Caissons glissants et roulants

CHAPITRE XIV

DES DROITS DE PORT

Considérations préliminaires

Exemples divers de tarifs. — Tarifs des hangars

Tarifs des magasins

Tarifs des grues

Tarifs des formes de radoub

Prix de revient de quelques constructions

Prix des bassins de radoub

CHAPITRE XV

DÉVELOPPEMENT DE QUELQUES PORTS

CHAPITRE XVI

RÈGLEMENTS

Règlement général pour la police maritime des ports de commerce

Arrêté préfectoral du 15 juin 1898 (Le Havre)

RÈGLEMENT GÉNÉRAL POUR L'EXPLOITATION DES VOIES FERRÉES

Arrêté du 21 août 1889 (Le Havre)

Arrêté du 6 juillet 1893

Arrêté du 11 juin 1901 (Le Havre)

RÈGLEMENT D'EXPLOITATION DES HANGARS DE LA CHAMBRE DE COMMERCE

Arrêté du 12 juillet 1881 (Le Havre)

IMPORTATION ET EXPORTATION DE LA DYNAMITE

BIBLIOTHÈQUE DU CONDUCTEUR

DE

TRAVAUX PUBLICS

PUBLIÉE

SOUS LES AUSPICES

DE

**MM. les Ministres des Travaux publics, de l'Agriculture,
de l'Instruction publique,
du Commerce et de l'Industrie, de l'Intérieur,
des Colonies, de la Justice.**

ENSEMBLE DES CONNAISSANCES
INDISPENSABLES AUX CONDUCTEURS DES PONTS ET CHAUSSÉES
ET CONDUCTEURS MUNICIPAUX, AGENTS VOYERS,
CONTRÔLEURS DES MINES, CHEFS DE SECTION, ARCHITECTES VOYERS, ENTREPRENEURS
CONDUCTEURS DE TRAVAUX, CHEFS DE DISTRICT, INSPECTEURS,
VÉRIFICATEURS, ETC.

**Programme. — Conditions de souscription.
Abrégé de la table des matières des 63 volumes parus.**

PARIS

H. DUNOD et E. PINAT, ÉDITEURS
49, Quai des Grands-Augustins, 49

1909

PROGRAMME ET PRIX DES VOLUMES
PARUS ET A PARAITRE

GÉNÉRALITÉS

* 1 Mathématiques (2e édition)... **12** »
* 2 Mécanique, hydraulique et thermodynamique (2e édition) **15** »
* 3 Chimie et physique appliquées **12** »
* 4 Résistance des matériaux : T. I. **15** »
* 5 Résistance des matériaux : T. II. **15** »
* 5bis T. III **12** »
  Topographie. Etudes et opérations sur le terrain :
* 6 1er vol. : Instruments **12** »
* 7 2e vol. : Méthodes **15** »
  8 Travaux graphiques **12** »
* 9 Maçonneries **10** »
* 10 Bois et métaux **8** »
* 11 Tracé et terrassements **15** »
* 12 Fouilles et fondations **12** »
* 13 Droit civil **8** »
* 14 Droit administratif général **9** »

* 15 Economie politique et statistique **15** »
* 16 Droit commercial et industriel **10** »
* 17 Procédure civile et droit pénal **8** »
* 18 Exécution des travaux publics **12** »
* 19 Organisation des services de travaux publics **8** »
* 20 Comptabilité des travaux publics et tenue des bureaux **12** »
* 21 Comptabilité départementale, vicinale, communale et commerciale **12** »
* 22 Rôle social et économique des voies de communication **10** »
* 23 Rapports de service **12** »
* 24 Hygiène **7 50**

SPÉCIALITÉS

SECTION I. — CHAUSSÉES ET PONTS

* 25 Ponts en maçonnerie **15** »
  26 Ponts en bois et en métal **15** »
* 27 Routes et chemins vicinaux **12** »
  28 Droit administratif. De la voirie **12** »

    Total **54** »

4 volumes. — En souscription, **49** fr.

SECTION II. — SERVICE MUNICIPAL

* 29 Voie publique **12** »
* 30 Distribution des eaux **15** »
* 31 Egouts. — Assainissement **18** »
* 32 Plantations, jardins et promenades **11** »
* 33 Eclairage (2e édition) **15** »

    Total **71** »

5 volumes. — Ensemble, **64** fr.

SECTION III. — NAVIGATION

  34 Fleuves et rivières navigables **12** »
  35 Canaux et rivières canalisées **12** »
* 36 Ports maritimes. 1er volume **15** »
* 37 — — 2e volume **15** »
* 38 Exploitation des ports **15** »
* 39 Zoologie appliquée. Pisciculture, ostréiculture **12** »
* 40 Législation des eaux **15** »

    Total **96** »

7 volumes. — En souscription, **87** fr.

SECTION IV. — CHEMINS DE FER ET TRAMWAYS

* 41 Construction et voie **12 50**
* 42 Locomotive et matériel roulant **12** »
* 43 Exploitation technique **16** »
  44 Exploitation commerciale **8** »
* 45 Tramways et automobiles **12** »
  46 Législation des chemins de fer et tramways **9** »
* 47 Contrôle des chemins de fer **12** »

    Total **81 50**

7 volumes. — En souscription, **74** fr.

SECTION V. — MINES. — MACHINES

* 48 Géologie et minéralogie appliquées .... **12** »
* 49 Exploitation des mines (2° éd.). **9** »
* 50 Chaudières à vapeur........ **12** »
* 51 Machines à vapeur.......... **15** »
* 52 Machines hydrauliques....... **10** »
* 53 *Législation et contrôle des mines* .... **12** »
* 54 *Législation et contrôle des appareils à vapeur......* **8** »

Total .... **78** »
7 volumes. — Ensemble, **71** fr.

SECTION VI. — CONSTRUCTIONS CIVILES, ADMINISTRATIVES ET MILITAIRES

* 55 Architecture .... **15** »
* 56 Charpente et couverture..... **10** »
* 57 Menuiserie, serrurerie, plomberie, peinture, vitrerie... **10** »
* 58 Fumisterie, chauffage et ventilation.................. **10** »
* 59 Devis et évaluations........ **15** »
60 Edifices publics pour villes et villages .... **15** »
* 61 *Législation du bâtiment....* **8** »

Total............. **90** »
7 volumes. — En souscription, **81** fr.

SECTION VII. — AGRICULTURE

* 62 Agriculture................ **9** »
* 63 Hydraulique agricole. 1re et 2e parties......... **12** »
* 64 Id. 3e partie .... **15** »
* 65 Id. 4e à 8e partie......... **15** »
* 66 Génie rural.............. **10** »
67 *Code rural*.............. **8**

Total.......... **69** »
6 volumes. — En souscription, **63** fr.

SECTION VIII. — ÉLECTRICITÉ. — PHOTOGRAPHIE

* 68 Théorie et production de l'électricité .... **12** »
* 69 Applications industrielles de l'électricité .... **12** »
* 70 Photographie. Reproduction des dessins............. **9** »

Total........... **33** »
3 volumes. — Ensemble, **30** fr.

SECTION IX. — SCIENCES MILITAIRES

* 71 Génie .... **12** »
* 72 Sciences et arts militaires.... **12** »

Total........... **24** »
2 volumes. — Ensemble, **22** fr.

Les volumes précédés d'un astérisque sont parus (la table des matières de chacun d'eux est envoyée franco sur demande), et tous les autres sont à l'impression ou en préparation.

CONDITIONS DE SOUSCRIPTION

Tous les volumes de la Bibliothèque du Conducteur des Travaux publics, *dont haque page contient la matière des livres grand in-8°*, sont de format in-16 (19 × 13), omposés avec des caractères neufs, de lecture facile, imprimés sur beau papier, ourvus d'une solide et élégante reliure en peau souple ; ils peuvent être aisément ortés sur les travaux.

Pour éviter les surprises désagréables auxquelles ont souvent donné lieu les ouscriptions à certaines publications de longue haleine par l'augmentation nattendue du nombre de volumes et du prix prévu, *nous avons décidé de fixer lès maintenant la quantité des livres à paraître, leurs prix et les conditions de sous- ription : soit à la collection entière, soit à un certain nombre de volumes.*

Les prix de SOUSCRIPTION *que nous indiquons sur le programme ci-contre repré- sentent un maximum : dans aucun cas ils ne pourront être dépassés pour les volumes demandés avant leur apparition. Ils seront, au contraire, diminués si le développe- ment de la question traitée n'atteint pas le nombre de pages et de figures sur lesquelles nous avons basé ces prix.*

Avantages des souscriptions immédiates. — Toutefois nous nous réservons d'augmenter le prix de vente, suivant l'importance des ouvrages, pour les exem- plaires qui nous seront demandés *après l'apparition des volumes ;* les nombreuses personnes susceptibles d'acquérir un, plusieurs ou l'ensemble des livres de notre Bibliothèque ont donc grand intérêt à nous adresser, dès maintenant, la liste des livres qu'elles désirent recevoir. Plus élevé sera le nombre des souscripteurs, plus grands seront les soins que nous apporterons, à la satisfaction de tous, dans l'exécution, plus parfaite encore, de nos éditions.

Souscription complète. — *Nous acceptons, dès à présent, des souscriptions à la collection entière, qui comprendra 73 volumes, au prix ferme de 590 francs, payables maintenant 20 francs tous les mois ou 60 francs par trimestre.* Ce prix réduit de 590 francs représente une réduction de plus de 30 0/0 sur le prix des volumes achetés séparément.

Clients étrangers. — Nos clients étrangers, moins intéressés aux divers volumes traitant des questions de droit et d'administration, peuvent souscrire à la partie technique seule pour un prix ferme de 490 francs, payables 45 francs par tri- mestre. Les questions de droit et d'administration, 19 volumes, sont indiquées en caractères penchés sur le programme.

Souscription à 10 volumes et au-dessus. — La demande de 10 volumes au moins, parus ou à paraître, donne droit à une réduction, sur les prix forts marqués au programme, de 10 0/0 pour 10 à 19 volumes, de 15 0/0 pour 20 volumes et au-dessus ; le paiement a lieu par versements trimestriels de 1/8e environ du montant total de la souscription, ou mensuels de 1/20e.

Souscription à une section. — Les prix de souscription de chacune des sections sont indiqués au programme et sont payables 15 francs par trimestre.

Paiements. — *Les paiements ne seront jamais anticipés :* ils seraient suspendus jusqu'à l'apparition de nouveaux volumes, si le montant net des livres reçus était acquitté entièrement. Nos souscripteurs sont priés de joindre à leur com- mande le montant approximatif de leur premier versement.

Expédition. — Les volumes parus sont expédiés de suite. Les volumes à paraître seront envoyés aussitôt parus.

TOPOGRAPHIE appliquée aux travaux publics, par E. Prévot, conducteur des ponts et chaussées, faisant fonctions d'ingénieur au service du nivellement général de la France, suivi d'un Appendice relatif à la TOPOGRAPHIE EXPÉDIÉE, par O. Roux, conducteur des ponts et chaussées.

Tome Iᵉʳ : Instruments. Gr. in-16 de 438 pages avec 272 fig. et 1 pl. 12 fr.

NOTIONS PRÉLIMINAIRES : Notions élémentaires sur la théorie des erreurs. Etude de quelques organes d'instruments. Mires et stadias. MESURE DES ANGLES : Mesure des angles horizontaux. Mesure des angles verticaux. MESURE DES DIS-TANCES : Mesure directe des distances. Stadimétrie ou mesure indirecte des distances. Principe de la stadimétrie et généralités. MESURE DES ANGLES OU NIVELLEMENT : Nivellement direct ou géométrique. Nivellement trigonométrique. Nivellement barométrique. MESURE SIMULTANÉE DES ANGLES VERTICAUX, DES ANGLES HORIZONTAUX ET DES DISTANCES : Mesure simultanée des angles, horizontaux et verticaux. Théodolites. Mesure simultanée des angles et des distances. Tachéomètres. INSTRUMENTS SPÉCIAUX AUX LEVERS SOUTERRAINS. INSTRU-MENTS DE TOPOGRAPHIE EXPÉDIÉE.

Tome II : Méthodes. Gr. in-16 de 572 pages avec 262 fig. et 5 pl. dont 4 en couleurs. . . . . 15 fr.

ETUDE GÉNÉRALE DES MÉTHODES : Généralités. Effets de la courbure de la terre. Méthodes fondamentales de levé relatives à la planimétrie. Méthodes fon-damentales de levé relatives au nivellement. Méthodes appropriées aux instru-ments et particularités d'emploi de ces derniers. Règles générales qui président à l'application des méthodes fondamentales aux levés étendus. Canevas et détails.

RAPPEL DE QUELQUES NOTIONS D'ASTRONOMIE ET DE GÉODÉSIE : Applications topographiques de l'astronomie. Détermination de la méridienne. Géodésie. Triangulation.

APPLICATIONS : Levé des plans d'études. Levé de plans parcellaires et cadas-traux. Nivellement général de la France. Levés souterrains. Liste des modèles de tableaux de calculs, avec exemples numériques.

LEVÉS EXPÉDIÉS. LEVÉS SPÉCIAUX : Etude du terrain. Application des mé-thodes et des instruments aux divers genres de levé. Le dessin topographique. Lecture et emploi des cartes topographiques.

MAÇONNERIES, par Eugène Simonet, conducteur des ponts et chaussées, attaché au service municipal de la Ville de Paris. Gr. in-16 de 442 pages avec 102 fig. . . . . 10 fr.

PIERRES NATURELLES : Granits et porphyres. Roches volcaniques. Schistes. Grès. Silex. Meulières. Pierres calcaires. Marbres. Résistance des pierres. Travail des pierres : *sciage, taille, machines à travailler la pierre.*

PIERRES ARTIFICIELLES : Argiles. Marne. Briques : *ordinaires, réfractaires, briques légères réfractaires, creuses, vernissées.* CHAUX. CIMENTS. MORTIERS : Pierres calcaires. Chaux. Chaux hydrauliques artificielles. Ciments. Pouzzolanes. Laitiers. Analyse chimique : *pierres, chaux, ciments,* Mortiers : *description, résistance.* Plâtre. MAÇONNERIES : Maçonnerie : *de pierre, moellons, meulière, brique.* Construction en fer et ciment. Ciment métallique. Bitume et asphaltes.

APPENDICE : Devis et cahier des charges. Tableaux des principaux granits, porphyres, pierres volcaniques, grès français et pierres calcaires de France.

BOIS ET MÉTAUX, par E. Aucamus, ingénieur des arts et manufactures, attaché au service du matériel et de la traction des chemins de fer du Nord. Gr. in-16 de 335 pages avec 288 fig. . . . . 8 fr.

BOIS : Classification des bois. Qualités et défauts. Préparation des bois. Assem-blages. Machines-outils. Résistance et essais des bois. MÉTAUX : Notions géné-rales de métallurgie. Fer. Fonte. Acier. Fabrication des fers spéciaux et des tôles. Travail des métaux. Machines-outils. Assemblages divers. Rivure. Essai et résistance des métaux.

TRACÉ ET TERRASSEMENTS, par P. Frick, ingénieur des constructions civiles, chevalier du Mérite agricole, et J.-L. Canaud, conducteur des ponts et chaussées, chef de section des chemins de fer. Gr. in-16 de 669 pages, avec 317 fig. . . . . 15 fr.

TRACÉ : Considérations générales. Etude et détermination d'un tracé. Compa-raison des tracés. Détermination définitive du plan et du profil en long. Cubature des terrasses. Calcul des profils en travers. Mouvement des terres.

EXÉCUTION DES TERRASSEMENTS : Mode d'exécution des déblais ou remblais :
Des sondages. Des déblais. Des remblais. Transports. Organisation d'un chantier
de terrassements : *Chantiers à la brouette, au tombereau, aux wagonnets avec traction
par chevaux, aux grands wagons sur voie de 1 mètre, de déchargement : exécution
des remblais.* Assainissements. Drainages. Réparations : Assainissements et drainage des tranchées : *Des talus de déblais. Murs de soutènement divers.* Précautions
à prendre dans l'exécution des remblais. Réparations des éboulements. Entretien
des terrassements. ANNEXES : Note sur la pratique des opérations sur le terrain.
Note sur les méthodes nord-américaines de terrassements. Note sur les courbes
de raccordements. Note sur les raccordements paraboliques. Formules relatives aux principaux cas de raccordements. APPENDICE : Note sur la présentation des projets.

FOUILLES ET FONDATIONS, par P. Frick, ingénieur des constructions
civiles. Gr. in-16 12 × 18 de 500 pages, avec 350 figures....... 12 fr.

GÉNÉRALITÉS. SONDAGES. *Première partie :* FOUILLES ET FONDATIONS A L'AIR
LIBRE. Fondations par fouilles directes jusqu'au solide. Assèchements des fouilles.
Epuisements. Procédés divers d'assèchement. Fondations sur supports disconti-
nus. Pieux et pilotis. Puits. Havage. Cas spéciaux. *Deuxième partie :* FOUILLES
ET FONDATIONS SOUS L'EAU : Fouilles sous l'eau. Dragage. Dérochements. Batardeaux. Caissons. Fondations sous l'eau. Béton immergé. Radiers généraux.
Pilotis. Havage. *Troisième partie :* AIR COMPRIMÉ. Cloches. Scaphandres. Fondations par caissons à air comprimé. Caissons particuliers, amovibles, mobiles,
en maçonnerie. Effets physiologiques de l'air comprimé, mesures hygiéniques.
Déblais souterrains. Tunnels. Modes d'exécution. Procédés spéciaux. Tunnels
en terrains difficiles. Accidents.

Annexe : LE BÉTON ARMÉ. Généralités. Méthodes de calculs. Divers systèmes.
Applications. Métal déployé.

DROIT CIVIL, par Louis Martin, avocat, professeur libre de droit. Gr. in-16
de 500 pages.. 8 fr.

INTRODUCTION. — DES PERSONNES. — DES BIENS. — DES DIFFÉRENTES
MANIÈRES DONT ON ACQUIERT LA PROPRIÉTÉ.

DROIT ADMINISTRATIF, par Paul Touzac, licencié en droit, rédacteur au
Ministère des Travaux publics. Gr. in-16 de 511 pages............. 9 fr.

NOTIONS GÉNÉRALES DE DROIT POLITIQUE OU CONSTITUTIONNEL : Les droits
de l'homme et du citoyen. Organisation des pouvoirs publics, pouvoir législatif,
pouvoir exécutif. DROIT ADMINISTRATIF : L'Etat. Le département. L'arrondissement. La commune. Le département de la Seine et les villes de Paris et de Lyon.
L'Algérie, les colonies et les pays de protectorat. Les établissements publics et
d'utilité publique. Indépendance de l'autorité administrative à l'égard de l'autorité judiciaire.

DROIT COMMERCIAL ET LÉGISLATION INDUSTRIELLE, par L. Martin, professeur libre de droit, membre de la Chambre des députés. Gr. in-16 de
671 pages .... 10 fr.

DROIT COMMERCIAL. DU COMMERCE EN GÉNÉRAL. — DU COMMERCE MARITIME.
— DES FAILLITES ET DES BANQUEROUTES ET DES LIQUIDATIONS JUDICIAIRES. —
LÉGISLATION INDUSTRIELLE.

PROCÉDURE CIVILE ET DROIT PÉNAL, par L. Martin, avocat, professeur
libre de droit. Gr. in-16 de 452 pages.......................... 8 fr.

PROCÉDURE CIVILE. — DROIT PÉNAL. CODE PÉNAL. — INSTRUCTION CRIMI-
NELLE.

EXÉCUTION DES TRAVAUX PUBLICS, par E. Dardart, conducteur principal
des ponts et chaussées. Gr. in-16 de 632 pages .... 12 fr.

DES TRAVAUX PUBLICS AU POINT DE VUE DES FINANCES PUBLIQUES : Notions
générales sur la comptabilité publique. Travaux exécutés : *sur les fonds de l'Etat,
des départements, communaux.* Règlement général sur la comptabilité publique.
Division des travaux publics. Dépenses des travaux publics.

DU MODE D'EXÉCUTION DES TRAVAUX PUBLICS : Notions générales. Les marchés
ou entreprises de travaux publics. Des rapports de l'Administration avec les
propriétaires à l'occasion des travaux publics. ANNEXES : Ordonnances. Décrets.
Instructions, etc.

ORGANISATION DES SERVICES DE TRAVAUX PUBLICS en France, par E. Campredon, ingénieur civil des mines. Gr. in-16 de 416 pages.   8 fr.

Service des Ponts et Chaussées : Etude historique, organisation du personnel. Fonctions. Mode de procéder. Tenue des bureaux.

Service des Mines : Etude historique. Organisation du personnel. Fonctions. Mode de procéder. Tenue des bureaux.

Service des Chemins de fer : Etude historique. Organisation du personnel. Fonctions. Mode de procéder et tenue des bureaux. Service des chemins de fer de l'Etat.

Services d'intérêt collectif : Service départemental. Service communal. Service de la ville de Paris. Services des associations syndicales. Services des autres travaux d'intérêt public.

Services auxiliaires : Service colonial. Service du Ministère de l'Instruction publique, des Beaux-Arts, des Cultes. Service du Ministère de l'Agriculture. Services des Ministères de la Guerre et de la Marine. Service du Ministère de l'Intérieur. Service du Ministère du Commerce, de l'Industrie, des Postes et Télégraphes. Service du Ministère des Finances.

COMPTABILITE DES TRAVAUX PUBLICS et tenue des bureaux des services de ponts et chaussées, par E. Herbert, ex-conducteur des ponts et chaussées, secrétaire-régisseur de l'Ecole nationale des mines. Préface de M. L. Durand-Claye, inspecteur général des ponts et chaussées en retraite. Gr. in-16 de 520 pages .... 12 fr.

Règlement provisoire de 1878 sur la comptabilité des dépenses du Ministère des Travaux publics et nomenclature des pièces à produire aux trésoriers-payeurs généraux pour le paiement des dépenses du Ministère, mis à jour au 1er janvier 1898. Lois et règlement sur le timbre de l'enregistrement. Règlement spécial de 1849 sur la comptabilité du ministère des Travaux publics mis à jour au 1er janvier 1898. Frais divers de services. Instruction de 1879 sur la tenue des bureaux des services des Ponts et Chaussées, mis à jour au 1er janvier 1898. Comptabilité des services d'architecture et des promenades et plantations de la ville de Paris. Retraites des cantonniers de l'Etat. Secours aux ouvriers blessés. Table des documents par ordre chronologique. Table des matières par ordre alphabétique. Table des modèles de formules annexés aux divers règlements. Table de concordance entre les règlements de 1843, 1849 et 1878.

COMPTABILITE DEPARTEMENTALE, VICINALE, COMMUNALE ET COMMERCIALE, par E. Dardart, sous-ingénieur des ponts et chaussées, A. Bonnal, ingénieur civil, et Ch. Orrier, expert comptable. Gr. in-16 de 778 pages ... ./................. 12 fr.

Comptabilité départementale. Du budget et des crédits. Des écritures du Préfet et du Trésorier-payeur général. Des comptes du département. Conservation du mobilier départemental. *Service hors budget. Comptabilité des recettes et des dépenses de la Ville de Paris.* Comptabilité des chemins vicinaux. Création et répartition des ressources. Exécution des travaux. Comptabilité : de l'agent voyer cantonal ; du régisseur comptable ; de l'agent voyer en chef ; du Maire ; du receveur municipal ; du Préfet, du Trésorier-payeur général. Inventaire. *Chemins vicinaux du département de la Seine.* Comptabilité des chemins ruraux. Comptabilité : du Maire ; des receveurs municipaux. Justification. Comptabilité communale. Du budget. Du receveur municipal. Quittances. Non-valeurs. Emploi des crédits. Liquidation et ordonnancement. Ecritures du Maire. Comptabilités occultes. Comptabilité commerciale. Comptes. Actes de commerce. Modèles de réglures des livres. *Participation aux bénéfices :* Participation intégrale. Participation limitée. Contrats ou conventions de participation.

ROLE ECONOMIQUE ET SOCIAL DES VOIES DE COMMUNICATION, par E. Campredon, ingénieur civil des mines, inspecteur départemental du travail dans l'industrie. Gr. in-16 de 515 pages. .... 10 fr.

Le rôle économique des voies de communication : Les routes. Les voies ferrées. Les voies navigables. Les voies maritimes. Les voies électriques. Le rôle social des voies de communication.

RAPPORTS DE SERVICE, par A. Dardart, sous-ingénieur des ponts et chaussées en retraite, et Ph. Dufour, commis principal des ponts et chaussées, lauréat de l'Académie française ; et **STÉNOGRAPHIE,** par Zryd,

conducteur des ponts et chaussées, professeur. Gr. in-16 de 716 pages
avec figures. . . . . 12 fr.
 Rapports et style en général. Mots et images. Phrases et figures. Considérations
générales sur les langues et les mots. Archaïsmes. Synonymes. Solécismes. Cita-
tions latines et étrangères. Homonymes. Paronymes. Verbes. Ponctuation.
Orthographe. Liaisons. Logique. Morale. Disposition extérieure d'un rapport.
Documents, discours et rapport. — *Sténographie, Dactylographie. Langues univer-
selles.*

HYGIÈNE et secours et premiers soins à donner aux malades et aux blessés,
 par le docteur J. Noir, professeur des Ecoles municipales d'infirmières
 de la Ville de Paris. Gr. in-16 de 320 pages avec 79 fig. . . . . 7 fr. 50
 Hygiène générale. Les milieux naturels : *L'atmosphère, sa composition, ses
propriétés. Le sol, l'eau, les climats.* Les milieux artificiels : *L'habitation. Les
vêtements.* Alimentation : *Aliments solides, les boissons, art culinaire.* Hygiène du
corps : *Soins de propreté corporelle, Hydrothérapie, travail physique et intellectuel,
gymnastique, sports, surmenages.* Hygiène publique. Hygiène industrielle et pro-
fessionnelle : *Le milieu industriel, les dangers des matières mises en œuvre, influence
de l'outillage sur l'ouvrier et dangers auxquels il expose, hygiène du bureau.* Secours
et premiers soins à donner en cas d'accidents aux malades et aux blessés. Le corps
humain et ses diverses fonctions, soins et secours urgents, secours et soins aux
blessés.

PONTS ET OUVRAGES EN MAÇONNERIE, par E. Aragon, ingénieur des Arts
 et Manufactures. Gr. in-16 de xii-562 pages, avec 377 figures. . . . 15 fr.
 Stabilité, résistance, conditions d'établissement et détails de construction
des massifs de maçonnerie, murs de réservoirs, barrages-réservoirs, murs de
soutènement, voûtes, ponts, viaducs, ponts-canaux. Exemples et applications
diverses. Circulaire prussienne relative aux constructions en ciment armé.

ROUTES ET CHEMINS VICINAUX, par O. Roux, conducteur des ponts et
 chaussées. Gr. in-16 de 575 pages avec 275 fig. . . . . 12 fr.
 CLASSIFICATION DES VOIES DE TERRE : Dénomination des différentes voies.
Etude sommaire de leurs diverses parties. Statistique.
 PÉRIODE DES ÉTUDES : Tracé. Rédaction de l'avant-projet. Rédaction du
projet définitif.
 TRAVAUX NEUFS ET D'ENTRETIEN : Piquetage. Terrassements. Chaussées. Les
cantonniers. Plantations. Le budget des routes.
 CHEMINS VICINAUX : Ressources et budgets. Les prestations. Le budget com-
munal. Le budget départemental. Notes sur le cheval et la voiture.

VOIE PUBLIQUE, par Georges Lefebvre, conducteur des ponts et chaussées,
 attaché au service municipal de la voie publique et du nettoiement de
 la ville de Paris. Gr. in-16 de 520 pages avec 140 fig. . . . . 12 fr.
 Généralités : Tracé. Alignements. Chaussées pavées en pierre. Chaussées en
empierrement. Chaussées en asphalte comprimé. Chaussées pavées en bois.
Chaussées mixtes et diverses. Trottoirs et contre-allées. Travaux de viabilité.
Nettoiement, arrosement et enlèvement des neiges et glaces. Pratique du service.

DISTRIBUTIONS D'EAU, par G. Dariès, conducteur au service des Eaux de
 Paris, licencié ès sciences, professeur d'hydraulique à l'Ecole spéciale
 des travaux publics. Gr. in-16 de 566 pages avec 400 fig. . . . . 15 fr.
 Généralités. De la qualité des eaux. Eaux souterraines. Consommation.
Puisage et captation des eaux. Adduction des eaux. Procédés de filtrage et d'épu-
ration. Machines élévatoires. Réservoirs. Conduites de distribution. Appareils
publics. Service dans la maison. Entretien des canalisations. Exploitation.
Vente de l'eau. Annexes.

ASSAINISSEMENT DES VILLES ET EGOUTS DE PARIS, par Paul Wéry, chef du
 bureau du service des égouts. Gr. in-16 de 663 pages avec 434 fig. 18 fr.
 ASSAINISSEMENT DES VILLES : Evacuation des eaux. Réservoirs de vidange.
Canalisations spéciales. Système fonctionnant par simple gravitation. Système
dit tout à l'égout. Projet d'assainissement d'une ville par le système du tout
à l'égout. Entretien du réseau d'égouts et de canalisations. Extension du service
de la distribution d'eau. De la salubrité des voies publiques. Utilisation agricole
des eaux d'égouts. Prix composés applicables à la construction des égouts,
canalisations, branchements de regards et de bouche, et réservoirs de chasse,
assainissement de l'habitation par le tout à l'égout. Devis estimatifs et types

ivers d'assainissement de maisons. De l'assainissement dans certaines villes
e France et de l'étranger. Assainissement de la Seine. Devis et cahier des
harges, bordereau de l'entreprise des travaux de maçonnerie, charpente, etc.,
u service d'assainissement.
LES ÉGOUTS DE PARIS.

LANTATIONS D'ALIGNEMENT, PROMENADES, PARCS ET JARDINS PUBLICS,
par G. Lefebvre, conducteur des ponts et chaussées, chef de circonscription des services techniques municipaux de la Ville de Paris. Grand
in 16 de 357 pages avec 336 fig. et 1 pl........................... 11 fr.
INTRODUCTION : **Règne végétal.**
PLANTATIONS D'ALIGNEMENT : Dispositions des plantations et choix des
ssences. Exécution des plantations. Entretien des plantations. Maladies des
plantations d'alignement. Renseignements statistiques.
PROMENADES ET JARDINS PUBLICS : L'art du dessinateur de jardins. Etude des
projets de parcs et jardins publics. Construction d'un parc ou jardin public.
Entretien des parcs et jardins publics. Projet de jardin public. APPENDICE.

ÉCLAIRAGE, par B. Saint-Paul, conducteur municipal, chef du service
technique de l'éclairage de la 1re section de la Ville de Paris, et L. Galine,
ingénieur des arts et manufactures. Ouvrage médaillé par la Société d'encouragement pour l'industrie nationale. *2e édition.* Gr. in-16 de 697 pages
avec 308 fig.. 15 fr.
ECLAIRAGE AUX HUILES VÉGÉTALE ET MINÉRALES : Eclairage à l'huile végétale :
Fabrication de l'huile. Lampes à l'huile. Traitement des huiles minérales : *Exploitation des gisements. Raffinage de l'huile minérale.* Eclairage aux huiles minérales :
Eclairage à l'essence. Lampes au pétrole. Eclairage aux huiles lourdes.
ECLAIRAGE AU GAZ : Distillation de la houille : *Production du gaz. Sous-pro-
duits.* Distribution du gaz. Brûleurs : *à air libre, intensifs à air froid, à air chaud,
à incandescence, à gaz carburé. Appareils de réglage.* Eclairage privé et public.
Gaz spéciaux : acétylène, gaz riche, gaz de bois, gaz à l'eau, gaz à l'air.
ECLAIRAGE ÉLECTRIQUE : Arc voltaïque et incandescence. *Production de l'arc.
régulateurs, bougies électriques, lampes à incandescence.* Montage des lampes,
Photométrie Projets d'éclairage : *gaz. électricité.*

PORTS MARITIMES, par De Cordemoy, ingénieur des Arts et Manufactures
Tome Ier. Gr. in-16 de 576 pages avec 327 figures .... 15 fr.
Mer. Vents. Ondes liquides. Vagues. Marées. Les marées dans les fleuves.
Courants. Côtes. Barres et deltas. Dragages. Protection des côtes. Généralités
sur les ports. Etudes d'un établissement maritime. Ports. Ports à chasses natu-
relles. Ports à môles convergents. Ports sur plage de sable. Ports à jetées.
Fleuves et estuaires. Matériaux employés à la mer. Phares et balises. Bouées.
Notions de cosmographie et de trigonométrie sphérique. Notions de navigation.
Hydrographie. Navires.
Tome II. Gr. in-16 de 571 pages avec 360 figures .... 15 fr.
Procédés d'exécution. Travail à l'air comprimé. Construction des jetées.
Môles, digues et ouvrages extérieurs. Utilisation des ports. Ecluses. Murs de
quais. Fondations des murs de quais. Accessoires des quais. Constructions de
l'avenir. Canaux maritimes. Ponts mobiles. Ports naturels. Ports de refuge.
Ports militaires. Exemples de ports. Prix. Notes diverses.

EXPLOITATION DES PORTS MARITIMES, par De Cordemoy, ingénieur des
arts et manufactures. Gr. in-16 de 560 pages, avec 175 figures... 15 fr.
Généralités. Régime des ports en France. Ports français et étrangers. Les ports
francs. Installations générales. Hangars. Magasins et quais Manutention dans
les ports. Machinerie des ports. Divers. Réparation des navires. Cales. Formes
de radoub. Docks flottants. Fermeture des bassins de radoub. Des droits de
port. Développement de quelques ports. Règlements.

ZOOLOGIE APPLIQUÉE EN FRANCE ET AUX COLONIES, par le Dr Jacques Pel-
legrin, préparateur au Muséum d'histoire naturelle, et Victor Cayla, ingénieur agronome. *Ouvrage médaillé par la Société des Agriculteurs de
France.* Gr. in-16 de 644 pages avec 282 fig...................... 12 fr.

ZOOLOGIE GÉNÉRALE : Divisions de la zoologie. Taxilnomie. Protozoaires. Métazoaires. ZOOLOGIE APPLIQUÉE : Les poissons. Pisciculture en eaux libres. Pisciculture en étangs. Pisciculture industrielle. Les poissons marins et leur pêche. Astaciculture. Ostréiculture. Sériciculture. Apiculture. COLLECTIONS ZOOLOGIQUES : Leur but. Art de les former. Vertébrés. Invertébrés. LES PRODUITS ANIMAUX DES COLONIES FRANÇAISES. LÉGISLATION ET RÉGLEMENTATION SPÉCIALES.

LÉGISLATION DES EAUX, par L. Courcelle, avocat, et E. Dardart, sous-ingénieur des ponts et chaussées. Gr. in-16 de 954 pages........... 15 fr.
Eaux pluviales, sources, eaux souterraines. Rivières flottables à bûches perdues. Cours d'eau navigables ou flottables par trains ou radeaux. Canaux de navigation. Irrigation. Alimentation en eaux des communes. Travaux de défense contre les eaux, endiguements. Etangs et marais. Mer territoriale et rivages de la mer. Ports maritimes de commerce. Eclairage et balisage des côtes. Marine marchande. DOCUMENTS LÉGISLATIFS, ADMINISTRATIFS ET JUDICIAIRES.

CHEMINS DE FER, CONSTRUCTION ET VOIE, par A. Sirot, conducteur principal des ponts et chaussées, ancien chef de section aux chemins de fer de l'Etat. Gr. in-16 de 495 pages avec 270 fig. et 12 pl..... 12 fr. 50
ETUDES : Etudes préliminaires : *Enquête d'utilité publique, avant-projet.* Etudes définitives : *Projet de tracé et de terrassements, projet définitif. Avant-métré.*
CONSTRUCTION. INFRASTRUCTURE : Plate-forme : *Terrassements, consolidation des talus.* Ouvrages d'art : *Ouvrages d'art ordinaires, ouvrages pour assurer l'écoulement des eaux, ouvrages pour le maintien des voies de communication, grands ponts et viaducs, souterrains, accidents sur les chantiers.* Dépense kilométrique de l'infrastructure de diverses lignes.
SUPERSTRUCTURE : Voie : Rails, *traverses, accessoires de la voie, changements de voies, croisements de voie, plaques tournantes, chariots transbordeurs, alimentation en eau des machines, fosse à piquer le feu, signaux, prix de revient des appareils de la voie.* Gares et stations : *Dispositions et accessoires des gares, service des marchandises.* Entretien et surveillance : Prescriptions de grande voirie.

CHEMINS DE FER. LOCOMOTIVE ET MATÉRIEL ROULANT, par Maurice Demoulin, ingénieur des arts et manufactures. Gr. in-16 de 402 pages avec 215 fig. et 11 pl........................... 12 fr.
LA LOCOMOTIVE : Considérations générales. La chaudière. Le mécanisme. Le véhicule. Le tender et la locomotive-tender. Principaux types de locomotives. Description de quelques locomotives de construction récente. Les locomotives compound.
LE MATÉRIEL ROULANT : Considérations générales. Construction des voitures et wagons. Description de quelques types de voitures. Freins.

EXPLOITATION TECHNIQUE DES CHEMINS DE FER, par L. Galine, ingénieur des arts et manufactures, inspecteur à la Compagnie des chemins de fer du Nord. Gr. in-16 de 704 pages avec 309 fig.............. 16 fr.
AMÉNAGEMENT DES GARES : Service des voyageurs. Service des marchandises. Construction. SIGNAUX : Code des signaux. Construction. Concentration des leviers. Enclenchements. MOUVEMENT DES TRAINS : Marche des trains. Block-system. Voie unique. Vitesse des trains.
PRATIQUE DU SERVICE : Exploitation. Matériel et traction. Matériel. Voie.

TRAMWAYS ET AUTOMOBILES par E. Aucamus, ingénieur des arts et manufactures, chef d'atelier à la Compagnie des chemins de fer du Nord, et L. Galine, ingénieur des arts et manufactures, inspecteur à la Compagnie des chemins de fer du Nord. Gr. in-16 de 481 pages, avec 234 fig.................. 12 fr.
TRAMWAYS : Résistance à la traction. Voie. Matériel et traction. Tramways où l'énergie est produite directement sous le véhicule : *à traction animale, à vapeur, chemins de fer à crémaillère.* Tramways où l'énergie provenant d'une usine centrale est fournie à chaque instant par des câbles ou conducteurs : *Tramways funiculaires, tramways électriques par câbles.* L'énergie produite dans une usine

entrale est emmagasinée dans les véhicules pour un certain parcours : *Traction par accumulateurs électriques, locomotives sans foyer, traction par l'air comprimé tramways à gaz systèmes divers.*
AUTOMOBILES : Classification. Résistance. Construction des automobiles. Moteurs. Automobiles à pétrole : *Moteurs à pétrole, voitures ordinaires et voitures lourdes. Motocycles et voiturettes.* Automobiles à vapeur. Automobiles électriques. ANNEXES : Règlements, circulaires, etc.

CONTROLE DES CHEMINS DE FER ET DES TRAMWAYS, par J. de La Ruelle, avocat, rédacteur au Ministère des Travaux publics. Gr. in-16 de 733 pages .... 12 fr.
CARACTÈRES GÉNÉRAUX DU DROIT DE CONTRÔLE DE L'ETAT : Sa nature. Sa raison d'être. Son origine. ORGANISATION DU CONTRÔLE DE L'ÉTAT SUR LES CHEMINS DE FER : Contrôle de la construction. Contrôle de l'exploitation. ROLE ET ATTRIBUTIONS DES DIFFÉRENTS FONCTIONNAIRES DU CONTRÔLE : Administration centrale : *Ministère des Travaux publics, préfets.* Contrôle technique : *Directeur, ingénieur en chef et ingénieurs des ponts et chaussées et des mines, conducteurs, contrôleurs et commis.* Contrôle commercial : *Directeur, contrôleur général, inspecteurs principaux et particuliers.* Contrôle technique et commercial. Police : *Commissaires de surveillance et commissaires spéciaux.* Contrôle du travail : *Ingénieurs en chef et ingénieurs des ponts et chaussées et des mines, contrôleurs du travail, comités du travail du réseau de l'Etat.* Exercice du droit de contrôle. Tenue des bureaux. Utilité du contrôle financier, son organisation. Conseils, comités et commissions institués auprès du ministère des travaux publics et ayant des attributions en matière de chemins de fer. CHEMINS DE FER DE L'ETAT. CHEMINS DE FER D'INTÉRÊT LOCAL ET TRAMWAYS. LIGNES DIVERSES : Contrôle des chemins de fer d'intérêt local et des tramways. Contrôle des chemins de fer miniers et des chemins de fer industriels. Contrôle des voies ferrées des quais des ports maritimes et fluviaux. RÉSEAUX ALGÉRIENS ET TUNISIENS : Organisation du contrôle des voies ferrées.
PERSONNEL DU CONTRÔLE : Recrutement du personnel spécialisé. RENSEIGNEMENTS DIVERS : Positions diverses. Traitements et allocations. Retraites. Uniforme. ANNEXES : Lois, décrets, arrêtés, ordonnances, etc.

GÉOLOGIE ET MINERALOGIE APPLIQUEES. Les minéraux utiles et leurs gisements, par H. Charpentier, ingénieur civil des mines. Gr. in-16 de 643 pages avec 115 fig. .... 12 fr.
PRÉCIS DE GÉOLOGIE GÉNÉRALE AVEC ÉLÉMENTS DE MINÉRALOGIE ET DE PALÉONTOLOGIE. Phénomènes actuels. Formation de l'écorce terrestre. Chronologie géologique.
GÉOLOGIE APPLIQUÉE PROPREMENT DITE : Considérations générales. Etude d'un gisement. Matériaux de construction et roches employées dans les travaux publics. Minéraux employés dans la métallurgie. Le carbone et ses composés. Combustibles minéraux et hydrocarbures. Minéraux employés en agriculture. Minéraux employés dans les industries diverses. Métaux rares. Pierres précieuses, gemmes.

EXPLOITATION DES MINES, par Félix Colomer, ingénieur civil des mines. *2° édition.* Gr. in-16 de 344 pages avec 176 fig. .... 9 fr.
MISE EN EXPLOITATION : Exploitations faciles. Sondages. Aménagement du gite. Méthode d'exploitation.
EXTRACTION DU MINERAI : Abatage. Roulage. Extraction.
SERVICES GÉNÉRAUX D'UNE EXPLOITATION : Epuisement des eaux. Aérage. Installations extérieures. Prix de revient. Avant-projet de puits de mine.

CHAUDIERES A VAPEUR, par J. Dejust, ingénieur des arts et manufactures, répétiteur à l'Ecole centrale, professeur à la Fédération des mécaniciens et chauffeurs. Gr. in-16 de 562 pages avec 394 fig. et 2 pl .... 12 fr.
Introduction. Généralités. PRODUCTION DE LA CHALEUR : Formation et propriétés de la vapeur d'eau. Combustion et combustibles. Foyers. CHAUDIÈRES A VAPEUR : Généralités. Classification et étude des divers types de chaudières. Etablissement des chaudières.
ORGANES ACCESSOIRES DES CHAUDIÈRES : Appareils de sûreté. Appareils annexes. DIVERS : Accidents et explosions de chaudières. Conduite et entretien des chaudières. TRANSPORT DE LA VAPEUR : Généralités. Détails des canalisations. Appareils accessoires des canalisations. Calcul du diamètre des canali-

sations. Concours pour construction et installations de générateurs. Calcul des dimensions d'une chaudière.

MACHINES A VAPEUR et machines thermiques diverses, par J. Dejust, ingénieur des arts et manufactures, répétiteur à l'Ecole centrale, professeur à la fédération des mécaniciens et chauffeurs. Gr. in-16 de 600 pages avec 407 fig. .... 15 fr.

Généralités sur les machines thermiques : *Historique, application de la thermodynamique*.

MACHINES A VAPEUR : Classification. Fonctionnement d'une machine à vapeur à mouvement alternatif. Détermination des dimensions. Organes de la machine à vapeur à mouvement alternatif et à cylindre unique. Etude des divers systèmes de distribution et de détente des machines à cylindre unique. Distribution et détente dans les machines à plusieurs cylindres. Condensation de la vapeur. Classification et étude des machines à piston et à mouvement alternatif au point de vue du genre de travail qu'elles ont à produire. Rendement, comparaison et choix des machines. Machines oscillantes. Machines rotatives. Machines sans piston et à pression directe. Machines où la vapeur agit par sa puissance vive.

MACHINES THERMIQUES employant un autre intermédiaire que la vapeur. Moteurs à air chaud. Moteurs à gaz. Moteurs à pétrole. Machines thermiques diverses. Achat, installation, réception et entretien des machines thermiques.

MACHINES HYDRAULIQUES, par F. Chaudy, ingénieur des arts et manufactures. Gr. in-16 de 402 pages avec 300 fig. .... 10 fr.

RÉCEPTEURS HYDRAULIQUES : Chutes d'eau. Turbines. Considérations générales. Roues. Etablissement des turbines et des roues hydrauliques. Machines à colonne d'eau. Bélier hydraulique. MACHINES ÉLÉVATOIRES : Pompes à piston à mouvement alternatif. Pompes à piston rotatif. Pompes centrifuges. Machines élévatoires diverses.

PROPULSEURS HYDRAULIQUES : Roues à aubes. Hélices. *Presses hydrauliques :* Considérations générales. Presses verticales. Presses horizontales Cockerill. Observations et appareils divers basés sur la presse hydraulique. Applications de la presse hydraulique au travail des métaux.

LÉGISLATION MINIÈRE ET CONTROLE DES MINES, par Cuvillier, contrôleur principal des mines. Gr. in-16 de 778 pages .... 12 fr.

RÉGIME LÉGAL DE LA PROPRIÉTÉ DES MINES : Conception de la propriété des mines. Historique. Classification légale des substances minérales. Recherche des mines. Obtention des concessions. Recours et interprétation des actes de concession. Devoirs des concessionnaires : *vis-à-vis des inventeurs, des explorateurs, des propriétaires du sol, envers l'Etat.* Droits des concessionnaires. RÉGIME DE L'EXPLOITATION. CONTRÔLE : Surveillance administrative de l'exploitation des mines. Anciennes concessions. Mines de sel. Mines et minières de fer. Terres pyriteuses et alumineuses. Usines métallurgiques. Tourbières. Carrières. Juridiction et pénalités. Personnel occupé dans les exploitations minérales. Personnel de l'administration des mines.

DOCUMENTS LÉGISLATIFS SUR LES MINES, MINIÈRES ET CARRIÈRES : Législation de la métropole. Législation coloniale.

LÉGISLATION ET CONTROLE DES APPAREILS A VAPEUR, par T. Cuvillier, contrôleur principal des mines. Gr. in-16 de 388 pages .... 8 fr.

LÉGISLATION ACTUELLE DES APPAREILS A VAPEUR : Dispositions pénales. Règlements d'administration publique : Appareils à vapeur fonctionnant sur terre et sur l'eau, statistique générale des appareils à vapeur en 1895. CONTRÔLE DES APPAREILS A VAPEUR : Personnel chargé en France du contrôle des appareils à vapeur. Nature du contrôle exercé. Attributions ordinaires et service courant des contrôleurs des mines. Appendice : Renseignements d'ordre technique, législatif et social.

ARCHITECTURE, par Albert Hébrard, architecte diplômé par le gouvernement, sous-inspecteur au palais des beaux-arts. Gr. in-16 de 434 pages avec 371 fig. .... 15 fr.

ETUDE ANALYTIQUE DES DIVERS ÉLÉMENTS DE CONSTRUCTION ET DE DÉCORATION : Fondations. Murs. Supports isolés avec entablement. Arcades. Bases, couronnement et saillies des murs. Percement des murs : *portes et fenêtres.* Plafonds et voûtes. Escaliers, cheminées et revêtement des sols. Couvertures. COMPOSITION DES ÉDIFICES : Principes généraux de la composition. Principales parties des édifices. Hygiène des édifices. EXÉCUTION DES TRAVAUX : Organisation du chantier. Direction et surveillance des travaux.

CHARPENTE ET COUVERTURE, par E. Aldebert, ingénieur des arts et manufactures, agent voyer cantonal, et E. Aucamus, ingénieur des arts et manufactures, sous-chef d'atelier à la Compagnie du Nord. Gr. in-16 de 370 pages avec 421 fig.. 10 fr.

CHARPENTES EN BOIS : Des bois. Des assemblages. Planchers en bois. Pans de bois. Escaliers. Des combles. Etais et échafaudages.

CHARPENTES EN FER : Travail du fer. Des assemblages. Des planches en fer. Pans de fer, poteaux et colonnes. Escaliers en fer. Combles métalliques.

COUVERTURE DES BATIMENTS : Matériaux et leur emploi. Couverture en tuiles. Couverture en ardoise. Couverture en verre. Couverture en zinc, en tôle ondulée, en plomb et en cuivre. Chénaux et gouttières.

ANNEXE : Extrait du règlement sur la hauteur des maisons dans la Ville de Paris.

MENUISERIE, SERRURERIE, PLOMBERIE, PEINTURE ET VITRERIE, par E. Aucamus, ingénieur des arts et manufactures, sous-chef d'atelier à la Compagnie du Nord. Gr. in-16 de 352 pages avec 204 fig....... 10 fr.

MENUISERIE : Généralités : *Définitions, matériaux, quincaillerie, outillage de menuisier, assemblages, moulures, établissement des bois.* Menuiserie du bâtiment : Classification, lambris, portes, croisées, persiennes, échelles et escaliers. Parquets. Extraits d'un devis et cahier des charges. Nomenclature et explication des termes techniques de menuiserie.

SERRURERIE : Généralités, Chaînages. Ferrements de menuiserie. Serrures. Clôtures et ouvrages divers. Extrait d'un cahier des charges. Nomenclature et explication des principaux termes techniques de menuiserie.

PLOMBERIE : Généralités. Outillage. Soudures. Plomberie du bâtiment. Extrait d'un devis et cahier des charges. Nomenclature et explication des principaux termes techniques de plomberie.

PEINTURE : Généralités. Outillage, matériaux. De la peinture. Nomenclature et explication des principaux termes techniques de peinture.

VITRERIE : Généralités. Outillage, matériaux. Tenture. Extrait d'un devis et cahier des charges. Travaux de peinture, de vitrerie et de tenture.

FUMISTERIE, CHAUFFAGE ET VENTILATION, par E. Aucamus, ingénieur des arts et manufactures, chef d'atelier à la Compagnie des chemins de fer du Nord. Gr. in-16 de 290 pages avec 213 fig................. 10 fr.

FUMISTERIE : Généralités. Matériaux et outillage. Travaux de fumisterie. Ordonnances et règlements.

CHAUFFAGE : Considérations théoriques. Cheminées d'appartements. Poêles. Chauffage au gaz d'éclairage. Calorifères. Chauffage continu par l'air chaud. Chauffage par l'eau chaude. Chauffage par la vapeur. Calculs relatifs à l'établissement d'un projet de chauffage.

VENTILATION : Ventilation naturelle. Ventilation par cheminée chauffée. Ventilation mécanique. Note sur l'acoustique des salles de réunion.

DEVIS ET ÉVALUATIONS DES TRAVAUX PUBLICS ET DES CONSTRUCTIONS CIVILES, par A. Bonnal, ingénieur civil, et E. Dardart, conducteur principal des ponts et chaussées. Gr. in-16 de 714 pages avec 87 fig... 15 fr.

Terrassements. Maçonneries. Charpente. Couverture, plomberie, zingage, canalisation, menuiserie, serrurerie, quincaillerie. Peinture, goudronnage, vitrerie, miroiterie, dorure, tenture. Fumisterie, marbrerie, stuc. Empierrements, pavage, granit, asphalte et bitume. Locomotive et matériel roulant. Voie. Chauffage, éclairage, graissage, vidange, désinfection. Devis divers. Transport des matériaux de construction. Conditions d'exécution des travaux publics. Métrés des ouvrages et exemples d'établissement de prix de revient.

LÉGISLATION DU BATIMENT, par L. Courcelle, avocat, et J. Lemaître, licencié en droit. Gr. in-16 de 1.000 pages........................ 15 fr.

Propriété. Origine et évolution. Régime actuel. Servitudes foncières et administratives. Construction. Contrats. Responsabilités. Police municipale et administrative. Pratique de la construction. Permis. Alignement. Nivellement. Habitations à bon marché. Impôts directs et indirects. Documents.

AGRICULTURE, par F. Pradès, ancien conducteur des ponts et chaussées, rédacteur au Ministère de l'Agriculture. Gr. in-16 de 423 pages avec 90 fig . . . . 9 fr.
Météorologie et climatologie agricoles. Géologie agricole. Physiologie végétale. Instruments et procédés d'agriculture. Amendements et engrais. Cultures diverses. Viticulture. Sylviculture.

HYDRAULIQUE AGRICOLE, par P. Lévy-Salvador, ingénieur des constructions civiles, attaché à la direction de l'hydraulique agricole au Ministère de l'Agriculture. Ouvrage médaillé par la Société nationale d'Agriculture de France.

Tome Ier. — **Cours d'eau non navigables ni flottables.** Gr. in-16 de 483 pages avec 171 fig. et 6 pl . . . . 12 fr.
RÉGLEMENTATION DES PRISES D'EAU SUR COURS D'EAU NON NAVIGABLES NI FLOTTABLES : Généralités. Dispositions générales des prises d'eau d'usines. Dispositions particulières des ouvrages de retenue et de décharge. Exemple de la réglementation d'un barrage d'usine. Réglementation des barrages dans des conditions spéciales. Opérations et études nécessitées par la réglementation des usines. Récolement des ouvrages. Révision des règlements. Réglementation des barrages d'irrigation et de submersion.
ENTRETIEN ET AMÉLIORATION DES COURS D'EAU NON NAVIGABLES NI FLOTTABLES : Considérations générales sur les cours d'eau. Curages. Faucardements. Suppression des obstacles à l'écoulement des eaux. Endiguements. Défenses des rives. Annexes.

Tome II. — **Des irrigations.** Gr. in-16 de 668 pages avec 459 fig. et 18 pl . . . . 15 fr.
IRRIGATIONS : Généralités. Mode d'établissement des canaux d'irrigation. Des prises d'eau. Ouvrages d'art. Ouvrages d'art exceptionnels et spéciaux. Des barrages-réservoirs. Des lacs-réservoirs. Des appareils élévatoires. Des canaux secondaires et rigoles d'arrosage. Etude du réseau de distribution. Distribution des eaux des canaux d'irrigation. Utilisation de l'eau par les intéressés. Concession et administration des canaux d'irrigation. Annexes.

Tome III et dernier. — **Assainissements et desséchements. Colmatage. Polders, drainage, utilisation agricole des eaux d'égout. Annexes.** Gr. in-16 de 563 pages avec 279 fig. et 2 pl . . . . 15 fr.
ASSAINISSEMENT ET DESSÉCHEMENTS : Généralités. Législation des travaux d'assainissement et de desséchement. Travaux d'assainissement agricole. Généralités sur les travaux de desséchement. Travaux de desséchement par écoulement continu. Travaux de desséchement par écoulement discontinu. Travaux de desséchement par élévation mécanique.
COLMATAGES : Généralités. POLDERS : Généralités. DRAINAGES : Généralités. Systèmes divers de drains. Projets de drainage. Exécution des travaux de drainage, drainages spéciaux. Législation du drainage. Utilisation agricole des eaux d'égout.

GENIE RURAL. Constructions rurales et machines agricoles, par J. Philbert, conducteur au service de l'assainissement de la Ville de Paris, suivi de l'**Art du géomètre rural,** par O. Roux, conducteur faisant fonctions d'ingénieur des ponts et chaussées. Ouvrage médaillé par la Société nationale d'agriculture de France. Gr. in-16 de 422 pages avec 331 fig . . . . 10 fr.
CONSTRUCTIONS RURALES : Habitations. Logements des animaux. Logement des récoltes et des produits. Annexes de la ferme. Dispositions générales de fermes. MACHINES AGRICOLES : Machines pour la préparation du sol. Machines pour les travaux de récolte. Appareils de transport. Machines pour l'égrenage et le nettoyage des grains. Moteurs utilisés en agriculture. Préparation des grains en vue de la consommation. Préparation des fourrages. Préparation des racines et des tubercules. Appareils de laiteries, beurreries et fromageries. Machines employées pour la fabrication du vin et du cidre. Machines pour la préparation des engrais et instruments de pesage. ART DU GÉOMÈTRE RURAL : Généralités. Formulaires.

ÉLECTRICITÉ, par E. Dacremont, conducteur des ponts et chaussées, chef de section au service technique municipal de la Ville de Paris. Ouvrage médaillé par la Société d'encouragement pour l'industrie nationale.

Première partie. Théorie et production. Gr. in-16 de 500 pages avec 276 fig.. 12 fr.

Notions préliminaires. Etude générale des phénomènes électriques : *Condenseurs, énergie du courant électrique.* Piles thermo-électriques. Piles hydro-électriques. Magnétisme : *Electro-magnétisme, induction électro-magnétique.* Courants alternatifs. Machines dynamo-electriques à courants alternatifs ou alternateurs. Machines dynamo-électriques à courant continu. Transformateurs. Accumulateurs. Méthodes et appareils de mesures électriques.

Deuxième partie. Applications industrielles. Gr. in-16 de 635 pages avec 321 fig.. 12 fr.

Canalisation et distribution. Eclairage électrique. Transport électrique de l'énergie. Traction électrique. Electrochimie. Télégraphie. Téléphonie. Appareils enregistreurs. Projet de distribution d'énergie électrique dans une ville de 50.000 habitants.

Lois et règlements émanant de pouvoirs.

PHOTOGRAPHIE, par F. Miron, ingénieur, licencié ès sciences physiques. Gr. in-16 de 437 pages avec 154 fig.. 9 fr.

Propriétés physiques et chimiques de la lumière. Action de la lumière sur les couches photographiques. Le laboratoire et l'atelier. L'appareil photographique : *Mise au point. Temps de pose.* Procédés négatifs. Procédé sec au gélatino-bromure d'argent. Clichés pelliculaires. Préparations orthochromatiques. Matériel pour procédés positifs. Epreuves positives par transparence. Epreuves positives par réflexion. Epreuves positives indirectes par réflexion. Les procédés aux bichromates alcalins. La photographie des couleurs. Emaux photographiques. Procédés divers, retouches, tirage, montage et peinture, des épreuves. Applications diverses. Les impressions photographiques aux encres grasses. Applications de la photographie aux levés de plans. Appendice.

GÉNIE. Ses travaux spéciaux, ses services annexes, par O. Roux. Gr. in-16 de 508 pages avec 371 fig. et 1 pl. en couleur.................... 12 fr.

Droits et devoirs des officiers. LES SERVICES DE L'ARMÉE DU GÉNIE ET CEUX QUI S'Y RATTACHENT : Etat-major particulier du génie. Les troupes du génie. Les services annexes. LES TRAVAUX SPÉCIAUX : Généralités. Fortification permanente et fortification semi-permanente. Fortification passagère. Défenses accessoires. Organisation défensive des obstacles du terrain. Sapes. Mines. Ponts militaires.

SCIENCES ET ARTS MILITAIRES, par Em. Dardart, sous-ingénieur des ponts et chaussées, et le capitaine X., de l'infanterie coloniale. Gr. in-16 de 672 pages avec 400 fig... 12 fr.

Organisation militaire. Recrutement de l'armée en France, Allemagne, Russie, Autriche-Hongrie, Italie. Recrutement des cadres. Organisation des forces militaires de la France (armée métropolitaine, armée coloniale, armée de mer). Organisation des armées étrangères. Tactique. Marches. Stationnement. Service de sûreté. Combat offensif et défensif. Formation des différentes armes ; infanterie, cavalerie, artillerie. Artillerie : personnel, établissements. Balistique intérieure et extérieure. Organisation des armes à feu. Bouches à feu. Armes portatives. Munitions des bouches à feu et armes portatives. Pointage. Tir d'artillerie. Tir d'infanterie. Matériel d'artillerie de campagne, de montagne, de siège et de place, de côte. Tourelles cuirassées. Armes portatives françaises, allemandes, austro-hongroises, italiennes et russes. Fabrication des armes : bouches à feu, armes portatives. Fabrication des substances explosives, des cartouches, des munitions pour bouches à feu. Artilleries étrangères. Mitrailleuse Maxim. Transport à la suite des armées. Train des équipages. Transports du service de l'artillerie et de l'intendance. Transports du service de la trésorerie et des postes. Transports du service de santé. Droit militaire. Droit de la guerre.

Tours. — Imprimerie DESLIS FRÈRES.

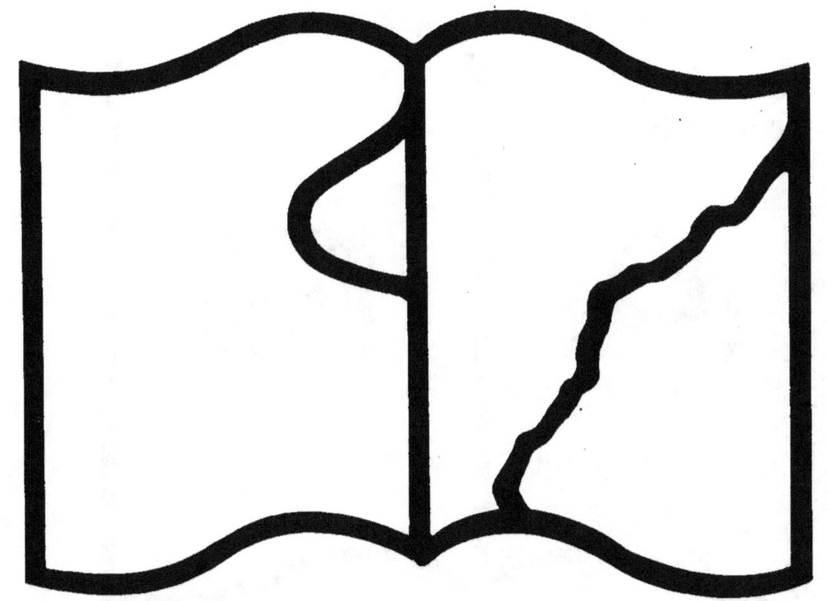

Texte détérioré — reliure défectueuse

NF Z 43-120-11

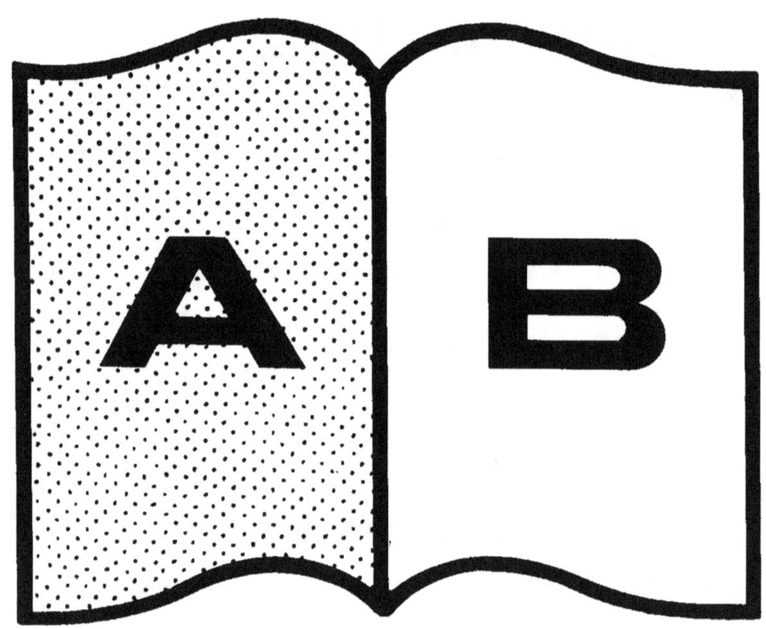

Contraste insuffisant